"十二五"国家重点图书出版规划项目

青藏电力联网工程

综合卷

柴达木—拉萨±400kV直流输电工程

国家电网公司◎组编

中国电力出版社
CHINA ELECTRIC POWER PRESS

内 容 提 要

《青藏电力联网工程》共有 2 卷 12 册,其中:综合卷 3 册,分别为《柴达木—拉萨±400kV 直流输电工程》、《西宁—柴达木 750kV 输变电工程》、《西藏中部 220kV 电网工程》;专业卷 9 册,分别为《柴达木—拉萨±400kV 直流输电工程前期论证与工程设计》、《柴达木—拉萨±400kV 直流输电工程建设》、《柴达木—拉萨±400kV 直流输电工程科技攻关》、《柴达木—拉萨±400kV 直流输电工程调试与试运行》、《柴达木—拉萨±400kV 直流输电工程环境保护·医疗保障·物资供应》、《柴达木—拉萨±400kV 直流输电工程风采纪实》、《西宁—柴达木 750kV 输变电工程设计》、《西宁—柴达木 750kV 输变电工程建设》、《西藏中部 220kV 电网工程建设》。本书是国家电网公司对青藏电力联网工程建设情况的全面回顾与总结,规模超过 400 万字,通过系统、翔实的记录,全面反映了工程建设全过程及其建设特点。

本册为《柴达木—拉萨±400kV 直流输电工程》,共 13 章,具体内容包括:综述、前期论证与决策、工程设计、工程管理、工程施工、科技攻关、环境保护、医疗卫生保障、投资控制、物资供应、调试与试验、生产试运行和精神文明建设。

本书可供我国输变电工程相关科研设计单位、大专院校、咨询单位和设备制造厂家的工程技术人员及管理人员使用。

图书在版编目 (CIP) 数据

青藏电力联网工程. 综合卷. 柴达木—拉萨±400kV 直流输电工程/国家电网公司组编. —北京:中国电力出版社,2012.6
ISBN 978 - 7 - 5123 - 3198 - 3

Ⅰ.①青⋯　Ⅱ.①国⋯　Ⅲ.①直流 - 输电线路 - 电力工程 - 建设 - 青海省②直流 - 输电线路 - 电力工程 - 建设 - 西藏
Ⅳ.①TM7

中国版本图书馆 CIP 数据核字 (2012) 第 132216 号

中国电力出版社出版、发行
(北京市东城区北京站西街 19 号　100005　http://www.cepp.sgcc.com.cn)
北京盛通印刷股份有限公司印刷
各地新华书店经售

*

2012 年 8 月第一版　2012 年 8 月北京第一次印刷
710 毫米×980 毫米　16 开本　38.125 印张　589 千字　1 插页
定价 **220.00** 元

《青藏电力联网工程》

一、编写委员会

主任委员	刘振亚			
副主任委员	郑宝森	陈月明	杨　庆	舒印彪	曹志安
	栾　军	李汝革	潘晓军	王　敏	帅军庆
编　　委	张丽英	孙佩京	张文亮	杜至刚	孙　昕
	陈　峰	王中兴	王风华	喻新强	张启平
	韩　君	费圣英	吴玉生	李庆林	王颖杰
	许世辉	王相勤	李文毅	孙金平	任　寰
	余卫国	伍　萱	赵庆波	李荣华	尹昌新
	邓永辉	苏胜新	孙吉昌	王益民	丁广鑫
	刘泽洪	李向荣	陈晓林	张春城	李　凯
	辛绪武	邓建利	刘广迎	杜宝增	贾福清
	陈栋才	刘　光	殷　琼	胡贵福	张智刚
	崔吉峰	张　晶	丁永福	丁　扬	王宏志
	刘克俭	蓝　海	高理迎	刘建明	郭剑波
	刘开俊	石玉东	梁旭明	王海啸	

二、编写工作组

组　　　长	喻新强			
副　组　长	刘泽洪	丁广鑫	王宏志	刘克俭	丁　扬
	刘开俊	丁永福		
成　　　员	蓝　海	叶廷路	马士林	文卫兵	全生明
	张　韧	赵宏伟	张金德	郑福生	李士良
	王　成	丁燕生	薛更新	王　强	宋　芃

三、顾问专家组

组　　　长	周小谦	刘本粹		
成　　　员	曾南超	宿志一	郑怀清	李宝金	陆家榆
	吴巾克	李勇伟	王国尚	弋长青	冯玉昌
	宋玉东	黄显昌	陈慧芳		

四、本册编写工作组

组　　　长	喻新强			
副　组　长	丁永福	全生明	张　韧	文卫兵	
成　　　员	赵临云	齐立忠	张新盟	严福章	李振凯
	易建山	杨　果	王　劲	黄　杰	朱　泽
	陈立斌	王文学	范克强	张志良	郭　军
	朱岸明	吕洪林	李　鹏	朱任翔	杨志栋
	王树潭	于明国	杨志伟	李　桅	王绍炜
	许德操	祁正吉	刘　刚	高学彬	吴安平

孟　轩　郎鹏越　杨万开　赵录兴　张振欣
戴雪峰　张　昉　张修阳　刘　涛　郑　荡
王海林　李宝金　穆华宁　张小力　胡　晓
周　刚　薛永兴　刘宝宏　张　飞　丁晓飞
胡志义　郑树海　谭启斌　李　昱　阮　峰
陆泓昶　李伟华　李志坚　杨明彬　李晓明
黄　霞　张作峰　白文峰　董晓红　黄宗君

五、本册责任编辑

丁　雁　张　亮　王春娟　薛　红　闫姣姣

序

　　"电力天路"——青藏交直流联网工程是国家电网公司贯彻科学发展观，落实中央第五次西藏工作座谈会精神，促进西部大开发，造福青藏各族人民的民生工程、惠民工程和光明工程。党中央、国务院高度重视，温家宝、贾庆林、李克强等中央领导同志多次作出重要批示，提出明确要求，充分肯定成绩。该工程由西宁—柴达木750kV输变电工程、柴达木—拉萨±400kV直流输电工程和西藏中部220kV电网工程组成，全长2530km，总投资162.86亿元。工程的建成投运，彻底改变了西藏电网长期孤网运行的历史，根本解决了制约西藏社会经济发展的缺电问题，实现了除台湾外全国电网互联，对于西藏电网建设和青藏经济社会发展、对于全国联网格局形成都具有重要的里程碑意义。

　　青藏交直流联网工程是在世界最高海拔和高寒地区建设的迄今规模最大的输变电工程，穿越青藏高原腹地，沿线高寒缺氧、冻土广布，工程建设极具挑战性。国家电网公司加强领导、周密部署、精心组织，联合各方力量攻坚克难，建立健全安全质量、环保水保、工程技术、医疗后勤等九大保障体系。3万多名工程建设者怀着对青藏人民群众的深厚感情和高度的政治责任感，发扬"努力超越，追求卓越"的企业精神，以"缺氧不缺斗志、缺氧不缺智慧、艰苦不怕吃苦、海拔高追求更高"的追求，在"生命禁区"挑战生理极限，顶风冒雪、战天斗地，经过15个月艰苦卓绝的努力，建成了贯穿青藏高原的"电力天路"，实现了"安全可靠、优质高效、自主创新、绿色环保、拼搏奉献、平安和谐"的建设目标，提前一年完成工程建设任务，谱写了雪域高原电网建设和民族大团结的新篇章。

青藏交直流联网工程建设，挑战"沿线海拔最高、冻土区最长"两个世界之最，攻克"高原高寒地区冻土施工困难、高原生理健康保障困难、高原生态环境极其脆弱"三大世界难题，创造了多项世界第一。在工程实践基础上，国家电网公司组织编写了2卷12册400余万字的《青藏电力联网工程》，对工程管理、施工、科研、设计、物资、环保水保、医疗保障、试运行等工作进行了全面系统的总结。希望以此书的出版，铭记广大工程建设者的无私奉献，传承青藏联网精神，传播高寒高海拔地区输电工程建设技术和经验，为我国电网发展提供有益的借鉴和帮助，更好地服务经济社会发展。

2012 年 7 月

前　言

　　青藏交直流联网工程是落实中央第五次西藏工作座谈会精神，实施西部大开发战略的 23 项重点工程之一，是国家电网公司"十二五"规划的重点项目，也是国家电网公司全面贯彻落实科学发展观的标志性工程。这条迄今为止世界海拔最高、高寒地区建设规模最大、穿越多年冻土最长、施工难题最多的输变电工程，受到了中央等各级领导的高度关注。中共中央政治局常委、国务院副总理李克强指示，要"确保把这项民心工程建设好、管理好，早日发挥效益"；国家电网公司总经理、党组书记刘振亚也对工程提出"只许成功、务期必成"的要求。

　　2006 年，青藏交直流联网工程开始可行性研究；2008 年 4 月，国家发展和改革委员会批准开展前期工作；2010 年 6 月，国家发展和改革委员会正式核准；2010 年 7 月，由国务院批准开工建设。工程主要包括西宁—柴达木 750kV 输变电工程、柴达木❶—拉萨 ±400kV 直流输电工程和西藏中部 220kV 电网工程 3 部分。工程总投资 162.86 亿元。2010 年 7 月 29 日，工程在青海格尔木、西藏拉萨正式开工建设；2011 年 12 月 9 日，投入试运行，提前一年完成了工程建设任务，为青海、西藏两省区社会经济发展提供可靠的电力保证。

---

❶　工程前期、设计、施工阶段，青藏直流工程起始点称为格尔木换流站，与柴达木 750kV 变电站合建。后在调试、试运行阶段，统一改称为柴达木换流变电站。为读者阅读方便，本书中统一称为柴达木换流变电站。

青藏交直流联网工程，实现了除台湾以外的全国联网，彻底结束了西藏电网长期孤网运行的历史，消除了影响人民生活和制约西藏跨越式发展的缺电瓶颈，同时对青海柴达木循环经济试验区的发展和国家新能源基地建设起到积极的推动作用。工程在"十二五"开局之年建成，对中国社会经济发展、人民生活水平提高、边疆地区繁荣稳定和实现"十二五"电力发展规划，具有重要的现实意义和深远的战略意义，标志着中国电力工业在电网规划、科研设计、设备制造、施工管理、生产运行和生态保护等方面达到了世界领先水平，是国家电网公司建设世界一流电网、国际一流企业战略的成功实践。

在为期一年半的工程建设中，200多家参建单位和3万多名建设者以强烈的责任感、火热的激情和无私的奉献，凝聚成"缺氧不缺斗志、缺氧不缺智慧、艰苦不怕吃苦、海拔高追求更高"的青藏联网精神。这种精神是一笔宝贵的财富，丰富了国家电网公司"努力超越，追求卓越"的精神内涵，成为激励电网人勇攀高峰的精神文化。

工程建设攻克了"高原高寒地区冻土施工困难、高原生理健康保障困难、高原生态环境极其脆弱"三大世界难题，创造了高原高海拔地区电网建设前所未有的工程奇迹。国家电网公司在工程前期论证和决策阶段，对工程输电方式、电压等级、换流站规模和线路路径等进行了多方案比选，确定了安全、经济、可靠并重的建设方案。从2007年5月起，组织科研设计单位进行实地考察和踏勘，开展调研、试验和科学论证，建立健全整个工程重大科研框架体系，依托工程开展的交直流系统特征、高海拔绝缘修正、冻土基础和生命保障等15项关键技术研究，取得了重大科技创新成果，填补了世界高海拔地区输变电工程建设的空白，为工程建设攻克"三大世界难题"奠定了坚实的科技、理论基础。

青藏交直流联网工程建设得到了青海省委、省政府和西藏自治区党委、自治区政府的大力支持，两省区政府分别与国家电网公司联合成立了工程建设领导小组，建立了高效解决施工建设重大问题的有效机制，为工程建设创造了良好的外部环境。国家电网公司党组充分考虑到工程建设的特殊性、艰巨性和复杂性，设立青藏交直流联网工程建设总指挥部，按照"目标一致、关口前移、扁平管理、高效精干"的原则，统筹协调、靠前指挥，充分发挥集团化运作的优势，成为行之有效、坚强有力的工程建设管控平台。以建设世界最高海拔输变电精品工程为目标，以施工组织、工程技术、物资供应、安全质量、信息通信、新闻宣传、医疗后勤、环保水保、维护稳定九大保障体系为抓手，积极履行建设管理主体责任，强化建设策划和过程管控，加强现场管理协调，促进了建设资源的科学合理配置，实现了工程建设全过程的精益化管理。

按照国家电网公司建设"安全可靠、优质高效、自主创新、绿色环保、拼搏奉献、平安和谐"具有世界领先水平的高原输变电精品工程的战略部署，青藏交直流联网工程建设总指挥部在工程建设之初，坚持高起点、高标准和高质量的建设原则，提出建设世界高原输变电精品工程的宏伟目标，争创"国家优质工程金奖"、"中华环境奖"和"国家水土保持生态文明工程"、"中国电力优质工程"、"鲁班奖"、"国家科学技术进步一等奖"，取得了显著的建设成果。

柴达木—拉萨 ±400kV 直流输电工程，穿越了海拔 4800m 的昆仑山、可可西里和海拔 5300m 的唐古拉山，线路全长 1038km，是世界海拔最高的直流输电线路，也是整个工程的建设重点。青藏交直流联网工程建设总指挥部精心组织了线路基础和换流站基础出零米的土建攻坚战、线路组塔架线和换流站土建交付安装、线路竣工验收和换流站设备安装调试"三大战役"。特别是在西藏安多县的唐古拉山口第七标段 37 基冻土基础施工，是最大的考验和挑战。建设者们克服了严寒缺氧和人工机械严重降效等困难，克服"生命禁区"对建设者生命健康和生命的严峻挑战，夺取了基础施工的全面胜利，为工期提前奠定了基础。以科技创新、技术创新为先导，提出高原冻土基础不需要经历一个冻融周期循环，经过一个冻结期即可组塔架线，为第二阶段战役争取了宝贵的建设时间。随着第三阶段战役的全面告捷及建设工期的五次优化，实现了工程提前一年建成的目标。这些成绩的取得，是工程建设者不畏艰难险阻、克服极端恶劣条件，挑战生命生理极限，顽强拼搏、无私奉献的结果。

青藏交直流联网工程加强全过程安全质量管理，全面策划，细化管理，坚持"样板引路、示范先行"，先后组织基础、组塔、架线、设备安装施工工程的示范工程，大力推行标准化作业，在施工工艺、安装流程、安全管理、质量控制等方面进行标准化管理。针对高原、高寒地区工程建设的特点，制订并落实现场人身安全、设备安全、机具安全和组塔架线、交叉跨越施工的安全措施，全面提高工程质量、安全及工艺水平。

青藏交直流联网工程面临着"大直流、小系统、弱受端"的技术难题，工程建设极具挑战性和创新性。直流工程系统启动产生的功率突变，将对西藏中部电网产生冲击，直接影响系统的安全稳定运行。通过对工程交直流系统特征的深化研究，对西藏中部电网的受电规模、直流系统安全稳定及控制问题、换流站内滤波器投切及无功控制、系统电压无功控制、小干扰稳定、直流启停、电磁环网等诸多方面进行详细的分析计算和试验研究，设计加装了系统保护，制订了完整可靠的系统运行方案。研究成果为工程设计、建设和运行提供了技术参数和方案，为科学决策提供了依据，工程试运行以来，系统运行平稳，经济技术指标达到设计要求，充分证明工程设计、施工建设和运行维护达到了国内领先水平。

青藏交直流联网工程的海拔高度均在 3000m 以上，已有的放电曲线数据和海拔修正方法已经不能满足工程建设的需要。工程开展的高海拔地区过电压与绝缘配合的科研攻关，在特高压直流试验基地、西藏高海拔试验基地（海拔 4300m）、唐古拉山（海拔 5000m）进行了空气间隙放电特性试验。通过对青藏直流线路、换流站和 750、220kV 交流线路外绝缘特性的深入研究，取得了外绝缘高海拔修正方法和修正系数；通过绝缘配合试验确定了换流站设备和输电线路导线的绝缘配置参数；通过科研攻关全面掌握了高海拔地区过电压与绝缘配合的关键技术，填补了世界高海拔地区工程技术多项空白。

青藏交直流联网工程穿越多年冻土 550km，其热稳定性和力学性质具有敏感、复杂和多变的特点。通过深入研究和科学论证，设计了装配式、锥柱式、掏挖式等 7 种冻土基础形式，确定了科学合理的塔基埋深值，创新冻土基础"快速开挖、快速浇注、快速回填"三快施工方法，采取地基处理、热棒等措施，强化冻土基础的安全稳定性，千方百计地减少对冻土及环境的影响。冻土基础施工挑战了沿线海拔最高、施工冻土区最长的两个"世界之最"。

青藏交直流联网工程经过了高寒荒漠、高原草甸、湿地沼泽、戈壁灌丛等不同的生态系统，沿线分布有可可西里、三江源、黑颈鹤、色林错、热振国家森林公园5个自然保护区。生态环境极其原始、脆弱、敏感，扰动破坏后极难恢复，生态保护责任重大。如何保护好生态环境，建设"绿色工程"，是工程建设面临的重大课题，世界瞩目。工程投入3.4亿元环保专项资金，占到工程总投资的5.6%，大量资金的投入，突显对青藏高原生态环境保护的重视，首创环境保护与水土保持施工图设计，细化明确了每个塔位、施工便道、牵张场等应采取的环境保护与水土保持措施。在施工中采取了铺设"帘子路"，"进出工地只走一条路"，建设防风固沙网格，种草恢复植被，购买专用垃圾车，实行垃圾密闭存放、统一回收、集中处理等专项保护措施，真正做到了江河水源不被污染、野生动物繁衍生息不受影响，高原生态环境得到有效保护，实现了"绿色工程"的建设目标。

青藏高原被称为"生命禁区"，肺水肿、脑水肿和高原鼠疫时刻威胁着建设者的生命健康。国家电网公司承诺保护每一位建设者，投入2亿多元，构建统一的三级医疗保障体系。世界高原电网工程建有生命保障体系，是工程建设的又一首创。以人为本，尊重、关心建设者，以人文关怀理念凝人心、聚合力是工程管理的大手笔。工程建设中贯彻"以防为主、防治结合"的方针，严格执行医疗习服"三全"、"三不"，即全员、全过程、全覆盖，不体检不上线、不习服不上线、不培训不上线。制定了完善的生活保障制度，为建设者提供周到的健康服务。为关键作业提供特殊保障，在基坑和组塔施工时，创新供氧方法，通过深坑供氧、高空供氧，保障建设者生命健康。实现了建设者"上得去、站得稳、干得好"，实现了"零高原死亡、零高原伤残、零高原后遗症、零鼠疫传播"的建设目标。

西宁—柴达木750kV输变电工程，包括西宁、日月山、海西、柴达木4座750kV变电站（开关站）和1492km输电线路。工程建设以科技创新为主导，以管理创新为支撑，攻克了高海拔地区750kV电力工程建设的一系列难题，经过一年半的艰苦努力，建成相同电压等级中海拔最高、规模最大的精品工程。工程强化了青海750kV骨干网架结构，提升了青海能源优化配置水平；保障了青藏直流工程的综合供电能力和可靠性，提高了安全稳定运行水平；750kV电网进入柴达木循环经济试验区，保障了能源电力供应，为其跨越式发展奠定了坚实基础；显著提升了西部电网在国家能源综合运输体系中的作用，更好地满足了西部地区大型能源基地建设和大量清洁能源外送消纳的要求。

西藏中部220kV电网工程由夺底、乃琼、曲哥、多林4座220kV变电站和558km输电线路组成，是青藏交直流联网工程的配套落地工程，是世界海拔最高的220kV电网。工程的建成实现了西藏电网电压等级的升级，实现了西藏电网发展方式的转变，强化了西藏电网的供电能力和安全稳定运行，有效缓解了西藏缺电问题。在夏季丰水期通过青藏交直流联网工程，还可以向青海电网送电，使西藏电网富余的电力电量得到有效利用。

西藏的水资源、太阳能资源、风能资源和地热资源丰富，居全国之首，西藏中部电网将产生能源集聚效应，加快清洁能源开发与利用，充分发挥西藏的资源优势。西藏中部电网将加快西藏经济发展方式的转变，为西藏的经济腾飞、社会进步提供坚强的电力支撑。

在青藏交直流联网工程试运行阶段，深化工程安全稳定特性研究，建立安全稳定运行管控工作机制，完善由生产运维、应急抢修、技术监督、技术支持和设备厂家组成的"五位一体"应急保障体系，实现了由基建到生产的无缝衔接。经过试运行，实现了"零缺陷"移交，为工程长期安全稳定运行提供了保障。工程各项运行技术指标良好，冻土基础整体保持稳定，设备整体运行平稳。青藏交直流联网工程正式投入商业化运营是国家电网公司落实科学发展观、践行服务宗旨和实现跨越式发展的重大成果，是中国电网建设史上新的里程碑，被誉为"民心工程"、"光明工程"、"电力天路"和"雪域丰碑"。

这项宏大工程的建成，是国家意志和民族精神的体现；是国家电网公司智慧的凝聚，是国家电网公司履行政治、社会、经济责任的行动；是电网规划、科研、工程设计、设备制造、施工安装和系统调试等多方人员攻坚克难、努力创新的成果，需要从多方面、多角度、实事求是加以认真总结和提升。《青藏电力联网工程》全面展示了3万多名工程建设者忠诚祖国、热爱人民的深厚感情和高度的政治责任感，充分再现了他们奋战在"生命禁区"，挑战生命极限和施工极限，创造出世界高海拔地区电网工程建设的伟大奇迹。

《青藏电力联网工程》于2011年11月28日正式启动编写工作，成立了编写组织机构，明确了工作思路和时间进度安排，详细制定了编写大纲，提出了质量要求，落实了工作责任。先后有 100 多名青藏交直流联网工程建设者及相关人员参加编写工作，经过 5 个多月的艰辛努力，于 2012年 4 月 30 日完成编写任务。2012 年 5 月 9 日，来自电力行业的资深专家对《青藏电力联网工程》进行了预审，2012 年 5 月 23 日、6 月 20 日，国家电网公司总部组织两次审查会，提出了修改意见和建议，对提升《青藏电力联网工程》编写质量具有重要的指导意义。

《青藏电力联网工程》由青藏交直流联网工程建设总指挥部、国家电网公司直流建设部牵头，国网北京经济技术研究院、青海省电力公司、西藏电力有限公司、国家电网公司直流建设分公司、国网物资有限公司、国网信息通信有限公司、中国电力科学研究院、中国电力工程顾问集团公司、西北电力设计院、西南电力设计院、中国安能建设总公司等单位共同编写完成。共分 12 册，400 余万字。其中：综合卷 3 册，分别为柴达木—拉萨 ±400kV 直流输电工程、西宁—柴达木 750kV 输变电工程、西藏中部 220kV 电网工程，对工程建设全过程进行全面总结；专业卷 9 册，重点对柴达木—拉萨 ±400kV 直流工程的前期论证与工程设计、工程建设、科技攻关、医疗保障、环境保护、物资供应等，以及西宁—柴达木750kV 输变电工程、西藏中部 220kV 电网工程的工程设计、工程建设进行深度总结。

《青藏电力联网工程》是对青藏交直流联网工程建设的全面总结，囊括了工程建设的各个领域，比较全面地反映了工程建设概貌和建设者的精神风范。在资料收集和组织编写过程中，为工程作出巨大贡献的各方领导和有关人员满怀激情地投入本书的编写。本书是全体青藏交直流联网工程建设者的心血和智慧结晶，将为今后中国电网建设和发展提供借鉴，也为广大电力建设者和关心国家电网建设的热心人士提供参考。由于编写时间紧迫、经验不足，本书疏漏之处在所难免，敬请广大读者批评指正。

编　者
2012 年 7 月

目　录

序
前　言

第一章　综述 / 1

第一节　缜密论证精心设计 / 3
第二节　管理机制科学高效 / 7
第三节　精心施工打造精品 / 12
第四节　科技创新攻克难题 / 16
第五节　医疗保障创造奇迹 / 21
第六节　高原生态注重保护 / 24
第七节　电力天路意义深远 / 28

第二章　前期论证与决策 / 31

第一节　工程建设必要性 / 33
第二节　研究过程及决策 / 35
第三节　系统方案设计 / 42
第四节　环境保护与水土保持 / 52

第三章　工程设计 / 57

第一节　设计管理 / 59

第二节　直流系统成套设计／70

第三节　换流站工程设计／76

第四节　直流线路设计／88

第五节　通信工程设计／99

第六节　安全稳定控制系统设计／104

第七节　设计成果／109

第四章　工程管理／117

第一节　工程管理思路与目标／119

第二节　建设管理组织机构及职责／123

第三节　工程建设过程控制／137

第四节　工程创优／170

第五章　工程施工／177

第一节　施工的特点与难点／179

第二节　施工建设管理创新／184

第三节　换流站施工／197

第四节　直流线路施工／209

第五节　通信工程施工／227

第六节　施工创新成果／235

第六章　科技攻关／245

第一节　科研体系及科研成效／247

第二节　青藏直流工程系统运行关键技术／251

第三节　高海拔直流换流站关键技术／254

第四节　高海拔直流输电线路关键技术／262

第五节　高海拔多年冻土地区基础设计研究 / 277

第六节　高原环境保护研究 / 284

第七节　高原生理医疗保障研究 / 288

第八节　主设备研制 / 295

第九节　通信技术研究 / 304

第十节　施工关键技术 / 310

第七章　环境保护 / 321

第一节　环境特点与环境保护目标 / 323

第二节　环境保护及水土保持措施 / 330

第三节　环境保护管理 / 343

第四节　环境保护验收及成效 / 351

第八章　医疗卫生保障 / 361

第一节　医疗卫生保障准备 / 363

第二节　医疗卫生保障队伍和装备 / 366

第三节　医疗卫生保障体系 / 367

第四节　医疗卫生保障工作 / 370

第五节　卫生防疫 / 375

第六节　习服基地的建立与管理 / 379

第七节　后勤生活保障 / 381

第九章　投资控制 / 383

第一节　工程投资控制管理方式 / 385

第二节　工程造价控制 / 387

第三节　工程财务管理 / 397

第十章 物资供应 / 403

第一节 物资供应组织体系 / 405
第二节 物资供应管理 / 413
第三节 物资招标管理 / 418
第四节 设备质量管理 / 422
第五节 大件运输 / 426
第六节 现场服务 / 433
第七节 物资供应创新 / 435

第十一章 调试与试验 / 439

第一节 工程调试特点及作用 / 441
第二节 工程调试组织管理 / 443
第三节 工程调试方案编制与审查 / 448
第四节 工程调试结果 / 451

第十二章 生产试运行 / 467

第一节 生产运维模式及特点 / 469
第二节 生产准备管理 / 473
第三节 生产运行验收 / 477
第四节 试运行管理 / 484
第五节 调度运行 / 497
第六节 新技术应用 / 500

第十三章 精神文明建设 / 503

第一节 精神文明建设体系 / 505

第二节　党建主题实践活动／507

第三节　创新载体扩大主题传播／511

第四节　民族团结共建和谐工程／520

第五节　企业文化内涵的丰富与升华／523

大事记 / 528

附录 A　重要讲话／539

附录 B　重要文件／553

附录 C　参建单位／575

参考文献／580

CONTENTS

Preface

Foreword

Chapter 1 Summary / 1

Section 1   Careful demonstration and elaborate design / 3

Section 2   Scientific and efficient management mechanism / 7

Section 3   Quality engineering based on careful construction / 12

Section 4   Overcoming problems with scientific and technological
             innovation / 16

Section 5   Wonders of the world created by innovative medical
             security / 21

Section 6   Plateau ecological environmental protection / 24

Section 7   Profound and lasting significance of Electricity Tin
             Road / 28

Chapter 2 Early-phase demonstration and decision / 31

Section 1   Necessity of engineering construction / 33

Section 2   Demonstration process and decision-making / 35

Section 3   System design / 42

Section 4   Environmental protection & water and soil conservation / 52

Chapter 3   Engineering design / 57

Section 1   Design management / 59

Section 2   Sets of DC system design / 70

Section 3   Converter station engineering design / 76

Section 4   DC transmission line design / 88

Section 5   Communication engineering design / 99

Section 6   Security and stability control system design / 104

Section 7   Design achievements / 109

Chapter 4   Engineering management / 117

Section 1   Ideas and targets of engineering management / 119

Section 2   Construction management organization and responsibility / 123

Section 3   Engineering construction process control / 137

Section 4   High-quality engineering / 170

Chapter 5   Engineering construction / 177

Section 1   Characteristics and difficulties of construction / 179

Section 2   Construction management innovation / 184

Section 3   Converter station construction / 197

Section 4   DC lines construction / 209

Section 5   Communication engineering construction / 227

Section 6   Construction innovations / 235

Chapter 6　Scientific research / 245

Section 1　Scientific research system and achievements / 247

Section 2　Key system operation technology of Qinghai-Tibet ±400kV
DC Grid Connection Project / 251

Section 3　Key technology of high-altitude convertor station / 254

Section 4　Key technology of high-altitude DC transmission line / 262

Section 5　Research on the foundation design in high-altitude
permafrost / 277

Section 6　Research on plateau environmental protection / 284

Section 7　Research on physiological and medical security on
plateau / 288

Section 8　Research and manufacturer of main equipment
development / 295

Section 9　Research on communication technology / 304

Section 10　Key technology of construction / 310

Chapter 7　Environmental protection / 321

Section 1　Environmental characteristics and purpose of environmental
protection / 323

Section 2　Measures for environmental protection & water and soil
conservation / 330

Section 3　Environmental protection management / 343

Section 4　Acceptance check and achievements of environmental
protection / 351

Chapter 8　Medical security / 361

Section 1　Preparation of medical security / 363

Section 2　Team and equipment of medical security / 366

Section 3　Medical security system / 367

Section 4　Work of medical security / 370

Section 5　Sanitary and antiepidemic / 375

Section 6　Acclimatization camp building and management / 379

Section 7　Logistics and life security / 381

Chapter 9　Investment control / 383

Section 1　Management style of construction investment control / 385

Section 2　Cost control of construction / 387

Section 3　Financial management / 397

Chapter 10　Material supply / 403

Section 1　Material supply system / 405

Section 2　Material supply management / 413

Section 3　Material tendering management / 418

Section 4　Equipment quality management / 422

Section 5　Large equipments transport / 426

Section 6　Field service / 433

Section 7　Material supply innovations / 435

Chapter 11   Engineering commissioning and tests / 439

Section 1   Characteristics and difficulties of engineering commissioning
               test / 441
Section 2   System and management of engineering commissioning
               test / 443
Section 3   Programming and examination of commissioning test / 448
Section 4   Engineering commissioning test results / 451

Chapter 12   Trial operation / 467

Section 1   Production & operational maintenance model and
               characteristics / 469
Section 2   Production preparation management / 473
Section 3   Acceptance of production operation / 477
Section 4   Trial operation management / 484
Section 5   Dispatching and operation / 497
Section 6   Application of new technology / 500

Chapter 13   Building of spiritual civilization / 503

Section 1   Building of spiritual civilization system / 505
Section 2   Theme activities of the building of CPC / 507
Section 3   Innovating carrier to spread the theme / 511
Section 4   National unity for project in harmony / 520
Section 5   Enrichment and sublimation of corporate culture
               notion / 523

Appendix A   Important speech / 539

Appendix B   Important documents / 553

Appendix C   Participation units / 575

Reference / 580

ɔ

第一章　综　　述

　　柴达木—拉萨 ±400kV 直流输电工程是青藏交直流联网工程的三大组成部分之一，由柴达木换流变电站、拉萨换流站和直流输电线路组成，输送容量本期 600MW，远期 1200MW。工程北起柴达木换流变电站，南至拉萨换流站，全长 1038km，沿线平均海拔 4500m，最高海拔 5300m，海拔 4000m 以上地区超过 900km，是世界海拔最高、高寒地区建设规模最大、穿越多年冻土最长、施工难题最多的输变电工程。工程于 2010 年 7 月 29 日正式开工，2011 年 12 月 9 日投入试运行。它的建成，使西藏电网和西北主网实现联网，标志着除台湾以外我国电网全面互联。

　　柴达木—拉萨 ±400kV 直流输电工程建设面临一系列重

大难题，受到了国务院有关部门和国家电网公司的高度重视。工程从2006年7月开始可行性研究，2010年6月国务院批准建设，即从前期论证、规划设计到全部建成，经历了近6年时间。在建设实施过程中，国家电网公司组织相关科研、设计、建设施工以及设备制造单位，以管理创新、技术创新为动力，弘扬"缺氧不缺斗志、缺氧不缺智慧、艰苦不怕吃苦、海拔高追求更高"的青藏联网精神，挑战生命极限，攻克了"冻土基础施工难度大、高原生理健康保障困难和高原生态环境极其脆弱"三大世界难题，顺利实现了建成"安全可靠、优质高效、自主创新、绿色环保、拼搏奉献、平安和谐"具有世界领先水平的高原直流输变电精品工程的目标，并比原计划提前一年投入运行，取得了显著的社会经济效益，进一步提升了中国电力技术的国际领先地位，谱写了世界输变电工程建设史上的新篇章。

第一节 缜密论证精心设计

一、前期反复论证，决策民主科学

柴达木—拉萨 ±400kV 直流输电工程（简称青藏直流工程）是世界上第一条平均海拔超过 4500m 的直流工程，也是国内第一条 ±400kV 电压的直流工程，与常规输电工程有很大的不同。工程受端西藏电网规模很小，电网承受故障的能力很弱，而直流工程送入容量占受端电网比例大，藏中电网形成了"大直流、小系统、弱受端"特点，工程安全稳定运行的风险大。除此之外，由于工程具有特殊的社会意义，电网安全稳定运行的要求高。这些特点决定了前期论证工作难度大、挑战多。

国家电网公司高度重视工程的前期论证工作，从开展可行性研究到工程核准建设，历经了 5 年全面论证和精心准备，先后开展了预可研及第一次可研、补充可研暨第二次可研、第三次可研三个阶段论证工作，并相继提交了《格尔木向藏中电网送电可行性分析》等 8 个论证报告，对一些重大技术问题进行了充分论证，最终确定了工程的系统方案和规模，充分体现了工程论证的难度和论证过程中的科学态度。

第一阶段论证工作始于 2006 年 7 月，至 2007 年 11 月完成。由国家电网公司发展策划部（简称国网发策部）和中国电力工程顾问集团公司（简称顾问集团公司）牵头，中国电力科学研究院（简称中国电科院）、国网北京经济技术研究院（简称国网经研院）、北京网联直流工程技术有限公司（简称北京网联公司）、西南电力设计院、西北电力设计院等单位参加，先后完成了《格尔木向藏中电网送电可行性分析报告》、《青海—西藏直流联网工程技术问题论证报告》、《青海—西藏直流联网工程初步可行性研究》和《青海—西藏 ±400kV 直流工程可行性研究报告》4 个论证报告，及《青藏直流对西藏中部电网安全稳定影响分析》和《小换流阀设备供应及无功补偿专题研究》2 个专题研究报告。内容主要包括系统论证方案、柴达木换流变电站接入系统设计、拉萨换流站接入系统设计等。其中，2007 年 9 月完成初步可行性研究报告，2007 年 11 月完成可行性研究报告。2007 年 12 月，经顾问集团公司评审，工程的电压等级确定为 ±400kV，送电容量为本期 600MW、终期 1200MW。

第二阶段论证工作始于 2008 年 1 月，国家电网公司委托西南电力设计院牵头，西北电力设计院、北京网联公司、青海电力设计院等单位参加，对青藏直流工程开展补充可研工作。主要内容是对联网电压采用 ±500kV、送电规模本期 750MW、最终 1500MW 联网方案的技术经济合理性进行论证。2008 年 4 月，顾问集团公司组织对直流工程补充可行性研究报告进行了评审，评审后推荐青藏联网方式为常规直流，联网电压等级选择为 ±500kV，联网起落点分别为青海电网的格尔木和西藏中部电网的拉萨，直流线路长度 1038km，输电规模本期 750MW、最终 1500MW。2009 年 1 月，受国家发展和改革委员会委托，中国国际咨询公司对这一方案进行了评估，认为联网电压 ±500kV、输电规模本期 750MW、最终 1500MW 的联网方案，联网电压偏高、输送容量偏大。

第三阶段论证工作始于 2010 年 4 月，国家电网公司组织相关设计单位对青藏直流工程可行性研究进行了补充和完善工作，主要是根据西藏及青海电网发展和规划的最新情况，对青藏直流工程合理的建设规模及建设时间进行了进一步论证，同时研究并提出送、受端交流网架建设方案及换流站接入系统方案。本次工作最终确定了工程建设规模为 ±400kV、本期输电规模 600MW、远期输电规模 1200MW。2010 年 5 月，顾问集团公司审查并通过了这一方案。

国家电网公司对建设青藏直流工程的决策采取了慎重科学的态度，通过近 5 年的反复论证和多方案比较，工程所涉及的重大问题均得出了明确结论。其主要结论为：在平均海拔 4500m 的青藏高原建设直流工程，技术上是可行的；虽然受端藏中电网容量小，抗事故能力弱，但通过采取控制输送容量等相关安全稳定措施后，可以保证电网安全稳定运行；近期建设青藏直流工程是解决西藏"十二五"电力短缺问题的重要措施，青藏直流工程以向藏中电网送电为主，同时兼顾丰水期藏中电网富裕水电外送。2010 年 6 月 19 日，国家发展和改革委员会以发改能源〔2010〕1322 号《国家发展改革委关于青海格尔木至西藏拉萨 ±400kV 直流联网工程可行性研究报告的批复》，批准了青藏直流工程的建设，并明确工程建设规模为 ±400kV、本期输电规模 600MW、远期输电规模 1200MW（青藏交直流联网工程示意图见本册文后插页）。

二、创新引领设计，方案先进合理

青藏直流工程初步设计工作于 2007 年 8 月启动，经历了工程预初步设计和初步设计两个阶段，2010 年 8 月全部通过了顾问集团公司组织的评审。工程施工图设计于 2010 年 6 月启动，其中线路施工图设计于 2011 年 3 月完成，换流站施工图设计于 2011 年 5 月完成，通信工程施工图设计于 2011 年 5 月完成。工程竣工图设计于 2011 年 12 月完成。

青藏直流工程作为全新电压等级和世界上海拔最高、穿越冻土地段最长的直流工程，工程建设环境恶劣，工程设计过程中面临着许多难题和挑战。其主要的难题是首次在高海拔、高寒地区开展直流工程设计，没有相应的设计标准；海拔 3000m 以上的高海拔过电压及绝缘配合设计无成熟方案；高海拔多年冻土基础设计，包括适合高海拔多年冻土地区的基础型式、防冻胀措施等设计没有成熟经验；高原生态环境脆弱，环保水保设计难度大；青藏高原高海拔地理条件特殊，设备运行维护困难。

针对这些难题，国家电网公司坚持以设计为龙头的方针，创新设计管理模式，集国内优秀设计资源，强化设计过程管理，融合优化科研成果，解决了高海拔多年冻土地区基础设计、高海拔过电压及绝缘配合等难题，为工程建设的顺利实现创造了条件。

在设计管理上，国家电网公司通过招标在全国范围内选择了西北、西南、中南电力设计院，青海、陕西省电力设计院和北京网联公司 6 家具有资质的优秀设计单位承担换流站和线路设计工作，由青藏交直流联网工程建设总指挥部（简称总指挥部）统筹管理、组织协调、业务指导，建立国网直流建设分公司（简称国网直流公司）专业化与西藏电力有限公司（简称西藏公司）和青海省电力公司（简称青海公司）属地化相结合的全新设计管理模式。打破传统工作模式，采取牵头设计、集中设计、联合攻关、属地建设管理单位参与的工作模式，实现了设计总体思路、设计原则、设计进度的协调统一。

针对工程设计的关键技术问题，国家电网公司组织科研和设计单位联合攻关，共开展了 15 项关键技术研究，为工程设计基本原则的确定提供了技术支撑。针对工程设计中的具体问题，开展了 9 项关键技术课题、17 个工程设计专题研究，为设计技术方案奠定了理论基础，保证了设计方案安全、合理。

在设计过程中，国家电网公司坚持多方案优选，不断动态优化。通过多方案对比选择了技术先进、工艺合理、布置紧凑、节省占地、节约投资的专业系统方案，使工程设计的主要技术经济指标达到先进水平，并在工程的各个阶段对设计进行持续改进。在工程施工过程中，强化现场设计技术服务，并根据新揭露的地质条件及时调整优化设计方案。

精心设计，设计成果丰富。在预初步设计与预选线阶段，换流站工程形成 12 卷 25 册设计文件，线路工程形成 6 册选线文件；初步设计阶段，换流站工程形成 16 卷 75 册设计文件，成套设计形成 136 册设计文件，线路工程形成 5 卷 10 册设计文件，接地极及接地极线路工程形成 2 册初步设计文件，通信工程形成 8 册设计文件；施工图设计阶段，换流站工程共出版 507 册图纸，线路工程共出版 235 册图纸，接地极工程共出版 47 册图纸，接地极线路工程共出版 27 册图纸，通信工程共出版 17 册图纸。

在换流站、直流输电线路和通信工程设计中形成了 89 项创新和特色设计，为建设精品工程创造了有利条件。主要的设计创新成果如下：

（1）在换流站工程设计方面：首次对换流站单极两个 12 脉动阀组并联方案进行了工程应用设计，填补了国内换流站设计的空白；针对青藏高原高海拔的特殊地理条件，建立了青藏直流远程诊断系统，提高了事故处理效率。

（2）在线路工程设计方面：通过试验研究，得到了交直流高海拔修正后的绝缘水平，提出了海拔 3500m 以上的外绝缘配置方案，填补了海拔 3500m 以上直流输电线路外绝缘设计空白；提出了适合高原多年冻土地区的 7 种基础型式，首创了适合高海拔多年冻土地区的预制装配式基础，提出了玻璃钢模板等一系列冻土基础防冻胀处理措施和采用热棒对塔基处冻土主动降温方法；首次研制了海拔 3500m 以上极端气候环境下直流线路配套金具、抗紫外线和耐老化的新型橡胶垫，首次在 3500m 高海拔采用了长棒型瓷绝缘子、预绞式防滑防振锤和防滑型阻尼间隔棒等。

（3）在通信工程设计方面：首次在国内通信工程中使用新型超低损耗光纤；在全国电力通信工程中，首次提出并使用耐高寒 OPGW 光缆。

第二节　管理机制科学高效

一、建立严密的建设管理体系

（一）强有力的组织管理机构

建设青藏交直流联网工程（简称青藏联网工程）是党中央、国务院和国家电网公司党组的重要决策，中共中央政治局常委、国务院副总理李克强指示"确保把这项民心工程建设好，管理好，早日发挥效益"。青海省委、省政府和西藏自治区党委、政府对工程建设给予高度重视，两省区政府分别出台了支持青藏联网工程建设的文件（青政〔2010〕85号、藏政发〔2010〕64号），努力为工程建设创造良好外部环境和政策支持。国家电网公司总经理、党组书记刘振亚也要求"只许成功、务期必成"。

为加强工程建设组织与地方政府的沟通协调，及时高效解决影响工程建设的重大问题，国家电网公司分别与青海省人民政府、西藏自治区政府联合成立了青藏交直流联网工程建设领导小组，国家电网公司总经理、党组书记刘振亚担任组长，青海省委常委、常务副省长徐福顺，西藏自治区党委副书记、常务副主席郝鹏，西藏自治区副主席丁业现，国家电网公司副总经理、党组成员郑宝森和国家电网公司总经理助理喻新强分别担任副组长。

为加强工程现场建设的指挥领导和组织协调，国家电网公司在现场成立了青藏交直流联网工程建设总指挥部，总指挥由喻新强担任，副总指挥由西藏公司、青海公司、国网直流公司主要负责人和国家电网公司直流建设部（简称国网直流建设部）负责人担任，这是国家电网公司把青藏联网工程作为最重要的建设项目，首次为单项工程专门成立工程建设总指挥部。总指挥部设在青海省格尔木市，并在西藏自治区拉萨市设工作组，下设综合管理与建设协调部、计划财务部、工程技术部、安全质量部、工程物资部、医疗和生活保障部共6个部门，还邀请国内知名冻土、环境保护、外绝缘等专家组成专家咨询组。总指挥部全面负责工程现场建设管理工作，负责贯彻执行工程建设领导小组各项决定，负责现场安全、质量、进度、投资和技术管理，负责物资供应、资金拨付审查和工程结算，负责现场医疗保障工作及后勤管理，负责联系地方政府，负责与地方关系的协调。

为做好工程项目的建设管理，国家电网公司委托 5 家公司作为建设管理单位对工程建设进行专项管理，其中青海公司负责西宁—柴达木 750kV 输变电工程（简称宁柴 750kV 工程）和青藏直流工程青海段线路的建设管理，国网直流公司负责直流输电工程两端换流站和西藏段线路的建设管理，西藏公司负责西藏中部 220kV 电网工程（简称藏中 220kV 工程）建设管理，国网信通公司负责青藏直流工程通信工程的建设管理和保障工作，中国安能建设总公司（简称安能公司）负责青藏直流工程的医疗保障工作。

（二）高效的工作机制

在工程建设过程中，总指挥部依靠集团化运作优势，超前谋划，坚持"目标一致、关口前移、扁平管理、高效精干"，坚持日碰头会、周计划会、月协调会，实施"日控制、周平衡、月攻坚"，实时掌控建设进度，解决现场存在问题。青海公司、西藏公司、西北电网有限公司（简称西北公司）、国网直流公司、国网信通公司充分发挥属地优势和专业化管理优势，全力支持总指挥部工作，及时协调外部环境，积极发挥技术人才优势，认真完成各自承担的建设管理任务，有力促进了工程建设。各建设管理单位积极履行建设管理责任，加强现场管理协调和检查督促，以整体目标和全局利益为重，相互支援，通力协作，保障了资源有效配置。有关网省公司协调督促所属参建队伍加大人财物支持力度，及时协调解决问题。各设计单位加班加点，开展联合设计，加强现场设计服务，精益求精，高标准为现场提供设计图纸。物资供应单位打破常规、多措并举，加快设备生产，确保工程物资按期供应。安能公司调配精干医疗队伍，落实相关医疗应急预案，充分发挥全线医疗卫生体系的保障作用，保证建设者的健康和安全。

二、建立全面的建设保障体系

为全面推进青藏联网工程建设，确保高标准、高质量、高水平地建设好"电力天路"，根据工程建设的特点和难点，总指挥部围绕工程建设目标建立了九大保障体系，即施工组织保障体系、工程技术保障体系、物资供应保障体系、安全质量保障体系、信息通信保障体系、新闻宣传保障体系、医疗后勤保障体系、环保水保保障体系和维护稳定保障体系。

（1）通过实行国家电网公司（总指挥部）、建设管理单位、业主项目部三级管理模式，形成严密的施工组织保障体系，实现了对工程建设的有效管理。

（2）通过以工程建设技术标准体系为基础、各领域专家咨询为支撑的工程技术保障体系，及时解决工程施工过程中的技术难题，确保了工程建设的顺利实施。

（3）通过以质量监督、进度管理和现场运输协调为核心的物资供应保障体系，保证工程建设物资质量和供应，攻克了高原大件运输的难题。

（4）通过严密的安全质量管理组织机构、全面的安全质量管理制度和严格的现场安全质量管控和检查监督措施，形成以争创国家科技进步一等奖、国家优质工程金奖、中国电力优质工程和鲁班奖为目标的安全质量保障体系，保证了工程建设的安全高效和精品工程的实现。

（5）通过建立工程管理信息系统、ERP 系统、视频会议和监视系统、输变电管理系统、基建管控模块等信息化管理平台，形成可靠的信息通信保障体系，使工程建设的各个环节和工程投资得到了有力管控，确保了工程信息的安全、高效，提升了工程管理的效率和水平。

（6）通过成立青藏联网工程主题传播活动工作小组，策划"八个一"主题（一首赞歌、一卷诗歌、一本报告文学、一册画卷、一部纪录片、一场报告会、一台节目、一座雕塑）传播方案，借助内外部主流媒体资源，形成新闻宣传保障体系，开展了形式多样的宣传活动，大力宣传了青藏联网工程的重要意义和建设成就，讴歌了 3 万余名建设者在高原上不畏严寒、挑战生命极限和"缺氧不缺斗志、缺氧不缺智慧、艰苦不怕吃苦、海拔高追求更高"的青藏联网精神，展示了国家电网的品牌形象。

（7）通过以安能公司医疗机构为基础、以三级医疗保障体系为根本，形成配置科学、工作高效的医疗后勤保障体系，实现了零高原死亡、零高原伤残、零高原病后遗症、零鼠疫传播的"四零"目标，创造了世界医疗保障的奇迹。

（8）通过由总指挥部、设计、施工和监理组成的"四位一体"的环保水保工作管理体系和严格的现场环保水保措施，形成争创"中华环境奖"和

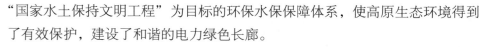

"国家水土保持文明工程"为目标的环保水保保障体系，使高原生态环境得到了有效保护，建设了和谐的电力绿色长廊。

（9）通过以完善机制为重点、以落实责任为关键、以督促检查为手段，形成可靠的维护稳定保障体系，促进民族团结，实现了工程建设过程中"不发生群体性事件、不发生政治敏感事件"的目标，使沿线藏族群众真正感受到青藏联网工程是造福边疆群众的惠民工程、光明工程。

三、实施严格的建设资金管理

青藏联网工程总投资 162.86 亿元，其中青藏直流工程总投资 62.53 亿元，中央预算投资 29.40 亿元。切实管好用好工程资金，责任重大，国家电网公司对此高度重视，提出了要把青藏联网工程建设成"阳光工程"和"廉政工程"的目标，使工程不仅在质量、安全方面，而且在招标投标、造价控制、资金管理、竣工结算等方面也能经得起历史检验。

根据青藏联网工程建设特点和总体管理要求，国家电网公司委托总指挥部代为履行总部职责，确立了以总指挥部为管理核心，国网直流公司、青海公司、西藏公司、国网信通公司和安能公司 5 家工程建设管理单位协同管理的财务管理模式。为此，总指挥部采取了多种措施，以严格执行初设批复、严格规范工程变更、严格控制工程造价为重点，努力降低工程建设成本，规避管理风险。

（1）加强工程招投标及合同管理。青藏联网工程招投标工作严格遵循国家电网公司提出的电网建设管理模式，由国家电网公司招投标中心统一负责工程项目物资类及非物资类招投标全过程组织。工程招投标过程中，考虑到项目所在地的特殊自然条件，在坚持公开招标、市场竞价原则不动摇的同时，根据项目设计基础薄弱、施工工艺复杂、影响施工人员劳动及生理健康的因素多等特点，确定了相适应的招标原则。对位于青藏高原腹地的直流线路工程，由于其施工条件、运输手段、物资供应十分困难，在工程招标阶段还无法准确衡量高原地区环境给青藏直流工程施工带来的影响，建设成本测算存在较大风险，因此在此项目非物资类招标时采用了施工图预算降点的招投标计价原则。对于其他工程，则采用常规工程项目总价与综合单价相结合的招投标计价原则。对项目合同采取"严谨合同起草、监督合同履行、实施资信评价"的措施加强管理，杜绝了合同中易出现纠纷的争议条款和问题，有效防范了各种违约责任的发生，保障了合同双方的权益，完善了合同评价机制，为后续工程建设提供了借鉴。

（2）及时开展工程配套造价管理体系及依据的研究。由于青藏直流工程为世界上第一个直流±400kV工程，且工程位于青海和西藏地区，现有的概算定额及取费标准不能满足直流±400kV工程投资估算及概算编制工作的要求。在工程开工之前，国网直流建设部组织开展了"±400kV线路工程补充定额研究"和"±400kV线路工程取费系数研究"，对青藏直流工程建筑和安装定额、线路定额、取费标准进行了深入研究，满足了编制投资估算、初步设计概算的需求，有力支持了工程结算的科学性、有效性、合法性及合规性，公正反映了各参建单位在高原、高海拔、高寒地区的合理投入。

（3）规范资金使用，加强过程管控。为确保使用好、管理好工程资金，实现"阳光工程"建设目标，总指挥部充分借鉴工程审计和工程建设领域专项治理活动经验，通过采取项目风险培训、合法合规性检查、执行分阶段结算等各种有效措施实现对资金拨付、招标、合同结算等重点环节的全方位、常态化监督管理，杜绝建设管理中的"习惯性违章"。

2011年7～12月，总指挥部先后两次组织专业咨询机构，针对青藏直流工程的建设管理单位和施工单位，对青藏直流工程建设过程中招投标管理、合同签订与履行、物资采购、建设资金使用、投资控制、财务核算管理、转分包、征地补偿等工程管理方面的重点领域和事项开展了建设资金和工程成本费用合法合规性检查，及时发现了财务管理中存在的问题并提出了整改意见，防范了工程建设中的差错与舞弊，控制了项目投资，保证了工程建设有序推进。开展合法合规性检查，是国家电网公司在工程建设领域进行的一次管理创新。

为切实加强全过程财务监管，对直流线路和换流站工程的施工费用进行了分阶段结算与审查，大大缩短了竣工结算的时间，及时解决了工程建设过程中的各类问题，使结算工作与质量、安全、进度管理工作紧密结合，有力促进了工程的质量、安全与进度管理。同时制定了医疗保障、生活保障、习服基地及环境保护及水土保持等专项费用的管理模式和结算办法，有效保障了专项投资能够足额落实到位，提高了资金的使用效率。

第三节　精心施工打造精品

一、周密组织，攻坚克难

青藏联网工程施工条件恶劣、施工难度极大，工程施工所面临的困难和挑战前所未有。

（1）高原多年冻土分布广、沼泽地多、热稳定性差，冻土基础施工过程中冻土保护难度大；高原生态环境脆弱，施工过程中的环境保护难度大。

（2）高原气候恶劣、高寒缺氧，线路交叉跨越多，组塔架线施工难度大，安全风险大。

（3）换流站地处高海拔地区，电气设备经过高海拔修正后，施工质量标准要求高、施工难度大、工序复杂。

（4）新技术、新工艺、新材料应用多，在高原上的实施难度大。

面对这些挑战和难题，国家电网公司精心组织策划、严格挑选施工队伍、加强工程管理、严格过程控制，通过"样板引路、示范先行"加强安全质量管理，全面提升工艺水平，顺利完成工程建设任务。

（1）通过公开招标，从工程业绩、专业水平和地方优势等方面择优选择工程施工单位和监理单位。直流线路工程共分 10 个标段。工程施工分别由青海送变电工程公司（负责第 1、5、6 标段）、甘肃送变电工程公司（负责第 2 标段）、四川省送变电建设有限责任公司（负责第 3 标段）、青海火电工程公司（负责第 4 标段）、西藏电力建设总公司（负责第 7 标段）、中国安能江夏水电工程公司八支队（负责第 8、9 标段）和贵州送变电工程公司（负责第 10 标段）7 家单位承担；工程监理由甘肃光明电力工程咨询监理有限责任公司、青海省迪康咨询监理有限公司、青海智鑫电力监理咨询有限公司和四川电力工程建设监理有限责任公司承担。

柴达木换流变电站和拉萨换流站工程施工分别由天津电力建设公司、黑龙江省送变电工程公司、青海送变电工程公司、青海火电工程公司、中国安能江夏水电工程公司八支队、山东送变电工程公司、湖北省输变电工程公司等施工单位承担，工程监理分别由湖北环宇工程建设监理有限责任公司和四川电力工程建设监理有限责任公司承担。工程施工高峰期建设人员达到 3 万余人。

（2）针对工程施工过程中的关键工艺和技术难题，总指挥部组织编制了冻土基础、热棒、组塔架线、设备安装等施工及验收细则，并通过开展"样板引路、示范先行"，在施工工艺、安装流程、质量控制等方面形成标准化作业方案，然后加以全面推广，切实提高工程质量和施工效率。

在基础土建阶段，针对冻土基础施工过程中的一些重点技术难题，编制了《高海拔多年冻土地区输电线路杆塔基础施工工艺导则》、《高海拔多年冻土地区杆塔基础施工及质量验收细则》、《预制装配式基础施工工艺导则》、《预制装配式基础加工、施工安装及验收细则》、《热棒施工安装及质量验收办法》等标准，规范关键环节的施工方法，统一施工工艺，明确质量验收要求，并策划了装配式基础试点、冻土基础回填、热棒安装施工及高原施工生态保护措施等样板引路工程。

针对西藏安多沼泽地带 37 基冻土基础施工技术难题，组织设计、施工和冻土专家于 2011 年 11 月 25 日进驻现场开展攻坚战，并根据地质和气候条件制订严密的施工组织方案，在 −45℃气温、含氧量仅为平原地区的 45% 的条件下，一个月内完成全部 37 基冻土基础的施工。

在工程组塔架线阶段，组织编制了《铁塔组立施工工艺要求》和《架线施工工艺标准实施细则》，对每一种塔型形成施工作业标准，并分别组织了组塔和架线的样板示范活动。特别是针对跨越青藏铁路、公路的一些重大作业，制订了专门的工艺措施。

二、加强施工过程管控，确保工程安全质量

（一）强化安全管理，确保施工安全

青藏联网工程施工面临的技术难度和安全风险远远大于常规工程，国家电网公司始终把安全生产放在首要位置，切实采取各种措施，确保了建设期间没有发生人身伤亡及较大机械设备损坏等事故。

（1）建立切实有效的安全质量管理体系。工程建设伊始，总指挥部建立健全了安全质量管理组织体系、监督体系和保障体系，成立了工程安委会、应急处理领导小组，制定了安全质量管理制度，明确了各级人员管理职责。

各参建单位建立了自上而下的保证体系和监督管理体系，按照承包合同的要求，做好关键岗位、重点环节技术控制，严格分包资质和计划的报审制度，确保安全措施监督到位、落实到位。

（2）全面推行安全文明施工。总指挥部组织有关安全咨询专家、监理单位和施工单位进行安全文明施工总体策划，施工单位依据总体策划进行二次策划，监理制订措施。各参建单位从安全管理人员配备、安全防护装备、安全施工设施等方面加大投入力度，在施工现场工作和生活区域统一规划、统一布置、统一标识，规范现场人员、机械进出管理，确保安全防护措施到位。

（3）加强现场重点环节的安全管控。结合高原、高寒地区工程建设的特殊性，在对工程进行危险源分析的基础上，制订并落实了现场人身安全、设备安全、机具安全和组塔架线作业、交叉跨越施工的安全保障措施。在铁塔组立阶段，制订了铁塔组立安全管理强制9条措施；在架线阶段，针对现场高空作业多、机械作业量大等特点，制订架线施工18条预控措施；针对高寒缺氧、大风扬尘、雷电、高空坠落、关键设备损坏等风险，制订了专门的技术安全措施。在此基础上，对第一线建设者和管理人员进行安全培训，确保他们熟知施工组织方案和安全防控措施，提高安全意识和技能。对关键作业、特殊作业和重要作业，责任单位的领导和主要管理人员都亲赴现场督导。特别是在线路跨越青藏铁路、公路等重大跨越的线路施工期间，建立了现场24h值班制度，严格执行审定的技术方案，保障施工安全。

（4）加强安全监督检查和闭环整改。工程建设期间，总指挥部组织制订了安全文明施工强条措施，在工程基础施工、组塔架线和设备安装调试三大环节中，组织以项目法人和安全专家组成的安全检查组，开展了安全大检查，强化国资委央企安全生产9条禁令的落实，并进行专家现场检查评比。此外，针对高原、高寒地区工程建设的特点开展安全隐患排查治理专项行动，加强现场重点环节管控。业主项目部还开展不定期抽查，确保工程施工安全可控、在控。对存在的问题要求责任单位限期整改，整改后由监理部复查，形成闭环管理。

（二）加强全过程质量管理，建设一流精品工程

在工程建设中，国家电网公司以国家科学技术进步一等奖、国家优质工程金奖、中华环境奖（国家水土保持文明工程）、中国电力优质工程、鲁班奖

创优为目标,通过"亮铭牌、控全程、创国优"活动,采取各种有效措施,全面推进工程全过程的质量管理,尤其是加强对施工图设计、设备材料到场检验、隐蔽工程及施工各阶段验收等关键环节的质量管控。

(1)通过施工图会检和现场设计服务,从设计方案上提高工程质量。在施工图阶段,集中优秀设计资源、强化设计审查机制等措施提升施工图设计质量;在施工过程中,加强现场设计服务,推行设计动态优化,确保设计方案的安全性、可行性和合理性。

(2)通过"样板引路、示范先行",强化关键工艺的施工质量。针对基础、组塔、架线和设备安装过程中的关键工艺和技术难题,开展了十余次样板试点施工活动,在施工工艺、安装流程、质量控制等方面形成标准化作业方案,然后加以全面推广,切实提高工程质量。

(3)通过质量检查和检测,实现全过程质量管控。为强化现场各项质量管理措施和技术标准的落实,总指挥部组织项目法人和技术专家对全线各标段进行了5次包括随机抽查、对标排名、视频点评、责任追踪、整改通报5个环节的巡查活动。为加强冻土基础的质量检查,组织施工单位采取交叉互查的形式,分别对冻土基础施工质量和热棒施工工艺质量进行了检查复测,并形成冻土基础施工质量检查报告。为全面了解冻土基础工程的质量状况,开展了2次冻土基础回填土质量检测、12次冻土基础位移观测和冻土地基温度观测工作。

(4)通过各阶段工程验收,确保工程"零缺陷"移交。在基础、铁塔、架线施工完成后,总指挥部按照工程节点计划,统筹组织完成了基础、铁塔、架线阶段的验收和转序工作,并组织各施工标段完成各阶段验收的消缺闭环。工程竣工后,及时制订了《青藏交直流联网工程竣工验收大纲》并编制了《青藏交直流联网工程自评估大纲》,组织完成了工程自评估总结和工程建设、运行、监理、环保水保、医疗保障"五位一体"的竣工验收工作,形成了工程实体、环保水保、工程档案、通信工程、医疗保障五项竣工验收报告,确保了工程"零缺陷"移交目标的实现。

三、组织三个阶段战役,实现工程提前投产

在确保安全、质量和工艺的前提下,总指挥部先后5次优化调整里程碑

计划，组织了"三个阶段战役"，激发了工程建设者攻坚克难的积极性和创造性，创造了工程提前一年投产的奇迹。

第一阶段战役从 2010 年 7 月 29 日开工建设，至 2010 年 12 月 22 日结束，完成了线路和换流站基础土建攻坚。工程开工后，面对冻土基础施工难度大、施工环境恶劣等诸多挑战，总指挥部开展了"奋战 90 天、抓好关键月"活动，优化人力机具配置，挑战高原生命禁区，全面推进基础土建工程施工。线路基础工程集中力量完成了冻土基础攻坚战，抢在 2010 年底前完成 2361 基线路基础施工任务，换流站工程超额完成了基础施工出零米的任务，为工程提前一年投产创造了有利条件。

第二阶段战役从 2011 年 2 月 15 日开始，至 2011 年 7 月 18 日结束，完成了线路组塔架线和换流站土建交安装。2011 年春节后，总指挥部立即组织复工上线，按照常规工程 1.5～2 倍的配备标准，组织大型机械化施工作业，通过开展"大干 30 天、土建全交安、为西藏和平解放 60 周年献礼"活动，提前完成了组塔架线和变电土建施工任务。

第三阶段战役从 2011 年 7 月 20 日开始，至 2011 年 10 月 31 日结束，完成了线路竣工验收和换流站设备安装调试。总指挥部组织开展"奋战 100 天、打赢第三战役、确保实现青藏交直流联网工程总体建设投运目标"，有序推进工程进度。在系统调试过程中，总指挥部统一组织，中国电科院、西北电力调控分中心（简称西北分调）、建设、运检、设备等厂家分工明确，协同推进，于 2011 年 10 月 31 日全部完成 136 个项目的调试试验，工程消缺整改基本结束。2011 年 10 月 31 日凌晨，工程带电并进入设备安全运行考核期，标志着设备安装和系统调试第三阶段工作取得圆满成功，也标志着青藏联网工程建设任务全面完成。

第四节 科技创新攻克难题

一、科技攻关，成效显著

针对工程建设面对的"高原高寒地区冻土施工困难、高原生理健康保障困难、高原生态环境极其脆弱"三大世界难题，国家电网公司坚持以科技创新为主导，以管理创新为基础，以工艺水平提升、新材料、新技术运用为支撑，围绕冻土基础设计与施工、高海拔地区电气设备过电压与绝缘配合、高原生态环境保护与水土保持、高原生理保障体系、系统运行及设备研制六大方面建立了科技创新框架体系，组织开展了一系列重大科研课题。其中工程前期开展了包括高海拔多年冻土区基础设计应用研究在内的课题共 15 项，工程施工期开展了包括冻土长期监测及稳定性研究在内的课题 20 余项。这些研究项目为工程设计、建设、调试和运行提供了技术参数和方案，为科学决策提供了依据，解决了工程建设中的一些技术难题，保证了工程的顺利实施和系统稳定，保护了高原脆弱的生态环境，实现了建设期间"四零"目标，填补了高海拔地区直流工程多项空白，建立了高原直流输电技术标准体系，进一步巩固了中国电力研究技术水平的国际领先地位，对促进国家科技创新和科技进步具有十分重要的示范作用。

开展藏中电网"大直流、小系统、弱受端"技术研究，优化了与直流系统运行协调控制策略，提升了藏中电网电压稳定特性。

开展高海拔地区电气设备过电压与绝缘配合等一系列研究，得出了外绝缘高海拔修正的方法和结论，解决了 4000m 以上海拔条件下的电气设备外绝缘特性问题，填补了高海拔地区直流工程多项空白。

开展高原多年冻土分布及物理特性、冻土基础设计及基础施工研究，提出了适应高原多年冻土的多种基础形式和施工方法，解决了高原多年冻土区冻土基础设计与施工技术难题，保证了青藏联网工程的冻土基础施工顺利完成和工程建成后冻土基础长期安全稳定。

开展高原直流输电线路环境保护、电磁环境及高原植被恢复等一系列专题研究，解决了工程建设过程中高原生态环境保护的一些重要技术问题，为保护高原生态环境提供了重要技术支撑。

开展高原生理健康及安全防护研究，解决了施工期间施工人员高原生理保障难题，为实现零高原死亡、零高原伤残、零高原病后遗症、零鼠疫传播的"四零"目标提供了技术支持。

开展海拔高寒地区直流设备研制及应用研究，全面提升了直流工程输变电设备设计与制造水平，实现了中国直流输变电产品设计和制造技术的国产化，各项产品性能达到了国外同类产品水平。

开展工程调度管理模式、电网运行分析、电力电量交易等研究，搭建远方故障诊断分析平台，建立工作保障机制和快速应急反应机制等，顺利实现工程由基建向生产的过渡。

二、依托技术创新，攻克冻土基础工程世界难题

青藏直流线路工程沿线地质条件复杂，穿越了550km的多年冻土地段，是世界上穿越多年冻土地段最长的线路工程。在全线2361基铁塔基础中，有1207基位于多年冻土地区，冻土基础工程所面临的难题前所未有。这些难题包括：

（1）冻土基础选型和设计问题。青藏高原多年冻土地质条件复杂，高海拔多年冻土地区输电线路的基础选型和设计的参考资料少，国内外可供借鉴的工程实例少，且无相应的设计标准，因此冻土基础选型和设计难度大。

（2）施工过程中多年冻土的保护问题。输电线路与青藏铁路的显著不同是其基础置于多年冻土层之中，基础开挖必然会对多年冻土产生不同程度的热扰动。由于青藏高原多年冻土热稳定性差，如果施工过程对多年冻土保护不当，不仅会影响冻土基础的稳定，而且会影响到冻土生态环境。因此，施工过程中如何保证最大限度地减小对冻土的扰动是线路土建工程的一个难点。

（3）冻土基础的长期稳定问题。高原多年冻土季节冻融将会导致上部活动土层的周期性冻胀和融沉，会对基础产生上拔或下沉影响。除此之外，青藏高原气候变暖会导致多年冻土区地温的变化，将使多年冻土的分布和特性发生改变，必然会影响到多年冻土基础的长期稳定性。因此，如何保证冻土基础的长期稳定是线路土建工程的又一个难点。

可以说，青藏直流线路工程的成败在于塔位基础，而塔位基础的难点在于保证冻土基础的稳定。

针对冻土基础工程所面临的这些难题，国家电网公司以科技为先导、设计为龙头、施工为抓手，依托科技创新，攻克冻土基础工程世界难题。

（1）依托科技攻关，攻克冻土基础技术难题。组织开展了包括"冻土基础勘察"、"冻土基础设计"及"冻土基础施工"在内的多项专题研究，解决了冻土基础工程的诸多技术难题，为冻土地区输电线路基础设计、施工提供

了重要技术支撑。其中，冻土勘察研究和逐基勘探工作，全面查明了线路走廊冻土的类型、工程性质及分布规律，提出了冻土区选线选位原则与思路，以及输电线路建设过程中冻土稳定性对策，为高海拔冻土区的线路基础设计和施工提供了翔实、可靠的参数及依据；通过开展包括《高海拔多年冻土地区基础选型及设计研究》和《高海拔多年冻土区锥柱基础真型试验》在内的多个专题研究和真型试验，针对不同冻土类型和地形条件，提出了包括锥柱基础、掏挖基础、人工挖孔桩基础、装配式基础和灌注桩基础在内的七种不同的冻土基础型式和相应的设计方案，合理确定了基础埋置深度；通过开展冻土基础施工研究，提出了冻土基础施工过程中减少冻土热扰动的技术措施，在此基础上形成了《冻土基础施工工艺细则》、《高海拔多年冻土地区输电线路杆塔基础施工工艺导则》和《输电线路预制装配式基础加工与安装导则》等多项工艺技术标准，为保证青藏直流输电线路安全顺利建成及可靠运行发挥了重要作用。

（2）创新基础施工工艺，减少对多年冻土的热扰动。施工过程中，针对多年冻土热稳定性差的问题，总结了一套适合高原冻土特点的施工方法。为减少施工对冻土的扰动，探索出了"快速开挖、快速浇制和及时回填"的冻土基础施工方法，有效缩短冻土基础施工时间；为减少基坑开挖后冻土"晾晒"的时间，每天凌晨气温最低时开始机械开挖，气温升高前完成基础开挖，并在白天及时采用彩条布等遮阳措施，防止日光对冻土的热扰动；为减少施工对多年冻土层的扰动范围，大量使用大功率旋挖钻机成孔施工；针对高原多年冻土地下水热活动强烈的问题，在开挖过程中采用泥浆泵进行及时抽排，对不稳定的基坑及时采取护壁防塌措施。

上述措施使冻土基础施工对冻土的热扰动降到了最小，有效保护了高原冻土环境，确保了整个冻土基础工程的质量和安全。

（3）创新基础设计，解决冻土基础长期稳定问题。在分析气候变化对多年冻土长期稳定性影响的基础上，结合多年冻土的工程特点，从设计和工程措施上确保冻土基础的长期稳定性。增加大开挖基础的埋置深度，使基础埋置深度在多年冻土上限以下普遍增加 2～3m，最大达 4m；在高温高含冰不稳定冻土区普遍采用以灌注桩基础为主的深基础型式，全线 1207 基冻土基础中，共采用灌注桩基础 182 基，占 15%；在冻土基础周围普遍埋设热棒，对多年冻土进行主动降温，消除气候变暖对多年冻土上限下移的影响，保证在气候变暖条件下冻土基础的长期稳定性，全线共埋设热棒 6981 根。除此之外采用玻璃钢、润滑剂等防冻胀措施，消除多年冻土上部活动层季节性冻胀、融沉对冻土基础产生的周期性上拔和下沉的影响，保证了多年冻土基础在周期性冻胀、融沉作用下的长期稳定性。

（4）论证冻土基础冻融循环周期，为工程提前一年投产创造条件。多年冻土地区杆塔基础是否应经过一个完整的冻融循环后方能进行立塔、架线是关系到工程能否提前发挥效益的关键。为让工程早日发挥效益，造福青藏两省区人民，同时也减少工程施工对高原生态环境的影响，总指挥部提出了在冻土基础经过一个冷冻期后提前进行组塔架线的设想，并进行了全面的论证。一方面在冻土基础施工过程中采取各种措施，使基础施工对冻土的热扰动减至最小；另一方面加快基础施工进度，提前完成基础施工，使冻土地基在组塔架线前经过 3～4 个月自然回冻恢复；同时在冻土基础周围及时安装热棒，使多年冻土地基在冷冻期内加速回冻。此外，组织开展冻土基础的回填土质量及回冻情况检测、基础位移沉降观测和冻土地温观测等工作，在组塔、架线和工程投入试运行前，三次邀请全国冻土专家召开冻土基础稳定性大型分析论证会进行论证。

根据回填质量和回冻检测、基础位移沉降和冻土地温观测结果：回填土质量良好，可以满足铁塔基础抗拔稳定的力学要求；多年冻土上限以下的回填土及多年冻土地基在经过冷冻期后迅速恢复到冻结状态，并且在夏季融期仍能保持冻结状态；在冻融过程中，铁塔基础没有一基出现冻胀上拔或融化下沉现象。综合论证结果表明，多年冻土区杆塔基础在经过一个冷冻期后即可进行组塔、架线施工，不需要经过一个完整的冻融循环。这一结论不仅为总指挥部及时调整工程工期提供了科学依据，为工程提前一年投入试运行作出了巨大贡献，而且为多年冻土区输电线路工程施工提供了经验和实例。

第五节 医疗保障创造奇迹

一、高原环境恶劣，医疗保障困难

（1）青藏高原自然环境恶劣。青藏高原沿线大部分地区处于低气压、缺氧、严寒、大风、强辐射和鼠疫疫源等区域，含氧量只有内地的 45% 左右，极端温差最大接近 70℃，全年约有 5 个月出现 6 级以上大风，最大风力达 12 级。这种恶劣的工程施工环境极易诱发肺水肿、脑水肿等各类高原综合病症，对工程建设者的身体健康、生命安全和劳动能力构成了极大的威胁。

（2）沿线医疗资源匮乏。青藏直流工程青海段近 600km 只有沱沱河、唐古拉山镇、雁石坪镇设有卫生院，且人员少、技术力量薄弱，无法为沿线大量建设者提供现场医疗保障任务。西藏段虽然有林周、当雄、那曲和安多县等县级医院，但仅能提供常见病门诊、急诊救治任务，而且普遍缺乏高压氧舱、制氧机等大型医疗设备，高原肺水肿、脑水肿的救治力量很有限。

（3）工程施工战线长，医疗保障布局困难。整个线路工程有 800km 处于无人区，沿线医疗资源缺乏，医疗保障机构布局的难度大。而且，一旦发生危重病人急需送往大型医院救治，由于线路长，运送时间少则 3～5h，多则 7～10h。若没有充分准备及各种预案，仓促下护送的后果可能不堪设想，发生高原病死亡病例的概率将大大增加。

二、创新医疗保障措施，确保施工人员生理健康

（一）医疗保障体系坚强有力

1. 建立三级医疗保障机构

针对青藏高原恶劣的自然环境及当地的医疗资源和条件，国家电网公司高度重视工程建设的医疗保障工作，充分发挥医疗卫生保障体系的重大作用，确保建设者的生命安全和身体健康，确保施工队伍的战斗力。在工程建设阶段，国家电网公司与安能公司签订协议，确定由安能公司所属的江夏水电开

发有限公司（简称安能江夏公司）组建青藏直流联网工程医疗卫生保障总院（简称医疗保障总院），全面负责青藏直流工程的医疗卫生保障工作。投入2亿多元用于医疗保障，其中8000多万元用于引进医疗设备，包括25辆高原救护车、4辆流动高压氧舱车等。牢固树立以人为本的思想，建立了统一的医疗卫生保障体系，在世界高海拔工程建设史上尚属首次。

医疗保障总院按照"全员、全过程、全覆盖"和"三结合"（一级医疗站与施工队、二级医疗站与施工项目部、三级医疗站与习服基地相结合）的原则，建立了三级医疗机构。其中：一级医疗站设立于施工队地点，间距为25～30km，共32个。每个站配备医护人员3～5名，储备必备药品和设置供氧设施、救护车等医疗设备。二级医疗站设立于标段项目部，间距为100km左右，共10个。每个配备医护人员16～18名，配置制氧站、高压氧舱、救护车等设施，装备相当于当地县级医疗机构。三级医疗站以格尔木解放军二十二医院、西藏军区总医院等两家甲级医院为依托，依靠地方先进的医疗设备及技术力量，开辟绿色通道，尽全力救治危重伤病员。各级医疗站的主要功能分别是一级医疗站重在预防、二级医疗站重在现场救治、三级医疗站重在技术指导及后续救治。

2. 设立两个习服基地

高原习服，是指人员进入高原居住在高原缺氧环境中一段时间后，对缺氧能产生一定的适应，缺氧初期的症状可明显减轻。为保证建设者在进入一线前能迅速适应高原环境，总指挥部分别在格尔木和拉萨建立了一个习服基地，其主要功能是满足建设者上线习服和下山轮转休养期间的住宿、饮食需要，在基地内对建设者进行相关医疗保健、卫生防疫、高原病预防、民俗民风等知识的培训和考试，对习服人员进行保健体检并建立习服人员健康档案。工程建设期间，两个习服基地累计接待习服人员36 255人次。

（二）现场医疗保障措施精细到位

为全面做好工程建设的医疗保障工作，国家电网公司高度重视最基层的一级医疗站的建设，强化一级医疗保障点的职能，重心关口前移，做好早预防、早发现、早处理，实现实时监控、在控、可控、能控的医疗保障。现场医疗卫生保障人员和建设者共同生活和工作在施工现场，按照预防为主、防治结合的方针，精心做好现场医疗保障工作。

（1）严格执行医疗体检习服制度，做到体检不合格人员不上线、未经基地习服人员不上线、未经培训人员不上线，从源头上确保每一名高原建设者身体健康。

（2）编制《高原健康须知》等有关高原病、地方病和传染病的各种材料，对现场建设者进行高原病、地方病和传染病知识的宣传教育，提高建设者高原健康保健意识和自我保健能力。工程建设期间累计组织 300 多次高原病、鼠疫等疾病防治知识讲座，发放 12 000 多本《高原健康须知》，制作 100 多个疾病防治宣传栏，张贴 500 多张宣传画。

（3）精心做好施工现场的卫生防疫工作，消除和控制病媒传播疾病的发生，加强环境消毒、饮水检测和食堂卫生检查，确保饮食安全。

（4）坚持巡查巡诊治疗，送医送药送氧气到建设者宿舍、到施工现场、到铁塔上，及时诊治身体不适的人员。

（5）重点做好高原病防治、鼠疫防控和高空作业坠落预防等保障工作，制订防治预案，加强高原病的治疗。

为做好工程组塔架线期间高空作业坠落预防保障工作，医疗保障单位和施工单位针对工程组塔、架线施工阶段的特点，共同制订了切实可行的医疗保障和应急方案，一、二级医疗站的医务人员加大了组塔架线施工现场的巡查巡诊力度，提高一线保障力度。在施工现场配备了便携式氧气瓶及空气舱，采取背负氧气瓶或导管供氧的方式，解决高空作业的供氧问题，确保高空作业建设者的身心健康及工作效率。

为做好鼠疫防控工作，总指挥部在全线印发了《关于严格遵守预防鼠疫的各项规定》，对建设者进行鼠疫预防知识宣传培训，坚持预防鼠疫"三不"制度，即不私自捕猎疫源动物（如旱獭、老鼠等）、不剥食疫源动物、不私自携带疫源动物及其产品。野外施工时，不在旱獭及鼠洞附近坐卧休息，定期在各参建单位办公区及生活区消毒并放置灭鼠药品。与地方疾病防控部门建立了联防联动联控机制，多次排除了由于旱獭带来的险情。

（三）后勤生活保障以人为本

国家电网公司坚持以人为本的原则，切实做好工程的后勤保障工作，做到"先生活、后生产",确保建设者"上得去、站得稳、干得好"。

（1）各标段的办公区、生活区实行标准化建设，为建设者创造适宜的劳动、生活环境。切实安排好建设者的宿舍、食堂等生活后勤工作，做到了建设者"七有"、"三要"，即有员工宿舍，有饮水供应，有饮食供应，有卫生设施，有劳动防护用品，有医疗卫生保障措施，有健全的习服制度和流程；建设者临建住处要保证一人一铺，野外用餐要有热饭、开水，要有医疗卫生现场保障。

（2）强化职业健康监护及劳动保护工作。各标段按高原特殊条件配备劳动防护用品，切实保障工程全过程建设者的身体健康，帮助建设者逐步适应高原恶劣的施工环境，努力克服恶劣气候环境和自然疫源性疾病对人体的伤害。

（3）青海、西藏公司物业部门牵头做好沿线生产生活垃圾的统一清运工作，并协助参建单位做好食品和生活用品物资的采购配送等工作，保证高原环境不被破坏，保证建设者食品安全。

三、医疗保障成效显著，实现"四零"目标

青藏联网工程是全世界第一个建有统一生命保障系统的高原输电工程。通过建立三级医疗卫生保障体系，科学配置资源，采取防治相结合的方法，青藏联网工程医疗保障取得了巨大成绩。从 2010 年 8 月至 2011 年 11 月，累计诊治病人 12.18 万人次，共救治急性高原反应 4835 人，急性上呼吸道感染10 154 人，其他病人 5802 人。其中，救治高原肺水肿 72 例，高原脑水肿 33例，感冒、高原反应及高原病的治愈率为 100%，全线无高原病死亡病例，实现了"四零"目标，创造了世界医疗保障的奇迹。

第六节　高原生态注重保护

一、青藏高原生态环境脆弱，环境保护难度大

青藏联网工程穿越了青藏高原高寒荒漠、高原草甸、沼泽湿地、高寒灌丛等不同生态系统，沿线分布有可可西里、三江源、雅鲁藏布江中游河谷黑

颈鹤、热振国家森林公园等国家级自然保护区。青藏高原自然生态环境原始、独特，生态系统极其脆弱、敏感，扰动破坏后很难恢复。因此，青藏联网工程建设面临高原高寒植被及自然景观保护、珍稀野生动物栖息及迁徙（移）环境保护、自然保护区及江河源生态环境保护、高原冻土及高原湿地环境保护、水土流失控制等一系列重大环境问题，对工程施工中环境保护带来极大挑战。作为世界上生态环境最脆弱、最敏感的高海拔输电线路，如何实现人与自然、工程与环境的和谐统一，是需要攻克与破解的重大难题。

国家电网公司高度重视工程建设中高原生态环境保护问题，把保护生态环境、实施可持续发展作为自己的神圣职责，提出了环境保护的总体目标，即认真贯彻落实环境保护、水土保持有关法律、法规和要求，坚持"预防为主、保护优先"的指导思想，严格执行环境保护、水土保持"三同时"制度，做到依法环保、科技环保、全员环保，有效保护高原高寒植被、野生动物迁徙条件、湿地生态系统、多年冻土环境、江河源水质和工程沿线的自然景观，实现工程建设与自然环境的和谐，努力建设具有高原特色的生态环保型电网工程，争创"中华环境奖"和"国家水土保持文明工程"。

二、以建设生态环保型电力天路为目标，实施最严格的环保措施

（一）建立严密的环保水保管理体系和严格的管理制度

针对高原脆弱的生态环境，总指挥部以建设"国家水土保持文明工程"，争创"中华环境奖金奖"为目标，将环保水保管理工作纳入工程建设的管理体系，构建了总指挥部、设计、施工和监理组成的"四位一体"的建设管理体系，成立了专门的环保水保组织机构，制定了严格的环保水保制度，实行了环保水保责任制。编制了青藏直流工程环保水保手册和环保水保实施细则，并通过举办环保水保培训讲座、设立环保水保宣传栏、环保水保现场检查等一系列措施开展广泛的环保水保宣传教育，让环境保护理念深入人心。

全线共举办环保水保培训 12 800 余人次，发放环保水保宣传手册 12 800 余册，设立环保水保宣传栏 128 处。

（二）工程设计绿色环保，环保水保设计精细

工程前期，针对工程建设中的重大环保问题，国家电网公司组织原国网

武汉高压研究所、中国科学院西北高原生物研究所、西南电力设计院、西北电力设计院、青海送变电工程公司等相关科研、设计和施工单位开展了《高原直流输电线路环境保护、电磁环境研究》、《±400kV青海—西藏直流输电线路工程高原施工环保及水保研究》等专题研究，提出了可行的环保解决方案，形成了《青藏高原地区输电线路工程施工环保、水保导则》，有效指导了青藏直流工程建设的环保、水保工作。工程设计中，根据地形特征铁塔采用高低腿设计，在地质条件允许时，塔基基础尽量采用人工掏挖桩或钻孔灌注桩，从而最大限度地降低了工程对自然环境的破坏和减少了水土流失。环保水保设计中，首次分阶段（基础施工阶段、组塔架线阶段）开展了环保水保施工图设计，并针对每个施工场地所处的自然环境条件，详细制订了相应的环保水保措施，这在电网工程建设中尚属首次。

（三）精心组织施工，严格控制对高原环境的影响

施工期间，采取了多种措施严格控制施工对高原环境的影响。

在选择场站施工临时占地及道路等场地时，尽量利用已有道路、场地或选择植被稀疏地段，并统一设置围栏、标志，以有效控制施工对环境的影响范围。

在施工区域内，严格划分施工材料和草皮、砂石等堆放区域，并在进场道路、施工区域内铺设草垫或棕垫，以最大限度减少施工活动对周边区域地表植被的压占和破坏。

塔基开挖时，对原生草皮进行了剥离、养护，将熟土（表土）、生土分别堆放，并用棕垫、彩条布进行隔离、拦挡和覆盖，为施工后期植被恢复创造了有利条件。

制定工程沿线生活垃圾管理规定，实行垃圾密闭存放、统一回收、集中处理，做到河流水源不被污染，野生动物繁衍生息不受影响，高原生态环境得到有效保护。

除此之外，为保护高原特有珍稀物种藏羚羊的迁徙繁殖，位于动物迁徙地段的施工单位，宁可耽误工期也要保证藏羚羊顺利通过迁徙通道。2011年8月5日，正值工程建设的高峰期，为不影响藏羚羊迁徙，刚刚安营扎寨的第三、四标段建设者停下工作，把已进场的大型旋挖机、牵引机、吊车等机械全部撤出藏羚羊迁徙点，为近4000只穿越青藏直流线路的藏羚羊让出迁徙的道路。

（四）开展高原植被恢复试验示范研究，植被恢复效果显著

工程施工后期，为尽可能恢复施工区自然生态原貌和野生动物的可利用生存环境，国家电网公司委托中国电科院西北高原植物研究所等专门科研机构开展了高原植被恢复试验示范研究，在此基础上，各施工单位对施工扰动的迹地进行了全面的植被恢复，包括人工种草和草皮移植，累计恢复高原植被 221 万 m²，植被恢复效果良好。

三、环保工作成效巨大，建成电力绿色长廊

在总指挥部的统一组织和管理下，青藏直流工程建设坚持环保优先的环保理念，经过全体建设者的共同努力，环境保护取得了巨大成效，实现了国家电网公司既定的环保目标，把工程真正建设成了青藏高原上的电力绿色长廊，环境保护的典范工程。

通过前期路径优化有效避让了三江源自然保护区、可可西里自然保护区、热振国家森林公园和雅鲁藏布江中游黑颈鹤自然保护区，合理穿越了雅鲁藏布江中游黑颈鹤自然保护区的试验区；依托科技创新和各种环保措施，使青藏高原上的高寒植被生态系统得到了有效保护和良好恢复，野生动物生存和迁徙环境未受影响，湿地生态功能和高原自然景观没有受到破坏，沿线江河源水环境没有受到污染。

2012 年 5 月 16 日，青藏直流工程通过环境保护部工程环境保护竣工验收；2012 年 6 月 1 日，工程通过水利部工程水土保持设施竣工验收。

如今的青藏高原，人们沿着青藏铁路看到的是一座座银灰色的铁塔静静屹立，一条条银线跨越高原南北。铁塔周围地面平整，植被恢复良好，远远看去仿佛座座铁塔直插在高原草地上，电力线路与高原自然景观浑然一体，形成了一道亮丽的和谐风景。高原上的"电力天路，绿色长廊"不再是神话，这是电网建设者在青藏高原上创造的又一奇迹！

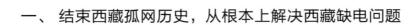
第七节 电力天路意义深远

一、 结束西藏孤网历史，从根本上解决西藏缺电问题

长期以来，西藏中部电网孤网运行，缺乏外部电力支援，系统规模小，电网内单个电站装机容量占系统比重过大，"大机小网"问题突出，系统安全稳定性差。同时整个电网缺电严重，2010年中部电网冬季日最高电力缺额已达123MW，全年缺电量达到1.05亿kWh，严重影响了西藏经济发展和人民生活。青藏联网工程的建成，从此结束西藏电网孤网运行的历史，从根本上解决了西藏缺电问题，使西藏电网发展纳入全国电网发展全局，实现了国家电力调度通信中心（简称国调中心）对西藏电力的直接调度。同时加强了西藏、青海及西北电网的主网架结构，实现电网事故时互为支援，提高了电网输送能力和安全稳定运行水平，为从根本上解决西藏城乡居民生活和工农业生产用电问题、促进西藏经济社会跨越式发展创造条件。

二、优化西藏电网结构，实现更大范围内的资源优化配置

青藏联网工程的建成，使西藏与西北主网互联，标志着我国内地电网全面互联，实现了更大范围的资源优化配置。青海、西藏是世界生态之源，其能源资源结构中，以水能为主的再生能源资源丰富，占有绝对比重，缺油少煤，生态脆弱，决定了西藏电源结构以水电为主体。但由于水电建设投资高、周期长，且存在丰、枯期出力悬殊大的特点，仅靠建设水电无法解决西藏电网近期缺电问题，同时大量开发水电，丰期会出现大量弃水，造成资源和投资的巨大浪费。西藏与西北主网的互联，从根本上解决了西藏中部电网季节性供需矛盾，显著提高了西藏供电可靠性，实现冬季枯水期西北青海电网向西藏电网送电，夏季丰水期藏中电网则通过青藏联网工程向西北电网反送电，使藏中电网丰水期富余水电得到有效利用，减少资源浪费，从而提升资源优化配置效率，促进西藏水电资源的开发。

三、增强青海电网网架结构，为柴达木经济循环区和藏青工业园提供电力保障

"十一五"期间，青海东部电网通过 4 回 750kV、6 回 330kV 线路与西北电网相联，750kV 电气联络紧密，配置资源能力较强。但青海省西部柴达木地区电网仅通过 2 回 330kV 线路（输电能力 500MW）与青海主网相联，单回线路最长达 700 多 km，中间缺少强电源支撑，且海西地区面积广，负荷点较为分散，网架结构薄弱，电网安全稳定运行水平较低，供电能力无法满足海西地区负荷发展的要求。

青藏联网工程的建成，使青海电网由单一交流电网转变为交直流混合型电网，由西北电网的末端电网转变为东接甘肃、南联西藏和西引新疆的多端枢纽电网，进一步增强了青海 750kV 电网结构，并将青海主网向海西电网送电能力提高到 2000MW，对青藏直流工程安全稳定运行提供强有力的支撑。同时，增强了青海海西电网和主网的联系，加速了海西电网升级发展，有效加强了海西电网结构，提高了海西电网输送能力和供电可靠性，满足了柴达木循环经济试验区和藏青工业园区的用电需求，为当地经济社会发展和资源开发提供有力的保障，还为海西地区 1000MW 光伏电源并网发电提供坚强网架支撑，为海西新能源的大规模开发创造了有利条件，促进清洁能源发展。

四、取得一大批创新成果，全面提升电网工程技术水平

青藏联网工程的建成，取得了一大批拥有自主知识产权、国内领先、国际一流的技术成果，建立了完善的高原交直流输电技术标准体系，填补了高原高寒地区冻土基础设计与施工、高海拔地区设备研制与运输、高原生理健康及高原生态环境保护等多方面的科研、技术空白。其中包括海拔 2000m 以上电气设备外绝缘海拔修正方法及外绝缘配置方案、高海拔多年冻土区杆塔基础设计方案及基础施工工艺、高原医疗保障技术、高原植被恢复技术等创新成果，以及《输变电工程外绝缘海拔校正规程》、《直流系统保护标准化设备入网检测标准》、《架空送电线路冻土地区基础设计技术规定》、《架空输电线路冻土勘察规程》、《高海拔多年冻土地区输电线路杆塔基础施工工艺导则》、《输电线路预制装配式基础加工与安装导则》、《高寒草原区青藏直流联

网工程塔基区植被恢复操作技术规程》等标准规范 12 项，申请各种专利 99 项。这些成果推动了中国电网建设技术的进步和升级，标志着中国完全掌握了高海拔、冻土区地区直流输电关键技术和直流设备制造能力，电力研究技术水平走在了世界的前列，对促进国家科技创新和科技进步具有十分重要的示范作用。

五、改善西藏人民生活生产条件，维护边疆稳定和民族团结

青藏联网工程的建成，使主网电力安全可靠地送到藏族人民生活、居住和发展的地区，从根本上解决了制约西藏发展的缺电问题，极大地支持了西藏经济和社会发展，改善了西藏人民的生活、生产条件，为维护边疆地区稳定、增进民族团结和保护生态环境等发挥极为重要的作用。

如今，安全、充足、便利、清洁的电力，让青藏两省区各族同胞的生活更加幸福美好。农牧民给家中添置各种电器，农牧区小学学生学习使用电脑，配有地域特色数字资源的"农家书屋"遍布高原……电不仅给边疆群众带来温暖，也带来了丰富多彩的文化生活。

第二章　前期论证与决策

　　工程的前期论证包括工程建设的必要性和工程的可行性两方面内容。其中工程的可行性涉及的问题较多，但真正影响项目决策的主要是工程的技术可行性、系统方案、工程效益和环境保护四大问题。首先，对大多数工程而言，如果采用成熟技术，当工程建设环境改变不大时，工程的技术可行性基本不是问题。但柴达木—拉萨 ±400kV 直流输电工程则不一样，它是第一次在青藏高原建设电压为 ±400kV 的直流工程，受端藏中电网又是一个装机规模不足 700MW、承受故障能力很低的电网，"大直流、弱受端"矛盾突出，因此直流联网的技术可行性是整个工程可行性研究首先需要解决的问题。其次是系统方案的优化，主要是合理选择联网电压和输电容量问题，对于青藏交直流联网工程而言，由于直流电压应用灵活、选择范围广，还要考虑远期与近期的结合，联网电压和输电容量的论证有一定复杂性和难度。 第三是工程效益问题，该工程是国家确定的重点援藏项目，投资和贷款的偿还主要由国家制定相关政策和措施解决。 最后是环境保护问题，青藏高原生态地位极其重要，直流线路要穿越青藏高原高寒生态区，必须有针对性地研究采取更多、更有效的措施，才能把对环境的不利影响减到最小。

紧密结合青藏交直流联网工程的特点，经过较长时间全面、深入、反复、认真的论证研究，上述重大问题都有了合理的解决办法和方案。

第一节 工程建设必要性

一、保障西藏电力供给的战略选择

由于受各种条件制约，西藏的电源建设长期滞后，电力短缺日益严重，缺电已成为西藏经济社会实现跨越式发展的主要瓶颈。2010年，藏中电网冬季日最高电力缺额达到123MW，约占需求的30%，若不采取有效措施，"十二五"时期电力缺额还将进一步增大，预计2015年枯水期最大电力缺额可达到300MW。

西藏除水能资源外，缺少煤炭、石油和天然气资源，基本不具备建设火电的条件；地热资源量小、分散、开发难度大；太阳能资源虽然丰富，但进行大规模开发不仅投资巨大，而且由于太阳能电站发电出力具有间歇性特征，一年四季和昼夜之间变化幅度大，无法单独运行，因此不可能靠太阳能解决西藏的电力供给问题。西藏水能资源丰富，水电是西藏电网依靠的主体电源，但到2010年末，藏中电网的水电装机只有360MW左右。几十年电力建设的实践表明，由于受到特定的地理和地质条件制约，西藏水电存在以下问题：开发难度大，建设工期长，投资大且建设调节水库十分困难，已建及规划的水电电源几乎都是径流式电站，调节能力差，枯期出力不足丰期出力的1/3。如果按满足丰期用电开发水电，枯期必然大量缺电，而按满足枯期用电开发水电，丰期则必然大量弃水，造成投资和资源的极大浪费。因此解决西藏的电力供给问题，仅仅靠自身建设水电是不行的，需要有更广阔的思路和战略眼光。在国家的发展已取得巨大进步的今天，完全可以依靠国家现有的经济实力和技术水平，将西藏电网融入全国互联电网中，通过发挥电网互联的优势保障西藏的电力供给。

与西藏相邻的西北地区具有丰富的能源资源，其中煤炭储量约占全国的30%，我国重点建设的17个煤电基地中，西北地区共有7个。西北电网在"十二五"期间及以后规划了数量很多的火电电源，在满足自身负荷需求后，还有大量富余的火电可供外送。建设青藏直流工程将西北电网的电力送入西藏电网，将从根本上改变西藏电网的供电状况和格局，打破制约西藏经济发展的瓶颈，为西藏实现跨越式发展提供可靠的电力保障。

二、优化电源结构和资源配置的重要途径

藏中电网无论现在和将来都是一个以水电为主的电网。由于水电存在丰、枯期出力悬殊大的特点，电网必然出现丰盈枯缺的情况。藏中电网缺电主要发生在冬季枯水期，"十二五"至"十三五"，随着雅鲁藏布江中游、拉萨河流域等多个大型水电站的陆续投产，藏中电网夏季丰水期将会出现大量富裕电力，2015、2020 年最大富裕电力分别为 500、1000MW 左右。

西北电网火电资源丰富，实现藏中电网与西北电网联网，枯水期西北电网向藏中电网送电，等于将西北的火电建在了西藏，从根本上改变了西藏的电源结构，在相当长的时期内，枯水期藏中电网受入西北火电的比例将维持在 35%以上。而夏季丰水期藏中电网则可通过青藏直流工程向西北电网反送电，使藏中电网丰水期富余水电得到有效利用，从而优化了资源配置，减少了资源浪费。

三、提高电网供电可靠性的必要措施

藏中电网长期孤网运行，缺乏外部支援，单个电站装机容量占电网负荷比重过大，故障后对系统带来较大冲击和扰动，严重威胁系统的安全稳定。如羊湖抽水蓄能电站装机容量为 112.5MW，2010 年前占藏中电网负荷比重 40% 以上，曾多次发生因该电站事故停机而导致藏中电网大面积停电事故。"十二五"末，藏木电站（510MW）投产后，其装机容量占届时电网负荷的比重将超过 50% 。

青藏直流工程的建设将结束西藏电网长期孤网运行的历史，西藏电网从此有了大电网的支持。今后若西藏电网再发生电站停机事故，西北电网可以提供有效的事故支援，极大地提高了电网供电的可靠性。

四、支持海西经济发展的迫切需要

经过多年的筹备和招商引资，柴达木循环经济试验区的资源优势向经济优势转化的步伐逐步加快，具备了一定的开发规模，预计地区负荷将迎来一个高速发展阶段，至 2015 年，海西电网负荷总计接近 2930MW。而海西电网

仅依靠两回长 800km 的 330kV 线路长距离送电，供电能力十分有限，无法满足海西地区负荷发展的要求。因此，在海西地区建设 750kV 电网对于满足海西地区负荷的发展十分重要。

青藏联网工程建设了宁柴 750kV 线路，大大增强了海西电网和主网的联系，为开发海西西部地区、建设柴达木循环经济试验区、支持海西蒙古族藏族自治区经济发展提供了可靠的电力保障，并为海西新能源的大规模开发接入电网创造了有利条件。

五、加快两端电网技术升级的难得机遇

青藏直流工程投产前，海西电网最高电压等级为 330kV，通过两回长距离的 330kV 线路与青海主网相联，电网结构较薄弱，短路容量小，输电能力低，不能满足向西藏送电以及直流联网运行的要求，为提高西北主网与海西电网的电力交换能力，增强直流送端系统的短路容量，提高直流运行的可靠性和灵活性，因此宁柴 750kV 工程将与青藏直流工程同时建设，750kV 电网"十二五"初期即延伸到海西地区，提前实现海西电网电压等级的升级。

与送端类似，青藏直流工程投产前，藏中电网主网架电压等级仅为 110kV，电网结构十分薄弱，系统运行短路比极小。为满足青藏直流投产后的运行要求，提高直流输电系统的安全稳定水平，"十二五"初期提前实现藏中电网主网架电压由 110kV 提升至 220kV，即建成围绕拉萨地区的 220kV 环网，不仅大大改善直流运行条件，同时也使西藏电网的输电能力和运行可靠性得到明显提升。

第二节 研究过程及决策

一、研究的基本思路

（1）着眼大局、深入调研、科学论证。青藏联网工程对于保障西藏电力供给从而推进西藏经济社会跨越式发展具有重要战略意义。前期论证应着眼大局、深入调研，充分考虑西藏的实际情况和工程的特殊性，全面权衡，有所突破，以满足西藏跨越式发展对电力的需求为目标，对青藏联网工程的必

要性和可行性进行全面科学论证，为工程的决策提供依据。

（2）统一规划、远近结合、适当超前。西藏电网对区外送入电力的需求是逐年增加的，近期可接受的电力与远期的需求存在较大差距，因此应坚持统一规划、远近结合、适当超前的原则。根据电网自身的发展规律和两端电网的实际情况，合理确定青藏联网工程的联网方式、联网电压、送电规模和扩建方案，既可满足西藏近期用电需求，又能较好适应远期发展需要。

（3）缜密研究、千方百计、确保安全。要始终把确保电网的安全稳定运行放在第一位。根据青藏联网工程海拔高、受端电网规模小、系统运行条件差等特点，深入研究直流对西藏电网安全稳定的影响，从不同角度、不同层次，全方位提出确保西藏电网安全稳定运行的措施，包括提高送受端电网运行短路比、改善系统动态无功支撑能力、重构安全稳定控制系统以及其他特殊措施等。

（4）勇于创新、慎重比选、优化提升。针对青藏联网工程碰到的各种新问题和难题，如联网电压选择、动态无功补偿等，组织力量集中攻关，深入研究，多方案比选，积极稳妥地采用电网先进适用技术，促进西藏、青海电网整体技术水平和经济效益的提升。

二、研究过程及成果

与一般工程项目不同，国家电网公司在组织青藏直流工程前期论证时，除开展初步可行性和可行性研究外，之前还进行了联网方案探讨性研究和主要技术问题研究两个阶段，之后则又进行了可行性研究调整和可行性研究补充完善两个阶段。经过由浅到深，由片面到全面的认真、反复研究，完善了解决问题的措施，优化了系统方案，统一了各方认识，充分体现了严谨求实的科学态度。

（一）联网方案探讨性研究

如何解决西藏的缺电问题，一直受到国家的高度重视。2006 年 12 月，国家电网公司和顾问集团公司组织有关单位对青海格尔木电网向藏中电网送电问题进行初步研究，开始了青藏直流工程前期论证的初步探索。这次研究主要是分析联网的必要性和技术可行性问题，通过对各种可能的送电方案进行系统分析计算，找出联网存在的问题。工作于 2007 年 1 月结束，完成了格尔木向藏中电网送电可行性分析报告。

本阶段研究获得的主要成果，一是明确了西藏电网与西北电网联网的必要性。缺电是制约西藏经济社会发展的主要瓶颈，若采用燃油发电成本太高，不是长久之计；水电站建设工期长且出力特性与负荷特性不匹配，不能完全满足需要，因此通过联网从西北电网输入火电，是破解西藏缺电难题的有效手段。二是排除了采用交流或轻型直流联网输电的可能性。从青海格尔木地区至西藏拉萨，输电距离约 1000km，若采用交流送电，无论什么电压等级，都存在投资大、送电能力低、不能满足西藏用电的要求等问题，经济上和技术上不可行。轻型直流输电技术的优势是可用于受端系统短路容量极低的电网，但由于尚处于发展初期，技术成熟度低，世界上还没有送电距离达到 1000km 的类似工程可供借鉴，而且其综合造价也大大高于同等容量的常规直流，因此不可能在青藏直流工程中采用。三是明确了青藏直流联网存在的问题和需要克服的主要技术障碍。由于藏中电网是一个装机容量很小的弱电网，电网故障时难以维持足够的换相电压，若采用常规直流联网输电，需要对西藏电网进一步作全面、深入的分析研究，提出一系列切实有效的措施，以确保电网的安全稳定运行。

（二）直流联网主要技术问题研究

为落实中央支援西藏跨越式发展的战略部署，尽快解决西藏的缺电问题，2007 年 7 月，国家电网公司党组会议决定，成立由国网发策部和顾问集团公司牵头，中国电科院、国网经研院、北京网联公司、西南电力设计院、西北电力设计院等多家科研、设计单位参加的专门工作组，集中力量、集中时间进行攻关，就直流工程所涉及的主要技术问题，包括电压等级选择、送电规模、运行方式、直流线路电磁环境和导线截面选择、换流站技术组合方案，以及确保电网安全稳定运行的措施等进行重点研究，得出以下一系列重要结论：

（1）青藏直流工程技术上是可行的，只要采取适当措施，可以保证电网安全稳定运行，不存在无法克服的问题。

（2）青藏直流工程功能定位为双向送电，主要满足西藏电网用电需求，兼顾藏中地区丰期富裕水电外送。

（3）联网输电规模终期 1200MW、本期 600MW，可基本满足西藏近期和远期用电需求。

（4）青藏直流工程电压采用 ±400kV，导线截面选用 $4 \times 400mm^2$，可满足电磁环境及各项相关技术要求。

（5）为节省本期工程投资，便于远期扩建，直流线路可一次建成，换流站则分期建设。初步推荐换流阀组采用并联方案建设，即初期每极先建 1 个阀组，远期再并联 1 个同类型阀组。换流阀采用 4in 阀。

（6）青藏直流工程初期输送功率不超过 300MW 时，单极闭锁故障可利用健全极功率调制功能避免切除西藏电网负荷，双极闭锁故障可通过切负荷措施保持系统稳定。

（7）西藏电网薄弱，最小有效短路比为 2 ～ 3，交流扰动易导致直流换相失败，从而造成闭锁故障。为解决该问题，初期送电容量不超过 200MW 时，需要在西藏侧安装调相机 100Mvar，后期送电容量达到 600MW 时，调相机容量需要增至 200Mvar。建议进一步对调相机问题，以及西藏电网安全稳定运行等特殊问题进行专题研究。

直流联网主要技术问题研究成果为初步可行性和可行性研究奠定了坚实基础。

（三）初步可行性和可行性研究

为加快青藏联网工程前期论证进度，2007 年 7 月下旬，国家电网公司以发展规一函〔2007〕48 号《关于开展青海—西藏联网工程可行性研究的通知》，同时布置了青藏直流工程初步可行性和可行性研究工作。由于有了直流联网主要技术问题攻关得到的基本结论，两阶段的工作均开展顺利。初步可行性研究由国网发策部和顾问集团公司牵头，于 2007 年 9 月完成报告，主要是按照有关内容深度要求，对直流联网主要技术问题攻关阶段的工作作进一步深化完善，补充了规划选站、选线、投资估算等内容。系统方案的有关结论与主要技术研究阶段的结论一致，青藏直流工程联网电压仍推荐采用 ±400kV，输电规模本期 600MW、终期 1200MW。

青藏直流工程的可行性研究由西南电力设计院牵头，西北电力设计院、北京网联公司、青海电力设计院参加，于 2007 年 11 月完成，同时完成的还有青藏直流对藏中电网安全稳定影响分析、小换流阀设备供应及无功补偿等专题研究。

可行性研究通过更深入、全面的研究工作，正式对系统方案涉及的主要问题，包括直流联网电压、送电规模、换流站分期建设方案、导线截面等给出了明确结论，均与初步可行性研究报告和主要技术问题攻关的结论一致。但有一个重要变化，就是将拉萨换流站装设调相机的方案改为了装设静止无功补偿装置（SVC）的方案。原因是调相机与静止无功补偿装置相比是一个转动设备，可靠性差，运行维护十分困难，而且调相机本身是一种比较陈旧的技术。采用静止无功补偿装置（SVC）不仅体现了技术的升级换代，还可以提高可靠性。静止无功补偿装置（SVC）的容量暂定为80Mvar，待初步设计时进一步优化。

此外可行性研究还确定了送、受端换流站和相应的接地极址位置，以及直流输电线路和接地极线路的路径方案。送端换流站站址位于青海省海西蒙古族藏族自治州格尔木市以东24km的西城区郭勒木德乡，与柴达木750kV变电站合建。受端换流站站址位于拉萨市以北18km林周县的甘曲镇。

（四）可行性调整研究

鉴于国内已有多条建成投运的±500kV直流工程，为便于借鉴±500kV直流工程的设计建设经验，形成相对统一的直流电压等级序列，进一步提高向西藏电网的送电能力，2008年1月，国家电网公司委托设计单位开展青藏直流工程的补充可研，对联网电压采用±500kV、输电规模初期为750MW、最终为1500MW联网方案的技术经济合理性进行论证。

补充可研对±500kV和±400kV两种电压的联网方案进行了全面比较，基本的结论是两者没有本质差别，技术上都是可行的，所不同的是采用联网电压±500kV、最终输电规模1500MW的方案，电能损耗较低，运行的灵活性和远期的适应性相对较好，但造价比采用联网电压±400kV、最终输电规模1200MW的方案约高13%，设备制造难度稍大。

2009年1月，受国家发展和改革委员会委托，中国国际工程咨询公司对青藏±500kV直流联网工程的可行性研究报告进行评估，经过专家深入细致的调研分析，于2009年7月正式提出了评估报告，评估认为由于青藏直流工程实际输送容量不大，为节约投资，降低设备制造风险，建议适当降低直流工程电压和减小工程输送规模。

本阶段国家发展和改革委员会能源局还委托有关单位对人们关心的是否能够以输气替代输电的问题进行了论证和评估，认为向西藏输电与向西藏输气并不矛盾，两者各有优势，可以互为补充、互为备用。从长远看要完全满足西藏经济社会跨越式发展对能源的需求，两者都是需要的。但由于建设输气管道向西藏输送天然气的方案还处于规划研究阶段，不能解决西藏"十二五"的电力短缺问题，因此加快青藏联网工程的建设是必要的。

此外，青藏联网工程的环境影响评价和水土保持方案制订工作也在本阶

前期论证与决策

39

段完成，并于 2008 年下半年得到国家主管部门的批复。

（五）可行性补充完善研究

按照国务院关于尽快建设青藏联网工程的部署，国家发改委 2010 年 4 月以发改能源〔2010〕1153 号文，向国家电网公司印发了《关于审批青藏直流联网工程项目建议书的请示的通知》，明确青藏直流联网工程采用 ±400kV 电压。为了争取工程早日开工建设，国家电网公司随即组织设计单位进行青藏 ±400kV 直流联网工程可行性研究的补充和完善工作，要求设计单位充分利用以往可行性研究成果，尽快完成任务。设计人员克服困难，加班加点，仅用了三个多月的时间即完成了任务。

本次工作在以往可行性研究的基础上，主要针对西藏及青海电网发展的最新情况，进一步论证青藏联网工程合理的输电规模和建设时间，以及送、受端交流网架建设方案和换流站接入系统方案等，最终确定了联网电压为 ±400kV、输电规模本期 600MW、远期 1200MW 的系统方案。同时还确定在拉萨换流站配置 1 组静止无功补偿装置（SVC），容量 6 万 kvar，并装设 1 组备用晶闸管控制电抗器（TCR），容量 6 万 kvar。

经本次补充完善提交的可行性研究报告共 8 卷，分为 21 册，除可行性研究总报告外，还包括系统方案论证、两端换流站的接入系统设计和系统二次方案论证、两端换流站站址及工程设想、青海段和西藏段路径选择及工程设想、OPGW 光纤通信工程、两端接地极和接地极线路工程、总投资估算及经济评价，以及分项投资估算等研究报告，除为工程决策提供充分依据外，还为初步设计奠定了良好基础。

2010 年 5 月底，青藏直流工程补充可行性研究报告通过了顾问集团公司的评审，前期论证工作至此圆满完成。

三、工程项目决策

2006 年，国家电网公司从国家加快青藏民族地区发展的利益出发，实施了青藏联网工程建设的推进工作。2006 年底，开展了青藏联网工程前期初步探索。在后续深化前期工作中，国家电网公司服从于党和国家工作大局，服务于青藏两省区社会经济发展，考虑西藏少数民族地区发展的实际现状和特殊性，组织开展工程前期研究，远近结合、慎重比选、适当超前、持续创新，以技术可行、经济合理、运行安全为前提，对青藏直流工程的必要性、可行性和系统方案进行全面科学论证，以尽快解决西藏电网供需矛盾，多次向国家主管部门行文反映藏中电网缺电形势，为加快工程决策奠定了良好的基础。

青藏联网工程总概算 162.86 亿元，其中，青藏直流工程的静态投资 61.83 亿元，动态投资 62.53 亿元。为减轻企业资金压力，由国家安排中央预算内投资 29.40 亿元，支持青藏直流工程建设，其余资金 33.13 亿元由国家电网公司利用贷款等方式解决。关于工程贷款本息偿还问题，国家发展和改革委员会明确，由于青藏直流工程实际输送容量较低，影响工程效益，由青海送电到拉萨的落地电价高于藏中电网综合销售电价，考虑到西藏对电价承受能力较低，为支持西藏经济社会发展，工程贷款本息偿还和运行维护成本由国家电网公司在全公司范围内统筹解决。

青藏直流工程的前期论证在国家电网公司的精心组织和西藏自治区政府及青海省政府的全力支持与积极配合下，通过设计单位反复研究论证和多方案比较，影响工程决策的重大问题，包括工程建设的必要性、技术可行性、联网电压和输电规模，均有了明确结论，环境影响评价和水土保持方案也于 2008 年下半年得到了国家主管部门的批复。作为国家西部大开发的重点项目，2010 年 2 月中共中央国务院在中发〔2010〕4 号《关于推进西藏跨越式发展和长治久安的意见》中，已正式明确要建设青藏直流工程。国家发展和改革委员会 2010 年 4 月以发改能源〔2010〕886 号文，向国务院上报了关于审批青藏直流工程项目建议书的请示，获得国务院批准和授权后，于 2010 年 6 月以发改能源〔2010〕1322 号文，对国家电网公司上报的国家电网发展〔2010〕761 号《关于青藏 ±400kV 直流工程可行性研究报告的请示》作了批复，正式批准了青藏直流工程的建设。

随后国家发展和改革委员会又发文批准了青藏直流两端的相关交流工程，包括送端宁柴 750kV 工程，受端藏中 220kV 电网配套工程。

第三节　系统方案设计

一、联网方式和联网电压

（一）联网方式选择

联网方式是决定电网系统特性的主要因素，是进行系统方案设计最基本的前提。从青海格尔木地区至西藏中部地区联网工程送电距离超过 1000km，运行条件恶劣，采用什么样的方式联网，需要综合考虑工程的送电能力、安全稳定水平、经济性、远景适应性，以及对沿线生态环境的影响等因素。联网方式的选择是经过了对交流联网、轻型直流联网、常规直流联网 3 类不同联网方案的反复论证、比选后确定的。

以交流联网，无论采用什么电压等级，共同的问题是因输电距离远、稳定水平低、输电容量较小，不能满足西藏的用电需求，且存在引发电网低频振荡以及联锁故障等问题的可能。受青藏高原特殊的地形地貌等自然环境的影响，交流联网方案中沿线变电站（或开关站）的运行维护也存在较大困难。从经济性看，欲使交流联网方案的送电能力达到要求，投资代价过高，尤以 750kV 交流联网投资最高。

轻型直流联网方案具有运行控制方式灵活多变，有利于向边远地区弱交流系统供电，提高系统动态稳定性和供电质量的优点，其劣势也很明显：① 轻型直流当时仅能做到 ±200kV、400MW 的规模，无法满足青藏联网大容量、长距离的输电要求；② 综合造价高，当时是同等容量常规直流的 4 倍，现在也是常规直流的 2 倍；③ 轻型直流损耗大，换流站损耗约为常规直流的 1 倍；④ 轻型直流技术尚在不断发展中，技术成熟度、运行可靠性均不如常规直流。

常规直流联网方案的优势是可以使西北电网和西藏中部电网继续保持非同步运行的格局，避免交流联网带来的系统稳定问题；同时直流送电容量大，可控性强，运行灵活，远景适应性好；通过装设静止无功补偿装置（SVC）、优化直流运行方式、设置安全稳定控制装置等措施，亦可解决大容量直流接入弱交流系统的各种问题。与交流相比，可充分利用走廊，减少对环境的影响，不足之处是不能兼顾沿线供电。

综合分析比较，青藏直流工程采用常规直流是合理的。

（二）联网电压选择

由于直流工程是相对独立的工程，其输电电压与两端电网电压的关联度较低，因此电压的确定比较灵活，但正是这种灵活性也给直流电压的选择带来了一定的难度。一般选择直流联网工程电压需要考虑的主要因素有工程造价、年运行损耗费、设备制造难度、建设周期等。

青藏直流工程输电距离 1038km，联网电压采用 ±400kV 与采用 ±500kV 相比，技术上没有本质差别，各有优势。联网电压采用 ±400kV 的方案，由于其设备外绝缘水平与内地 ±500kV 直流工程设备外绝缘水平相当，设备制造难度小于后者；投资比采用 ±500kV 约低 13%；建设工期也稍短。联网电压采用 ±500kV 方案的优势是电能损耗较低，运行的灵活性较好，可适应远期较大规模容量送入和送出的需要。

考虑到青藏直流工程投运后在一个较长时期里送电容量都不大，为节约投资，缩短建设工期，减小设备制造难度，争取早日建成发挥作用，确定青藏直流工程采用 ±400kV 电压。

二、输电规模及导线截面选择

（一）输电规模及分期建设规划

青藏直流工程输电规模的确定和分期建设安排，充分体现了电网建设统一规划、远近结合、适当超前的原则。

论证青藏直流工程输电规模时，具体考虑了三个方面的需要和约束：① 藏中电网近期和远期的电力需求：根据西藏中长期负荷预测和电力电量平衡计算分析，藏中电网 2011～2015 年最大电力缺额为 120～300MW，2020 年最大电力缺额约 570MW。② 直流送入容量对藏中电网安全稳定水平带来的影响：系统稳定计算研究表明，为避免青藏直流故障时对藏中电网带来过大冲击，青藏直流投产初期最大送电容量不应超过 300MW。③ 远期发展的需要和适应性：西藏的水电尽管开发难度大，但却从未停下过发展的脚步，按照水电开发规划，到 2020 年藏中电网丰水期最多时约有 1000MW 的富裕电力可以外送，而送入藏中电网的容量，2020 年前后将达到 600MW。

综合分析三方面因素的影响，最后确定青藏直流工程输电规模终期为1200MW，本期为600MW。由于到2015年前青藏直流最大送入西藏电网容量不超过300MW，结合电网安全稳定运行的需要，初期两端换流站的无功容量按双极300MW的送电规模配置，正常运行时采用两极互为备用的特殊运行方式，既能节约初期投资，又可使直流单极闭锁故障时西藏电网不损失负荷，提高了电网供电的可靠性。

（二）直流线路导线截面选择

高压输电线路导线截面的选择需满足两方面的要求，即经济性要求和环境保护要求。经济性要考虑的因素主要是导线的经济电流密度、电晕损耗、线路造价、年运行费等。环保要考虑的因素主要是无线电干扰、可听噪声、静电感应等对环境的影响。

青藏直流工程线路一般都处于海拔4000m以上的地区，最高海拔甚至达5300m。当线路通过高海拔地区时，由于空气相对密度降低，导线周围空气在较低的工作场强下就开始游离而产生电晕，造成电能损耗、无线电干扰、可听噪声等一系列派生效应，因此减小电晕影响是高海拔地区选择导线截面特别需要重视的问题。经分析计算研究，直流导线截面采用 $4 \times 400mm^2$ 或者 $4 \times 300mm^2$，两者的合成场强、离子电流密度、无线电干扰和可听噪声均小于规定指标，满足电磁环境要求。

青藏直流工程最终输电容量为1200MW，按 $\pm 400kV$ 电压计算每极电流为1500A，直流的导线截面采用 $4 \times 400mm^2$ 最大电流密度是 $0.94A/mm^2$，采用 $4 \times 300mm^2$ 最大电流密度是 $1.25A/mm^2$。

综合分析比较，导线截面采用 $4 \times 400mm^2$ 方案比采用 $4 \times 300mm^2$ 方案，由于导线截面积大，在满足电磁环境要求、减小电晕影响、节能降耗等方面具有明显优势。其投资虽然较后者稍高，但由于电能损耗小，按整个寿命期计算的年费用明显小于后者。因此青藏直流工程线路导线截面选择为 $4 \times 400mm^2$。

三、送端换流站接入电网方案

（一）换流站起点选择

格尔木市是青海省西部的新兴工业城市，隶属海西蒙古族藏族自治州，地处青藏、青新、敦格公路和青藏铁路交会处，为青海西部交通枢纽，南可通西藏，北可达甘肃河西走廊，西可至新疆，东可到省会西宁，是西藏通往祖国内地的重要中转站和物资集散地。

青藏直流起点选择在格尔木市具有如下优势：

（1）格尔木是西北电网距离西藏最近的点，联网以此为起点，直流线路最短、最经济。

（2）为满足海西柴达木循环经济试验区负荷发展的需要，"十二五"期间建设宁柴双回750kV线路，以及落点柴达木的新疆与西北主网第二个750kV联网通道，750kV网架将延伸至格尔木地区，可为青藏直流联网运行提供强有力的电压支撑，提高电网运行的安全稳定水平。

（3）从电源规划来看，海西电网最大火电电源鱼卡电厂装机容量为1200MW，该电厂距离格尔木不远。青藏直流工程起点选择格尔木，鱼卡电厂电力可以就近送出。

（4）随着柴达木循环经济试验区、藏青工业园区的发展，格尔木电网逐步成为青海省继西宁、海东之后的第三大负荷中心，青藏直流起点选择格尔木地区，远期有利于西藏中部电网返送电力在格尔木电网就地消纳。

经综合分析比较，换流站最终确定在青海省海西蒙古族藏族自治州格尔木市以东24km的西城区郭勒木德乡。

（二）接入电网方案

青藏直流工程投产前，海西电网主网架最高电压等级为330kV，通过两回长距离的330kV线路与青海主网相联，电网结构薄弱，供电能力有限。为满足青藏直流投产后的送电要求，提高西北主网与海西电网的电力交换能力，提高海西电网应对负荷和电源发展不确定性的能力，增强换流站送端系统的短路容量，提高青藏直流运行的灵活性和可靠性，宁柴750kV工程将提前与直流工程同期建设。

为节约投资、便于管理，送端换流站接入电网采用换流站与750kV变电站合建方案。柴达木750kV变电站通过3回330kV线路和海西330kV电网相联，通过两回750kV线路联入西北750kV主网（接入系统方案见图2-1）。

（三）送端换流站建设规模

（1）换流站额定容量远期1200MW，本期600MW。单相三绕组换流变压

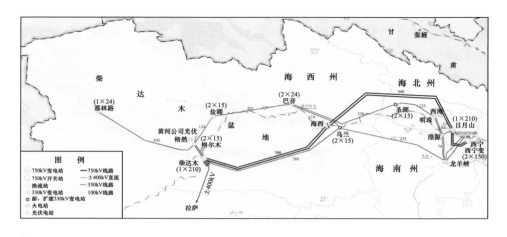

图 2-1 送端换流站接入系统方案图

器远期为 12 台，备用 1 台；本期为 6 台，备用 1 台，单台容量 117.7MVA。

（2）阀组本期按双极、每极 1 个 12 脉动阀组建设，远期在本期基础上每极再并联 1 个 12 脉动阀组，最终构成每极 2 个 12 脉动阀组并联的接线方式。

（3）±400kV 直流出线 1 回，接地极出线 1 回。330kV 出线本期建设 2 组换流变压器和 2 组滤波器组的进线至柴达木 750kV 变电站 330kV 母线。

（4）交流滤波器容性无功本期按直流双极送电 300MW 配置。共配置 2 大组 8 小组电容器/滤波器，每小组容量 24Mvar。输电规模达到 600MW 时，再配置 1 大组 7 小组电容器/滤波器组，每小组容量仍为 24Mvar。

（5）本期安装 1 组 60Mvar 低压并联电抗器。

四、受端换流站接入电网方案

（一）换流站落点选择

受端换流站落点一般宜靠近电源点或者负荷中心，靠近电源点有利于提高系统短路比，靠近负荷中心则可缩短供电距离，节约输电网建设投资。

从藏中电网电源及负荷分布情况看，拉萨地区是西藏中部电网负荷中心，其负荷约占整个中部电网的 60% 以上。由于电源装机不足，拉萨地区也是中部电网缺电最严重的地区。"十二五"期间，藏中电网拟建的大电源有藏木水电站（装机 510MW）、旁多水电站（160MW）及多布水电站（120MW），远期还将建设羊湖抽水蓄能电站二期（480MW）。

从地理位置看，若换流站落点靠近藏木电站，虽然有利于远期富裕水电外送，但青藏直流输电线路的距离将比换流站落点靠近拉萨长 120～250km，同时需要建设大量至负荷中心的交流输电线路，工程投资大。而换流站若选择在拉萨附近，不仅可缩短直流线路的长度，换流站还可就近接入拉萨的 220kV 环网，直接向负荷中心供电，经济性显著。由于青藏联网工程主要是向西藏送电，宜落点负荷中心，经综合比较，受端换流站最终确定在拉萨市以北 18km 林周县的甘曲镇。

（二）受端换流站接入电网方案

青藏直流工程投产前，藏中电网主网架最高电压等级仅为 110kV，电网结构十分薄弱，系统运行短路比极小。为了满足青藏直流投产后的运行要求，将提前实现藏中电网电压升级，由 110kV 提升至 220kV，与青藏直流工程同期建成围绕拉萨的 220kV 环网。即建成连接曲哥变电站、乃琼变电站和夺底变电站的拉萨 220kV 环网。其中夺底—乃琼—曲哥间的 220kV 线路按双回本期一次建成，曲哥—夺底线路则按单回建设。

拉萨换流站由于与拉萨 220kV 环网相距不远，接入电网方案较明确。经多方案技术经济比较，推荐拉萨换流站初期以 2 回 220kV 线路接入拉萨环网夺底 220kV 变电站，远期将根据需要进一步加强换流站与电网的连接（接入系统方案见图 2－2）。

（三）受端换流站建设规模

（1）换流站额定容量远期 1200MW，本期 600MW。单相三绕组换流变压器远期为 12 台，备用 1 台；本期为 6 台，备用 1 台，单台容量 117.7MVA。

（2）阀组本期按双极、每极 1 个 12 脉动阀组建设，远期在本期基础上每极再并联 1 个 12 脉动阀组，最终构成每极 2 个 12 脉动阀组并联的接线方式。

（3）±400kV 直流出线 1 回，接地极出线 1 回。220kV 线路本期出线 2 回至夺底 220kV 变电站；远期出线 6 回，其中至夺底 220kV 变电站 2 回，至墨竹工卡 220kV 变电站 2 回，至旁多电站 2 回。

（4）拉萨换流站装设 1 组 60Mvar 静止无功补偿装置（SVC），并设 1 组备用晶闸管控制电抗器（TCR）。

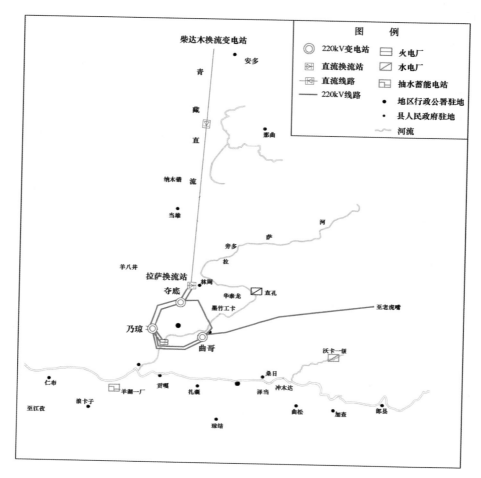

图 2－2　受端换流站接入系统方案图

（5）交流滤波器容性无功本期按直流双极送电 300MW 配置，共配置 2 大组 8 小组电容器/滤波器组，每小组容量 25Mvar。送电规模达到 600MW 时，再增加 1 大组 4 小组电容器/滤波器组，每小组容量 45Mvar。

（6）低压电抗器远期装设 6 台，每台容量 10Mvar，本期装设 4 台。

五、安全自动装置

送端海西电网的主要稳定问题是交流电网自身的电压稳定问题，因此，在海西电网配置了一套常规安全自动装置。由于青藏联网工程投运后，海西电网与西北电网联系已变得较紧密，而直流工程输送容量不大，因此送端交直流系统之间相互影响较小。

受端西藏电网在青藏直流工程投产后，直流送电功率最大时可占到藏中电网负荷的40%左右；同时由于藏中电网"大直流、小系统、弱受端"的问题突出，直流故障或主力电源故障将直接威胁藏中电网稳定运行。稳定计算结果表明，西藏电网"大直流、小系统、弱受端"特点引起的稳定问题在直流投产后更加突出。

依据确保电网安全稳定三道防线的设置原则，藏中电网安全自动装置研究对安全稳定系统决策方式、控制结构和通道组织等进行了多方案比较，提出了优化后的推荐方案。整个控制系统由29个厂站43套安全自动装置组成，其中拉萨换流站2套，220kV 4个厂站8套装置，110kV 17个厂站26套装置，35kV 7个厂站7套装置，重要厂站采用双重化配置。其主要功能是判断直流通道故障和大机组跳闸故障，组织西藏电网220kV区域切负荷控制主站和110kV切负荷执行站实施切负荷控制；针对西藏电网大机组跳闸等故障，利用直流功率快速可调和跨区联网功率支援的优势，快速提升或回降直流功率，提高藏中电网频率和电压稳定性。

西藏电网安全自动装置具有以下特点：

（1）在国内实际工程中首次采用安全自动装置与直流极控的接口光纤直连方式。与传统的硬接点联系方式相比，抗干扰性更强，并实现了直流功率调制量的连续调节（传统调节方式是离散的）。

（2）可对西藏电网全网可切负荷按照重要性程度进行优化排序，在保证电网稳定的前提下实现了重要负荷的可靠供电。

（3）西藏电网原有的稳定控制系统结构为单链式结构，链上任一环节出现问题将导致控制措施失效。新的安全自动装置将现有控制结构调整升级为可靠性和安全性更高的分层分区域结构。

（4）直流故障判别决策与西藏电网其他故障判别决策逻辑从物理上分开，使直流故障判别决策更加安全可靠。

西藏电网安全自动控制系统可准确判断直流通道故障和藏中电网其他故障形态，组织藏中电网220kV区域切负荷控制主站和110kV切负荷执行站快速执行切负荷控制，抑制电网频率电压下降，对确保藏中电网稳定运行具有重要意义。

六、光纤通信

为了确保系统通信的可靠性，青藏直流工程要求组建 3 条光纤通信通道。第一通信电路通道由沿青藏直流线路全线建设一条架空复合地线光缆（OPGW）构成，新建的架空复合地线光缆起于柴达木换流变电站，止于拉萨换流站，光缆总长为 1038km。同时沿青藏直流线路沱沱河—安多段架设第二条架空复合地线光缆，长度 295km，用以联通西藏电网和青海电网内已有的光纤线路，构成第二和第三通信电路通道。相应新建光通信站点 9 个，新安装光设备 21 套。青藏直流光纤通信工程在国内首次采用新型超低损耗（ULL）光纤，提出并采用耐高寒架空复合地线光缆，同时综合采用多种先进技术，建设了国内高海拔、高寒环境下距离最长（295km）的无中继光纤通信电路。

青藏直流光纤通信工程是国家电网"十二五"光通信骨干网络拓扑规划目标的重要组成部分，伴随此光纤电路的建设，将使西藏地区电力通信网与内地电力通信网通过"信息高速公路"相连接，改变了西藏地区信息孤岛的现状，同时也为两个换流站站间控制、自动化信息的传送和青藏直流线路的视频监控信息传送提供可靠的通信保障。

七、技术升级与创新

（一）解决了青藏直流联网的技术可行性问题

由于藏中电网是一个规模相当小、短路容量低、承受故障能力很差的电网，送端海西电网与西北主网联系原来也十分薄弱，采用直流联网在技术上是否可行是一个备受关注的问题。前期论证通过反复深入的研究，提出了一系列保证联网后藏中电网安全稳定运行的措施，解决了实现青藏联网技术上可行的问题。这些措施主要有：

（1）加强送受端电网建设，增强电网的抗事故能力。送端与青藏直流工程同时建设西宁—柴达木双回 750kV 输变电工程；受端提前实现西藏中部电网主网架电压由 110kV 提升至 220kV，同步建成围绕拉萨地区的 220kV 环网。

（2）采用直流两极互为备用的特殊运行方式。为保证直流单极闭锁故障时藏中电网不损失负荷，提高供电可靠性，青藏直流工程采用两极互为备用的特殊运行方式。工程初期设计规模为 600MW，但实际运行输送容量不超过

300MW，在直流系统发生单极闭锁时，通过极间功率转移和健全极功率提升，快速弥补系统功率缺额，保证藏中电网的安全稳定运行。

（3）受端换流站配置动态无功补偿装置，除为电网提供足够的动态无功补偿支撑外，还可降低因控制保护等故障引起直流换流站交流滤波器大组退出的影响，维持系统电压稳定。此外，为进一步提高动态无功支撑能力，还在西藏受端电网主要枢纽变电站装设了一定容量的动态无功补偿装置。

（4）确定藏中电网合理的直流受电比例。青藏直流投产初期为保证电网安全可靠运行，确定枯期青藏直流送入功率不大于藏中电网负荷的40%。

（二）西藏电网调度技术提前实现跨越式升级

青藏直流工程的建设，使西藏提前建成了围绕拉萨的220kV环网，藏中电网正式升级为220kV电网；±400kV直流进入西藏电网，使西藏电网跨入超高压直流互联的新阶段。电网的跨越式发展，促进了西藏电网调度技术支持系统的跨越式升级。完善了能量管理系统（EMS）前置系统，实现了全网EMS系统联网，并建设了调度员培训系统（DTS）；完善了覆盖西藏中调和5个地调以及35kV以上厂站的电力调度数据网络，为调度自动化业务信息的高效、实时和可靠传输提供了技术手段；完善了厂站端电能量计量系统，控制和降低了电网线损，提高了电网管理自动化水平和运行管理效益；为保障西藏电网调度端调度自动化业务系统的信息安全，网内厂站均配置了纵向安全防护设备。

（三）第一次在国内采用直流阀组并联分期建设方案

国内的直流工程凡是有两个阀组的换流站采用的都是串联接线方式，青藏直流工程是国内第一个换流站阀组采用并联接线方式的工程，也是第一个按分期建设规划设计的直流工程，不仅较好地适应了西藏电网负荷发展的需要，也为直流工程的扩建积累了宝贵经验。

（四）采用运行有效短路比指标评估联网系统

由于青藏直流投产初期，输电功率没有达到额定值，提出采用运行有效短路比（Operation ESCR，OESCR，即短路容量减去无功补偿容量，再与直流实际输电功率之比）指标来评估西藏交直流联网系统的强弱。2011～2013年，枯大方式下西藏电网运行有效短路比（OESCR）在2.0～3.0之间，属于弱交流系统；枯小方式下各年度运行有效短路比（OESCR）均可达到 3.0 以上，达到强交流系统水平。根据不同年份、不同运行方式下的运行有效短路比分析系统的安全稳定情况，可更有针对性地制订合理有效的安全稳定控制措施。

（五）第一次在国内电力系统运用新型超低损耗光纤

为避免在海拔 5000m 的无人区沱沱河—安多段设置中继站，减轻运行维护的压力和困难，提高通信系统的可靠性，工程在此段架设超低损耗光纤，实现了平均海拔 5000m 左右的高原环境下 295km 的无中继传输，是在全国通信行业中应用超长距离光传输通信技术海拔最高的工程。

（六）调整藏中电网安全稳定控制系统结构为分区域控制模式

藏中电网原有的安全稳定控制系统结构为串联链式结构，链上任一环节出现问题将导致控制措施失效。青藏直流联网后，电网运行对安全稳定控制系统的依赖程度进一步提升。结合青藏直流联网后藏中电网的特点，在故障措施决策上采取了分区域控制模式。

分区域决策符合藏中电网地域特征和网架结构，除直流故障需要组织全网切负荷外，区域稳定问题尽量在本区域解决，避免控制信息的远距离传送，降低了控制的复杂度，分散了集中决策的高风险。

（七）首次采用安全自动装置与直流极控光纤接口方式

由于藏中电网负荷较小，轻微的功率扰动会引起频率波动，传统的分轮次直流功率调制方式难以适应控制需求。因此青藏联网工程在国内首次采用安全自动装置与直流极控光纤接口方式，不仅大大提高了传输信号的抗干扰性，还实现了直流调制量的连续化调节（传统调节方式是离散的），使实际控制量与所需控制量做到精确匹配。

第四节　环境保护与水土保持

一、工作过程及措施制定

青藏高原是我国和东南亚地区的江河源和生态源，是维系东半球气候稳定的重要屏障，生态地位极其重要。青藏直流线路由北向南穿越青藏高原高寒生态地区，线路处在可可西里、三江源等国家级自然保护区外围保护地带，约有550km经过连续多年冻土区。工程建设主要面临高原高寒植被及自然景观保护、珍稀野生动物栖息及迁徙环境保护、自然保护区及江河源生态环境保护、高原冻土及高原湿地环境保护、水土流失控制五大环保问题。

受国家电网公司委托，西南电力设计院和西北电力设计院负责进行青藏直流工程的环境影响评价和水土保持方案制订工作。其中西南电力设计院为环境影响评价报告汇总单位，西北电力设计院为水土保持方案报告汇总单位。整个工作大致经历了环境现状调研、保护措施制订、报告书编制和评审、环保水保方案调整四个阶段。

（一）环境现状调研

掌握工程项目所处地区环境的各种情况、特点和存在问题，是开展环境影响评价和水土保持方案论证的基础。武汉电力系统电磁兼容和电磁环境研究与监测中心作为协作单位，完成了工程沿线主要敏感目标的工频电场强度、工频磁感应强度、直流合成电场、直流磁感应强度、噪声、无线电干扰现状监测工作；中国科学院西北高原生物研究所和中国环境科学研究院共同完成了项目区生态环境状况调查和评价工作。在此基础上，设计单位也通过各种方式深入现场作进一步调研，发放汉、藏两种文字的调查表，仔细了解情况和倾听当地群众对工程的环保要求，全面掌握了工程沿线的环境情况。

（二）保护措施制订

保护措施的制订和完善是在全面预测和评价工程对沿途环境产生的影响的基础上进行的，预测评价的范围包括电磁环境和声环境、生态环境以及水土流失问题等。

由于线路路径选择时已避开了沿线居民等敏感目标，换流站设计在设备选型和总平面布置等方面尽量采取控制噪声措施，工程电磁环境、声环境各项指标预测结果低于标准值；工程对沿线生态环境造成的影响可在采取一定补救措施后逐渐得到恢复；对可能造成的水土流失亦可采取有针对性的措施有效控制。

根据预测评价得到的各种数据和结论，经过深入的分析论证，形成了体现

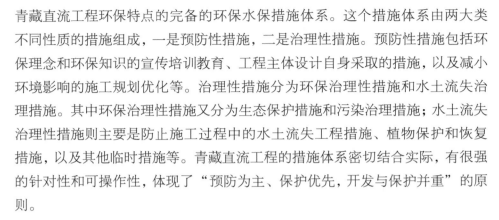

青藏直流工程环保特点的完备的环保水保措施体系。这个措施体系由两大类不同性质的措施组成，一是预防性措施，二是治理性措施。预防性措施包括环保理念和环保知识的宣传培训教育、工程主体设计自身采取的措施，以及减小环境影响的施工规划优化等。治理性措施分为环保治理性措施和水土流失治理措施。其中环保治理性措施又分为生态保护措施和污染治理措施；水土流失治理性措施则主要是防止施工过程中的水土流失工程措施、植物保护和恢复措施，以及其他临时措施等。青藏直流工程的措施体系密切结合实际，有很强的针对性和可操作性，体现了"预防为主、保护优先，开发与保护并重"的原则。

（三）报告书编制和评审

按照国家电网公司实现工程建设与自然环境和谐，建设具有高原特色的生态环保型电网工程的要求，设计单位分别于 2008 年 4 月和 5 月，完成了青藏±500kV 直流工程的水土保持方案报告书和环境影响报告书，得出的基本结论是：青藏直流工程采取一系列环境保护和水土保持措施后，能够有效防治项目区新增水土流失，对环境的影响程度符合评价标准要求，项目建设可行。

水土保持方案报告书于 2008 年 6 通过了水利部水土保持监测中心组织的专家审查，同年 8 月得到了水利部的正式批复（水保函〔2008〕226 号文）。环境影响报告书 2008 年 5 月底通过了国家环境保护部环境工程评估中心组织的专家审查，同年 9 月得到了国家环境保护部的正式批复（环审〔2008〕364号文）。

（四）环保水保方案调整

2010 年 6 月，青藏直流工程得到国家发展和改革委员会正式核准，但由于采用的联网电压发生变化，工程规模亦相应进行了调整。

（1）联网电压由 ±500kV 调整为 ±400kV，输电规模由本期 750MW、远期 1500MW，调整为本期 600MW、远期 1200MW。换流站总平面布置有所调整，减小了站区占地面积。

（2）柴达木换流变电站接地极布置形式由原来直径 500、300m 的双圆环调整为直径 600m 单圆形。拉萨换流站接地极布置形式由原来的双环椭圆形调整为直径分别为 500、400m 的同心圆环形布置。

（3）接地极线路经过路径优化，送端接地极线路长度由原来的 25.5km 调整为 20km，塔基数由 69 基调整为 59 基。受端接地极线路长度由原来的 12.5km 调整为 13km，塔基数由 34 基调整为 36 基。

（4）输电线路路径局部有所调整，塔基数由批复的 2394 基调整为 2361 基。

上述调整由于一定程度上缩小了工程的建设规模，有利于减小工程对环境的影响。根据国家环境保护相关法律法规要求，2011 年 2 月，各设计院完成了青藏直流工程变更环境影响报告书和青藏直流工程水土保持方案调整报告，并上报国家环境保护行政主管部门备案。

二、环境影响评价

青藏直流工程送端柴达木换流变电站站址选择在戈壁地区，站址区域原来的声环境质量达到城市区域环境噪声 II 类标准。受端拉萨换流站站址选择在人口稀少的乡村，站址区域原来的声环境质量达到城市区域环境噪声 I 类标准。

直流线路沿线基本为人烟稀少的青藏高原地区，沿途没有大的电磁场、无线电干扰源，也没有大的工业污染源（包括噪声源），且工程线路大部分架设在山地、丘陵区，合成电场、直流磁场、工频电场和磁场、无线电干扰环境质量原状态良好，线路沿线区域原来的声环境质量分别为城市区域环境噪声的 I 、II 类标准（青海为 II 类，西藏为 I 类）。

环境保护部的批复意见认为，青藏直流工程在落实报告书中提出的环保措施后，直流线路、换流站、接地极及接地极线路均避让了三江源、可可西里、色林错黑颈鹤、雅鲁藏布江中游河谷黑颈鹤自然保护区和热振国家森林公园等环境敏感点，环境不利影响能够得到一定的缓解和控制。

项目建设中积极向公众宣传工程在环境保护方面采取的各项环境保护措施，接受公众的监督，发现问题及时解决和报告。严格执行配套建设的环境保护设施与主体工程同时设计、同时施工、同时投产使用的环境保护"三同时"制度。加强施工期环保管理工作，制定规章制度，强化与建设者的宣传教育和管理。规范建设者行为，严禁建设者捕猎或破坏动植物。工程实施后，对线路沿线居民点等环境敏感目标的电磁环境和声环境状况等进行跟踪监测及回顾性评价工作，并根据监测结果及后评价结论采取相应补救措施。

三、水土保持评价

水利部的批复意见认为,青藏直流工程水土保持方案符合我国水土保持法律、法规的有关规定,对于防治工程建设造成的水土流失、保护项目区生态环境具有重要意义。方案编制依据充分、内容全面,水土流失防治目标和责任范围明确,水土保持措施总体布局和分区防治措施基本可行,符合有关技术规范和标准的规定,可作为下阶段水土保持工作的依据。

水利部要求按照批复的水土保持方案落实资金、管理等保障措施,做好本方案下阶段的工程设计、招投标和施工组织工作,加强对施工单位的监督管理和对工程的监理,确保水土保持工程的建设质量,切实落实水土保持"三同时"制度。

定期向水利部长江水利委员会、黄河水利委员会及省级水行政主管部门报告水土保持方案实施情况,接受水行政主管部门的监督检查。委托具有水土保持监测资质的单位承担水土保持监测任务,并及时向省级水行政主管部门提交监测报告。采购石、砂等建筑材料选择符合规定的料场,明确水土流失防治责任,并向地方水行政主管部门备案,后续设计报省级行政主管部门备案。

第三章　工　程　设　计

　　柴达木—拉萨 ±400kV 直流输电工程是我国"线路定位勘察最为艰苦、施工设计工期最为紧张、科研课题研究最为全面、生态环保要求最为严格"的输电工程，也是世界上海拔最高、穿越多年冻土区最长、生态环境最为脆弱的输电工程。采取牵头设计、集中设计、联合攻关、属地建设管理单位参与的工作模式，有效推进了工程设计，保证了工程设计质量。

　　设计是工程建设的"龙头"和"灵魂"，优秀的设计是工程建设进度、质量的保障。柴达木—拉萨 ±400kV 直流输电工程设计秉承"全寿命周期管理、"两型一化"、"两型三新"、"节能降耗、环境保护"的设计理念，集中国内优秀的设计资源和智慧，经过大量的研究与创新，采用先进的设计软件，在广泛的试验数据支撑下，攻克了"高海拔外绝缘设计、多年冻土基础设计、环境保护与水土保持设计、换流站地基处理"等多项难题，取得了大量的设计经验与成果，设计成果达到了国内领先水平。

　　本章全面总结了柴达木—拉萨 ±400kV 直流输电工程的设计经验、设计方法和设计成果，系统归纳了柴达木—拉萨 ±400kV 直流输电工程的设计理念、设计难点、技术创新等内容，对后续高海拔、高寒地区、多年冻土地区直流输电工程设计、建设具有借鉴意义。

第一节 设 计 管 理

一、设计组织机构

国网直流建设部是青藏直流工程设计的归口管理部门；负责组织预初步设计、成套设计、初步设计及评审、技术原则审定等工作。国网发策部是工程前期工作的归口管理部门，负责可研阶段设计管理。国家电网公司基建部（简称国网基建部）是工程设计与技经标准的归口管理部门，负责初步设计概算的批复。国网直流公司和青海公司负责建设管理范围内的施工图设计管理工作，以及施工图检查和审查的组织工作。

顾问集团公司负责设计评审、技术把关，北京网联公司负责成套设计，西北电力设计院牵头联合西南电力设计院、中南电力设计院、青海电力设计院和陕西电力设计院共同完成工程设计工作。

设计单位分别成立了以分管院长为组长的工作小组，成立了环保、冻土基础、组塔架线和换流站四个专家组，保证设计工作的顺利实施。设计单位在组织管理形式上打破各设计院独立、分散设计的传统模式，采取牵头设计、集中设计、联合攻关、属地建设管理单位参与的工作模式，实现了设计总体思路、设计原则、设计进度的协调统一。

二、设计过程

（一）可行性研究设计

青藏直流工程于 2007 年 7 月正式启动可行性研究设计工作。历经 5 年、多次论证，2010 年 5 月完成了可行性研究，并于 2010 年 6 月 19 日批准立项。

在可行性研究设计阶段，设计单位完成了站址比选及路径方案选择，确定了主要设计原则，编制了可行性研究报告、环境影响报告、水土保持方案报告。完成了医疗卫生保障、线路三维在线监测、生活保障体系、通信保障体系、基础沉降和地温监测科学技术项目建议、习服基地、环保方案、水土保持措施实施方案、三维电子移交 9 项专题报告。

1. 规划选站与工程选站

2007 年 8 月，西北电力设计院在青海格尔木市境内东、南、西 3 个方向共选择了 10 个比选站址方案。重点对小乌兰沟站址一、小乌兰沟站址二和南山口 3 个站址方案进行了比选，南山口站址近远期线路长，综合投资最高；小乌兰沟站址一地理位置适中，但距昆仑经济开发区规划边界仅 6km，污秽严重；小乌兰沟站址二满足城镇规划，投资最省，最终选用小乌兰沟站址二作为换流站站址。

对应换流站比选站址，接地极选择了 3 个极址。尕勒滩极址位置适中，土壤电阻率相对较低、对周围设施影响小，最终选用尕勒滩极址方案。

2007 年 9 月，西南电力设计院开展了拉萨换流站站址初选工作。在拉萨市附近选择了朗塘、古荣 2 个站址方案，古荣站址线路路径较长，占用部分基本农田，进站道路需修建桥梁 1 座；朗塘站址近远期线路较短，进出线走廊开阔，满足城镇规划，投资较古荣站址节省，最终选择朗塘站址为换流站站址。

对应换流站比选站址，接地极选择了容当、饿玛 2 个极址方案，考虑到容当极址位于雅鲁藏布江中游河谷黑颈鹤国家级自然保护区试验区内，最终选用饿玛极址方案。

2. 工程预选线

2007 年 8 月，设计开始工程预选线，在选线中设计人员克服强烈的高原反应，考虑线路在公路、铁路两侧 2km 范围内走线，避让自然保护区、风景区，保护青藏高原脆弱生态，避让不良地质区域，合理选择了线路路径，于 2008 年 3 月顺利完成工程预选线。

（二）初步设计

国家电网公司通过设计招标，在 2008 年 6 月确定由西北电力设计院、西南电力设计院、中南电力设计院、青海省电力设计院、陕西省电力设计院五家设计院完成换流站、直流线路、接地极与接地极线路设计工作，北京网联公司负责两端换流站成套设计（含阀厅设计），同年 7 月开始进行初步设计。

2008 年 9 月，西北电力设计院牵头组织，在西安进行了直流线路工程集中设计，历时 7 天，编制完成了 ±500kV 初步设计文件。同期完成了柴达木换流变电站、拉萨换流站及接地极工程的初步设计文件。

2010 年 3 月，国家电网公司明确电压等级改为 ±400kV，重新进行设计。西北电力设计院牵头组织先后于 2010 年 6 月完成了换流站 ±400kV 初步设计与评审、2010 年 7 月完成了环保水保单项工程初步设计与评审、2010 年 8 月完成了直流线路 ±400kV 初步设计与评审工作。同步开展了接地极线路工程相关设计和评审工作。前后历经 4 年多的大量工作，全面完成了初步设计和评审工作。

在初步设计阶段，换流站工程形成 16 卷 75 册初步设计文件；成套设计形成 136 册初步设计文件；线路工程形成 5 卷 10 册初步设计文件；接地极及接地极线路工程形成 2 册初步设计文件；通信工程形成 8 册初步设计文件。设计单位除完成初步设计文件外，还完成了相关的关键技术研究 9 项、专题研究 17 项。

（三）施工图设计

1. 换流站工程

（1）"四通一平"（现场道路通、电源通、水源通、通信通和场地平整）设计。2008 年 5 月，西北电力设计院提供了柴达木换流变电站《站区场地平整土方图》等，保证了"四通一平"的全面完成，为下阶段工程施工大规模展开奠定了基础。

（2）施工图设计。施工图设计于 2010 年 8 月开始，2011 年 5 月中旬结束。其中柴达木换流变电站形成图纸 175 册；拉萨换流站形成图纸 332 册。

2. 线路工程

"一年无四季，一日有四季"，"到了五道梁，哭爹又喊娘"生动地表现了青藏高原严酷的自然环境。2008 年 7 月，5 家设计单位勘察设计人员 210 多人开始进行直流线路终勘定位工作，拉开了青藏直流工程施工图设计的序幕。凶猛无情的高原反应、反复无常的高原气候，时刻威胁着勘察设计人员的生命，在这种异常艰难的情况下，设计单位不计成本，坚持以人为本，不断加大投入。配置高原工作装备、专用车辆、高原防寒服、氧气装备，为勘察设计人员顺利开展工作创造有利条件。充分发扬"缺氧不缺斗志、缺氧不缺智慧、艰苦不怕吃苦、海拔高追求更高"的青藏联网精神，攻坚克难，高质量地完成了终堪定位工作，为后续施工图设计奠定了坚实基础。

线路施工图进行了多次评审、复核，历时3年，2010年7月开始陆续交付施工图，2011年3月底全部提交完成。共形成235册图纸，接地极线路工程共形成27册图纸。

3. 通信工程

2011年3月13日，在青海省格尔木市召开设计联络会，启动了通信工程施工图设计，历时68天，完成全部施工图，形成17册图纸。

（四）竣工图设计

项目档案验收是项目竣工验收的重要组成部分。项目的竣工图是重要的技术档案，是竣工验收、生产运行的重要依据。工程设计单位高度重视竣工图的编制工作，认真贯彻执行国家电网公司的有关规定，保证竣工图的完整、准确。2011年12月25日，完成了竣工图编制。

三、设计理念

（一）设计为工程服务的理念

设计单位下大力气做好设计工作，充分认识到设计在工程建设中的龙头和技术支撑作用，将设计为工程服务的理念贯穿始终。

（1）坚持保证工程设计进度的理念。青藏直流工程技术含量高、质量要求严、工期特别紧，设计单位采取了集中设计、施工图分版出图等一系列措施，确保施工图设计进度满足现场施工需要，为工程建设做好服务。

（2）坚持配合做好设备招标的理念。充分利用设计经验，结合工程实际情况，精心编制技术招标文件，在技术上、参数选择上严格把关，确保设备招标文件的科学性和适用性，为先进设备的采用乃至创建优质工程创造条件。

（3）坚持统一规划、统一设计的理念。直流线路全线杆塔统一规划，金具组装图统一设计，方便业主统一采购、减少设备采购种类、降低厂家加工难度，为工程建成后运行维护提供了便利。

（4）坚持工程投资控制的理念。设计单位认真编好工程概算，细化工程设计，减少设计变更及漏项控制造价，严格执行上级批复概算和工程施工招标合同，通过一系列行之有效的控制措施，确保工程决算不超概算。

（5）坚持及时工地服务的理念。从工程施工开始，设计单位即向建设工地派驻长期设计代表进行工地服务，及时解决施工过程中的问题。

（二）设计优化与创新理念

充分吸收国内外直流输电工程的设计、施工与运行经验，认真借鉴青藏铁路、青藏公路冻土研究资料与工程实践成果，始终将优化与创新作为重要的设计理念，进行了大量的设计优化与技术创新。

（1）贯彻工程项目全寿命周期管理理念。设计作为工程建设的龙头，在工程项目实施全寿命周期管理工作中起着至关重要的作用。改变以往阶段式、分目标管理模式，对项目全寿命周期管理目标模式进行积极研究，加深对建设项目全寿命周期的经济合理性认识，在保证项目基本功能及可靠性的基础上，使用寿命期拥有最低成本，并实现最佳的经济效益、社会效益及环境效益，是在设计中贯彻项目全寿命周期管理的工作目标。

（2）实现经济效益的设计优化理念。科学合理地进行设备选择，科学合理地选择建筑材料，提高自动化、数字化水平，达到减人增效的目的。

（3）贯彻国家电网公司"两型一化"、"两型三新"设计理念。积极、稳妥地采用"新技术、新材料、新工艺"，提高设计技术水平进步，增加工程技术含量。

（4）坚持节能降耗设计理念。采用节能型设备、优化导体截面，减少输变电工程运行损耗等一系列措施，最终达到节能降耗目的，充分提高输电效率。

（5）发扬大胆、积极创新设计理念。设计单位积极创新，进行了多项关键技术研究与专题研究；积极与生产厂家、科研单位配合，研制开发了适合工程特殊条件下的设备，提高了设计水平，保证了工程质量。

（6）继承借鉴与吸收的设计理念。在设计过程中既吸取国外先进工程设计经验，又不拘泥于经验的束缚，经过充分论证，在工程中大胆使用新的设计方案，效果显著，部分成果还取得了国家专利。

（三）环境保护设计理念

从业主到各参建单位，始终将环境保护作为贯穿青藏直流工程始终的理念，设计单位在设计过程中进行了大量的工作。

（1）坚持与野生动物和谐相处的设计理念。优化施工组织设计，避开野生动物迁徙期进行施工，在野生动物通道适当提高导线高度，达到工程建设与野生动物的和谐。

（2）坚持减少对自然景观影响的设计理念。优化直流线路路径方案，避开昆仑山口纪念碑、玉珠峰、三江源头风景区等。

（3）坚持降低对多年冻土扰动的设计理念。优化基础设计，优化多年冻土保护措施，降低对多年冻土的扰动，保护多年冻土的稳定性。

（4）坚持环境保护与水土保持施工图设计的理念。逐基进行了环境保护与水土保持施工图设计，提出了草皮移植、种草等植被恢复措施，有效保护高原生态环境。

（四）工程人性化设计理念

青藏直流工程设计不仅在技术上进行了大量的创新，还在工程设计中贯彻了人性化设计理念，充分体现了人文关怀，方便施工、运行、维护。

（1）体现以人为本的设计理念。换流站户外灯具采用智能联动系统，投光灯具有就地控制及远控功能；户内直流场行车轨道作通长设计，使户内场所设备吊装及检修均可依靠行车完成，安全方便；在主控制楼、综合楼设置防风门斗，起到防风沙、挡风、御寒作用，体现人文关怀。

（2）尊重少数民族习惯、宗教传统的设计理念。换流站设置民族餐厅，尊重少数民族饮食习惯。路径选择避开了天葬台、神山等，尊重宗教传统。

（3）坚持安全第一的设计理念。青藏直流线路全线每基铁塔变坡处和横担与塔身连接处均设置2处休息平台，保证施工及检修人员休息和人身安全。

（4）坚持减少运行维护难度的设计理念。大规模采用视频、杆塔倾斜等在线监测装置，及时掌握工程运行情况，减少运维人员工作难度和现场工作时间。

四、设计手段

先进的设计手段是将优秀的设计理念转化为优质工程的有效保证，国家电网公司始终强调设计单位设计手段的先进性，各设计单位也切实采取了多种措施，升级各自的设计手段，互相学习进步。

（一）线路设计手段

（1）利用"卫星照片"进行大的路径方案的选择。

（2）采用航飞摄影、海拉瓦、GPS等先进技术手段对线路路径及塔位进行优化。避开不良冻土区域、微地形及微气象区等，使路径经济合理。

（3）打破了以往根据设计经验进行外绝缘配置的模式，依据在不同海拔典型电极的操作冲击放电特性试验和5000m高海拔地区真型杆塔操作冲击放电特性试验成果，提出了高海拔外绝缘配置方案，提高了运行可靠性。

（4）进行了预制装配式基础真型力学性能试验和现场吊装试验，锥柱基础和管桩基础的真型试验，取得了大量一手资料，为高海拔多年冻土区基础选型、设计奠定了基础。

（5）直流线路配套金具选用了新材质，解决了极端气候环境下直流线路配套金具低温脆性问题。改进了间隔棒橡胶垫配方，增强了橡胶垫抗紫外线、耐老化的性能。

（6）运用先进的计算机技术，采用空间超静定有限元分析方法，对铁塔在各种工况下的施工及运行条件均进行理论上的模拟、计算，并进行两基真型杆塔荷载试验，充分保证铁塔的安全、可靠性。

（7）采用先进的地质雷达探测、瞬态面波探测、高密度电法探测等手段，对多年冻土的力学特性、不良冻土现象等进行勘探，保证塔基安全。

（二）换流站设计手段

（1）采用了先进的雷电侵入波计算程序和导线动态摇摆计算程序等进行设计计算，使各种优化方案有坚实的理论基础，使方案更可靠、更合理、更先进。

（2）采用有限元分析法，研究换流站金具表面电场分布，提出金具优化要求，满足高海拔运行的要求。

（3）采用STAAD－Ⅲ空间计算软件进行计算，选择330kV架构及直流线路出线构架形式，可以对每一个杆件根据设定的应力控制指标进行满应力设计，达到节省材料的目的，同时使结构的整体安全度也得到了保证，进而为变电站的平面布置优化提供了有利条件。

（4）采用专业的噪声计算软件SOUNDPLAN进行换流站的噪声计算。

（5）利用三维数字化设计技术对两站进行设计，极大提高了直观性、准确性，推进设计进度、减小设计误差，杜绝设备、材料等发生碰撞、交叉等现象，还能方便、精准地校核相关设备间的空气间隙距离，杜绝了发生放电的可能性。

（三）其他设计手段

（1）设计优化是提高工程设计水平、控制工程造价的有效手段。加强设计方案优化工作，在多方案比选中选择技术先进、工艺合理、布置紧凑、过渡方便、节省占地、节省投资的专业系统方案，使青藏直流工程设计的主要技术经济指标达到设计先进水平。

（2）在设计过程中，借鉴国外版式出图方法，开展动态设计。设计和科研滚动推进，在设备资料分批、分版次提供的情况下，采取了施工图分版出图方式，确保施工图设计进度满足现场施工需要。

五、设计质量管理

工程设计质量管理目标为设计成品质量优良率达到100%，全面实现工程的环境保护目标、投资控制目标和科研创新目标。

严把设计质量，确保工程创优目标。在设计前期认真编写《设计创优实施细则》、《设计强制性条文实施计划》以及《质量通病及防治措施》等文件；针对工程高原生态环境脆弱的现状，逐塔进行了环境保护与水土保持方案施工图的设计。在设计中落实质量文件，并进一步优化设计流程，严格执行图纸校审制度，层层把关，严控设计质量。对已完成的施工图，及时组织开展施工图质量检查等工作，并按照《国家电网公司防治直流换流站单、双极强迫停运二十一项反事故措施》等文件的要求逐一排查事故隐患，因地制宜地提出应对措施，把设计差错降至最少，进一步提高工程运行的可靠性。

（一）加强人力资源配置

各设计单位自始至终把青藏直流工程作为重点工程，在人力、物力方面给予重点保证，在工程开工伊始，就分别成立了以分管院长为组长，以工程项目总工、项目经理为副组长的工作小组。按照专业划分及关键技术支持需要，成立了专家组，设计组成员由各专业主任工程师和专业主设人以及设计人员组成，专业主设人由具有丰富设计经验的专业技术骨干担任。设计组由业务能力强、管理水平高的工程项目经理负责。设计单位还组成了工代组，工程项目经理为工代组长、各专业主要设计人为工代。确保工程设计的组织机构与设计人员到位，保证设计工作的顺利实施。

（二）设计输入输出控制

为保质保量地全面完成勘测设计任务，创建精品工程，确保工程顺利按期投运，并争创国家优质工程，采取技术管理措施控制设计质量。

1. 积极开展设计专题研究

针对工程设计难题，开展了环境保护及水土保持、高海拔外绝缘配合、多年冻土基础设计、换流站和变电站噪声计算及噪声防治措施等专项设计专题进行研究，为制订设计原则和技术方案奠定理论基础，确保了设计方案安全可靠、经济合理。

2. 注重设计和科研的衔接

采用设计专题研究方式来实现科研成果转化为设计技术原则的思路，明确科研攻关以工程应用为导向的总体要求。根据设计进展，认真清理存在的问题与困难，提出需要的科研结果的内容、形式、用途和时间进度要求，形成科研成果需求进度计划，协调科研和设计的有效衔接，保证了工程设计的顺利进行。

3. 加强技术接口和专业技术管理

项目分管总工和工程项目经理加强综合技术领导和技术接口管理，协调好系统专业、电气一次专业、电气二次专业、通信专业、总图专业、建筑结构专业、水工专业、线路专业以及技经专业等之间的接口关系，加强专业之间的联系配合和会签、校核工作，有效控制接口质量；各专业主任工程师加强专业内技术管理，避免出现专业内技术问题；通过横向和纵向的矩阵式管理，使工程总体质量达到优化水平。

4. 加强外部资料管理

铁塔加工图采取谁设计、谁负责、谁签署，各设计单位间仅交换透明图纸，避免由于电子版交换造成差错。

在换流站设计中除执行内部资料交换验证制度外，还在施工图设计初期组织各设备供货单位在设计单位集中办公，保证设计方与供货单位沟通及时顺畅和外部资料准确完整。

5. 加强施工图设计质量控制

采取有力措施强化施工图阶段的设计管理，确保施工图交付进度和质量满足工程要求。抓好专业之间配合资料和本专业设计内容的正确和完整，做到计算准确，设计合理，不漏项、不碰撞，强化质量管理，提高设计质量。

（1）提高施工图图纸校审等级，以确保设计成品的质量。

（2）设计单位由质量技术部组织各专业主任工程师组成检查组，对完成的分册开展施工图质量大检查，尽量将施工图纸差错消灭在施工之前，保证设计质量。

（3）总指挥部根据工程进度和需要开展施工图检查活动，促进施工图质量的提高。

（4）由现场建设管理单位、监理单位分级组织施工图会审，建立严格把关机制。

6. 重视质量信息管理

抓好工程质量信息的反馈工作，积极吸取国内外的先进经验，加强科技资料、信息的收集和积累，结合工程进行专题研究，使工艺设计得到改进和优化，工程设计水平和工效得到提高，最终实现工程建设既安全可靠、技术先进，又经济合理、质量优良。加强质量信息反馈，不重复发生同类工程的设计错误，防止设计质量通病，克服质量管理的常见病、多发病。

7. 做好竣工图编制

按照《工程建设管理纲要》要求，工程完工后，由施工单位根据施工图、施工图审查、设计变更等有关资料编制竣工草图，监理单位审查签署后提交设计院。竣工图由各设计单位编制、出版。

（三）加强设计评审

根据工程进展情况，在可研、初步设计及施工图设计各阶段，多次开展综合评审和专业评审等多种形式的内部审查，变一次综合评审为多次分步评审。先后进行了工程本体设计评审、光纤通信单项工程评审、环保水保单项评审、三维在线监测单项评审等多次评审，严把技术关。

设计成品的外审采用分步、分级评审原则，对工程设计的重大技术原则，采用专家研讨会或者评审会的方式研究确定。针对工程特点，先后进行了多年冻土基础混凝土标号评审、外绝缘配置复核评审等，保障了工程的安全运行。

国家电网公司组织对15项关键技术研究成果组织专家评审，为设计提供了坚实的理论依据。还针对多年冻土基础、稳定性邀请中国科学院院士程国栋及国内各行业资深专家进行多次评审，认为多年冻土基础稳定性好，为工程提前组塔架线、提前顺利完工奠定了基础。

（四）设计服务

设计单位在完成本体设计的同时，还在工程建设全过程中做到了优质的技术服务、现场服务和工程质量回访。

1. 技术服务

根据工程招标和建设的需要，并按照进度和质量的要求，负责监理、施工、材料、设备招标文件技术规范书和招标工程量等相关资料的起草工作，并参加评标等。按照跨区电网建设项目信息化管理要求，配合国网建设部、建设管理单位完成相关工程概算 WBS 和资产 WBS 数据填报工作。配合开展工程结算工作，负责现场工程量等的核实、签证工作。

2. 现场服务

为保证工程质量和进度，有效控制造价，从工程开工设计单位即编制了《工代服务计划》，成立工代组，派出工地代表，配合工程验收检查、达标投产、工程创优、专项验收等工作。

针对青藏直流工程技术难点多、施工难度大、工期紧迫、自然环境恶劣等具体情况，设计院派出参与工程设计的主要设计人员等能够实际解决问题的技术骨干常驻现场，24h 全天候服务；派专车常驻现场，根据现场监理及施工单位要求，在第一时间及时赶到现场，处理施工过程出现的问题；从业主的角度出发，坚持设计为业主服务好和设计为基建、生产服务好的宗旨，积极主动、全面配合现场施工；多次配合质量检查组的检查工作，为工程建设质量打下良好基础；通过设计单位优质、及时的服务，保障了整个工程顺利、高质量的进行。

在工程建设队伍中，设计人员朝气蓬勃、积极乐观、吃苦耐劳，他们远离家人驻守在换流站，穿梭在线路施工现场，让青春之花在高原上绽放，为青藏直流工程贡献力量。

3. 工程质量回访

为进一步做好服务工作，设计单位在工程质量回访中，与运行单位、施工单位、监理单位等参加不同类型的座谈会，了解收集勘测设计成品是否符合规定的使用需求和设计输入要求，以及对工地服务等方面的意见和建议，认真做好记录，查阅施工、安装和运行等有关记录，予以核实。

在调查研究的基础上，全力配合业主单位解决工程建设中的消缺、遗漏、隐患等，对设计遗留问题及完善化问题提出处理意见和建议，对因涉及规程、规范和国家建设标准等不能或暂时无条件解决的问题，进行了明确答复和解释。

第二节　直流系统成套设计

一、工作内容

直流换流站是一个非常复杂的系统，设备种类和数量、直流技术科技含量、设计及工程建设难度远超过交流变电站。北京网联公司作为青藏直流工程成套技术总负责单位，完成了成套设计工作；并按业主要求，协调、配合工程其他阶段的有关技术工作。

（1）根据系统要求和项目功能规范书，结合工程高海拔、高寒等对系统构成、主回路参数以及运行特性等方面的要求，完成青藏直流工程的主回路参数设计，确立主设备参数，并研究、计算、分析基本的稳态运行特性。

（2）根据换流器和交流系统的要求进行换流站无功补偿与配置方案，换流站无功设计主要进行高压直流换流站无功补偿与配置研究，提出换流站无功平衡、无功补偿容量、无功分组配置等方面的技术要求，规范换流站无功需求计算、无功平衡原则、无功控制方法及策略，确定在无功平衡中应考虑的因素，最终确定换流站的整体无功配置方案及控制策略、参数等。

（3）完成换流站各主设备的设计，确定换流阀、换流变压器、平波电抗器、静止无功补偿装置（SVC）、直流断路器等设备的主要型式和参数。

（4）综合考虑电气设备在电网中可能承受的各种作用电压（工作电压和过电压）、保护装置的特性和设备绝缘对各种作用电压的耐受特性，合理确定设备必要的绝缘水平，降低设备造价、维护费用和设备绝缘故障引起的事故损失，以使工程在经济和安全运行上总体效益最高而进行过电压与绝缘配合研究包括绝缘配合研究。

（5）确定各主设备之间、主设备与辅助设备之间，以及主设备与控制保护设备之间的接口要求和规范，完成系统的控制保护集成方案，并编制换流站各主设备及二次设备的采购技术规范。

二、系统条件

青海电网是西北电网的重要组成部分，是一个以水电为主的系统。电压等级为750/330/110kV，通过4回750kV及6回330kV线路与西北主网相连。供电范围包括西宁、海东、海南、海北、黄化和海西6个地区电网，其中西宁负荷中心形成330kV环网结构，海西电网通过双回330kV线路与青海主网相联。

西藏电网为独立电网，最高电压等级为110kV，供电范围覆盖7个地市所在地和32个县（市、区）。西藏电网由藏中、林芝、昌都、狮泉河"一大三小"4个电网组成。藏中电网已形成以拉萨为中心，连接日喀则、山南、那曲地区东西长400km、南北长700km的110kV放射型主网架。

西藏自治区经济社会将在相当长时间内保持快速增长。新增西藏电力供应渠道，提供充足可靠的电力供应是西藏经济实现跨越式发展的重要基础。

青藏直流工程的建设是满足藏中电网供电需要、应对缺电影响社会经济发展的有效途径之一。西藏电网"大机小网"问题突出，西藏中部地区尚未形成统一的中部电网，电网规模及覆盖面较小，结构薄弱、长距离输电和孤网运行缺乏外部支援等电网安全问题突出，电网事故频繁，建设青藏直流工程不仅可以在西藏电网发生电站停电事故时，提供事故支援，确保西藏电网可靠供电，同时对西藏主网事故也能起到支撑作用，最重要是对维护边疆地区稳定、增进民族团结，加快西藏经济和社会的发展具有重要的现实意义。

三、成套方案

（一）直流系统主回路方案

青藏直流工程从青海的格尔木市至西藏的拉萨市，线路长度1038km，为保证向西藏电网供电的可靠性，降低直流单极闭锁对西藏交流系统的冲击，本期建设600MW直流双极输电系统，最大输送容量300MW，最终建设工程容量1200MW，最大输送容量600MW。

本期工程采用4in换流阀，额定电流750A，双极每极单12脉动换流器接线，直流电压±400kV，额定容量600MW。

远期工程同本期工程的直流双极，将本期和远期扩建的双极并联，共用直流线路和接地极线路及接地极，届时直流线路额定电流1500A、总额定容量1200MW。

青藏直流工程两端换流站分别是柴达木换流变电站和拉萨换流站，都采用直流场并联接线方案，同名极经平波电抗器后并联，共用直流滤波器及其他直流场设备。

（二）运行方式

本期青藏直流工程在柴达木换流变电站和拉萨换流站双极，每极都有一个12脉动换流器，每端换流站都有接地极。

远期新建与本期相同容量的换流器，在直流侧与本期并联，共用并联后线路侧的直流场设备。并联后线路侧的直流场设备需满足远期工程额定电流1500A的运行要求。

按成套设计结果，青藏直流工程本期包括双极运行方式、单极金属回路运行方式、单极大地回路运行方式。

青藏直流工程远期设计有以下运行接线方式（暂不考虑每极一端1个换流器，另一端双换流器并联的极运行接线方式）：双极运行接线，每端每极各有1个换流器运行，或每端每极各有2个换流器运行；单极金属回路运行，每端各有1个换流器运行，或每端各有2个换流器运行；单极大地回路运行，每端各有1个换流器运行，或每端各有2个换流器运行。

青藏直流工程能实现下列运行控制模式：

（1）全电压或降压运行，柴达木换流变电站作为整流站，拉萨换流站作为逆变站运行，此模式下青海电网向西藏地区供电。

（2）全电压或降压运行，柴达木换流变电站作为逆变站，拉萨换流站作为整流站运行，此模式下西藏地区向青海电网反送电，这主要是为将来西藏地区开发丰富的水电实现反送电做好准备。

（三）滤波器设计

1. 交流滤波器

交流滤波器以及相关的控制保护设备应使连接换流变压器交流母线上的

谐波电压和相关的交流线路中的谐波电流，降至不对接在该站内交流系统上的各项设备和邻近的通信设备产生危害的水平。

设计的交流滤波器性能计算指标满足规范书的要求。当直流系统在额定（100%）直流电流运行方式下，柴达木换流变电站和拉萨换流站滤波器性能指标的最大值见表3-1。

表3-1 滤波器性能指标最大值 %

性 能	柴达木换流变电站	拉萨换流站
单次谐波电压畸变率	0.78	0.58
总谐波电压畸变率	1.25	0.91
电话谐波波形系数	0.65	0.49

为了满足直流输送300MW功率时的滤波要求，在柴达木换流变电站安装了4组BP11/13滤波器、4组HP24/36滤波器；拉萨换流站安装了4组HP11/13滤波器、4组HP24/36滤波器。

2. 直流滤波器

高压直流输电换流器在运行时，会在直流输电系统的直流侧产生谐波电压和谐波电流，从而在直流线路邻近的电话线上产生噪声。通过合理的设计，在直流输电系统的直流侧安装适当的谐波滤波器，将这种噪声限制在可接受的水平。

通过计算研究直流滤波器的配置为每站每极1个双调谐12/24滤波器和1个双调谐12/36滤波器，接在直流极和中性母线之间，高压电容值为0.5μF。

（四）无功补偿与控制

无功补偿与控制应确定换流站所需的无功补偿设备、分组容量和总容量。换流站无功平衡考虑的无功补偿设备主要指交流滤波器、并联电容器和低压电抗器，如有需要，也可包括为满足无功平衡要求配置的并联电抗器。为改善交流系统条件而装设的调相机、静止无功补偿装置（SVC）、静止同步补偿器（STATCOM）等特殊无功补偿设备，均应根据工程的具体情况确定。

无功补偿与控制方案应能够满足换流器和交流系统对无功平衡的要求，应综合考虑交流滤波要求、电压控制、投资费用、可用率、可靠性、设备损耗费用和可维护性要求等进行优化配置。

1. 无功补偿滤波器设计方案

通过对工程交流系统的研究，对滤波器配置如下：① 考虑 300MW 的容量：拉萨换流站分成 2 大组，柴达木换流变电站分成 2 大组；② 考虑 600MW 的容量：拉萨换流站分成 3 大组，柴达木换流变电站分成 3 大组。

2. 无功补偿平波电抗器等设计方案

柴达木侧在小功率方式下，采用安装低压电抗器和增加运行角度的方法增加换流站无功功率的吸收，以满足与系统无功功率交换限制的要求；拉萨侧在小功率方式下，采用安装低压电抗器、静止无功补偿装置（SVC）和增加运行角度的方法增加换流站无功功率的吸收，以满足与系统无功功率交换限制的要求，并抑制滤波器投切时引起的母线电压暂态波动。

研究表明，采取将电抗器极线和中性线布置方案时，换流变压器和平波电抗器的绝缘水平将达到 660kV 工程水平，势必增加设备的设计制造难度，工程造价也增加，因此，工程中电抗器采取极线布置方案。

柴达木换流变电站采取户内直流场，油浸式电抗器的布置较为困难，因此采用推荐干式平波电抗器，2 台 300mH 串联方式。为了解决阀厅到户内直流场的穿墙套管布置问题，阀厅和户内直流场共用一堵墙。

高海拔地区紫外线强烈，干式空芯电抗器线圈间的硅橡胶和 RTV 绝缘易于老化，从安全角度出发，拉萨换流站的平波电抗器选用油浸式。

3. 静止无功补偿装置（SVC）

静止无功补偿装置（SVC）具备的基本功能：提供高压直流（HVDC）稳态运行电压支撑，稳定换相电压；在大扰动时提高交直流混合系统的恢复能力；抑制暂时过电压。

针对静止无功补偿装置（SVC）的功能定位，静止无功补偿装置（SVC）正常运行时采用定无功交换控制，控制换流站与交流系统之间的无功功率交换为指定值。

静止无功补偿装置（SVC）定无功交换控制采用闭环控制或带有预测环节（开关）的闭环控制。闭环控制在检测到无功变化、控制系统响应到出力变化的响应速度较慢，为提高静止无功补偿装置（SVC）影响时间，更好地抑制电压波动，提出了带有预测环节的闭环控制，即在交流滤波器断路器动作时，静止无功补偿装置（SVC）提前设置一时间窗口进行开环控制，之后进入闭环控制状态。

站内低压电抗器处于手动状态时可单独控制，处于自动状态时可纳入 SVC 中统一控制，实现 SVC 中投切低压电抗器的慢速无功调节和 TCR 快速无功调节相结合。

（五）控制保护

1. 换流站控制保护系统总体分层结构

青藏直流工程换流站二次系统由换流站控制系统、直流保护、远动通信设备、保护及故障录波信息管理子站、直流线路故障定位系统、交直流故障录波系统、交流保护、电能量计量和主时钟系统等构成。

换流站控制系统均采用分层结构，其总体分层结构为（柴达木换流变电站与拉萨换流站相同）：① 远方调度控制层，省调经由国家电力数据网或专线通道，经过站内的远动工作站对换流站的所有设备实施远方控制。② 换流站运行人员控制层，通过站内运行人员工作站对换流站的所有设备实施控制。③ 交流站控（包括站用电控制和辅助系统接口）、直流站控、直流双极控制、极控层，通过站内交流站控设备，实现对该交流站控所负责设备的控制。④ 就地测控单元（I/O 单元）层，执行其他控制层的指令，完成对应设备的操作控制。

2. 换流站的二次系统构成

（1）与远方控制中心（如国调中心、网省调）的接口子系统，包含的设备主要有远动工作站、远动 LAN1／LAN2 网等。

（2）换流站运行人员控制系统，主要包括站 LAN 网、运行人员工作站、阀冷却控制室工作站、工程师工作站、站长工作站、SER 终端、服务器、站主钟、MIS 接口工作站等。

（3）直流站控系统，交流站控系统（包括站用电控制和辅助系统接口），主要包括站控系统的主机、分布式现场总线和分布式输入／输出（I/O）等设备。

（4）极控系统，该部分主要包括每个极的极控系统的主机、分布式现场总线和分布式输入／输出（I/O）等设备。

（5）直流系统及设备保护，主要包括直流换流器保护、极保护（包括直流线路）、双极和接地极保护、直流滤波器保护、换流变压器保护、交流滤波器保护等。

（6）交直流故障录波系统，换流站配置 1 套交直流系统共用的故障录波系统，完成所需录波信号的采集和记录。该故障录波系统通过保护及故障录波信息子站将数据传送到远方控制中心。

（7）保护及故障录波信息子站，主要包括主机和保护子网。

（8）接口，包括与交流保护、电能量远方终端、辅助系统保护、换流变压器保护、交流滤波器保护、直流滤波器保护、辅助系统报警信息等的接口。

（9）交流保护，主要包括交流场的母线保护、断路器保护，以及线路保护。柴达木换流变电站还包括主变压器保护。

（10）电能量远方终端系统，其中主要包括主/校测量表计和计费终端。完成能量计量关口点信号采集，在站内计费终端进行分析和记录；并将信息直送远方调度中心。

（六）直流系统可靠性

综合考虑两个电网的现状，青藏直流工程的预期可靠性指标：强迫能量不可用率不大于 0.5%；计划能量不可用率不大于 1%；单极强迫停运率不大于 5 次/年；双极强迫停运率不大于 0.1 次/年。

由于受各种因素的影响，实际运行中这些系统的可靠性指标情况与预期指标有一定差距，特别是由于系统的可靠性在投运初期一般都处于可靠性水平不高的磨合过程，之后可靠性则会趋于一个较高的水平。

鉴于藏中电网非常弱，为了降低直流系统输送功率突变对藏中电网安全稳定的影响，尤其是发生概率较高的单极停运产生的影响，实际双极输送功率通常不超过单极的额定容量，这样在一极故障停运后可以立即提升另一极的功率以弥补藏中电网功率缺额，保证电网安全稳定。

第三节 换流站工程设计

一、建设规模

青藏直流工程单回双极直流输电，规划直流输送功率 1200MW，初期直流输送功率 300MW，北起青海电网柴达木换流变电站，南至西藏电网的拉萨换流站。

柴达木换流变电站规划通过 18 回 330kV 线路接入青海电网，初期通过 7 回 330kV 交流线路与海西电网相联。柴达木换流变电站（换流站部分）总面积 17.96hm²，站区围墙内面积 13.27hm²，全站总建筑面积 18 630m²，挖方 3.77 万 m³，填方 10.82 万 m³。

拉萨换流站规划通过 8 回 220kV 线路接入西藏电网，初期通过 2 回 220kV 交流线路与藏中电网相联。拉萨换流站总用地面积 13.19hm²，站区围墙内用地面积 9.98hm²，全站总建筑面积 17 477m²，挖方 18.96 万 m³，填方 19.41 万 m³。

二、工程条件

（一）站址条件

1. 柴达木换流变电站（见图 3-1）

柴达木换流变电站位于青海省格尔木市郭勒木德乡。站址区域地形平坦、地势开阔，附近无村庄，有利于线路的进出。站址范围内及附近现为戈壁滩，无植被，无任何建（构）筑物，与城市规划没有矛盾，不压文物和矿产，也没有军事、通信、导航、风景旅游等设施。地貌为昆仑山山前洪积扇戈壁地貌，冲洪积平缓倾斜平原，自然地形南高北低，东西平坦，地面标高 2877.5 ～ 2869.5m。站区污秽等级Ⅲ级。站址区内及其附近布有厚度不等的风积砂（局

图 3-1　柴达木换流变电站

部为沙丘），同时由于地基土基本为粉细砂，属于建筑抗震不良地段，附近无断裂带，站址地震动峰值加速度为 0.18g，地震基本烈度为Ⅶ度。站址不受河流洪水影响。柴达木换流变电站站址处昼夜温差大，最大日温差达到 30.6℃，经常出现大风天气，50 年一遇最大风速达 35m/s。

2. 拉萨换流站（见图 3-2）

拉萨换流站位于西藏自治区拉萨市林周县甘曲镇朗塘村。站址地形平坦开阔，均为荒地，符合拉萨市和林周县的总体规划。站址地下未发现文物和有开采价值的矿藏，附近无军事、通信、导航设施及风景旅游区。场地标高为 3813～3827m，相对高差约 14m。站区污秽等级Ⅱ级。站址场地岩土以中硬土为主，属于建筑抗震有利地段。场地内无饱和粉土和砂土，不存在地基土的液化问题。站址附近无断裂带，站址地震动峰值加速度为 0.2g，对应地震基本烈度为Ⅷ度。站址不受河流洪水影响。拉萨换流站站址处昼夜温差大，最大日温差达 29.9℃，日照紫外线强度大，日照瞬时最大总辐射 1500W/m²。

图 3-2　拉萨换流站

（二）接入系统条件

1. 西藏电网

西藏电网现由中部电网、昌都、狮泉河"一大二小"3 个电网组成。2009 年，随着林芝雪卡—拉萨城东 220kV 线路的建成，已形成连接藏中四地市（拉萨、日喀则、山南、那曲）及林芝地区的统一的藏中电网，电网最高电压等级为 110kV。2011 年夺底、乃琼、曲哥 3 座 220kV 变电站陆续建成，形成拉萨 220kV 环网网架。

截至 2009 年底，藏中电网装机容量 488.96MW。其中水电装机容量 362.58MW，火电机组装机容量 101.1MW，地热机组装机容量 25.18MW，太阳能装机容量 0.1MW。由于限电原因部分工矿业生产负荷关停后，2009 年中部电网实际用电量 16.3×10^8 kWh，最大负荷 337.1MW，分别较上年增长 11.0%、11.1%。

受西藏电源建设滞后、水电枯水期出力不足等因素的影响，自 2004 年以来藏中电网冬季缺电一直未能得到彻底解决，2009 年限电 42.5MW，严重制约了西藏的经济发展。

2. 海西电网

青海电网位于西北电网西部，截至 2009 年底，青海电网全社会装机容量 10 970MW，2009 年青海全社会用电量 337×10^8 kWh，最大负荷 5180MW，是一个以水电为主的系统。海西电网是青海电网 6 个供区之一，供电范围包括海西州的格尔木、德令哈 2 市，乌兰、都兰、天俊 3 县，大柴旦行政委员会。海西电网主要负荷集中在海西中部地区。

截至 2009 年底，海西电网装机容量 434MW。其中水电 104MW，燃气机组 300MW，火电 30MW。2009 年，海西电网最大用电负荷为 271MW，其中海西中部格尔木电网负荷 170MW，占总负荷的 62.7%。受燃气机组因运行经济性出力受限的影响，海西电网主要依靠从系统受电。海西电网与青海主网通过两回 330kV 线路联网，送电能力 500MW。

三、主要技术难点

（一）全新高海拔过电压和绝缘配合方案

高海拔地区由于空气稀薄，空气绝缘性能降低，需要对设备的外绝缘进行高海拔修正。在青藏直流联网工程以前，世界上海拔最高的换流站是我国云南的楚雄换流站，其站址的海拔高度为 1850m。直流工程中柴达木换流变电站和拉萨换流站海拔均远高于楚雄换流站。而世界上还没有针对 3000m 及以上的高海拔绝缘修正标准和规范，因此，青藏直流工程的高海拔过电压和绝缘配合问题是一个开创性的科研课题，是设计院在工程设计中遇到的首要难题。

（二）创新的单极两个 12 脉动阀组并联接线方案

根据电力系统的分析论证，青藏直流工程送、受两端换流站远景均采用单极两个 12 脉动阀组并联方案。该阀组接线方案仅在前苏联建设的哈萨克斯坦—中俄罗斯高压直流输电工程中有所采用，但由于 20 世纪 80 年代末到 90 年代前苏联政局动荡，加上其可控硅技术不够成熟，最终工程未能投入运行。因此，单极两个 12 脉动阀组并联接线方案在运行方式、设备布置等方面依然是空白领域，没有成熟的经验可供参考，这是设计工作所面临的全新挑战。

（三）新的电压等级的设计

根据电力系统的交换容量，结合青藏直流工程所处的高海拔等严酷的自然环境条件，经过反复论证，青藏直流工程最终采用 ±400kV 直流输电方案。而 ±400kV 电压等级作为国内一个全新的电压等级，在过电压保护和绝缘配合、空气间隙等方面是各科研、设计及设备制造单位必须要面对的新的课题。

（四）近、远期相结合的工程设计

国内外已建的高压直流换流站工程均为一次建成，不存在直流扩建问题。而青藏直流工程根据电力系统的发展规划，从全寿命周期管理角度，创新提出送、受两端换流站采用分期建设方案，降低工程初期投资。即换流站本期每极建设一个 12 脉动阀组，共建设 2 个阀厅、1 座主控楼和 1 个完整的直流场等。远景扩建阀组并联支路设备，形成每极双 12 脉动阀组并联方案，同时扩建 2 个阀厅、2 座辅控楼。如何在本期的工程建设中预留远景部分的接口，使阀组扩建工作能够顺利开展，并尽量降低扩建工作对已投运部分的影响，是青藏直流工程有别于以往工程所必须考虑的问题。

（五）西藏地区特殊的大件运输

在青藏直流工程之前，西藏地区的大件运输均通过青藏公路运输，成功的大件运输重量为 60t 左右。青藏公路沿途平均海拔在 4000m 以上，空气含氧量低，道路条件差，桥梁众多、气候条件恶劣，且穿越无人区，运输时在人员医疗、后勤保障以及桥梁检测及加固等诸多方面均存在困难，极不利于设备的大件运输。而青藏铁路刚通行不久，由于其特殊的地质气象环境，其大件运输暂未开通。而拉萨换流站换流变压器的重量远超过以往的大件运输重量，设计院需要针对西藏地区特殊的运输条件，详细考察分析大件运输的可行性及各项组织措施，合理选择变压器的型式，确保换流变压器能顺利运抵现场，保证工程的顺利实施，同时降低工程造价。

（六）拉萨换流站针对"大直流、小系统、弱受端"的设计

拉萨换流站交流系统接入的主网网架是藏中 220kV 电网，其与青藏直流工程同步建设，投运时间仅在直流工程之前几个月，运行经验相对缺乏，具有"大直流、小系统、弱受端"的显著特点。为保证向西藏电网供电的可靠性，降低直流单极闭锁对西藏交流系统的冲击，需要在直流系统运行可靠性分析、无功补偿等方面进行深入研究，以保证拉萨换流站交流系统的稳定运行。

（七）高海拔地区全新的电磁环境设计

青藏直流工程地处高海拔地区，换流站内电磁环境指标、电磁环境参数分布规律、对地距离、对通信等设备的影响等，都是全新课题，包括计算方法，需要进行大量的理论计算和试验验证。

（八）严酷自然条件的设备选择及布置

柴达木换流变电站、拉萨换流站站址均处于典型的高海拔地区空气密度低、极端低温、昼夜温差大、日照强等严酷自然条件下，设备的研发和制造面临巨大挑战。确定合适的设备布置型式，并选取能与环境相适应的设备、绝缘材料，既保证换流站安全稳定运行，同时又有效控制工程的投资是设计院在设计中的一大难点。

（九）柴达木换流变电站抗沙尘及沙暴天气设计

柴达木换流变电站处于大陆中部青藏高原柴达木盆地南缘，属干旱荒漠大陆性气候，其特点为雨量稀少，蒸发量大，春夏多大风，日温差大。同时由于站址处于空旷地带，区内及其附近分布有厚度不等的风积砂（局部为沙丘），地基土也基本为粉细砂，以上各类原因使得站址附近沙尘及沙暴天气经常发生，平均沙暴能见度仅为 400m 左右。这种沙尘及沙暴天气会严重威胁到换流站设备的安全运行，也会严重影响站内的运行维护人员的正常工作。如何将沙尘及沙暴天气对换流站运行维护的影响降至最低，也是柴达木换流变电站工程设计中需要考虑的一个难题。

（十）柴达木换流变电站特殊的粉细砂地基土处理

柴达木换流变电站站址区内及其附近分布有厚度不等的风积砂（局部为沙丘），同时由于地基土基本为粉细砂，且厚度较大，本身承载力很低，其含水

量又小，场平存在挖方和填方（最大挖方厚度 3.0m，最大填方厚度 5.0m），无法碾压密实，在施工机具、施工过程中可能造成砂土扰动，破坏砂土天然结构，降低砂土强度，增加变形，使原本稍密的粉细砂变得松散。根据格尔木地区的工程经验及室内大型溶陷试验，粉细砂也存在一定的溶陷性。因此，提高地基土承载力、降低变形和防止盐害（主要是溶陷性），对站区主要建构筑物进行地基处理是基础设计的重点。

（十一）独特的运行维护故障诊断设计

青藏直流工程送、受两端换流站均处在青藏高原上，根据国家电网公司的部署，换流站运行维护由属地电力公司负责。当换流站运行中发生故障时，当地电力公司由于换流站运行经验少，常常难以处理，而国家电网公司和设备制造厂家的技术人员往往难以及时到达现场进行分析处理。如何跨越地域限制，在故障发生时及时组织技术专家进行故障排除，减小故障对系统的冲击，同样是工程设计需要解决的问题。

四、工程设计方案

（一）电气主接线

根据电力系统的规划论证，青藏直流工程 2012 年输送容量为 230MW，2013 年为 300MW，2015 年为 500MW（西藏反送青海），远期视系统需要具备输送 1200MW 的能力。按照工程全寿命周期管理的理念，经过反复论证，换流站工程按分期建设，青藏直流工程在全寿命周期内成本最低。青藏直流工程初期直流输送容量 300MW，远期 1200MW。

青藏直流工程初期由青海向西藏地区送电，用以解决西藏地区季节性的缺电问题，提高西藏电网的运行可靠性。由于西藏电网负荷有限，柴达木换流变电站和拉萨换流站本期考虑采用双极单 12 脉动阀组接线方式。而在藏中水电资源得以开发之后，青藏直流工程将承担富裕电力外送的任务，故远期考虑采用双极双 12 脉动阀组并联接线。

特高压直流工程通常采用双极双 12 脉动阀组串联的阀组接线方式，其每极的电压可达 800kV。而青藏直流工程是世界上海拔最高的直流输电工程，由于缺乏此类高原地区的直流工程经验，提高电压等级意味着投资的显著增加，设备制造水平还不能满足工程需要。采用双极每极为 2 个 12 脉动阀组并联的接线方式，换流站在线路电压不变的条件下，其输送功率扩大到原来的 2 倍，充分利用现有直流线路的绝缘水平，避免高海拔地区阀组串联扩建方案导致线路运行电压升高带来的投资增加。

此方案结合青藏地区电网的现状和规划，节省了初期投入成本，而且本期及远期阀组接线方式过渡方便，是国内首次采用的单极 2 个 12 脉动阀组并联的工程应用设计方案。

针对柴达木换流变电站和拉萨换流站接线的特点，直流开关场主接线运行方式要求更加灵活、可靠，在故障状态下，应尽量减少输送容量的损失并降低对系统的冲击，以满足系统运行方式灵活的需要。

青藏直流工程每个 12 脉动换流单元装设隔离开关回路；在送端站柴达木换流变电站中性母线上安装"金属—大地回路转换用"开关，用以切换运行方式，保证应对各种工况，维持两端电网的稳定运行。青藏直流工程可实现双极、单极大地回线、单极金属回线和功率反向传输等多种运行方式。区别于普通高压直流工程，由于采用 2 个 12 脉动阀组并联的接线方式，远期需在每个阀组直流侧装设隔离开关实现阀组的并联投切。

（二）电气总平面布置

电气总平面布置应依据电气主接线、各级电压线路出线方向、主变压器及配电装置型式和站区地理位置及具体地形等综合条件，按照布置清晰、工艺流程顺畅、功能分区明确、运行与维护方便、减少占地、总平面尽量规整、便于各配电装置协调配合等原则确定。

针对青藏地区特有的气候和地理条件，根据其海拔高、风沙大等特有的自然条件，结合过电压与绝缘配合研究成果和总平面布置需要，通过对配电装置选型的对比分析和计算，确定配电装置的间隔宽度、纵向尺寸、配电装置道路尺寸等，推荐安全可靠、经济合理、满足工艺要求的配电装置布置型式，进而确定合理的电气总平面布置型式。

1. 柴达木换流变电站平面布置

柴达木换流变电站总体布局呈"┛"形，直流场—换流区域—330kV 交流配电装置从南向北一字排开，交流滤波器集中布置在站区西侧，750kV 变电

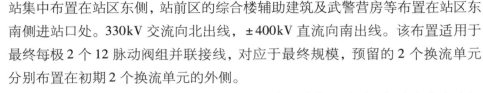

站集中布置在站区东侧，站前区的综合楼辅助建筑及武警营房等布置在站区东南侧进站口处。330kV 交流向北出线，±400kV 直流向南出线。该布置适用于最终每极 2 个 12 脉动阀组并联接线，对应于最终规模，预留的 2 个换流单元分别布置在初期 2 个换流单元的外侧。

由于格尔木地区恶劣的自然条件，柴达木换流变电站采用部分户内直流场方案，即将高压容易发生污闪部分如直流极线设备、直流滤波器中高压滤波器塔布置在户内；将直流滤波器中低压部分的设备及中性母线设备布置在户外，进而防止建筑物过于庞大，节省了工程的投资。直流高压设备安装于户内直流场不仅保证了设备在严酷的自然条件下安全运行，还极大地降低了设备外绝缘爬距的要求，降低了工程造价和设备制造难度。

直流场布置按极分开基本上对称布置，每极直流设备布置又分为户内和户外两部分。户内主要布置 ±400kV 极线高压设备，包括直流滤波器的高压电容器及极线高压电容器，每极两组直流滤波器的高压电容器采用悬吊式安装，而极线高压电容器采用支撑式安装。中性母线设备和直流滤波器低压部分的设备均布置在户外、两极户内场建筑物之间，便于连线，同户内设备的连接通过穿墙套管引接。极线设备区与阀厅的连接由跨线完成，平波电抗器紧靠阀厅布置，一侧套管插入阀厅，另一侧套管经跨线引接至户内场穿墙套管。

柴达木换流变电站换流阀塔采用悬吊式四重阀结构，其阀组布置采用每个 12 脉动阀组安装在一个阀厅内的布置方式。换流变压器采用阀侧套管直接插入阀厅的一列式布置方式。330kV 交流配电装置采用气体绝缘金属封闭开关设备（GIS）设备户外布置。根据系统交流出线方向，330kV GIS 布置在站区北侧，东西向一字排开，330kV 向北出线，换流变压器向南进线。柴达木换流变电站交流滤波器配电装置采用 GIS 设备户外布置，配电装置采用东西向一字排开，与 330kV 交流配电装置平行布置。330kV GIS 南侧布置交流 PLC 电容器，交流滤波器大组和换流变压器引线均通过气体绝缘金属封闭输电线路（GIL）引接。

2. 拉萨换流站平面布置

拉萨换流站总体布局呈一个规则的矩形，从南向北布置有 35kV 静止无功补偿装置（SVC）、220kV 交流配电装置、换流区域以及直流开关场。换流变压器、阀厅和控制楼位于站区的中间，站前区的综合楼辅助建筑及武警营房等布置在站区西北侧进站口处。±400kV 直流向北出线，220kV 交流向南出线，与柴达木换流变电站类似，预留 2 个换流单元分别布置在初期 2 个换流单元的外侧。

220kV 交流配电装置采用户内 GIS 设备；交流滤波器 2 大组、10 小组采用双列布置，初期布置集中布置于西侧，通过 GIL 与 220kV 母线相连。换流变压器及阀厅区域采用一字形布置；直流场采用户外布置。该方案布置整齐清晰、进出线方便、连线短、主控制楼位置适中、运行管理方便。

拉萨换流站采用悬吊式四重阀结构，两站的阀组布置均采用每个 12 脉动阀组安装在一个阀厅内的布置方式。换流变压器采用阀侧套管直接插入阀厅的一列式布置方式。

此外，拉萨换流站采用户外直流场布置方案，按极分开对称布置。在直流场的外侧布置 ±400kV 极母线设备，包括直流极线高压设备，直流滤波器、±400kV 直流 PLC 电容器等。直流中性点设备布置在直流场的中央，中性点设备和极母线设备之间设置道路运输通道。直流滤波器组的高压电容器采用单塔串联、支持式安装方式，滤波器四周设置安全围栏。

220kV 交流配电装置采用 GIS 设备户内布置。根据交流出线方向，220kV 交流配电装置布置在站区中部偏南，东西向一字排开布置。换流变压器向北进线，220kV 交流线路向南出线。GIS 室北侧布置交流 PLC 电容器，交流滤波器大组和换流变压器引线均通过 GIL 引接。

拉萨换流站 35kV 配电装置装设 2 组静止无功补偿装置（SVC），4 组低压并联电抗器。结合全站总平面布置，将 SVC 布置在南侧的 220kV 出线下方，35kV 低压并联电抗器布置在站区西南角。整个 35kV 静止无功补偿装置（SVC）呈一字形单列布置。

（三）防雷接地

防雷接地系统设计的好坏，直接影响到换流站运行人员的人身安全和设备的运行安全。青藏直流工程在构建坚强智能电网中具有重要作用。因此，西南、西北电力设计院在防雷设计中，对直流场、交流滤波器区域和阀厅、换流变压器等重要区域的防雷采用了避雷线保护，在计算手段上采用滚球法进行校验，大大降低了绕击雷对设备安全运行的影响。在接地设计中，由于拉萨换流站站址，土壤电阻率极高（2700Ω·m）。西南电力设计院在接地设计中采取了深井接地、主接地网周围局部换土、接地网四周使用离子接地极等多种降阻措施相结合，有效保证了人员安全和设备安全。

（四）电气二次系统

柴达木换流变电站和拉萨换流站电气二次系统由运行人员控制及监视系统、直流控制系统、直流保护系统、时钟同步系统、交流保护系统、交直流暂态故障录波系统、交直流电源系统、图像监视系统、火灾报警系统和气体监测系统等组成。

柴达木换流变电站和拉萨换流站的直流控制保护系统由南京南瑞继保电气有限公司（简称南瑞继保公司）供货，主要由站控层设备、各个系统的控制主机和输入/输出（I/O）接口单元等构成。直流控制保护系统站控层网络采用较为先进的标准通信协议，交直流保护均采用该通信协议通过网口直接接入站控层网络，实现数据传输。

柴达木换流变电站和拉萨换流站地处偏远，环境条件恶劣，为此在国网运行公司设置远程诊断系统，通过综合数据网将两个换流站内的远动信息、保护信息和图像信息远传至北京，便于实现对站内设备运行状态的监视、远程的事故分析和诊断等功能。

（五）土建设计

两站控制楼为三层建筑，采用钢筋混凝土框架结构，现浇钢筋混凝土楼（屋）面板。

拉萨换流站建筑采用了富有藏族特色的色彩，同时建筑立面立体化处理，做到了民族元素与工业建筑、地域特色与企业文化的自然融合。拉萨换流站站区中部及南面大部分建（构）筑物位于挖方区，基础采用天然地基，站区北部填方区地基处理均采用 C15 毛石混凝土换填。

柴达木换流变电站户内直流场为单层工业厂房，采用钢筋混凝土框架结构，上部屋盖采用梯形钢屋架及支撑系统，屋架与下部混凝土柱采用铰接连接。屋面采用由梯形钢屋架和横向支撑系统形成的空间结构，钢屋架与混凝土柱采用锚栓（或螺栓）连接，并将锚栓（或螺栓）的小垫板与钢屋架支座底板焊接，屋面结构采用保温复合压型钢板。

针对青藏高原高寒气候条件，充分利用日照采光将建筑物南北向布置；

加强屋面及外墙保温措施；控制窗墙面积比；提高门窗密闭性。

（六）暖通设计

拉萨换流站位于低气压、低含氧量、高海拔地区，对电气设备进行通风降温时，由于空气密度低，额定风机风量下的空气质量流量也达不到额定值。为保证电气设备的降温效果，设计中更改风机配置，增大空气的体积流量，确保空气质量流量满足降温需要。

拉萨地区属于采暖地区，需采暖的建筑利用铝合金电暖器分散采暖。每台铝合金电暖器设置 1 个墙挂型温控器，房间内的电暖器根据温控器设定温度自动调节电暖器的出力。温控器统一布置在门口照明开关处，方便了工作人员对室温的调节。

换流站控制楼的空调配置充分考虑设备室与人员办公室之间的独立性。重要设备房间的空调系统均考虑 100% 的设备备用措施提高安全性，有人员办公的地方其空调室外机单独设置。通过系统的分开设置不仅保证了设备的安全运行，也满足了运行人员对室内温度灵活控制的舒适性要求。

针对以往的一些换流站和变电站的工艺设备房间只考虑空调，不设置新风导致室内空气品质恶劣的情况，在工程中对设置空调系统的工艺房间设置新风换气系统，通风换气次数按照 0.5 ～ 1 次/h 考虑。主控楼内经常有人员停留的房间均设置了新风口，以满足工作人员的健康需要。该通风系统由于换气量较小，在运行过程中不会影响空调系统的运行，同时避免了室内空气污浊，方便了运行维护人员的检修查看。

（七）阀冷设计

直流工程送、受两端换流站地处缺水高原地区，站用水源采用打井取水，为节约用水，阀外冷却系统采用空冷系统。

由于相对空气密度只有平原地区的 60% ～ 70%，在空冷器设计中重点考虑了空气密度小所造成风量减小对散热的影响。站址自然条件恶劣，风沙较大，在空冷器设计中加大了管外的污垢系数，按照最苛刻的室外污垢条件选择。风机叶片的覆冰会带来运行的不平衡，影响机组的运行和控制，在空冷器管束的上方设置了可调角百叶窗，当空冷器管束停运时，将相应百叶窗关闭，并在条件允许时定期调整风机叶片的角度。青藏地区沙暴天气相对较多，沙石、尘埃在大风的裹挟下，对空冷器有一定的冲刷磨砺作用，电机的冷却效果相应变差，因此选择特定的配套电机。在高原地区，电机的输出功率较平原地区低，电机必须降容设计，设计将电机功率增大。青藏高原地区昼夜温差大，容易引发电机绕组表面冷凝，室外布置的风机电机内部安装电加热带，避免当设备停运时，电机绕组表面冷凝。

（八）接地极设计

由于接地极站址的地理环境限制，直流工程送、受两端的接地极设计不尽相同。柴达木换流变电站接地极采用标准单圆环形布置，圆环直径为 600m，拉萨换流站接地极采用陆地浅埋式同心双圆环形布置，内环直径为 400m，外环直径为 500m。两站接地极的馈电体材料均采用低碳钢棒，埋于地下，四周用石油焦炭碎屑填充。

第四节　直流线路设计

一、建设规模

青藏直流线路工程北起青海柴达木换流变电站，南至西藏拉萨换流站，全线双极单回路架设，线路呈东北—西南走向，长度 1038km，共使用杆塔 2361基，其中多年冻土区的杆塔共 1207 基。柴达木换流变电站接地极线路全长 20km，拉萨换流站接地极线路全长 13km。

二、工程条件

（一）系统条件

系统标称电压 ±400kV，最高运行电压 ±412kV，额定输送功率 1200MW。

（二）路径条件

沿线有热振国家森林公园、色林错、可可西里和三江源国家级自然保护区，有三江源头、昆仑山纪念碑、玉珠峰等旅游风景点，有较为发育的冻胀丘、冰锥、热融滑塌、热融湖塘等不良冻土现象，线路只能在青藏公路、青藏铁路两侧 2km 范围内走线。

（三）气象条件

青藏直流线路工程按 3 种气象区设计。基本风速分为 3 级，分别为 27、31.5、34m/s；设计冰区为轻冰区 5、10mm。极端最低气温 −45℃。接地极线路基本风速 26m/s，设计覆冰 5mm。

（四）海拔及地形

青藏直流线路工程沿线海拔高度为 2880 ～ 5300m，平均海拔 4500m，4500m 以下海拔占 30.8%，4500 ～ 5000m 海拔占 62.5%，5000m 以上海拔占 6.7%。地形比例为：高山大岭 5.02%、一般山地 29.85%、丘陵 16.55%、平地 30.94%、沙漠 2.96%、泥沼 14.68%。

送端接地极线路沿线海拔高度为 2800 ～ 2900m，全部为平丘。受端接地极线路沿线海拔高度为 3775 ～ 4160m，一般山地 20%、平地 80%。

（五）污秽情况

全线划分为清洁区、轻污区、中污区和重污区，直流盐密分别为 0.03、0.05、0.08、0.15mg/cm²。

（六）多年冻土分布广、种类复杂

青藏直流线路工程穿越了季节冻土、多年冻土、岛状冻土及大片连续冻土等多种冻土区段，主要有低含冰量多年冻土区（以少冰冻土和多冰冻土为主）、高含冰量多年冻土区（富冰冻土、饱冰冻土、含土冰层）。多年冻土地域辽阔，是世界上独有的低纬度、高海拔多年冻土地区。

（七）交叉跨越

主要交叉跨越有：青藏铁路 22 次、青藏公路 37 次、330kV 电力线 1 次、110kV 电力线 20 次。

三、主要技术难点

（一）新的电压等级

根据电力系统的交换容量，结合青藏直流工程所处的高海拔等严酷的自然环境条件，经过反复论证，最终采用 ±400kV 直流输电方案。而 ±400kV 电压等级作为国内新的电压等级，在绝缘配合、空气间隙、技术标准等方面是各科研、设计及设备制造单位必须要面对的新课题。

（二）严峻的高海拔难题

高海拔地区由于空气稀薄、空气绝缘性能降低，需要对设备的外绝缘进行高海拔修正，需要研究合适的均压、屏蔽方案，同时对电磁环境也提出了更高的要求。线路最高海拔达5300m，为世界上海拔最高的直流线路工程，国内已经运行的±800kV直流线路最高海拔也仅3500m，以往直流线路外绝缘修正、均压屏蔽方案、电磁环境高海拔修正均无法满足工程需要，合理进行高海拔直流线路设计，减少电晕损耗，改善电磁环境，使得直流线路既安全可靠又经济合理，是摆在设计面前的一个巨大挑战。

（三）复杂的多年冻土问题

线路工程穿越多年冻土区段长达550km，多年冻土区常年为冰冻状态，具有热稳定性差、水热活动强烈等特性，温度升高即面临融化，冻结时又会产生巨大的冻胀力，导致基础倾斜移位，严重时致使铁塔倒塌。多年冻土问题在路桥工程中也经常遇到，但线路工程的多年冻土问题与路桥工程有所不同，其特殊性主要表现为线路在空间上呈现"串联点状"特征，而路桥工程在空间上呈现"连续条状"特征；路桥工程主要为下压，而线路基础主要为上拔；路桥工程允许渐进变形，线路基础只允许同塔位整体点变形；基底以上冻土活动层融沉属于路桥工程的控制因素，却不属于线路基础的控制因素。高海拔多年冻土地区基础选型及设计的参考资料较少，国内可供借鉴的工程实例极少；设计单位对多年冻土的勘探手段和经验也比较匮乏。如何准确判别多年冻土特性，更好地进行冻土基础设计，防止地基土的冻胀、融沉，这是线路工程设计面临的最大难题。

（四）脆弱生态环境的保护

由于青藏高原海拔高、空气稀薄、气候寒冷、干旱，动植物种类少、生长期短、生物量低、食物链简单，生态系统中物质循环和能量的转换过程缓慢，致使生态环境十分脆弱。长期低温和短促的生长季节使寒冷地区的植被一旦被破坏，恢复十分缓慢，而且会加速冻土融化，引起土壤沙化和水土流失。做好环境保护与水土保持设计，既能保证工程建设的顺利进行，又能保护好脆弱的生态环境，与野生动物和谐相处，是设计必须考虑的新课题。

（五）稀缺的气象资料

设计风速和设计覆冰厚度对输电线路的杆塔型式、杆塔荷载以及输电线路的技术经济指标等都有很大的影响。青藏直流线路面临青藏高原大风速、强雷暴、沙尘暴频繁发生等特点，沿线地形相对复杂，地貌多样，气象台站极其稀疏，线路经过的较大区段存在气象资料盲区。同时沿线大部分属于无人区，沿线已建通信线、电力线也较少，可供参考的运行资料极为有限。因此，确定经济、合理的设计风速、覆冰厚度，也是设计遇到的一大难题。

（六）严酷的气候条件

青藏高原的气候特点是低气压、缺氧，在沿线最高海拔 5300m 的唐古拉山口，大气压力及含氧量仅相当于平原的 45%。这里平均气温低、日温差较大，极端低温为 -45℃。日照时间长，太阳辐射照度远大于平原地区，属高紫外线辐射区。在如此的低含氧量、低气温下，不仅人的反应变慢，容易发生事故，工作效率降低，就连金属也会脆性增加，强度降低，容易发生脆断。在长期强烈的紫外线辐射下，橡胶垫就会快速老化、弹性变差，进而影响阻尼间隔棒的阻尼性能。在保证安全的前提下提高工作效率，降低由于低气温、高紫外线强度带来的运行安全隐患，同样是设计要考虑的难点。

（七）艰难的运行维护条件

直流线路沿线人烟稀少，高原天气变幻无常，加之线路长、海拔高，多次跨越青藏铁路、河流，而且青藏公路由于多年冻土导致路况较差，运行维护很不方便。为了降低运行维护难度，大规模地采用在线监测系统，以实时化、可视化的方式展示线路生产运行信息，辅助线路工程的运行维护是很有必要的。

四、工程设计方案

（一）线路路径

青藏直流线路工程北起青海格尔木，南至西藏拉萨，途经青海省的海西藏族蒙古族自治州、玉树藏族自治州，西藏藏族自治区的那曲市、拉萨市。线路总长度 1038km，航空直线距离约 865km，曲折系数 1.19，其中青海段长度

613km，西藏段长度425km。多年冻土区段长550km。

设计单位进行了详细的现场踏勘，在安全可靠、技术可行、经济合理、方便运行维护同时保护环境的原则下，综合考虑环境特点、水文气象和地质条件等因素，采用航片、海拉瓦等先进手段对路径方案进行优化比选，合理选择了线路路径。

（1）科学处理了线路与国家级自然保护区、风景区等的关系，对于可可西里和三江自然保护区范围内，直流线路在公路、铁路两侧2km范围内走线，减少对保护区的影响。

（2）尽量靠近青藏公路和青藏铁路走线，尽量走在相对海拔高度较小的区域，以方便终勘、施工作业和运行维护。

（3）合理避让了不良地质区域，如冻胀丘、冰锥、热融滑塌、热融湖塘等，保障了线路的安全、可靠运行。

（二）导线和地线

西南电力设计院与中国电科院共同完成了《青海—西藏 ±400kV 直流联网工程输电线路导线截面及分裂方式的研究》，首次在直流线路导线选型中进行了离子流密度、合成场强高海拔修正，同时对各种截面及分裂型式的导线方案进行了充分的技术经济比较，确定工程采用 4 × LGJ – 400/35 型钢芯铝绞线，导线分裂间距取450mm。

普通地线采用 1 × 19 – 13.0 – 1270 – B 镀锌钢绞线。OPGW 采用 OPGW – 110。

导线档距小于500m 时，采用四分裂、具有快速锁紧防脱扣专利技术的防滑移阻尼型间隔棒防振措施，档距大于500m 时，采取加装防振锤的防振措施，导、地线均采用预绞式防振锤。

沿线无资料显示有易舞动区域，考虑到线路的重要性及特殊性，间隔棒预留防舞装置的安装孔。

（三）绝缘配合

青藏直流线路工程是世界上海拔最高的线路工程，高海拔绝缘配合是工程面临的技术难题之一。为此，西北、西南电力设计院联合中国电科院在工程前期进行了《高海拔直流输电工程外绝缘特性及绝缘配合研究》专题研究，并依据研究成果，同时参考以往直流线路设计、运行经验，结合工程特殊性，合理确定了直流线路的外绝缘配置。

1. 绝缘子配置

复合绝缘子的积污按直流钟罩型绝缘子表面积污的 2/3 来考虑，关键技术研究得到的复合绝缘子长度在 6.1～8m 之间，考虑到方便设计、安装，复合绝缘子统一按照长度 8m、爬距不小于 28m 来配置。全线共使用复合绝缘子 11 559 支。

耐张绝缘子主要采用三伞瓷绝缘子，并使用了少量的钟罩型玻璃绝缘子，全线共使用绝缘子 111 617 片。耐张串片数在研究结论的基础上，设计还采用污耐压法、爬电比距法等进行了计算结果对比，最终确定重污区 57 片、中污区 49 片、轻污区 45 片、清洁区 37 片。

工程中还在不同海拔中、轻污区 90 基耐张塔上采用了长棒型瓷绝缘子，中污区 6 根、轻污区 5 根，为后续高海拔直流线路工程积累了运行经验。

2. 空气间隙

中国电科院分别在海拔 55、2200、4300m 的北京、青海西宁、西藏羊八井 3 个地点，开展了相关典型电极的操作冲击放电特性试验，得到了不同海拔地区的操作冲击放电电压特性曲线，为工程设计提供了依据。2011 年 7 月 14 日，世界上首次在海拔 5000m 的唐古拉山口开展了真型杆塔操作冲击放电特性试验，取得了大量的第一手资料。

根据不同海拔修正因数，计算得到的直流电压、操作冲击、带电作业最小空气间隙值见表 3-2。

表 3-2　　　　　　　　　最 小 空 气 间 隙 值　　　　　　　　　　m

项目＼海拔	1000	3000	4000	4500	5000	5300
直流电压	1.2	1.4	1.5	1.6	1.7	1.8
操作冲击	2.1	3.0	3.6	3.9	4.2	4.4
带电作业	2.9	3.8	4.4	4.7	5.0	5.2

注　带电作业间隙值已考虑 0.5m 人体活动范围。

（四）防雷

线路工程所经过地区虽然雷电活动频繁，如西藏段平均雷暴日 91～97，但雷电强度不大。直流线路地线对外侧导线的保护角不大于 0°，防雷要求高于常规 ±500kV 要求的 10°，用电气几何模型法计算的绕击闪络概率为 0，提高了防雷性能。

（五）金具

针对沿线高海拔、极寒、高紫外线强度的自然环境，国家电网公司组织设计院、南京线路器材厂、四平特高电力金具科技有限公司、中国科学院长春应用化学研究所进行了配套金具、间隔棒用橡胶垫研制，解决了金具的低温脆性、抗疲劳特性、低温下组织结构稳定性、焊接性和加工成型等难题；解决了间隔棒用橡胶垫抗紫外线耐老化、低温脆性、压缩变形、拉伸耐寒等一系列技术问题；在中国电科院北京昌平试验基地进行了多种均压、屏蔽方案的电晕试验，得到了适合高海拔下直流线路的均压、屏蔽方案，保证了工程安全运行，填补了国内空白。

（六）导线对地和交叉跨越距离

设计单位结合关键技术研究成果，分析、计算了海拔对离子流密度、合成场强的影响，参照国家电网公司企业标准 Q/GDW 181—2008《±500kV 直流架空输电线路设计技术规定》，确定了导线与铁路、道路等跨越物的交叉跨越距离，见表 3 – 3。

表 3 – 3　　　　　　　　　　不同海拔交叉跨越距离汇总表

海拔高度（m）		4000	4500	5300
项　目		最小垂直距离（m）		
对地距离	非居民区	12.0		
铁路	至轨顶	25		
公路	至路面（2 级及以上公路）	13	13.5	14
	至路面（其他公路）	12.0	12.0	12.0
电车道	至路面	16		
	至承力索或接触线（塔顶）	8.6（9）	8.9（9.5）	9.4（10）
通航河流	至 5 年一遇洪水位	12.0		
	至最高航行水位桅顶	7.6		
不通航河流	百年一遇洪水水位	8.6	8.9	9.4
	冬季至冰面	13	13.3	13.8

海拔高度（m）		4000	4500	5300
项　目		最小垂直距离（m）		
弱电线	至被跨越物	8.5		
电力线	至被跨越物	8.6	8.9	9.4
	塔顶	9	9.5	10
特殊管道	至管道任何部分	9		
索道	至索道任何部分	8.6	8.9	9.4

注　1. 垂直距离中，括号内的数值用于杆（塔）顶。

2. 直流线路跨110kV及以上线路、铁路、特殊管道、通航河流、高速公路及一级公路时，绝缘子串应采用双挂点双联串或两个单联串。

3. 跨越青藏铁路时，按照青藏铁路总公司的要求，导线对铁轨垂直距离不小于25m，距离铁路中心水平距离不小于最高塔高加5m。

（七）杆塔与基础

1. 杆塔

直线塔采用导线水平排列自立式羊角型杆塔，挂线方式采用V型绝缘子串；耐张转角塔型式主要采用干字型，跳线采用双"V"串鼠笼式刚性跳线。全线共使用钢材54 282t。

根据基本设计风速、设计覆冰、海拔高度，线路工程全线统一规划杆塔，确定为3个系列共26种塔型，分别对应27、31.5、34m/s风区。

为了验证设计的准确性，分别由西北、西南电力设计院设计了两基杆塔，进行了真型杆塔试验，试验表明设计是合适的。

此外，在全线每基铁塔变坡处和横担与塔身连接处均设置了两处休息平台，可以更好地保证组塔架线、检修人员休息和人身安全，提高了工作效率。还对耐张塔导线挂点和跳线挂点进行了优化设计，减少了焊接工作量，节点构造简洁，受力明确，保证了低温下铁塔挂点的可靠性。

2. 基础

（1）冻土勘探。在现场工作前，岩土专业有针对性的组织学习研究成果，多次聘请经验丰富的冻土专家进行开工前的集中学习、培训。现场冻土勘探委托富有多年冻土勘探经验的铁路十二局进行，冻土实验委托中国科学院寒区旱区环境与工程研究所进行，设计负责技术配合。现场勘察时根据预先制定的方案，结合现场的实际情况采用了精细化的勘察作业模式：多年冻土区塔基逐基钻探；现场进行土工试验；广泛使用综合物探；塔基范围内采用十字交叉方式的地质雷达探测、瞬态面波探测、高密度电法探测等手段进行地质勘探；1:5 大比例的室内的冻土循环冻溶模型试验。

（2）基础型式。高海拔多年冻土问题是影响杆塔基础稳定的最大因素，相关研究资料十分缺乏，基础选型设计的特殊性和复杂性前所未有，为保证工程建设的顺利开展和长期安全稳定运行，西北电力设计院牵头开展了《冻土分布及物理力学特性研究》和《高海拔多年冻土地区基础选型及设计研究》。研究课题对全线冻土分布、冻土物理力学特性、基础选型设计和新型基础开发进行了全面研究，进行了预制装配式基础真型力学性能试验和现场吊装试验，锥柱基础和管桩基础的真型试验，取得了大量一手资料，为高海拔多年冻土区基础选型、设计奠定了基础。

根据研究成果，在试验数据的基础上，结合工程实际情况，设计了 7 种基础型式，采用的基础型式见表 3－4。

表 3－4　　　　　　　　　采用的基础型式

序号	基础型式	使　用　地　段
1	斜柱基础	主要用于非多年冻土区
2	直柱基础	主要用于非多年冻土区
3	锥柱基础	主要用于多年冻土区，且基础埋深大于设计融深
4	灌注桩基础	主要用于季节性和多年冻土区的河道中立塔，以及多年冻土区不适用锥柱基础的塔位
5	预制装配式基础	主要用于多年冻土区交通便利、机具能进场的塔位
6	掏挖基础	主要用于地质条件好且能掏挖成型的地区，适用于季节性冻土和多年冻土区
7	人工挖孔桩基础	主要用于地质条件较好（泥岩或砂岩类），荷载较大，能成孔的塔位。适用于季节性冻土和多年冻土区

（3）冻土地基防冻胀、防融沉。针对高海拔多年冻土对基础可能产生的

冻融病害，经过多方案分析研究，结合线路特点采用新材料、新工艺，首次系统化地提出了防冻胀、防融沉的冻土基础处理措施。

防冻胀措施主要有：玻璃钢、锥形基础、润滑剂、地基土换填、隔水排水及保温。冻土地区采用玻璃钢模板具有缩短基础基坑暴露时间、减少混凝土水化热对冻土的影响、防腐蚀、加强了混凝土的抗冻能力、削弱了冻土切向冻胀力等优势。锥柱基础在冻土地区具有消除切向冻胀力的优势。

防融沉措施主要有：热棒、地基土换填、隔水排水等。热棒可有效地防止多年冻土融化，降低多年冻土地基的温度，提高多年冻土地基的稳定性。

此外，还针对多年冻土热稳定性差、厚层地下冰和高含冰量冻土所占比重大、对气候变暖反应极为敏感以及水热活动强烈等特性，在多年冻土基础的设计中，还对多年冻土可能的动态变化进行了分析，选择了适宜的基础型式、适当加深了基础埋深、广泛采用低温热棒，有效抵御环境气温温度升高而导致地温升高的影响，保持塔基的稳定性。

图3-3　采用热棒技术减少冻土基础干扰

（4）沙漠基础设计及防风固沙措施。柴达木换流变电站出线段存在大片的沙漠地带，沙漠地表有0.5m的流动沙层。虽然在季节性冻土地带，但是地下无水，冻胀性较弱。基本上可以不考虑冻胀性对基础的影响，基础采用更加经济合理的斜柱基础型式。

青海格尔木地带植被较少，沙漠地带的防风固沙措施无法采用草方格固沙方式，而是采用了更加便捷的石方格方式固沙。

（八）环保水保

工程沿线生态环境脆弱，人文环境特殊，环境保护责任重大。与以往工程不同的是在初步设计、施工图设计阶段均进行了环保水保专项设计，环保理念与措施贯穿于工程设计的全过程。

在工程初步设计文件中，设计编写了环境保护及水土保持专题报告。进一步细化了环保水保措施，并在沿线省级行政主管部门备案，以指导工程环保水保措施的实施。

2010 年 10 月 30 日，在青海格尔木确定了环保水保施工图设计原则，随后设计现场调查收集了逐基塔位的植被地貌类型、施工道路走向并画图、材料堆放场地、牵张场设置位置等一系列资料。之后，在格尔木组织集中设计，完成了基础施工阶段、组塔架线阶段环保、水保施工图设计。明确每个塔位、施工便道、牵张场等应采取的环保、水保措施；明确施工区开挖土方、材料堆放，植被保护的具体措施。

沿线地貌类型分为戈壁、荒漠、高寒草原、高寒草甸四大类，不同的地貌类型，具体的环保、水保措施也不尽相同。

（1）以培训班、宣传册、宣传单、环保标语牌或宣传栏等形式对各相关单位工作人员进行环保、水保等法律法规、标准规范等知识进行宣传，并进行环境保护和水土保持实施方案的培训。

（2）环保水保措施主要有设置围栏、彩条布隔离及苫盖、表土剥离、装土草袋拦挡、土地整治、碎石压盖、撒播草籽、草皮移植等。施工边界插边界旗等方式控制人员及机械的活动范围，施工道路铺设草垫、棕垫进行植被保护。

（3）动植物及景观保护措施。基础施工阶段，开挖的基坑晚上采取苫盖措施，防止动物不慎跌入受伤；设置警示牌或宣传牌，对保护区动植物的种类、生活习性（迁徙、产仔的时间段进行说明）以及应注意的事项进行说明；施工安排要时刻和可可西里管理局沟通，不能影响野生动物的产仔和迁徙；风景、旅游点附近，施工道路布设时需避开观光视线，降低对景观的影响。

第五节 通信工程设计

一、建设规模

青藏直流光纤通信工程于 2011 年 9 月投入运行，主要传送电力调度、线路保护、安全稳定控制、故障定位、直流站间控制、远程故障诊断等信息以及生产管理、视频会议、行政管理、计算机网络信息等，是保证青藏直流工程和西藏、青海电网实现安全、稳定运行的基础。光缆线路起于青海柴达木换流变电站，止于西藏拉萨换流站，采用光纤复合架空地线（OPGW）通信方式。青藏高原低温严寒、气候干燥且复杂多变，全线新建光缆 1333km，安装传输设备的通信站 9 个，其中，中继站 6 个、换流站 2 个、调度中心 1 个；建设 3 条格尔木到拉萨的光传输电路，共新安装同步数字系列（SDH）2.5Gbit/s 光传输设备 21 套，扩容 SDH 设备 5 套。

二、工程条件

青藏直流光纤通信工程 OPGW 光缆线路的自然环境恶劣，地质条件复杂，经过昆仑山、唐古拉山等高海拔、高寒地区，海拔分布范围为 2800 ～ 5300m，沿线极端最低温度达 −51.5℃，最大风速达 34m/s，是目前国内建成的海拔最高、极端温度最低的光纤通信工程；光缆线路的地理环境条件恶劣，中继站选择困难；光缆在低温环境下会产生较大附加衰减；光缆接续施工所在地区含氧量低、气压低、温度低，光缆接续质量较难控制。以上因素直接影响到电路开通，系统富裕度如何取值成为设计难题。

三、主要技术特点

（一）光纤选型及配置数量

目前在电力光纤通信工程中广泛使用的光纤为国际电信联盟 G. 652D 光纤，光通道带宽大，在 1550nm 光波长处有着较低的衰减系数，一般为 0.19 ～ 0.22dB/km，有着很高的性价比。工程采用的光缆建设方案为：在沱沱河—安多段架设 2 根 OPGW 光缆，一根为 24 芯，另一根为 32 芯，其他各区段随直流输电线路架设 1 根 36 芯 OPGW 光缆，除沱沱河—安多段外，其他区段的 36 芯 OPGW 光缆均采用 G.652D 光纤。

沱沱河—安多段光缆线路传输距离长达 295km，翻越唐古拉山海拔高达 5300m，极端最低温度达 −51.5℃，是青藏直流光纤通信工程传输距离最长、海拔最高、环境最恶劣的中继段，为解决高原环境下遇到的低温及超长距传输问题，工程设计中使用新技术、新材料。在国内通信工程中，首次在沱沱河—安多段使用新型适合远距离传输的超低损耗光纤，减小光缆线路的传输衰减，降低传输设备的工作负荷，提升系统光信噪比。

超低损耗光纤是为高速率长途和区域性网络中能达到更长的传输距离而设计的一种高性能单模光纤，具有超低衰减、超低偏振模色散、符合 G.652 标准，在 1550nm 光波长处有着很低的衰减系数（小于 0.17dB/km）。超低损耗光纤虽然是一种新型光纤，但在国外已被很多运营商使用并投入运行。在国内采用超低损耗光纤芯的 OPGW 光缆已生产成功，并进行了大量测试工作。国网信通公司、西北电力设计院及相关单位做了大量的收资调研工作，并与供货商进行了多次技术交流，根据掌握的数据和成缆等情况，一致认为超低损耗光纤的优越性，适合沱沱河—安多段的恶劣运行环境，有利于降低中继段传输衰减和温度附加衰减。设计最终确定超低损耗光纤配置方案为：在沱沱河—安多段新建的 2 根光缆中，24 芯的光缆全部采用超低损耗光纤，另一条 32 芯 OPGW 光缆中的 12 芯采用超低损耗光纤，20 芯采用 G.652D 光纤。超低损耗光纤与 G.652D 光纤可以兼容，但并不是同种光纤，成缆工艺性能有细微差别，尽可能地避免在同一光单元中混装。

（二）光缆及附件

为确保电路传输的可靠性，沱沱河—安多段采用了新型耐高寒 OPGW 光缆，对光缆的传输衰减、温度附加衰减和填充油膏提出严格要求。由于国内生产的 OPGW 光缆只能满足最新电力行业标准，适应温度为 −40 ～ +65℃，无法适应青藏沿线的低温条件。针对高海拔、高寒条件和超长站距，工程设计要求抗高寒 OPGW 光缆，适应低温 −55 ～ +65℃ 之间，且温度附加衰减不大于 0.01dB/km。同时考虑到光缆油膏的耐低温性能直接影响光缆的传输性能，对光缆油膏提出满足 −55℃ 的要求，采用新型填充油膏有效降低光缆低温下的附加衰减。考虑到青藏地区海拔高、温度低、昼夜温差大、多风沙天气等恶劣气候条件，各方专家对工程配套的 36 芯和 32 芯 OPGW 提出 6 种结构设计方案，最终确定采用双钢管结构设计方案，如图 3 - 4 所示。

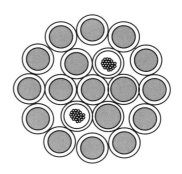

图 3 - 4　双钢管 OPGW 结构图

双钢管结构设计的特点：对于 36 芯 G. 652D 光纤可以平均分装缆中 2 根钢管内，每管 18 芯；对于 32 芯混装光纤，则可以将超低损耗光纤和 G. 652D 光纤分别装在 2 根钢管内，避免不同种类光纤混装相互影响的问题，使线路性能更加稳定可靠，运行更加安全。

一般光缆接头盒的密封橡胶件适应温度为 - 40 ～ + 65℃，工程采用硅橡胶，替代普通橡胶，满足了低温 - 55℃的技术要求。

青藏直流光纤通信工程的开通运行，填补了国内工程领域应用抗高寒 OPGW 光缆的空白。OPGW 光缆内填充油膏采用新型耐低温产品，在国内第一次使用 - 55℃填充油膏，保证了光缆线路的稳定运行。

（三）设备选型

为保证高海拔运行条件下设备运行的安全可靠性，设备招标书中，对设备运行业绩特别强调，提出了 SDH 设备应具有在海拔 4500m 以上环境成功运行的业绩，并应具有在国家电网一级骨干电路使用 4 套以上，投入运行 1 年以上的业绩，投标商应具有超长站距光路子系统的调试业绩和技术支持服务能力。

考虑到高海拔条件下，光缆接续难度大、接续质量难以控制，为此，在仪器仪表的招标书中提出了智能熔接功能，要求熔接机应具有在海拔 5300m 以上环境成功应用的业绩。

（四）中继站建设及引入光缆设计

青藏直流光纤通信工程设置的 6 个中继站全部落点在已有 110kV 变电站，解决了中继站的交通和电源问题，为施工安装和运行维护创造了条件。青海境内的 3 个中继站分别设置在沿线的纳赤台、五道梁、沱沱河 110kV 变电站，由于站内均没有专用的通信机房，现有通信设备都安装在主控室内，其备用屏位有限，因此，3 个中继站均需扩建通信机房。结合当地太阳能资源丰富的特点，在以上 3 个站均配置了太阳能供电系统，在扩建机房屋顶安装太阳能电池板，与站内交流电源互为备用，确保中继站设备可靠供电；西藏段内的 3 个中继站分别设置在沿线的安多、那曲、当雄 110kV 变电站内，对原有机房和通信电源进行改造后为工程设备提供安装屏位和可靠供电电源。

除当雄中继站（西藏段迂回光缆线路上中继站）没有引入光缆外，其他 5 个中继站的引入光缆均利用 110kV 线路架设 OPGW 光缆或 ADSS 光缆，利用 110kV 交流线路与直流线路交叉点或平行点，沿铁塔架设引接光缆，确保光缆路由的合理性和可靠性。其中：安多、那曲中继站引入光缆为利用拟建的 110kV 线路架设 OPGW 光缆接入；纳赤台、五道梁、沱沱河中继站引入光缆为利用已建 110kV 线路架设 ADSS 光缆接入，每根 OPGW 从直流线路塔用一盘 ADSS 光缆引入中继站通信机房，中间不留接头。

（五）设备安装及接地

通信设备和电源设备均安装在通信机房中，蓄电池和通信设备布置在不同机房。设备布置紧凑，机房内设有活动地板，机房地板下安装有设备底座，并布置小型电缆排架用于电缆敷设，强电、弱电线缆分别敷设在不同走线槽中，便于施工敷设、整理，运行维护检修等工作。

（六）光缆实时监测系统

光缆运行环境最恶劣的沱沱河—安多中继段，首次在国内采用超低损耗光纤，为保障光缆线路的安全稳定运行，便于统计分析恶劣环境对超低损耗光纤光缆运行的影响，工程在此段配置了光缆监测系统，在青海信通公司、西藏区调、国网信通公司分别设立监测中心站，配置服务器、工作站、路由器等；在沱沱河 110kV 变电站和安多 110kV 变电站分别设立监测子站，配置远程监控单元、光开关、光时域反射仪模块等，构成沱沱河—安多光缆线路自动监测系统，实时监测光缆传输性能的变化，为高海拔高寒环境下 OPGW 光缆的运行收集必要的数据，并能在光缆故障时及时测出故障位置，为故障抢修提供准确的信息，提高抢修效率。

四、工程设计方案

青藏直流光纤通信工程设计中，各设计院结合工程特点，充分考虑恶劣环境对电路传输可能造成的影响及对运行维护带来的困难，采用新技术、新材料优化设计方案。在沱沱河—安多段架设 2 根 OPGW 光缆，其他各区段架设 1 根 OPGW 光缆，从格尔木到拉萨建设 3 条光传输电路。

（一）第一通道电路建设方案

建设柴达木换流变电站—纳赤台—五道梁—沱沱河—安多—那曲—拉萨换流站—西藏区调光纤通信电路，电路采用 SDH 制式，传输速率为 2.5Gbit/s，按 1＋1 传输配置，该电路在柴达木换流变电站接入国网光纤电路。

（二）第二通道电路建设方案

建设柴达木换流变电站—纳赤台—五道梁—沱沱河—安多—那曲—当雄—拉萨换流站—西藏区调光纤通信电路，电路采用 SDH 制式，传输速率为 2.5Gbit/s，按 1＋1 传输配置，该电路在柴达木换流变电站接入国网光纤电路。

（三）第三通道电路建设方案

建设沱沱河—安多光纤通信电路，电路采用 SDH 制式，传输速率为 2.5Gbit/s，按 1＋1 传输配置，该电路将青海和西藏现有的光纤电路联接起来作为青藏直流工程的第三通道。

在柴达木换流变电站、沱沱河中继站、安多中继站、拉萨换流站配置 3 套 SDH 光传输设备；在纳赤台中继站、五道梁中继站、那曲中继站、西藏区调各配置 2 套 SDH 光传输设备；在当雄中继站安装 1 套 SDH 光传输设备；在西藏区调、沱沱河中继站各安装时钟设备 1 套；在沱沱河—安多中继段安装光缆实时监测系统 1 套，在国网信通公司、西北电力调控分中心（简称西北分调）、青海信通公司、西藏区调配置和完善了设备网管系统。

新建光纤电路涉及国家电网公司、西北分调以及青海、西藏公司的光纤电路，需接入沿线相关单位的通信站点，并需利用 750/330/220/110kV 线路资源，设计牵涉面广，协调工作量大。遵循"光缆共享、电路互补"的原则，通过青藏直流 OPGW 光缆及西藏地区、青海省 110kV、330kV 线路上互为备用的光缆路由，建设拉萨换流站、柴达木换流变电站至调度端双 1＋1 光纤电路。

新建光纤电路分别接入国家电网、西北电网、西藏电网、青海电网已有的光通信网络。电路在西藏区调、拉萨换流站、柴达木换流变电站、安多变电站、西宁变电站等多点进行互联互通，优化光纤网络结构，从而使各传输通道相互备份，构建了站点通往多个调度端的通道。青藏直流光纤通信工程设备容量的确定充分考虑各类信息需求、兼顾跨区联网的需要，并为今后发展留有余量。根据各种业务的数量及接口要求，进行设备接口配置，大量利用已有的通信站址，各级单位的通信设备相互备份、相互转接，以此提高网络的灵活性及抗灾能力，使得通信系统更加可靠，同时防止重复建设和通信资源的浪费，有效节约了设备投资。在同一站点内，国、网、省通信电路，光缆、机房、电源、配线设备、安装材料等资源共享，工程建设同步进行。工程充分利用各类资源，发挥其经济效益，向建成资源共享型、能源节约型的通信系统迈出了坚实的一步。

青藏直流光纤通信工程是国内第一条采用耐低温、超低损耗光纤光缆的通信工程，也是国内首次实现高海拔、高寒环境下超长站距无中继传输的光纤通信电路。各设计单位加强了人力资源配置，持续优化设计方案，推广新技术、新材料、新工艺的应用，实现了通信工程设计水平的提升；工程设计中及时总结已经投运和正在建设的直流光纤通信工程设计、施工、调试和运行反馈的信息，克服和避免以往同类工程设计不足，继续引用成功的设计经验，进行精细化设计，并积极为施工安装和运行检修维护创造条件，保证了工程进度和质量。工程于 2011 年 9 月 18 日投入运行至今，工程质量优良、电路运行情况良好，全面实现了预期的建设目标。

第六节　安全稳定控制系统设计

一、建设规模

青藏直流工程青海侧安全稳定控制系统由 3 个 750kV 变电站、2 个 330kV 变电站的 10 套安全安全自动装置组成，以及对原有的青海海西地区 330kV 电网安全自动装置进行改造。

青藏直流工程西藏侧安全稳定控制系统由 29 个厂站 43 套安全自动装置组成，其中拉萨换流站 2 套，220kV 4 个厂站 8 套装置，110kV 17 个厂站 26 套装置，35kV 厂站 7 套装置，重要厂站采用双重化配置。

二、工程条件

（一）青海侧

青藏直流工程青海侧安全稳定控制系统保证了在电网发生严重故障时，青海省向西藏自治区安全、可靠、稳定地输送电力。

柴达木换流变电站位于青海海西电网，保证了海西电网的安全稳定运行，就能保证青藏直流的安全稳定运行，海西地区处于青海省电网的末端，所以电压稳定问题相对突出，系统发生严重故障时，会导致柴达木换流变电站 330kV 电压过低以及 750kV 电压过高，过高和过低的电压严重影响了青藏直流工程的安全稳定运行。

影响柴达木换流变电站电压稳定的因素：海西电网负荷水平、电厂开机方式、故障处理措施。

（二）西藏侧

青藏直流工程西藏侧安全稳定控制系统保证了电网发生严重故障时，在采取相应控制措施后，西藏电网不发生垮网事故。故障切除后，西藏电网负荷能够快速恢复供电。

西藏电网网架薄弱，交直流系统安全稳定问题突出：

（1）西藏电网整体旋转惯量较小，"大直流、小系统、弱受端"的特征决定了系统频率稳定问题极其突出，无措施条件下，直流双极闭锁故障后，西藏电网频率将会大幅跌落，面临频率崩溃的威胁，需要切除与直流送电相当的负荷以维持系统频率稳定。

（2）直流再启动、快速功率控制有利于提高供电可靠性、直流可靠性，但与电网稳控、低周装置配合不当，可能引发连锁故障，对西藏电网构成威胁。

（3）羊湖、老虎嘴和 9E 燃机电站等主力电源运行方式和故障形态直接影响交流电网强度。电站机组跳闸或发生事故，电网安全稳定运行难度增大，需要采取相应调制直流或切负荷措施。

三、主要技术难点

（一）青海侧

（1）通过采取切负荷、切 750kV 线路等措施，保证青藏直流工程安全稳定运行。

计算分析表明：在格尔木燃机电厂机组检修或海西 330kV 线路检修方式下，当 750kV 线路发生双回线路同时故障时，柴达木换流变电站 330kV 母线电压持续低于规程规定值，通过青海侧安全自动装置切除海西电网 100 ～ 200MW 负荷后，电压恢复到正常值。

柴达木换流变电站主变压器跳闸后，当日月山—海西—柴达木 750kV 线路空载，柴达木换流变电站 750kV 电压升高，可能会造成电气设备损坏。通过青海侧安全自动装置联切柴达木—海西 750kV 双回线路，将柴达木换流变电站 750kV 电压控制在合理范围内。

（2）柴达木换流变电站采用分布式安全自动装置。柴达木换流变电站场地布置较大，采用分布式安全自动装置。与集中式安全自动装置相比，分布式安全自动装置可以节省电缆、节约投资。

（3）柴达木预留与直流控制系统调节功率的数字接口。数字式接口为国内首次实际应用。传统安全自动装置与直流极控之间采用硬接点联系方式，接口方式复杂、不统一，调试时溯源困难，不利于运行管理，直流功率调制只能按照开关量分档调制，实际运行时匹配困难。安全自动装置采用光纤直连，两套系统统一通信协议，抗干扰性大大优于传统方式，交换信号均通过控制字定义，至直流控制系统功率调制采用 IEC 60044 - 8 数字量，可与实际控制需求精确匹配。

（4）各个站安全自动装置采用光纤通信。随着光纤通信的快速发展，为安全稳定自动装置光纤通信提供了条件，光纤通信具有抗干扰能力强、误码率小等优点。

（二）西藏侧

（1）通过直流功率紧急调制减轻西藏电网频率电压问题，减少切负荷量，提高供电可靠性。

计算分析表明，频率和电压稳定是西藏电网最突出的问题。西藏电网频率下降时，紧急提升直流功率可以少切负荷甚至不切负荷，避免负荷损失，提高供电可靠性，西藏电网电压稳定裕度降低时，回降直流功率可以减少无功需求，提高西藏电网电压稳定性。

（2）将西藏电网安全稳定控制系统的结构调整为分区域分层分布控制结构，提高安稳系统自身的安全可靠性。

西藏电网原有的稳控系统结构为串联链式结构，链上任一环节出现问题将导致控制措施失效。工程结合青藏直流联网后西藏电网的特点，在故障措施决策上采取分区域方式，在切负荷控制措施上采取分层分布结构。

分区域决策符合西藏电网地域特征和网架结构，除直流故障需要组织全网切负荷以外，区域稳定问题尽量在本区域解决，避免控制信息的远距离传送，降低了控制复杂度，分散了集中决策的高风险。

分层分布控制通过合理地分散和集中控制点，降低了统一控制的风险，避免单一环节故障引起系统结构破坏。

（3）电网运行对安控系统的依赖性高。青藏直流投运后，直流一旦故障将造成西藏电网较大功率缺额，需要联切西藏电网负荷。而西藏电网单个站点负荷小，直流故障切负荷量与故障前直流送入容量相当，需组织全网可切负荷进行切负荷安排，涉及全网 29 个厂站 43 套安全自动装置。

为了尽量保住拉萨市重要负荷，所有切负荷执行站将可切负荷信息上送到主站端进行排队，按照优先级和最小过切原则制定切负荷策略。

四、工程设计方案

（一）青海侧

日月山 750kV 变电站、海西 750kV 开关站、柴达木换流变电站，双重化配置安全稳定自动装置，将其作为区域稳控主站，检测海西电网与青海电网潮流及故障信息，检测直流运行信息，根据系统运行工况，实施切机、切负荷等措施。

团结湖 330kV 变电站、那林格变电站双重化配置安全稳定自动装置，接入原有的海西电网稳控系统中，检测 330kV 线路上的潮流及故障信息，实现接收命令，采取切负荷措施。

对海西电网现有装置进行改造，直接利用原有海西稳控负荷子站。

（二）西藏侧

依据电网安全三道防线的设置原则，提出了西藏电网安全自动装置的配置，并对安稳系统决策方式、控制结构和通道组织等进行了多方案比较，提出了优化后的推荐方案。通过在相应的厂站设置安全稳定控制装置，并与一次系统同步建设、同步投运，及调整系统运行方式，保证青藏直流以及西藏电网的安全稳定运行。

在拉萨换流站、夺底、乃琼、多林220kV变电站新增双重化的安全自动装置，在负荷集中的拉火、金珠、北郊、当雄、日喀则南110kV变电站新增切负荷执行装置。对西藏电网已有安全自动装置的通道、软硬件进行适应性改造，以满足新的安全稳定控制系统的功能需求。

（1）在拉萨换流站配置1套功能完善的安全自动装置。拉萨换流站安全自动装置负责检测直流系统的运行工况和故障形态，当直流送电通道发生故障并且需要西藏电网采取控制措施时，装置将切负荷量发给夺底变安全自动装置。另外，当西藏电网因故障出现较大功率缺额或富余，需要直流调制来平衡功率时，换流站安全自动装置接收并执行外部调制指令。

（2）在夺底220kV变电站配置青藏直流故障决策主站。青藏直流及其交流送出通道的故障判别及策略决策由夺底220kV变电站进行总的判别决策。

（3）在曲哥220kV变电站配置区域控制主站。曲哥220kV变电站主要功能是接收并转发夺底220kV变电站安全自动装置发来的切负荷命令，并对老虎嘴电站和直孔电站运行方式和故障形态进行判别和决策。

（4）在乃琼220kV变电站配置区域控制主站。乃琼220kV变电站主要功能是接收并转发夺底220kV变电站安全自动装置发来的切负荷命令，并对羊湖抽水蓄能电站和格尔木燃机电厂运行方式和故障形态进行判别和决策。

（5）在多林220kV变电站配置区域控制主站。多林220kV变电站主要功能是接收并转发夺底220kV变电站安全自动装置发来的切负荷命令。

第七节 设 计 成 果

一、设计成果

（一）科技成品

青藏直流工程是我国自主科研、自主设计、自主建设的重大项目。在自然环境极其恶劣、地质条件极其复杂的困难条件下，设计单位挑战沿线海拔最高、冻土区最长"两个世界之最"，攻克"高原高寒地区冻土施工困难、高原生理健康保障困难、高原生态环境极其脆弱"三大世界难题，分析高海拔、高寒地区直流输电工程设计的特点和难点，密切跟踪与工程相关的科研成果，开展了 9 项关键技术课题、17 个工程设计专题研究，保证了工程的顺利完成。同时已申请和拟申请的专利共计 68 项，在国内外期刊发表学术文章数十篇，大力推动了中国电力科技水平的进步。

（二）设计成品

可行性研究阶段最终形成 9 卷 29 册可行性研究设计文件。

预初步设计与预选线阶段，换流站工程形成 12 卷 25 册预初步设计文件，线路工程形成 6 册预选线设计文件。

初步设计阶段，换流站工程形成 16 卷 75 册初步设计文件；成套设计形成 136 份初步设计文件；线路工程形成 5 卷 10 册初步设计文件；接地极及接地极线路工程形成 2 册初步设计文件；通信工程形成 8 册初步设计文件。

施工图设计阶段，换流站工程共出版 507 册图纸，线路工程共出版 235 册图纸，接地极工程共出版 47 册图纸，接地极线路工程共出版 27 册图纸；通信工程共出版 17 册图纸。

二、新技术、新材料、新设备的应用

（一）换流站工程设计

（1）国内首次采用单极 2 个 12 脉动阀组并联接线方案。国内首次对单极 2 个 12 脉动阀组并联接线的方案进行了工程应用设计，填补了国内换流站工程设计空白。

（2）解决了高海拔过电压和绝缘配合难题。青藏直流工程是世界上海拔最高的直流输电工程，其中柴达木站址海拔2880m，拉萨站址海拔3830m。为解决高海拔过电压和绝缘配合难题，设计单位联合科研单位进行理论推算及在羊八井基地现场试验，联合完成了多项科研课题报告，保证了工程交直流系统的安全运行。

（3）在国网运行公司建立了青藏直流远程诊断系统，提高事故处理效率。针对青藏工程高海拔的特殊地理条件，根据业主要求，工程设计中首次建立了青藏直流远程诊断系统。该系统终端布置在国网运行公司，当工程故障发生时，青藏直流远程诊断系统将远程完成对换流站事故的综合分析，极大简化事故现场处理程序，减少高原恶劣条件下的检修工作量。

（4）阀外冷装置的设计。针对青藏高原特有环境，工程阀外冷却系统选用空冷装置，并在常规空冷装置基础上有针对性地进行了优化。在空冷器换热性能上考虑空气密度和空冷器污垢程度对换热性能的影响；在空冷器结构上考虑了昼夜温差较大，且极低的环境温度对空冷器支撑件的影响；考虑了多雾、多露的天气对空冷器百叶窗结构设计的影响；考虑了多沙尘的天气对空冷器框架结构和外连接的磨损程度的影响；考虑了高海拔条件下电机降容使用和电机防潮方面的设计。

（5）首次在交流滤波器场布置、直流场布置中采用三维设计。在设计过程中，对交流滤波器场布置、直流场布置进行三维设计，相对于传统的二维设计而言，三维设计在直观性、准确性方面是一个极大的进步。采用三维化建模，很大程度上推进设计进度并能极大地减小设计误差，杜绝了设备/材料等发生碰撞、交叉等现象的发生。

（6）高海拔地区首次应用静止无功补偿装置（SVC）。为解决西藏侧交流弱系统问题，拉萨站35kV母线上装设了2套互为备用的静止无功补偿装置（SVC）无功调节装置，这是静止无功补偿装置（SVC）设备首次应用于高海拔地区。静止无功补偿装置（SVC）装置可以增强换流站的无功调节能力，减小220kV电压波动，减小站外对藏中220kV电网冲击和影响。

（7）非电量保护采用"三取二"方案。两站换流变压器和平波电抗器作用于跳闸的非电量元件均设置三副独立的跳闸接点，按照"三取二"原则出口，三个开入回路独立，非电量输入接口装置及其电源冗余配置。非电量保护"三取二"的实施方案在极少的增加了工程投资的情况下，避免了由于单个继电器动作造成非电量保护动作，造成阀组闭锁、直流停运等，大大提高了非电量保护出口跳闸的可靠性。

（8）针对西藏电网的特殊性，创新设计安全稳定装置。拉萨换流站安稳专题研究针对西藏电网"大机小网"的特点，提出了适应青藏直流投运后藏中电网运行的电网整体控制方案。采用可靠性更高的分层分布控制结构，提高了控制措施冗余度；单独设立直流通道故障的判别主站和决策主站；对全网可切负荷进行优化排序；利用大区联网功率支援和快速调制直流功率，可以帮助藏中电网减少负荷损失。

（9）针对高海拔地区的环境，建筑物采取保暖抗裂设计。针对高海拔地区的特点，两站主要的建筑外墙材料采用低碳环保、耐候性较好的外墙氟碳漆，为避免墙面开裂，全站建筑采取双保险措施：内外墙抹灰均采用抗裂纤维砂浆，外墙抹灰层加镀锌钢丝网。

（10）独特的换流变压器运输轨道基础及广场场坪防开裂设计。换流变压器区域有大面积的混凝土地坪，为了解决昼夜温差大、冬季施工混凝土地坪极容易出现裂缝等问题，合理设置了胀缩缝，地坪内增加防裂钢筋网，地坪表面混凝土中掺加抗裂纤维的钢筋混凝土等办法，同时在路面与道路基层之间设联结层，控制混凝土面层的裂缝；千斤顶埋件及牵引孔钢板采用圆形倒脚钢埋板，避免混凝土收缩时在埋件角产生集中裂缝。

（11）首次在沙地上采用振冲碎石桩进行地基处理。由于柴达木换流变电站站区内场地地基土为粉细砂，其含水量小，在机具施工过程中容易造成砂土扰动，破坏砂土天然结构，降低砂土强度，增加变形，极易造成边坡坍塌，影响现场施工，不利于现场文明施工，影响工程进度。因此，对站区主要建构筑物采用振冲碎石桩进行地基处理，达到了"因地制宜、以土制土"的目的，大幅节约工程造价，同时，施工进度快，质量易保证，综合承载力也较高。

（12）冬季施工组织措施设计。工程为国家重点工程，施工工期短，工程进度及质量要求严格，冬季施工势在必行。冬季施工组织措施遵守冬季施工规范及相应的验收规范，确保工程质量；经济合理，冬施增加的费用少；所需的热源和材料有可靠的来源；方便现场安全、消防管理。

（13）针对换流站所处地区生态脆弱、施工难度大等特点，采用环保经济的支挡结构。拉萨地区海拔高，生态环境十分脆弱，一旦遭到破坏，多年也难以恢复。工程的场地整体南高北低，适当加大站区竖向坡度，可以减少场平挖、填高度；少弃土、不取土减少了对场地的破坏，保护了自然环境；支挡结构也采用可就地取材，施工难度小，投资省的浆砌片石边坡。

（二）线路工程设计

1. 高海拔直流线路设计的创新

打破了以往根据设计经验进行外绝缘设计的模式，依据在不同海拔放电特性、污耐压试验和5000m高海拔地区真型杆塔空气间隙电气试验成果，提出了以试验数据为基础，结合工程特点的高海拔外绝缘配置方案，填补了海拔3500m以上直流输电线路外绝缘设计空白。直流线路首次进行了离子流密度、合成场强高海拔修正，同时研究了海拔与对地距离的关系。进行了多种均压、屏蔽方案的电晕试验，确定了海拔3500m以上地区直流线路的均压、屏蔽方案。

2. 多年冻土工程技术的突破

（1）充分利用了青藏铁路、青藏公路的相关多年冻土成果及宝贵经验，对高海拔多年冻土力学特性、勘探手段进行了全面、系统的研究，为冻土基础设计提供了准确依据。

（2）进行了预制装配式基础真型力学性能试验和现场吊装试验，锥柱基础和管桩基础的真型试验，取得了大量一手资料，为高海拔多年冻土区基础选型、设计奠定了基础。首创了可以减少施工对多年冻土的扰动、提高机械化作业水平、降低劳动强度、保证负温条件下混凝土质量的高海拔多年冻土区的预制装配式基础。设计了施工工艺简洁、方便，抗冻拔效果明显的锥柱基础。设计了多年冻土区的掏挖基础，减少了开挖量，保护了地表植被，节省了混凝土，还防止了大开挖可能带来的热融滑塌和热融湖塘等地质灾害，真正做到了经济、合理、可靠和环保。

（3）在高海拔多年冻土地区采用了热棒技术，系统化地提出了主动降温方案来预防多年冻土的融沉，保证了塔基的稳定性。经过多方案分析研究，结合线路特点采用玻璃钢模板、润滑剂等新材料、新工艺，首次系统化地提出了冻土基础的防冻胀处理措施。

3. 环保水保施工图设计的尝试

针对工程沿线自然环境脆弱、国家保护野生动物、国家保护植物多的特点，逐基进行了环境保护与水土保持施工图设计，采取了种草植被恢复、草皮移植、碎石压盖、铺设棕垫草垫保护施工场地、彩条布苫盖等措施，有效地保护了高原生态环境。对于沙漠和易沙化地带的塔基，改变了以往碎石铺盖的方案，因地制宜采取了方格石防风固沙措施，既起到了防风固沙效果，又有效地保护了原始地表植被。

4. 主要气象参数科学的确定

针对青藏高原恶劣气象条件、复杂地形条件以及存在气象资料盲区的现状，在沿线建立了 7 个临时观测点，历时 9 个月，提出了合理、可信的设计风速取值，及时满足了工程的需要。这也是首次在高海拔直流输电线路上进行风速现场观测。

5. 极端气候环境下设计的优化

适应沿线高海拔、极寒、紫外线强度强的自然环境，选用了新材质的直流线路配套金具，解决了极端气候环境下直流线路配套金具低温脆性问题。改进了间隔棒橡胶垫配方，增强了橡胶垫抗紫外线、耐老化的性能。首次采用快速锁紧防脱扣专利技术的防滑型阻尼间隔棒，有效防止了间隔棒滑移。

在全线每基铁塔变坡处和横担与塔身连接处均设置了两处休息平台，提高了高海拔缺氧条件下的工作效率，保证了施工及检修人员充分休息和人身安全。优化、改进了耐张塔导线挂点和跳线挂点设计，减少了焊接工作量，节点构造简洁，受力明确，保证了低温下铁塔挂点的可靠性。

进行了复合绝缘子抗紫外线老化对比试验，验证了复合绝缘子在高寒、高紫外线强度地区应用的可靠性，全线悬垂串采用了复合绝缘子。在海拔 3500m 以上的轻、中污区地段采用了积污特性好、自洁性能强的长棒型瓷绝缘子，为长棒型瓷绝缘子的积污特性、污闪电压特性提供数据和运行经验。

6. 在线监测系统大规模的应用

首次在高海拔地区大规模采用在线监测系统。在线监测系统整合各项可以利用的资源以实时化、可视化的方式展示线路生产运行信息，辅助工程的运行维护，并能在灾害发生后紧急响应，为抢修指挥领导小组提供可靠的数据源。

三、设计总体评价

青藏直流工程自然环境恶劣，生态环境脆弱，地质条件复杂。直流线路穿越"世界第三极"的青藏高原，线路在海拔 4000m 以上地区超过 900km，平均海拔 4500m，最高海拔 5300m，全线多年冻土总长约 550km。工程建设面临"三大世界难题"。设计人员在"生命保障系统"还未设立时，多次穿越青藏高原，开展工程勘察，为科研和工程设计取得了宝贵的第一手实物资料。设计人员攻坚克难，优质、高效地完成了工程可行性研究论证、关键技术研究、初步设计、施工图设计和竣工图设计，为工程建设和安全稳定运行奠定了基础。

设计院高度重视工程科研、成品质量、设计进度和现场服务。为此，各设计院均成立了以主管院长为组长的工程领导小组，加强了对工程设计的组织领导、资源保障和人员调配工作。青藏高原自然环境恶劣、生态脆弱，高寒缺氧，建设条件极其恶劣。按照专业划分及关键技术支持需要，西北电力设计院牵头成立了环保、冻土基础、组塔架线和换流站四个业务小组，着力解决设计及施工中的关键技术。设计院还独立或者配合其他科研单位先后完成了冻土、杆塔基础、高海拔绝缘配合、环境保护、地基处理、噪声、电气设备的沙尘影响及防护等课题的研究工作，研究成果成功运用到青藏直流工程，达到了科技引领设计的目的。设计院组建了年富力强中青年设计骨干为主的专业设计团队，统筹规划，有力推进，确保了设计计划的如期完成。技术骨干赴现场提供了不间断的、专业的设计服务，推行了"24 小时服务"及"首问负责制"，扩展了服务范围，强化了服务深度，提升了服务水平，取得了良好的效果。

依托青藏直流工程，取得了一批独创性的科研成果和专有技术。设计人员有针对性地开展了青藏直流工程冻土分布及物理力学特性研究、高海拔多年冻土区基础选型及设计应用研究、多年冻土地区热棒施工技术研究等 9 项工程科研，为冻土基础设计工作提供了理论支持和技术保障。设计攻关组还新开发了适宜于高海拔多年冻土区的多种杆塔基础型式，其中专门为青藏线路设计的预制装配式基础还获得了国家专利。设计攻关组还创造性地提出了"主动降温、减少传入地基土的热量、保证多年冻土的热稳定性"的青藏线路工程设计原则，采用了热棒技术对塔基处的多年冻土主动降温，并采取玻璃钢模板及润滑剂等多种防冻胀处理措施，保证了冻土基础的稳定性。半年多的基础位移观测结果显示，基础的各项位移指标均在规范允许范围内，没有出现冻土工程病害现象。基础施工研究及冻土基础施工积累了经验，攻克了难题，不仅为青藏直流输电线路的安全运行奠定了坚实的基础，也使中国跻身于冻土研究国际先进行列。西北电力设计院首次成功在电网工程中采用振冲碎石桩复合地基处理方案，通过对松软沙地边震动边抛入碎石填料的方式，获得处理区域内的密实桩体，从而使其达到承载力要求。青藏直流工程还引入三维设计技术，并向运行及建设管理单位提供了全站三维数字资料，为运行人员直观了解变站的各项参数创造了条件。

青藏直流工程是自全国电力输电线路设计有史以来首次采用环境保护与水土保持施工图设计，为保护脆弱的高原生态环境作出了积极贡献。青藏高原海拔高、气候寒冷，植物种类少、年生长周期短，生态系统中物质循环和能量的转换过程缓慢，生态环境脆弱，为了在施工过程中最大限度地保护地表植被，同时为施工后植被的有效恢复创造条件，设计院环保及线路设计人员，在继工程可研、初步设计和施工图设计阶段多次全线穿越青藏高原后，再一次专门为环保施工图设计会师唐古拉山。他们区分工程沿线戈壁、荒漠、高寒草原、高寒草甸、沼泽等不同的植被类型，有针对性地提出了植被保护措施，逐塔基绘制了环境保护与水土保持方案施工图，还对施工牵张场、架线段进行了环境保护与水土保持方案施工图设计，把环保理念和行为准则细化到每道工序，确保了建设者有章可循，有规可依，工程环保实施效果良好。

工程设计还最大限度地体现了人文关怀。高原缺氧、气候恶劣对建设、运行及检修人员带来了极大挑战。线路装配式基础的成功应用，不但减少了施工对多年冻土的扰动、提高了机械化作业水平，而且极大地增强了安装的便利性和可操作性，成倍地降低了施工劳动强度。针对高海拔缺氧，工作降效严重等特点，在每基铁塔的变坡处以及横担与塔身连接处均设置了两处休

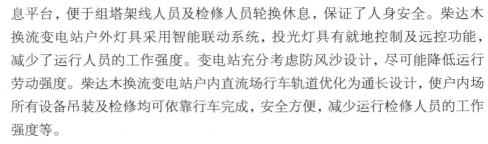

息平台，便于组塔架线人员及检修人员轮换休息，保证了人身安全。柴达木换流变电站户外灯具采用智能联动系统，投光灯具有就地控制及远控功能，减少了运行人员的工作强度。变电站充分考虑防风沙设计，尽可能降低运行劳动强度。柴达木换流变电站户内直流场行车轨道优化为通长设计，使户内场所有设备吊装及检修均可依靠行车完成，安全方便，减少运行检修人员的工作强度等。

　　青藏直流工程的成功建设，为后续极端艰苦条件下的大型电网建设提供了宝贵的借鉴。依靠牵头设计单位，在时间紧、难题多、设计单位众多的条件下，统一设计原则、整合设计参数、规范设计标准、协调设计步调，有效地推进设计进程。在国家电网公司坚强领导下，在总指挥部的组织协调下，各设计单位建立了高效的设计领导机构，保证了建设对设计需求信息顺畅、全面传递和及时反馈，提高了设计效率。注重设计与工程科研的密切结合，理论与实践相结合，达到了依靠科研为设计保驾护航的目标。

第四章　工　程　管　理

　　柴达木—拉萨 ±400kV 直流输电工程面临"高原高寒地区冻土施工困难、高原生理健康保障困难、高原生态环境极其脆弱"三大世界工程难题，国家电网公司审时度势，积极承担起解决西藏长期缺电和建设除台湾地区以外的全国统一电网的社会责任，在开工之际迅速成立青藏交直流联网工程建设总指挥部，充分发挥集团化运作优势，依托青海省电力公司、西藏电力有限公司和专业化建设管理单位属地化管理平台，调用全国范围内的科研、设计、设备制造、施工、监理等单位的精干力量，组织 3 万余名建设者奉献雪域高原，励精图治，挑战极限，经过 15 个月艰苦卓绝的奋战，于 2011 年 7 月 18 日，实现柴达木—拉萨 ±400kV 直流输电工程全线贯通；2011 年 10 月

31 日，完成柴达木—拉萨 ±400kV 直流输电工程建设任务；2011 年 12 月 9 日，柴达木—拉萨 ±400kV 直流输电工程正式投入试运行。 工期提前 1 年，高质量、高标准、高水平建成了"安全可靠、优质高效、自主创新、绿色环保、拼搏奉献、平安和谐"高原输电精品工程，实现了"零高原死亡、零高原伤残、零高原后遗症、零鼠疫传播"的"四零"目标。

国家电网公司首次在青藏交直流联网工程单项重大工程建立青藏交直流联网工程建设总指挥部，是建设管理模式的创新发展，青藏交直流联网工程建设总指挥部按照"目标一致、关口前移、扁平管理、精干高效"的原则，依托九大保障体系支撑，全面推进工程建设，为提前一年实现工程建设目标发挥了重要作用。

第一节　工程管理思路与目标

一、工程管理思路

国家电网公司全面贯彻落实科学发展观，以高度的政治责任和强烈的使命感，以维护青藏地区经济社会发展和社会长治久安的大局为重，从政治高度、国家利益、科学发展出发来谋划青藏直流工程建设，决定加快工程建设，使之早日建成投产，早日发挥效益，早日造福青藏两省（区）人民，促成边疆民族地区经济跨越式发展。

党中央、国务院高度重视青藏直流工程建设，中共中央政治局常委、国务院副总理李克强同志批示："建设青藏直流联网工程，有利于优化电源结构、增强西藏电力供给，是贯彻落实中央第五次西藏工作座谈会精神的重大举措，是改善西藏各族人民生产生活条件、推进西藏跨越式发展和长治久安的重大工程。希望国务院各有关部门、国家电网公司、青海省、西藏自治区全力以赴，通力合作，确保把这项民心工程建设好，管理好，早日发挥效益。"

国家电网公司认真贯彻落实党和国家的工作要求，将青藏联网工程作为全国"十二五"电网发展规划的标志性工程，作为2011年国家电网公司的重点工程。国家电网公司总经理、党组书记刘振亚对青藏联网工程建设也提出："只许成功，务期必成！"面对青藏联网工程建设目标高、技术难度大、有效工期短、健康保障难、后勤服务散等难点，总指挥部不断探索、不断总结，高效运作、超前思考，建立科学的建设目标体系，建设科学的建设管理机制，以"缺氧不缺斗志、缺氧不缺智慧、艰苦不怕吃苦、海拔高追求更高"的精神，仅用15个月的时间就完成了在世界屋脊——青藏高原上建成世界海拔最高、规模最大的青藏联网工程，创造了中国电网建设史上的伟大奇迹。

青藏联网工程的建设管理思路：以全面落实科学发展观为指导，大力实施西部大开发战略，认真贯彻中央第五次西藏工作座谈会精神，以保证建设安全为基础，以依靠科技进步和自主创新为动力，以保障建设者生命安全、保护高原生态环境为重点，大力推行标准化管理和标准化施工，狠抓施工安全、质量和工艺，高质量、高标准、高水平建设"安全可靠、优质高效、自主创新、绿色环保、拼搏奉献、平安和谐"的高原输电精品工程。

（1）安全可靠。总指挥部把安全质量放在首位，针对高原生理保障困难、冻土基础施工困难、施工环境极其恶劣等特点，全面抓好安全、质量和施工工艺，加强现场重点环节管控，实现"四零"目标，实现工程建设零缺陷移交，确保青藏联网工程长周期安全稳定运行。

（2）优质高效。总指挥部坚持"工程进度服从质量"，坚持"样板引路、示范先行"，深化标准化管理和施工，强化"五个一"创优工作计划，全面完成工程建设里程碑计划。工程质量符合有关施工及验收规范要求，符合设计要求，建设一流输电精品工程。

（3）自主创新。总指挥部按照"以管理创新为基础，以科技创新为主导，以工艺水平提升、新材料、新技术运用为支撑"，大力开展施工技术创新、组织管理创新、现场信息管理创新、现场文明施工创新。完成高寒地区电气设备过电压与绝缘配合、高原多年冻土基础设计与施工等关键技术研究，取得拥有自主知识产权、国内领先、国际一流的技术成果，完善高原直流输电技术标准体系。

（4）绿色环保。总指挥部高度重视青藏高原脆弱生态环境保护，加强环境保护、水土保持工作，按照环保施工图的设计要求全面落实高原生态保护措施，把环境保护措施落实到每一个环节和细节，把施工对生态环境造成的影响降到最低，把青藏联网工程建设成为与环境和谐共处的绿色环保工程。

（5）拼搏奉献。总指挥部积极营造和谐的内外部环境，弘扬"缺氧不缺斗志、缺氧不缺智慧、艰苦不怕吃苦、海拔高追求更高"的青藏联网精神，激发建设者奋战高原建设"电力天路"的无限热情，挑战电网建设史上从来没有遇到的困难，建设一条造福青藏两省区的光明线、幸福线。

（6）和谐平安。总指挥部坚持"以人为本"，本着"先生存，再生产"的原则，全面实施三级医疗保障体系建设并充分发挥作用，确保建设大军上得去、站得稳、干得好。切实尊重民族习俗和宗教习惯，支援民族地区经济发展，促进和加强民族团结。

建设"安全可靠、优质高效、自主创新、绿色环保、拼搏奉献、平安和谐"高原输电精品工程，充分体现工程建设与人文关怀的统一，优质高效和环境保护的统一，拼搏奉献精神与科技创新的统一。

二、工程管理目标

（一）工程总体目标

青藏联网工程是实施西部大开发战略 23 项重点工程之一，是改善青藏各族人民生产生活条件，推进青藏两省（区）跨越式发展和长治久安的"民生工程"、"惠民工程"和"光明工程"。为确保按照里程碑进度计划完成工程建设任务，使工程早日解决西藏多年缺电的瓶颈，早日发挥经济效益和社会效益，国家电网公司提出了"围绕一个目标，实现两项确保"的建设目标。

围绕"一个目标"，即按照"安全可靠、优质高效、自主创新、绿色环保、拼搏奉献、平安和谐"的总体要求，努力建设具有世界领先水平的高原交直流输电精品工程，确保按照里程碑进度计划 2011 年底实现双极投运的目标任务。

实现"两个确保"，即确保工程实现"国家优质工程金奖"、"中华环境奖"（"国家水土保持生态文明工程"）、"国家科学技术进步一等奖"、"中国电力优质工程"、"鲁班奖"建设目标；确保实现"零高原死亡、零高原伤残、零高原后遗症、零鼠疫传播"（"四零"）及"不发生群体性事件、不发生政治敏感事件、不发生重大环境污染和破坏事件"（"三不"）目标。

（二）工程建设目标

为确保青藏联网工程总体建设目标的实现，结合工程建设实际，细化制定了安全、质量、进度、投资、文明施工、环保水保、创新、信息管理、工程档案管理、职业健康安全 10 项分目标。

1. 安全目标

不发生较大人身伤亡事故；不发生较大施工机械设备损坏事故；不发生较大火灾事故；不发生工程建设原因引起的重大电网事故；不发生工程建设原因引起的人身死亡事故；不发生重大环境污染事件；不发生负主要责任的特大交通事故；不发生影响社会和谐和民族团结的重大事件。

2. 质量目标

工程质量符合有关施工及验收规范要求；符合设计要求；实现"零缺陷"

移交生产。工程质量评定为优良，变电土建和安装工程分项工程合格率100%，单位工程优良率100%；线路工程单元工程合格率100%，分部工程优良率100%。争创"国家优质工程金奖"、"国家科学技术进步一等奖"、"中国电力优质工程"、"鲁班奖"。

3. 进度目标

依据合同工期要求，坚持以"工程进度服从质量"为原则，合理组织施工，严格关键工序控制，确保工程阶段性里程碑进度计划的完成，按期投入试运行。

4. 投资目标

贯彻国家电网公司"三通一标"有关要求，深入优化工程技术方案，在工程建设的各阶段推广采用"新材料、新设备、新技术、新工艺"合理控制工程造价，初步设计审批概算不超过工程可研估算，工程建成后的最终投资不超过初步设计审批概算。力求通过优化设计等措施，节约工程投资。

5. 文明施工目标

设施标准、行为规范、施工有序、环境整洁；严格遵循安全文明施工"六化"（安全管理制度化、安全设施标准化、现场布置条理化、机料摆放定置化、作业行为规范化、环境影响最小化）要求；树立国家电网公司的安全文明施工品牌形象；创建输变电工程安全文明施工示范工程。

6. 环保水保目标

从设计、设备、施工、建设管理等方面采取有效措施，全面落实工程环评和水保批复的要求，不发生环境污染事件，建设"资源节约型、环境友好型"的绿色和谐工程。工程通过环保、水保专项验收。建设环境保护示范工程，争创国家"中华环境奖"、"国家水土保持生态文明工程"。

7. 创新目标

按照"以管理创新为基础，以科技创新为主导，以工艺水平提升，新材料、新技术运用为支撑"的工程建设创新的整体工作原则，积极开展施工技术创新、组织管理创新、现场信息管理创新、现场文明施工创新。同时针对青藏高原特点，完成高寒地区电气设备过电压与绝缘配合、高原多年冻土基础设计与施工等关键技术研究；完成高原电网工程建设生理保障体系研究，为工程设计、建设和运行提供技术支撑，取得拥有自主知识产权、国内领先、国际一流的技术成果，完善高原直流输电技术标准体系。

8. 信息管理目标

利用现代信息技术为工程服务，开发、运用输变电工程信息管理系统，建立统一的信息化管理平台，保证信息的及时收集、准确汇总、快速传递，充分发挥信息的指导作用。实现工程管理信息化、决策实时化，全面提高工程管理的效率和质量。

9. 工程档案管理目标

工作程序化、管理同步化、资料标准化、操作规范化、档案数字化。以更高的标准、更细致的要求、更规范的管理，为工程保存一套齐全、准确、系统的工程档案资料。资料归档率100%、资料准确率100%、案卷合格率100%。资料移交满足相关标准及"零缺陷"移交要求，顺利通过工程档案验收和国家档案管理部门的档案专项验收。

10. 职业健康目标

坚持"以人为本，卫生保障先行"的原则，切实搞好职业健康保障工作，以"零高原死亡，零高原伤残，零高原后遗症，零鼠疫传播"为工程建设期间的职业健康安全目标。

第二节　建设管理组织机构及职责

一、组织机构与职责

（一）工程建设领导小组

青藏联网工程建设不仅得到了党中央、国务院的高度重视，而且得到了青海、西藏两省区党委、政府的大力支持。国家电网公司积极与青海省、西藏自治区沟通协调，决定联合成立青藏交直流联网工程建设领导小组，负责青藏直流工程建设的协调和组织，负责工程建设队伍稳定及和谐工程建设，共同创造和谐环境，助推工程按照里程碑进度计划圆满完成建设任务。

国家电网公司与青海省人民政府，成立了以国家电网公司总经理、党组书记刘振亚任组长，以青海省委常委、常务副省长徐福顺，国家电网公司副总经理、党组成员郑宝森，国家电网公司总经理助理、西北电网有限公司总经理、党组书记喻新强为副组长，省政府发展、国土、水利、公安及国家电网公司等相关部门和国家电网公司相关单位主要负责人为成员的青海省青藏交直流联网工程建设领导小组。下设青海省青藏交直流联网工程建设协调办公室（简称青海协调办公室），其组织机构图如图4-1所示。

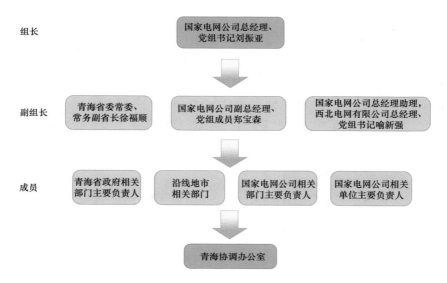

组长　国家电网公司总经理、党组书记刘振亚

副组长　青海省委常委、常务副省长徐福顺　国家电网公司副总经理、党组成员郑宝森　国家电网公司总经理助理，西北电网有限公司总经理、党组书记喻新强

成员　青海省政府相关部门主要负责人　沿线地市相关部门　国家电网公司相关部门主要负责人　国家电网公司相关单位主要负责人

青海协调办公室

图4-1　青海省青藏交直流联网工程建设协调办公室组织机构图

国家电网公司与西藏自治区人民政府，成立了以国家电网公司总经理、党组书记刘振亚任组长，以西藏自治区党委副书记、常务副主席郝鹏，西藏自治区政府副主席丁业现，国家电网公司副总经理、党组成员郑宝森，国家电网公司总经理助理、西北电网有限公司总经理、党组书记喻新强为副组长，自治区发展、国土、水利、公安及国家电网公司等相关部门和国家电网公司相关单位主要负责人为成员的西藏自治区青藏交直流联网工程建设领导小组。下设西藏自治区青藏交直流联网工程建设协调办公室（简称西藏协调办公室），其组织机构图如图4-2所示。

在工程建设期间，国家电网公司总经理、党组书记刘振亚，副总经理、党组成员郑宝森不顾高原反应，多次深入青藏联网工程现场指导工程建设。青海省委书记强卫，副书记、省长骆惠宁，常委、常务副省长徐福顺，常委、省总

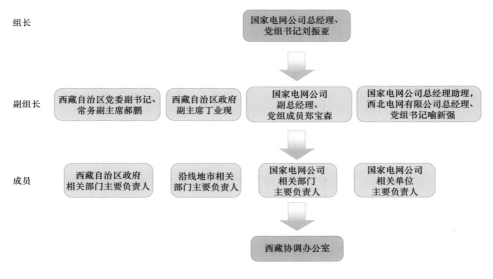

组长

国家电网公司总经理、
党组书记刘振亚

副组长

西藏自治区党委副书记、
常务副主席郝鹏

西藏自治区政府
副主席丁业现

国家电网公司
副总经理、
党组成员郑宝森

国家电网公司总经理助理、
西北电网有限公司总经理、
党组书记喻新强

成员

西藏自治区政府
相关部门主要负责人

沿线地市相关
部门主要负责人

国家电网公司
相关部门
主要负责人

国家电网公司
相关单位
主要负责人

西藏协调办公室

图 4-2 西藏自治区青藏交直流联网工程建设协调办公室组织机构图

工会主席苏宁,常委、副省长骆玉林,西藏自治区时任党委书记张庆黎,副书记、主席白玛赤林,党委副书记、常务副主席郝鹏,副主席丁业现、董明俊等,深入青藏直流工程换流站及沿线视察指导工程建设,极大激发了广大建设者的工作激情,广大建设者以能够参加青藏联网工程建设为自豪、为骄傲,全身心投入到青藏联网工程建设之中。

青海、西藏两省区全力支持青藏联网工程建设,青海省政府以青政〔2010〕85 号印发了《关于支持青藏交直流联网工程青海境内建设工作的通知》,西藏自治区政府以藏政发〔2010〕64 号印发了《西藏自治区人民政府关于支持青藏联网工程建设的意见》,要求从方方面面为青藏联网工程建设提供支持和保障。青海、西藏两省区每月召开重点工程建设会,均将青藏联网工程建设列入重要议事议程。两省区各级政府相关部门,发展和改革委员会、环境保护厅、国土资源厅等部门在土地手续办理、环保水保监理、医疗保障体系专项评估、民爆器材使用、交通运输保障、维护施工现场稳定等方面,均给予了大力的支持和配合,促进了青藏联网工程的顺利推进。

(二) 工程建设总指挥部

1. 总指挥部机构及职责

鉴于青藏联网工程建设环境特殊、建设条件恶劣、社会责任及政治责任影响巨大。为确保工程建设万无一失，按期完成建设任务，充分发挥国家电网公司集团化运作优势，加大工程建设的协调力度，及时高效解决影响工程建设的重大问题，国家电网公司党组首次在单项跨区电网工程中，成立了国家电网公司青藏交直流联网工程建设总指挥部。

国家电网公司总经理助理，西北电网有限公司总经理、党组书记喻新强任总指挥，国网直流建设部副主任、青海公司总经理、西藏公司董事长、国网直流公司总经理任副总指挥。

总指挥部职责：全面负责青藏联网工程现场建设管理；负责贯彻执行青藏交直流联网工程建设领导小组各项决定；负责青藏直流工程现场安全、质量、进度、投资和技术管理；负责青藏直流工程物资供应、资金拨付审查和工程结算；负责青藏联网工程现场医疗保障工作及后勤管理；负责联系青海、西藏各级地方政府及与地方关系的协调。

依照《中国共产党党章》，国家电网公司直属党委批准成立总指挥部临时党委，国家电网公司总经理助理，西北电网有限公司总经理、党组书记喻新强任临时党委书记，总指挥部副总指挥、国网直流建设部主任及青海、西藏公司主管建设副总经理、总指挥部拉萨工作组副组长为临时党委委员。

总指挥部临时党委主要职责：负责总指挥部党的建设、精神文明建设及企业文化宣传；负责指导施工单位临时党组织，结合工程建设开展党的建设工作；负责研究决定总指挥部的干部人事任免；负责总指挥部党风廉政建设。

2. 总指挥部部门机构及职责

总指挥部下设综合与建设协调部、计划财务部、工程技术部、安全质量部、工程物资部、医疗与生活保障部6个部门。在西藏设立拉萨工作组，加强青藏直流工程西藏侧重点区段、重点环节的管理，拉萨工作组下设工程技术部、综合管理部、医疗与生活保障部3个部门。总指挥部还设立专家咨询组，邀请全国冻土、环境保护、高原病、外绝缘特性、关键设备制造等方面知名专家组成专家咨询组，在总指挥部组织协调下，不定期开展工作，为总指挥部工程决策提供技术支持和技术保障。其组织机构图见图4-3。

综合与建设协调部职责：负责青藏交直流联网工程建设领导小组各项决定的具体落实；负责青藏直流工程的工作计划、文档、法律事务、信息等综合管理；负责青藏直流工程的对外联络及内外宣传；负责与地方各级政府关系协

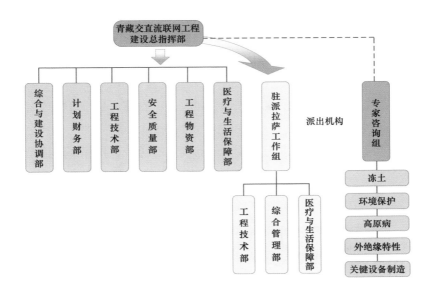

图 4 - 3　总指挥部组织机构图

调；负责总指挥部党的建设、精神文明建设及党风廉政建设日常工作。

　　计划财务部职责：负责青藏直流工程投资管理和财务管理；负责青藏直流工程资金拨付审查；负责青藏直流工程的结算管理。

　　工程技术部职责：负责青藏直流工程现场技术管理；负责青藏直流工程现场进度管理；负责青藏直流工程科技创新项目管理。

　　安全质量部职责：负责青藏直流工程现场安全和质量管理；负责青藏直流工程环境、水土保持管理。

　　工程物资部职责：负责青藏直流工程现场物资供应管理。

　　医疗与生活保障部职责：负责青藏直流工程医疗保障及习服基地管理；负责青藏直流工程后勤服务管理。

　　拉萨组工作组职责：负责青藏直流工程西藏侧现场建设管理；负责青藏直流工程西藏侧现场安全、质量、进度和技术管理；负责青藏直流工程西藏侧医疗保障、习服基地及后勤管理；负责联系西藏各级地方政府及与地方关系的协调。

　　总指挥部办公地点设在青海格尔木市，拉萨工作组设在西藏拉萨市。总指挥部邻近青藏直流工程现场，便于深入工程现场指导检查和管理，便于直接和第一时间对工程安全、质量、进度和工艺情况进行掌握，为总指挥部领导决策提供时间和信息保障。

2010年8月25日，总指挥部正式进驻青海格尔木、西藏拉萨，对青藏直流工程建设进行了指挥协调。工程建设动员大会现场如图4-4所示。经过选拔，来自国家电网公司、国网交流公司、西北公司、青海公司、西藏公司、国网直流公司近40名政治素养高、业务能力强、身体素质过硬的精兵强将，迅速紧张地投入到青藏联网工程建设之中。因工作需要，总指挥部的建设者经常深入施工现场，长距离穿越青藏沿线，经受高海拔大幅度的身体机体调整，长期"5+2"不间断地高负荷连续工作，为加快工程建设作出突出贡献。

图4-4　青海—西藏交直流联网工程建设动员大会

（三）建设管理单位

为充分发挥属地网省公司和专业公司的管理优势，国家电网公司分别委托青海公司、西藏公司、国网直流公司、国网信通公司、安能公司负责工程属地前期政策处理、工程建设管理和三级医疗卫生保障体系建设，组成有效的工程建设现场管理机构。

1. 建设管理单位管理范围划分

（1）依托青海公司和西藏公司属地公司，负责属地内工程建设有关的前期、征地、"四通一平"、拆迁及地方关系协调和处理，环保、水保监理合同的签订与执行，习服基地建设及运转，光纤复合地线（OPGW）架设和接续，通信中继站T接光缆及机房改扩建工程的建设管理，建设管理范围内的施工、监理合同谈判及签订；青海公司还负责青海段直流线路工程的政策处理和建设管理。

（2）国网直流公司负责配合国家电网公司完成工程前期、开工准备、竣工验收、启动调试及后评价等阶段的相关工作；承担成套设计、施工技术等相关科研工作；负责建设管理范围内竣工决算编制；负责整体工程档案管理的技术培训、中间检查、验收和归档的指导协调；负责组织整体工程验收检查评比、进度信息统计等工作，牵头组织达标创优、专项验收的迎检。建设管理项目包括：柴达木换流变电站和拉萨换流站主体工程（土建工程、安装工程、分系统调试、站系统调试、系统调试）的建设管理工作；西藏段直流线路工程的建设管理；西藏段光纤架空复合地线（OPGW）架设及接续；建设管理范围内的施工、监理合同谈判及签订工作；线路参数测试（含接地极及接地极线路）工作。

（3）国网信通公司负责青藏直流光纤通信工程的建设管理及建设期的常规运行维护工作，确保工程建设期间通信系统持续畅通；负责光纤通信工程建设管理；负责光纤架空复合地线（OPGW）全程测量、调试、预验收工作；负责换流站本体通信工程中电视会议系统、调度交换机、行政交换机、综合数据网设备等建设管理；负责对通信业务进行指导和培训。

（4）安能公司负责青藏直流工程三级医疗卫生保障体系建设，全线设 2 个三级医疗站、10 个二级医疗站和 32 个一级医疗站。制定医疗卫生保障实施方案，建立应急预案和相关管理制度，并在开工前对建设者进行医疗卫生保障培训。

2. 建设管理单位制度建设

各建设管理单位充分发挥属地优势和专业化管理优势，明确现场管理的组织体系和各参建单位的职责，建立技术、质量、安全、进度、物资、计划、财务、信息、档案等各项管理制度。及时办理各项开工手续，理顺外部建设环境，落实工程开工必需的人力、物资、材料设备。组织相关人员、相关单位的培训，提高现场工程建设管理水平。根据总指挥部的安排，结合工程实际情况，严格细化落实日、周、月协调例会需要协调的问题，建立工程建设协调联系机制，确保工程建设信息的及时传递和日常工作的及时协调，充分依靠监理力量，充分调动各施工单位主动性和能动性，及时发现问题，及时上报解决，做到简单问题日理日清，高效推进工程建设进程。

（四）业主、监理、施工项目部

各建设管理单位积极履行建设管理责任，强化现场业主、监理、施工项目部建设，加强现场管理协调和检查督促，以整体目标和全局利益为重，相互支援，通力协作，保障了资源有效配置。

1. 业主项目部建设

（1）国网直流公司北方工程建设部负责柴达木换流变电站的现场管理、四川工程建设部负责拉萨换流站的现场管理，建立现场业主项目部，抽调换流站、线路专业的骨干力量，强化工程现场管理，线路每个标段均配置了 1 名业主项目经理，加大现场管控力度。

（2）青海公司成立了青海公司青藏指挥部，由主管基建副总经理任指挥长，将办公地点设在青海格尔木。青海段的直流线路大部分经过无人区，在施工关键时期，业主项目部办公地点前推到海拔 4500m 的沱沱河，做到工作在一线，问题处理在一线，作风转变在一线。

（3）国网信通公司在青海格尔木设置了业主项目部，负责青藏直流工程通信工程建设；负责总指挥部的通信、信息系统运行和维护。

2. 监理项目部、施工项目部建设

监理、施工及设计、物资供应、供应商等单位均成立了工程建设领导小组，主要领导靠前指挥、关口前移，亲自担任组长，深入建设一线，及时了解工程现场建设情况，协调解决现场遇到的问题。各单位加大了对参加青藏直流工程建设者的关心和投入力度，全力支持和加快工程建设。

（1）监理项目部。工程建设各监理单位均选派了优秀的工程总监，按照《国家电网公司标准化工作手册》要求，组建标准化监理项目部，人员及配备均较常规工程增加 1 倍，大力支持青藏直流工程的建设。

（2）施工项目部。各施工单位按总指挥部要求，主管领导亲自负责青藏直流工程建设和管理，在全公司范围内调动和配备项目管理人员。按照常规工程 1.5～2 倍的比例配备人力和机械。各施工单位明确 1 名副职担任施工项目部经理，以强化工程管理。项目部还明确 1 名副经理专职负责医疗与生活保障工作，确保医疗生活保障措施落实到位。

（3）物资供应项目部。国网物流中心靠前成立了物资供应项目部，在青藏直流工程设立柴达木、拉萨两个变电现场项目组及柴达木、沱沱河、那曲和拉萨4个线路现场项目组。在第一时间掌握和了解现场物资需求，各参建供应商于物资到货前成立现场项目部，并按照一般工程2倍的力量抽调精干力量组建现场项目部，为现场提供服务。

二、九大保障体系建设

按照国家电网公司"统一规划设计、统一技术标准、统一建设管理、统一招标采购、统一资金管理、统一调试验收"要求，总指挥部为全面推进青藏联网工程建设，确保高标准、高质量地建设好"电力天路"，组织策划建立了九大保障体系，全面协调、全力推动，确保实现青藏联网工程建设目标。

（一）施工组织保障体系

在青藏交直流联网工程建设领导小组的统一领导下，发挥国家电网公司集团化运作优势，采取专业化和属地化管理相结合的建设管理模式，建立以总指挥部统领全局的分层组织机构，明确各层的职责和隶属关系，突出专业建设管理特点，依托属地公司和地方政府协调，建立指挥统一、责任明确、运转高效、协作有力、管理灵活的建设管理组织体系。

青藏联网工程建立了国家电网公司（总指挥部）、建设管理、业主项目部三级管理模式。各分层组织机构密切配合，团结协调，步调一致，高效运作，有力地加快了工程建设。

（二）工程技术保障体系

（1）工程技术保障体系由建设管理以及设计、科研、监理、施工单位组成技术保障体系。设计单位为技术保障龙头，负责设计文件特别是对特殊区段、特殊工艺、特殊环境的重点细化设计，确保设计方案功能完善、科学合理、运行方便。

（2）专家保障体系设置4个专家组，分别为换流站工程专家组、线路工程专家组、环境保护专家组、医疗卫生专家组，由国内外相关行业和领域的资深专家组成。专家组采取定期召开例会，以及针对具体问题不定期召开研讨会的形式开展工作，加强工程建设过程中重大及关键技术问题的研究，指导工程设计、冻土施工、医疗卫生保障等工作，确保工程建设的顺利进行。

按照 0.8 倍企业标准误差质量控制的要求，建立工程建设技术标准体系。加强工程整体创优策划，争创"鲁班奖"、"国家优质工程"、"国家科技进步一等奖"。

（三）物资供应保障体系

以确保工程建设物资安全、顺利、快捷运送至施工现场为目标，建立健全物资供应保障体系，加强物资供应与运输的组织管理工作，结合青藏铁路、青藏铁路配套 110kV 供电工程建设期间运输保障工作的经验和教训，以及沿线自然环境和社会环境的具体情况，合理组织物资供应，有效配置人员、车辆和设备资源，规划快捷高效的运输方式，构建起覆盖全线的物资供应保障体系。坚持日常监造与关键点监造、与专家重点审查把关相结合，把好设备研制、生产、试验等关口，保证设备出厂质量。大件运输与工程设计紧密结合。

（四）安全质量保障体系

以总指挥部安全质量部为主力，强化业主项目部力量，协调运行单位及早介入。加强施工作业、机具、施工工艺、建设标准等环节的管控，重大施工作业坚持旁站监理，重大转序、施工跨越、初期放线作业必须制订详细工作方案。有效发挥监理的作用，与施工队、项目部工作有机结合，与政府质检部门安全质量体系相结合。协调做好工程生态、水保、环保等方面工作，尽量减少对环境的影响。加强工程整体创优策划，为争创"国家优质工程金奖"、"国家科技进步一等奖"、"鲁班奖"、"中国电力优质工程"夯实基础。

（五）信息通信保障体系

国网信通公司利用国家电网公司已有的光传输网络、卫星通信系统、视频会议系统、数据网络等资源，结合青藏直流工程具体需求，采用自建光缆、租用电路相结合的方式，建设覆盖总指挥部、业主项目部、监理项目部、施工项目部的电视电话会议系统，实现了总指挥部 ERP 系统、基建管控系统、办公自动化系统、国网内网及行政电话等业务的开通工作。同时国网信通公司积极协调运营商对青藏直流工程沿线移动电话信号覆盖进行维修和加强。对移动信号无法覆盖区域的施工队、医疗保障站点专门配置了卫星电话。保证了工程指挥、协调管理、信息报送、伤病人员救护、紧急情况处置等各项工作的信息通信需求。

（六）新闻宣传保障体系

在国家电网公司外联部和总指挥部的统一领导下，强化新闻宣传策划，策划开展"八个一"（一首赞歌、一卷诗歌、一本报告文学、一册画卷、一部纪录片、一场报告会、一台节目、一座雕塑）主题传播活动，大力宣传中央支持西部发展的重大战略部署，大力宣传青藏直流工程的重大意义，大力宣传广大建设者的感人事迹，营造和谐的外部环境和舆论氛围。统筹调配系统内外媒体资源，在充分发挥《电力天路》战地刊物作用的基础上，有效利用《国家电网报》在电网系统内的影响力，同时积极通过中央电视台、新华社等主流媒体来提升宣传效果，扩大"国家电网"品牌的美誉度和影响力。

（七）医疗后勤保障体系

1. 医疗卫生保障体系

总指挥部专门成立医疗保障部，组织医疗及后勤生活保障，充分发挥武警部队医疗优势，全线设 32 个一级医疗点、10 个二级医疗站、2 个三级医疗站，加强全线医疗保障体系，严格落实高原准入制度，筛查不适应高原环境人员，确保实现工程建设"四零"目标。要求各参建单位施工项目部副经理专职负责医疗卫生和后勤生活保障工作，每个施工队副队长担任医疗保障专职负责人。医疗卫生保障总院与各参建单位签订了医疗保障责任书，明确医疗卫生保障单位与参建单位双方职责，确保医疗卫生保障工作落到实处。

2. 后勤生活保障体系

加强施工后勤生活保障，对建设者最低生活保障、工资标准、住宿保暖等提出了强制性要求，及时采购运送急需的生活和医疗物资，确保建设者"上得去、站得稳、干得好"。规范劳务合同管理，协调解决施工队与民工工资争议问题，建立"双备案制度"，即要求各单位将民工工资结算单、下线习服人员体检名单及相关情况说明进行备案，严格防控施工队拖欠聘用民工工资，积极主动维护和保障建设者合法权益。

（八）环保水保保障体系

建立总指挥部、设计、施工和监理单位"四位一体"的环保水保工作管理体系，委托社会专业机构进行全程监督。组织地质结构和环保水保专家，逐基复核地基处理方案，环保水保施工图落实到每一基塔位；开展高原生态保护研究，策划落实 5 个自然保护区专项环保方案。严格按照高原生态环保要求开展施工作业，最大限度减少人员、机械直接踩踏、碾压草地，保护珍稀动物。全面做好植被恢复，做到河流水源不被污染，野生动物繁衍生息不受影响，高原生态环境得到有效保护，将青藏联网工程建设成为高原绿色和谐工程。

（九）维护稳定保障体系

高度重视维护队伍稳定和思想稳定，始终坚持"统一指挥、分级负责、预防为主、快速反应"原则，以平安建设为载体，以完善机制为重点，以落实责任为关键，以督促检查为手段，建立青藏联网工程维稳工作领导体系，切实提高应对突发事件能力，确保青藏联网工程"四零"、"三不"目标的实现。建设过程中，通过不断加强施工队伍管理，切实尊重地方民族习惯、宗教文化，杜绝发生群体性事件及政治敏感事件。

三、建立高效的运转机制

总指挥部按照"目标一致、关口前移、扁平管理、高效精干"的原则，坚持"日协调、周平衡、月攻坚"，依托九大保障体系，超前指挥，统筹协调，随时掌控工程建设进度，协调解决存在问题，全力加快工程建设，保持了青藏联网工程建设体系的高效运转。

1. 建立日碰头例会制度

自总指挥部运转以来，坚持每天召开全体工作人员参加的碰头会，各部门通报近期重点工作完成情况和工程进度情况，汇报当天工作计划和重点工作推进情况，提出工程建设存在的问题，向总指挥部提出近期工作建议和意见。每天下发会议纪要，对重大事项进行跟踪，对重大问题明确责任部门和参建单位进行督办。

2. 建立周电视电话例会制度

青藏联网工程沿线地广人稀，通信不畅。为加强总指挥部与各项目部的工作联系，总指挥部建立了一整套通信视频会议系统，覆盖业主项目部两端换流站和全部施工项目部，并延伸到国网直流建设部和国网直流公司。总指挥部每周星期一召开总指挥部全体员工，医疗保障总院、业主项目部及线路各标段施工项目部负责人参加的电视电话例会制度。医疗保障总院和业主项目部汇报本周工程任务完成情况及下周工程任务计划，提出工程建设中需要协调的问题；总指挥部各部门安排本周重点工作，总指挥部领导安排布置工作。会后下发会议纪要，对重大事项进行跟踪，对重大问题明确责任部门和参建单位进行督办。

3. 建立月度建设协调例会制度

总指挥部围绕总体建设目标，超前策划，针对工程整体进度情况，为有序推进工程建设顺利进行，总指挥部每月召开一次所有建设单位，施工、监理、设计单位，医疗保障、通信、物资供应及重点供应商等单位参加的月度建设协调例会。总结前期工程建设成绩，统一目标，明确方向，安排部署下一阶段重点工作和主要措施，确保工程建设取得阶段性成果。2010 年 9 月 14 日，总指挥部召开建设协调会，开展"奋战 90 天、抓好关键月"活动，突出抓好关键月的建设进度，优质高效完成当年建设任务。2011 年 3 月 1 日，总指挥部召开建设协调会，全面启动春季复工工作，与当地相比，提前复工一个半月，为加快工程建设进度赢得了宝贵时间。2011 年 7 月 20 日，在拉萨召开西藏侧的建设协调会，明确提出"大干 100 天，打赢第三战役，全面实现青藏交直流联网工程建设总体目标"的活动，确保青藏联网工程于 2011 年 10 月 31 日圆满完成工程建设任务。

4. 建立工程进度信息通报制度

总指挥部工程技术部具体承担了青藏直流工程建设进度的汇总工作，每天由工程技术部将各换流站、各线路标段的工程建设进度、物资供应、气象、机械装备、在线人员等信息进行通报，为领导决策提供依据。

5. 建立医疗保障信息"零报告"制度

总指挥部医疗与生活保障部负责汇总各二级卫生所、习服基地"零报告"的医疗卫生及生活后勤保障信息，监控上线建设者身体状况情况，做到"早发现、早报告、早治疗和早向低海拔地区转送"，确保"四零"目标的实现。

6. 建立物资供应电视电话会议制度

"兵马未动,粮草先行"。总指挥部明确要求:富氧地方的人不能让缺氧地方的人等工作,能在有氧地方干好的工作就绝不在缺氧的地方干,提前做好物资供应工作,确保高原施工高效进行。总指挥部每晚 8 时召开各业主项目部、施工项目部、供应商项目部物资供应人员参加的电视电话会议,负责每天物资供应的协调,及时解决物资供应存在的问题,保物资供应先行一步,全面实现了物资的提前供应,为实现工程建设目标奠定了坚实基础。

7. 建立重大建设问题协商制度

青藏直流工程建设期间,充分发挥专家咨询组和国内资深专家作用,做到了科学决策。面对多年冻土基础施工这一世界性难题,积极发挥专家组的作用,多次组织冻土基础稳定性专题会议,借鉴青藏公路、青藏铁路冻土基础施工经验,针对青藏直流工程多年冻土的特点,科学地提出了埋在多年冻土体内的铁塔基础不需要经历一个冻融循环周期的观点。并指出将冻土基础施工集中在冬季极短的时间内,采用机械化快速作业的方法,不仅可减小对冻土的扰动,提高基础的稳定性,还为高原工程建设缩短一年时间、降低建设成本、减少建设者高原作业时间奠定了坚实的基础。在调试阶段,总指挥部在调试现场,及时召开协商会,解决调试期间遇到的系统、设备、调试方案等各方面问题,保证了调试的顺利进行。

8. 建立工程建设信息上报制度

为做到青藏直流工程信息畅通,总指挥部编发了《工程旬报》24 期、《工程周报》34 期、《青藏联网信息》139 期,及时反映工程建设进度情况、重大活动和重要工作,营造了工程和谐建设氛围,为领导决策提供信息依据。总指挥部还建立公共信箱,各施工单位及项目部建立工作邮箱,及时向所有参建单位传达总指挥部的工作要求,保持上下思想同心,行动合力。

9. 建立领导现场办公制度

国家电网公司总经理助理、总指挥部总指挥喻新强,长期奋战在工程建设现场,2011 年 6 月中旬还坚持带病深入西藏拉萨换流站调查研究,在任务重、时间紧的情况下,果断决策,调集方方面面的施工队伍充实建设力量,部署开展了"大干 30 天、土建全交安,为西藏和平解放 60 周年献礼活动",为完成工程里程碑计划创造了有利条件。总指挥部常务副总指挥丁广鑫，历任副总指挥邓永辉、刘克俭、王宏志、丁扬、文卫兵、丁永福，临时党委委员全生明、蓝海、赵宏伟、张韧，克服高原生理和环境恶劣等困难，经常深入工程沿线检查指导，现场研究解决重大施工问题。加强现场重点管控环节。总指挥部领导亲临现场帮助督导，抓重点、抓关键、抓安全、抓质量、抓进度、抓落实，使安全、质量、技术措施落到实处。保持工作的连续性和一致性，保持青藏联网工程组织体系的高效运转。

第三节　工程建设过程控制

一、安全管理

青藏联网工程的安全管理工作是工程建设管理的重中之重。各参建单位牢固树立安全发展理念，坚持"安全第一、预防为主、综合治理"的方针，强化工程建设安全风险管控，深化安全质量隐患排查治理和反违章工作，建立完善工程项目应急机制，积极探索安全工作的管理创新、机制创新和措施创新，加强建设过程中的安全管理、监督与考核，全面推进工程建设安全标准化管理体系建设，确保工程建设安全"可控、能控、在控"。

（一）安全管控措施落实

1. 明确安全目标，扎实开展安全管理工作

自工程开工，总指挥部明确了工程建设的安全管理目标，即不发生人员重伤及以上事故、不发生造成较大影响的人员群体轻伤事件、不发生因工程建设引起的电网及设备事故、不发生一般施工机械设备损坏事故、不发生火灾事故、不发生环境污染事件、不发生负主要责任的一般交通事故、不发生对公司造成影响的安全事件，确保工程建设实现"四零"目标。

面对青藏直流工程安全管理的复杂性、特殊性、艰巨性，各参建单位根据工程建设的安全管理目标，结合工程建设实际，分解、细化各自范围内的工程建设安全管理目标，确保安全管理目标统一，确保安全责任落到实处。

2. 建立安全组织机构，落实各级安全责任

总指挥部成立了安全委员会，由总指挥担任安全委员会主任，各建设单位

和参建单位主要负责人为成员，负责工程项目安全管理的重大事项决策；协调解决工程建设过程中涉及多个参建单位的安全管理问题。现场业主项目部设置安全专责，负责工程项目安全工作的综合管理和组织协调工作；监理项目部成立以总监为首的监理安全控制网络，设置专责安全监理工程师；施工项目部成立以项目经理为首的施工安全控制网络，设置专职安全员，保证安全组织体系健全。

各单位按照安全标准化工作手册编制包括安全责任制度、安全奖惩制度、安全培训制度、安全技术交底制度、安全例会制度、安全检查制度、重大措施审查制度、分包管理制度、交通安全管理制度、调试安全管理规定等 64 项管理文件和管理制度，现场严格落实工程分包管理制度和安全措施补助费的使用，切实落实各级安全管理人员的管理职责。

3. 加强安全教育培训，提高现场安全管理水平

针对青藏直流工程安全管理要求，结合工程现场参建单位不熟悉现场安全管理文件和制度、施工单位安全管理水平参差不齐等特点，总指挥部根据施工重点，制定施工大纲，分层次组织开展安全施工交底工作。重点加强了《国家电网公司基建安全管理规定》、《国家电网公司电力建设工程施工分包安全管理规定》、《施工现场临时用电安全技术规范》、《变电工程落地式钢管脚手架搭设安全技术规范》、《输变电工程建设标准强制性条文实施管理规程实施要求及要点》、《隐患排查治理长效机制》、《数码照片管理》、《业主监理施工单个项目部标准化手册》等安全管理方面的交底培训工作。

根据直流工程标准化管理体系安全管理要求，明确工程现场设计、监理、施工现场安全管理基本要求，制作安全文明施工图册，强化现场安全文明施工策划实施要求等，确保各参建单位熟悉公司安全管理体系，全面按照公司安全管理要求进行落实和执行。

专门制定《工程分包人员与农民工入场安全教育培训办法（试行）》和《安全教育培训动画片》，深入开展工程分包与农民工入场安全教育与培训工作，切实履行建设单位安全管理职责。结合工程现场建设和实际需要，组织开展针对性的施工设施安全技术专项管理（脚手架、施工用电等）等专业教育培训，加强工程现场安全管理。

坚持"以人为本，卫生保障先行"的原则，积极发挥医疗后勤保障体系的

作用，切实做好建设者健康保障工作。

4. 评估项目安全风险，制订完善的预控措施

工程开工前，开展工程项目安全风险评估，落实施工单位安全管理投入承诺，严格执行"施工单位安全风险评估报告不审查和不完善不得开工"的要求。

全面推进安全风险预控管理，加强重要作业项目安全风险管理，积极推行作业安全风险预控工作，强化工程建设危险点危险源辨析和预控的实效性，严格推行按季度印发《工程项目建设重要危险点及其风险控制清单》及动态管理制度，强化各个工程建设现场在季度安全风险清单的基础上重点控制现场的分解、落实和监督检查，推动项目部按月度分解，现场按周分解和落实的要求，进一步推动现场各施工单位周例会检查布置的管理要求，确保工程现场按月、按周动态实施危险因素控制。

强化国有资产委员会中央企业安全生产 9 条禁令的落实，针对高寒缺氧、大风扬尘、雷击、高空坠落、关键设备损坏等风险，制订技术安全措施；针对现场铁塔组立高峰期，提出铁塔组立安全管理强制 9 条措施。架线阶段针对现场高空作业、机械作业量大等特点，制订架线施工 18 条预控措施；进入调试阶段严格设置带电隔离区，严格"两票三制"。开展"安全质量隐患排查治理'回头看'"活动，杜绝重质量轻安全、重进度轻安全的现象发生，确保现场安全工作可控、再控、能控。

5. 加强安全文明施工管理，达到"六化"目标

工程开工前，总指挥部组织所有建设单位及参建单位，研究和讨论工程安全管理策划工作，分三个层次明确安全文明施工策划管理要求，即建设单位组织制定安全文明施工总体策划，监理单位编制安全文明施工监理实施细则，设计单位和施工单位分别编制安全文明施工实施细则（二次策划）。深化建设单位年度安全管理方案策划，结合青藏直流工程建设实际情况，每半年或季度组织完善和细化，全面统筹指导工程建设过程安全文明施工管理。

工程建设过程中，总指挥部及各建设单位组织参建单位严格按照国家电网公司安全文明施工标准布设现场，根据工程项目安全文明施工总体策划，分区、分工序布置施工现场，按照要求积极开展安全文明施工检查评比活动，采取各种手段激励现场安全文明施工水平的提高，加强安全文明施工措施补助费

的管理，单独记列，通过各种措施的落实，达到了在建工程现场安全管理制度化、安全设施标准化、现场布置条理化、机料摆放定置化、作业行为规范化、环境影响最小化的目标。

6. 强化分包管理，落实现场分包安全责任

总指挥部高度重视青藏直流工程分包安全管理工作，严格执行《国家电网公司建设工程施工分包安全管理规定》，加强对分包队伍资质审核，督促施工单位和审查合格的分包队伍签订安全施工协议，对分包队伍开展安全交底培训，组织施工人员进行体检，实行无差别化管理，组织分包队伍开展安全周活动，加强对分包队伍的安全检查和督导，严格执行对劳务分包队伍的奖罚，充分调动分包队伍施工人员劳动的积极性。

7. 严格冻土基础施工技术，确保冻土基础安全

结合青藏直流工程特点，加大冻土基础施工的安全管理，加强基础回填、冻胀融沉、流变位移等情况下的数据观测，特别是在组塔架线转序关键阶段，设计单位根据阶段性观测数据进行认真校核并分析论证，动态掌握冻土基础安全状况。各施工单位高度重视冻土基础环境保护，按照施工设计要求尽快恢复塔基周围环境，尽量减少对冻土的影响，确保冻土基础安全。自铁塔基础施工完成后，总指挥部多次组织召开冻土基础变形观测与质量检查工作专题会，每月组织专业人员对冻土基础进行变形稳定性观测，同时委托国内权威的中国科学院寒区旱区环境与工程研究所对铁塔各种冻土基础进行地温观测。观测数据显示，青藏直流工程冻土基础稳定，处于可控、在控状态。

8. 完善工程应急机制，提高事故应急处理能力

贯彻落实《国家电网公司应急管理工作规定》，规范和完善青藏直流工程建设应急组织体系。进一步完善青藏直流工程应急指挥体系，建立健全应急指挥管理制度，加强事故分析、专家指导、领导决策、应急指挥、协调处置、信息发布的技术支持，提高事故处置的指挥协调能力及快速反应能力。编制了《突发事件总体应急预案》，同时指导现场编制了包括防高原病、防鼠疫、防雷击、防高空坠落、防物体打击等在内的13项现场应急处置方案，明确了应对现场事故应急工作的流程和措施。组织各参建单位开展了高原病急救应急培训与演练工作。各业主项目部组织各参建单位按照应急工作要求

开展了各项应急处置方案的培训和演练工作，提高了工程现场全员应急处理能力。

（二）积极开展各项安全督查活动

1. 国家电网公司基建安全主题活动

为营造浓厚的基建安全氛围，进一步落实安全责任、巩固安全基础，控制安全风险，防止安全事故，从抓制度执行、抓措施落实、抓监护到位，巩固基建安全基础，确保安全稳定的局面，国家电网公司分别于 2010 年开展了"抓基础、控风险、防事故"基建安全主题活动，2011 年开展了"三抓一巩固"（抓制度执行、抓措施落实、抓监护到位，巩固基建安全基础）基建安全主题活动和"两抓一建"（抓执行、抓过程、建机制）安全风险管控活动。各参建单位及时根据活动要求，结合青藏直流工程实际情况制订了活动方案，加强宣传动员，突出重点，制订措施，分阶段组织开展各项活动，落实主题活动各项要求。

2. "安全生产月"活动

2011 年 6 月，青藏直流工程结合实际情况，按照国家电网公司安全生产月活动要求，广泛开展了以"安全责任、重在落实"为主题的"安全生产月"活动。现场分别组织召开了"安全生产月"活动启动大会，制订了"安全生产月"活动方案，成立了"安全生产月"活动领导小组，广泛开展了安全知识竞赛、演讲比赛、安全月签名活动，开展应急演练，开展事故"回头看"等活动，宣传了安全知识，提高了安全意识和能力。

3. 国家电网公司项目管理流动红旗竞赛

总指挥部全面推进"五个一"创优计划，先后两次召开创优工作推进会，在工程建设各个环节、各个阶段以创优为目标，全面提升工程建设安全质量水平。根据国家电网基建〔2011〕147 号《国家电网公司输变电工程项目管理流动红旗竞赛实施办法》，青藏直流工程积极申报参加国家电网公司项目管理流动红旗竞赛活动，各业主、监理、施工项目部以创流动红旗为契机，以提升本单位安全管理水平为抓手，努力查找和改进现场和管理上的不足，全面提高工程建设安全管理水平。经过不懈的努力，青藏直流线路工程（青海段）、拉萨换流站获得国家电网公司 2011 年项目管理流动红旗，青藏直流线路工程

（西藏段）获得国家电网公司2011年安全管理流动红旗。

4. 安全监督检查和闭环整改

总指挥部结合春秋季青藏直流工程施工特点，分别于2010年10月、2011年4月、2011年9月开展了3次春秋季安全大检查活动。按照安全检查有计划、有过程、有结果、有反馈的工作要求，力求实际效果、突出指导作用，有效提升现场安全管理水平，共下发整改通知单82份，检查发现问题及一般隐患874条，均及时督促责任单位进行了消缺整改闭环，并就检查出的问题进行总结分析，提出应对措施，通过多次安全监督检查活动的开展，确保了现场安全管理水平的稳步提升。

（三）安全管理创新

1. 以"12345"安全管控模式，确保青藏直流工程安全管理目标

工程建设以"12345"安全管控模式，确保了青藏直流工程安全管理目标。

"12345"即1个目标、2个活动、3个标准、4个预控、5个提高。1个目标即实现青藏直流工程安全生产无事故目标。2个活动即以"两抓一建"安全风险管控活动、"三抓一巩固"基建安全主题活动为载体，全面开展各项安全活动。3个标准即以国家电网公司印发的业主、监理、施工项目部3个标准化工作手册为工作标准开展各项工作。4个预控即控制责任风险，强化各级安全生产岗位责任制的落实；控制管理风险，落实国家电网公司"两抓一建"安全风险管控工作要求，制定工程建设安全风险管理办法、制定领导干部及管理人员到岗到位管理规定，制订重大风险到岗到位专项措施，加大对重大安全风险的动态管控；控制技术风险，严格要求施工单位按照要求认真编制施工技术方案，并按规定完成公司内部编审批工作，同时加大监理、业主项目部对重大施工技术方案的审核批准审查力度，强化重特大施工作业项目实行专家评审论证制度；控制作业风险，对照《安全生产典型违章100条》进行全面梳理排查，消除各类违章，控制各类安全隐患。5个提高即提高现场管理人员到岗到位履职能力，提高安全管理制度在工程建设现场贯彻落实的执行力，提高全员安全风险防范意识，提高安全文明施工常态化管理工作，提高安全检查和问题的整改整治效果。

通过"12345"安全管理模式的开展，有效提高了青藏直流工程安全管理的效率，强化了安全责任意识，防范了各类安全风险，纠正了违章，为确保全面实现青藏直流安全目标打下了良好的基础。

2. 创新举措防控风险

各业主项目部创新多种手段、多种措施开展安全风险防控活动，建立安全管理人员及主要负责人网络限时通信机制，随时发布安全信息及动态安全风险信息，动态发布当天作业的主要风险及预控措施，国家电网公司通过输变电管理系统针对重大风险发布预控措施等。通过这些有效的措施，随时提醒，及时防范风险，消除事故隐患。

3. 采取"双监护"制度确保高空作业安全

组塔作业过程中，为克服高原反应，加强建设者工作降效防护和恶劣条件下的安全监护，现场制定了铁塔组立现场安全双监护制度，在塔上、塔下分别设置安全监护人1名，都穿着醒目的红马甲，随时监护塔上塔下作业人员的安全状况，确保建设者的安全。

4. 现场设置安全教育培训室，警钟长鸣保安全

针对高空作业多、交叉作业多、施工周期紧等现状，现场设置安全教育培训室，开设安全大讲堂，对进场的建设者随时开展安全教育培训，根据施工环境和特点，现场制作高处作业高空行走模拟架、高处作业体能训练台等，对建设者高处作业进行培训与演练，通过简洁、直观的安全教育演练，提升了建设者的安全防范意识。

5. 推广应用"四新"（新设备、新技术、新工艺、新方法）技术提高安全管理新水平

青藏直流工程海拔高、气温低，冬季室外温度达到零下30℃以下，为了尽量降低野外施工时间，减少高处作业工作量，有效保护人身健康，应做到：① 确保基坑施工作业人员的供氧、供风及坑内作业温度，采取有效措施控制对冻土环境的扰动，防止造成冻土基坑坍塌和软弱地基沉陷。基础尽量采用预制基础，减少野外作业时间。② 尽量采用吊车组立铁塔，减少高处作业，青藏直流工程线路工程组塔全线有1478基铁塔采用吊车组立，占总数2361基的62.6%，10个标段中有4个标段吊车组立铁塔比率超过80%，最高的3标段达

到 95.6%。采用地面组装、吊车组立铁塔，大大减少了高处作业的时间和人员数量，有效降低了高处作业的风险等级。③ 在组塔过程中采用三维动画进行交底，采用承托绳耳铁、起吊夹具、转向圆盘、防磨靴等新型工具，承力钢丝绳安装拉力传感器，放线过程中采用动力伞或飞艇等创新手段，通过"四新"技术的推广应用，有效确保了本质安全。④ 结合线路组塔阶段高处作业风险大的特点，要求所有作业现场配备测风仪、氧气瓶、防风镜，严格检查高处作业人员资质、安全带、攀登自锁器、速差保护器、拉线地锚的工器具配备和使用，控制高空作业人员的连续工作时间，保证通信畅通，监控到位。

通过开展安全管理各项活动，各参建单位严格落实各项安全措施，青藏直流工程自 2010 年 7 月 29 日开工，到 2011 年 12 月 9 日工程竣工，历时 500 天，整个工程未发生高原死亡事故、未发生高原伤残事故、未发生高原后遗症、未发生鼠疫传播事故，顺利实现了工程建设的"四零"目标。

二、质量管理

总指挥部借鉴向家坝—上海特高压直流输电示范工程、宁东—山东直流输电示范工程的成功经验，重点抓好青藏直流工程多年冻土基础开挖、新型基础浇制、冻土混凝土施工、热棒施工、隐蔽工程验收、大型架构和设备安装、设备试验调试等关键点、关键工序的质量监督，强化重要工序的旁站监理制度。按程序组织好工程验收和质量验评，配合好质量监督工作。推行"样板引路、示范先行"，统一质量控制标准、施工工艺操作流程和施工工艺标准，实施全过程质量控制，确保实现创建精品工程的总体目标。

（一）全方位、全过程落实工程建设质量管理工作

1. 做好工程管理前期准备工作

按照青藏直流工程项目里程碑进度计划要求，在总指挥部的领导下，各建设管理单位及时组织设计、监理、施工单位进行建设管理交底、设计交底及施工图会审工作，加强施工图纸管理，确保工程质量管理和技术输入的准确。同时，各建设管理单位认真审核批准监理单位上报的《工程项目监理大纲》、《工程项目监理实施细则》、《工程项目监理创优实施细则》等监理指导性文件，审核批准施工单位上报的《项目管理实施规划》、《项目管理制度》、《工

程项目施工创优实施细则》、《施工质量验收及工程类别划分表》、《强制性条文实施计划》、《质量通病防治措施》、施工作业指导书及工程相关的保证措施、特殊工种、施工机具、设备及原材料质量证明及试验报告、配合比试验报告等质量证明文件，确保工程建设质量管理有章可循。

针对青藏高原地区冻土基础施工，广泛推广运用质量管理措施，采取有效措施保证基础施工质量。各施工单位加大施工前的施工质量、技术培训和交底工作，提高参建单位的施工技术能力，为工程建设的顺利进行和现场规范作业奠定了坚实的基础。

2. 完善制度建设，加强质量管理的执行力

按照国家质量验收评定管理标准和规定，不断完善工程现场质量管理制度，认真贯彻落实国家电网公司编制印发的《工程质量控制策略》、《工程创优整体策划》、《工程达标创优管理办法》、《强制性条文实施规程》、《质量通病防治措施和技术要求》、《输变电工程标准工艺库》等管理文件，对工程建设质量实施精细化管理。在此基础上，建设管理单位组织各设计、施工、监理单位将各项质量管理办法进行细化，编制《强制性条文执行计划》、《创优实施执行计划》、《质量通病防治执行计划》等30余项质量管控措施，形成质量管理制度，下发到设计、监理、施工单位，以制度的约束力和管理的执行力督导设计、监理、施工单位做好现场质量管理工作。

3. 开展首件试点和科技项目细化研究

在做好青藏直流工程创优策划的基础上，各建设管理单位积极推行"样板引路、示范先行"，组织相关设计、监理、施工单位对试点施工进行周密的策划和准备，重点做好事前指导、事中控制、事后检查，抓好策划、实施、检查、整改四个环节，汇集集体的力量编制了《青藏交直流联网工程创优总体策划》，对质量创优进行统一部署。各建设单位按照工程创优总体策划，结合工程实际情况，编制了《青藏直流联网工程创优实施方案》，明确创优目标及主要安全、质量、技术措施，指导各参建单位质量管理和工程创优活动。各设计、施工、监理单位围绕建设管理单位的创优策划要求，分别制定了《青藏直流联网工程创优设计实施细则》、《青藏直流联网工程创优监理实施细则》、《青藏直流联网工程创优施工实施细则》。建设管理单位多次组织设计、监理、施工单位开展质量创优专题活动，明确具体设计和施工创优项目，并将各项质

量创优要求逐项分解到相关工序、相关工艺中，督促各参建单位结合具体质量管理实际情况制订具体可操作的控制措施，为工程创优打下坚实的基础。

在各阶段施工前后组织浇筑样板基础、砌筑样板围墙、样板防火墙、样板电缆沟、组立样板铁塔、展放样板导线示范活动，对首件施工工艺进行试点实施，及时总结实施过程的经验和施工工艺存在的不足，及时调整和修订施工方案，为后续连续施工的实体质量和施工工艺提供坚实的基础。

青藏直流线路工程针对高原、冻土施工条件，及时确立了青藏直流线路工程（冻土）基础质量分析研究、线路工程配套金具研制、可拆分式抱杆的研制及在青藏直流输电工程中的应用等科研项目，提前组织参建单位和专家进行研究试点，在试点工作结束后及时组织进行分析和总结，对施工中发现的问题和需要完善的项目，及时修订作业方案，补充专项技术、质量控制措施，提高施工成品质量和工艺水平。

4. 加强基建标准化管理，做好施工质量过程管控活动

在工程建设过程中，建设管理单位严格落实国家电网公司关于"三个项目部标准化"建设的要求，成立业主项目部，按照《国家电网公司业主项目部标准化工作手册》的要求，规范开展建设管理工作，并督促监理、施工项目部认真落实，按照国家、行业及国家电网公司相关质量验评规范和标准开展质量管理工作。在工程实体施工过程中，严格落实《国家电网公司输变电工程标准工艺库》的应用要求，组织监理、施工单位学习《国家电网公司输变电工程施工工艺示范手册》，运用《国家电网公司输变电工程施工工艺示范光盘》开展培训工作，集中梳理工程可应用的标准工艺，并落实到工程质量创优策划文件中，结合基础、换流站主体、线路铁塔组立和导线展放等环节开展质量专项检查，通过质量交叉互查和专项检查，动态管控施工质量。根据工程各阶段建设特点，国家电网公司制定和实施每月一次的质量例会制度，对各参建单位质量管理情况进行通报，对查出的有关质量问题进行分析研究，制订改进措施，完成消缺整改闭环。

5. 落实各级验收责任，确保工程"零缺陷"

按照国家质量验评管理规定，总指挥部建立了施工单位三级自检、监理初检、建设管理竣工预验收、运维单位交接验收和竣工验收的验收组织体系，层层把关，确保工程"零缺陷"移交。针对工程地处高海拔、施工条件极其恶

劣的条件建设管理单位充分调动各参建单位的积极性，借助属地优势，落实责任，早核实，早动手，积极与工程运行单位协调沟通，对运维单位提出的问题，按照落实人员、落实责任、落实时间的要求，逐一采取措施整改，确保整改闭环，实现"零缺陷"移交。

（二）深入落实工程质量控制措施

1. 紧扣项目全寿命周期管理关键，突出质量核心地位

按照工程建设全寿命周期管理要求，工程质量控制注重设计创优和工程创优策划等前期优化管理，推动电力工程"两型一化"、"两型三新"和"三通一标"的应用，强化工程建设强制性条文、质量通病防治、标准工艺应用要求。

（1）加强创优亮点现场实施工作。结合工程建设过程管理要求，按月形成强制性条文，对质量通病防治措施、十八项反事故措施、工程创优落实等执行措施进行重点监督检查，把设计创优和工程创优策划的质量管控核心内容通过层层分解，逐步落实到工程建设管理的日常管理中，形成质量管控的常态化。同时，在工程建设质量验评管理过程中，推行 0.8 倍企业标准误差指标质量控制要求，严格把控工程建设全过程实体质量，严格落实标准化的施工作业，定期对施工工艺进行讲评，加强质量通病的治理及成品保护意识，严格落实创优措施及亮点，有效提高 GIS、换流变压器、高压电抗器等设备的安装质量，不断提升工程质量水平。

（2）关注重点区域质量控制工作。由于气候环境恶劣，为保证施工质量及设备安全稳定运行，组织进行冬季特殊施工方案审查，提出具体的施工保温措施；换流变压器广场、阀厅围护及户内直流场是质量控制的重点，为使换流变压器广场结构和表面裂缝、阀厅围护及户内直流场施工满足设计工艺要求，各建设单位组织相关施工单位制订详细施工组织方案，督促专项质量保证措施在现场的落实，确保施工质量。

（3）加强监督检查，提高质量控制。加强对工程专项技术措施、安全措施、作业指导书的审核把关，加强隐蔽工程监督检查，确保重要工序的旁站到位，施工文件的审查到位，质量验评到位。

2. 加强前期设计管控，夯实工程质量管理基础

在设计管理方面，突出工程前期设计优化的关键作用，深入落实国家电网公司"两型一化"、"两型三新"、"三通一标"等标准化设计要求，在总结以往换流站设计、施工、调试和运行经验的基础上，坚决贯彻国家电网公司的强制性条文和预防设计质量通病和"两型一化"的要求，组织设计单位制定《换流站设计创优方案》，并监督各设计单位贯彻执行，重点是落实以往工程经验提出的91条改进建议和设计优化工作。从工程初步设计开始，明确工程创优目标，逐步落实到施工图设计过程中，并与工程现场密切配合，优化设计流程，及时交付施工图和开展施工图设计交底，确保施工图纸的设计质量，为工程建设质量管理奠定良好的基础。

3. 细化设备及材料管理，提升工程质量创优水平

在设备管理方面，通过前期在设备招标书中明确工程创优要求，细化设备技术协议书，通过参与设备监造过程，积极落实设备各项创优措施。结合设备招标进度，组织各设备厂家按照《国家电网公司十八项反事故措施》规定和《关于印发国家电网公司预防换流站单双极闭锁反事故措施（试行）》制订设备创优方案，在设备制造方面予以落实。严格把控设备材料到场验收制度，按照国家要求的设备和材料抽检比例，严格控制设备和材料的到场检验质量，杜绝不合格物资和材料进场，确保工程设备安装质量。对原材料做到"批量对应、三证齐全、覆盖全面"，对装置性材料做到"加工—运输—到货检验—安装验收，环环相扣不放松"。

4. 强化全过程的质量监督管理，突出质量过程监督检查和指导

在工程建设过程中，敦促施工单位制订详细的工程质量计划、质量管理制度、工程质量控制措施，认真开展施工三级质量验收和评定工作，并确保工程创优所需的资源投入。

（1）敦促监理单位按照工程具体特点，采取"核查文件、跟踪检查、现场巡视、旁站监理、平行检验、例会总结"的质量监理方式，从组织、技术、经济、合同控制四个方面，对工程实施"五控制两管理一协调"。

（2）在设备安装调试阶段，严格履行双签证制度，每个调试环节监理和调试监督单位对每个调试结果进行签字确认，确保调试无漏项、设备无缺陷。

（3）建设管理单位通过春秋季大检查、质量巡查、质量互查等方式加强对施工、监理单位的监督与检查，从提高施工工艺，工作标准化入手，坚持"三高五严"（高质量意识、高质量目标、高质量标准，严格要求、严格检验、

严格控制、严格履行施工检查验收、严格隐蔽工程签证制度），确保工程建设质量管理体系有效运行。

（4）为进一步加强工程质量管理，依托国网直流公司输变电工程建设管理系统，积极落实工程质量数码照片管理，建立工程质量管理考核模块和数码照片采集和管理模块，对工程过程质量进行图片监控，确保工程建设质量。

（5）严格落实现场安装各项质量保证措施。为确保设备安装质量，提前组织开展换流站主要设备厂家主导安装方案的编制及审查。定期到现场督导，落实厂家主导安装方案在现场的落实，加大对现场安装质量的检查，并制定工序质量检验卡，实行厂家、监理双重签证制度，确保各环节质量检验程序切实履行到位，确保 GIS、换流变压器及换流阀等设备安装质量。同时，优先让有经验的施工单位开展换流变压器安装"首例示范工作"，做好安装施工的组织及观摩，提高换流变压器安装质量。

5. 开展质量评比活动，激发工程创优意识

按照国家电网公司基建标准化体系建设要求，积极响应国家电网公司流动红旗竞赛活动，组织工程现场各标段参建单位开展内部流动红旗竞赛活动，激励设计、监理、施工单位树立大质量观念，建设精品工程，在全工程建设过程中形成"比、学、赶、超"的良好氛围。通过质量竞赛活动督促监理、施工单位加强质量管理，努力查找和改进管理上的不足，提高施工技术和质量管理水平，不断借鉴和形成好的质量管理经验，按照高标准、精细化、零缺陷要求，努力实现工程预定的质量目标。

6. 创新施工工艺和施工方法研究，深化科技成果应用

青藏直流工程所处区域海拔高、高寒缺氧、风沙大、紫外线强，电气设备的过电压与绝缘配合方案、外绝缘选择、抗风沙能力和材质选择等都是质量控制的难点。

（1）在工程建设伊始就成立了工程项目科技攻关领导小组，积极开展施工工艺、施工流程、施工材料和工器具的研究应用工作。

（2）对青藏直流工程前期 15 项科研成果进行全面梳理，重点对高海拔外绝缘成果进行了复核，明确了换流站外绝缘配置水平，对柴达木换流变电站极母线穿墙套管外绝缘高海拔验证试验的必要性进行论证，制定了科学合理的试验方法。

（3）针对不同地域气候条件和施工环境，不断加强换流变压器轨道广场施工、防火墙施工、HGIS 大体积混凝土施工、外漏基础施工、大体积平波电抗器安装、换流阀安装、线路冻土基础施工、高海拔金具研究和应用、导热棒施工等实体质量的施工创新，依托国家施工技术要求，不断优化关键工序、关键部位的施工技术研究，切实解决影响工程施工工艺和施工质量的通病问题。

（4）大力倡导"四新"应用，标准工艺和建筑业"十项新技术"的应用，鼓励施工单位绿色施工，以"节能、节地、节水、节材和环境保护"为基础，大力引导施工单位开展相关专题活动，提高各种资源的重复利用率，形成了较多研究成果，节约了大量资源。

（三）突出冻土基础施工质量控制

青藏高原的多年冻土是高原环境的主要依附体，冻土环境与整个高原生态环境的演化发展处于密切联系和相互作用之中。青藏直流线路工程穿越550km 连续分布的多年冻土，自然生态环境独特，生态系统极其脆弱、敏感。热融沉陷、融冻泥流和热融滑塌等冻融侵蚀现象主要是冻土环境变化改变了冻土的热平衡状态引起的热融作用导致的。线路工程施工对冻土的影响，集中表现在工程施工时对多年冻土水热平衡的扰动，并造成高原多年冻土在平面上和垂直剖面上的变化，以及由此引起的高原多年冻土区生态环境的破坏、地表景观的改变以及土壤侵蚀量增加。因此，在施工过程中保护冻土对冻土环境乃至整个生态环境具有十分重要的意义。

青藏高原冻土物理特征和工程特征有别于其他高纬度的多年冻土，更有别于内地的普通土体，它的热稳定性、力学性质等具有敏感性、复杂性和多变性，受气候变化及人类的活动影响较大，青藏高原冻土比高纬度冻土基础稳定性控制更为困难，在高海拔多年冻土区进行大规模、高等级输电线路的建设在世界没有先例和成功的经验可以借鉴，因此冻土基础保持稳定是本工程成败的关键。为确保青藏直流线路工程冻土基础的稳定性，国家电网公司与冻土专家组一起，在借鉴青藏公路、铁路相关经验的基础上，针对青藏高原冻土特点，从科研分析及稳定性观测、基础形式设计校核、施工组织和质量控制、预防措施方面加强质量控制措施的落实。

1. 科学立项，深入研究

自青藏直流工程规划开始，国家电网公司就非常重视多年冻土基础的施工研究，组织与青藏铁路工程建设和设计单位深入交流，了解相关经验与体会，在冻土基础研究方面，设立了 3 项课题研究。

工程启动建设后，结合现场实际情况，开展了《青藏 ±400kV 直流输电线路工程冻土基础动态安全及稳定性研究》研究项目，对冻土基础的稳定性进行长期动态的研究及论证，为冻土的基础施工提供了强有力的支撑，在高原冻土建设领域取得一批科技成果。

总指挥部根据科研成果，组织策划冻土基础地温监测、地基杆塔真型试验等科研课题的现场实施工作，委托第三方检测机构分阶段、有侧重点的对冻土基础的回填土、密实度进行抽样检验，并远赴美国、加拿大考察其在冻土基础稳定控制方面的先进经验，对国内外冻土基础方面的资料收集整理分析，对冻土基础稳定性进行了客观、科学的评价。

2. 精心设计，反复校核

青藏直流工程可研批复后，国家电网公司依据科研成果，及时组织设计单位，逐基进行现场地质勘探、分析和工程设计，并在五道梁等地进行了现场试验。综合线路工程安全、工程造价等因素，设计优选了锥柱基础、掏挖基础、预制基础、灌注桩基础、人工挖孔桩基础等 7 种基础型式。根据高原冻土的特殊情况，为加速施工减少对冻土的影响，并更好保证混凝土质量，首次在超高压输电工程中，大规模集中采用 200 基装配式基础。

总指挥部组织专家组在基础施工图设计交付前、现场各单位初步开挖、工程施工完成并检测回填土后分别进行了复核，确保工程冻土基础施工质量。

3. 多措并举，严控基础施工质量

工程施工前，精选综合实力强且有过类似工程经验的 4 家设计院、5 家施工单位、3 家监理单位，承担工程建设任务。各单位进场后，全员接受冻土方面的相关知识培训，并给每一位员工配备一册冻土基础施工手册。

总指挥部在施工过程中，针对工程冻土专门成立以科研、设计、施工多方面专家构成的专家组，编制了多年冻土基础、装配式基础施工、热棒安装施工等相关工艺导则及施工验收标准，并常驻格尔木配合、指导现场施工建设，及时了解、反馈和处理现场问题。

基础开工前，对不同冻土基础类型在全线组织首基施工试点工作，统一施工工艺，并对基坑开挖、混凝土浇筑、回填土夯实、回填土换填、植被保护等特殊要求进行现场演示，相关单位参观学习。在冻土基础施工期间，施工队伍组织作出特殊安排，各承包单位公司主管经理或总工在关键部位常驻现场，每个基础作业点保证有一个员工负责监督现场作业。监理单位增加 1 倍的监理力量，5km 设置 1 名监理员，旁站监理基础浇筑回填土换填等环节。

在基础施工过程中，组织设计单位跟随基坑开挖，对冻土基础逐基进行实际地质情况、冻土类别、冻土深度、含冰量、地下水等数据的核对、对比，对回填土密实度等施工工艺进行评价，对基础设计参数进行复核及反校验工作，工程除将跨越青藏铁路的 22 基浅基锥柱型基础加强为深基灌注桩基础外，通过终堪定位及设计复核，基础形式均满足设计条件和输入条件。

在组塔架线阶段，组织制定冻土基础沉降、变形统一的观测方法、观测记录表格和结果分析报告格式，每月开展一次冻土基础沉降、变移的观测，统一观测点，观测人员相对固定；重点对大开挖、高含冰量冻土、高温不稳定冻土塔基基础进行变形和地温监测，对变形较大（或偏差较大）的塔位进行持续观测，每月召开冻土基础稳定性分析会，对观测结果进行分析总结，形成冻土施工质量分析报告。在组塔及架线转序前，召开专家分析会，对冻土基础稳定性、转序条件进行全面的评价分析；对回填土施工情况进行检查，要求施工单位按照回填土施工工艺标准对出现下沉回填土的塔位进行回填夯实，对处于斜坡上的冻土基础，在斜坡上部修建挡水坎；制订基础不均匀沉降、铁塔倾斜预案。通过 9 个月对冻土基础沉降位移的观测分析表明，冻土基础处于相对稳定状态，没有发现基础变形超规范的现象。

组织设计院及专家组对线路全线冻土基础地质资料、设计基础情况进行复查，对高温、高含冰冻土区基础优化方案进行论证核实，将跨越青藏铁路等 22 处重点塔位由浅基锥柱型基础加强为深基灌注桩基础，增加了热棒 1402 根；编制冻土基础施工、热棒施工细则，加强冻土基础知识、负温混凝土施工和装配式基础施工相关知识培训。

4. 持续监测，确保基础稳定

各现场参建单位按照标准观测方法，每月对已施工完毕的基础进行位移、沉降观测分析，密切关注冻土基础状态，并由总指挥部定期分析研讨，未发现观测偏移超规范现象。委托第三方检测单位，进行长期地温度观测工作，复查冻土回冻观测，邀请 30 名冻土研究专家在组塔和架线前进行论证，肯定了冻土施工组织的科学合理和积极稳妥。由于青藏高原冻土的脆弱、外部气候条件恶劣，不确定性因素多，为应对可能的变化情况，总指挥部委托青海公司制订基础变形应急预案和措施，一旦发现和偏移超差现象，采取快速、合理的应对措施，确保冻土线路的长期安全稳定。

（四）环保、水保质量控制

青藏直流线路工程沿线有五个国家级自然保护区（三江源国家级自然保护区、可可西里国家级自然保护区、色林错黑颈鹤国家级自然保护区、雅鲁藏布江中游河谷黑颈鹤国家级自然保护区、热振国家森林公园）高原生态环境脆弱，做好生态环保工作既是工程建设的难点，也是亮点。在工程建设过程中，应高度重视环境保护工作，落实环保各项措施，做到环保措施与主体同时设计、同时施工、同时投产，确保多年冻土环境得到有效保护，江河水质不受污染，野生动物繁衍生息不受影响，线路两侧自然景观不受破坏，努力建设具有高原特色的生态环保型工程。

1. 建立环保水保管理体系制度

总指挥部建立了总指挥部、设计单位、施工单位、监理单位"四位一体"的环保水保管理体系，通过与各业主项目部、施工单位签订环保责任书，进一步明确环保水保的责任。在工程沿线各施工点设立专业的环保水保监理，全方位、全过程对工程的环保水保进行监督。在工程设计中计列专项环保资金，在招标和合同签订过程中，明确项目环境保护目标、环评报告要求，依法落实合同双方的环境保护管理责任和考核办法。

2. 开展环保水保监理工作

鉴于青藏直流工程建设环保水保工作的重要性和特殊性，总指挥部委托有资质的环保水保监理单位，对工程建设过程的环保水保工作开展监理、监测工作，确保工程环保水保设计、施工控制措施的落实。

3. 工程环保水保主要控制措施

（1）通过编制青藏直流工程环保水保管理制度、环保水保管理手册、环保水保实施细则，举办环保水保培训讲座、设立环保水保宣传栏、开展环保水保现场检查等措施进行宣传教育，对环保水保工作实行全过程的严格控制管理。

（2）在青藏直流工程分阶段（基础施工阶段、组塔架线阶段）开展了环保水保施工图设计，并针对每个施工场地所处的自然环境条件，详细制订了相应的环保水保措施，这在电网工程建设中尚属首次。总指挥部组织相关设计、监理、施工单位逐基塔进行基础、组塔、架线施工场地临量道路的确认，明确施工占地范围，临时道路走向，减少植被破坏及影响面积，并多次召开专题会议，对涉及每一基基础的环保施工图进行审查。

（3）加强乙供物资的管控与协调，集中采购环保水保物资。同时，组织专家开展对工程沿线环评、水保的监督检查，确保各项措施落实到位。

（4）换流站施工采取加高围墙及设置声屏障方案对换流变压器、电抗器等主设备噪声进行控制；采取洒水、加盖防尘布、铺砖等有效措施进行防尘，对建筑垃圾和生活垃圾分类存放、集中外运进行处理，最大限度保护了施工和临时生活区的环境。

（5）工程设计中体现环保要求。在青藏直流工程设计过程中，积极根据地形特征，铁塔采用高低腿设计；在地质条件允许时，塔基基础尽量采用人工掏挖桩或钻孔灌柱桩，从而最大限度地降低了工程对自然环境的破坏和水土流失；铁塔镀锌采用特殊配方，降低反光程度，减少对动物的影响。

（6）制定相应的环保施工技术措施，并严格落实。在施工过程中，严格按审批的方案进行施工，现场不得出现破坏环境事件，工程监理按工程环保、水保"三同时"的要求进行环境保护和水土保持方面的监督管理。

（7）加大环评水保方案措施的落实监督检查工作。在对工程本体安全质量检查的同时，检查工程环保水保措施落实情况。组织设计、环保水保监理、植被恢复等科研单位和业主项目部成立专家督导组，对植被恢复的质量进行监督、指导，提高植被的成活质量。

（8）植被恢复措施由专业化队伍负责施工。为尽可能恢复施工区自然生态原貌和野生动物的可利用生存环境，总指挥部邀请中科院西北高原植物研究所等专门科研机构开展了高原植被恢复试验示范研究。为保障植被恢复效果，总指挥部组织相关单位，并广泛征求当地环保部门的意见，确定植被恢复必须采用专业的园林施工队伍，累计恢复高原植被 221 万 m^2，植被恢复效果良好。

（9）遵守环保水保管理部门的规定，确保物资供应及生活垃圾科学处置。

制定工程沿线生活垃圾管理规定，各参建单位生活垃圾定点密闭存放，后勤生活保障单位按时组织统一回收，进行集中处理。做到河流水源不被污染，野生动物繁衍生息不受影响，高原生态环境得到有效保护。

（五）工程建设质量控制所采取的有效措施

（1）深化"亮铭牌、控全程、创国优"活动，逐基落实工程建设过程中施工、监理、设计、验收、环保责任人，确保工程建设责任落实、责任到位。

（2）在工程开工前，组织专家对业主项目部、监理、施工单位主要管理人员进行冻土知识培训和交底，并印发《青藏直流工程冻土知识手册》至工程现场一线施工班组的每一位人员。

（3）在青藏直流线路工程 2～7 标段，针对多年冻土基础，组织施工单位每月开展工程冻土基础沉降、扰动观测，每月组织专家对数据进行分析，根据专家对发现的沉降等情况的意见，及时对基础进行回填处理。

（4）热棒是高原基础工程特有的技术措施，为保障施工质量和效率，结合青藏直流工程所处的气候环境特点，国家电网公司在相关建设管理、监理、施工单位，及时广泛发布信息，筛选、邀请有高原热棒施工经验的二级及以上专业施工单位参与招标，最终确定 5 家专业施工队伍进行施工。2011 年 1 月 13 日热棒全部安装完毕，为热棒充分利用冬季低温条件保证施工质量，发挥了关键作用。

（5）推行大型机械设备在现场的使用，制定基础施工规范标准，根据外界温度的变化对基础及时遮阳、保温，快速施工、回填，减少对冻土的扰动。

（6）严格控制回填土质量检查，加强监督，避免施工单位使用冻土块直接回填，对回填土不能满足要求的施工单位要换土回填。

（7）在以往施工经验的基础上，进场 2 周后，探索出一套针对冻土基础施工的成功经验，在凌晨 3～4 点组织机械场开挖，并提前做好绑扎好钢筋笼等相关准备，天亮后快速组织混凝土浇筑，在上午 10 点左右温度开始升高时，完成全部基础。

（8）严格执行三级自检验收制度，加强施工过程质量监督检查，每 5km 配备 1 名监理人员，及时把好每道施工工序（工艺）质量验收关，对不合格工序或对下道工序会造成不良影响的工序不允许转序或终结。

（9）青藏直流工程于 2011 年 12 月 9 日进入试运行期，为考察工程系统运行情况，检验设备性能及解决运行维护单位提出的问题，总指挥部成立了由各运维单位、技术监督单位、施工单位、主设备厂家、设计单位组成的"五位一体"的生产应急保障工作组，多次开展质量回访工作，解决工程实际问题。

（六）质量管控成效

1. 工程质量验评结果

按照 Q/GDW 183—2008《110kV～1000kV 变电（换流）站土建工程施工质量验收及评定规程》，电气工程按照 DL/T 5233—2009《±800kV 及以下直流换流站电气安装施工质量检验及评定规程》，柴达木换流变电站及拉萨换流站工程已完成的分项工程合格率100%，分部工程合格率100%，单位工程优良率100%。柴达木换流变电站 0.8 倍企业标准误差质量控制项目达到总量的95%，拉萨换流站达 87.5%。直流线路工程（西藏段）单元工程合格率100%，分部工程优良率100%，单位工程优良率100%。

柴达木换流变电站工程：土建单位工程 21 个，子单位工程 45 个，分部（子分部）179 个，分项工程 1014 个，电气单位工程 13 个，子单位工程 40 个，分部（子分部）172 个，分项工程 444 个。创优计划落实 88 条。强条执行计划落实 513 条。质量通病防治计划落实 167 条。十八项电网重大反事故措施计划落实 127 条。

拉萨换流站工程：土建单位工程 22 个，子单位工程 59 个，分部（子分部）263 个，分项工程 599 个，电气单位工程 20 个，子单位工程 47 个，分部（子分部）325 个，分项工程 1080 个。创优计划 123 条，落实 123 条。强条计划 261 条，落实 261 条。质量通病防治计划 134 条，落实 134 条。十八项电网重大反事故措施计划 22 条，落实 22 条。

拉萨换流站接地极极址工程：土建单位工程 6 个，子单位工程 15 个，分部（子分部）45 个，分项工程 145 个，电气单位工程 5 个，子工程 14 个，分部（子分部）189 个，分项工程 421 个。创优计划 168 条，落实 168 条。强条计划 65 条，落实 65 条。质量通病防治计划 127 条，落实 127 条。十八项电网重大反事故措施计划 9 条，落实 9 条。

拉萨换流站接地极线路工程：对该工程的土石方工程、基础工程、杆塔工程、架线及附件安装工程、接地工程、线路防护设施等进行了检查。在 2 个单位工程中，检查分部工程 12 个，共形成检查记录表格 1173 份，检查关键项目共 763 项，重要项目共 571 项，一般项目共 192 项；检查关键数据共 17 115 个，重要数据共 12 748 个，一般数据 4367 个。所检查项目和数据，全部满足设计要求和验收规程规范规定，单元工程合格率 100%，分部工程优良率 100%，单位工程优良率 100%。

直流线路工程（西藏段）对各标段的土石方工程、基础工程、杆塔工程、架线及附件安装工程、OPGW 熔接质量验收、接地工程、线路防护设施等进行了检查。在 4 个单位工程（其中不含拉萨换流站接地极线路）中，24 个分部工程共形成 6227 份检查记录表格，检查关键项目共 5589 项，重要项目共 5325 项，一般项目共 4271 项，检查关键数据共 35 004 个，重要数据共 23 339 个，一般数据共 21 116 个。所检查项目和数据，全部满足设计要求和验收规程规范规定，其中大部分数据达到 0.8 倍控制标准。OPGW 熔接中继站双向平均接续损耗不大于 0.03dB。

2. 工程质量成效

按照《青藏交直流联网工程创优规划纲要》要求，分层次、分阶段落实创优责任单位和各个环节创优措施，以创建国家电网公司项目管理流动红旗和"三强化三提升"质量提升年等活动为抓手，全方位、全过程强化工程建设质量，提高质量工作水平和效果。在工程创优方面，日月山 750kV 变电站工程已获得"鲁班奖"，柴达木—拉萨 ±400kV 直流输电工程、海西 750kV 开关站工程、拉萨换流站工程分别获得安全、质量、项目管理流动红旗。在科研创新方面，组织编制了《科技创新项目暨科技进步奖申报策划方案》，确定了系统研究、过电压与绝缘配合研究、设计与施工研究、环保水保研究、运行维护关键技术研究、工程管理与保障体系研究六大科研方向，开展科研项目 50 项，青藏直流工程关键技术研究及工程应用科技立项成果正在积极申报，为争创"国家科学技术进步一等奖"奠定基础。

三、进度管理

青藏两省区人民对青藏直流工程提前投运充满了热切期盼。为使工程早日建成投产，早日发挥效益，早日造福青藏两省区人民，国家电网公司全力组织加快青藏联网工程建设。随着青藏直流工程攻克冻土基础施工世界性难题，对工程建设工期提前起到关键性作用。经过充分论证，总指挥部对青藏直流工程里程碑计划进行了 5 次优化，最终确定青藏直流工程 2011 年底实现双极投入试运行。

（一）优化工程里程碑计划

（1）2010 年 7 月 29 日，青藏直流工程开工建设，要求 2012 年 6 月，750kV 输变电工程全面建成投产；2012 年 9 月底，青藏直流工程建成投产。工程建设里程碑计划由设计时期的 2012 年 12 月提前到 2012 年 9 月底建成投产。

（2）国家电网公司总经理、党组书记刘振亚在公司 2012 年度先进表彰暨全体员工大会上要求，青藏直流工程是一项政治工程、民生工程，建设难度大，要认真组织好工程建设，争取年内投产。在 2011 年 2 月 15 日青藏直流工程 2010 年土建攻坚第一战役总结表彰暨 2011 年建设工作会议上明确提出：750kV 输变电工程于 2011 年 9 月底投运，藏中 220kV 工程于 2011 年 8 月底投运，青藏直流工程极 I 系统于 2011 年 11 月底投运，力争极 II 系统年底投运。

（3）在国家电网公司 2011 年年中工作会议上，公司总经理、党组书记刘振亚指出："电力天路"青藏交直流联网工程进展顺利，3 万名建设者克服高寒缺氧、地质复杂、冻土施工等重重困难，保证了工程安全、优质、高效推进。强调青藏联网工程确保年内建成投产。总指挥部提出力争 2011 年 11 月底确保年内双极投运，建设"安全可靠、优质高效、自主创新、经济节约、绿色环保、和谐平安"具有世界领先水平的高原交直流输电精品工程。

（4）2011 年 7 月 7 日，按照 2011 年 11 月双极投运的内控目标，总指挥部进一步梳理了工程建设里程碑计划：2011 年 9 月底青藏直流线路具备带电运行条件，2011 年 11 月底前换流站实现双极投运。2011 年 9 月底前 750kV 输变电工程投运，2011 年 8 月前藏中 220kV 工程投运。

（5）结合工程建设的实际状况，按照工程启动委员会第一次会议要求，为提前解决西藏冬季缺电问题，总指挥部重新对工程重要里程碑计划进行了优化调整：2011 年 8 月底拉萨换流站 220kV 系统投运，2011 年 9 月底前 750kV 输变电工程投运，2011 年 10 月底换流站完成双极系统调试及试运行的总体目标。

（二）分阶段实施工程进度管控

青藏直流工程换流站建设分为土建、安装和调试三个阶段，线路建设分为基础施工、组塔架线、验收调试三个阶段。总指挥部以时间进度将工程建设分为"三大战役"进行施工组织。第一阶段是从 2010 年 7 月 29 日开工至 2011 年 2 月 15 日，基础施工土建攻坚为第一战役；第二阶段从 2011 年 2 月 15 日至 2011 年 7 月 20 日，线路组塔架线和换流站土建交安为第二战役；第三阶段从 2011 年 7 月 20 日至 2011 年 10 月 31 日，工程验收与运行调试为第三战役。

1. 第一战役施工

青藏直流线路工程从 2010 年 8 月 9 日开始进行首基基础浇制，到 2011 年 12 月 22 日全部完成了 2361 基线路基础施工。柴达木换流变电站、拉萨换流站从 2010 年 8 月 27 日开始基础开挖，到 10 月 20 日全部完成桩基工程；2011 年 2 月完成换流站阀厅及控制楼基础、交流场、直流场基础施工出零米。

从 2010 年 9 月 1 日开始，总指挥部组织各参建单位紧紧抓住 9～11 月高原施工的有利时机，以工程建设为龙头，全面开展了"奋战 90 天、抓好关键月"活动。建设管理、监理、设计、医疗及施工人员积极投入工程一线，全力服务工程建设，尤其表现在唐古拉山区沼泽地基础施工的过程中，面临极端艰苦的施工环境，建设者们仅用了 24 天就完成了 37 基沼泽地基础的施工任务，为实现工程第一阶段目标打下了坚实的基础。

青藏直流线路工程冻土基础施工提前完成，使铁塔基础经过了一个冷冻期，使冻土基础保持了一个稳固周期。总指挥部对冻土基础制定统一的观测方法，每月坚持定期进行冻土基础沉降、变形观测，重点对大开挖、高含冰量、高温不稳定冻土塔基基础进行变形和地温监测；每月召开冻土基础稳定性分析会，对观测结果进行分析总结。通过连续观测分析，冻土基础处于相对稳定状态，没有发现基础变形超规范的现象。冻土基础施工圆满完成，为青藏直流工程提前一年投入试运行奠定了基础。换流站工程超额完成了基础施工出零米任务，为工程提前一年投入试运行也创造了有利条件。

2. 第二战役施工

2011 年新春伊始，总指挥部召开青藏交直流联网工程 2010 年土建攻坚第一阶段战役总结表彰暨 2011 年建设工作会议，总结工程建设取得的阶段性成绩和经验，表彰土建攻坚阶段的先进集体和先进个人，深入分析工程建设面临的任务和形势，要求尽快复工，加快建设，实现年内建设目标。3 月 1 日，总指挥部立即组织召开现场复工协调会，明确按照常规工程 1.5～2 倍的配备标准，配备人员和组织大型机械化施工作业。此次会议的召开，标志着青藏直流工程 2011 年建设任务全面铺开。复工初期，青藏高原依旧十分寒冷、极度缺氧，气候之恶劣、条件之艰苦、建设之困难，大大超乎预想。当工程建设重点从地面转到高空作业之后，广大建设者经受的困难更加艰难，以超常的付出和辛勤汗水，展示了"特别顾大局、特别负责任、特别能战斗、特别能吃苦、特别能奉献"的精神风貌。2011 年 7 月 20 日，青藏直流线路工程组塔架线和换流站土建交安工作圆满完成。

2011 年 5 月 31 日，柴达木换流变电站、拉萨换流站完成交流场及交流滤波场基础；2011 年 7 月，分别完成阀厅、控制楼、直流场土建工作并交付安装，同时完成了辅助建筑物结构及内装。

3. 第三战役施工

2011 年 7 月 20 日，总指挥部在西藏拉萨召开了青藏交直流联网工程（西藏段）建设协调会，提出了"奋战一百天，打赢第三战役，确保实现青藏交直流联网工程总体建设投运目标"。会议标志青藏直流工程全面转入第三战役，进入线路消缺、验收、设备安装、系统调试阶段。

第三战役的重点工作包括直流线路消缺、验收和参数测试，换流站电气安装和调试验收。建立总指挥部、建设单位及施工、监理、运检单位"五位一体"的验收体系，做好工程消缺，开展隐患排查治理，实现零缺陷移交生产。在调试过程中，总指挥部统一组织，现场调试指挥部具体实施，中国电科院、西北分调及建设、运检、监理、供应商等单位分工明确，协同推进。到 2011 年 10 月 31 日，青藏直流工程系统调试试验 136 项全部完成，进入设备安全运行考核期，标志着设备安装和系统调试第三阶段工作取得圆满成功，标志着青藏直流工程建设任务全面完成。

（三）精心组织，周密管控，落实工程里程碑计划

1. 细化直流线路的施工计划，快速推进线路施工

（1）线路工程基础施工阶段，由于基础施工难度大、工期紧，施工初期，工程技术部组织建管、设计、监理及施工单位细化了工程三级网络计划，制订有针对性的施工组织方案和措施。结合工程现场建设进度，及时组织召开了基

础施工方案及关键技术审查会，对各单位施工组织计划逐个标段进行审查，特别是对冻土基础施工、冬季施工等关键环节进行认真讨论，深化完善全线施工组织方案和措施，并将工作任务落实到周、落实到每一基基础。每日进行工程进度统计汇报，每周组织召开各参建单位参加的周工作会议，及时解决现场施工过程中存在的问题。

（2）组塔架线阶段，针对工期紧、任务重的难点，总指挥部组织对各施工单位组塔、架线施工组织网络进度计划进行审查，落实计划的合理性及资源配备的充足性，对人员组织检查落实，要求按照 1.5～2 倍常规工程配置落实大型机械设备、人员，减少现场人员的劳动强度，加快施工进度；加强组织协调，积极推进架线施工跨越公路、铁路及电力线路工作，稳步推进架线和附件安装施工进度。针对接地施工进度慢等情况，多次到现场进行督导检查，规范接地施工工艺，加快推进接地施工进度，确保雷暴日来临前完成接地施工任务。

2. 细化换流站的施工计划，有序推进换流站施工

为确保工程目标的实现，总指挥部打破常规土建施工图纸出图模式，要求各设备制造厂家进驻设计院共同开展换流站土建的设计工作，加快土建施工图纸的出图速度；组织土建及电气施工单位制订详细的施工组织方案，并对施工方案进行审查，同时加大现场的施工协调力度，定期召开工程施工协调会，及时解决设计、施工及质量控制等方面的问题。抓好重点和关键工序施工。总指挥部根据现场安装进度及设备到货计划安排，对站用变压器系统、主控楼、换流变压器场、交流场 GIS 设备安装进行重点管控，细排交叉施工作业面施工计划，针对可能产生的影响施工因素提前制订预案并采取有效措施加以控制，有序、有重点开展现场的施工。在现场施工的高峰期，现场面临土建和安装交叉施工，以及安装和设备厂家配合施工局面。为确保现场各项工作的有序推进，总指挥部按照已定计划，严格控制现场土建、安装和调试施工进度，加强组织协调管理，深入现场组织现场施工协调会，及时解决影响施工进度的各种问题。针对有可能发生施工滞后的现象，提前制订预案，采取有效措施加以控制，确保土建和安装的有效衔接和交叉配合，安装和设备供货的有效衔接，以及现场与厂家的作业配合。

（四）多措并举，提高工效，加快工程建设进度

1. 优化现场施工方案，合理化施工周期

青藏直流工程冻土基础施工是制约工程建设进度的关键环节，若冻土基础经过一个完整的冻融周期，工程建设周期将增加相当长时间。总指挥部优化冻土施工方案，深化冻土基础施工机理研究，于 12 月 22 日全面完成冻土基础施工。加强对冻土基础稳定观测，通过连续观测数据表明，冻土基础处于相对稳定状态，为提前一年工期完成建设任务提供了保障。针对高原施工特点，优化组塔施工方案，大面积推广大型机械设备组塔，或采用吊车与抱杆组合式组塔，减轻了建设者劳动强度，提高了现场施工效率，加快了工程建设进度。

2. 加强物资管理，缩短现场供货周期

总指挥部多次组织设计、施工、监理单位和设备制造厂家对换流站设备制造进度计划进行协调，确定电气主设备设计提资计划、设计冻结时间、设备排产计划和设备越冬保存方案。组织召开各主设备厂家协调会，明确设备监造流程、重点、要求和设备到货计划，加快推进设备制造进度，提高设备的制造质量。加强厂家的服务力度，各主要供货厂家均根据供货范围要求在现场配备足够的服务代表。组织对工程主要供应设备进行厂家供货进度计划督导检查。业主项目部组织施工、监理单位，根据现场施工计划需要，并结合厂家生产运输的实际情况，共同逐基排定供应计划，确保满足施工作业要求。合理优化材料运输方式，委托青藏铁路公司承担大综运输，加快物资转运速度；对线路工程塔材运输，各标段根据实际情况，委托厂家直接运输到杆塔号现场，减少流通环节，加快物资转运速度。

3. 加大网络计划节点管控，组织现场施工攻坚

青藏直流线路工程 7 标段 37 基冻土灌注桩基础，地处于沼泽地带，冰冻前大型机械无法进场，冰冻后高原气候又极为恶劣，基础环境复杂，技术难度大，施工组织困难。为确保 2010 年年内完成全部的基础施工任务目标，总指挥部加大网络计划节点工作进度的管控，组织对 37 基冻土基础的施工组织方案进行审查，论证优化，确认对其在冰冻后进行攻坚，缩短施工周期。总指挥部在 7 标段组织成立施工、监理、设计、医疗保障突击队，并成立督导组、专家组亲临 7 标段施工现场，监督指导 37 基冻土基础的施工工作，细化工作目

标，在全线调配旋挖钻机支援 37 基基础施工，及时协调解决施工过程中存在的问题，攻坚工作于 11 月 21 日展开，12 月 22 日完成全部基础，提前 3 个月完成全部基础浇筑。

4. 强化现场施工装备，提高现场施工效率

由于青藏直流工程涉及冻土基础较多，设计采用了 319 基灌注桩基础，且多在 10～25m 之间，施工难度极大。通过旋挖钻机施工方案论证，经施工单位试点应用，在成孔质量及施工效率上均有明显提升，特别对于非硬质岩石，施工效率至少提升 4 倍以上。经过总指挥部统筹协调，前后组织 15 台大型旋挖机进场施工，对加快工程建设进度起到了明显的促进作用。

首次在工程现场采用装配式基础，在工程现场拼装构件，时间短、速度快。由于青藏直流工程基础大部分需在冬季施工，混凝土质量控制难度大，而且为减少对冻土的影响需快速施工。因此经过精心策划，结合现场地质、运输具体情况，采用 200 基装配式基础，有利于工程的进度控制和质量控制。

5. 抓住有利时机，开展主题活动助推工程建设

总指挥部结合工程进度情况，在确保安全、质量和工艺的前提下，适时开展主题活动，助推工程建设，均实现了预期目标，确保了工程建设任务的圆满完成。

深入开展"奋战 90 天，抓好关键月"活动，在冻土基础施工的关键时期，2010 年 9～11 月是冻土基础施工的最佳时机，也是高原施工的黄金季节，10 月的气温刚刚处于 –10℃ 以内，对现场建设者组织和基础开挖均非常有利。总指挥部抓住有利时机，迅速行动，全面推进基础土建工程施工。全面开展"大干 30 天、土建全交安，为西藏和平解放 60 周年献礼"活动，2011 年为西藏自治区和平解放 60 周年，总指挥积极部署，统筹协调，充实和加强建设力量，推动拉萨、柴达木换流站加快工程土建，为尽快开展设备安装工作争取有利时间。大力开展"奋战 100 天、打赢第三战役，实现青藏交直流联网工程总体建设目标"活动，时值设备安装的高峰期，土建安装交叉作业多、设备厂家人员多、成品保护地方多，总指挥部加强现场协调，提前组织换流站主要设备厂家主导安装方案的审查，优先组织换流变压器"样板引路、示范先行"示范安装，切实保障设备安装质量。优化调试组织方案，严格落实设备带电与设备安装之间的软、硬隔离，严格执行工作许可制度、"两票三制"，圆满完成 136 项调试试验任务。

四、其他管理

（一）合同管理

国网直流建设部负责对工程投资实施总体控制，直接负责工程设计、招投标阶段的投资控制，负责审定概算的执行管理和监督及工程造价总结分析。国网物资部负责集中规模招标物资部分的投资控制。建设管理单位负责职责范围内工程建设实施阶段的投资控制。青海、西藏公司负责地方协调及拆迁赔偿、"四通一平"及站附属等工程的投资控制。

1. 严格控制投资（资金计划）体系、月度资金计划及支付体系

严格控制工程建设投资，重点通过优化工程设计、招投标管理、规范合同履行等措施，防范设备、施工等方面的投资风险，确保整体工程和各单项工程费用控制在初设批复概算以内。

2. 优化设计方案，调控工程投资

不断应用新技术，优化设计方案，力求工程量最优，为投资控制在合理的水平上奠定基础。加强设计管理，高度重视施工图会审把关，并提前与运行单位协调，控制工程投资。

3. 严格控制设计变更

因设计变更导致物资数量、规格、技术参数等变化时，建设管理单位按照建设管理分工负责审核并提出物资技术协议变更表，由总指挥部审查并报国家电网公司确认，统一组织提出，国网物资部按相关规定执行。

4. 严格合同执行与结算

在施工、主要设备物资采购招投标阶段，合理定价；在工程实施阶段认真履行合同，任何人无权超越合同规定办事；在工程结算阶段，依据合同规定，实事求是、合理处理各种索赔、清算价款，通过部门分工负责、集体决策的方式，努力防止或杜绝部门或个人在结算过程中，由于独自决策产生的片面性和随意性，保证结算工作质量；严格执行合同中关于工程结算及变更的各项条款。

5. 合同履约后评价

总指挥部编制了《青藏交直流联网工程竣工验收大纲》，组织完成了"五位一体"（工程建设、运行、监理、环保水保、医疗保障）竣工验收工作，并形成了工程实体、环保水保、工程档案、通信工程、医疗保障五项竣工验收报告。有序组织完成了各施工标段各阶段验收的消缺闭环，确保了工程"零缺陷移交"目标的实现。

策划完成了工程自评估总结工作。自评估主要分为各单位自查、各建管单位督查、总指挥部自评估总结三个阶段进行，总指挥部安全质量部组织专家组对各建设、设计、施工、监理、医保、通信以及物资管理单位的自评估报告进行了审查，为下阶段国家对青藏直流工程后评估工作奠定了基础。

（二）工程信息与档案管理

1. 工程信息管理

（1）利用青藏直流工程通信保障体系建设的信息通信平台，实现总指挥部办公内网、基建管控、合同管理、财务管理、档案管理等业务应用系统的开通。通过电视电话会议、视频监控、固定电话/移动电话、卫星电话、互联网等技术手段，使工程的信息管理工作真正做到了及时、准确、内容丰富。

（2）为工程全线所有参建单位和项目部建立系统邮箱，设立总指挥部统一办公邮箱，方便各单位及时阅办公文，及时落实总指挥部的工作要求。充分利用应用系统、电子邮件、传真等信息化手段保证《青藏联网工程周报》、《青藏联网工程句报》、《青藏联网信息》等工程信息的及时、准确报送和发送。利用经济法律系统进行现场施工合同管理，利用财务管控系统进行工程款申请和支付管理等。

（3）国网直流公司在青藏直流工程运用自行开发的输变电管理系统进行现场施工管理，保证施工过程中的信息管理、安全管理、质量管理、进度管理、投资管理、物资管理、设计管理、环保水保管理、工程联系、工程协调等过程得到管控与优化。各参建单位日常管理和信息沟通都通过该信息平台及时进行处理，做到了信息共享，保障了工作时效性，实现了工作跟踪和闭环管理，提高了工作效率，提升了工程管理水平。

（4）利用 ERP 系统进行工程投资控制。通过国家电网公司招标后的 WBS

构架及下达的成本控制目标进行采购申请、合同签订、采购订单、收发货确认及服务确认，并办理工程款的申请与支付。工程管理人员利用 SAP 系统严格执行概算，对合同签订及支付进行管控的同时，使程序流转进一步优化，工作效率不断提高。

（5）利用安监系统进行安全监督管理。安监系统、ERP 系统、输变电管理系统是现场施工管理的三大核心应用。在现场安全监督管理当中，通过安监系统，进行综合业务管理、安全统计分析、安全监督管控、安全风险管理、安全应急管理和安全教育培训，推动现场安全工作的全面开展。

（6）加强工程建设全过程影像资料的收集。委托专业单位实施工程现场影像资料的收集，建设管理单位实施部分重大活动的影像资料收集。做好影像资料的后期利用，通过制作工程创优、环保水保等专题片，包括制作青藏直流工程先进人物事迹专题片，充分发挥影像资料的作用。

2. 工程档案管理

（1）分类管理。按照"统一领导、归口负责、集中控制、分级管理"的原则，建立工程档案管理组织体系及制度体系。按照国家电网公司关于跨区电网工程档案管理规定，总指挥部负责对青藏直流工程档案进行统一协调，国网直流公司负责青藏直流工程档案的总体归口管理，各建设管理单位负责组织各参建单位进行建设过程中档案的形成、整理及移交。截至 2012 年 5 月 10 日，通过青藏直流工程参建各方及档案管理人员的共同努力，圆满完成了青藏直流工程档案的整理、移交和归档工作，形成档案约 3226 卷。

青藏直流工程沿线自然条件十分恶劣，低气压、低氧、低温、干燥风大、强烈光辐射和自然疫源等不利条件，穿越 800km 的无人区。为保障建设者身体健康和生命安全，在工程沿线建立了完备的三级医疗保障体系，按照总指挥部建立上下线体检制度要求，为每一位建设者建立了健康体检档案。经国家电网公司办公厅同意，这部分档案委托安能公司保管。2011 年 12 月 26 日，青藏直流工程建设者健康体检档案正式移交医疗保障总院保管，总指挥部下文委托其履行管理职责。其中，青海格尔木习服基地 401 卷 7510 份档案，西藏拉萨习服基地 337 卷 10 201 份档案。

总指挥部在青藏直流工程建设期间形成了大量的文书档案，按照国家电网公司关于档案管理的有关规定，总指挥部形成的文书档案移交国家电网公司办公厅直接管理。2011 年 5 月 25 日，总指挥部正式将档案移交国家电网公司档案馆，共 58 卷 1565 份档案。

（2）统一规范。按照国家、行业和公司对工程档案管理的有关规定和办法，国网直流公司制定工程档案管理办法及实施细则，指导工程现场建设管理范围档案管理工作。国网直流公司开工前对工程档案的相关要求进行了培训，明确相关要求，统一了单位印章、工程名称等相关内容。2011 年 4 月 10 日，总指挥部在格尔木召开了青藏直流工程档案管理座谈会，进一步明确工作责任和档案管理要求，按照高质量、高标准、高水平建设"安全可靠、优质高效、自主创新、绿色环保、拼搏奉献、和谐平安"具有世界领先水平的高原输电精品工程要求，将青藏直流工程档案打造成精品档案。

工程开工伊始编制并下发了《换流站现场资料整理手册》、《线路工程现场资料整理手册》，统一了项目质量验评记录、施工记录、材料检验报告等表格，明确了填写标准，使资料的形成、收集、整理进一步趋于精细化、标准化，易于现场技术人员和档案人员具体操作。手册推出后，受到了监理、施工单位的普遍欢迎，档案资料的质量水平也由此得到了进一步的提升。

（3）严格把关。结合青藏直流工程施工特点和建设进度情况，对施工项目部档案管理分为线路档案管理部分和换流站档案管理两部分。针对线路施工各项目部工程建设结束早、下线早，总指挥部组织国网直流公司、青海公司、西藏公司档案专家，提前对各标段进行了档案中间验收和巡查。避免工程档案完工后发生遗失问题。针对换流站项目部档案管理，总指挥部组织相关单位积极跟进，确保档案管理与工程进度相同步。

严把施工单位关。针对工程施工单位多，人员变化大，对文件质量认识有差异，特别是土建施工，工程文件资料管理历来是薄弱环节。为避免以往施工文件中经常出现的质量保证文件资料不完整、复印件多且模糊不清，工程变更依据图文分离，变更通知单与竣工图不符等问题，严格要求施工单位实行工程文件资料与工程进度"三同步"，从竣工文件的形成、积累、整理到组卷移交的全过程进行监督把关、签字认可。

严把技术审核关。充分发挥监理单位的作用，以确保归档文件的齐全完整、真实准确。明确监理单位必须对施工单位的归档资料的质量进行监督管理。采取监理、质检双重负责制，要求监理工程师在工程施工过程中对工程资料文件，包括隐蔽工程记录、检查签证、施工记录等进行现场审核，同时要求监理在每个分部分项工程结束后要有抽检记录，工程结束后要有最终验评报告。冻土施工、环保施工形成的档案，是工程档案新的内容，具有技术性高、专业性强等特点，对冻土施工、环保档案形成的档案进行了研究，要按照规定科学做好档案归档工作。

严把阶段审查关。总指挥部对档案审查通过每周电视电话例会多次强调，坚持工程档案管理与工程建设同步，要严格档案审查。在各分项工程验收后，即进行项目工程档案检查验收，对不符合归档要求的文件资料，及时指出，限期整改。

严把工程竣工验收关。竣工验收把关，这是保证档案内容完整、准确、系统的重要时机。在工程分阶段验收时，对各施工单位集中整理的工程档案进行了检查，通过互检互查发现了存在的缺陷，按要求相关单位进行了整改，按要求完善了资料收集、档案整理工作。通过进一步完备工程档案，为青藏直流工程争创"中国电力优质奖"、"国家优质工程银奖"奠定了基础。

（4）管理成果。档案信息资源的开发利用是档案价值的体现，是档案保存的根本目的。青藏直流工程是世界最高、施工条件最恶劣、投资规模最大的输电工程，其工程的特殊性，决定了其档案资料将为后续工程等提供借鉴。青藏直流工程档案在整个工程建设期间发挥了巨大的作用，今后也会发挥更大的作用。

（三）建设队伍管理

1. 建设队伍管理的意义

青藏直流工程沿线高寒缺氧、生理环境异常恶劣、高原生态环境脆弱，对上线建设者实施职业健康保护、减少建设者对生态环境影响难度增大。在工程建设过程中，保护建设者身体健康，改善劳动环境，做好建设队伍管理；提高建设者对环境保护的认识，将建设者对生态环境不利影响降低到最小，具有重大现实意义。

2. 建设队伍管理的特殊性

（1）建设队伍管理面临重大考验。国家电网公司对青藏直流工程建设寄予殷切期望，不仅要求把工程建设成为高原输电精品工程，而且要求本着"以人为本"的人文理念，确保建设者经受住高寒、低气压、缺氧环境施工下的严峻考验，做到上得去、站得稳、干得好，实现"零高原死亡、零高原伤残、零高原后遗症、零鼠疫传播"目标。

（2）建设队伍管理缺少机制。青藏高原高寒、缺氧，本身就是人类生存的重大挑战，在工程建设高峰时段，3万余名建设者的管理就是世界难题之一。许多参建单位第一次在高原施工，在如此恶劣环境生存面临挑战。如何开展建设队伍管理，推进工程建设，全面完成工程建设任务是新的考验。

（3）工程建设的农民工管理与其他建设项目具有较大差异，以人为本、人文关怀的理念逐步深入人心，工程建设涉及处理好农民工的培训问题，涉及语言交流、风俗习惯、宗教文化等问题。青藏高原生理环境恶劣、施工条件艰苦，建设队伍极其不稳，特别是在冬季施工期间，下线率超过30%，导致施工力量严重不足。

（4）积极吸收当地民族同志参加青藏直流工程建设，加强施工技术培训，通过参加工程建设提高他们的收入，改善当地群众生活质量，增进民族团结和社会稳定，为青藏两省区经济发展作出应有的贡献，为青藏直流工程建设创造一个良好的外部环境。

3. 建设队伍管理措施

（1）严格落实高原习服制度。总指挥部建立和完善了现场医疗卫生保障体系，制定了《习服人员管理办法及习服流程》、《上线复检、工中及下线工后体检统一标准及相关要求》，所有进入青藏高原的建设者，必须进行适应性健康检查，筛选不适应高原环境的人员。严格落实习服制度，动态掌握建设人员身体状况，从平原地区进入高原地区，所有建设者要参加一周的习服，做到"三不"原则，即不习服不上线、不体检不上线、不培训不上线。下线建设者按上线习服的逆过程进行管理，全体下线人员必须进行健康体检，对有高原相关症状的建设者及时治疗，确保下线人员身体健康。

（2）加大高原健康知识培训力度。总指挥部结合青藏高原特点，组织编制《高原健康须知》等有关高原病、地方病和传染病的各种材料，对所有进入青藏高原工作、学习、检查的领导、专家、现场建设者均进行高原病、地方病和传染病知识的宣传教育，消除他们高原恐惧心理，提高他们高原健康保健意识和自我保健能力。

（3）严格落实现场巡诊和夜间查铺制度。为从源头上防控好高原病的发生，医疗卫生总院各级医疗点定期派出医务人员到施工现场和宿营点进行巡诊。每天巡诊一至两次，到现场巡诊时必须携带吸氧器和常用药品，一旦出现病人，立即实施现场救护。参建单位指定专人负责落实查铺制度，每晚至少查铺一次，一旦发现有身体不适的病人，应及时与医疗站联系并送往救护站诊治。

（4）切实改善医疗状况。实施高原病免费医疗制度。对所有实行免费高原病医疗，对非高原病病人实行记账医疗，然后定期由总指挥部统一结算，真正实现医疗保障"全员、全过程、全覆盖"，解除建设者的后顾之忧，全身心投入工程建设。保证现场供氧措施，保障建设者在施工现场配备便携式氧气瓶及空气舱，采取背负氧气瓶或导管供氧的方式，解决高空作业的供氧问题，确保高空作业人员的身心健康及工作效率。督导卫生防疫工作，严防疫情发生，医疗卫生站（所）对建设者居住点环境进行定期消毒。医疗卫生总院对全线建设者饮用水源定期取样检测。青藏高原鼠疫高发区制定了《关于严格遵守预防鼠疫的各项规定》，对建设者进行鼠疫预防知识宣传培训，防治鼠疫传播。

（5）建立完善的生活保障制度。青藏直流工程穿越可可西里"生命禁区"，可靠的后勤保障对建设者具有巨大的支撑作用。总指挥部坚持以人为本，积极做好工程建设的后勤保障工作，要求施工队必须落实"七有"，即有标准化宿舍，有合格饮水供应，有达到标准伙食供应，有完善卫生设施，有完备劳动保护和防护用品，有可行的医疗卫生保障措施，有健全的习服制度和流程；要求施工队必须做到"三要"，即要保证一人一铺，野外用餐要有热饭和开水，要有医疗卫生现场保障。从根本上解决建设者的后顾之忧，采取各种形式妥善处理矛盾，保证建设队伍稳定。

第四节　工　程　创　优

一、建立健全组织保障体系

（一）组织机构

为确保青藏直流工程创建国家优质工程金奖目标的实现，国家电网公司成立以相关主管领导为组长的青藏交直流联网工程达标创优领导小组（简称创优领导小组），负责指导工程的达标创优工作。

总指挥部、建设管理单位及参建单位成立了以公司副总经理为成员的青藏联网工程达标创优现场组织机构，现场组织机构由创优申报办公室（简称创优办公室）、设计创优工作组、物资创优工作组、档案创优工作组和4个创优现场工作组构成。创优现场工作组设在青海省电力公司、西藏自治区、北方工程建设部（柴达木换流变电站）、四川工程建设部（拉萨换流站），负责青藏直流工程达标创优工作的具体安排部署。

（二）主要职责

创优领导小组在总指挥部的统一领导下，负责落实总指挥部创优管理相关工作部署，负责工程创优工作的组织、指导和监督，负责创优工作重大事项统筹协调等。

创优办公室参与建设过程创优协调，督促各工作组实施与落实创优方案（措施），督促创优合法性文件执行，委托与组织创优咨询工作等。负责竣工后创优申报组织工作，组织创优自查与整改，协调运行维护管理、组织创优申报、迎检及相关协调工作。

各工作组负责制订相关工作的创优实施措施，审查和督导各项创优措施落实情况，并对过程执行情况开展检查与考核。

（1）总指挥部代表国家电网公司总部，对青藏交直流联网工程创优工作负总责。

（2）国网直流建设部负责牵头"国家科技进步一等奖"的创优工作。国网经研院具体负责创优专项管理工作。

（3）国网直流公司负责牵头"国家优质工程金奖"、"中国电力优质工程奖"、"中华环境奖"的创优工作。

（4）青海公司负责牵头日月山变电站争创国家建设工程"鲁班奖"的创优工作。

（5）顾问集团公司负责牵头"国优设计金奖"、"日月山变电站优秀设计奖"的创优工作。

二、创优目标

青藏直流工程包括柴达木换流变电站、拉萨 ±400kV 换流站、柴达木一

工程管理

拉萨 ±400kV 直流输电线路、光纤通信工程以及两端的接地极和接地极线路工程,争创"国家优质工程金奖"、"中华环境奖"、"国家科学技术进步一等奖"。

日月山 750kV 变电站:争创国家建设工程"鲁班奖"。

青藏交直流联网工程:柴达木—拉萨 ±400kV 直流输电工程、西宁—柴达木 750kV 输电线路工程及日月山变电站、海西开关站、柴达木换流变电站、西宁变电站五期扩建,创"中国电力优质工程奖"。

三、创建"流动红旗"

根据《国家电网公司输变电工程项目管理流动红旗竞赛实施办法》(国家电网基建〔2011〕147 号),青藏直流工程积极申报参加国家电网公司 2011 年项目管理流动红旗竞赛活动,各业主、监理、施工项目部以创流动红旗为契机,以提升本单位安全管理水平为抓手,努力查找和改进现场和管理上的不足,全面提高工程建设安全管理水平,经过不懈的努力,青藏直流线路工程(青海段)项目获得国家电网公司 2011 年二季度项目管理流动红旗,青藏直流线路工程(西藏段)项目获得国家电网公司 2011 年第三季度安全管理流动红旗,拉萨换流站工程项目获得国家电网公司 2011 年三季度项目管理流动红旗。

各创优现场工作组在领导小组的统一安排部署下,精心策划,扎实工作,稳步推进达标创优工作。按照国家电网基建〔2011〕146 号《国家电网公司输变电工程达标投产考核办法》和国家电网基建〔2011〕148 号《国家电网公司输变电工程优质工程评选办法》要求,开展工程达标创优工作。

(一)明确目标、精心策划

工程伊始,国家电网公司就明确了加强工程的质量、安全及进度控制,确保工程顺利实现达标投产创国家电网公司优质工程的目标。各建设管理单位认真研究、及早策划,对创建红旗活动进行督导,在工程现场组织召开创建"国家电网公司流动红旗工作布置会",对争创流动红旗工作进行了具体安排和部署,并对现场实体质量、档案资料进行了检查,对后期工作进行了策划。

工程建设期间,邀请国家电网公司及中国电力建设企业协会等资深专家到施工现场开展创优咨询和质量评估工作,按照创建国家优质工程奖标准进行检查指导。并要求各参建单位认真落实专家提出的整改意见,进一步强化质量意识和创优意识，互相配合、互相学习、取长补短，实现创建精品工程目标，工程质量达到了一流水平。制定了"创流动红旗整改对策表"，对存在问题落实专人进行整改，建设管理单位主管领导常驻现场，确保各项整改措施执行到位。

按照国家优质工程奖评选要求，完成工程申报必备文件的准备，实现安全设施、职业卫生、劳动保障、工程档案、消防、环保、水保等专项验收。

（二）全员参与、创优争先

为创建流动红旗，工程各级管理人员不断转变观念，调整思路，坚持创新，青藏直流线路工程在工程建设中实施三级管理模式（总指挥部、建设管理单位、业主项目部）。项目管理人员结合工程特点，策划亮点、制订措施。针对亮点编制《工艺质量策划书》，在《创优实施细则》中逐级细化，层层落实指标。

通过开展"二三级质量巡查"（省公司、建设单位质量月度巡查；业主、监理、施工项目部质量日检），组织工程各级管理人员认真开展亮点工艺专项检查等活动，全过程实行闭环管理，发现问题及时整改，工作中坚持日事日结、日清日毕、举一反三，持续改进。

"三抓一巩固"基建安全主题活动、"三强化三提升"质量提升年活动在青藏直流工程中有策划有总结，创建红旗活动按计划稳步推进。针对高原缺氧、环境恶劣的实际情况，创新开展安全管理工作，建立高原施工安全保障体系，制定高海拔高空作业安全控制标准；成立绿色施工管理机构，直流线路工程建设首次实行环保、水保监理，体现了绿色环保的施工理念；医疗保障单位对全体参建人员定期保健体检，建立了个人健康档案。

四、创建"鲁班奖"

2011 年 11 月 7 日，日月山 750kV 变电站工程夺得 2011 年中国建设工程"鲁班奖"。

（一）争创"鲁班奖"取得的成效

为实现日月山变电站争创"鲁班奖"的目标，针对工程特点和难点，现场积极开展技术创新活动。

工程开展技术创新项目 17 项，应用推广国家电网公司新技术 11 项，建筑业推广的新技术 9 大项 27 个子项，应用节能环保项目 9 项。

（1）工程主要设备外绝缘高于 1000kV 设备外绝缘水平，技术水平国际领先。

（2）通过技术创新，实现了 412m 超长 GIS 大体积设备基础表面无裂缝，预埋件整体平整度误差小于 2mm。

（3）国内首次采用 750kV 4 分裂导线，自主研发了高海拔超高压防电晕及降噪技术，站界噪声降至 43dB，优化了电磁环境。

多项新技术的应用，在工程中树立了良好的质量意识和精品意识。工程通过了中国电力建设企业协会"电力建设新技术应用示范工程验收"和"电力建设项目工程整体质量评价"。先后荣获青海省优质工程"江河源"杯、中国电力优质工程、中国电力优秀设计一等奖、电力建设新技术应用示范工程、青海省绿色施工示范工程等荣誉称号。

（二）采取的主要措施

1. 组织保障、职责明确

组织健全、领导重视是创优争奖目标实现的决定因素，为实现工程目标，青海公司成立了以副总经理全生明为组长，各参建单位主管领导为成员的工程争创"鲁班奖"领导小组。下设创优申报组、建筑工艺组、电气工艺组等攻关小组，青海公司基建部组织编制了《日月山变电站工程创优争奖规划》，对创优目标分解细化，明确责任单位及责任人。各参建单位成立创优工作组，编制《工艺质量策划书》、《创优实施细则》等策划文件，集青海公司技术、管理力量，全方位、全过程开展创优工作。

2. 学习培训、博采众长

组织工程建设管理人员、技术人员分阶段到省外获"鲁班奖"的工程现场参观学习，吸收借鉴成功的建设经验和先进的工程建设管理方法。聘请中国建筑业协会、中国电力建设企业协会、国家电网公司、省建设厅相关专家对工程进行创优咨询、培训和指导。相继开展了达标投产、工程创优、新技术应用、施工工法等技术培训，学习国家电网公司"三通一标"、"两型一化"相关文件，掌握质量标准、强制性条文规定和国家电网公司安全质量文件，使广大工程建设者以高起点、高标准、严要求投入到"鲁班奖"创建活动中。

3.科学管理、创新提高

针对工程建设管理要求，建立了一整套以工程管理大纲为龙头、以创优规划为指南、以创优实施细则为实际指导的管理体系和持续改进的"三标一体"管理体系。

在创优领导小组统一安排下，工作组制订并及时滚动修订工程创优大纲、规划、实施细则、强制性条文、施工方案和标准，建立完善了工程管理制度。

认真执行项目质量管理制度和控制标准，全过程贯彻"控制始于策划"的管理理念，坚持"方案先行、样板开路"原则，积极倡导"亮点的辐射带动作用和标准化"理念，工程管理人员不断转变观念，调整思路，坚持创新，工程质量实现了"一次成功、一次成优"。

结合工程难点、特点、亮点，深入开展科技创新和QC小组活动，通过科技活动和QC成果为工程解难题、增效益。

4.阶段检查、持续改进

工程建设中，邀请专家分阶段对创建"鲁班奖"工作进行检查、指导。2010年6月～2011年3月，中国电力建设企业协会专家组分4次到日月山变电站对工程创优进行咨询检查；2010年7月，青海省建设厅专家进行"江河源杯"优质工程咨询检查；2011年5月，日月山750kV变电站接受了2010～2011年度第二批中国建设工程"鲁班奖"咨询检查。通过各种创优咨询活动的开展，质量管理工作始终贯穿于工程建设的全过程，管理工作进入一种良性循环，人的观念、认识和管理能力得到提升，阶段检查依据优质工程评选办法和创优细则开展，按照PDCA循环方式进行，工程的管理水平不断提高。

五、实施"五个一"目标

为全面实现"五个一"创优目标，按照总指挥部策划的创优规划，青藏直流工程已完成了竣工预验收、环评水保竣工预验收、科技项目总体预验收的工作；收集整理了相关基础材料及档案资料；2011年邀请中国电力建设企业协会专家开展了青藏联网工程全过程质量控制示范工程的咨询检查工作。

根据工程创优总体计划的部署，工作创优任务艰巨，需要建设管理单位以及施工、设计、监理、运行等单位齐心协力，共同做好创优工作。

（1）达标投产考核期自 2012 年 6 月 1 日～9 月 1 日，在考核期内完成达标自检和整改工作，并报请国家电网公司命名。

（2）2012 年 12 月底前，完成国家电网公司优质工程自查、申报和评选工作，由建设管理单位自行组织各单位认真进行自查整改和申报评选。

（3）2013 年 3 ～4 月，参加中国电力优质工程奖申报和迎检工作；要求各参建单位做好资料和亮点照片的准备工作；完成工程环保、水保、档案、安全设施、职业卫生、劳动保障等专项验收，资料齐全；参加中华环境奖申报资料准备工作。

（4）2013 年 6 ～8 月，参加国家优质工程奖申报和迎检工作，同时完成工程设计优秀奖评选工作，取得工程设计一等奖，参加国家级设计奖评选。

（5）2013 年 9 月，完成国家优质工程金奖的评选工作。

第五章　工　程　施　工

　　柴达木—拉萨 ±400kV 直流输电工程建设施工由换流站
工程（含接地极及接地极线路）、直流线路工程、通信系统工
程三部分组成。 工程施工的建设管理单位 3 家、监理单位 6
家、设计单位 8 家、施工单位 19 家。 各参建单位按照总指挥
部"目标一致、关口前移、扁平管理、精干高效"的原则，建
立了指挥统一、责任明确、运作高效、协作有利、管理灵活的
建设管理组织体系。 围绕争创国家优质工程金奖、中华环境
奖、国家科学技术进步一等奖、鲁班奖、中国电力优质工程奖
的创优目标，采取"样板引路、示范先行"等多种措施，确保
工程安全和工程质量，开展"奋战 90 天、抓好关键月"等多
项活动推进工程进度，全面落实国家电网公司基建标准化管理

体系要求。 柴达木—拉萨 ±400kV 直流输电工程施工不仅面临着海拔高、气温低、日照强、风沙大、地质情况复杂、生态环保要求高等自然条件的挑战，还要面对高原缺氧、高原并发症等高原生理疾病的威胁。 3 万多名建设者大力宏扬青藏联网精神，克服人力机具降效、冻土区特殊施工复杂、生态环保任务艰巨、高寒天气冬期施工艰苦等难题，仅用了 500 天就圆满完成了施工任务，实现了工程全体建设者的零高原死亡、零高原伤残、零高原后遗症、零鼠疫传播的安全目标，实现了零缺陷移交。 同时广大建设者积累了丰富的高原施工经验，取得了框架结构冬期施工、搬运广场面层裂纹控制施工、高寒冻土灌注桩基础施工、冻土区基础钢模板成型施工、高原环保施工、超低损耗光纤施工等多种施工工艺，对以后高原施工具有重大的指导和借鉴意义。

第一节　施工的特点与难点

一、地质地貌

（一）柴达木换流变电站

柴达木换流变电站位于格尔木市以东 24km，南距 109 国道 3.6km，区内及其附近分布有厚度不等的风积砂（局部为沙丘），地基土基本为粉细砂，厚度较大，局部夹角砾、砾砂、粗砂透镜体。场地地基土层属盐渍土类弱盐渍土，对混凝土结构有弱腐蚀性，对混凝土结构中钢筋有中腐蚀性，对钢结构有中腐蚀性。地下水位埋深大于 20m。地震烈度为 7 度。

柴达木换流变电站站址、极址地貌为昆仑山山前洪积扇戈壁地貌，冲洪积平缓倾斜平原，自然地形南高北低，东西平坦，地貌形态单一，原始地形海拔 2877.5～2869.5m，地面坡度约 1.6%。站址范围内及附近为戈壁滩，地形平坦，无植被，无任何建构筑物。

（二）拉萨换流站

拉萨换流站位于拉萨市以北 18km，距林周县县城以西 5km。站址地层主要由粉砂、砾石和卵石等散离堤和杂草组成，结构松散。地下水类型为第四系地层中的孔隙潜水，孔隙潜水水量较小，主要受大气降水和地表径流等补给，动态变化较大，具有明显的季节性，旱雨季地下水位变幅达 3～5m，对混凝土结构及钢筋混凝土结构中的钢筋具微腐蚀性，对钢结构具弱腐蚀性。地震烈度为 8 度。

拉萨换流站站址、极址地貌为山前斜坡洪积扇，场地位于一个早期巨型洪积扇上，原始地形海拔 3811～3825m，高差约 14m，整体坡度约 5.2%，南高北低，局部地表坡度相对较大。

（三）直流线路

青藏直流线路工程经过地带为青藏高原高海拔、高寒区域，全线主要不良地质为多年冻土和季节性冻土。冻土的冻胀、融沉问题，盐渍土和水土腐蚀性，断裂构造、风沙、河岸崩塌是工程面临的主要地质问题。根据中科院冻土工程国家重点实验室针对青藏铁路的冻土研究和青藏铁路供电工程关键技术研究冻土专题报告的研究成果,结合调查踏勘,直流线路沿线地区冻土形状多样,安多以北地区主要为衔接型多年冻土,呈片状分布,安多以南地区主要以季节性冻土为主,局部地段为"岛状"多年冻土。青藏高原冻土最普遍的特点是热稳定性差、对气候变暖反应极为敏感及水热活动强烈。当温度降低时,土体冻结,体积膨胀,强度增大,冻土具有极高的强度;当温度升高时,土体融化,体积减小,土体强度很快丧失,甚至变为流体。冻土地区施工要面临两个难题,一是冻胀(冻结膨胀)引起的上拔作用造成铁塔基础拔起和冻胀引起的不均匀水平推力造成基础侧移或倾斜;二是融沉(融化沉陷)引起的铁塔基础发生不均匀沉陷或倾覆破坏。青藏直流工程沿线冻土区冻结深度在 0.35 ~ 2.0m 之间,全线的冻土区长度达 550km,是我国穿越多年冻土最长的、海拔最高的直流输电线路工程。

沿线地下水类型主要有冲洪积层中的孔隙水、残坡积层中的上层滞水和基岩裂隙水。直流线路工程经过地区地震烈度范围在 7 ~ 9 度,路径选择基本避开了滑坡、泥石流、崩塌、地基液化等不良地质地带。

直流线路所经地区主要有昆仑山区、五道梁山区、沱沱河盆地、通天河盆地、唐古拉山区、那曲高原、恰拉山口,线路穿越的重要地形地貌为沙漠、盆地、高山区、高平原区、中高山区等。地貌特点主要是河道弯曲狭窄,山坡陡峻,阶地残缺,冲沟发育,草皮稀疏,岩石裸露,第四系覆盖薄,地形以一般山地为主,起伏较大。

二、自然环境与施工环境

(一)柴达木换流变电站

柴达木换流变电站地处大陆中部青藏高原柴达木盆地南缘,属干旱荒漠大陆性气候,自然环境恶劣。其气候特点为雨量稀少,蒸发量大,冬季寒冷漫长,夏季温凉干旱,春夏多大风,日温差大。站址周围为空旷的沙漠戈壁滩,最大风速为 27m/s,相应的风压为 0.50kN/m²,大风经常引起沙尘暴及特大沙尘暴,2011 年 3 月出现过极端 11 级沙尘暴。极端最高气温 35.5℃,极端最低气温 −33.6℃,气温最大日较差 30.6℃。平均相对湿度 33%,污秽等级 Ⅱ级,平均雷暴日数 2.9 日,平均气压 72 460Pa,平均年降水量 41.0mm,平均年蒸发量 2717.3mm。

柴达木换流变电站站址附近无就近河流或自来水管网分布，施工用水需通过站内打井取水，生活用水需从 28km 以外的格尔木市区自来水管网拉水使用。施工电源由就近的格尔木 330kV 变电站和白杨 110kV 变电站 35kV 母线引接。施工通信由站址西北的格尔木 330kV 变电站引接。站址南侧有 G109 国道西北—东南向通过，进站道路由站址南侧的 G109 国道引接，地方性建材相对贫乏，采购困难。

（二）拉萨换流站

拉萨换流站地处西藏中部，雅鲁藏布江中上游北部及其支流拉萨河流域西北地区，高原温带半干旱季风气候。其气候特点为辐射强、日照时间长、日温差大，干湿季明显，雨季降水集中，多为昼晴夜雨的天气。极端最高气温 29.9℃，极端最低气温 -16.5℃，气温最大日较差 27.6℃。平均相对湿度 44%。最大风速为 16.3m/s。多年年平均日照时数 2991.4h。平均雷暴日数 70.4 日。平均年降水量 426.5mm，平均年蒸发量 2357.6mm。

拉萨换流站站址周围有散落的居民区，以藏族为主，地处偏僻。

换流站地处高海拔、高寒地区，受强日照、多风等自然条件影响大，施工过程须掌握天气预报信息，采取相应的防护措施。

（三）直流线路

青藏直流线路工程全线均在青藏高原上。青藏高原素有"世界屋脊"、"地球第三极"之称，是中国和南亚地区的"江河源"，有极具保护价值的特有的珍稀濒危野生动植物物种资源，是世界山地生物物种一个重要的起源和分化中心。青藏高原具有独特的气候条件，连片的冻土、湖盆、湿地及缓丘构成原始的高原面。随着高原内部水热条件的差异，形成了高寒灌丛、高寒草甸、高寒草原、干旱荒漠组成的高寒生态系统，具有独特的高寒生物区系。

青藏直流线路工程沿线附近主要有三江源国家级自然保护区、可可西里国家级自然保护区、色林错黑颈鹤国家级自然保护区、雅鲁藏布江中游河谷黑颈鹤国家级自然保护区和热振国家森林公园。青藏高原动物物种虽少，但珍稀特有种多，种群数量大，哺乳动物特有种 11 种，鸟科特有种 7 种。在沿线的兽类动物构成中，属于国家重点保护兽类有 17 种。其中，国家一级重点保护兽类 5 种，二级重点保护兽类 12 种；在鸟类动物构成中，属于国家重点保护的鸟有 27 种，其中，国家一级重点保护鸟 7 种，二级重点保护鸟 20 种。

青藏高原海拔高，空气稀薄，气候寒冷、干旱，动植物种类少、生长期短、生物量低、食物链简单，生态系统中物质循环和能量的转换过程缓慢，生态环境十分脆弱。长期低温和短促的生长季节使寒冷地区的植被一旦破坏，恢复十分缓慢，而且加速冻土溶化，引起土壤沙化和水土流失。线路沿线的一部分地区仍为无人区，自然环境还保持着较原始的自然状态。

青藏直流线路工程跨越青海、西藏两省区，所经地区多为藏族居住区、无人区和自然保护区，民族和宗教问题敏感，对工程建设中切实尊重民族地区风俗习惯和宗教习惯提出了更高要求。同时，直流线路工程建设管理、参建单位共有几十家，且分布工程全线，现场组织管理难度大。

三、施工难点

（一）人机降效与施工组织

青藏直流工程处于高原地区，缺氧、干燥、寒冷，含氧量不足内地的 45%，昼夜极限温差达到 70℃，自然环境极其恶劣，施工条件艰苦，这些因素致使人员、机具严重降效，相比常规工程机具降效超过了 30%。为保证科学、合理地推进施工，青藏直流工程加大了人力、机具等资源调配力度，工程人力资源和大型机具配置达到了常规工程的 1.5～2 倍。施工资源加大投入的同时，对施工组织管理也提出了更高的要求，必须系统安排施工人力，有序调配设备机具，才能最大限度地降低高原人机降效对施工的影响。

（二）冻土基础施工

冻土区基础施工是青藏直流线路工程施工遇到的最大难题。青藏高原冻土的特点是热稳定性差、对气候变暖反应极为敏感、水热活动强烈。基础施工不当将导致基础发生滑动、侧移、倾斜、不均匀沉陷甚至倾覆破坏的影响。为避免上述问题的发生，冻土基础的施工要从基坑开挖、混凝土浇筑、基坑回填等方面严格控制。

（三）工程建设与生态保护

青藏直流工程沿线特殊的生态环境，使施工过程中不可避免地要破坏部分高原植被，如何做好施工中取弃土、路基占压、含油污水、生活污水、废气、扬尘等的控制及植被恢复工作是工程建设的一大难点。

（四）高寒气候下的冬期施工

青藏直流线路工程途经大范围的沼泽地和冻土区，这些地段夏季是一片人畜无法进入的水草甸子，是"人进陷人、牛进陷牛"的"生存禁地"，只有抓住冬期地表结冻的有利时期，才能使大型施工机械材料和车辆出入施工场地，将施工对环境的扰动、地表植被的破坏降到最低。在高海拔、寒冷、紫外线强、狂风肆虐的青藏高原进行冬期施工，不仅对施工工艺提出了很高的要求，更是对极度缺氧情况下做好建设者的生命健康和施工安全保障提出了更高的要求。

（五）阀厅气密性控制

阀厅是直流输电工程的关键建筑物，阀厅内的换流设备对温湿度、洁净度有着严格的要求，阀厅的温湿度影响着换流阀的过负荷能力，阀厅的洁净度影响阀厅内带电设备的放电和起晕。阀厅的气密性主要是通过阀厅围护结构实现的，阀厅围护结构的关键工序就是保温棉和聚乙烯薄膜的搭接熔接。柴达木换流变电站和拉萨换流站阀厅檐口高度高于内地常规换流站檐口高度，达到27m，加之两站均处于大风气候地区，阀厅围护结构施工难度相应增大。

（六）戈壁滩砂砾石地基处理

柴达木换流变电站坐落在雨水多年冲积、海平面下降形成的戈壁滩上，地基土主要为砂砾石夹杂粉细砂，厚度较大，承载力较低，失水风干后砂土强度降低。戈壁滩砂砾石地基的属性对地基处理的防水、防渗、防沉降提出了更高的要求。

（七）沼泽地基础施工难

青藏高原的沼泽湿地具有分散、肉眼难观测、沼泽土类型多等特点。在高原沼泽地进行基础施工，机械及基础原材料进场难度大，施工道路植被保护困难。为了减少植被破坏，施工道路区应首先铺垫花胶布保护植被，再铺设钢板保证机械和基础原材料的顺利进场。另外，沼泽地基础地下水丰富、坑壁垮塌现象严重，为了满足水土保护的要求，必须将水排到指定的地点防止水土流失。沼泽地基础施工被认为是"输电线路基础施工最困难的施工环境"之一。

（八）工期紧任务重

西藏地区是西部大开发战略、国家"十二五"发展规划提出的重点经济区，拉萨是西藏自治区首府，是自治区的政治、宗教、经济和文化中心。长期以来，饱受电力供应短缺的严重影响。国家电网公司急青藏人民之所急，想青藏人民之所想，为促进青藏两省区跨越式发展，为尽早结束西藏缺电的历史，总指挥部经过五次科学分析和优化调整，将青藏直流工程建设时间由最初的 26 个月确定为 15 个月。工程从 2010 年 7 月 29 日开工到 2011 年 12 月 9 日投入试运行，日历工期 500 天。在青藏高原上建设如此规模宏大的大型直流输电工程，工期极为紧张，任务非常繁重。

第二节　施工建设管理创新

一、建设管理单位

总指挥部负责工程施工建设管理，负责工程安全、质量、进度和技术管理，负责工程物资管理、医疗卫生保障和后勤服务管理。为充分发挥集团化运作优势保证工程施工任务的全面完成，国家电网公司在青藏直流工程建设组织管理上进行了创新，形成了一套完备的建设管理体系（如图 5－1 所示）。

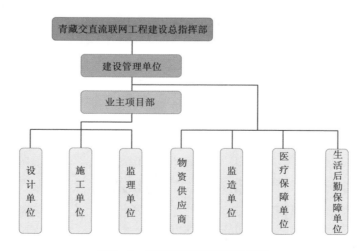

图 5－1　工程建设管理组织机构图

各建设管理单位、监理单位、施工单位及物资供应厂家按照总指挥的部署具体开展工作。总指挥部在工程不同阶段，明确工程的建设管理重点和工作目标，为青藏直流工程全面优质的完成施工起到了关键性的作用。

受国家电网公司委托，国网直流公司、青海公司、西藏公司及国网信通公司、安能公司进行建设管理，建设管理单位按照国家电网公司的工程建设管理要求，分别成立业主项目部对工程现场进行管控，医疗保障体系由安能公司负责建设管理。

二、业主项目部

（一）业主项目部组建

建设管理单位根据职责分工，分别成立业主项目部。国网直流公司成立了柴达木换流变电站业主项目部、拉萨换流站业主项目部、直流线路（西藏段）业主项目部；青海公司成立了直流线路（青海段）业主项目部；国网信通公司成立了青藏直流工程信息通信业主项目部。业主项目部负责对工程现场进行全面管理。

建设管理单位研究、策划业主项目部的标准化建设，并要求以业主项目部标准化建设带动建立施工项目部标准化建设。

（二）业主项目部职责

（1）贯彻执行国家、行业工程建设的标准、规程和规定，落实国家电网公司、建设管理单位的各项管理规定与实施细则，严格执行"三通一标"、"两型一化"、"两型三新"等标准化建设要求；接受各级监管单位的指导、检查、监督、评价。

（2）按照项目策划文件，督促项目参建方制定二次策划和实施细则，审核各参建单位的二次策划、实施细则，并检查其实施情况。

（3）具体负责合同条款现场的执行，及时协调合同执行过程中的各项问题；汇总提交施工、监理的合同履约情况；负责对监理单位提交的施工单位同业对标与合同信用评价提出审核意见。

（4）参加施工图会审，组织重要施工图会审，审查工程技术方案和工程变更，重大工程变更和重大技术方案提交建管单位审查。

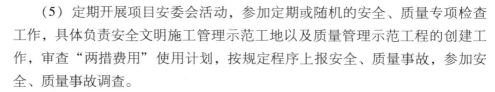

（5）定期开展项目安委会活动，参加定期或随机的安全、质量专项检查工作，具体负责安全文明施工管理示范工地以及质量管理示范工程的创建工作，审查"两措费用"使用计划，按规定程序上报安全、质量事故，参加安全、质量事故调查。

（6）具体负责项目建设过程中外部协调处理工作，重大问题上报总指挥部及建设管理单位协调解决；组织召开工程月度协调会议或专题协调会，协调解决工程中重大问题，对进度执行情况进行检查、分析及纠偏。

（7）参加或受托组织工程中间验收，参加工程的竣工预验收工作，参加竣工验收和启动试运行，负责组织工程移交，投产后负责协调质保期内的服务工作，参加项目投产达标和创优工作。

（8）审核上报工程进度款支付申请和月度用款计划，编制竣工结算资料，配合竣工决算、审计以及财务稽核工作。

（三）业主项目部标准化建设

按照国家电网公司工程建设业主项目部标准化建设管理要求，各业主项目部设置业主项目经理、现场执行经理、建设协调专责、安全管理专责、土建技术专责、电气技术专责、质量管理专责、造价管理专责、水保环保专责、物资管理专责、档案管理专责等岗位，业主项目部配置管理人员 8～10 人。

业主项目部作为工程建设管理最基层的一个单元，坚持以工程现场管理为中心，针对项目策划、标准化建设、执行力建设、全面风险管控、安全质量和工艺水平提升等工作重点，牵头组织编制并印发了工程《建设管理纲要》、《业主项目部管理策划》、《安全文明施工总体策划》、《工程创优策划》、《强制性标准条文执行策划》、《输变电工程设计强制性标准条文执行计划》6个业主项目部标准化建设管理文件，并要求各参建单位在此基础上分别进行了二次策划。

业主项目部按《安全文明施工标准规定》要求，组织各参建单位编制了《工程安全文明施工实施细则》，并对现场安全文明施工进行了系统策划，保证现场安全文明施工的常态化。业主项目部组织各参建单位分别编制了《工程创优实施细则》，突出工艺创优要求，制定出"0.8倍企业标准误差"的控制标准，按照"策划、细化、强化"的总体思路和"滚动、修订、提升"的工作原则，认真进行细化落实，进一步创新延伸和强化了现场工艺质量创优管理。业主项目部编制了《工程建设标准强制性条文执行计划》，下发了《工程建设质量通病防治任务书》，与施工单位签订了《工程强条、十八项反措、质量通病防治落实责任书》，并根据工程具体施工进度和作业对象按月制定了具体措施计划，全面落实"安全文明施工、环保水保措施、工程质量创优细化措施、质量通病防治、工程强制性条文、十八项电网重大反事故措施、工程进度"七项月度执行计划，每月进行监督检查，实现闭环管理。

三、监理项目部

青藏直流工程的监理单位包括湖北环宇工程建设监理有限公司（简称湖北环宇监理公司）、四川电力工程建设监理有限责任公司（简称四川电力监理公司）、甘肃光明电力工程咨询监理有限责任公司（简称甘肃光明监理公司）、青海智鑫电力监理咨询有限公司（简称青海智鑫监理公司）、青海省迪康咨询监理有限公司（简称青海迪康监理公司）。各监理公司针对高原工程的特点分别成立了工程建设领导小组，该小组由监理公司总经理担任组长，由工会主席担任后勤保障小组组长，由办公室主任担任宣传小组组长。工程建设领导小组全面负责工程的各项工作，严格按照国家电网公司要求组建监理项目部，监理项目部人员配置包括工程总监、专业监理工程师、安全监理工程师、造价监理工程师、信息员，工程总监由监理公司分管领导担任。

（一）监理项目部技术准备

监理单位依据有关法律法规、规程规范及国家电网公司的要求制定监理工作制度或标准，在监理工作实施前配发给监理项目部，并组织相应的培训和交底工作。

监理单位针对青藏直流工程的建设特点，对监理人员进行了岗前教育培训，经考试合格后上岗。监理项目部根据交底制度的要求和工程不同阶段和特点，对现场监理人员进行岗前教育培训和技术交底。对从事应用新技术、新工艺、新材料等项目的监理人员，还组织了相关的技术培训。

（二）监理项目部职责

（1）严格履行委托监理合同赋予的职责、权利和义务，负责组织实施工程项目监理服务的具体工作。贯彻执行国家、行业工程建设的标准、规程和规范，落实国家电网公司各项管理规定。严格执行"三通一标"等标准化建设要求。结合工程项目的实际情况，组织编制项目监理的策划文件。

（2）负责监理项目部成员的现场专项培训和教育，保证配备的安全防护用品和检测、计量设备的正确使用和日常维护。负责工程项目的危险源和环境因素的辨识、评价与控制，并形成文件加以实施和记录；对于重要危险源制定控制措施，并落实相应的人员和物资准备。

（3）建立健全安全管理网络，落实安全责任制及岗位职责。在安委会领导下，开展现场安全各项活动，履行安全管理职能，做好安全预控措施。按规定程序上报安全事故，参加安全事故调查。

（4）建立健全质量管理网络，落实质量责任制及岗位职责，履行质量管理职能。按规定程序上报质量事故，参加质量事故调查。

（5）强化工程量管理，参与设计工程量清单审核，审核工程进度款支付申请和用款计划，配合业主项目部进行竣工结算。

（6）对施工图进行预检，并汇总施工项目部的意见，形成预检意见；参加由业主项目部组织的施工图会检及设计交底会，并负责有关工作的落实。

审查施工组织设计中的安全质量技术措施或者专项施工方案是否符合工程建设标准强制性条文，施工组织是否满足工程建设安全文明施工管理的需要。

（7）组织工程中间、竣工预验收的监理初检工作，参加业主项目部组织工程竣工预验收，参加竣工验收和启动试运行，参加工程移交。

（8）负责工程信息与档案监理资料的收集、整理、上报、移交工作。

（9）项目投运后，及时对项目监理服务工作进行总结和综合评价。负责投产后质保期内监理服务工作，参加项目投产达标和创优工作。

（三）监理项目部标准化建设

（1）充足的资源配置。直流线路工程在每个施工标段设立监理项目部分部，各分部配备总监代表、安全专责、质量专责、信息管理等人员，并配备A、B角。线路工程监理人员每5km配备1名，比常规工程加大了一倍的人力投入。

（2）按国家电网公司和业主项目部要求制定了详细、规范的监理规划、监理细则和旁站方案。按各分部工程进展情况及时编写了具有针对性的分部工程监理细则，并在分部工程动工前，按细则中的要求对现场监理人员集中培训，指导各分部工程的监理工作。在工程准备阶段，监理部及时按照2010版《国家电网公司监理项目部标准化工作手册》，对各种报审资料及相关记录进行了统一，规范工程建设程序、统一标准，使工程从一开始就走在了科学、严谨、规范的轨道上，为创建优质工程奠定了基础。

（3）全面的教育培训。结合工程应用新技术、新工艺、新材料的特点，为了在过程中有效的控制工程安全、质量，强化监理内部考核管理，在工程开工前对全体监理人员进行冻土施工、热棒安装、玻璃钢模板、装配式基础、灌注桩基础、环保水保等方面的培训，使监理人员对施工全过程有了一个初步的了解。积极参加由总指挥部组织的冻土基础知识与施工关键技术及装配式基础施工工艺、热棒安装工艺的培训，通过各工序的施工工艺观摩学习掌握了过程中的难点要点，按照各类培训教材，制订了相应的培训计划，以质量、安全、监理职责、监理纪律为学习重点，提高监理水平，规范监理行为。对全体监理人员进行培训、交底，经考试合格后上岗。

（4）严格执行巡查制度。总监、总监代表、监理工程师坚持现场巡视检查：检查监理员的到位及工作情况；检查现场施工状况及各项措施落实情况；通过现场情况的综合分析或针对安全、质量、管理体系、存在的缺陷和问题，督促和协助施工单位采取相应措施及时解决，预测下一步工作可能存在薄弱环节及可能出现的问题，提前采取预防措施加以控制，确保安全、质量始终在预控、可控状态。

（5）冻土区基础施工监理。为了保证冻土区混凝土施工质量，加强施工过程管理，监理项目部从2010年10月15日开始督促施工标段按冬期施工方案进行了混凝土浇筑，从基坑开挖、原材料检查、钢筋绑扎、水温加热、防冻剂添加、混凝土搅拌、混凝土下料、振捣、混凝土保温、基坑回填进行了全过程旁站，并由质量专责每天对每个作业点进行巡视检查，对发现的问题及时处理。

（6）全过程监督基础沉降观测。在冻土基础观测期间协助业主项目部编制了冻土基础变形观测计划和观测方案，督促施工项目部在过程中严格执行；在每月一次冻土基础变形观测工作中，监理人员根据分工各自履行监理职责，对检测的数据进行监督确认及分析，保证了观测数据的真实性，做到事前督促、事中监控、事后分析。

（7）统一施工工艺。协助业主项目部制定了土石方及基础工程、铁塔组立分部工程、保护帽制作、架线及附件安装施工工艺要求，各单位都严格执行，最后经运行单位严格的验收和检查，全线做到了统一一致、工艺美观。

四、施工项目部

青藏直流工程的换流站施工单位包括青海送变电工程公司、中冶武勘院岩土基础工程公司、天津电力建设公司、黑龙江省送变电公司、青海火电公司、安能江夏公司八支队、湖北省输变电公司、山东送变电公司；线路施工单位包括青海送变电公司、甘肃送变电公司、四川省送变电建设公司、贵州送变电公司、青海火电公司、西藏电建公司、安能江夏公司八支队。

（一）施工项目部技术准备

（1）施工单位按所承包的工程项目范围成立施工项目部，施工项目部作为派出机构负责组织工程施工的项目管理，承担项目实施的管理任务和目标实现的主要责任。施工项目部由项目经理领导，接受施工单位职能部门的指导、监督、检查、服务和考核，并负责对项目资源进行合理使用和动态管理。

（2）施工项目部在工程项目启动前建立，并在工程项目竣工验收、审计完成后或按合同约定解体。

（3）根据项目管理规划大纲确定项目部的管理任务和组织结构。

（4）接到业主项目部进场通知后，按期完成施工项目部的现场派驻工作，按照合同约定和项目管理策划文件的有关要求，添置满足施工工作需要的办公、交通、通信、生活设施。

（二）施工项目部职责

（1）负责组织实施工程项目承包范围内的具体工作，履行施工合同规定的职责、权利和义务；执行施工单位规章制度，维护施工单位在项目上的合法权益，确保工程各项目标的实现。

（2）贯彻执行国家、行业建设的标准、规程和规范，落实国家电网公司、网省公司、业主项目部和监理项目部的各项管理规定，严格执行基建标准化建设相关要求。

（3）负责施工项目部成员的安全、质量培训和教育，提供必要的安全防护用品和检测、计量设备，负责工程的危险源和环境因素的辨识、评价与控制，并形成文件加以实施和记录；对于重要危险源制订管理方案，并落实相应的人员和物资准备。

（4）建立健全安全、质量管理网络，落实安全、质量责任制。在项目安委会领导下，开展和配合现场各项检查活动，履行安全、质量管理职能，做好预控措施。参加安全、质量事故调查、分析和处理。按规定程序上报安全、质量事故。

（5）配合业主单位协调项目建设外部环境，重大问题报至监理、业主项目部，参与协调。

（6）参加各级管理部门的工程月度例会或专题协调会，协调解决工程中出现的问题。

（7）报审工程资金使用、进度款申请和支付等情况，配合工程结算和竣工决算、审计以及财务稽核工作。

（8）组织内部检查和质量评定工作，组织工程内部验收。参加与配合各级管理部门的检查和工程验收工作，完善消缺整改闭环工作，配合工程移交。

（9）参加与配合电力质监中心站组织的质量监督活动，完善消缺整改闭环工作。

（10）负责工程投产后质保期内保修工作；参与项目投产达标和创优工作。

（三）施工项目部人员及机具配置

1. 人员配置原则

施工项目部项目经理保持相对稳定，不应同时承担两个及以上未完项目的领导岗位工作。在项目运行正常的情况下，施工单位不应随意撤换项目经理。特殊原因需要撤换项目经理时，按有关合同规定征得建设管理单位同意后完成变更，报监理项目部备案。一般管理人员可以在同一个施工项目部内兼任多个岗位，但一个施工项目部管理人员配置原则上不得少于7人，由于青藏直流工程的特殊性，项目部增设环保、水保主管领导及专责。

2. 基本设施及施工机器具配置

施工单位办公设备及常规安全、质量管理设备和工具均满足正常工作要求。由于青藏直流工程地处高原，常规的施工机具配置难以应对高原降效带来的影响，各施工单位在工程中加大了机械设备的投入，达到以往工程的 1.5 ～2 倍，满足了高原施工及工程质量、安全、进度的要求。

（四）施工项目部标准化作业

1. 施工管理制度

施工管理制度是标准化作业的重要文件，施工单位遵照通用性和实时性原则汇编施工管理制度，主要包括项目管理制度、安全管理制度、质量管理制度、造价管理制度、技术管理制度五方面内容，在项目实施前施工项目部向监理项目部报审施工管理制度清单。各施工项目部针对青藏直流工程施工的特点，在上述管理制度中细化了施工队伍管理、高原施工安全、工程创优策划、重大施工方案审查等方面的内容，并建立了评价机制，即在工程施工全过程中接受业主项目部的综合评价。

2. 人员培训

针对青藏直流工程施工难度大、技术要求高、施工任务重等特点，各项目部开展了集中宣讲、专业技术交底、影像案例分析、设计方案讨论等多种形式的人员培训。通过对各专业人员、施工队伍的不同形式培训，不断提高施工人员的专业素质，满足现场施工工作的需要。施工单位对各专业管理人员和特种作业、特殊工作人员进行培训，施工项目部对施工人员进行及时的在岗培训。施工项目部及时了解施工人员的状况，并结合施工单位的人力资源规划，对施工人员进行了后续培训。

3. 施工项目部项目管理

施工项目部项目管理不仅包括安全管理、质量管理、造价管理和技术管理四项专业化管理内容，还包括项目管理实施策划、进度管理、环保与水保管理、工作计划管理、合同管理、施工协调管理、施工队伍管理、信息与档案管理、综合评价等细化管理内容。管理方法与流程均按照国家电网公司施工项目部标准化管理要求进行。

4. 施工项目部技术管理

施工项目部技术管理主要包括施工技术标准贯彻落实、施工技术管理、施工科技管理等内容。其工作方法与流程同样均按照国家电网公司施工项目部标准化管理要求进行，结合工程实际情况，编制了多项工程施工作业指导书。

5. 施工项目部标准化施工

施工前期合理策划、优化施工方案，施工过程中推行"样板引路、试点先行"的施工质量管理措施，在施工现场推行标准化安全文明施工标准，材料、工器具定点摆放；机械设备停放有序；建设者着装整齐；控制施工范围，减少植被破坏。标准化的施工管理不但实现了工程的质量、安全、进度目标，同时还保护了高原地区脆弱的植被环境，营造了良好的人与自然和谐相处氛围，为工程创"国家优质工程金奖"打下了良好的基础。

6. 施工项目部档案管理

按照国家电网办〔2010〕250号《国家电网公司电网建设项目档案管理办法（试行）》的要求进行档案管理，做到资料和施工同步进行，归档资料齐全、完整、准确，组卷规范、分类准确、案卷题名准确，装订整齐美观，电子版必须与纸质文件一致。照片管理按照基建安全〔2007〕25号《关于利用数码照片资料加强输变电工程安全质量过程控制的通知》及基建质量〔2010〕322号《关于强化输变电工程施工过程质量控制数码采集与管理的工作要求》的要求拍摄并进行归档。

五、安全管理

（一）建立安全管理体系

青藏直流工程的各参建单位始终高度重视工程现场管理和监督，各参建单位在总指挥部的领导下建立了安全管理组织体系，成立了工程安委会、应急处理领导小组，制定了安全管理制度，明确了各级人员管理职责。

工程安委会要求施工单位项目经理按A、B角配制，各参建单位的安全员、安全岗、安全专责落实到人，还编制了工程建设管理、安全文明施工等前期管理文件，形成了高效的安全管理体系。工程安委会开展标准化复工、标准化作业，针对高寒缺氧、大风扬尘、雷击、高空坠落、关键设备损坏等风险，制定了铁塔组立安全管理强制 9 条措施、架线施工 18 条预控措施；针对高原、高寒地区工程建设的特点开展安全隐患排查治理专项行动，进一步加强现场重点环节管控，确保现场安全工作可控、再控、能控。

（二）开展专项活动

结合"三抓一巩固"（抓制度执行、抓措施落实、抓监护到位，巩固基建安全基础），"三强化、三提升"（强化工程建设规程规范的执行，强化通用设备条件的落实，强化工艺标准的应用，提升设计质量，提升设备质量，提升施工质量），"两抓一建"（抓执行、抓过程、建机制）、"争创安全流动红旗"等多项活动加强安全管理。工程建设过程中重点推广了反违章、隐患排查治理、应急体系建设等安全管理工作，提高了全员安全意识，规范了作业人员的施工行为。

重视应急处置方案演练。针对青藏直流工程海拔高、氧气稀薄、线路工程经过地段多数地方属于鼠疫疫区的特点，各施工项目部认真组织开展防高原病和防鼠疫应急演练（见图 5 - 2），以提高全员安全意识，确保项目部全体人员生产过程中的生命安全和身体健康，营造"我要安全"的思想氛围。通过开展心肺复苏、人工呼吸及心脏按压等应急救援的演练，使参加人员掌握了现场急救知识、基本操作技能，提高了员工的应急救护能力，达到预期目标，收到较好的培训效果。

图 5 - 2 防高原病和防鼠疫应急演练

（三）强抓现场安全重点工作

1. 加强现场的医疗保障

青藏直流工程切实用"以人为本"的思想指导现场的医疗保障工作。通过聘请专业的翻译人员对藏族同胞进行翻译，确保藏族同胞能够理解相关的安全知识及交底培训，通过建立习服基地的培训考试制度，增强了上线人员的安全意识和处理安全风险的手段。

2. 细化安全文明施工管理

按照提前介入、提前了解、及早处理的原则，分别对线路工程的杆塔位置和换流站总平面布置等方面进行了策划优化，通过分析现场存在的安全隐患、技术难点，详细制订策划保障措施，塑造了青藏直流工程安全文明施工精益化管理的品牌形象。

3. 开展安全生产专项活动

通过开展"安全生产月"、"两抓一建"、"三抓一巩固"等基建安全主题活动及反违章、隐患排查治理、应急体系建设等各项重点工作，提高全员安全意识和素养，确保了工程所有建设者在生产过程中的生命安全和身体健康，保证了施工安全持续稳定。

4. 建立分包安全管理信息统计分析制度

每月对分包安全管理情况进行统计，及时提出具体要求。定期深入现场动态核查进场分包队伍的人员及施工机具配备以及技术操作能力，对分包安全管理问题的整改情况进行动态跟踪管理。

六、质量管理

"百年大计，质量第一"，作为我国首条通过青藏高原的高压直流输电线路工程，其质量将是整个工程的根本所在。为保证工程的建设质量，克服自然环境对质量的挑战，工程建设管理单位在工程伊始结合施工各阶段开展工作的特点和难点，择优配置资源。

（一）强化监理保障质量

工程现场监理是工程本体质量把关的关键点。根据工程特点，各监理部对监理人员进行了岗前和专项教育培训，岗前培训主要内容包括专业知识、监理实务知识、监理职业道德和行风建设、上级及公司管理制度、安全知识等。专项培训主要内容有监理策划文件、法律法规、规程规范、工程建设标准强制性条文、质量通病防治措施、上级文件传达、事故案例分析等。监理项目部应根据交底制度的要求，根据工程不同阶段和特点，对现场监理人员进行岗前教育培训和技术交底，并留有对人员的培训记录。

（二）推行首件试点创优思路

建设管理单位积极推行"样板引路、示范先行"的创优思路，组织相关设计、监理、施工单位对试点施工进行周密的策划和准备，并在各阶段施工前后组织浇筑样板基础、砌筑样板围墙、样板防火墙、样板电缆沟、组立样板铁塔、展放样板导线活动，对首件施工工艺进行试点实施，及时总结实施过程的经验和施工工艺存在的不足，及时调整和修订施工方案，为后续连续施工的实体质量和施工工艺提供坚实的基础。

图 5-3　青藏直流线路工程西藏段铁塔组立首试点

（三）依靠标准化全程管控施工质量

各业主项目部按照《国家电网公司业主项目部标准化工作手册》的要求，规范开展建设管理工作，并督促监理、施工项目部认真落实，按照国家、行业及国家电网公司相关质量验评规范和标准规范开展质量管理工作。在工程实体施工过程中，严格落实《国家电网公司输变电工程标准工艺库》的应用要求，组织监理、施工单位学习《国家电网公司输变电工程施工工艺示范手册》、运用《国家电网公司输变电工程施工工艺示范光盘》开展培训工作，集中梳理工程可应用的标准工艺，并落实到工程质量创优策划文件中，结合基础、换流站主体、线路铁塔组立和导线展放等环节开展质量专项检查，通过质量交叉互查和专项检查，动态管控施工质量。

（四）深入开展质量提升活动

深化"亮铭牌、控全程、创国优"活动，落实工程建设过程中施工、监理、设计、验收、环保责任人。加强全过程质量管控，尤其是加强对施工图设计、设备材料到场检验、隐蔽工程及施工各阶段验收等关键环节的质量管控。

深化开展"三强化三提升"质量提升年活动。为强化现场各项管理措施和技术标准的落实，邀请专家组成了安全、质量、环境保护流动抽查小组，对工程进行了随机抽查、对标排名、视频点评、责任追踪、整改通报五个环节的巡查活动。

（五）全面落实各级验收责任

按照国家质量验评管理规定，青藏直流工程明确建立施工单位三级自检、监理初检、建设管理竣工预验收、运维单位交接验收和国家电网公司竣工验收的验收组织体系，层层把关，确保工程"零缺陷"。针对工程地处高海拔、施工条件极其恶劣，国家电网公司统一部署，充分调动各参建单位的积极性，借助属地优势，落实责任，早核实，早动手，积极与工程运行单位协调沟通，对运维单位提出的问题，按照落实人员、落实责任、落实时间的要求，逐一采取措施整改，确保整改闭环，实现"零缺陷"移交。

第三节 换流站施工

一、工程规模

（一）工程简介

青藏直流工程是世界上海拔最高的直流输电工程，工程起点为青海省格尔木市柴达木换流变电站，止于西藏自治区林周县拉萨换流站，柴达木换流变电站尕勒滩接地极工程位于柴达木换流变电站东侧约 20km 处，拉萨换流站饿玛接地极工程位于拉萨市林周县县城东北方向约 12km 处。工程输送功率为600MW，直流电压 ±400kV。

柴达木换流变电站采用双极每极单 12 脉动阀组；换流变压器采用单相三绕组，换流容量 117.7MVA，2 组共 6 台，备用 1 台；交流滤波器 2 大组，10 小组，总容量约 262Mvar；66kV 低压电抗器 1 组，容量 60Mvar；±400kV 配电设备采用户内配电装置、330kV 交流开关设备 GIS，3/2 接线方式；330kV 采用 3/2 断路器接线，换流站部分 10 个元件，15 个完整串接线。±400kV 直流出线 1 回；直流接地极出线 1 回。

拉萨换流站采用双极每极单 12 脉动阀组；换流变压器采用单相三绕组，换流容量 117.7MVA，2 组共 6 台，备用 1 台；直流平波电抗器 2 台，备用 1 台；交流滤波器 3 大组 14 小组，总容量 350Mvar；静止无功补偿装置（SVC）1 组，总容量 60Mvar，并设 1 组备用晶闸管控制电抗器（TCR）；交流侧主接线为双母线双分段接线。±400kV 直流出线 1 回，直流接地极出线 1 回。

接地极极环采用同心双圆环布置。导流系统采用地下电缆方式，外环和内环各布置 8 根（共计 16 根）电缆，分别连接于每段馈电棒的两端。接地极线路导线采用钢芯铝绞线，地线采用镀锌钢绞线。

（二）主要技术指标（见表 5-1）

表 5-1 换流站主要技术指标

序号	项 目		柴达木（换流站部分）	拉萨
1	围墙内占地面积（hm²）		13.27	9.98
2	总占地面积（hm²）		17.96	13.19
3	土石方量	挖方（10^4m³）	3.77	18.96
		填方（10^4m³）	10.82	19.41
4	总建筑面积（m²）		18 630	17 477

（三）工程划分

换流站土建工程主要有：主控制楼；阀厅及防火墙；继电保护及站用电室；户内配电装置及系统建、构筑物；户外配电装置及系统建、构筑物；交流场、交流滤波器场构支架基础工程；换流变压器/平波电抗器基础及构架；围墙及大门；警卫传达室；站内道路；电缆沟；给排水系统；全站接地；全站消防系统；生产、生活辅助建筑。

换流站安装工程主要有：换流变压器系统安装；控制保护及直流设备安装；配电装置安装；GIS、SVC配电装置安装；站用配电装置安装；无功补偿装置安装；全站电缆施工；全站架空线、防雷及避雷设施装置安装；全站围栏和围墙上降噪设施及接地安装；全站电气照明装置安装；通信系统设备安装。

接地极工程分一个单位工程，接地极土建、接地极电气两个子单位工程。

二、进度控制

（一）关键节点工期

工程从2010年7月29日开工，到2011年12月9日投入试运行，日历工期500天。换流站工程关键节点工期见表5－2。

表5－2　　　　　　　　　换流站工程关键节点工期表

序号	任务名称	时　　间
1	桩基	2010年8月27日～2010年10月20日
2	土建工程	2010年9月15日～2011年7月31日
3	安装工程	2011年4月1日～10月5日
4	调试	2011年7月25日～10月27日
5	验收投产	2011年10月28日～12月9日

（二）主要节点控制

工程建设管理、监理、设计、施工等参建单位密切配合，根据图纸交付进度，合理安排，科学组织施工，很好地控制了工程关键节点工期。临建设施提前施工，为主体施工创造有利条件。施工过程中加强计划作业，灵活运用施工经验，合理安排各分项工程及各工序之间的衔接，合理调度平衡施工工程量。

换流站工程自2010年7月29日正式开工，在总指挥部的策划部署下，工程按三个阶段分别开展了"三大战役"活动，确保工程进度。

1. 土建攻关

总指挥部组织各参建单位紧紧抓住 2010 年 9 ～ 11 月高原施工的有利时机，从 9 月 1 日开始，全面开展"奋战 90 天、抓好关键月"专项活动。柴达木换流变电站施工单位仅仅用了 55 天就完成 7789 根碎石桩施工，为土建工程 9 月 15 日开工赢得了宝贵时间。柴达木换流变电站和拉萨换流站从 2010 年 9 月土建开工至 2010 年 12 月底，完成了全部基础出零米的施工任务，两站建设者牺牲了 2011 年春节放假的时间，在 2011 年 3 月完成了全部的基础施工，为工程提前投运奠定了坚实的基础。

2. 土建交安

柴达木换流变电站和拉萨换流站于 2011 年 5 月 31 日完成了交流场及交流滤波器场基础，2011 年 7 月，分别完成了阀厅、控制楼、直流场土建工作并交付安装。

3. 运行调试

柴达木换流变电站和拉萨换流站在 2011 年 9 月完成所有设备的安装及分系统调试工作，9 月 25 日，柴达木换流变电站 750kV 主变压器带电投运，标志着西宁—柴达木交流线路全线顺利投运，青藏直流工程取得重大胜利。2011 年 10 月 31 日，两站完成系统调试的 136 个试验项目，标志着青藏直流工程建设任务的全面完成。

两站四千多名工程建设者排除万难，始终认真贯彻国家电网公司的工程建设要求，在确保安全、质量的前提下，挑战生命极限，挑战高原严寒、空气稀薄、飓风沙尘等恶劣自然条件。仅用不到 15 个月的时间，顺利完成两端换流站的施工任务，并顺利完成尾工及缺陷治理工作。工程经过全体参建者、专家组的严格把关及认真验收，实现了 100% 的优良率。2011 年 12 月 9 日，西藏拉萨人民欢欣鼓舞，锣鼓齐鸣，随着中共中央政治局常委、副总理李克强振奋有力的一声"青藏工程投入试运行"，源源不断的电力便从青海送向西藏，送往西藏同胞的千家万户，确保了 2012 年冬天西藏地区不再拉闸限电，为促进青藏两省区经济社会发展，改善青藏两省区人民生活提供了坚强保证。

三、安全管控

柴达木换流变电站、拉萨换流站施工在安全工作方面既采用了常规安全技术措施，还根据换流站的特点对一些特殊部位和工艺专门制定一些特殊安全措施来保证施工安全，做到施工现场安全标准化作业。施工单位加强对工程的安全管理工作重点控制，确保整个工程安全目标的实现。

（一）桩基础施工

桩基施工单位根据工期要求，采用"三班倒"、"人盯人"战术，每一个工作面、每一个施工班组均做到有专人监护安全，所有施工作业安全设施齐备，所有施工人员安全保护用品齐全。夜间照明充足，施工组织有条不紊，忙而不乱。对打桩设备每班进行专项的、全面的检查，对施工电源专业电工随时跟踪看管监护。现场业主、监理、设计工代、施工项目部值班人员全天候轮流值守，为桩基工程安全、优质高效完成施工做到了有效保护。

（二）阀厅钢结构吊装

两端换流站钢结构工程地面以上主要为钢结构吊装，阀厅檐口高度均超过 30m，跨度达到 31m，高空作业较多。在安全工作方面既要采用常规安全技术措施，还须根据工程高度较高的特点专门制订一些特殊安全措施来保证施工安全。施工单位针对工程具体情况从组织保证、资金和信息保证、安全技术措施和防风沙措施四个方面制订了相应的安全技术防范措施。

（三）超高单层屋面现浇板施工

柴达木换流变电站备品备件库屋面为混凝土现浇板，备品备件库因要存放较大设备，因此建筑空间大，高度高达 14.5m，跨度长达 72m，宽 14.4m，如此大体积的屋面现浇板混凝土施工，其安全施工技术措施显得尤其重要，须对脚手架、模板刚度、屋面堆重量等指标进行严格计算方可实施。施工单位对危险源进行了辨识，对每个分项工程都编制了风险控制措施表，并进行了安全技术交底和风险措施交底，使每一位施工人员了解施工中存在的危险点；采用永临结合的原则硬化了散水基层，然后按照标准搭设了脚手架；每天开工前为施工人员进行当天施工中存在的安全隐患、工作内容及施工工序的交底；在现场宣传栏中创建了"一分钟学习园地"，把现场的一些习惯性违章及容易出现的安全隐患编成选择题，让施工人员在上下班或施工期间用一分钟时间进行作答，提高了施工人员的安全意识，确保了备品备件库超高单层屋面现浇板施工安全。

（四）换流阀安装

青藏直流工程换流阀按悬吊式四重阀设计（见图 5 - 4），设备贵重，且高空作业多，阀塔的安全组装工作至关重要。在安全控制方面要求安全工作既要采用常规安全技术措施，也须根据阀塔的安装特点专门制订一些特殊安全措施来保证施工安全，实行施工现场安全标准化作业。

图 5 - 4　青藏直流工程采用的悬吊式四重阀

（1）施工中严格执行《换流阀安装安全技术措施》。

（2）施工前认真检查所有机具，各种工器具严禁超安全性能使用，检查完毕填写机具检查记录。

（3）进入现场作业人员必须经过安全技术交底，掌握安装施工方案和安全注意事项。

（4）作业中设专人进行安全监护，吊装工作明确专人指挥。

（5）升降平台的使用必须由经培训合格的人员持证上岗按章操作，做到指挥信号不明不操作、起重设备状态不良不操作，其他人员不得进行相关操作。当顶部平台完全落下后，方可进行平台的水平操作。如电源突然断电，应拉起紧急卸压阀使平台顶部落下。

（6）进行阀安装的高处作业人员必须使用升降平台，严禁使用吊装阀架的电动葫芦吊挂人员上下。

（7）电动葫芦由专人使用操作，起吊速度要均匀，2 台电动葫芦同时起吊 1 件阀件时应保持同步，电动葫芦所承担的载荷，不得超过各自的允许起重量。吊装时应使用厂家提供的专用工具和指定吊点，并做好设备的防护措施。在连接螺栓全部上好后，方可松开电动葫芦吊钩。

（8）阀厅内电源开关和各种设备的开关、按钮上设置"禁止无关人员操作"等警示牌，防止施工人员乱操作。

四、质量管控

柴达木换流变电站、拉萨换流站施工在满足设计要求，满足国家质量标准、规程规范的同时，在质量管理工作方面除采用常规质量保证措施，还根据换流站施工的特点对一些特殊部位和工艺专门制订一些特殊质量措施来保证施工质量，做到施工现场质量标准化作业。施工单位对以下施工过程质量工作进行重点控制，确保整个工程的质量目标。

（一）碎石桩施工质量控制

碎石桩施工中，要使桩体能有效挤入砂砾石层里，形成坚实的柱状桩体，振冲器必须有足够的振动力对桩体进行振捣，电机的密实电流是反映动力大小的主要参数，因此，对桩体的每一部分，振冲器要振动至密实电流以上，并留在该处电流上振动一定时间（留振时间），才能使桩体有足够的密实度。监理对碎石桩施工质量控制做到 24h 全天候观察施工全过程，并重点观察三要素（密实电流、留振时间、填料量）每一环节的操作，业主项目部不定期组织抽查。通过施工全过程的动态监控，保证碎石桩施工质量。

（二）砂砾石换填质量控制

两端换流站均有大量的砂砾石换填，砂砾石换填的质量控制是保证建（构）筑物基础地基稳定的关键。

针对砂砾石换填问题，施工单位通过总结以往天然砂砾石施工工艺和经验，参照《公路工程质量检验与评定标准》中石方路基检验评定方法并结合弯沉值的检测来进行工程质量的管理和控制，确定砂砾石换填的质量控制与检验方法。严格控制天然砂砾石的分层厚度、压实机具类型、碾压遍数及测定最后 2 遍碾压标高差异，通过试验确定上述工艺指标值，以此作为施工中质量控制与检测的依据。

（三）彩钢板安装质量控制

阀厅外墙及屋面彩钢板安装质量是确保阀厅密闭性、温湿度、微正压的关键所在，因此阀厅彩钢板安装质量控制是阀厅施工中质量控制的重中之重。

压型彩钢板进场后，要进行外观和合格证的检查，并复核与彩钢板施工安装有关钢构件的安装精度，清除檩条的安装时的焊缝药皮和飞溅物，并涂刷防锈漆进行防腐处理。彩钢板安装时，要按墙面进行排列，从一端开始进行，板与板之间必须咬紧，再用螺钉固定，墙板接缝处做好防水处理。

设计、监理施工各单位共同攻关，针对彩钢板打钉完成后不顺直、暗扣式压型金属板咬口不严密或咬口边破坏、屋面板踩踏易出现坑洼现象、安装完成的彩钢板面上处理不好容易出现返锈或腐蚀现象、搭接长度不够容易造成漏水等问题进行了专门的质量攻关，采取了科学的控制措施，确保了彩钢板的安装质量，保证了阀厅密闭性、温湿度、微正压等技术指标满足要求。

（四）大体积混凝土基础施工质量控制

两端换流站大体积混凝土基础主要有 GIS 基础、换流变压器基础等。针对高原地区特殊地理环境、气候特点，为使大体积混凝土基础达到清水混凝土效果，施工单位通过按照浇筑构件的截面尺寸加工定型钢模和钢木组合模板，提高了模板的刚度、严密性和表面光洁度；通过优化混凝土配合比，延缓了混凝土水化热产生的速度和混凝土的初凝时间；通过采用搭设保温（遮阳）棚的办法，减小了混凝土内外温差和混凝土初凝期间和表面收光时由于混凝土表面失水过快引起的表面龟裂，并防止了高原地区强紫外线照射对混凝土表面质量的影响；通过在混凝土表面掺加金刚砂耐磨剂，防止了混凝土表面起皮和脱落现象，并达到了混凝土色泽统一效果。采取以上措施后消除了混凝土基础施工易发生的质量通病，控制了清水混凝土的工艺质量，提高了观感效果。

（五）换流阀安装质量控制

两端换流站换流阀按悬吊式四重阀设计，阀塔组装的质量至关重要，任何元部件的安装不牢靠或电气连接不良，都有可能导致运行时绝缘被破坏，产生电弧，引起失火。换流阀的防火是一个很重要的问题，在施工安装时，对设备和使用材料均要考虑其防火性能。安装时重点控制以下事项：

（1）阀安装前检查阀厅密封性，确保无尘，通风空调运行正常，以保持阀厅微正压及运行温度。

（2）阀悬吊部件、阀架主体结构安装时应按安装要求对安装水平度、尺寸进行校核—调整—复测，直至达到设计图纸要求，所有连接螺栓应按力矩要求进行紧固，阀塔悬挂结构安装完毕后应及时接地。

（3）由于管支路及接头较多，安装时必须保证密封环安装正确、密封良好，防止出现渗漏和堵塞现象。

（4）导电回路连接应清洁干净接触面、涂上导电脂，螺栓按力矩要求紧固。

（5）光缆敷设时不得硬拉，不得让光缆碰到锋利的金属边缘。

（六）GIS管形母线安装质量控制

柴达木换流变电站330kV交流场及滤波器场全部采用GIS（户外气体绝缘金属封闭开关），对接密封面达1360个，母线及分支母线总长度达1280m，是西北地区规模最大的GIS设备。

（1）安装前采用经纬仪做好基础的复测工作。

（2）对接采用自制的GIS对接平台以保证对接面的质量。

（3）采用五级防尘措施，自制防尘保温棚，棚内设置空调、地板革以减少由于风沙、温差过大、日照时间长等气候条件对安装质量的影响。

（4）GIS安装过程中随时用吸尘器打扫GIS钢体内部。

（5）严禁施加额外的力或重击套管、管路、箱体等部位。

（6）在抽真空之前迅速放置干燥剂，应尽量缩短其在大气中暴露的时间（不得超过8h）。

五、施工攻关与实施

（一）戈壁滩砂砾石地基换填处理

施工单位针对戈壁滩砂砾石地基换填质量控制要求，在砂砾石地基换填处理施工前进行了技术攻关，经过设计、监理、业主等参建单位的共同论证，审核通过后实施。地基处理砂砾石换填按照技术攻关成果实施后，压实系数全部符合设计及规范要求，建（构）筑物未发生地基不均匀沉降现象。

（二）高海拔阀厅微正压控制

换流站阀厅的密封性、抗风性、屏蔽性、抗寒性等设计要求高，为此对阀厅施工安装提出了更高的要求。在施工过程中，业主、监理、设计、施工对阀厅彩钢板施工过程中每一道工序共同把关，采用对实物样板区域进行验收且合格后再进行大面积施工的方式。阀厅彩钢板采用新型的咬边技术及合理的排钉工艺，经过严格的施工工艺流程控制，最终通过了阀厅运行的检验，完全满足设计要求，填补了高海拔地区阀厅围护结构安装的空白。

（三）阀厅钢结构吊装

两端换流站阀厅钢结构吊装时间为 2011 年 3 ～ 5 月，正处于站址地域大风季节，吊装机械、吊装措施、工器具选型成为阀厅钢结构吊装的关键。业主项目部组织设计、监理、施工、材料供货等各方先后经过 5 次技术方案的审查讨论，最终确定以单柱整吊的大施工方案。为减少高空危险作业，先将两节到场的钢柱在地面拼装成型，采用双机抬吊作业吊装；屋架考虑当地机械资源情况，增加吊装的安全系数，也采用双机抬吊安装。针对阀厅钢结构特点，确定了阀厅钢结构的吊装方案为先进行钢柱吊装，然后进行钢梁和斜撑安装，形成一个稳定框架结构后，再安装钢屋架。

（四）大面积搬运轨道广场混凝土施工

大面积搬运轨道广场混凝土施工时，处于 2011 年 4 ～ 6 月，昼夜温差大，极限温差达到 25℃，气候环境差，这样的条件对混凝土生产质量和施工质量控制难度较大。且当地地材资源和质量均低于内地标准，对于混凝土生产和施工质量控制难度较大。

搬运广场区域有搬运轨道基础、电缆隧道、水稳层等多种基层，搬运广场施工前施工单位对所有不同基层间的处理和分缝进行了细致研讨，提出了确保混凝土施工的具体措施。

（1）广场保温养护措施要到位，规避因恶劣气候产生的温差裂纹。

（2）混凝土配比设计，结合当地地材性能，科学设计配比，在满足混凝土设计性能的同时，通过掺和料和外加剂的使用，控制生产成本。

（3）结合广场区域设计图纸，合理设计分隔缝位置，理论上将不同基层之间不均匀沉降产生裂纹的影响降至最小。

（4）搬运广场浇筑前，搭设防风沙养护棚，确保浇筑过程不受沙尘暴影响，并能在后期养护中，起到防风防暴晒的作用。

（五）建筑物墙地砖分缝技术处理

装修施工人员提前进场开始装修准备工作：确定装修材料的规格尺寸、颜色，订货、加工；对每个房间的尺寸进行复测并计算出偏差尺寸，经电脑排版后，在地面和墙面上弹出墨线；最后与业主、监理对现场实际排版再次进行优化并确认后，开始施工。

柴达木换流变电站和拉萨换流站建筑物地板砖排版合理，表面平整，砖缝顺直通畅；过道砖与各房间门套边和楼梯砖对缝，整体美观大方；房间内地砖排版合理、缝隙均匀、无破砖；卫生间内天、地、墙三缝合一，砖缝均匀；所有地漏采用整砖石材人工打磨，布置合理。整体清雅美观，精致细腻，墙地砖立体对缝，横平竖直，分缝一致。

（六）换流变压器安装

柴达木换流变电站和拉萨换流站均地处高海拔地区，电气设备经过高海拔修正后，比以往设备的施工质量标准要求高、施工难度大、工序复杂，特别是换流变压器，其总高度为14.75m，是迄今为止安装高度最高的换流变压器。为有效避免因高空作业所引起的各种危险因素，便捷施工人员的操作，施工单位定制了套管安装平台并成功应用于所有阀侧套管的安装。使用该套管安装平台，在换流变压器套管安装时可不使用升降车，在换流变压器安装场地局促的条件下尤其适用，并且也省去了施工人员在工作过程中去操控升降作业斗的时间，降低了风险，大大提高了工作效率。

（七）换流阀安装

换流站阀厅建筑结构设计高度均超过30m，阀吊梁高度为27m，为国内最高。换流阀结构12层，零部件数量也最多。此外，阀厅设计为防风沙考虑，没有外大门，所有阀的零部件都要从主控楼内进入，穿过走廊进入阀厅，通道狭窄，给安装施工也造成了不便。施工单位通过合理控制人力资源，增大登高机械、搬运机械的投入，研制灵巧的安装和搬运工具，精心设计各道工序的衔接，在最短的时间内完成了换流阀设备的安装，为后续的调试工作赢得了时间。

（八）GIS 安装五级防尘

针对现场大风沙天气，结合现场施工环境特点，施工单位按照由远到近、由大到小的原则，制定了"五级防尘、三项检测、一卡控制"的 GIS 设备对接环境质量控制措施（见图 5 – 5）。

图 5 – 5　GIS 安装五级防尘示意图

（a）第一级；（b）第二级；（c）第三级；（d）第四级；（e）第五级

第一级防尘处理：减少周围环境影响。

在 GIS 组合电器基础四周的土地上铺设 5m 宽、5 ～ 10cm 厚的石子路面和密目网覆盖，每隔 2h 进行洒水，最低限度降低空气中浮尘含量，阻止周围环境扬尘的扩散，保证 GIS 组合电器安装时周边环境的质量。

第二级防尘处理：将对接点与周围施工区域隔离。

沿 GIS 组合电器基础四周边沿，搭设 3m 高的硬质围栏，与其他施工场地隔开，形成 GIS 组合电器安装封闭环境，每次安装前对作业区域进行地面除尘，使作业区内保持清洁。

第三级防尘处理：GIS 组合电器对接采用防尘室。

根据 GIS 厂家提供的设备外形尺寸和技术要求，以及 GIS 最大不解体单元体积及安装作业空间，确定防尘室的安装尺寸和数量，制作防尘室。

第四级防尘处理：风淋室除尘，更换防尘服。

在防尘室入口处连接风淋室，所有进入防尘室的人员通过风淋室吹去身上附带的粉尘等其他微粒。

第五级防尘处理：待连接部位的防尘保护。

在设备的安装过程中，所有待连接的法兰或盆子在未连接前必须用防尘罩进行防尘保护。

（九）电缆敷设成套装置

由于高原人工降效，需要重体力施工的一些项目（如全站电缆敷设），施工难度加大。为解决这一实际困难，柴达木换流变电站现场开展 QC 小组活动，自行研制电缆敷设成套装置，"以机带人"节省施工人员的体能消耗。通过采用电缆敷设成套设备，敷设同规格电缆减少人力投入约 80% ～ 90%，节省时间约 60% ～ 70%，施工单位成功完成约 450km 的电缆敷设施工，比计划工期缩短了 2 个月。

第四节　直流线路施工

一、工程规模

（一）工程简介

青藏直流线路工程起于距格尔木市 28km 的柴达木换流变电站，止于距拉萨市 18km 的拉萨换流站。沿线途经青海省的海西藏族蒙古族自治州、玉树藏族自治州，西藏自治区的那曲市、拉萨市，跨越青藏铁路 22 处。

直流线路分属两家建设管理单位管理，青海段起于柴达木换流变电站，止于青海西藏两省交界的唐古拉山口，由青海公司负责；西藏段起于安多县唐古拉山口，止于拉萨换流站，由国网直流公司负责。直流线路路径长度约1038km，线路经过多年冻土地区路径长度550km。沿线海拔范围在2880～5300m之间，自然环境恶劣，地质条件复杂。直流线路全线地形比例为：高山大岭5.02%、一般山地29.85%、丘陵16.55%、平地30.94%、沙漠2.96%、泥沼14.68%。柴达木—纳赤台109km、桑利—拉萨154km两段设计基本风速为27m/s；唐古拉山口等地段约168km，设计基本风速为31.5m/s；其余段为28m/s。柴达木—纳赤台段和桑利—拉萨段覆冰厚度5mm，其余段为10mm。

青海段沿线途经青海省的海西藏族蒙古族自治州、玉树藏族自治州，线路基本平行G109国道（青藏公路）、青藏铁路、110kV格尔木—纳赤台—五道梁—沱沱河送电线路走线。线路总体为东北—西南走向，所经过地区多以戈壁、草原为主，在格尔木市附近有部分沙漠。

西藏段沿线途经那曲市安多县、那曲县及拉萨市当雄县、林周县，线路基本平行G109国道（青藏公路）、青藏铁路，部分路段跨越青藏公路（109国道）。总体地势北高南低，沿线主要为构造侵蚀剥蚀中高低山、高原丘陵地貌及侵蚀堆积地貌平原、河谷、扇形地、山间槽地、盆地等。

青藏直流线路工程采用单回路架设，全线塔基数2361基。全线共采用7种基础型式：装配式基础、斜柱基础、直柱基础、锥柱基础、掏挖式基础、人工挖孔基础、灌注桩基础，其中作为解决永久冻土问题的特殊基础形式主要是装配式基础、锥柱基础和灌注桩基础3类。在整个工程建设过程中基础的使用情况为装配式基础199基、斜柱基础282基、直柱基础72基、锥柱基础755基、掏挖式基础614基、人工挖孔基础71基、灌注桩基础368基。

青藏直流线路工程共采用铁塔形式26种，其中转角塔12种、终端塔1种、直线塔13种。全线根据50年一遇10m高10min最大设计风速共分为27、28、31.5m/s 3个设计风区，对应3套转角与直线塔的组合，27m/s风区有塔型10种、28m/s风区有塔型8种、31.4m/s风区有塔型8种。

直流输电导线采用4×LGJ－400/35钢芯铝绞线，柴达木—沱沱河段1根地线采用1×19－13.0－1270－B（GJ－100）镀锌钢绞线，另1根地线采用36芯OPGW光缆；沱沱河—安多段1根地线采用32芯超低损耗光缆，同时另1根地线架设1根24芯OPGW光缆。

直流线路全线污区分为轻、中、重污区。直线塔及跳线串采用复合绝缘子，耐张采用瓷绝缘子、棒式瓷绝缘子、少量玻璃绝缘子。悬垂串采用 160、210、300kN 单、双联复合绝缘子，耐张串采用双联 300kN 盘式或瓷棒绝缘子，跳线串采用 160kN 复合绝缘子。悬垂串、跳线串采用 V 型串。

（二）主要工程量

直流线路工程全线共浇筑混凝土 106 927m³；组立铁塔 2361 基共 54 281.1t；展放导线 11 751.214t，地线 702.929t；展放 OPGW 共计 1476.152km；共安装热棒 6891 根。

二、进度控制

（一）工程开竣工

2010 年 8 月 9 日，青藏直流线路工程举行了首基基础浇筑仪式，标志着线路工程的全面开始。为保证青藏直流工程的施工质量，总指挥部坚持以"工程进度服从质量"为原则，合理组织施工，严格关键工序控制，精心组织、周密安排，将原定的 26 个月的建设工期缩短到了 15 个月，为工程提前发挥效益打下了坚实基础。青藏直流线路工程关键节点工期见表 5–3。

表 5–3　　　　　　青藏直流线路工程关键节点工期表

序号	任务名称	时　间
1	基础施工	2010 年 8 月 9 日～2011 年 3 月 20 日
2	组塔施工	2011 年 3 月 21 日～6 月 30 日
3	架线施工	2011 年 7 月 1 日～8 月 31 日
4	竣工验收	2011 年 9 月 15 日～10 月 15 日

（二）主要阶段控制

为保证工程的顺利实施，总指挥部根据工程的建设特点将工程建设划分为三个阶段，并以"三大战役"作为建设的控制段。

1. 基础施工

青藏直流线路工程的基础施工阶段是整个线路工程的关键，基础施工面临着大量的施工技术难题、严格的质量要求、极其恶劣的施工环境、巨大的环保压力和极短的施工时间。冻土、大温差、强紫外线、低温混凝土浇筑、缺氧（约为内地的 45%）等客观困难，是摆在线路基础施工阶段各建设者前的拦路虎。

基础施工工作量大、难度高、工期紧。施工初期，总指挥部就组织建设管理、设计、监理及施工单位细化了工程三级网络计划，制订有针对性的施工组织方案和措施。结合工程现场建设进度，及时组织召开了基础施工方案及关键技术审查会，对各单位施工分标段进行审查，特别是对冻土基础施工、冬期施工等关键环节进行认真讨论，完善了全线施工组织方案和措施，并将工作任务落实到每一基基础。各参建单位每日进行工程进度统计汇报，每周组织召开各参建单位参加的周工作会议，及时解决现场施工过程中存在的问题。

（1）严控过程、攻坚克难，完成基础施工。开工伊始，为保证基础施工的安全和质量，建设管理单位组织各参建单位安全、质量、技术等主要管理人员，对《国家电网公司基建安全管理规定》、《国家电网公司输变电工程施工危险点辨识及预控措施》、《输变电工程安全文明施工标准》、《国家电网公司输变电工程标准化施工作业手册》、《国家电网公司输变电工程施工安全措施补助费、文明施工措施费管理规定（试行）》《国家电网公司应急预案编制规范》等文件规定进行了系统学习，为《安全文明施工实施细则》、《安全管理制度》、《现场应急处置方案》等各种安全措施及安全文件的编制奠定了基础。要求施工单位将文件精神及时传达到施工现场，将文件要求落实到工作中。同时，设计院及专家组对线路全线冻土基础地质资料、设计基础情况进行复查，对高温、高含冰冻土区基础优化方案进行论证核实，通过增加热棒1402 根，将跨越青藏铁路等 22 处重点塔位由浅基锥柱型基础加强为深基灌注桩基础。施工前建设管理单位还组织施工单位编制了冻土基础施工、热棒施工细则，加强了冻土基础知识、负温混凝土施工和装配式基础施工相关知识培训，并针对每一种冻土基础形式采用了基础及热棒施工"样板引路"的方法。

在基础施工过程中，根据基础施工规范标准，施工单位严格贯彻落实基础施工质量控制相关标准规范及施工工艺要求，特别在冻土基础施工过程中，施工单位严格按设计给定的开挖条件进行施工，加大了对基底清淤工作的检查力度，杜绝了坑底遗留废渣冰体和积水的施工。为把好进场材料、构配件的质量控制关，施工单位对基础钢筋、地脚螺栓、砂石料等材料进场进行了严格检查。施工单位通过使用大型机械设备快速进行施工和回填，随时监测外界温度的变化，并采取遮阳、保温措施，减少对冻土的扰动，坚决禁止使用冻土块直接回填。

冻土基础的稳定是线路安全运行的关键，根据冻土基础变形观测计划和观测方案，各施工、监理项目部每月对冻土基础沉降进行观测，在每月一次冻土基础变形观测工作中，参建单位对检测的数据进行确认及分析，做到事前督促、事中监控、事后分析，保证了对冻土基础全过程监控的准确性。

（2）唐古拉山地区沼泽地的37基灌注桩基础施工攻坚战。唐古拉山南侧有37基灌注桩基础地处沼泽地，11月后，天气异常寒冷、干燥，缺氧极度严重，强紫外线、狂风肆虐，夜间气温最低达到 −45℃，白天最高温度也在 −20℃ 左右，空气含氧量仅为平原地区的45%，施工现场经常有8级冷风呼啸，还有强烈高原反应和周围出没的野兽也对建设者构成了很大的威胁。

为确保2010年内完成全部的基础施工任务目标，按照关口前移、扁平管理的要求，各参建单位成立了领导挂帅的督战小组，及时协调解决施工过程中存在的问题，监督指导37基冻土基础的施工工作。参建单位对冻土区灌注桩基础进行了单基策划，每基都有专项施工方案，逐基编制了《37基灌注桩监理实施方案》和《37基灌注桩施工作业指导书》，编制完善了设备、物资供应计划和人员资源计划。在唐古拉山沼泽地基础攻坚战施工中，医疗保障采用"一对一"的保障方式，最多的时候有70多人同时在打点滴，这些建设者为青藏直流工程无私地奉献着自己的光和热。7标段37基沼泽地冻土攻坚战共布置旋挖机32台，队伍1200人，通过全体建设者无私的奉献，仅用24天就顺利完成37基沼泽地基础施工任务，确保了第一阶段建设目标的实现（见图5−6）。

2. 组塔架线

组塔架线阶段，总指挥部组织各参建单位对组塔、架线施工组织计划进行了审查，落实了资源配备的充足性，确保了施工人员满足1.5～2倍常规工程配置的要求。针对高寒、缺氧、人机降效等特点，各施工单位在铁塔组立过程中大量使用大型机械设备进行吊装，以减少现场人员的劳动强度，加快施工进度。建设管理单位加强组织协调，积极推进架线施工跨越公路、铁路

图 5 - 6　西藏安多县沼泽地 37 基灌注桩基础施工攻坚战

及电力线路工作,稳步推进架线和附件安装的施工进度。针对接地施工进度慢的情况,建设管理单位负责人员多次到现场进行督导检查,规范接地施工工艺,加快推进接地施工进度,确保雷暴密集季节来临前完成接地施工任务。

利用工程复工前的冬休期,2011 年 1 月,各参建单位主要管理人员在成都集中进行了组塔放线阶段的交底工作,包括地锚坑的埋深距离、拉线承托系统的钢丝绳选择、内外拉线防风振、抱杆倾斜角度计算及受力分析等多个方面内容。在铁塔组立开工前国网直流公司组织开展了铁塔组立标准化作业研讨会,制定形成了《铁塔组立标准化作业规范和流程》,规范化了整个铁塔组立工作。

针对铁塔组立的高风险工作特点,建设管理单位组织召开了铁塔组立阶段高原高空作业风险预控研讨会,辨识了高原高空作业的风险,制定并下发了《青藏直流工程铁塔组立高原高处作业风险预控专项措施》,有效控制了现场风险,对保障组塔安全起到了很好的指导作用。

针对春季大风、沙尘和低温缺氧的气候特点,建设管理单位提出了标准化开工、标准化作业的相关要求,先后组织下发了《铁塔组立施工标准化》、《张力架线标准化施工作业要求》等标准规范,并严格督促各单位按照标准化要求"样板引路、示范先行",开展组塔及架线施工试点工作。直流线路 10

个标段完成了不同类型、不同作业方式的首基铁塔组立试点，统一了质量标准和工作要求，总结了安全、质量、工艺、医疗等方面的成功经验。组塔架线阶段，建设管理单位加强了对组塔架线标准化施工落实情况的监督检查，规范了 OPGW 光缆熔接工作，对光缆熔接工艺、施工组织提出了明确要求。在直流线路施工进入尾声时，各参建单位紧抓工程质量不放松，加强尾工施工与架线、附件安装、光缆熔接、光缆 T 接及中继站土建和安装的配合，加强施工组织协调管理，确保了架线施工安全和工程的整体质量。

总指挥部和各参建单位紧紧围绕 6 月完成铁塔组立、8 月底全线架通、争创国家电网公司安全流动红旗等目标开展工作，组织了月度安全检查，落实了年度第一次区域安委会的要求，开展了"两抓一建"等安全风险管控活动。

（1）高原塔材运输。青藏直流工程有部分杆塔位于交通不便的山岭上，加之高原、寒冷的环境，给运送塔材带来了极大的困难。为减小对环境的破坏，实现环境影响最小化，施工人员只能选择马和骆驼作为运输工具进行山路的塔材运送（见图 5 - 7），4000m 山路运送塔材一个来回就要 3h。为确保施工进度，建设者与马、骆驼每天都要日出而作，在山路上往返三四趟。整个青藏直流线路工程的施工现场共动用了上千匹的马和骆驼，完成了几千吨塔材的搬运任务，为提前完成所有的铁塔组立和架线任务提供了坚强保证。

图 5 - 7　线路塔材的马帮运输

（2）高山上组立铁塔。青藏直流线路工程要翻越"三个山峰"——唐古拉山、风火山、昆仑山，塔位均在海拔 5000m 以上。尤以 6 标段 4294 号铁塔的施工最难，该塔全高 43m，总重量 24.6t，塔位海拔高度 5300m，地处唐古拉山口，海拔最高、施工环境最为恶劣、施工条件最为艰苦，4294 号铁塔是世界上海拔最高的铁塔。

唐古拉山藏语意为"高原上的山"，在蒙语中意为"雄鹰飞不过去的高山"，是长江和怒江的分水岭。该山脉由于终年风雪交加，又被称为"风雪仓库"，每年 3～5 月临近午时就会按时刮起 6 级及以上大风，这个标段的有效作业时间只能达到普通标段的 60%，含氧量不到平原地区的 45%。"到了唐古拉，死神把手抓"，到过此处的建设者深有感触："到这里，更加明显的头痛、头晕，甚至全身不适"。建设者以"饮马三江源，亮剑唐古拉"的豪情和斗志奋战在唐古拉山。施工现场准备了医疗保障车辆 3 辆，氧气瓶 20 多瓶，施工现场同时配备了医疗箱、攀登自锁器、水平保护绳、速差保护器、测风仪等装备。铁塔组立只能视天气情况而定，超过 6 级以上大风时，建设者就在地面组装，天气一旦转好，立即组织吊车进场吊装组塔，整基铁塔组立共用时 15 天。4 月 29 日，位于海拔 5300m 唐古拉山口的编号为 4294 的铁塔成功组立，标志着青藏联网工程建设取得重大阶段性成果。

3. "五位一体"的全方位验收

"五位一体"是指建立工程建设、运行、监理、环保水保、医疗保障五方面单位共同参加的工程竣工验收工作体系，各单位分工明确，职责清晰，互相协作，齐心协力，共同做好验收工作。各参建单位按照工程节点计划，统筹组织完成了基础、铁塔、架线阶段转序和验收工作。由于永久冻土地段要求在冻土进入融冻期前完成所有导地线展放工作，为避免对冻土的进一步扰动，电力质检总站和各参建单位一起共同研究，科学制定了永久冻土地区放线前质量监督检查的特殊工作计划，并多次在严寒中进行质量监督工作，取得了大量真实科学的数据。

针对工程特点，建设管理单位组织编制了工程验收标准和方案，并对相关标准进行了申报。通过工程验收标准体系的建立，规范了工程施工，为后续电网的设计、施工提供了有力的支撑。同时，工程自始至终强调施工单位的三级质检，要求施工单位规范自检程序和内容，落实质检责任，及时完成消缺整改，保证自检工作的严肃性。建设管理单位和监理单位通过加强消缺整改过程的监督，严格落实总指挥部提出的各项安全质量措施，及时协调施工单位做好验收阶段缺陷、隐患的消缺工作，与运行单位一道对施工单位的消缺整改工作进行检查，确保缺陷和问题的整改高质量、高标准。

为提高验收效率，保证验收的质量安全，总指挥部特别制定和编制了《青藏交直流联网工程竣工验收大纲》，组织完成了"五位一体"的竣工验收工作并形成了工程实体、环保水保、工程档案、通信工程、医疗保障五项竣工验收报告。在各参建单位的配合下"五位一体"的验收模式运行正常而高效，有序组织完成了各施工标段各阶段验收的消缺闭环，确保了工程"零缺陷"移交目标的实现。

在完成现场实体工程质量验收的同时，建设管理单位组织策划完成了工程自评估总结工作。在总指挥部的统一组织下，专家组对各建设、设计、施工、监理、医保、通信以及物资管理单位的自评估报告进行了审查。

4. 冻土基础施工

（1）基础开挖。基础开挖前，准备好冻土基坑防日晒所用的设施（如遮阳棚等），应先在上坡侧挖断面为 $300mm \times 300mm \times 400mm$ 的排水沟，并准备一定数量的排水泵等排水设施，以保证基坑不受雨水浸泡。在开挖过程中，做好遮阳、防雨措施的同时，还需要做好抽水、排水的措施，易产生热融滑塌的基坑应逐腿施工，并尽可能选择在气温较低的时段内快速施工。基坑开挖在达到设计埋深时需预留 $200 \sim 300mm$ 以上防冻层，待浇筑前再挖至设计深度，当基础底板下存在冰层时必须将此挖除，并用粗石料换填至设计标高，以避免气温上升冻土解冻后造成不均匀下沉。基础坑开挖后，未及时浇筑的基础在坑底铺盖棉被等保温、防冻融材料，在坑口采取遮阳、覆盖等隔离措施，减少开挖面暴露在外界空气中。

（2）基础浇筑。在负温下进行混凝土施工时，水泥不能进行直接加热，须在搅拌机旁边设置温度不低于 $10℃$ 的暖棚并将水泥放入，提前自然预热；干砂不加热按热工计算要求确定水温，定期进行砂含水率的测试，防止含水率不均匀造成混凝土水灰比的变化；粗骨料不进行加热，采用塑料布或彩条布进行覆盖，防止雨雪混入，并不得含有冻块、雪块；水加热的温度值根据气温及实测入模温度值进行调节，在 $-15℃$ 以上的气温下，水应加热至 $60 \sim 70℃$，混凝土入模温度控制在 $6 \sim 8℃$，气温低于 $-15℃$ 时，加热至 $70 \sim 80℃$，混凝土入模温度控制在 $8 \sim 12℃$；外加剂不需进行加热，与水泥一样，置于暖棚内。

混凝土搅拌前，先对搅拌机进行预热。次序是先将粗、细骨料投入搅拌机中与热水进行搅拌 30s，降低拌和水的温度，提高骨料的温度，然后再加入水泥与外加剂搅拌 120s 左右，混凝土搅拌时间一般为 150 ～ 180s。常态混凝土坍落度一般控制在 30 ～ 50mm（灌注桩为 180 ～ 220mm）即可，混凝土坍落度测试每班次不少于 2 次并作记录。

混凝土浇筑前，应先对模板与钢筋上的积雪或积水进行清理，不得在有积雪的情况下进行浇筑。浇筑过程中，特别是晚间浇筑混凝土时，严格监测混凝土的入模温度。混凝土的振捣应均匀，振捣棒不得长期停留某一点。同时，混凝土的振捣不得过振或欠振、漏振。振捣搓平完毕的混凝土应马上覆盖，不得长时间暴露于大气环境中，避免混凝土早期热量迅速散失。

混凝土养护是冬期施工中尤为关键的环节，各施工队在混凝土浇筑前，首先根据混凝土作业量，备足保温防风材料。对于混凝土结构的迎风面、棱角突出部位、不易蓄热部位，应加强保温措施，并加强温度的监测。冬期施工中，任何时候都不得在混凝土表面浇水养护。为防止混凝土水化热的散失，应在混凝土浇筑完毕后及时用防风、保温材料进行围护。混凝土在达到抗冻临界强度之前，每 2h 测量 1 次，在达到抗冻临界强度之后，每 6h 测量 1 次。为保证混凝土的强度持续发展，满足验收龄期的要求，混凝土在达到抗冻临界强度后，不得将混凝土直接暴露于环境中，应继续保温养护至达到设计规定强度。

（3）基础回填。冻土地基的回填是施工的重点和难点，回填质量的好坏关系到塔基的稳定性，因此对锥柱基础必须要用未冻结的粗颗粒土分层夯实回填，密实度不得小于 80%，严禁用冻土块、雪块回填，必要时应将冻土块翻晒或采用换符合要求的土后回填。

冻土区基础拆模后，回填土应夯实，每层厚度不大于 300mm，回填土应高出地面 500mm 做防沉层。当采用玻璃钢模板和有热棒时，随基础浇制高度进展同时回填。

回填应尽量采用同类土填筑，并控制适宜含水量（含水量控制在 12% ～ 18%），当采用不同的土填筑时，应按土的类别有规则地分层铺填，将透水性较大的土层置于透水性较小的土层之下，不得混杂使用，以利水分排除和基土稳定，避免形成水囊和滑动现象。

回填应从填方区最低处开始，由下向上水平分层铺填。填土层下淤泥，杂物、冰块应清除干净，为耕土或松土时，应先夯实，然后再全面填筑。在地形起伏之处，应修筑 1:2 阶梯形边坡（每台阶高可取 50cm，宽 100cm）。

采用电动机械打夯，打夯要按一定方向进行，打夯时应一夯压半夯，夯夯相接，行行相连，每遍纵横交叉，分层夯打，夯实基槽及地坪时，行夯线路应由四边开始，然后再夯中间。基坑回填应在相对两侧或四周同时对称进行。

三、安全管控

抓好大型施工机械使用、组塔架线作业、交叉跨越施工安全措施的编审和现场的落实，严格审批、审核程序。对关键作业、特殊作业和重要作业，要求责任单位领导和主要管理人员必须现场督导，特别是跨越青藏铁路、公路等重大跨越施工期间，坚持现场 24h 值班制度，严格执行审定的技术方案，确保施工安全。工程建设期间逐步形成随机抽查、对标排名、视频点评、责任追踪、整改通报五个方面的现场流动检查评比机制，有效促进了工程安全管理。

（一）总体控制措施

青藏直流工程要求组塔施建设者必须进行技术培训和安规学习，高空建设者须经体检合格并建档后方可参与施工。未进行安全技术交底前不得擅自开工。施工现场须划出明确作业区，做到文明施工，作业区禁止外人进入。立塔主要工器具应符合技术检验标准，并附有许用荷载标志；使用前必须进行外观检查，不合格者严禁使用，并不得以小带大。认真做好施工前的组织、准备工作，施工现场各部位的职责明确，并落实到个人。施工负责人是施工现场的指挥员，也是施工现场的安全第一责任人。施工负责人与塔上负责人员用对讲机和旗语联络，信号统一、步调一致。施工现场安全员协助施工负责人检查各项准备工作及各种工器具，在施工过程中要认真做好安全监督工作。

（二）组塔安全措施

地面组装设置现场指挥人，负责现场的地面安全工作。组装场地应平整，清除障碍物。组装断面宽大的塔身时，在竖立的构件未连接牢固时，采取临时固定措施。分片组装塔件时，带铁应能自由活动，塔件应绑扎牢固。

分解组塔各部位的工具，应按施工设计要求进行布置，各种绳索的穿向要正确，连接要可靠，安全监督人在吊塔前应做一次全面检查。塔腿组立后，应及时将塔腿接地装置与铁塔相连接，避免雷害事故。吊装方案和现场布置应符合施工技术措施的规定，工器具不得超载使用。塔片就位时应先低侧后高侧，主材及侧面大斜材未全部连接牢固前，不得在吊件上作业。

（三）严格执行吸氧制度

上线人员在医疗保障单位和各参建单位的监督下每天坚持吸氧 2h 及以上，实行夜间巡查制度，检查建设者精神状态，询问高原反应感觉，定期督促施工人员测量血压及血氧，发现感冒及其高原病及时医治，并专门设置吸氧休息室，供现场人员定时吸氧。

施工现场配备急救运输车辆、吸氧设备、通信及医疗用品。在基坑开挖时执行往坑底输氧措施，并要求施工人员在坑内作业不得超过 1h，上坑后必须立即吸氧。

高空作业人员执行每 1h 休息轮换制，铁塔组立时现场设置吸氧室，创新高空输氧法，将输氧管直通休息平台，方便高处作业人员随时吸氧（见图 5 - 8）。针对架线作业平衡断线、走线和附件安装作业时，高处作业人员不方便每小时及时下塔情况，每人须背负 2.5L 小型氧气瓶，方便作业人员空中吸氧，减少体力消耗。

图 5 - 8　组塔架线人员施工过程中进行高空吸氧

四、质量管控

青藏直流工程始终坚持三级验收制度。要求施工人员对自己的施工项目进行自检，自检不合格的，不得进入下道工序；同时要求下道工序对上道工序进行检查验收，做好工序交接。各级质量检验，始终坚持将《国家电网公司输变电工程达标投产考核办法（2010版）》作为基本的检验标准，贯彻执行达标投产、创"优质工程"的要求，始终牢固树立"精品"意识、"创优"意识，始终将质量视为企业的生命。青藏直流工程完全满足内部三级质量检验（自检、复检、专检）规范要求。

为确保施工过程中的成品得到有效保护，加强成品保护意识，防止成品受损。青藏直流工程将成品保护列入"标准化工地"标准，作为文明施工的重点，制订了相应的管理制度与奖惩措施，并严格执行。

（一）线路基础工程施工

基础工程是整个直流线路工程的关键。首先在基础浇制前狠抓了"三控制"，即分坑前的复桩控制、开挖前的分坑轴线及开挖中的安全控制、基坑形成后的检测控制。基础浇制中的两控制，即浇制前的验模、验筋、测量保护层的厚度及几何尺寸控制和浇制中的混凝土搅拌质量和振捣到位控制。基础浇制后的养护四控制，即搭暖棚生火、测量温度、拆模时间、拆模检查。在基础施工过程中，组织设计单位跟随基坑开挖对冻土基础逐基进行实际地质情况、冻土类别、冻土深度、含冰量、地下水等数据的核对、对比，对回填土密实度等施工工艺进行评价，对基础设计参数进行复核及反校验工作，通过终勘定位及设计复核，基础形式均满足设计条件和输入条件。

（二）铁塔组立施工

针对铁塔的组立，尤其是跨越青藏铁路、公路的一些重大作业，对每一种塔型，都形成了施工作业的规范和标准。加大了各级验收力度，落实各级验收责任，加强各环节验收工作的考核和责任问责，完善质量验评程序，加强质量监督工作，切实发挥施工单位三级自检体系以及监理、建设、质量监督各方面的作用，抓好建设全过程质量控制，实现"零缺陷"移交。认真对施工单位提供的杆塔施工作业指导书、安全措施和高空作业人员的资格证进行了严审。对成品、半成品进行抽样检查，审查试验单位和供货商的资质证书。在杆塔施工过程中，现场监理人员首先抓组立过程中的安全工作，以安全保质量。同时采用旁站、巡视和抽检的监理方式，确保施工质量。对杆塔的关键和重要项目进行检查，对不符合设计和规范要求的项目及时发现，及时要求施工单位整改，使杆塔分部工程一次验收合格。

（三）架线施工

在架线分部工程开工前，首先对施工单位提供的架线施工作业指导书、安全措施和高空作业人员的资格证进行了严审。其次对成品、半成品进行了抽样检查，审查了试验单位和供货商的资质证书。对施工过程中的工器具、机具有效完好状况进行了审查。同时在确保安全施工的前提下，又狠抓了放线过程中的导线磨损、弛度观测、导线接续质量三大控制。架线工程防范严密、措施得当，提前预控有力，圆满完成了拆旧线架新线的改造任务，确保了架线施工质量，并顺利通过了架线分部工程中间验收和竣工验收。

（四）接地施工

在接地施工中，首先抓了接地材料的验收工作，坚决杜绝非标产品流入现场。对工程施工严格按照隐蔽工程工序要求对接地体、埋深、焊接工艺进行了严控，使接地工程达到了设计及规范要求。

（五）冻土基础沉降、变形观测

在组塔架线阶段，组织制定了冻土基础沉降、变形统一的观测方法、观测记录表格和结果分析报告格式，每月开展一次冻土基础沉降、变移的观测，统一观测点，观测人员相对固定。重点对大开挖、高含冰量冻土、高温不稳定冻土塔基基础进行变形和地温监测，对变形较大（或偏差较大）的塔位进行持续观测，每月召开冻土基础稳定性分析会，对观测结果进行分析总结，形成冻土施工质量分析报告。在组塔及架线转序前，召开专家分析会，对冻土基础稳定性、转序条件进行全面的评价分析。施工单位按照回填土施工工艺标准对出现下沉回填土的塔位进行回填夯实，对于处于斜坡上的冻土基础，在斜坡上部修建挡水坎。通过 9 个月对冻土基础沉降位移的观测分析表明，冻土基础处于相对稳定状态，没有发现基础变形超规范的现象，动态掌握了冻土基础安全状况，确保了冻土基础的持续稳定。

五、施工技术攻关与实施

（一）冻土基础施工

防止基坑扰动采用热棒热缸吸、安装玻璃钢模板及快速开挖、快速施工、快速回填等方法，提前预控冻土基坑开挖冻土融化后造成塌方、基础沉降。

做好基坑保温。基坑施工尽可能选在气温较低的季节进行，在基坑开挖时须搭设暖棚进行保温，保证冻土在施工阶段不融化。人工挖孔桩和掏挖基础基坑开挖时在基坑上方搭设暖棚进行保温，减少热量传入基坑内，同时对地质软弱的采用混凝土护壁防止冻土融化造成塌方；对于玻璃钢模板外侧与基坑壁之间的空隙在混凝土浇筑到玻璃钢模板下口以上后采用细土回填并捣实，必要时采用水淋灌。

基础准确定位。将装配式基础底梁中心和纵横轴线的投影准确定在基坑底，在底梁上准确画出纵横轴线的标识线，在定底梁中心和纵横轴线时必须将加工误差考虑在内并给予消除。吊装时将底梁纵横轴线在基坑的投影线完全与底梁上纵横轴线的标识线重合。

混凝土防冻措施。在混凝土中添加防冻剂增加混凝土的抗冻性能，使混凝土在负温下能正常进行养护，使灌注桩基础、掏挖基础、人工挖孔桩基础中与冻土层接触的混凝土质量能够得到有效保证。

及时进行基坑回填。基坑回填选用未冻结且含水率适中的粗颗粒回填土作为回填材料，回填土采用电动夯机分层夯实，每层厚度不大于 300mm，基坑回填在相对两侧或四周同时对称进行。

（二）沼泽地基础施工

沼泽地基础施工被认为是"输电线路基础施工中最困难的施工环境"之一，加上高原地区沼泽地基础施工更是难上加难。经过研究和现场勘测，通过采用在沼泽地道路没有融化之前，施工道路提前用钢板铺垫，将材料优先运输进现场的办法，较好地解决了施工机械及材料进场难的问题。

为解决沼泽地基础排水及坑壁垮塌的问题，创造性地采用逐一开挖逐一回填的办法，即回填完一个基础后再进行下一个基础的开挖工作。在基础开挖的过程中需用 2 台抽水泵进行排水，同时用挡土板及钢管进行护壁支垫工作。

（三）高海拔地区机械化组塔施工

青藏直流工程铁塔本体高，塔头重量重。施工环境恶劣，机械降耗严重，施工效率较低。本着安全第一、以人为本的施工原则，总指挥部高度重视，组织资深专家进行了施工方案会审，通过铁塔组立试点，规范了施工流程和工艺。施工中 80% 铁塔组立采用起重机分片、分段吊装，提高了机械作业化程度，保证了施工作业安全可靠性，减少了高空作业风险。30m 高度以下铁塔选用 25t 吊车和 50t 吊车组合进行吊装，30m 高度以上铁塔采 25t 吊车、50t 吊车、75t 吊车组合进行分段、分片吊装，对于导地线横担采用整体分段吊装组立。单基铁塔组立相比较常规组立方法可节省 1.5 天时间，减少高空作业人员 4～8 人，减少地锚坑开挖数量 6～8 个，同时减少了植被破坏。

（四）冻土区导线展放

针对青藏高原由于高寒缺氧，生态环境十分脆弱，一旦破坏很难恢复的特点，合理选择牵张设备及施工场地，因地制宜地进行场地布置，避免大规模平整及占用施工场地，减少对生态环境的破坏尤为重要。为了保证架线工程安全施工，对多年冻土地区的地锚开挖后，对坑内出水情况进行检查，对出水较多存在隐患的地锚，更换地锚位置，并加深地锚深度，保证施工中的安全。同时对施工临时用地，地锚坑在架线施工完成后及时回填，并尽快恢复植被。

（五）热棒施工工艺

热棒技术是一种利用制冷工质液汽两相转换的对流循环来实现热量传输的系统，是无源冷却系统中热量传输效率最高的装置。正是由于热棒的这个特点，从冻土中吸收热量，使地下的永冻层变厚，温度降低，加固了冻土的强度。

热棒安装成孔孔径宜较热棒管壳直径大于 50mm。成孔深度应比设计深度大 100～200mm。钻孔完后，检查孔径、孔深和垂直度，同时将钻孔中泥浆清除干净。热棒与孔壁的间隙采用细砂进行填充。填充过程中应采用人工捣实，必要时可采用冷水冲实。灌砂数量应与计算数量相符。回填时不得混入油污、木屑、石块等杂物，防止出现空隙或不实现象。

热棒安装质量要求热棒顶部标高按设计要求统一（见图 5-9），整基基础所有热棒安装标高误差在 50mm 以内。所有热棒安装位置绝对误差在 100mm 以内。

图 5 - 9 热棒安装位置及标高严格执行设计标准

（六）线路施工环保控制

施工人员上下班，原材料运输及大型机械进出场，都会对沿线的植被产生较大的破坏。工程开工准备阶段，对沿线进行详细的现场踏勘，做出详细的施工环保措施方案和车辆运输材料的临时道路标志，划定行车范围和往返路线，不准自行踩道。限制人、车活动范围，机械、车辆、人员严格固定行走路线，不得随意碾压便道以外的冻土植被。在进入植被较好的地区预先铺设草垫或棕垫。进出驻地、场地的施工便道在条件具备的情况下，纵向便道尽可能利用青藏公路、公路废弃的便道，线路横向便道以少布设、拉大间距为原则，避开环境敏感地区，以减少对沿线冻土环境的扰动。

在基坑开挖时，严禁向塔位下方弃土。开挖出来的土方事先用编织袋装起，集中牢固堆放，有植被附着的地面铺垫彩条布，合理的堆放。施工用的砂、石、水泥等原材料，以及施工机械在施工现场都要与地面隔离，采用铺设彩条布、棕垫防止破坏地表植被和污染环境。在多年冻土区的高寒草甸地带，开挖过程移植地表植被时，将草皮整块切除进行剥离，移至它处并进行养护，同时将熟土集中堆放，用于后期草皮回移时的覆土需要，待完成回填后，再将草皮移回原处。

选择合适的场地进行塔材堆放，减少场地的占用。组立铁塔结束后及时进行地锚坑回填，以及现场铁丝、麻袋片等垃圾的清理工作。合理选择牵张场地。在架线工程施工过程中，因地制宜地进行场地布置，避免大规模平整施工场地，牵张场的大小不允许超出《设计院环保面积》规定的面积，以满足水土保持的要求。导地线紧线尽量采用耐张塔紧线、高处临锚、高处挂线的施工方法。合理选择、设置及开挖施工用地锚坑，减少植被的破坏。各种架线施工的临时用坑，在架线施工结束后及时回填，恢复植被。

在生活区、施工区设立垃圾箱对垃圾进行分类回收，回收后运至当地垃圾回收处进行处理。施工废水、废油、生活污水采用有效措施加以处理，做到不超标排放，防止污染周围水环境。

（七）高海拔地区飞艇展放牵引绳

施工单位首次在高原使用了飞艇，极大提高了施工效率（见图5-10）。高原飞艇展放牵引绳的工作流程为：采用飞艇展放 $\phi4mm$ 的高强度尼龙绳，再采用 $\phi4mm$ 高强度尼龙绳→牵引 $\phi8mm$ 迪尼玛绳→牵引 $\phi13mm$ 防捻导引绳→牵引 $\phi18mm$ 防捻牵引绳→牵引 $\phi24mm$ 防捻牵引绳→4根导线的展放方法。施工第二、十标段在架线工程中采用了飞艇展放初级引绳，一定程度上降低了人力展放导引绳的劳动强度，提高了施工效率，减少了对青藏高原脆弱生态环境的破坏，缩短了现场施工时间，减少了人力投入。

图5-10 高原首次使用飞艇展放初级引绳

（八）青藏铁路跨越

青藏直流线路工程跨越青藏铁路 22 处，由于受地形条件的限制，青藏铁路跨越点轨顶与地面高差较大。为了保证青藏铁路的正常运行，施工过程中搭设跨越架采用钢抱杆，外侧用 GJ－50 型钢绞线双拉线、φ16mm 迪尼玛绳进行封顶，使地线和导线在展放中均在绝缘网保护范围内。跨越架在青藏直流工程中起到非常重要的作用。跨越青藏铁路示意图如图 5－11 所示。

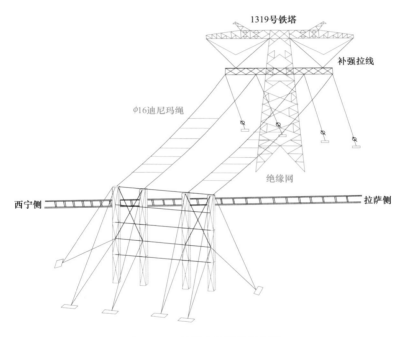

图 5－11　跨越青藏铁路示意图

第五节　通信工程施工

一、工程规模

（一）工程简介

青藏直流光纤通信工程随直流线路从柴达木换流变电站至拉萨换流站，

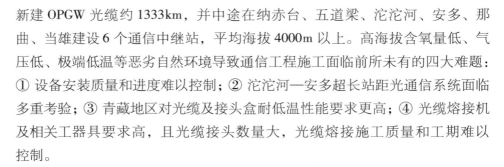

新建 OPGW 光缆约 1333km，并中途在纳赤台、五道梁、沱沱河、安多、那曲、当雄建设 6 个通信中继站，平均海拔 4000m 以上。高海拔含氧量低、气压低、极端低温等恶劣自然环境导致通信工程施工面临前所未有的四大难题：① 设备安装质量和进度难以控制；② 沱沱河—安多超长站距光通信系统面临多重考验；③ 青藏地区对光缆及接头盒耐低温性能要求更高；④ 光缆熔接机及相关工器具要求高，且光缆接头数量大，光缆熔接施工质量和工期难以控制。

（二）主要工程量

青藏直流光纤通信工程随直流线路架设 1 条柴达木换流变电站—拉萨换流站的 OPGW 光缆，光纤芯数为 36 芯（其中沱沱河—安多为 32 芯，12 芯超低损耗光纤，20 芯 G.652D 光纤），线路长度约为 1038km，同时，在沱沱河—安多区段随直流线路架设第 2 条 OPGW 光缆，线路长度约为 295km，光缆芯数 24 芯（全超低损耗光纤）。新建光缆共有 325 个接头。

二、进度管理

（一）关键节点工期

青藏直流光纤通信工程于 2011 年 5 月 1 日开工建设，2011 年 9 月 14 日竣工。关键节点工期如表 5-4 所示。

表 5-4 青藏直流光纤通信工程关键节点工期表

序号	任 务 名 称	时 间
1	中继站土建和 T 接光缆施工	2010 年 5 月~2011 年 7 月
2	光缆熔接施工	2011 年 6 月~2011 年 8 月
3	设备安装	2011 年 7 月~2011 年 8 月
4	系统调试及业务开通	2011 年 8 月~2011 年 9 月

（二）主要阶段控制

1. 中继站土建和 T 接光缆进度控制

中继站土建和 T 接光缆的进度管理是通信工程进度管理的重点和难

点。国网信通公司、青海公司、西藏公司加强沟通协作，在工程前期阶段，多次组织召开中继站土建及T接光缆协调会，落实中继站土建、T接光缆施工招标、征地等前期工作进展，在工程施工阶段，多次赴中继站和T接光缆施工现场检查和监督，确保了中继站土建进度满足设备安装进度要求。

2. 光缆熔接进度控制

高海拔恶劣环境下的人机降效，导致光缆熔接施工进度难以控制，直接威胁全程光缆的按期开通。为此，国网信通公司组织施工单位，在熔接施工前开展电力系统首次高海拔光缆熔接专题研究，研究适合于高海拔地区的光缆熔接机和工器具配置，以及熔接施工的工艺和测试等方案。光缆熔接专题的有效实施，为熔接施工单位的人员配备、工器具配备、施工工艺等提出了理论指导，保证了光缆熔接施工高质量按期完工。

3. 设备安装进度控制

由于线路长、站点多，设备安装工作的进度安排和组织策划是确保工程进度的关键环节之一。工程安装调试工作开始前，建设管理单位组织相关单位落实监理、施工的组织方案、进度计划；根据换流站和中继站土建的施工进度，合理安排、动态调整设备安装工作的进度计划、设备运输方案及人员调配方案；施工期间，密切跟踪设备安装进度，组织属地运行单位多次赴现场检查，及时协调安装过程中发现的有关问题，确保了设备安装工作高质量、按期完成。

4. 系统调试和业务通道开通进度控制

通信系统调试涉及国调中心、西北分调、青海省调、白银750kV变电站、武胜750kV变电站、西宁750kV变电站、刚察110kV变电站、海西750kV开关站、巴隆35kV变电站、柴达木换流变电站、纳赤台110kV变电站、五道梁110kV变电站、沱沱河110kV变电站、安多110kV变电站、那曲110kV变电站、当雄110kV变电站、拉萨换流站、西藏区调共18个站点。站点多、电路长、时间紧，系统调试和业务开通成为通信系统最后的决胜环节。国网信通公司组织施工单位安排3个施工队伍，分别负责白银—柴达木、柴达木—沱沱河、沱沱河—安多的调试任务，紧密配合、日夜奋战，按期完成了系统调试任务，并开通了直流线路保护、交流线路保护、调度数据网、网管、在线监测等共计236条通信通道，为直流±400kV工程及两端交流配套工程（西藏220kV工程，青海750kV工程）的系统调试提供了必要的通信条件。

三、安全管控

（一）高度重视"三抓一巩固"安全主题活动策划

为有效控制通信工程建设安全风险，国网信通公司高度重视安全管理工程，在施工前期制订了《青藏联网系统通信工程"三抓一巩固"安全主题活动实施方案》。活动方案以青藏直流工程现场安全管理工作为中心，抓安全培训、交底、持证上岗、工作票制度、习服、施工机械及交通安全管理制度、安全例会制度、安全巡视检查制度8项制度的执行；抓安全措施费用、施工现场安全警告标志、办理设备停复役手续、设备搬运与存放、通信主辅设备安装、太阳能系统安装、设备操作安全防护、蓄电池组装测试、机房防尘及卫生、配线及激光器的操作与调试、通信电源系统调试、消防安全12项措施的落实；抓施工前的安全准备、安全监护制度和日常施工安全监护、安全施工作业票管理、应急与事故处理4项监护的到位；从防止电网事故、触电事故、高处作业、交叉作业4个方面巩固基建安全基础。细致、务实的"安全活动策划"，为通信工程安全管理目标的实现奠定了基础，为实现青藏直流工程"四零、三不"目标作出了贡献。

（二）严格审查施工安全措施

青藏直流光纤通信工程在施工开工前，建设管理单位结合施工组织设计审查会，严格审查施工单位、监理单位的安全措施，细致了解其对"三抓一巩固"方案的细化和落实，重点关注施工前的安全交底、技术交底、安全工器具配备、习服计划、人员机械储备等准备情况，提高了全体建设者的安全意识，确保了施工安全措施有效到位。

（三）强化施工人员、机械储备

为解决高海拔地区人机降效问题，施工单位通过采取有效措施合理安排施工计划，加大人员、机械储备。施工人员、设备厂家督导均按2:1配备，即 2 个施工人员就要有 1 名后备，避免了施工人员过度劳累，最大限度保障了施工人员的人身安全。另外，使用质量好的施工车辆和工器具，提高了工作效率，减少了人员的高海拔作业时间，进一步确保了施工人员的人身安全。

（四）精心组织开展安全检查和隐患排查

为确保工程安全，围绕"三抓一巩固"安全主题活动，青藏直流光纤通信工程多次开展安全检查和隐患排查和治理工作，组织建设、运行、施工单位有关专家组成专家组，对通信工程机房土建、T 接光缆、设备安装等分项工程进行全面的安全质量隐患排查和治理，对现场安全制度执行情况、安全措施落实情况、监护到位情况、防事故措施情况四个方面进行了全面细致检查，消除了设备、光缆运行中存在的安全、质量隐患，为通信工程实现"零缺陷"移交、"凯旋式评估"奠定了基础。

四、质量管控

青藏直流光纤通信工程高度重视质量管理，国网信通公司牵头负责青藏直流光纤通信工程的创优工作，编制了《创优策划实施方案》，明确了创优目标及工作计划。青藏联网通信工程的创优策划，是跨区电网及特高压配套通信工程开展的第一个创优策划，针对光通信设备安装工程施工难度大、设备质量要求高、OPGW 光缆线路工程技术要求高等特点，建设管理单位制定了开展系统联调试验、强化设备安装工艺、加强系统测试、开展光缆熔接专题研究 4 个方面的质量目标，为确保工程质量优质奠定了基础，也为施工工艺提高积累了经验。

（一）光缆质量控制

光缆质量是系统通信工程质量的保证。针对光缆纤膏的耐低温性能将直接影响光缆衰耗，OPGW 光缆全程采用耐 $-55℃$ 的纤膏，保证了在极端低温条件下光缆性能；光缆接头盒密封材料选择硅橡胶，确保光缆接头质量；参与架线标准化施工作业要求，防止光缆损伤；编制光缆熔接施工工作指导意见，指导光缆熔接工作；开展光缆全程测量，检验熔接质量。

（二）中继站质量控制

针对青藏地区风沙大、温度低的特点，围绕"保温、防尘"性能，通信中继站采取全封闭建设，通过采用无窗户结构、进户门增加门斗、排风口加装百叶窗和弯头、地面全部采用活动地板、机房地面刷防尘漆等措施，提高了防风、防尘、保温的效果，确保了良好的设备运行环境。

（三）设备安装质量控制

青藏直流光纤通信工程创优策划对设备安装位置、布线、接地、设备之间的连接、ODF 成端盘纤的安装工艺、供电电源的接线、设备测试指标、标牌标识等均提出了明确的质量控制目标和措施。设备安装期间，国网信通公司安排专人分别负责青海段和西藏段的现场协调工作，加强监督检查，确保各项创优措施的落实。安多通信中继站进线光缆敷设见图 5 – 12。

图 5 – 12　安多通信中继站进线光缆敷设

（四）现场验收检查及消缺整改

2011 年 9 月 7 ～ 10 日，国网信通公司组织建设单位、运行单位、监理单位成立两个现场验收工作组，对青海段、西藏段的现场进行验收检查，重点针对施工工艺、设备运行环境、安全隐患、垃圾清运等方面对中继站土建、T接光缆施工、设备安装施工等进行了全面细致的检查，并及时组织监理、施工单位完成了消缺工作。

五、施工技术攻关与实施

（一）光通信设备预调试

青藏直流光纤通信工程涉及纳赤台、五道梁、沱沱河、安多、那曲、当雄等多个中继站，海拔均在 4000m 以上，路途遥远、环境恶劣、工期紧张，如果在施工过程中出现设备质量问题或缺陷，将给工程安全、进度管理带来较大的困难。为确保上线设备质量、节约现场调试时间，国网信通公司积极开展青藏直流工程通信设备预调试工作，组织厂家和调试单位在北京、深圳模拟工程实际搭建预调试系统，对 SDH 设备及光路子系统设备进行了 40 余天的测试。其间，对华为 SDH 设备进行了 10 大类 482 项常规测试，7 大类 78 项针对性测试；对西门子 SDH 设备及武汉光讯公司光路子系统设备进行了 10 大类 769 项常规测试，8 大类 154 项针对性测试，提前发现并解决设备硬件故障、软件问题多项。

通信设备预调试在电力系统工程中还是首次，不仅为青藏直流光纤通信工程建设提前排除问题，也为后续工程提供了值得借鉴的宝贵经验。设备预调试及时地消除了设备质量缺陷，使得通信设备在现场安装过程中未发现质量缺陷，系统开通顺利，调试时间大大缩短，确保了工程质量和进度目标。

（二）高海拔光缆熔接施工

OPGW 光缆沿线海拔高、气温低、空气稀薄、风沙大，这些都对熔接机参数设置、相关工器具配置提出了很大挑战。光缆接续施工工期非常紧张，沿线绝大部分地区为无人区，施工条件极为不便，如何高效地完成光缆接续施工，最大限度地避免返工，是工程的一个难点。在熔接施工准备期间，国网信通公司组织光缆熔接施工单位工程技术人员，在纳赤台和唐古拉山口进行了光纤熔接实地试验，提出了适用于青藏高原高海拔地区光缆熔接的施工工艺、工器具配置及熔接测试方案。各熔接单位一方面弃用了在高原熔接效果不好的熔接机，配备了足够的住友 TYPE – 39SE 或藤仓 60S 熔接机，保证光缆熔接施工质量，另一方面安排多组队伍同时施工，为光缆熔接施工高质量、按期完成奠定基础。在熔接施工过程中，建设管理单位及时了解施工进度，最大限度地合理安排施工计划，全面检验了熔接质量。通过光缆熔接专题研究和全程测量工作的有效实施，光缆熔接的质量控制在了每芯平均熔接点衰耗在 0.03dB/个以内，优于设计标准；在进度方面，最大限度地减少了返工的现象，确保了熔接施工按期完成。

（三）沱沱河—安多超长站光通信技术

沱沱河—安多的中继距离达到了 295km，由于没有可靠的供电电源，中间无法设置中继站，且高海拔恶劣的自然环境会导致光缆的附加损耗。因此，沱沱河—安多超长站距光通信系统面临着严峻考验。为此，国网信通公司积极调研新技术、新方法，特别是对康宁 SMF—28 ULL 超低损耗光纤进行了深入调研，包括其各种技术参数、性能对比、经济性分析、实际应用情况等。超低损耗光纤的衰耗特性明显低于普通光纤，以每公里降低损耗 0.02dB 计算，即 300km 可降低 6dB 损耗。使用超低损耗光纤可以减少系统的设备配置，特别是大功率光设备，提高系统的可靠性。

2011 年 8 月 23 日，青藏直流光纤通信工程采用超低损耗光纤建设的沱沱河—安多超长光纤通信系统成功开通，经 295km 光纤全程损耗测试，ULL 超低损耗光纤比 G652D 光纤低约 6.7dB。ULL 超低损耗光纤的成功应用，提高了超长距光传输系统的光功率富裕度，减少了前向拉曼放大器等高功率设备配置，降低了超长距离光传输系统的复杂性，使运行维护更加简便。系统富裕度提高了 6dB，节省了前向拉曼放大器，降低了系统复杂度，为后期运行维护降低了难度。同时，工程在沱沱河—安多建设光缆监测系统，对超低损耗光缆在极低温环境下的变化特性进行在线监测，统计分析高原高海拔地区极端低温、温差大等恶劣环境对 OPGW 光缆运行的影响，为日后工程建设和运行提供宝贵的技术资料。

（四）通信中继站保温、防沙

青藏地区风沙大、温度低，直接威胁光设备的运行环境。为最大限度地提高通信中继站设备运行环境，国网信通公司与设计院、施工单位深入讨论研究最优的解决方案，最终决定建设全封闭式通信中继站。青海段纳赤台、五道梁、沱沱河中继站新建的机房全部采用无窗户结构，西藏段安多、那曲、当雄中继站将原有机房的窗户封堵，确保机房保温、防尘效果。纳赤台、五道梁、沱沱河中继站新建的机房进户门增加门斗，即形成双层门结构，另外，为避免沙尘从排风口逆向进入机房，排风口外加装百叶窗和弯头，进一步提高防风、防尘、保温的效果。

（五）耐低温光缆技术

青藏直流工程光缆线路沿线地面最低温度达到 – 51.5℃。极端低温的恶劣自然环境对 OPGW 光缆质量构成了巨大考验。普通光缆纤膏在极端低温情况下会凝固，挤压光缆内部的光纤，导致光纤损耗增大甚至中断。另外，常规光缆接头盒密封均采用普通橡胶材料，此种橡胶材料在极端低温环境下易脆化，从而会影响到接头盒的密封性，雨水、沙尘易进入接头盒对光缆接头质量构成威胁。为此，国网信通公司积极开展耐低温光缆技术调研工作，并积极与光缆厂家、国家电线电缆质量监督检验中心合作，开展光缆、接头盒低温型式试验，提出了耐低温纤膏和接头盒密封硅橡胶材料。全程 OPGW 光缆采用了耐低温纤膏，接头盒全部采用了硅橡胶材料，大大提高了光缆在低温环境下的运行稳定性。

（六）光缆引下钢管封堵

进站引下光缆的钢管一旦封堵不严，雨水进入到钢管内，易结冰挤压光缆，导致光缆损坏。以往工程均采用防火泥进行封堵，然而在青藏地区昼夜温差大且空气干燥，防火泥很容易干裂，无法保证封堵严实。国网信通公司与设计院、监理单位、施工单位、光缆厂家共同研讨，最后各站统一标准，对钢管先采用泡沫胶封堵，再缠防水胶带。此种做法确保了封堵严密，保证了光缆安全。

第六节　施 工 创 新 成 果

一、新技术的应用

（一）钢筋直螺纹连接技术

青藏直流工程换流站主控楼等建筑钢筋混凝土结构的跨度和规模大，钢筋用量多，钢筋直径和布筋密度大。粗直径钢筋的连接方法，成为结构施工的关键，直接影响建设工程质量、施工进度和经济效益。施工单位在工程中采用了钢筋直螺纹连接技术，该项技术具有接头强度高、连接速度快、性能稳定、耗材量小、施工方便等特点，对提高建筑工程质量，节约原材料，加快施工速度具有重要意义。该技术在工程中的成功应用，不仅确保了工程质量，加快了施工进度，还在节约人力、物力、财力、节能、环保方面，创造了可观的经济效益和社会效益。

（二）高寒冻土灌注桩基础施工技术

施工单位根据不同的施工条件和地质条件，在灌注桩成孔时选择了合适的施工机械，选择了不同的基础成孔方式，大大降低了施工人员劳动强度，加快了施工进度。

基础开工时间为 2010 年 8 月初，季节性冻土处于融化阶段，采用旋挖机成孔施工容易发生塌孔，而采用冲击钻机进行成孔施工可明显减少塌孔现象发生，施工现场全部采用冲击钻机进行施工。进入 11 月后，施工现场已经极其寒冷，季节性冻土已全部冻结，采用冲击钻机施工需要水源，而现场水源已全部冻结，泥浆循环不能正常进行，大范围采用旋挖机进行成孔施工是提高工程效率的最好方法。

经施工总结，高寒冻土灌注桩成孔遵循以下施工原则：对于一般坚土、碎石土采用筒式钻头旋挖机成孔方法进行成孔施工；对于相对比较坚硬的冻土则采用螺旋钻头旋挖机成孔方法进行成孔施工；对于坑内有孤石的则先用冲击钻将孤石砸碎后再用旋挖机成孔方法进行成孔施工；对于比较坚硬的地质，则先用冲击钻进行成孔，等穿过坚硬段后再用旋挖机成孔；对于部分地面以下 3 ～ 5m 中间层部分未冻结容易塌方的则增加钢护筒进行成孔施工。

灌注桩基础成孔后要采取"速战速决"的冻土基础施工措施，及时浇注混凝土，有效防止基础坑壁垮塌。

在整个浇注过程中，采用导管排水措施，导管在混凝土中埋深控制在 2 ～ 4m。边浇注混凝土边拔管，导管提升时保持轴线竖直和位置居中，逐步提升。

采用上述方法不仅降低了劳动强度，保证了在线施工人员的身心健康，更重要的是保证了施工质量和进度。

（三）冻土区基础玻璃钢模板成型技术

为降低冻土冻胀对线路基础的影响，线路工程大量采用了锥柱基础，且采用了玻璃钢模板进行防腐处理。

锥柱基础钢模板加工原则为纵、横肋的孔距与模板的模数应一致，模板横竖都可以拼装。依此原则绘制了配板设计图、连接件和支承系统布置图、细部结构和异型模板详图及特殊部位详图，并根据结构构造型式和施工条件对模板和支承系统作力学验算。

每块模板按两个半径进行加工，模板之间采用螺栓进行连接，钢模板的面板采用 –4mm 钢板。为确保钢模的稳定，在浇筑过程中不发生暴模现象，在钢模的四周采用 10 号槽钢为肋；采用扁钢作为连接板，在加工过程中严格控制各几何尺寸，为控制施工工艺提供了保障。为方便吊装，在块模板两侧设置了吊环。钢模制好后，用红漆在模面标明基础型式及上下口尺寸，方便装卸、运输和对号使用。

在混凝土浇灌过程中，混凝土会对锥体内壁施以向上的压力，使模板上升，下口边缘随之离开底盘，造成跑浆露石现象。针对这种现象，在浇筑高度大于 1m 时，在固定模板上下构件或圆木两端压上装土的袋子施加下压力，周围模板支撑采取向下支撑，消除了锥柱模板因下大上小在浇制和振捣过程中的上升现象。在基础混凝土初凝时，及时清理模板外侧附着的砂浆，以利拆模，防止模板变形。钢模的脱模时间比木模提前一天到两天，拆下的钢模应及时清除模面上的灰浆、油污，用清水冲净。对长期保存的模板采取防锈蚀措施。

（四）角度法间隔棒安装

传统的用拉绳尺安装间隔棒的方法施工误差较大，而且无法使误差缩小至优良级范围之内，返工量大、耗时费力。角度法安装间隔棒利用相邻档距、间隔棒安装次档距及挂点间的实测角度，推算出了安装间隔棒的计算公式。用角度法安装首先考虑其观测的简易性及架设仪器的随意性，在档侧的某一处架设仪器，只要是能同时通视两基（包括转角塔）至五基塔间的导线及每基塔的挂点，即可能同时安装两基至五基。

当转角塔无法用以上方法进行计算时，则使用转角塔处的间隔棒角度法安装。转角塔内外角档距计算转角塔因转角的度数及横担长度的影响使内外角的档距有一定的差值，为用角度法在转角塔内精准安装间隔棒，要事先对内外角的档距进行计算，后再按设计档距将内外角的档距之差进行平均分配，分配后再用角度法进行计算安装。

用角度法安装间隔棒的优越性主要包括：

（1）优质性。间隔棒安装距离精确，误差很小，提高了输电线路间隔棒安装的施工工艺。

（2）经济性。角度法安装间隔棒高空作业人员较少，且不用绳尺，因而较经济。

（3）安全性。因角度法安装间隔棒不用绳尺，交叉跨越电力线时提高了安全性，另外角度法安装间隔棒高空操作人员较少，在一定的程度上提高了施工安全风险。

（五）直流线路鼠笼式 V 型跳线安装工艺

直流线路工程采用的鼠笼式 V 型跳线，有别于交流线路鼠笼式 I 型跳线安装。耐张线夹引流板引出方向不正确会造成跳线对引流板形成横向拉力，一方面会造成引流板连接处导线松股，引起电晕放电；另一方面引流板长时间在横向拉力的作用下会发生变形，引流板铝材疲劳断裂的后果。

鼠笼式 V 型跳线与以往 I 型跳线不同，跳线钢管的位置只与塔型有关，不随转角度数而变化，其位置是固定的。耐张线夹引流板与跳线钢管支架的相对位置，根据转角度数、横担长度、耐张金具串长度的不同而变化，耐张线夹引流板方向由耐张线夹与钢管支架的相对位置决定。

根据设计图纸，结合以往工程施工经验，直流线路工程预设了三个跳线制作工艺方案，并对各方案的优缺点进行了现场验证。针对耐张引流线与其他子导线、金具相互磨损造成断股，引流板在横向拉力的作用下铝材变形、断裂等质量通病，总结了适用于鼠笼式 V 型跳线安装的新工艺，安装工艺得到了验收组的好评。

（六）重力式地锚的研制及其在冻土地区的应用

青藏直流线路工程地处世界第三极，由于高海拔、气候寒冷以及高原冻土地下冰发育、冻融循环作用等导致冻胀丘、冰锥、热融湖塘、热融滑塌等不良冻土现象广泛分布于输电线路沿线。考虑到冬季施工冻土硬如磐石难易开挖，夏季施工地表融化形成湖塘，地下水位很高给地锚坑开挖带来很大困难。重力式地貌从根本上解决了施工难题，加快施工进度，降低施工成本，最大限度地减少对冻土的扰动。

角钢桁架式重力式地锚主要由角钢组成的桁架结构，分主牵引部分和负重部分组成。主牵引部分设计为半嵌入式立体三角形结构，由牵引孔、负重架、摩擦齿组成，主要作用是用来锚固起重工器具，并起到抗拔止滑的作用。负重部分利用角钢螺栓连接成网格拍子，主要堆放配重，增大地锚正压力，从而提高地锚与地面的摩擦力。两部分以 M20 螺栓铰接方式连接，连接点采用内外两块补强背铁，以减小连接螺栓剪切力。

在铁塔组立、张力架线阶段，重力式地锚发挥了简便易行、安全可靠、经济效益显著的特点，达到了研制预期目的。

二、新工艺的施工

（一）冻土区现浇混凝土基础施工

冻土区的现浇混凝土施工是工程的难点之一，施工单位总结出了一套切实可行的冻土区基础的施工方法，有助于类似工程的施工和指导。

为缩短基坑暴露时间，减少对冻土的扰动，基坑开挖前应做好充分准备，快速完成基础开挖。开挖过程中做好遮阳、防雨、防雪、保温、基坑排水等防护措施。

基础拆模后，应及时回填。基础回填时，作业面应分层统一铺土、统一夯实，防止因不均匀回填侧压力造成基础漂移。基坑回填后，回填土应高出地面 500mm 做防沉层，塔周地表要做好排水，确保塔周排水通畅。

负温度情况下，混凝土施工要注意以下三方面问题：一是混凝土搅拌前，应对搅拌机进行预热；二是混凝土浇筑前，模板与钢筋上的积雪或积水应清理，不得在有积雪的情况下浇筑；三是混凝土在浇灌与振捣过程中，应随时检查模板位置、地脚螺栓位置、大小根开、出土高度等重要技术指标。

混凝土的养护、拆模应根据日最低气温情况，选择塑料布、保温棉毡或其他保温材料进行防风保温。养护过程中温度的监测按照 JGJ104 的规定执行，重点对混凝土结构的迎风面、棱角突出部位、不易蓄热部位，加强保温措施和温度监测。

（二）牛角挖机

青藏直流工程的接地施工主要集中在 2011 年 3～5 月期间进行，天气异常寒冷、干燥、缺氧极度严重，此时表面冻土层处于冻结状态，土体硬度大。无法采用人工开挖的方式进行接地沟槽开挖，采用普通挖掘机进行接地沟槽开挖，机械降效严重，施工进度慢，无法满足施工进度需要。

通过对各种挖掘机的性能进行分析、比较，牛角式挖掘机适合接地沟槽开挖施工。由于牛角机体积小、重量轻，与地面接触面积也小，毁损面积小，对地面植被毁损程度也轻，对碾压地段采取的防护措施简单，大大加快了施工进度，同时也大大减轻了施工人员的劳动强度。

（三）装配式基础

考虑到线路工程冻土基础施工困难等实际情况，总指挥部、国网直流公司在铁塔基础施工前就组织设计单位进行了装配式基础的研究。施工单位根据设计成果开展了安装工艺的探讨，编制了《预制装配式铁塔基础施工方案》和《装配式基础加工、施工安装及验收细则》。已成功应用的线路工程装配式基础施工方法具有非常重要的推广价值，为后续类似工程施工提供了实践经验和技术支持。根据装配式基础预制件吨位大、立柱无合适的绑扎点、底梁固定螺杆较多、吊装不易装配难等特点，施工单位加工了专用吊具，保证了装配式基础立柱安全、准确、平稳就位，大大提高施工安装效率。

为减小冻土运输困难并方便吊装，预制装配式基础主要由圆柱形立柱、两块对称钢筋混凝土底板和锚固用条形地梁组成。装配式基础立柱与底板采用法兰盘螺栓连接，底板间通过地梁预埋锚栓采用槽钢连接，所有预制件混凝土强度等级采用 C40。装配式基础实现了工厂化预制生产，有效保证了混凝土质量，避免了环境气候对混凝土基础的影响，减少了现场人工作业量和作业工序；基本利用机械化作业，提高了施工效率，降低恶劣自然环境下施工人员的劳动强度；安装作业受环境气候的影响小，在高寒时期大量进行装配式基础安装，能很好地控制了工程进度。

装配式基础作为全国第一次使用于冻土区的新型基础，已获得了相关专利。西藏电建公司和安能江夏公司八支队共同完成了《冻土区组合装配式基础施工方案的研究与应用》。

（四）高原地区阀厅钢结构吊装

为解决高原地区阀厅钢结构吊装这一难题，施工单位经过 5 次技术方案的讨论，最终确定了吊装方案及相应的吊装机械、吊装措施、工器具选型配套方案。针对换流站阀厅钢结构特点，确定采用的吊装方案为先进行钢柱吊装，然后进行钢梁和斜撑安装，形成一个稳定结构框架后，再安装钢屋架。

顺利完成阀厅钢结构吊装的施工验证了上述吊装方案的正确性，也为类似工程提供了宝贵的经验：要根据现场的实际情况，通过计算适当调整吊装作业的安全系数；加设临时性预制地锚是解决软土地基加固的一个较好措施；对于长宽比过小、易产生变形的构件，宜选用双机抬吊的方式。

（五）框架结构冬期施工

柴达木、拉萨换流站冬期施工面对的最大难题是框架结构的混凝土施工，包括的区域有控制楼、换流变防火墙、GIS 室框架及屋面板。施工单位结合以往工程冬期的施工经验和站址地区气温情况，采取了相应的措施开展施工。

由于主控楼和 GIS 室的体量大，结构复杂、施工工序多的特点，结构工程采用综合蓄热法，即使用掺加防冻剂的混凝土结合保温覆盖养护的方法进行。基础、地梁、短柱浇筑完成后模板外侧用聚苯板进行填充保温，保温板用三层棉被进行覆盖，棉被层加一层电热毯进行加温。框架梁板施工时主控楼四周用篷布进行维护覆盖，内生火炉采用无烟煤进行升温，控制棚内温度不低于 5℃，混凝土浇筑完成后在其表面用一层塑料薄膜，两层棉被，一层电热毯进行覆盖，保证混凝土表面不受冻。

防火墙高度较高，暖棚无法搭设，采用覆盖法进行保温，利用 40mm 厚聚苯板对模板外侧进行填充保温，在外保温板上用三层棉被进行覆盖。在棉被层加一层电热毯进行加温。为保证混凝土温度，电热毯要不间断加热。

经检验拆模后的实体质量和实体外观都完全符合规范要求和国家电网公司的创优要求，试块强度也完全符合规范和创优要求，证明了在高原寒冷地区冬期施工时，通过本方法可保证混凝土施工的质量。

（六）搬运广场面层裂纹控制工艺

为解决搬运广场面层裂纹问题，施工单位开展了课题研究，编制了《搬运广场面层裂纹控制》的专项施工方案。在施工过程中，严格按方案控制各道工序，并在切缝时间和后期养护上，精细管理，基本消除了施工因素对混凝土后期养护裂纹的发生频次。

结合从混凝土性能着手，在保证稳定的配比生产，严格控制施工过程工艺质量，最终达到混凝土广场裂纹的有效控制效果。

在以往换流站广场施工时，未采取以上措施的，广场裂纹较多（每100m² 约 2 ～ 3 道裂纹），而柴达木换流变电站施工采取了新的裂纹控制工艺，控制整个广场的裂纹不超过 10 条（因其他原因造成的），效果明显，值得推广。

主要工艺改进措施为：混凝土外加剂采用聚羧酸综合效应外加剂，降低了混凝土水化热，增加泵送效果；混凝土拌和料采用矿渣粉煤灰，提升了混凝土性能和外观颜色；广场面层埋件改方为圆，并在埋件下配置网片钢筋，提升了混凝土终凝时此部位的减小收缩应力破坏能力；采用了间隔式浇筑方案，减小了混凝土凝固时收缩应力裂纹的产生；钢轨处设置缓冲层，减小了凝固时的应力破坏。

（七）换流变压器安装平台

青藏直流工程由于其特殊的地理环境，大型的电气设备经海拔修正后外形尺寸及电气要求都极为特殊。柴达木换流变电站换流变压器为单相三绕组换流变压器，套管安装位置较高，为了提高工作效率，满足换流变压器的安装工艺，根据换流变的特殊高度、电压等级以及组装要求，施工单位制作了换流变压器 Yd 套管安装平台，保证了安全施工，加快了安装进度。

（八）电缆敷设成套装置

面对高原气候和环境带来的种种困难，有效节约人力，提高电力电缆敷设效率是困扰施工的一大课题。为解决这一难题，技术人员经过多次探讨与研究，自行研制了电力电缆敷设系统，通过与电缆盘展放机、电缆输送机、定位滑轮和电缆牵引机等附件配合施工，有效地降低了劳动力，提高了工作效率。

（九）全封闭通信中继站

青海、西藏地区风沙大、温度低，势必威胁设备安全可靠运行。通信工程新建的通信中继站均采用无窗户结构，进户门后面增设门斗形成双层门结构，并在机房排风口加装百叶窗、弯头、防沙罩，避免风沙逆向进入机房，全面提升了通信机房的"保温、防沙"性能，为设备提供了良好的运行环境。通信工程是电力系统首次建设全封闭通信中继站，为后续工程建设提供了宝贵经验。

三、新材料的运用

（一）超低损耗光纤

青藏直流光纤通信工程沱沱河—安多超长距离光通信系统，采用的 SMF-28ULL 超低损耗光纤在国内是首次应用，利用超低损耗光纤开通 295km 超长距离光通信系统在国际上也是第一次。超低损耗光纤在青藏高原的成功应用，提高了超长距光传输系统的光功率富裕度，减少了前向拉曼放大器等高功率设备配置，降低了超长距离光传输系统的复杂性，使运行维护更加简便。同时也为特高压交流、直流工程超长距离通信传输积累了经验，提供了一个新的解决方案。

（二）耐低温纤膏

青藏高原地区极端低温达 -51.5℃，国家标准规定 OPGW 光缆工作温度为 -40℃～65℃，常规光纤油膏在极端低温情况下，将会冻胀引起光纤受力，造成光纤损耗增大甚至中断。青藏直流光纤通信工程全程 OPGW 首次采用了 -60℃的光纤油膏，研制 -55℃极端低温环境下能够正常运行的 OPGW，有效避免了极端低温引起的风险，填补了电力特种光缆的空白。为今后高寒地区、极端环境下电力特种光缆的设计、制造、施工积累了宝贵经验，具有重要的指导意义。

（三）光缆接头盒密封硅橡胶

常规光缆接头盒密封均采用普通橡胶材料，工程光缆接头盒橡胶件材料全部采用硅橡胶。硅橡胶具有优异的耐热性、耐寒性、耐大气老化等性能，

能保证在 −60 ~70℃ 的环境下正常使用。它的使用，保证了接头盒在极端低温条件下的密封性能，避免了水、沙尘进入接头盒影响光缆接头质量，加强了全程光缆耐低温特性的薄弱环节，进一步提高了光缆在高海拔地区的运行稳定性，为后续工程建设提供了借鉴。

第六章 科 技 攻 关

柴达木—拉萨 ±400kV 直流输电工程建设伊始，面临"两个世界之最"（沿线海拔最高、穿越多年冻土区最长）和"三大世界难题"（高原高寒地区冻土施工困难、高原生理健康保障困难、高原生态环境极其脆弱），工程建设难度前所未有，工程的艰巨性和复杂性决定了工程的成功建设必须紧密依托科技创新。从 2007 年以来，国家电网公司统筹安排，重点突破，围绕工程中的系统稳定分析、输电线路和电气设备的过电压与绝缘配合、多年冻土区基础设计与施工、高原环境保护、主设备研制、工程保障体系等课题，通过广泛组织技术研究力量，加大对科研基础设施的投资力度，陆续启动了一大批应用新理论、新技术、新工艺和电力新设备的研究开发项目。经过五年的不懈努力，取得了一批工程建设急需的新技术、新工艺和新设备的研究成果，通过科研与工程建设的紧密结合，加速了科研成果的转化，取得了良好的成效。 研究成果首先为工程设计、建设和运行提供了技术参数和方案，为科学决策提供了依据，保证了工程建设的顺利实施，填补了高海拔地区直流工程多项空白。 同时，依托工程开展的电力理论前沿研究，取得了一系列国际、国内领先的科技成果，填补了世界上高海拔地区直流输电研究领域的多项空白，使中国完全掌握了高海拔直流输电关键技术，提升了直流设备制造能力，使我国电力研究技术水平走在了世界的前列，对促进国家科技创新和科技进步具有十分重要的示范作用。

第一节　科研体系及科研成效

一、科技创新思路及管理体系

创新是一个国家和民族进步的灵魂，是社会发展的不懈动力。科技创新是实现创新型电力事业的核心，当今社会科技进步的水平往往是国家综合国力的反映。工程建设科技创新是工程技术进步的核心，只有通过创新才能攻克难关，使青藏交直流联网工程的技术水平达到世界领先水平。

青藏直流工程的科技创新工作坚持以工程为依托，大力推行理论、设计、施工、环境保护、生理保障等工程所涉及的各方面的优化创新，争创"国家科技进步奖"，建立健全自主创新体系，攻克世界难题，建设环保绿色工程，加强设备国产化，以掌握核心技术和实现国产化为目标，组织协调力量联合攻关，促进重点突破，同时抓紧推广和应用科技成果，充分发挥科技创新对工程的支撑作用。在课题实施方面，青藏直流工程各项科研课题的下达坚持了统一规划、分步实施的原则，充分体现了尊重科学、密切联系工程的特点。实践成果证明了国家电网公司创新思路的科学性和可行性。

为确保青藏直流工程各项科研工作的顺利完成，总指挥部成立了科研攻关领导小组（见图 6-1），全面负责科技创新工作的领导和协调，针对高原高寒地区冻土施工困难、高原生理健康保障困难、高原生态环境极其脆弱、高海拔电气设备过电压与绝缘配合等难题全面开展科研攻关。国网科技部参与了科研攻关的立项、验收等工作，加强对重点攻关项目的指导，全面提升科技攻关水平。总指挥部与各攻关责任单位建立了协调推进机制，明确目标，统一进度，不断加大推进科技攻关的工作力度。各攻关责任单位高度重视，均成立了重大工程专项工作组，结合各自课题特点制订了详细缜密的工作计划，保证了各项科研课题的顺利完成。

二、科研项目研究方向

面对青藏直流工程沿线海拔最高、穿越多年冻土区最长"两个世界之最"，围绕高原高寒地区冻土施工困难、高原生理健康保障困难、高原生态环

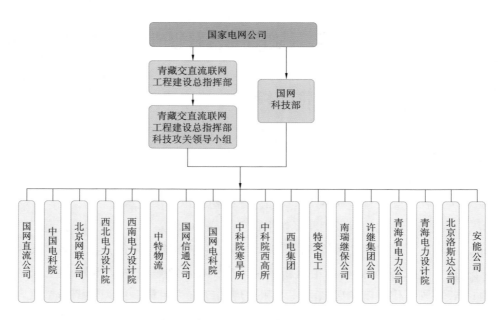

图 6 - 1　青藏交直流联网工程科研攻关组织管理体系结构

境极其脆弱"三大世界难题",以及高海拔电气设备过电压与绝缘配合,国家电网公司开展了六大方向的研究。主要包括:一是系统稳定分析,开展了青藏直流工程投产初期系统安全稳定深化研究工作,从藏中电网通过直流系统合理的受电规模、藏中交直流电网安全稳定及控制问题、换流站内滤波器投切及无功控制、系统电压无功控制、小干扰稳定、直流启停、电磁环网等诸多方面展开详细的计算研究,制订了合理方案及控制措施;二是过电压与绝缘配合,主要研究青藏直流线路、换流站和配套交流线路的外绝缘特性及绝缘配合以及空气间隙放电特性试验研究,取得了外绝缘高海拔修正方法和修正参数;三是多年冻土区工程设计与施工,主要研究青藏直流工程沿线多年冻土区基础选型及设计、施工关键技术、冻土基础动态安全及稳定性研究等,解决了青藏直流工程输电线路面临的冻土基础薄弱的问题;四是高原环境保护,主要研究青藏交直流联网工程沿线施工环保及水保、工程植被恢复研究与试验示范、高原直流输电线路环境保护等,解决了青藏直流工程输电线路施工带来的环境破坏和水土破坏问题;五是主设备关键技术,主要研究恶劣环境条件下换流站主设备安全稳定运行的关键技术问题,实现了高海拔地区直流设备国产化的目标；六是工程保障体系，主要研究工程医疗卫生保障、施工辅助技术以及通信保障体系等内容，为工程参建人员的生理健康和工程顺利通过提供了技术保障。

三、科技创新主要过程及成效

2007年以来，围绕青藏直流工程建设，国家电网公司按照"安全可靠、优质高效、自主创新、绿色环保、拼搏奉献、绿色和谐"的方针，全面规划，周密布置，严格落实，分批分层设立科研课题50项。在初步设计阶段，首先启动了15项关键技术课题的研究，在工程建设过程中，为了更好地解决电网安全稳定、冻土基础施工、高海拔电气绝缘特性、植被恢复、主设备研制等难题，又补充开展了35项科研课题的研究。在整体规划的基础上，国家电网公司充分发挥公司整体科研优势，广泛联合各方力量，组织国内相关科研院所、设计院、设备厂家和大专院校数十家单位的科研人员数千人开展科研工作。在项目执行过程中，充分考虑各单位的专业优势，明确课题分工，做到术业有专攻，针对复杂物理现象与技术问题，提倡开展联合攻关，优势互补。

在科研课题实施之初，科研人员广开思路，充分调研，缜密思维，制订了切实可行的研究技术路线、实施方案和工作计划。在科研课题的攻关过程中，科研人员以严谨的科学态度和扎实的工作作风全力以赴地投入到课题的研究中。根据每项课题特点，从现场调研、数据收集、特性分析、试验研究、仿真计算等多角度开展工作；在研究分析的基础上提出切实可行的技术方案、实施措施，并制定相应的技术规范，为工程设计、施工建设、设备制造、试验调试和安全运行提供了有力的技术支持。

为了保证研究课题的顺利完成，总指挥部根据课题进展情况，组织了多次中间成果检查，对中间成果进行总结和评审，提出新的要求和建议。

在成果转化方面，强调科研与工程实际密切相结合，确保科研成果能在工程上用得上，行得通，加速科研成果转化为生产力，取得了较好的成效。

（1）通过科技创新，全面提升了工程建设总体水平，确保了青藏直流工程一流的工程质量。青藏直流工程采用了多项新技术、新工艺和新设备，大大提高了工程的技术水平，减少了占地，降低了工程造价，为青藏直流工程投产后的安全稳定经济运行创造了良好的条件，取得了良好的经济效益和社会效益。

（2）通过科技创新，取得了一系列国际、国内领先的科技成果，填补了世界上高海拔地区直流输电研究领域的多项空白。例如在空气外绝缘特性方面，世界上首次在海拔 $3000 \sim 5000m$ 的范围内开展了实尺寸的 $\pm 400kV$ 输电工程空气间隙放电特性试验，提出了适用于直至海拔 $5300m$ 的不同间隙类型的冲击电压海拔修正因数。在冻土基础施工方面，世界上首次在高海拔多年冻土区进行了直流输电高电压等级的锥柱基础和新型装配基础真型试验及地温长期系统监测，针对具有行业工程特点的输电杆塔基础和冻土地基，提出了适用于多年冻土区的新型基础、地基快速回冻施工等技术，取得了"多年冻土区杆塔基础在经过一个冷冻期后即可进行立塔、架线施工，不需要经过一个完整的冻融循环"的科学结论，不仅解决了工程建设难题，为工程提前一年投入运行作出了巨大贡献，且为多年冻土区类似输电线路工程建设提供了实例和宝贵经验。

（3）通过科技创新，攻克了高海拔换流变压器套管外部空气间隙、变压器温升、变压器结构设计、变压器涂漆材料等一系列关键技术，自主研发的换流变压器、换流阀等设备，技术指标完全满足高寒、高海拔地区使用条件，使中国完全具备高海拔地区直流设备制造能力，实现了直流设备国产化的目标，使我国超高压输变电制造水平、成套能力全面提升，提高了我国综合国力和竞争力。

（4）通过科技创新，提高了工程设计和施工水平，解决了高原冻土施工技术难题，实现了青藏直流工程"精品工程"的目标。设计单位、施工企业与科研单位密切配合，积极运用前期科研取得的丰富研究成果，结合工程建设的特点、难点，大力开展设计和施工工艺创新，在原有工程设计、施工技术和工艺的基础上通过实践不断改进发展和提高，实现了工程设计、施工技术、工艺新的突破和跨越，提高了工程设计和施工技术水平。

（5）通过科技创新，较好地解决了输变电建设中的高原生态环境保护和人员生理健康保障问题。在施工过程中，积极开展高原高寒植被恢复与再造、江河源水质保护、野生动物保护、冻土保护等工作，努力建设符合和谐社会的"环境友好型"电网，同时建立了完善的医疗卫生保障体系，保障了青藏直流工程建设者的生命安全和身体健康，充分体现了"以人为本"的管理理念。

青藏直流工程建成投入试运行，实现了零缺陷移交，实现了安全稳定运行，实现了零高原死亡、零高原伤残、零高原后遗症、零鼠疫传播的"四零"目标，并创造了"世界海拔最高的高原输电工程"、"世界最长的高原输电工程"、"世界穿越冻土里程最长的高原输电工程"、"世界海拔最高铁塔的高原输电工程"、"世界第一个交直流联网工程同时建设、同时投运的高原输电工程"、"世界高原工程第一个建有生命保障系统、提出实现'零高原死亡、零高原伤残'目标的高原输电工程"、"世界高海拔高寒环境下无中继光纤通信线路最长的高原输电工程"等多个世界纪录。

实践证明，青藏直流工程科研成果在高海拔直流输电核心技术实现了突破，解决了冻土区杆塔基础设计与施工、高原环境保护、高原地区生理保障、过电压和绝缘配合、直流设备成套设计、系统稳定和安全控制等多个难题，为解决"三大世界难题"作出了显著贡献。

第二节　青藏直流工程系统运行关键技术

一、青藏直流工程在系统稳定方面存在的问题

中国已建成的大型直流输电工程落点基本是 500kV 交流电网，交流系统对直流系统的支撑能力强。作为青藏直流工程受端的藏中地区网架薄弱，由原藏中 110kV 电网及青藏直流工程配套建设的 220kV 环网构成，受端交流系统对直流系统支撑能力弱，对直流控制系统和交直流系统安全稳定运行提出了很高的技术要求。此外，青藏直流工程投运初期，藏中电源建设相对滞后，仅从装机总量和最大负荷情况来看，装机总量与最大负荷相当，电网备用不足、大机小网问题突出。总体来看，直流工程受端西藏中部电网具有规模小、电压等级低、网架薄弱等特点，交直流系统安全稳定控制问题突出，在国内已投运直流输电工程中尚属首次。

针对上述问题，中国电科院开展了藏中交直流电网安全稳定与控制研究，制订合理方案及措施，解决了青藏直流接入弱受端系统面临的技术问题，为青藏直流输电工程顺利投产及初期安全稳定运行提供了技术支持。

二、适应西藏电网的青藏直流系统控制策略

1. 青藏直流系统最小启停策略

西藏电网系统容量小、电网装机少、转动惯量低，直流系统启动过程中的功率突变，对电网影响大。针对上述情况，为降低直流系统启停对电网的冲击，直流单极解锁功率极值不应高于 7MW；直流单极最小稳态运行功率为 21MW，双极最小输送功率要求不低于 42MW。在直流启动过程中，为使西藏电网频率波动不超过（50±0.5）Hz，直流系统启动宜避开后夜低谷负荷进行。此外，为满足西藏电网某些运行方式小功率缺额和直流启动对电网频率影响的问题，提出青藏直流系统需具有的最小稳态运行功率。

2. 青藏直流系统重启动方案

青藏直流系统投运初期，西藏电网薄弱、负荷轻，直流系统因故障引起反复重启动将对西藏电网产生严重影响，易引起电网低频减载装置动作，需根据西藏电网特点，制订合适的直流系统重启动方案，具体为：青藏直流系统投运单极运行或双极运行情况下，只投入一次全压再启动功能。

3. 青藏直流系统功率转移和紧急功率控制策略

青藏直流系统运行初期输电功率较小，具有较大的输电裕度，针对西藏电网网架薄弱、大机小网、调控能力不足等问题，在直流发生单极闭锁故障时，青藏直流系统需具有可靠的极间功率转移功能，避免对西藏电网的冲击；利用直流功率控制、频率调制等功能，能够改善除直流双极闭锁外的系统频率稳定问题，减少低频减载动作几率，解决西藏电网长期存在的"大机小网"问题；在西藏电网各区域联络线因故障解列情况下，青藏直流系统应具有根据区域间送受电关系调控输电功率、快速补偿西藏主网功率盈缺稳定电网频率的能力。

三、青藏直流系统投运后电网运行控制措施

1. 青藏直流系统投运初期极限输电能力

青藏直流系统投运初期，受西藏电网支撑能力弱限制，需在一定程度上限制直流输电规模。通过研究，基于交直流系统静态稳定理论，并结合交直

流电网暂态稳定计算结果，论证了青藏直流系统投运初期西藏电网的极限受电能力及影响因素。在西藏电网规划网架、电源建设和负荷增长条件下，2011 ～ 2013 年青藏直流系统采用丰期停运、枯期送入的运行方式，为保证电网安全可靠运行，枯期青藏直流系统输电电力不大于西藏负荷的 50%，进一步考虑恶劣天气等因素可能带来的严重故障情况，建议青藏直流输电功率不大于西藏负荷的 40%。

2. 提高西藏受端电网稳定水平的二、三道防线措施

（1）青藏直流系统投产初期，建设形成 220kV 环状主干网架是保证青藏直流系统具有合理运行短路比，满足直流工程设计的前提。通过分析，电网能够满足 $N-1$ 安全稳定要求；小干扰稳定分析说明青藏直流系统投产初期西藏电网区域间的弱阻尼低频振荡问题不突出。

（2）频率稳定是制约西藏电网安全稳定运行的重要因素。配套建设安全自动控制装置，可提高西藏电网抵御严重故障的能力。研究表明，考虑直流馈入拉萨换流站—夺底 220kV 线路（简称拉夺 220kV 线路）三永双回跳闸严重故障或直流双极闭锁故障下，在负荷集中点装设稳控装置，通过先集中联切西藏电网负荷，再利用电网低频减载措施恢复电网频率，实现二、三道防线的协调配合，能更有效抵御严重故障对系统的冲击。在西藏电网大比例受电情况下，利用目前电网低频减载措施，并在一些情况下结合直流快速功率控制，可使电网具有抵御多种严重故障冲击的能力。

3. 西藏电网无功控制策略

青藏直流系统受端西藏电网薄弱，运行短路比小，电压无功支撑能力弱，导致西藏交直流系统抵御各种故障冲击的能力不足，对电网三道防线配置、交直流协调、网厂协调、换流站内无功控制和静止无功补偿装置（SVC）容量选择、换流站外交流系统无功控制等方面提出了较高的技术要求。通过常规无功补偿容量的充分利用，可基本实现无功电力的分层平衡；为进一步提高动态无功支撑能力，宜在西藏受端电网主要枢纽变电站综合配置静止无功补偿装置（SVC），解决部分严重故障下低频减载动作过切负荷造成母线恢复电压偏高的问题。

4. 西藏电网电磁环网解环方案

2011 年，藏中电网乃琼、夺底、曲哥等 220kV 变电站均只装设一台主变

压器，为保持电网供电可靠性，暂不考虑解环。2012 年，在藏中主网向日喀则送电的双回 220kV 线路建成投运后，可适时开断羊湖—江孜一回 110kV 线路，解开日喀则地区与主网间的电磁环网，藏中"环三角电磁环网"不宜实施解环。"十二五"中后期，随着 220kV 输变电工程的推进，藏中电网在原有电磁环网的基础上还将形成部分新的电磁环网，届时夺底、乃琼、曲哥等 220kV 变电站第二台主变压器扩建，"环三角电磁环网"具备解环条件。

第三节　高海拔直流换流站关键技术

一、空气间隙放电特性

换流站外绝缘空气间隙距离的选择直接关系到整个直流输电系统的经济可靠性。在海拔不超过 2000m 地区，利用现有的海拔校正标准，大体上可以解决换流站空气绝缘设计的问题，设计部门也积累了较为丰富的经验。但随着海拔高度的增加，空气间隙的绝缘强度将大大降低。目前空气间隙海拔校正的国际标准，有的需要代入当地典型气象参数以及当地 50% 操作冲击放电电压的试验数据，有的则是被证明给出的海拔修正因数裕度过大。为保证工程的合理设计，需在低海拔和高海拔地区直接进行换流站典型间隙的放电特性试验，得到不同海拔地区的修正系数，推荐满足青藏直流联网工程换流站所需的空气间隙距离。

针对青藏直流工程的高海拔的特殊性，中国电科院充分利用国家电网公司不同海拔地区的试验条件，采用完全一致的试品，先后在特高压直流试验基地（海拔 54m）和西藏高海拔试验基地（海拔 4300m）对换流站典型空气间隙开展充分的试验研究，取得了丰硕成果。

研究内容包括两个方面：一是换流站直流场典型空气间隙放电特性试验研究，二是换流站阀厅典型空气间隙放电特性试验研究。通过试验，得到了直流场和阀厅典型间隙的放电特性曲线，并提出了适用于更高海拔地区海拔修正的方法，即按照"海拔每升高 100m，绝缘的电气强度降低相同百分比"的原则进行插值，并最终确定了柴达木换流变电站和拉萨换流站直流场、阀厅等的典型电极的最小空气间隙距离。

通过研究，直接确定了青藏直流工程柴达木换流变电站和拉萨换流站直流场和阀厅等的各种电极布置的最小空气间隙距离，为青藏直流工程高海拔地区换流站设计提供依据。同时，所得到的高海拔地区试验数据为目前世界上海拔最高的换流站外绝缘研究成果，属于世界首次，其不仅可为海拔高于2000m地区的其他输变电工程的建设提供依据，还可用于相关外绝缘标准的制订或者修订，形成具有我国自主知识产权的外绝缘海拔修正方法。

二、高寒地区换流阀冷却方式

在换流站所有设备中，阀冷却系统是确保换流阀安全可靠运行的重要保障，其检测和控制环节多，管路距离长，涉及暖通、制冷、电气、水处理和控制等多个专业，任意一个环节发生故障，都可能导致冷却系统效率下降或者停运，该系统的停运或者故障将直接导致换流站的单极或者双极停运，更严重的还可能导致换流阀的损坏，由此带来的直接和间接的经济损失将无法估量。

对于青藏直流工程，还具有常规高压直流输电工程不具备的特点：两端换流站都处于高海拔、高寒的青藏地区，空气稀薄、温差大、水资源缺乏；输电容量较小，初步设计的电压等级、电流、输送容量和阀片散热量等参数国内外都没有先例借鉴；对环境保护的要求极高。要满足以上条件，确保青藏直流工程的顺利建设和高效、可靠运行，就需要对两端换流站换流阀冷却系统的设计方案以及阀冷却系统设备的技术规范提出更为合理、可行的要求。

在青藏直流工程设计中，北京网联公司通过计算与调研相结合的方式，对高寒高海拔地区阀冷系统如何在温度较低的时候确保冷却介质不结冰、高海拔地区空气冷却器的散热效率以及极端环境条件下阀冷却系统管道及阀门如何选择等一系列相关问题进行了研究，确定了青藏直流工程换流阀冷却方式及阀冷设备的技术规范。

通过研究，推荐青藏直流工程换流阀外冷却方式采用空气冷却方式。具体考虑换流站海拔较高、极端温度较低，温度在零下持续时间较长等特点，对空气冷却系统研究提出以下要求：

（1）在选择空气冷却系统散热管束容量以及风机电机额定功率时，需重点考虑高海拔低气压下的特点，适当提高风机功率30%～35%，并同时增加冗余度。

（2）当换流阀对于阀冷却系统冷却介质电导率无特殊要求时，出于防冻考虑，可采用"超纯水＋乙二醇"方式作为冷却介质，或者针对光触发晶闸（LTT）换流阀采用双循环冷却方式。

（3）电加热器容量应预留足够裕度，保证直流停运时阀冷却系统冷却介质温度不低于10℃。可采用在管道多个位置安装电加热器，按照温度测量值启动不同数量电加热器方式进行温度提升，防止单个电加热器功率过大。

（4）在低温阀冷却系统故障情况下，考虑利用快速释放设备将散热管中冷却介质迅速排空，以避免结冻。

这次是我国首次针对极端环境条件下直流工程换流阀的冷却系统进行研究，研究成果将用于青藏直流工程换流阀冷却系统技术规范的编制，指导设备制造厂商生产适用于青藏直流工程的换流阀冷却系统，并作为业主进行换流阀冷却系统设备采购，以及换流阀冷却系统运行维护的技术支撑。同时为今后高海拔、高寒地区阀冷却系统设计提供参考。

三、站用直流绝缘子污闪特性

青藏直流工程中，柴达木换流变电站和拉萨换流站两站的海拔都远远超过了以往工程的换流站。随着海拔高度的增加，设备外绝缘面临着更为严苛的要求。在低海拔地区能正常运行的绝缘子，在高海拔就需要大幅增加尺寸以满足设备运行的要求。设备尺寸的增加意味着工程造价的提高，因此如何平衡设备可靠性和工程造价是设备选型的关键问题。在工程设计中，需要根据换流站所处地区污秽水平对设备进行合理选型。为此，中国电科院开展了高海拔换流站用直流绝缘子污闪特性研究。

（一）柴达木换流变电站和拉萨换流站污秽水平预测

为了对换流站支柱进行合理选型，需要先对当地的污秽水平进行判断，污秽越重，则设备所需尺寸越大。柴达木换流变电站和拉萨换流站前期污秽调研情况如图6－2所示。柴达木换流变电站站址目前基本无工业污染，主要污秽来自当地盐碱地引起的扬尘，未来有工业规划。拉萨换流站目前没有工业污染，未来也没有工业规划，大气污染仅来自地面扬尘。

(a)　　　　　　　　　　　　　　　　(b)

图 6 - 2　柴达木换流变电站和拉萨换流站前期污秽调研情况

（a）柴达木换流变电站；（b）拉萨换流站

根据模型仿真结果和两换流站多年平均风速和绝缘子表面污秽物粒径，计算得到两换流站直流支柱盐密分别为 0.07mg/cm^2 和 0.03mg/cm^2。

（二）　直流支柱绝缘子的污闪特性

1. 常压下 ±500kV 直流支柱绝缘子污闪特性

对常压下两种类型直流支柱绝缘子进行了污闪试验，污闪电压与等值盐密的关系曲线如图 6 - 3 所示。可以看出，等径深棱型支柱绝缘子的 50% 污闪电压高于"一大二小"伞型支柱，这说明等径深棱伞的耐污性能优于"一大二小"伞。主要原因是"一大二小"伞支柱的大伞和小伞以及小伞间的伞间距较小，电弧容易短接伞间爬距，使爬距的利用率大大减小。尽管大伞间距大，但由于两个小伞的影响，无法对提高污闪电压发挥应有的作用。

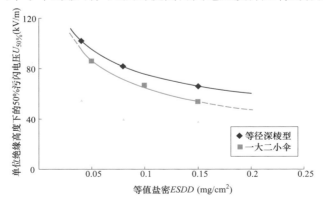

图 6 - 3　直流支柱绝缘子单位结构高度下的 50% 污闪电压与等值盐密的关系

2. 常压下直流瓷支柱绝缘子喷涂憎水性涂料（RTV）后的直流污闪电压特性

直流瓷支柱绝缘子表面喷涂憎水性涂料后，可以将其原有瓷质亲水性表面变为憎水性，从而提高污闪电压。模拟长期运行后的 RTV 涂料表面憎水性减弱的状况进行试验得到，具有轻微憎水性（HC5 ～ HC6）的 RTV 涂料使直流瓷支柱绝缘子的 50% 闪络电压提高了 50% 。

3. 常压下复合支柱绝缘子的直流污闪电压特性

在不同污秽条件下进行了常压下复合支柱绝缘子的直流污闪试验，试验表明，复合支柱绝缘子的复合绝缘表面只要存在微弱憎水性，其污闪电压就比瓷支柱绝缘子高 40% ～ 50% ，如图 6 - 4 所示。因此，复合绝缘的爬电比距可以低于瓷绝缘，取瓷绝缘的 2/3 ～ 3/4 可以保障设备安全运行。

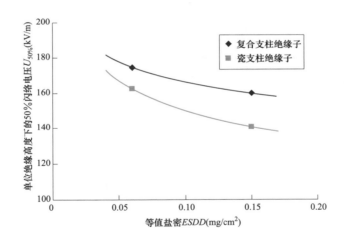

图 6 - 4　支柱绝缘子单位结构高度下的 50% 闪络电压与等值盐密的关系

（三）直流支柱绝缘子污闪电压的海拔修正

高海拔条件对于染污绝缘放电特性的影响，主要在于气压的影响。目前普遍结论认为：随气压降低，染污绝缘的直流和交流闪络电压都会降低，污闪电压 U 与气压 P 之间呈非线性关系。

为了得到直流污闪电压和海拔的关系，在人工气候室中模拟不同低气压条件进行了直流支柱的污闪试验。试验得到，海拔每升高 1000m ，污闪电压降低 6.5% 。即污闪电压和海拔高度之间的线性关系如式（6 - 1）所示

$$U = U_0 \ (1 - k_1 H) \ = U_0 \ (1 - 0.065H) \qquad\qquad (6-1)$$

式中　　U——海拔高度 H 下的污闪电压；

$\qquad$ U_0——常压条件下的污闪电压；

$\qquad$ k_1——下降斜率；

$\qquad$ H——海拔高度。

换流站污秽预测、直流支柱的污闪特性和海拔校正为柴达木换流变电站和拉萨换流站的外绝缘设计提供了设计依据，这些研究结论也可用于未来规划中高海拔地区换流站的外绝缘设计。通过预测换流站的污秽水平，并根据设备的污闪特性合理选取设备尺寸，对保证系统可靠性的同时尽可能减少工程造价具有重要意义。

四、直流设备的防污闪和覆冰闪络设计原则

雨雪雾霾天气时，脏污的支柱绝缘子或套管可能发生污闪、覆冰闪络事故。青藏直流线路工程位于平均海拔超过 4000m 的青藏高原，强烈的紫外线照射、高海拔低气压环境和复杂多变的气候，都将给柴达木换流变电站和拉萨换流站站用绝缘子防污闪和防覆冰闪络设计带来不可回避的重要挑战。为此，需针对直流设备确定合理的防污闪和覆冰闪络设计原则。

为防止污闪和覆冰闪络事故发生，首要的是保证外绝缘配置合理。通常，支柱绝缘子和套管的污秽外绝缘水平主要是根据自然积污特性和人工污秽试验来确定的。

为获得不同绝缘子的积污特性，对全国各地的输电线路绝缘子积污情况进行调研，包括在柴达木换流变电站和拉萨换流站开展实地调研。根据现场调研及污秽预测的结果，柴达木换流变电站的直流支柱绝缘子有效盐密约为 0.07mg/cm^2，拉萨换流站的直流支柱绝缘子有效盐密约为 0.03mg/cm^2。

由于青藏直流工程位于高海拔地区，与平原地区相比绝缘子沿面的电弧更容易发展，从而导致线路的外绝缘水平大大降低。中国电科院开展了大量的人工污秽试验，总结了各种绝缘子在不同海拔下的污闪特性，提出了污秽外绝缘配置的海拔修正方法，从而保证高海拔地区外绝缘配置的可靠性。

根据人工污秽试验结果，考虑海拔等各种修正因素的影响，以及运行人员的安全感和换流站运行后可能发生的环境变化，提出柴达木换流变电站、

拉萨换流站的支柱绝缘子和套管采用瓷绝缘子或复合绝缘子进行配置的推荐建议：

（1）柴达木换流变电站采用纯瓷绝缘时，等径深棱型支柱绝缘子和瓷套管爬电比距的设计值为 63 ～ 69mm/kV，大小伞型支柱绝缘子和瓷套管爬电比距的设计值为 70 ～ 76mm/kV。

（2）拉萨换流站采用复合绝缘时，支柱绝缘子和套管的爬电比距设计值取 52mm/kV；采用等径深棱型支柱绝缘子和瓷套管时，爬电比距的设计值为 52 ～ 58mm/kV，大小伞型支柱绝缘子和瓷套管爬电比距的设计值为 53 ～ 59mm/kV。

针对覆冰问题，课题组对格尔木地区和拉萨地区开展了调研。调研结果表明：柴达木换流变电站所在的格尔木市冬季有降雪，柴达木换流变电站周边变电站绝缘子有覆冰、覆雪现象，但尚未发生过覆冰闪络跳闸；拉萨换流站所在的林周县冬季也有降雪，但未观测到拉萨换流站周边变电设备绝缘子有冻雨覆冰现象。因此，柴达木换流变电站和拉萨换流站可暂不进行运行环境下的支柱绝缘子覆冰试验，但柴达木换流变电站进行外绝缘设计时应对覆冰设计进行校核。

五、拉萨换流站交流 220kV 侧过电压与绝缘配合

虽然交流 220kV 输变电技术目前在国内外是一项成熟技术，已积累了丰富的科研、设计、制造和运行经验，但拉萨地区平均海拔高度 4000m 左右，自然条件极其恶劣。在如此复杂的气象条件下进行换流站设计，不能简单套用现有设计依据和标准。在缺乏 4000m 左右海拔地区交流线路过电压与绝缘配合科研和运行经验的情况下，为保证该输变电工程的顺利建设和安全运行，需要进行大量深入的前期试验研究工作，为工程设计提供所需数据和解决方案，以保证工程的可靠性和经济性。

通过对拉萨换流站 220kV 交流系统的雷过电压及绝缘配合进行研究，提出了拉萨换流站 220kV 交流场避雷器的配置方案以及 220kV 交流侧设备的内外绝缘水平和海拔修正，为拉萨换流站的工程设计提供了参考。研究内容包括高海拔外绝缘修正及设备外绝缘水平选择，避雷器布置方案和参数的选择。

（1）提出了拉萨换流站 220kV 交流外绝缘海拔修正系数，见表 6 - 1。

表 6-1　　　　　　　　　　　外绝缘海拔修正系数 （海拔 3850m）

空气间隙类型 过电压类型	DL/T 620—1997	IEC 60071-2		带 *m* 因子的 海拔修正方法	推荐值	
	相—地	相—地	相间	相间	相—地	相间
工频	1.46 ～ 1.54	1.604	1.604	—	1.604	1.604
操作	1.43 ～ 1.51	1.47 ～ 1.53	1.604	1.535	1.535	1.604
雷电	1.576	1.604	1.604	—	1.604	1.604

（2）推荐了拉萨换流站 220kV 设备雷电冲击外绝缘水平以及各设备的绝缘配合裕度，见表 6-2、表 6-3。

表 6-2　　　　　　　拉萨换流站 220kV 交流设备推荐的绝缘水平　　　　　　　　kV

试　验　电　压		内绝缘	外绝缘
雷电冲击耐受电压 （峰值）		950	1175
操作冲击耐受电压 （峰值）	相—地	750	950
	相间	1175	1425
1min 工频耐受电压 （有效值）		395	510

注　相间操作取相—地操作的 1.5 倍。

表 6-3　　　　　　　　　　　绝缘水平选择和绝缘配合裕度

设备	最大侵入波 过电压 （kV）	绝缘类型	选择的额定雷电 冲击耐受电压 （kV）	需要的最小雷电 冲击耐受电压 （kV）	绝缘裕度 （%）
站用变压器 （TZ）	632	内绝缘	950	727	50.3
		外绝缘	1175	1065	13.8
换流变压器 （T）	480	内绝缘	950	552	97.9
		外绝缘	1175	809	49.7
电容式电压 互感器 （CVT）	600	内绝缘	950	690	58.3
		外绝缘	1175	1011	18.7
敞开式 隔离开关 （EDS）	510	内绝缘	950	587	58.3
		外绝缘	1175	859	41.0
GIS 设备	535	内绝缘	950	745	77.6

科技攻关

261

续表

设备	最大侵入波过电压（kV）	绝缘类型	选择的额定雷电冲击耐受电压（kV）	需要的最小雷电冲击耐受电压（kV）	绝缘裕度（%）
GIS 套管（BG）	542	内绝缘	950	624	75.3
		外绝缘	1175	913	32.6
PLC 滤波器	534	内绝缘	950	615	77.9
		外绝缘	1175	900	34.5

（3）推荐拉萨换流站本期工程采用下列避雷器布置方案，并通过校核计算，证明了该避雷器布置方案合适，具有足够高的防雷可靠性，在该方案下各个位置上的额定电压为204kV的金属氧化物避雷器中流过的最大电流均小于10kA。

1）线路 CVT 侧、极换 TA 侧、无功补偿/站用变压器侧和各滤波器组 GIS 母线上均安装一组额定电压为204kV的避雷器。

2）GIS 母线上和 GIS 换流变压器出线间隔套管上可不装避雷器。

第四节 高海拔直流输电线路关键技术

一、直流线路电磁环境试验考核及海拔修正

直流线路的合成场强、可听噪声和无线电干扰与导线起晕场强密切相关。随着海拔增加，导线起晕场强会降低，当直流线路经过高海拔地区时，线下地面合成电场、可听噪声和无线电干扰将比低海拔下的大。

目前，国内外关于海拔对交流输电线路电磁环境的影响研究多限于海拔2000m，对海拔2000m以上的研究缺乏系统全面的试验数据。在国外，直流输电线路经过高海拔地区的情况较少，关于海拔对直流线路电磁环境影响的研究并不充分。在此情况下，目前大都采用美国电力科学研究院（EPRI）推荐的与交流线路可听噪声和无线电干扰海拔修正相同的方法来分析海拔高度对直流输电线路可听噪声和无线电干扰的影响，即海拔每增加300m，可听噪声和无线电干扰均增加1dB。关于海拔对直流线路合成电场的影响，中国电科院等国内研究机构也开展了初步研究，并取得了一些成果。然而，上述直流

输电线路可听噪声、无线电干扰和合成电场海拔修正方法尚缺乏试验数据的支持。

青藏直流线路途经地区海拔最低3000m，最高达5300m，按上述海拔修正方法，可听噪声和无线电干扰增加很多。直流输电线路电磁环境海拔修正直接影响导线选型和极导线对地高度确定，关系到环境保护和工程投资，成为高海拔建设直流线路必须解决的关键技术问题。为此，国家电网公司在西藏羊八井（海拔4300m）建设了高海拔直流试验线段，以解决高海拔地区直流输电线路电磁环境考核和相关参数的海拔修正。

在青藏直流工程可研阶段，中国电科院利用西藏高海拔直流试验线段，对青藏直流输电线路电压为±500kV、采用预选导线时的电磁环境，进行全电压、全季节的带电考核试验，校核了高海拔下的地面合成电场、可听噪声和无线电干扰是否满足电磁环境控制值要求，同时也研究得到了海拔高度对直流线路电磁环境的影响规律，有力地指导了工程设计。

（一）青藏直流线路电磁环境试验考核

±500kV直流线路电磁环境试验在国家电网公司西藏高海拔直流试验基地进行。该试验基地位于西藏当雄羊八井，海拔4300m，其内建有直流试验线段（见图6-5）。试验线段长500m，单回双极。分为引流和测量两段，引流段长200m，测量段长300m。

图6-5 西藏高海拔试验基地直流试验线段

2008 年 11 月～2011 年 5 月，在西藏高海拔试验基地进行了多轮 ±500kV 直流电磁环境测试，获得了 ±500kV 直流线路地面合成电场、可听噪声和无线电干扰横向分布规律及其水平。测量时间涵盖春、夏、秋、冬四季。整个试验共先后架设了 $6 \times 300mm^2$ 导线和 $4 \times 500mm^2$ 导线 2 种型式导线。测试采用全天候自动测试方式，累计获得电磁环境实测数据达 10 万余组。

在可研阶段，当青藏直流线路额定电压为 ±500kV 时，按国际推荐的海拔修正方法，根据理论计算结果，青藏直流线路需采用 $6 \times 300mm^2$ 导线方能满足电磁环境限值要求，因此在西藏直流试验线段上首先架设了 $6 \times 300mm^2$ 导线。经过一年多时间的测试，得到各个电磁环境参量的测试结果见表 6–4。

表 6–4　±500kV 直流试验线段采用 $6 \times 300mm^2$ 导线电磁环境参量测试结果

电磁环境参量	合成场强（kV/m）		可听噪声	80%/80% 无线电干扰
	5% 值	50% 值	(dB)	(dB)
实测值	22.07/ −22.96	15.18/ −15.60	31.3	49.7
环保控制值	±30		45	55

根据上述测试结果，±500kV 直流线路采用 $6 \times 300mm^2$ 导线时，各项电磁环境指标均可满足环保限值要求，即使预估到青藏直流线路途经地区的最高海拔 5300m，其各项电磁环境指标仍然可满足环保限值要求，且还有一定的裕度。因此，从节省工程投资的角度，可考虑选用采用分裂根数少一些的导线型式，如四分裂。通过对 $6 \times 300mm^2$ 导线实测结果和理论计算结果进行对比分析，确定将直流试验线段导线更换为 $4 \times 500mm^2$ 导线，并对其进行电磁环境试验考核，试验考核同样持续一年多时间。通过对测试数据的统计分析，可给出 ±500kV 直流试验线段采用 $4 \times 500mm^2$ 导线时电磁环境测试结果，见表 6–5。

表 6–5　　±500kV 直流试验线段采用 $4 \times 500mm^2$ 导线电磁环境测试结果

电磁环境参量	合成场强（kV/m）		可听噪声	80%/80% 无线电干扰
	5% 值	50% 值	(dB)	(dB)
实测值	22.59/ −24.25	15.27/ −17.81	33.6	53.3
环保控制值	±30		45	55

根据试验结果可知，±500kV 直流线路采用 4×500mm² 导线时，在海拔 4300m 各项电磁环境指标也可满足环保限值要求。但通过经济分析，采用 4×500mm² 导线，可减小风阻，节省线路工程投资，因此推荐 ±500kV 青藏直流线路采用 4×500mm² 导线。该课题完成后，国家电网公司根据西藏及青海电网发现现状和远景规划，对青藏直流工程合理的建设规模进行了进一步论证，最终确定青藏直流线路的电压为 ±400kV。中国电科院根据已有 ±500kV 试验线段测试结果对现有电磁环境预测方法进行了修正，计算得到青藏直流线路电压为 ±400kV 时选用 4×300mm² 导线即可满足电磁环境环保要求，后根据输送容量要求，青藏直流线路最终选择采用 4×400mm² 导线。

通过研究，世界上首次获得了高海拔地区 ±500kV 直流线路电磁环境水平，明确了青藏直流线路运行电压为 ±500kV 时，采用 6×300mm² 和 4×500mm² 导线电磁环境参数均满足限值要求的结论，但采用 4×500mm² 导线经济性更优。相关研究成果已用于青藏直流线路设计，为工程实现"环境友好"的目标提供了技术保障。

（二）青藏直流线路电磁环境的海拔修正

为了获得高、低海拔地区电磁环境对比结果，在西藏高海拔试验基地进行高海拔直流线路电磁环境试验的同时，在河北霸州电磁环境模拟试验场（海拔 50m 以内）还同步开展了低海拔地区的直流线路电磁环境试验。低海拔地区的试验线段采用和西藏高海拔试验基地相同的结构型式，导线型号 6×300mm²，分裂间距 0.4m，导线对地最小高度 15m，试验电压 ±500kV。此外，还在北京昌平特高压直流试验线段（见图 6-6）进行了全电压试验，主要考核直流线路可听噪声和无线电干扰计算方法的准确性。

通过上述研究，初步得到了直流线路电磁环境海拔修正的一些结论：

（1）由高、低海拔直流线路可听噪声试验、计算及计算与试验结果的比较得到，±500kV 直流线路采用 6×300mm² 和 4×500mm² 导线时，从海拔 0m 到海拔 4300m，可听噪声最大增加量为 4～4.5dB，只有按美国电力科学研究院（EPRI）推荐的方法得到的修正量的 30% 左右。在高海拔，美国 EPRI 推荐的直流线路可听噪声海拔修正方法不合理，其海拔修正系数过大。该成果应用将使直流线路海拔修正方法发生根本变化；应用于导线选型可大幅节省高海拔地区直流线路工程投资，具有可观的经济效益。

图6-6　北京昌平特高压直流试验线段

（2）对于$6 \times 300mm^2$导线，西藏羊八井（海拔4300m）试验得到的最大地面合成电场比海拔0m的计算值和河北霸州（海拔50m以下）的试验结果都大，在预测高海拔直流线路的地面合成电场时，必须进行海拔修正。

（3）对于$6 \times 300mm^2$导线，在西藏高海拔直流试验线段正极导线投影外20m处的无线电干扰试验结果比霸州试验线段的试验结果约大10dB，平均每千米海拔修正量约为2.3dB，比美国EPRI推荐的3.3dB/km的海拔修正量小。

（4）采用国际无线电干扰特别委员会（CISPR）经验公式和美国EPRI推荐的海拔修正方法计算高海拔直流线路的无线电干扰，总体上，计算值比实测值大；在海拔4300m处，正极导线投影外20m的无线电干扰实测值比计算值小2～10dB。

二、直流线路导线选择

在海拔3000～5300m地区建设±400kV直流输电线路，导线的选择是解决特高海拔地区超高压直流输电的关键技术之一，它对线路的输送容量、传输特性、电磁环境（静电感应，电晕引发的电场效应、离子流、无线电干扰、电视干扰、可听噪声）等技术经济指标都有很大的影响，导线选择的目标是确保工程的经济、可靠和满足环保要求。

根据中国电科院的相关电磁环境试验研究成果，西南电力设计院结合已有的不同海拔导线起晕场强的研究结论，通过收集国内外低、中海拔地区直流线路导线选择方面相关资料和研究成果，对青藏直流线路采用 ±400kV 电压时的导线型式进行了研究，推荐了青藏直流线路满足电磁环境限值要求的导线型式以及在不同海拔高程下的极导线最小对地距离。即：

（1）在工程最高海拔（5300m）以下，采用 $4 \times 240mm^2$ 及以上导线可满足无线电干扰（不大于 58dB）和可听噪声限值（不大于 50dB）要求，采用 $4 \times 400mm^2$ 导线，其可听噪声可满足不大于 45dB。

（2）海拔高度增加时，应适当抬高极导线对地高度，海拔 5500m 以下地区，采用 $4 \times 400mm^2$ 导线对地距离不小于 12m。

由于青藏直流线路全长超过 1000km，所选导线方案对整个工程的造价影响极大，直接关系到整个线路工程的建设费用以及建成后的技术特性和运行成本。为保证线路安全和经济运行，在导线选择过程中，在满足电磁环境指标要求的前提下，结合沿线冰、风情况，充分考虑了线路对导线机械特性的要求，并且按照线路输送容量，计算了各种导线的损耗、线路电压降和传输效率，使所选导线能够保证线路的电压降不大于 10%，传输率不小于 93% 的要求，并通过对不同损耗小时、电价、输送容量、回收率进行不同导线方案的年费用比较，推荐出了青藏直流线路全线采用 $4 \times LGJ—400/35$ 型钢芯铝绞线方案，不仅满足电磁环境指标和机电特性要求，并且使线路经济性较好。

三、直流线路设计风速与导线覆冰厚度

设计风速和导线覆冰厚度对输电线路的杆塔型式、杆塔荷载安全、走廊宽度以及输电线路的技术经济指标等都有着显著影响。青藏直流工程输电线路的路径区域地理位置独特，气候条件恶劣，地形复杂，地貌多样，沿线气象台站极其稀疏，大部分地区属于无人区，沿线已建通信线、电力线极少，基本上无设计资料和运行经验可供利用，采用常规的气象勘测手段和分析计算方法，难以客观确定线路各区段的最大设计风速和导线覆冰设计厚度等气象设计条件。因此准确解决青藏直流线路无资料地区和特殊地形条件下的设计风速和导线覆冰取值，以及高海拔地区空气密度对风荷载计算的修正等方面的问题，可以有效降低线路工程设计的技术经济指标，对于保证输电线路运行的安全性和经济性，具有显著作用。

为此，西北电力设计院在采用气象数值模拟对无资料地区进行数据插补

和进行现场短期的气象对比观测基础上，重点针对山区设计风速的地形影响、沙尘暴对设计风荷载计算结果的影响和路径区域未来气候变化对设计风速和导线覆冰的影响等三个方面开展了创新性研究，并取得了满意的创新性成果，成功解决了青藏高原无资料地区和特殊地形条件下设计风速和导线覆冰的合理取值问题，及时为输电线路提供了合理、可靠的气象条件设计依据，为保证线路设计的经济性和运行的安全性提供了支撑。

（一）山区设计风速的地形影响研究

现行相关规程规范中仅规定了"应按地形条件对山区风荷载进行修正，但无定量"的修正方法。首先对线路经过地区大风的空间分布特征进行计算分析，得出最大风速的空间分布受地形、海拔影响明显，受植被影响极小的结论。在此基础上，创新性地借鉴前苏联在分析山区导线覆冰时采取的方法，对地形影响进行了定量化，即按迎风坡、背风坡、山顶、山脚、河谷、川道、喇叭口、平地、台地等将不同地形划分为不同的等级，以开阔平地为基准，确定了每种等级地形的定量取值；还针对类似地形，依据其周边较大范围内的主地形起伏及在迎风向水平距离 2km 内的高差给出了等级划分标准，最终建立了风速随海拔和地形变化的数学模型。模型的最大误差在 3% 以内，拟合精度极高；模型使用简便、结果客观，为解决山区风速的地形影响问题提供了一种相对科学的方法。

（二）沙尘暴对设计风荷载计算结果的影响研究

研究结果表明，沙尘粒子垂直分布状况与沙尘粒径大小及风速的垂直分量密切相关。地面以上 100m 内，垂直风速为 7m/s 时，大于 20μm 的沙尘主要分布在距地面几米的高度范围内，粒径小于 20μm 的沙尘分布在 100m 高度范围内，且几乎是均匀分布的。

当沙尘暴沙尘粒径为 50μm 时，风沙密度为 1.307kg/m³，仅比干空气密度大 6% 左右，所以，在风速一定时，风压和风沙压基本一致。例如，1993 年 5 月 5 日，新疆、甘肃、宁夏和内蒙古四省区出现了历史上罕见的特强沙尘暴，其中甘肃金昌出现了黑风（能见度小于 50m，最大风速大于 25m/s），据当时在金昌工作的长沙劳动保护研究所测定，室外空气中含尘量为 1.016g/m³，超过了国家规定标准的 80 倍以上。但是，标准状况下干空气密度为

$1.225kg/m^3$，两者差 1000 倍。所以，与风压相比，沙尘压可以忽略，沙尘暴对设计风荷载计算结果的影响不需要进行修正。

（三）路径区域未来气候变化对设计风速和导线覆冰的影响研究

首次针对线路工程路径区域未来 50 年气候变化（主要指气温、降水、湿度和风速）趋势进行研究，并就其相应变化对设计风速和导线覆冰厚度的影响程度进行了评估。

预测结果表明，与 20 世纪的最后 30 年（1971～2000 年）相比，21 世纪的前 50 年，沿线地区年平均气温将上升 1～3℃；在人类活动引起的温室气体不断增加的情况下，沿线地区降水量增加 5%～15%，相对湿度最多增加 4%；随着温度上升和降水量增加，沿线地区五道梁—那曲一带将出现相对有利的导线覆冰条件；气候继续变暖，最大风速和年大风日数将继续减小，年沙尘暴日数将减少 3～9 天。以格尔木为例，当未来 50 年年平均气温上升 1～3℃时，年最大风速将减少 2.7～8.1m/s。

四、直流线路污秽外绝缘

高压直流输电的外绝缘设计主要取决于工作电压下绝缘子的污秽性能，因此确定线路所经地区的污秽水平是外绝缘设计的首要前提。国内外运行经验，尤其是目前我国 ±500kV 直流输电工程的运行情况表明，线路的外绝缘故障已经成为影响设备可用率和运行可靠性的主要因素之一，特别是线路污闪已是外绝缘设计的控制性因素。青藏直流线路所经地区海拔高，地形多样，地质、气象条件复杂恶劣，因此，开展污秽和覆冰分区研究，在不同的污秽区和覆冰使用不同的绝缘子配置，既能保障线路可靠运行，在工程造价方面也具有很高的经济效益。该课题由中国电科院承担。

（一）青藏直流线路沿线污秽和覆冰情况调研

青藏直流线路主要平行 G109 国道及青藏铁路，沿线主要的污染源为火车、汽车的尾气，但由于地形较为开阔，沿线风大，尾气的污染相对而言比较轻。青海段污源主要有格尔木市附近有规划的钢铁工业园；南山口附近的采石场；野牛沟的玉石采矿场；其他人口相对较多的纳赤台、五道梁、雁石坪、沱沱河等的生活污源；戈壁滩的沙尘等。西藏段沿线主要的污染源为火车、汽车的尾气、沙尘、鸟粪，零星分布的石灰窑、采石场等，基本无工业污源。

综合线路沿线气象、环境和污染源、周围已有输变电设备的运行经验，青藏直流线路沿线推荐污秽分布见表6-6。

表6-6　　　　　　　　　青藏直流线路沿线推荐污秽分布

省份	区　　段	线路长度（km）	交流盐密（mg/cm³）	海拔高度（m）	直流盐密（mg/cm³）
青海	柴达木换流站—南山口—小干沟	60	0.06～0.1	2800～3200	0.15
	小干沟—纳赤台	46	0.03～0.06	3200～3700	0.08
	纳赤台—沱沱河	308	0.03以下	3700～5100	0.05/0.03
	沱沱河—唐古拉山口	202	0.03以下	4600～5300	0.03
西藏	唐古拉山口—安多	78	0.03以下	4700～5300	0.03
	安多—桑利	203.3	0.03以下	4500～4900	0.05
	桑利—朗塘	140.7	0.03以下	3900～4700	0.03

覆冰方面，由于该线路地处高海拔，气象条件复杂，有出现导线覆冰的可能性，线路在青海段海西供电工区范围内不应忽视线路覆冰问题。

（二）直流钟罩型绝缘子的污闪电压特性曲线和海拔修正系数

根据线路沿线污秽情况调研结果，开展了常压条件和低气压条件下直流线路绝缘子的人工污秽试验（见图6-7），最终确定了直流钟罩型绝缘子的污闪电压特性曲线和海拔修正系数，这是"污耐压法"设计线路外绝缘配置的关键。

图6-7　西藏高海拔试验基地人工污秽试验室直流线路绝缘子人工污闪试验

试验在中国电科院的 ± 600kV 直流污秽试验室和低气压试验室进行，常压下的直流线路绝缘子人工污秽试验结果表明，在同样污秽条件下，单 I 和单 V 绝缘子串的人工污秽试验结果没有明显差别。210kN 钟罩形绝缘子的直流污闪电压 $U_{50\%}$ 与等值盐密 $ESDD$ 的关系（在灰密 $NSDD$ 为 1.0mg/cm² 时）如式（6-2）所示

$$U_{50\%} = 3.66ESDD^{-0.38} \qquad (6-2)$$

低气压下直流线路绝缘子人工污秽试验表明：无论 I 串还是 V 串，对于钟罩型绝缘子海拔高度和闪络电压之间的线性表达式如式（6-3）所示

$$\frac{U}{U_0} = 1 - k_1 H = 1 - 0.071\,5H \qquad (6-3)$$

式中　U——海拔高度 H 情况下的污闪电压；

　　　U_0——常压 P_0 下的污闪电压；

　　　k_1——下降斜率，其大小反映气压对于污闪电压的影响程度；

　　　H——海拔高度。

（三）直流钟罩型绝缘子的冰闪电压特性曲线和海拔修正系数

根据线路沿线覆冰情况调研结果，开展了低气压条件下直流线路绝缘子串覆冰闪络试验，最终得出了直流钟罩型绝缘子的冰闪电压特性曲线和海拔修正系数。

试验结果表明：随着海拔升高，单 V 串和单 I 串覆冰闪络电压的下降斜率系数 k_2 为 0.064。覆冰闪络电压的海拔修正公式如式（6-4）所示

$$\frac{U}{U_0} = 1 - k_2 H = 1 - 0.064H \qquad (6-4)$$

式中　U——海拔高度 H 情况下的覆冰闪络电压；

　　　U_0——常压 P_0 下的覆冰闪络电压；

　　　k_2——下降斜率，其大小反映气压对于覆冰闪络电压的影响程度；

　　　H——海拔高度。

（四）青海和西藏高海拔地区复合绝缘子运行情况调研和可靠性分析

青藏直流工程位于青海、西藏这两个高海拔、强日照地区。青藏高原特有的昼夜温差大、风沙大、紫外线强等恶劣气象条件，对复合绝缘子的机电

性能和老化性能是十分严峻的考验。综合青藏地区现有的复合绝缘子的使用情况、使用后的抽检以及事故情况进行分析，主要结论如下：

（1）复合绝缘子在西部高海拔地区损坏的主要原因是厂家生产质量不过关，早期设计、制作工艺和材料配方不成熟。除复合绝缘子端部密封失效导致的芯棒脆断事故、硅橡胶材料配方不合格外，真正因高海拔地区强紫外照射运行条件造成的外绝缘事故还不多见。

（2）在西北高海拔地区，质量可靠的绝缘子厂家生产的复合绝缘子大部分运行 10 年及以上后，仍保持良好的性能，这与平原地区并无显著差别。

（3）硅橡胶具有良好的耐候性，一般工作条件下其老化是一个漫长的过程，即使出现中期老化特征，仍在一段较长时间内可以保障复合绝缘子的安全运行。

（4）复合绝缘子硅橡胶伞裙普遍存在的劣化现象主要集中在绝缘子表面憎水性、硬度和抗撕裂强度的变化上。

（5）在硅橡胶老化的中期和晚期都会呈现出易于发现和判别的明显的老化特征。只要运行中做好巡视、观察与定期检测，就不会在短期内出现大量复合绝缘子同时不能使用而导致恶性事故的情况。即使复合绝缘子的伞裙护套进入晚期老化阶段，复合绝缘子整体的基本机电性能尚未受到破坏，运维单位有充裕的时间进行更换。

（6）从整体讲，复合绝缘子在西部高海拔地区的使用情况是可靠的，高海拔强紫外运行条件不应成为复合绝缘子推广使用的障碍。

在高海拔地区直流线路沿线污秽及覆冰调研、复合绝缘子使用调研在国内外属首次进行，研究成果已经应用到青藏直流工程中，在指导工程外绝缘设计、确保工程安全可靠运行、节约工程投资方面具有重要的经济意义。

五、直流线路杆塔冲击放电特性

输电线路杆塔空气间隙距离必须满足工作电压、最大操作过电压以及雷电过电压下线路安全运行的要求。随着海拔高度的增加，空气间隙的绝缘强度大大降低。空气间隙的放电电压随着空气密度的减小而降低，也就是说海拔高度对放电电压的影响极大。在青藏直流工程所在的海拔 3000m 及以上地区，现有海拔修正方法的适应性和准确性越来越差，目前空气间隙海拔修正的国际标准，有的需要代入当地典型气象参数以及当地 50% 操作冲击放电电压的试验数据，有的则是被证明给出的海拔修正因数裕度过大。由大气环境接近线路运行的实际情况，因而如果在高海拔地区按照工程实际布置进行试验，其是最有效的方法。

空气间隙的冲击放电特性与电极形状及周边的结构有关，为使试验结果接近工程实际，采用和实际工程一致的试品布置（包括杆塔横担、立柱的几何形状与尺寸、电极形状与尺寸，以及绝缘子型式、串长与排列方式等），先后在海拔 0、2000、3000、4300m 和 5000m 地区对输电线路杆塔空气间隙的冲击放电特性开展充分的试验研究，取得了丰硕成果。为保证不同海拔的试验结果具有可比性，不同海拔地区试验选择气温和湿度比较接近的时间段进行。试验曲线表明，海拔 3000m 及以上地区的杆塔空气间隙的操作冲击放电电压的海拔修正系数明显小于用以往海拔修正方法直接向高海拔地区外推的计算值。

由于单位长度空气间隙距离的直流放电电压值很高，直流对空气间隙的要求远小于操作冲击或雷电冲击。直流工程采用的 V 型串塔头间隙，在现有试验设备的最高直流输出电压下难以击穿。通过试验得到海拔 0m 和 4300m 地区的棒—棒间隙和棒—板间隙直流放电特性，并对杆塔空气间隙的直流特性做出参考评估。

这是首次在海拔 4000m 及以上地区开展长空气间隙的放电特性试验（见图 6 – 8），在海拔 5000m 地区的试验更是得到了世界上海拔最高的空气间隙放电特性的试验成果。

图 6 – 8　海拔 5000m 处塔头空气间隙放电特性试验

（1）操作冲击放电电压特性。对应±400kV及1.7倍最大操作过电压倍数，当海拔从0m升至4300m时，空气间隙的操作冲击放电电压下降约34%，该下降值明显小于以往用平原地区试验结果直接向高海拔地区外推的计算值。

（2）直流放电电压特性。随海拔高度的增加，棒—板间隙和棒—棒间隙的直流放电电压下降的速率远大于操作冲击。当海拔从0m升至4300m时，正极性棒—板和棒—棒间隙的直流冲击放电电压分别下降了约50%和52%。

（3）雷电放电电压特性。当海拔从0m升至4300m时，相同间隙距离的雷电放电电压下降约40%，略高于操作冲击的下降值。

通过研究，得出了不同海拔地区的空气间隙直流、操作冲击和雷电冲击放电特性曲线，在此基础上计算推荐了青藏直流工程线路杆塔空气间隙3000～5300m海拔地区的直流、操作冲击和雷电冲击50%放电电压海拔修正因数。结合与平原地区试验数据的对比分析，掌握了海拔3000m及以上地区的长间隙放电的特点和空气间隙放电电压随海拔升高的变化规律，为其他高海拔地区线路外绝缘设计提供了更为准确的数据，并为相关标准的制修订提供了参考。

六、直流线路雷电性能

对于青藏直流工程，雷电气候下其线路能否安全稳定运行，对整个工程的可靠运行有很大的影响，由于青藏高原独特的地质气候特点，使得青藏直流工程线路工程的防雷与以往工程相比有其独特的特点。

首先表现为高海拔。随着海拔的增加，空气的间隙的放电电压会随之下降。由于杆塔空气间隙距离由工作电压和操作过电压确定，而空气的间隙的雷电放电电压随海拔高度的降低程度比工作电压和操作过电压要大，所以高海拔将导致线路绝缘子串的雷电闪络电压下降，杆塔耐雷水平降低，从而加大了线路防雷设计的困难。

其次还表现在雷电活动规律方面。在高原气候和海拔的双重作用下，青藏直流线路沿线具有独特的雷暴活动。研究表明，青藏高原地区的雷暴活动具有活动频繁但强度不大的特点，按照现有技术标准来进行雷区的划分，其结果并不能准确反映这一特点。因此必须通过对雷电活动规律的研究，正确划分雷区，有针对性地在不同雷区进行防雷设计。

最后是冻土区问题。沿线经过大量冻土区，高原冻土地区地理、气候环境恶劣，使得土壤的电阻率普遍较高，如果不采取有效措施将杆塔接地电阻降至设计要求内，将会直接导致线路遭雷击时跳闸概率升高。尤其在大面积的连续多年冻土地区，传统的接地技术难以达到此工程设计要求，因此研究降低冻土地区接地电阻的方法，对高原多年冻土地区的防雷接地工程具有非常重要的意义。

针对青藏直流线路工程海拔高、雷电活动规律独特以及穿越大量冻土地区的特点，中国电科院首先对工程沿线的地质特点、落雷密度、冻土及融区的分布进行了详细调查，根据调查结果确定防雷计算所用土壤电阻率、空气击穿强度等各个参数。在此基础上，对青藏直流线路的耐雷水平及雷击跳闸率进行了计算，并根据环境特点及冻土情况给出了有效的降低雷击跳闸率的方法和措施。采取研究得到的推荐防雷措施后，雷击跳闸率能够达到运行可靠性的要求。取得的主要研究结果如下：

（1）冻土导电机理及冲击特性的试验研究表明，土壤受温度影响很大，其导电性能随着温度的下降而下降，尤其在0℃到一定的负温度之间，由于大量的毛细水、结合水冻结成冰，土壤的电阻率和起始击穿场强急剧升高。柴达木—拉萨段沿线分布着大片连续多年冻土及融冻区域，导致了沿线很多区域尤其是在冬季期间的土壤电阻率急剧增高。沿线冻土区导电性能的降低增加了线路防雷设计的难度。

（2）根据柴达木—拉萨段沿线雷电活动具有活动频繁但强度不大的特点，建议将柴达木—纳赤台划分为少雷区，纳赤台—拉萨划分为中雷区。

（3）沿线雷电活动主要集中在每年的5～9月，雷暴日占全年的90%以上，防雷的重点应集中在这一时间段。此时正是土壤的融冻时间，因此线路防雷设计的基本原理是充分利用季节融冻层的低电阻率特性来改善接地装置的冲击特性，确保输电线路的防雷可靠性。

（4）结合国内外一些冻土区域的接地降阻方法，就青藏高原冻土地区的特点，采用合适的接地装置，提出了充分利用季节融冻层、充分利用自然接地体、深井接地法、引外接地、充分利用水体、融区和矿体接地和改善接地体周围的土壤等接地降阻方法。在工程设计和施工中，可根据现场情况采用以上一种或多种方法，使接地电阻达到规定值要求。

（5）青藏直流线路工程采用的铁塔的地线保护角为负角，可有效屏蔽极线。因此，线路防雷的重点在于如何采取措施来降低线路的反击跳闸率，而降低反击跳闸率的重点在于接地降阻措施。降低线路反击跳闸率的主要措施有降低线路接地电阻、加装线路避雷器、架设耦合地线和加强线路绝缘等。

七、直流线路绝缘配合

青藏直流线路的绝缘配合研究是在调研分析沿线气象条件、污秽分布状况以及最大操作过电压的基础上，通过电气试验和数值计算，提出工程设计中线路绝缘子的型式与片数，以及杆塔最小空气间隙距离等参数的推荐值，使线路的运行能够满足各种电压（包括工作电压、操作过电压和大气过电压等）和各种气象条件（包括污秽、雾雨、覆冰等）的要求，达到既安全可靠，又经济合理的目的。

以往的高海拔地区外绝缘设计，是将平原地区的绝缘子片数和空气间隙距离，通过海拔修正，推荐出线路所需要的数据。但目前空气间隙海拔修正的国际标准，有的标准需要代入当地典型气象参数以及当地 50% 操作冲击放电电压的试验数据，这对于青藏直流线路是不现实的，还有的标准给出的海拔校正因数通过试验证明裕度过大，且随着海拔升高和电压等级提高问题更突出，使设计不尽合理。另外，沿线气象条件复杂，部分高海拔地段近年来发生过绝缘子覆冰闪络的事故，高海拔地区绝缘子覆冰问题也没有现成的解决方法。特殊的自然环境给青藏线路的绝缘配合工作提出了极大的挑战。在无现成数据可用、无合适方法可依的情况下，只能通过大量试验获得翔实的数据，提出适用于更高海拔（大于 3000m）地区海拔修正的方法，从而计算出直至 5300m 海拔的外绝缘修正因数，以满足工程所需。

中国电科院在国家电网公司北京特高压直流试验基地（海拔 54m）和西藏高海拔试验基地（海拔 4300m）开展了充分的试验，由于严格采用了相同的试品（绝缘子和仿真塔头）和一致的试验方法，在两个基地获得的试验数据的差异反映了海拔高度对外绝缘放电特性的影响。系统深入地研究线路绝缘子和空气间隙的直流和冲击放电电压特性及规律，分别得出了空气间隙距离与放电电压的关系曲线。以这两个海拔下的试验数据为基础，经过缜密的分析研究，提出适用于更高海拔（大于 3000m）地区海拔修正的方法，按照

"海拔每升高100m，绝缘的电气强度降低相同百分比"的原则进行插值，计算出沿线不同海拔地区绝缘子和空气间隙放电电压的修正因数。用海拔2000m（云南昆明）、海拔2254m（青海西宁）以及3723m（青海大武）等地的部分试验结果与插值法计算结果进行比较，表明了插值法的合理性。

在此基础上，最终计算推荐了青藏直流工程常规直流线路绝缘子的型式、片数或串长，选择了重冰区直流线路绝缘子的片数，提出了线路杆塔的最小空气间隙距离。

研究成果已直接用于青藏直流工程直流线路的外绝缘设计。研究思路以及获得的试验数据和海拔校正因数计算结果，可供今后2000m以上高海拔地区高电压等级的交直流输电工程外绝缘设计工作参考。

第五节　高海拔多年冻土地区基础设计研究

一、冻土分布及物理力学特性

青藏直流工程穿越多年冻土区长达550km，有1207基塔坐落在多年冻土上。由于多年冻土具有热稳定性差、厚层地下冰和高含冰量冻土所占比重大、对气候变暖反应极为敏感以及水热活动强烈等特性，因此合理的输电线路选线、选位及选型都将遇到多年冻土工程性能的制约和挑战。虽然青藏铁路、公路都对青藏工程通道内的多年冻土进行了深入研究，但由于铁路、公路为线状工程，而输电线路为点状工程，前后者在水热交换方式、热辐射程度上都存在明显差异。为了保证工程的顺利建设和后期的安全可靠运行，有必要开展输电线路走廊内的冻土分布及物理力学特性研究，以使对有关冻土问题有更系统、深入的研究和更全面的认识，为"电力天路"的顺利实施做好技术保障。

自启动研究以来，西北电力设计院围绕冻土分布及物理力学特性这一核心内容，着眼于青藏直流工程冻土的工程性质及勘测评价全方位应用需要，进行了开创性的研究工作，包括沿线冻土微地貌特点及路径与塔位条件研究，冻土上限与基础稳定埋入条件研究，高含冰冻土与基础稳定埋入条件研究，不同冻土一个冻融周期内塔基冻土力学特性研究，斜坡铁塔基础冻融稳定性模型试验研究，高原冻土适宜勘探测试技术与评价要点研究，保持冻土稳定性的设计、施工关联技术研究。

通过现场调查、既有资料分析、室内常规力学和模型试验等途径，综合研究了输电线路沿线冻土的类型、分布特征、工程特性及物理力学参数，针对直流线路工程的选线选位、勘探测试、施工管理等建设环节的冻土工程问题，得到了系统化的研究成果，包括：① 获得了线路沿线的冻土分布类型、分布规律及其特性的宏观结论；② 进行了输电线路沿线冻土工程区划；③ 研究并掌握了线路沿线多年冻土上限及上限附近地下冰分布规律；④ 掌握并分析了线路沿线不良冻土现象及分布特征；⑤ 研究了沿线冻区、融区划分及其工程寿命期变化预测；⑥ 研究了季节冻土、岛状冻土及多年冻土融区等冻土类型的冻融特性；⑦ 调研并分析了沿线冻土微地貌特征及对线路的影响；⑧ 研究并提出了多年冻土区输电线路选线选位及选型指导意见和建议；⑨ 获得了代表性冻土的塔基物理力学性能参数；⑩ 进行了斜坡铁塔椎柱基础的冻融特性研究；⑪ 提出了冻土区适宜的勘探测试方法和实施要点。

截至 2011 年 10 月底，青藏直流工程的建设全面完成，并进行了竣工验收。通过勘察、设计及施工阶段的信息反馈，科研阶段的成果不仅全面涵盖了线路中的冻土工程地质问题，而且科学指导了线路中的基础施工和成功预测并解决了一些突发性的问题。通过研究，不仅加深了电力行业技术人员对多年冻土知识的深入认识，而且部分成果对于促进冻土专业的发展都具有重大理论意义。

二、冻土区基础设计

青藏直流工程线路是世界上穿越多年冻土最长的输电线路，多年性冻土问题成为送电线路的主要地质问题，工程建设的特殊性和复杂性是前所未有的。高海拔多年冻土地区基础选型及设计的参考资料较少，国内可供借鉴的工程实例极少，而送电铁塔基础作为线路的重要组成部分，其基础选型、设计以及施工质量的优劣将严重影响送电线路建设的经济性和社会效益，因此，对高海拔多年冻土地区的基础选型和设计进行研究，对保证青藏直流线路工程的可靠性具有重要意义。

西北电力设计院根据高海拔多年冻土特征，通过理论分析研究提出了一系列适合于高海拔多年冻土区架空输电线路的基础型式。通过现场真型试验，取得了锥柱等基础型式的第一手资料，并着手研究开发了预制装配式基础，解决了高海拔冻土冬季施工的难题，取得了开创性的研究成果。

（1）全面系统地提出了适合于高海拔多年冻土区架空输电线路基础型式。包括基础设计在非冻胀区以扩展柔板基础为主；部分地质条件较好，能掏挖成形的地段采用掏挖基础；地质条件较好（基岩类）、基础露头较大、边坡比较紧张的地段采用掏挖桩基础；在交通便利、运输和吊装比较便利的多年冻土地区采用预制装配式基础；在冻胀力较强、地基较为稳定的多年冻土地区采用锥柱基础；在饱冰、含土冰层等不良多年冻土地区以及跨河、漫水、地下水较浅的地区采用灌注桩基础。

（2）研究设计了适合于高海拔多年冻土地区的预制装配式基础。装配式基础可以减少施工对多年冻土的扰动，提高机械化作业水平，降低劳动强度，在负温条件下可以保证混凝土质量。装配式基础的研究和设计经历了多个方案比较、分析和筛选，通过真型力学性能试验研究验证了其安全可靠性，并在拉萨段和青海段现场吊装试验中验证了安装的可行性。

（3）对锥柱基础进行了全方位的分析论证，设计出了施工简便、经济合理的锥柱基础型式。根据青藏高海拔多年冻土区部分地段冻胀力较强的工程地质特点，结合前期科学试验研究，对锥柱基础的断面型式、立柱型式和基础地盘型式进行了全方位的对比分析论证，设计了施工工艺简洁、方便，抗冻拔效果明显的锥柱基础。

（4）环保型掏挖基础的设计和应用。针对多年冻土地区的坡形地带，设计采取了多年冻土区的掏挖基础，减少了开挖量，保护了地表植被，节省了混凝土，还防止了大开挖可能带来的热融滑塌和热融湖塘等地质灾害，真正做到了经济、合理、可靠和环保。

（5）全方位、动态化设计预案的制订。针对多年冻土地区地质条件的可变性和不确定性以及施工季节的不同特点，基础设计做了多种预案，保证了不同基础型式的可替换性，保证了施工的连续性。

（6）新材料、新工艺防冻融设计。冻土基础设计中主要采用了玻璃钢、热棒、润滑剂、地基土换填等措施防冻融。玻璃钢模板可以代替钢模板，一次性浇筑成型，省去了养护和拆模的流程，缩短基础基坑暴露时间，减少了对冻土的扰动，减少混凝土水化热对冻土的影响，削弱了冻土切向冻胀力。热棒可有效地防止多年冻土融化，降低多年冻土地基的温度，提高多年冻土地基的稳定性，保证建筑物地基在运行期可长期处于设计温度状态。

三、冻土地基杆塔基础室内试验

装配式基础是架空输电线路杆塔基础的重要型式之一，尤其适用于特殊环境和要求（如运输困难、缺水、现浇混凝土质量难以保证等条件）下的输电线路工程。基础实体是在基础坑内由钢筋混凝土或金属材料预制加工而成的构件组装形成的，具有现场易施工、劳动强度低等优点。国内外常用的装配式基础采用钢筋混凝土或金属板条状底板和支架组成。

西北电力设计院针对青藏直流工程的特殊性，经过优化选型设计出钢筋混凝土预制装配式基础，该基础不同于常用板条底板与支架结合的形式，而采用 2 块底板与 1 根圆立柱通过钢筋混凝土梁、锚栓等构件连接装配形成板式钢筋混凝土基础，该基础结构在国内外应用尚属首次，缺乏工程研究、设计、施工的经验，其中外荷载作用下基础不同构件之间承载变形与协同工作特性、不同构件之间的连接件承载特性是设计的关键点与难点，也是基础安全稳定的重要保证。为此，中国电科院开展了冻土地基杆塔基础室内试验。

研究以预制装配式基础承载性能为重点，利用中国电科院岩土工程试验室，通过室内原型装配式基础静载试验，全面模拟输电线路基础实际受荷状态，分析显示基础结构具有较好的整体性、变形协调，满足青藏直流工程杆塔基础要求（见图 6-9）；基础构件及连接件的应变测试结果显示连接底板与立柱的主柱锚栓是传递荷载的主要构件，需按上拔工况进行设计，而底板锚栓连接件和底板连接槽钢可按底板整体性和变形协调要求进行设计，此外在工程基础设计时需合理考虑构件预制、组装误差等不利影响；地基与基础间压力的监测结果显示在加载初期，装配式基础局部土压力与相同状态下现浇基础的土压力变化趋势存在差异，是由于基础各构件之间装配间隙调整、各连接构件之间承担荷载的重分配而产生的，该特性是实现预制装配式基础和地基之间、基础各组成部分之间的协调变形和共同承载的内在机制，是地基与基础相互作用的正常表现。

图 6 – 9 青藏直流工程冻土地基预制装配式基础承载性能室内试验

研究表明预制装配式基础具有良好的承载性能，基础及构件承载能力满足青藏直流工程承载要求，与现浇基础比较，装配式基础存在局部构件应力和地基基础间压力不均的现象，该现象是基础构件变形协调、共同承载的效应，在工程基础施工中需加强施工质量控制，减小不利影响。该成果为青藏直流工程装配式基础的设计应用提供了重要技术依据。

四、冻土地基杆塔基础现场试验

虽然输电线路工程基础与交通、建筑等其他行业工程基础的功能、材料等方面类似，但两者存在显著差异：前者承受的上部结构荷载大小和方向交替变化的特征明显，常规条件下上拔和倾覆稳定是其设计控制条件；就基础而言，两者都对基底沉降敏感，但前者较后者对底板上部地基的沉降敏感程度和要求减弱，也就是说杆塔基础对其底板上部土体沉降标准较低。结合青藏铁路 110kV 配套线路工程、皇—吉 220kV 天山多年冻土地区输电线路工程以及青藏直流工程初设阶段等开展了有关冻土性质、冻胀力、冻土地基桩基础设计等应用研究，形成了冻土地基杆塔基础设计参数，积累了宝贵的工程经验。而由于电压等级、建设规模、工程重要性等方面的差异，青藏直流工程冻土地基杆塔基础设计、施工和检测尚缺乏成熟工程技术和经验参考。

为验证青藏直流工程基础承载能力，并为类似工程建设提供重要技术参考，根据工程设计已确定的线路路径和杆塔基础型式，中国电科院采取与工程基础设计相同、施工工艺相同、施工时间相同的原则，选取五道梁地区典型场地和基础型式，与工程基础同步施工，在多年冻土地基活动层处于冻结和融化状态下，进行现场真型基础载荷试验（见图 6-10），全面模拟铁塔对基础的荷载作用状态，同时进行冻土物理力学性质原位试验和冻土地基温度监测。

图 6-10　青藏直流工程冻土真型基础载荷试验

现场真型基础载荷试验不仅采用 X、Y、Z 三向同时加载，加载工况全面模拟输电线路基础实际受荷状态，且在 2011 年 3～4 月和 8～9 月当地基活动层分别处于冻结和融化状态时进行试验，也与青藏直流工程基础组塔架线等关键施工时间保持一致。试验所得荷载与位移变化关系呈缓变型的特点，与非冻土地区上拔工况下开挖回填式基础往往表现为陡降型脆性剪切破坏特征存在差异，该特性有利于基础安全承载。试验结果表明活动层冻结和融化状态下青藏直流工程装配式和锥柱式试验基础承载力满足要求。

试验基础冻土地基温度监测显示冬季施工有利于地基回冻，回填多年冻土人为上限略深于多年冻土天然上限，场地基底以下地基土处于冻结状态，分析表明在冬季施工及在活动层深度内土体保持适当孔隙率，可起到类似"热棒"效果，有利于地基土回冻，随着土体自然固结及冻土冻融变化，活动层内土体将固结密实，进入融化期时孔隙率减小有利于保持冻结状态；回填冻土物理力学性质试验结果显示冻土地基冻结与否对基础承载力和地基抗剪强度指标有较大影响，尤其细颗粒黏土场地，当含水率较大且处于融化状态时，土体呈流塑状态接近软土特性，保持下部地基土体冻结状态的重要性。

研究表明青藏直流工程高原冻土基础具有明显的行业工程特点，青藏直流工程基础承载能力满足要求，研究成果为类似工程建设提供了重要技术参考。

五、冻土地温监测与稳定性

为准确评价高原冻土区输电线路的工程与冻土的相互作用和影响，判断和预测运营期间冻土区线路工程的质量状态，需要对输电线路冻土基础传热过程及稳定性分析等关键科技难题攻关。中国科学院寒区旱区环境与工程研究所承担了该项工作，通过输电线路冻土基础长期观测系统以及数字基础平台的建立和综合研究，对建设世界一流高原冻土区输电线路，保证输电线路的安全运营都具有重要意义。

通过现场监测、理论分析以及数值模拟分析等综合技术开展关键难题研究，研究内容主要包括：多年冻土区输电线路工程稳定性长期监测体系的建立、不同冻土类型、不同塔基类型下的冻土温度变化过程、水分迁移过程、塔基变形过程和可靠性分析，以及现代气候变暖背景下塔基稳定性评价体系的确立、塔基长期变化趋势的分析与评价。

中国科学院寒区旱区环境与工程研究所于 2011 年 1 月 5 日全面完成整个监测系统的布设、调试工作，从 2011 年 1 月 7 日开始获取有关地温、水分、应力、变形等方面完整、连续数据。数据采集空间样点达到 5600 多个。截至 2011 年 11 月 15 日，整个观测系统数据累积量已经达到 1200 多万个。通过对现场观测、室内模拟计算等方面数据的综合分析和研究发现：在经历冬季冻结过程塔基整体处于冻结状态条件下，在夏季融化过程后，观测场地塔基基础底部冻土总体依然处于冻结状态；塔基周围的温度变化过程、升温速率、融化深度等主要受到塔基基础形式、冻土条件、施工过程的控制和影响；所采用保护冻土的工程措施在保护冻土方面发挥了重要作用。这些科技成果的取得，为青藏直流线路工程建设施工转序的重大关键节点的把握，为冻土基础分析研讨提供了关键重要科学数据，为冻土工程建设发挥重要科技支撑。

第六节 高原环境保护研究

一、施工环保及水保

青藏直流工程建设主要面临高原高寒植被及自然景观保护、珍稀野生动物栖息及迁徙环境保护、自然保护区及江河源生态环境保护、高原冻土及高原湿地环境保护、水土流失控制等一系列重大环境问题。其中，高原高寒植被恢复与再造、江河源水质保护、野生动物保护、冻土保护等是青藏直流联网工程建设环境保护的重点和难点。为此，国网直流公司开展了高原施工环保及水保的专题研究，并取得了一系列技术创新成果。

（一）设计阶段的技术创新

（1）换流站、接地极环保水保设计优化。柴达木换流变电站和拉萨换流站选址，均避开了合成电场、直流磁场、工频电场和磁场、无线电干扰等电磁环境敏感目标和其他环境敏感目标；优化站区平面布置，站区总平面布置紧凑，占地面积较小；施工场地布置在站区内，不另外租地，减少了扰动原地貌的面积；根据各分项工程基础的尺寸进行局部开挖，避免重复开挖，减少弃土，回填土回填后及时夯实。

（2）直流线路选线环保水保设计优化。青藏直流线路路径避开了军事设施、城镇规划区、大型工矿企业、重要通信设施、民房、宗教场所等，减少对群众生活、生产的影响；线路路径避开了可可西里国家级自然保护区、三江源国家级自然保护区、色林错黑颈鹤国家级自然保护区和热振国家森林公园，线路路径尽量避开林地，减少树木砍伐，保护生态环境；直流线路与公路、铁路、通信线、电力线交叉跨越时，严格按照有关规范要求留有足够净空距离，在跨越河流时，不在河流中央建塔，避免铁塔对河道泄洪能力的影响；路径选择综合考虑施工便利、交通方便以及工程量等因素，经过多方案技术经济比较，缩短了线路长度，节约工程投资，减少了对水土保持设施的破坏。

（3）直流线路塔基环保水保设计优化。合理确定塔基位置，主体工程设计中，根据接地极线路及直流线路塔型、塔高、地质及可能采取的基础形式，合理确定基面范围，减少开挖面；采用全方位高低腿基础及主柱加高基础，适应坡地地形，减少了开挖面和弃土、弃渣量，有效减少了水土流失。

（二）施工阶段的技术创新

1. 植被保护措施

采取的植被保护措施有：① 在施工区安装围栏，控制施工活动范围，避免对周边环境造成影响；② 在塔基施工区铺设草垫或棕垫等措施进行草地隔离保护（见图 6–11）；③ 采取在原地面铺设草垫、棕垫、木板等隔离保护措施保护施工道路植被。

2. 植被恢复措施

对换流站，在站区、进站道路布设植物措施，选用根系浅的草本植物、低矮灌木和少量乔木，并利

图 6–11 塔基施工区铺设草垫

用换流站的给水管进行灌溉。对直流线路，根据青藏直流线路的塔基区、材料站、施工营地、临时施工道路、牵张场等沿线占地类型、植被类型的不同，分别布设植物措施。

3. 水土保持措施

（1）临时防护措施。① 表土剥离措施，除戈壁滩以外的施工地段，都实施表土剥离措施，剥离的表土在施工过程中单独堆存，并采取临时拦挡、覆盖措施。表土用于植物措施的换土、整地，以保证植物的成活率。青藏直流线路工程塔基区进行表土剥离 $169\,661\,m^2$；拉萨换流站、接地极及接地极线路进行表土剥离共 $150\,900\,m^2$。② 临时土方堆放防护措施。对开挖的临时土方和施工砂石料进行集中堆放，并采取编织袋装土拦挡体拦挡、彩条布或土工布覆盖措施，防止水土流失。

（2）冻土环境保护措施。工程施工避开降水集中、热融作用活跃的 7、8月；塔基开挖面采用石棉板、棉被等隔热措施，保持多年冻土层原有热平衡；在冻土区域基坑、施工坑、接地沟开挖后，在坑体上方搭设遮阳板，以防止

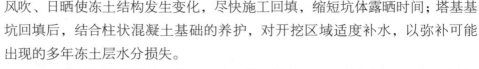

风吹、日晒使冻土结构发生变化，尽快施工回填，缩短坑体露晒时间；塔基基坑回填后，结合柱状混凝土基础的养护，对开挖区域适度补水，以弥补可能出现的多年冻土层水分损失。

（3）塔基区防护措施。位于丘陵地带的塔基，必要时设置挡土墙和护坡，保持边坡稳定；塔基周边设置截水沟、排水沟，截、排塔基区坡面雨水，保持塔基稳定；位于多年冻土地带的塔基，设置热棒及其他防冻胀措施，保护塔基稳定，防治水土流失。

（4）碎石压盖防护措施。工程位于戈壁荒漠的部分塔基以及柴达木换流变电站接地极线路塔基采用碎石压盖，防治水土流失。

（5）土地整治。换流站站区、道路区、站外管线区以及接地极和接地极线路区施工结束后，拆除施工区临时设施，进行土地整治；直流线路工程施工结束后，对塔基区、施工营地、牵张场、施工道路等施工临时占地区域，进行土地整治。尽可能恢复其原有土地使用功能或恢复植被。青藏直流线路工程土地整治面积为 179.96hm²，柴达木换流变电站土地整治面积为 8.28hm²，拉萨换流站土地整治面积为 9.38hm²。

研究结果表明：青藏直流工程生态环保工作取得了明显成效：① 在 4000m 以上高海拔、高寒地区成功开展了输变电工程植被恢复与再造；② 采用了各种冻土保护技术措施，有效保护了沿线多年冻土环境；③ 根据野生动物生活习性，施工过程没有影响野生动物迁徙；④ 最大限度保持了青藏直流工程与高原景观的和谐；⑤ 在国家电网工程建设中，首次同步实施环境监理、水保监理和水保监测，建立了适合中国电网建设新的环境管理模式。

二、植被恢复研究与试验示范

青藏高原植被脆弱，工程建设稍有不慎，会形成工程迹地。施工便道导致土壤结构紧实坚硬，表土层破坏导致缺乏植物能够自然生根和伸展的介质、水分缺乏、营养物质不足等，拌料场、塔基等工程迹地主要由废弃块石、碎石和覆盖层风化物堆积而成，导致无土壤、水分及养分渗漏快等异质性。其后果不仅造成水土流失，而且影响冻土环境的稳定，因此，青藏直流线路建设遗留下来的施工便道、料场和铁塔基础等迹地的治理将成为一个重要问题。

目前，在青藏高原主要针对青藏铁路的边坡和取土场进行了植被恢复方面的研究，草皮移植工作取得了一些成功的经验。人工植被恢复中应用的草种只有垂穗披碱草、梭罗草、冷地早熟禾等少数几种，适宜草种快速扩繁的生产技术体系和规程还处于研究起步阶段，建立稳定人工植被模式还很缺乏。因此，研究目标是通过人工草皮移植试验以及选择适宜草种，进行合理的搭配，研究人工植被恢复技术，建立植物群落结构稳定和覆盖度较高人工植被来恢复治理电网工程迹地。

截至 2011 年底，西北高原生物研究所应用垂穗披碱草、草地早熟禾、冷地早熟禾、中华羊茅、赖草、碱茅、星星草等在青藏直流工程（西大滩、不冻泉、索南达杰保护站、五道梁、沱沱河、开心岭）等塔基处成功开展植被恢复野外试验工作，完成植被恢复塔基 400 余基（见图 6 – 12）。

图 6 – 12　植被恢复

研究成果可有效解决青藏直流工程造成植被破坏的恢复等核心问题，为工程植被恢复提供了理论依据和技术支撑。成果推广后产生了巨大的直接和间接生产效益：① 通过青藏直流工程植被恢复治理，沿线塔基和施工便道的植被将得到有效保护和治理，人工恢复植被覆盖度可达 60% 以上，干草产量增加 20 ～ 30kg/hm^2；土地风蚀沙化和水土流失得到有效控制，减少进入河道的泥沙，减轻下游淤积，同时增加土壤含水量；生态环境得到明显改善，国土安全得到有效保障。② 植被恢复的实施，有效地弥补了项目建设导致的植被破坏，增加土壤有机质含量，改善土壤物理化学性质，提高土壤肥力。③ 提高植被覆盖度，有效调节贴地层的温度、湿度、风力，改善局地小气候。④ 通过植物措施的实施，植被增加，植物种类多样化，促进了野生动物的生息繁殖，更好地维持生态系统的平衡稳定。

第七节 高原生理医疗保障研究

一、特高海拔高原脑水肿的临床救治

青藏直流线路工程要穿越无人区约800km，工程沿线自然条件十分恶劣，存在着低气压、低氧、低温、干燥风大，强日光辐射和自然疫源等不利条件，是人类生存极限地带。如何做好青藏直流工程参建人员的医疗卫生保障工作，保障工程建设者的身体健康，是保证工程顺利建成的关键条件。

针对青藏高原气候及电网建设的特点，为了解决工作中的重点与难题，医疗保障总院成立了相应的科研组织领导小组，调动全线医疗资源，充分利用西藏军区总医院及解放军22医院对高原病的研究优势，联合开展了高原脑水肿、高原肺水肿的临床救治研究工作。通过不懈努力，顽强拼搏，提出了建立完整的医疗卫生保障体系，经过实践证明对于高海拔大规模的参建人员保障是成功的，为圆满完成"四零"目标奠定了技术支撑。

高原脑水肿是由急性缺氧引起的中枢神经系统功能障碍，脑神经兴奋和抑制功能发生紊乱，出现低氧性脑充血、脑水肿，有的可出现严重的神经精神症状，共济失调甚至昏迷等的一种高原特发病，属急性高原病最严重之一，其特点是发病急，临床表现以严重头痛，呕吐，共济失调，进行性意识障碍为特征，病理改变为脑微循环内流体静压升高导致外渗。缺氧刺激了多种扩张代谢产物（如 K^+、H^+、前列腺素和腺苷）的产生，从而使脑血管扩张、脑血流量增加；缺氧引起神经元释放兴奋性氨基酸，促进大脑代谢，进一步增加扩张血管的效应。以上因素致大量血液移至肺脑心等器官，潴留的水分也蓄积在肺和脑部。随着在高原低氧环境下的暴露时间延长，神经元的结构和功能蛋白质合成减少，膜结构异常，从而使神经元出现一系列代谢紊乱，最终导致脑细胞死亡，生理功能丧失。

高原脑水肿是人体低海拔地区快速进入海拔3000m以上高原地区时因脑缺氧而导致的一种严重脑功能障碍，发病率为 $0.5\% \sim 2.0\%$，死亡率位居急性高原病各型之首。特高海拔一般指海拔超过4500m。唐古拉山口海拔5300m，大气压53.28kPa，氧分压11.6kPa，氧含量仅为平原的45%，实测室外温度最低 42℃。在如此恶劣的自然条件下，医疗保障总院收治特高海拔脑水肿患者 33 例，全部就地抢救，经过积极有效救治，无一例死亡和并发症发生。

在临床救治过程中，现场救治极为关键，一级医疗站医疗人员和施工人员同吃同住，能在第一时间发现急性高原脑水肿患者，明确诊断后迅速建立静脉通道，现场予以抢救药品静脉推注，为转运至二级医疗站继续治疗争取了宝贵的时间。高压氧是目前治疗高原病最有效的措施之一，它能极大提高血氧张力，增加血氧含量，显著增加氧的弥散速率和范围，有效纠正脑缺氧，减轻脑水肿，降低颅内压，加速患者苏醒。同时，使用各种中西药物予以利尿、脱水、减轻脑水肿、营养脑细胞、预防和控制感染等综合治疗，取得了理想的疗效。

二、施工现场高压氧治疗高原肺水肿

在高海拔地区高原现场高压氧（Hyper Baric Oxygen，HBO）就地治疗高原肺水肿（High Altitude Pulmonary Edema，HAPE）的疗效优于药物及常规吸氧已为实践和文献证实，但治疗压力究竟多少为好，治疗压力宜高还是宜低，目前国内外均无一致意见。医院保障总院通过在高海拔研究，对上述问题做了初步探讨。

青藏直流工程建设期间，在平均海拔 4600m、气压 57.4kPa、氧分压12.0kPa 的高原施工现场采用 HBO 治疗了中度 HAPE 患者 45 名，全部患者都是上线体检合格的电网参建人员，平均年龄 32.65（22 ~ 46）岁。可见，在海拔 4600m 高原现场采用 HBO 治疗 HAPE 疗效显著，选择 0.2MPa 压力具有使用方便、高效、安全的特点，可作为 HAPE 治疗方案。

目前对 HAPE 的发病机理还不是十分清楚，但肺动脉高压的形成及"漏孔"学说得到了普遍认可，而肺动脉高压只是加重了"漏孔"的作用。认为个体急速进入高原后，由于缺氧，细胞发生变性，产生自身抗原，刺激机体产生大量免疫球蛋白，抗原抗体反应时形成的生物活性介质激活补体释放以组胺，而组胺作用于血管壁，尤其是肺小血管壁，使其内皮细胞肿胀变性，细胞连接间隙增大，通透性增大，即"漏孔"出现。而"漏孔"的出现最主要原因是缺氧，高压氧 HBO 治疗下血液运输氧的方式变化，显著增加了血液中的溶解氧，迅速纠正组织缺氧，调节血管舒缩功能，增加缺血区的血流量，改善缺血缺氧肺组织血供，促使"漏孔"闭合。据观察，高原肺水肿患者在0.2MPa高压氧治疗下，可明显缩短肺水肿病程，减少患者痛苦，且副作用少、安全可靠。

三、由平原进入高海拔地区施工人员血压动态变化情况

关于高原低压缺氧环境对平原个体进入高原后机体血压的影响方面，目前国外学者在此方面尚认识不足。而在国内，高原低压缺氧环境对平原个体进入高原后机体血压的影响早已引起了广大高原医学工作者的高度重视，并且对高原血压异常症的实际存在亦早已达成了广泛的共识。医疗保障总院对1000例由平原进入高海拔地区施工人员"亚习服期"血压的动态变化情况进行了观察，并重点对高原高血压的发生情况进行了探讨，目的在于寻找由平原进入高海拔地区施工人员在进入高原"亚习服期"高原高血压的发生情况及其规律，以便为平原个体进入高原"亚习服期"高原高血压的预防和治疗提供一定依据。

通过研究发现，高原"亚习服期"即血压出现了明显的变化，而在通过一段时间的习服后，血压开始逐渐下调，但随着居住高原时间的延长，血压再次开始出现上升的趋势，同时高原高血压的患病率随着海拔高度的升高而增加，且其发病时间明显提前，这可能与患者劳动强度较大，加重了个体在高海拔地区机体的耗氧量，以及高空作业的工作性质易产生紧张、不安等不良情绪有着密切的关系。因此，对于由平原进入高海拔地区的施工人群，在"亚习服期"即应加强其血压异常变化的观察，对于劳动强度大、作业海拔高度较高的人群，应尽适当地缩短每天劳动时间或每次连续作业的时间，必要时在夜间休息给予持续低流量吸氧。

四、施工现场长管道吸氧效果

高原环境影响人体的主要因素是低氧。随着海拔高度升高，大气压逐渐降低，大气中的氧分压也随之降低。因此，海拔高度越高，人体吸入空气和肺泡气中的氧分压越低，弥散进入肺毛细血管血液中的氧越低，动脉血氧分压饱和度也随之降低。当血氧饱和度降低到一定程度时，即可引起机体各器

官组织供氧不足，从而产生功能或器质性变化，并出现缺氧症状。有研究认为动脉血氧饱和度下降到 85% 时，可导致脑功能减退和肌肉精细运动能力障碍；动脉血氧饱和度下降到 75% 时，就可出现判断错误，情绪不稳定和肌肉功能障碍；60% 时可出现意识丧失，中枢神经系统的进行性抑制。

血氧饱和度是反应机体供氧程度、氧转运能力、对低氧适应程度及氧气在血液中浓度的重要生物学指标。在高原，即使在安静状态下其血氧饱和度仍然低于正常值，随着劳动时间的延长，血氧饱和度逐渐下降，并出现缺氧症状。研究表明在这种情况下，常规吸氧能迅速提高血氧饱和度，纠正缺氧。然而，在高原施工现场，尤其是高空及坑洞内，往往因条件限制而无法进行持续的常规吸氧。为了更好地解决青藏直流工程施工中的缺氧问题，安能保障总院在不同海拔高度的施工现场，以不同的供氧压力、相同的供氧流量，用长管道吸氧后对血氧饱和度变化进行了对比研究。

通过研究发现，吸氧前，海拔高度与血氧饱和度呈负相关，海拔越高，血氧饱和度越低。在不同海拔的高原高空及坑洞施工现场，以不同供氧压力、相同的氧流量，用长管道吸氧后，血氧饱和度均能显著提高，但在不同海拔高度施工现场，以不同供氧压力、用长管道吸氧后，对血氧饱和度影响的差异并不显著，这可能与供氧流量固定，从吸氧到监测取值时间偏长有关。另外，在同一海拔高度测试时，每组吸氧前的血氧饱和度均值，有的是高原高空高，有的是高原坑洞内高，这可能与每组受试者年龄、在高原居住时间长短、对高原环境适应好坏、坑洞深浅、坑洞大小及高空高度等不同因素有关。

同时，研究认为用长管道吸氧解决高原高空及坑洞作业中缺氧问题有许多优点：① 从试验结果看，中流量、长管道连接一次性双腔输氧管吸氧能在短时间内显著提作业者高血氧饱和度，改善缺氧，且吸氧浓度低于 30%，不易发生氧中毒；② 长管道吸氧方式能有效解决高原高空及坑洞作业中携氧不便、携氧不安全、携氧量不足或储氧不安全等问题；③ 长管道吸氧供氧方式简单，除需一根细长硅胶管外，与普通吸氧方式无区别，容易做到。

总之，高原高空及坑洞内施工现场用长管道吸氧时，无论施工现场海拔高低、供氧压力大小，均能显著提高作业者血氧饱和度，改善缺氧，因此，长管道吸氧是解决高原高空及坑洞内作业缺氧的一种简单、易行、安全、有效的方法。

五、工程高原生理健康及安全防护

为克服青藏高原高寒环境和自然疫源性疾病对人体的危害，创造一定的劳动、生活条件，保护参建人员的生命安全、身体健康、劳动能力，依据青藏高原高寒环境人类生存的特点，本着"以人为本，医疗保障先行"的理念，国网直流公司会同青海送变电公司、西藏电建公司等单位将理论与实践相结合，建立了较完善的医疗卫生保障体系，为保障青藏直流工程建设的顺利进行奠定坚实的基础，所做的工作在高原输变电工程生理健康及安全防护方面具有开创性和前瞻性。

（一）提出三级医疗卫生保障体系建立及职责分工建议

1. 组建三级医疗卫生保障体系

（1）一级医疗机构：由安能公司负责提供设备、药品、配备人员，可设医务人员3～4人；施工单位提供场地及住房。在人数较多、危险性较大的工地要派医务人员同赴现场。

（2）二级医疗机构：由安能公司负责建设，与工程标段项目部同建，可设医务人员8～12人，根据需要可设5～10张观察床。

（3）三级医疗机构：全线设2个，分别由安能公司与格尔木、拉萨的专业医院签订协议，为工程提供优先医疗服务和危重急救。

2. 各级医疗卫生机构职责

（1）一级医疗机构职责。负责责任单位工作人员的医疗、预防、保健和早期抢救，保证伤病员在1h内得到有效救治。具体任务：开展健康教育；卫生防病和卫生监护，防止传染病、地方病和自然疫源性疾病的发生、流行和开展疫区处理；常见病、多发病的诊断和治疗；急症、外伤的早期抢救和转送；工地巡诊医疗，重点是急性高原病的预防、早期诊断和初期抢救。

（2）二级医疗机构职责。负责管区范围内伤病员的抢救和医疗后送，保证伤病员在2h内得到有效救治；承担管辖范围内的工作人员的健康监护和体检，重点工地的巡诊治疗；在危险性较大施工时，做好紧急救护准备，对一级医疗机构进行业务指导和技术支援等任务。

（3）三级医疗机构职责。承担伤病员急诊、住院治疗任务，接纳一、二级转院、重症救护，对一、二级医疗机构进行业务指导和技术支援等任务。

3. 习服基地职责

满足所有施工人员上线前"习服"期间的住宿、饮食需要；满足所有施工人员在下山轮转休养期间的住宿、饮食需要；能够在该基地内对施工人员进行相关医疗保健、卫生防疫、高原病预防、环保施工等培训；能够对返回休养的人员进行简单体检和医治。

（二）明确进驻高原初期的医疗保障工作重点

（1）医务人员应在施工队伍进驻高原前，携带必要的设备和药品，提前进入高原，做好医疗保障的准备工作。

（2）初上高原两周内，是急性高原反应和急性高原病的高发期，要认真做好这一阶段卫生保障工作，督促工作人员充分休息，逐步增加劳动强度。了解当地鼠疫等自然疫源性疾病及其宿主、媒介存在的情况，防止鼠疫传播。

（3）深入开展健康宣传教育，既要消除建设者对高原病、鼠疫等传染病的恐惧心理，又要要求广大施工人员如实反映病情，积极采取防治措施，防止贻误病情。

（4）加强巡诊，及时发现病人，医务人员除白天坚持巡诊外，夜间要轮流值班、适当安排夜间巡视。

（5）对有严重急性高原反应的人员要及时采取必要的治疗措施，减轻症状，防止急性高原病的发生。

（三）提出参建人员进驻高原的生理适应方法

从平原地区进入高原地区，应当采取"习服"适应的措施缓解高原反应，加速人体对高原环境的适应。

1. 准备工作

（1）开展健康教育。学习掌握青藏高原卫生防病知识，了解高原的地理、气候特点，高原环境对人体健康的影响，熟悉高原多发病、常见病和自然疫源性疾病的防治措施，掌握各种适应性锻炼及特特殊的伤病的自救互救方法，了解高原生产、生活的注意事项，克服恐惧心理和麻痹思想。

（2）建立习服制度。进驻高原和重返高原要采取阶梯升高的原则，可将

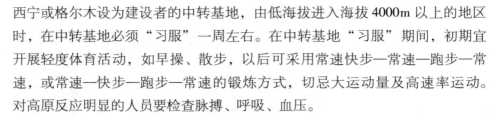

西宁或格尔木设为建设者的中转基地，由低海拔进入海拔4000m以上的地区时，在中转基地必须"习服"一周左右。在中转基地"习服"期间，初期宜开展轻度体育活动，如早操、散步，以后可采用常速快步—常速—跑步—常速，或常速—快步—跑步—常速的锻炼方式，切忌大运动量及高速率运动。对高原反应明显的人员要检查脉搏、呼吸、血压。

（3）准备必备防护用品。根据进入高原的季节气候条件，要做好物资准备，除单位准备相关防护用品外，个人要准备雨具、水壶、草帽、耳套、围巾、棉鞋垫等物品和预防高原反应、感冒、呕吐、腹泻、头痛、晕车、冻伤的药品。

2. 进入高原安排

（1）进入高原的载人车辆禁止超载，每日行车不宜超过8h，中途应适当休息，人员下车时应当顺序下车，不得拥挤，下车要稳，不得猛跳。行车前可适当发放服用晕车、镇静药物。

（2）必须在短期内进入高原地区的人员，可在医务人员的指导下使用药物预防高原反应。一般在进入高原前3日开始用药。常用种类有促进机体正常代谢的药物、提高机体缺氧耐力的药物、备用其他用于对症治疗的药物（如高山头痛及呕吐防治药品）。

（3）进入施工现场一周内，必须保证充分休息，保证充分睡眠，可从事少量的轻体力劳动，一周后劳动强度要逐步提高，防止过度疲劳。

（4）注意预防感冒，重视防寒保暖，应保持室温在16℃以上，可使用板蓝根、大青叶、野菊花、金银花等制作饮料定期服用。要注意预防腹泻、菌痢等消化道疾病。

（5）初入高原，饮食要有足够的热量，以高糖、适量蛋白质、低脂肪食物为主，增加蔬菜、水果的供应，保证职工身体营养需求。

（6）进入高原初期，必要时对工作人员进行合理补氧和服用提高缺氧适应的保健品，以消除缺氧症状，缓解高原不适过程。

（7）进入高原初期，要加强卫生监护措施，限制饮酒和抽烟，严禁酗酒。坚持夜间查铺制度，及时发现、适时唤醒可疑发病人员。

（8）开展适宜的文体活动，调节紧张、疲劳、单调对心理情绪的不良影响。

第八节　主设备研制

一、换流变压器设备

换流变压器是直流输电系统中的关键设备之一。在整流换流器中换流变压器为换流设备提供交流电能，换流器将交流电能转换为直流电能并通过直流输电线路传输；在逆变换流器中换流变压器接受逆变换流器将直流电能转换为交流的电能，并将其输送到其他交流供电网路中。

青藏直流工程柴达木换流变电站和拉萨换流站分别由中国西电集团公司和特变电工沈阳变压器集团有限公司承担换流变压器的供货任务，共计14台。该工程所用换流变压器是目前国内厂家生产的阀侧电压等级最高的单相三绕组换流变压器（见图6-13）。针对柴达木换流变电站海拔高、风沙大、紫外线强等恶劣环境特点，通过深入研究及多次试验技术工艺创新，相继解决了受环境条件影响的套管外部空气间隙、变压器温升、变压器结构设计、变压器涂漆材料及工艺等关键技术问题。

图6-13　换流变压器常规型式试验

在空气间隙外绝缘方面，柴达木换流变电站海拔2900m，拉萨换流站的海拔高度更是达到了3850m，常规±400kV直流套管已无法满足外绝缘要求。为此，换流变压器设备供货商与直流套管厂家密切协作，积极开展创新设计和工艺提升，最终提供了满足高海拔地区运行要求的直流套管。

在换流变压器温升方面，因海拔升高，大气压力减低，空气密度下降，从而使对流散热效率下降，容易引起变压器温升升高。换句话说，变压器的温升与安装地点的海拔高度有关。考虑到散热效果的降低，在进行青藏直流工程换流站换流变压器结构设计时，设计人员在满足电气强度的条件下，通过合理设计绕组中的油流方向，并适当增大冷却油道，保证了绕组各部位油路畅通，冷却均匀，避免了死油区的出现，同时，对冷却系统实际有效的冷却容量也按高海拔进行了修正，进而选取合理的冷却器容量和数量，保证了换流变压器的正常工作。

在变压器结构设计方面，为满足青藏铁路运输重量限制的要求，需使换流变压器结构更为紧凑，设计人员根据产品的特点，进行了专项课题研究，首先用软件对绝缘结构进行分析和验证，进而根据计算结果对关键部位进行加强控制，通过这些举措，大大提高了油箱机械强度，解决了因海拔高度和三绕组出线结构带来的油箱需承受 15kPa 最大压力的难题。

在变压器涂漆材料方面，根据换流站强风沙及强紫外线的环境条件，合理选用换流变压器外部喷涂材料，采用抗风沙、耐紫外线和防腐涂装的聚氨酯面漆，符合重防腐体系要求。

在换流变压器生产阶段，为保证合同的交货期，设备供应厂商编制专题生产计划，组织技术交底和现场技术指导。设计人员、工艺员和车间技术员就产品生产中出现的问题进行探讨，共同协商解决的办法，保证生产顺利有序的进行。实行全过程质量控制，严格工艺控制，设置监造停止点，保证转序零部件为合格品，确保设计意图的实现和产品实物质量。

二、换流阀设备

换流阀（见图 6 - 14）是直流输电系统中的核心设备，它的作用是进行交直流变换，其性能对系统安全运行有着极其重要的影响。换流阀产品应用了电力电子技术、光控转换技术、高压技术、控制技术和均压技术、冷却技术，并结合了高压用绝缘材料的最新技术和研究成果。换流阀的基本单元采用三相桥式接线，通常设计为 6 脉动或 12 脉动。单阀由多个晶闸管级串联组成。每个晶闸管级包括晶闸管、阻尼电阻、阻尼电容、晶闸管控制单元、散热器等元器件。

图 6 – 14　现场安装完成后的换流阀

　　该工程分别由中国西电集团公司和许继集团有限公司承担换流阀的供货任务，共计 6 组阀塔。青海和西藏均处于高寒、高海拔地区，尤其以西藏海拔高度最为突出，平均海拔 4000m 左右。目前世界上还没有应用在高寒、高海拔地区换流阀产品。对于高寒、高海拔地区高压直流输电换流阀的研究及开发，国际领域也属空白。我国装备制造企业依托青藏交直流联网工程，在深入总结现有成熟 ±500kV 高压直流输电用换流阀技术和灵宝、三上、高岭、黑河、呼辽等以往同类工程技术经验的基础上，通过开展高寒地区直流输电换流阀的自主开发研究，成功研制了技术指标满足高寒、高海拔地区使用条件的换流阀。

　　在设备研发过程中，针对青藏直流工程温差大、高海拔、极低温、风沙大等特殊环境的特点，采用先进的计算机模拟仿真技术，对晶闸管换流阀进行电压、场强分布分析，并克服困难解决了因海拔高度引起的绝缘变化及出现的换流阀电气设计技术难题。整个研发过程采取与国内强势公司、研究院（所）联合开发的技术路线。研究过程中取得的创新成果有：① 高海拔地区换流阀的绝缘配合；② 高海拔地区换流阀冷却技术中的散热；③ 寒冷地区换流阀冷却系统设计中的防冻及防沙等关键技术。

在加工生产方面，换流阀设备零部件生产均采用国外进口和国内加工相结合的生产方式进行。由于工期紧，许多零件型材没有现成的，需要开发模具，通过与国内零部件加工厂家进行多次沟通，使零部件在较短时间内完成了加工，保证了型式试验用零部件的按期发运和后续工作的顺利开展。为保证换流阀的生产及装配质量，编制了零部件入厂专项检查文件、晶闸管组件安装指导工艺手册、例行试验大纲、质量检查卡片以及包装、运输文件等。同时，为了保证换流阀在现场的安装、检查及试验和维护等过程安全、可靠，编制了换流阀安装作业指导指导书、主导安装方案、调试说明书、换流阀使用说明书、阀门控制单元（VCU）使用说明书等技术文件，保证了换流阀现场安装、试验等过程顺利进行，并为青藏直流工程的安装运行提供了保障。

三、直流控制保护系统

青藏直流工程受端拉萨换流站连接到西藏中部电网，而目前西藏中部电网交流系统较弱，使得这一工程与以往直流工程相比更具有特殊性，如何保证系统的安全稳定运行、减少直流启停过程对交流电网的冲击成为青藏直流的一大技术难题。为了最大限度地保障直流系统和西藏电网的安全稳定运行以及适应青藏高海拔恶劣气候条件，青藏交直流工程采用了国内最为先进的由南瑞继保公司开发的直流控制保护系统——PCS – 9550。

在控制系统研发过程中，针对青藏直流工程的特殊性创新设计了低压启停的控制策略，通过分段启停，使得极的启停过程对于藏中电网的冲击达到最小。这一策略使得直流系统的最小运行功率由一般工程的 10% 降低到2.5%。同时，为减少单极异常停运过程对交流电网的冲击，专门设计了低电压下的电压阶跃策略，使得一极异常停运时总能实现向另一极迅速地功率转移，从而大大减小了单极的异常停运对于交流电网带来的冲击。

此外，为保证青藏直流工程控制保护系统的高质量，在厂内试验中，充分利用数字仿真和动模仿真系统齐全、研究及工程经验丰富的优势，搭建了一个与实际青藏直流输电系统十分接近的模型环境，很好地模拟了青藏直流系统和两侧交流电网，不仅能够模拟青藏直流正常功率传输和各种故障，还可用于研究直流输电系统的各种特征和考验直流控制保护设备的运行。通过4

个月的厂内系统试验，完成 340 多组试验项目，对整个直流控制保护系统进行了全面严格的验证和考验。

在青藏直流工程具体实施中，全新的直流控制保护系统也针对性地解决了以往国内其他直流工程的不足，包括采用了无操作系统的板卡从根本上避免了以往直流工程十分关注的主机死机故障问题，大大提高了控制保护系统的可靠性；同时全系统整体采用无风扇设计，不仅很大程度地减少了控制保护设备的设备故障率，也大大降低了系统维护的工作量。这些都为青藏直流系统的长期安全稳定运行提供了更强有力的保证。

该系统具有 100% 的自主知识产权，在软硬件平台方面均具有多项自主创新技术，整体技术达到国际领先水平。由于是完全自主技术，使得青藏直流工程的运行与维护不受任何制约和限制，不仅在运行维护技术支持和响应速度方面具有优势，更可以在不受外部技术限制的情况下，确保为工程提供全寿命的备品备件。

四、交流场 GIS 设备

GIS（Gas insulated switchgear，GIS）全称为气体绝缘金属封闭开关设备，属于开关元件，主要接在电力系统发、输、配、供、用各环节的一次电路中，通过对电路的接通和分断操作，完成电能传输、分配与供给，并对电力系统及各类用电负载的运行进行保护与控制。

图 6–15　交流场与滤波场联络跨桥母线

青藏直流工程使用的 GIS 设备由西电西开公司所提供。由于处于多风沙、温差大、高海拔、极低温、紫外线强等特殊的运行环境,与常规 GIS 设备相比对设计、制造、现场安装各方面提出更高的要求。因此,在设备研发过程中重点对六氟化硫(SF_6)气体液化、大跨距母线设备热胀冷缩、防风沙等进行了研究。

(1)低温环境条件下设备气室内 SF_6 气体液化对设备的电气性能的影响。为确保设备不因环境温度改变而影响产品的可靠运行,在青藏直流工程中采用给断路器罐体每极加装加热保温装置,通过温控器控制加热装置自动投入或退出运行,加热器功率通过计算及在低温试验室进行试验验证,确保将罐体温度保持在一个恒定的范围内,保证 SF_6 气体不液化。加热装置具有防雨罩,可避免雨水进入,保证加热器运行寿命。除断路器低温环境下加装保温装置外,为确保设备不因环境温度改变而影响产品的可靠运行,进行了降低气压的绝缘研究验证,通过降低运行气压,在绝缘裕度充分可靠的前提下,合理有效避开 SF_6 液化点,保证设备不因环境改变而影响可靠运行。

(2)剧烈温差对大跨距母线设备的热胀冷缩的影响。在青藏直流工程中将长分支母线筒采用波纹管结合滑动、固定支撑技术,根据温差计算壳体伸缩范围,在合理间距内布置滑动支撑、固定型支撑和波纹管,并母线壳体分区段用四角拉杆加强紧固,从而使波纹管有效吸收补偿热胀冷缩后壳体相对位移和应力变化,以降低长期温差变化对设备的影响,保证母线壳体密封环节,以提高运行安全可靠性。

(3)防风沙方面的考虑。由于地处沙尘大、风暴多、紫外线强的环境,在 GIS 连接机构上特殊设计了防风沙装置。通过机械特性验证,产品上加装防风沙装置后既保护了传动轴支撑座等转动部位,防止了风沙侵入连接机构传动件阻滞机构传动,又不影响连接机构正常运动特性,保证了机构可靠运行和电气分合。柜体门玻璃贴紫外线保护膜等,这些外围部件保护措施有效预防了常年风沙、紫外线对部件的侵蚀和表面褪色。

此外,考虑到交流场一倍半接线方式,设备布置规模大,现场安装环境恶劣等因素,还特殊研制开发了采用卧式布置的紧凑型断路器。该断路器可缩小间隔空间体积,使得间隔紧凑,便于整体运输装配调试,减少了恶劣环境对设备安装调试带来的不利影响。该断路器每台由三个单极组成,每极为单断口结构，单极操作。针对这种情况，在理论计算通流能力、绝缘裕度等各项因素满足的情况下，结合常规母线结构，创新研发了特殊结构的导体触头，并应用于工程中，满足了青藏直流工程对设备高参数和设备安全运行的要求。该产品完全拥有自主知识产权，达到国内领先、国际先进水平，尤其是双断口断路器 C2 级容性开合和 6000A 母线额定电流是国内电网建设首例，保证了设备在多风沙、温差大、高海拔、极低温、紫外线强等特殊环境下的安全运行。

五、直流场设备

中国西电集团完成了青藏直流工程直流场设备集成，成套提供两端换流站的全部直流场设备（见图 6 - 16）。根据工程海拔高、紫外线强的特点，为保证设备一次与二次接口的正确性与完整性，确保青藏直流工程安全稳定运行，采取了多项有针对性的技术措施，主要包括：户外设备中，直流穿墙套管和直流分压器采用复合外套，进行严格的耐紫外线试验验证，其余直流场设备全部采用瓷质绝缘子；开展高海拔外绝缘性能研究，对所有直流场设备根据标准进行严格的海拔修正；研究确定出阀厅内避雷器与控制保护系统之间可行的接口通信方案；优化设计直流转换开关二次回路。

图 6 - 16　柴达木换流变电站直流场设备

在此基础上，直流场设备各制造厂通过理论分析、技术创新及相关试验验证，熟悉并掌握了直流场设备的设计开发能力以及产品在高寒、多风沙、高海拔、日照强烈、生态脆弱的青藏高原地区运行的要求及特点，取得了一系列关键技术的突破。

（一）直流转换开关

直流转换开关是每一个远距离直流输电工程不可缺少的主设备之一，用于直流系统各种运行方式的转换以及短路故障情况下直流电流的转换。

青藏直流工程采用的中性母线开关直流转换开关由开断装置和振荡回路两部分组成，开断装置由两个单断口单极断路器串联组成，采用低频振荡回路产生电流过零点；断路器灭弧室采用具有特殊结构的压气式灭弧原理，适合开断直流转换电流；振荡回路部分由绝缘平台以及安装在绝缘平台上电抗器、电容器和避雷器组成，加大了绝缘爬距，又增加了防污能力。中性母线接地开关具有快速合闸能力，合闸时间小于40ms。

（二）直流隔离开关以及阀厅接地开关

直流隔离开关作为换流站直流场设备之一，作用是供高压线路无负载换接，以及对被检修的电气设备与带电高压线路之电气隔离。阀厅接地开关用于对被检修的高压母线、换流变压器、平波电抗器等设备安全接地。

国内设备制造企业在研制生产过程中结合工程特点，合理选取了在高寒、日照强烈地区的开关材料与辅销材料，掌握了极限温度下操作时不同材质材料间由于线膨胀系数不同对转动配合间隙及操作阻力的影响成因，并进行了高海拔地区的绝缘配合与修正等，确保了设备可靠、安全运行。

（三）直流场电容器设备

电容器是电网中必不可少的电气设备（见图6-17），其作用是补偿电力系统中的无功、滤除谐波以改善电网的功率因数、降低线路损耗从而提高输电线路的送电能力。

两换流站全部直流场电容器均为国内自主生产，相关产品按照高海拔特性进行设计，安全裕度大，具有抗紫外线辐射，抗强风沙，适应工作环境温度变化大等特点。为了适应高海拔的使用条件，对产品进行优化设计：单台电容器优化绝缘结构，以满足高海拔对外绝缘的电气要求；通过模拟计算和试验

图 6 – 17 高压电容器

验证，选取合适的工作场强，以适应高海拔的环境要求；优化熔丝结构，提高了电容器在高海拔环境使用的安全性，保证了使用寿命；电容器外壳选用优质材料和优良的焊接工艺，提高在高海拔条件下的防腐蚀能力，适应温度变化范围大的环境条件；选用性能优良的油漆，抵抗高海拔条件下紫外线的辐射；在降噪方面，通过近几年不懈的深入研究，在单台电容器内部采用新型的降噪板，有效满足了用户对电容器装置低噪声的要求；成套装置结构设计进行改进，电气绝缘结构选取满足高海拔的环境要求；在机械强度方面进行耐受重力及风载、组架抗震能力的研究，进行必要的抗震计算，保证组架结构具有足够的机械强度。

（四）直流场避雷器设备

避雷器是电网中必不可少的设备之一，其作用是当系统出现大气过电压或操作过电压时对电力设备提供可靠的保护。

针对青藏直流工程所用避雷器运行环境特点，根据产品技术条件规定的绝缘水平和高原气候条件，对产品外绝缘在高原气候条件下的工频、雷电、操作电压下的闪络特性进行了研究，通过计算、模拟试验并考虑支柱的高度、均压环对放电特性的影响，确定了避雷器的外绝缘电弧距离。对避雷器的绝缘结构及伞形尺寸进行优化设计，使避雷器的伞形具有良好的耐污、自洁等特性。

考虑到风沙对避雷器机械强度的影响，在设计上采用了增大避雷器瓷套的抗弯模数，在材料上选用高强度瓷件，同时增大避雷器瓷套的胶装比等措施，来提高避雷器瓷套的抗弯强度。经过对设计的瓷套进行静态强度计算和避雷器的抗弯强度的试验，验证了避雷器机械强度设计的合理性。

考虑到高海拔地区气压低及温差大的特点，对避雷器的密封结构、密封圈的材料及密封圈的形状进行了研究，采用了控制密封圈的压缩量和控制密封槽的加工精度和粗糙度的方法，选用耐候性、耐低温、弹性良好的密封圈，保证了避雷器密封结构的可靠性和密封圈的老化性能。

由于避雷器使用在高寒环境中，为了保证避雷器所用各种零部件在该环境中长期可靠使用，开展了相关材料特性的研究。对避雷器用瓷套进行了冷热性能试验，对密封圈、硅橡胶等有机材料的材质进行调整以满足要求。

（五）直流场电抗器

电抗器的作用是限制短路电流、合闸涌流，与电容器构成对某种频率能发生共振电路，以消除电力电路某次谐波的电压或电流。

为满足青藏直流工程高海拔、强紫外线的需要，电抗器设计中采取了多种措施，包括增加电抗器表面干弧距离，保证高海拔下电抗器主线圈的绝缘耐受水平；为户外用干抗加装防护罩，在降低设备噪声的同时使电抗器线圈免受紫外线照射和风沙的侵蚀，增强线圈耐候性能；线圈及防护罩表面均喷涂一定厚度的 RTV 强耐候性涂层，增强电抗器整体的耐候性，改善设备表面电压分布特性，防止表面放电，延长设备使用寿命。

第九节 通信技术研究

一、超低损耗光纤的应用

青藏直流光纤通信系统随直流线路架设 OPGW 光缆，长度达 1100km，沿线设置了 6 个中继站。其中，沱沱河中继站至安多中继站的中继距离达到了

295km，建设该段超长站距光通信系统存在以下难点：

（1）恶劣环境对光功率富裕度和系统可靠性提出了更高要求。沱沱河至安多段平均海拔在 4500m 以上，极端的低温天气将会导致光缆的附加损耗，另外，随着使用年限的增加，光缆损耗还将增大。因此，沱沱河至安多超长站距光通信系统必须有足够的光功率富裕度，才能保证系统的长期稳定运行。

（2）新建中继站无可靠电源，且维护成本很大。在工程前期阶段，设计院曾对沱沱河中继站至安多中继站段进行过实地考察，提出了在唐古拉山口建设中继站的方案，从而降低中继距离，提高光通信系统稳定性。然而，唐古拉山口的供电成了最大难题。从最近的兵站供电也需要搭建 40～50km 输电线路，并且难以保证供电的可靠性，如像当地通信运营商采用太阳能电源，可靠性更是无从保证。

美国康宁公司曾研发了 SMF–28 ULL 超低损耗光纤，该光缆借鉴了海底光纤技术，利用不掺锗的纯硅纤芯降低了光纤的本征衰耗，使得其在 1550nm 传输窗口的损耗典型值降低到了 0.168dB/km，比普通 G.652 光纤低 0.02～0.03dB/km，接近 G.654 海底光纤 0.160dB/km 的水平，而价格与 G.654 海底光纤相比却具有巨大优势。如将该超低损耗光纤应用到沱沱河至安多光通信系统中，将能降低光缆损耗 6dB 以上，不仅提高了光功率富裕度，还可用以减少光路子系统配置，特别是可以减少大功率光功率放大器，进一步提高系统的稳定性。然而，超低损耗光纤在国内还未曾使用，在国外使用的最长距离不超过 200km，更没有在如此高海拔地区使用过。因此，超低损耗光纤能否在青藏直流工程中使用，还需进行大量的应用研究。为此，国网信通公司作为青藏直流光通信工程的建设管理单位，积极开展了超低损耗光纤的应用研究工作。

（一）超低损耗光纤的主要技术性能调研

应美国康宁公司和加拿大 CIENA 公司的邀请，国家电网公司相关部门及国网信通公司，于 2010 年 12 月赴美进行考察访问。重点调研了超低损耗光纤的各种技术参数、性能对比、经济性分析、熔接技术、生产工艺、质量控制、实际应用情况等，特别是其在超长跨距方面的应用和耐超低温试验，以及北美最新光通信技术的发展等方面的情况与经验。

美国康宁公司的 SMF–28 ULL 超低损耗光纤在 1310nm 和 1625nm 传输窗

口，在 1450nm 等拉曼工作波长范围内，为普通 G. 652 光纤中衰耗最低。该光纤也拥有业界最低的 PMD 值，拥有向未来高速网络升级的良好性能。其与现网的普通 G. 652 光纤完全兼容，是现有光纤中应用于陆上长途传输最具性价比的光纤。另外，其在 −60 ～ 85℃之间的衰减表现相当出色。其衰减最大上下波动值为 ± 0.01dB，大大超过了 ± 0.05dB 的极坏值水平，非常适用于极度严寒以及大温差的环境中。

（二）超低损耗光纤超长站距试验

为验证超低损耗光纤的传输特性，国网信通公司与武汉光迅科技股份有限公司、美国康宁公司合作，使用超低损耗光纤在武汉进行了多次超长距离光传输试验，采用随路遥泵技术搭建了 2.5Gbit/s 速率下单跨距为 521km 的试验室光传输系统，为当时国内采用同等技术传输距离最长的试验系统。试验验证了超低损耗光纤适合应用于超长站距光通信系统，与普通光纤相比，能够传输更远的距离。

（三）超低损耗光纤成缆试验

超低损耗光纤优良的损耗特性已经通过大量试验验证，然而成缆后的损耗特性仍需进一步研究。为此，国网信通公司协调相关光缆厂家进行了超低损耗光纤的成缆试验，并进行了一系列的测试。结果表明，超低损耗光纤制造的 OPGW 光缆在损耗方面明显优于普通 G. 652 光纤制造的光缆，并在模场直径、色散等方面与普通光纤兼容，能够满足两种光缆的混合使用。成缆试验为超低损耗光纤在青藏直流工程中的应用提供了最直接的技术支撑。

大量的调研和试验研究证明，超低损耗光纤在损耗特性、温度特性上表现优异，且能与普通 G. 652 光纤混合使用，完全满足青藏超长站距光通信系统的应用需求。因此，青藏直流工程沱沱河至安多的 OPGW 光缆采用超低损耗光纤。目前，沱沱河至安多超长站距光通信系统成功开通，光功率富裕度提高了约 6dB，节省了前向喇曼光功率放大器，降低了系统复杂度，为后期运行维护降低了难度。青藏直流工程超低损耗光纤的成功应用，不仅为国内的首次应用，也为超长站距光通信技术提供了宝贵的经验和新的技术选择。

二、光缆及接头盒耐低温性能

极端低温的恶劣自然环境对光缆质量构成了巨大考验。首先表现在极端低温将导致架空光缆的附加损耗。根据国家标准要求，光缆纤膏耐 $-40℃$ 低温即可，普通纤膏就能满足要求。但普通纤膏在极端低温情况下会凝固，挤压光缆内部的光纤，导致光缆衰耗增大。此外，极端低温将考验接头盒密封性能，威胁光缆接头质量。常规光缆接头盒密封均采用普通橡胶材料，此种橡胶材料在极端低温环境下易脆化，从而影响接头盒的密封性，对光缆接头质量构成威胁。

考虑到极端低温对光缆质量的影响，直接关系到通信系统的稳定运行，国网信通公司积极组织开展光缆调研、型式试验等工作，确保光缆在青藏高原地区的稳定运行。

（一）开展光缆、接头盒等型式试验

为确保光缆及相关金具等满足青藏直流工程要求，国网信通公司要求光缆厂家委托国家电线电缆质量监督检验中心对光缆、接头盒、耐张线夹等样品进行型式试验，重点测试在 $-60 \sim 80℃$ 的温度循环下对性能的影响。

测试表明：影响光缆附加衰耗的关键在于纤膏的耐低温性能；影响接头盒性能的关键在于密封橡胶的耐低温性能；耐张线夹等其他金具不受低温性能影响。

（二）耐超低温纤膏光缆研制及测试

根据试验研究表明，光缆耐低温性能取决于纤膏。国网信通公司立即要求光缆生产厂家使用耐超低温纤膏试制了光缆，并委托国家电线电缆质量监督检验中心对试制光缆进行了 $-60 \sim 80℃$ 温度循环性能检测，根据检测报告，最大温度附加衰减为 $0.022dB/km$，能够满足行业标准 $0.1dB/km$ 的要求。测试结果证明，超低损耗纤膏的使用，将使 OPGW 光缆满足青藏地区耐 $-51.5℃$ 的要求。

（三）采用硅橡胶密封的接头盒研制及测试

通过调研了解，硅橡胶具有优异的耐热性、耐寒性、耐大气老化等性能，能保证在 $-60 \sim 70℃$ 的环境下正常使用。国网信通公司要求厂家使用硅橡胶试制了接头盒，并委托国家电线电缆质量监督检验中心对试制接头盒进行了性能检测，根据检测报告，其在 $-60 \sim 80℃$ 的温度循环试验中，也能满足 YD/T 814.2—2005《光缆接头盒　第 2 部分：光纤复合架空地线接头盒》中

"接头盒内充气压力为（60±5）kPa，试验后气压下降幅值应不超过5kPa"的要求。测试表明，硅橡胶具有优异的耐热性、耐寒性、耐大气老化等性能，能保证在 −60～70℃ 的环境下正常使用。

根据研究的成果，青藏直流工程全程光缆采用耐 −55℃ 纤膏，光缆接头盒的密封材料全部采用硅橡胶材料。目前，青藏直流工程全程 OPGW 光缆成功开通，耐低温纤膏和硅橡胶材料在国内的首次使用，提高了 OPGW 光缆在青藏地区的运行稳定性，为后续工程提供了宝贵的经验。

三、光缆熔接及测试

青藏直流光纤通信工程新建 36 芯 OPGW 光缆达 1400km，包含 325 个光缆熔接头，光缆熔接施工面临诸多困难，表现在以下几方面：

（一）气候环境恶劣，熔接施工质量较难控制

青藏直流工程沿线地区海拔高、气温低、空气稀薄、风沙大，这些都对熔接机及相关工器具配置提出了更高要求。一般的熔接机只保证在 3000m 海拔能正常工作，供电、取暖等相关工器具在高海拔地区也无法正常工作。设备和人员降效都会导致光缆的熔接施工质量很难控制。

（二）施工难度大，熔接施工工期难以保证

青藏直流工程自然条件恶劣，沿线绝大部分地区为无人区，施工条件极为不便，一个熔接队伍一天能完成 1～2 个熔接头，然而熔接头数量又多，工期难以保证。此外，一旦熔接质量不合格造成返工，还需登塔作业，工期更难以控制。

为有效控制光缆熔接质量，确保光缆的顺利开通，国网信通公司积极开展光缆熔接的调研及现场试验工作。

1. 光缆熔接损耗的相关调研

据调研了解，从 20 世纪 80 年代末我国光通信高速发展至今，光缆接续损耗标准一直没有一个统一的国家标准，光纤接续标准多年来一直是一个有争议的问题，YDJ 44—1989《电信网光纤数字传输系统施工及验收暂行规定》中对光纤接续损耗的测量方法做了规定，但没有规定明确的标准，原信产部郑州设计院在中国电信南九试验段以后的工程中提出了中继段单纤平均接续

损耗 0.08dB/个的设计标准，以后的干线工程均沿用此标准，但有的电信运营商已经开始采用 0.05dB/个以下的标准。

在 1996～1998 年建设的兰州—西宁—拉萨光缆工程中，中国通信建设总公司曾安排第二工程局先期进行光纤熔接试验，试验数据及指标要求已没有参考性；在 2005 年的青藏铁路通信光缆工程中，中铁四局电气化公司也曾在海拔 2500～3600m 之间进行熔接试验，其结果是熔接机经过参数调整后的最好熔接水平为 0.04dB/个。

调查情况表明：以往开展的光缆熔接试验，从海拔高度和熔接水平来看，无法为青藏直流工程的光缆熔接质量控制提供有效支持。

2. 进行现场熔接试验，测试光缆熔接质量

为研究熔接机在高海拔地区的熔接效果，国网信通公司组织北京送变电公司、华东送变电公司和河南送变电建设公司的工程技术人员，于 2011 年 3 月 31 日～4 月 3 日期间分别在纳赤台和唐古拉山口进行了光纤熔接实地试验。试验对 10 种不同型号的熔接机进行了近 300 次熔接试验（见图 6 - 18），同时验证了发电机、电池、防风和防尘设备的性能和效果，掌握了第一手材料，并取得了良好的效果。

图 6 - 18　现场熔接试验

熔接试验完成后，及时整理实验数据，研究适用于青藏高原高海拔地区光缆熔接机的型号及参数，低气压、低氧、低温等条件下光缆熔接的施工工艺及工器具配置，并结合青藏直流工程线路施工进度研究光缆熔接测试的方案，提出了熔接机型号及参数配置建议、熔接机型号选择及参数配置建议、施工工艺建议、工器具配置建议、施工队伍及人员配置建议、熔接测试方案建议等。

高海拔光缆熔接专题研究完成以后，国网信通公司配合总指挥部在熔接施工开始前完成了《关于青藏直流工程 OPGW 光缆熔接施工工作的指导意见》的编制，建议在高海拔地区使用住友 TYPE - 39SE 和藤仓 60S 熔接机进行光纤熔接，并将熔接机设置为自动模式以取得更好的熔接效果，

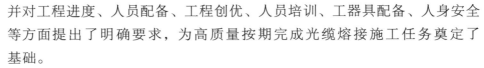

并对工程进度、人员配备、工程创优、人员培训、工器具配备、人身安全等方面提出了明确要求，为高质量按期完成光缆熔接施工任务奠定了基础。

通过开展上述工作，青藏直流工程光缆熔接的质量方面，51% 的熔接头控制在了 0.01dB/个及以下，74% 的熔接头控制在了 0.03dB/个及以下，每芯光缆熔接点的平均损耗为 0.020dB/个，按青藏直流工程平均每 3.35km 一个熔接头计算，光缆熔接的损耗为 0.006dB/km，明显优于 0.015dB/km 的设计标准；在光缆熔接进度方面，也实现了最大限度地减少返工现象，确保了熔接施工按期完成。

第十节　施工关键技术

一、冻土地基杆塔基础施工

铁塔基础的施工质量将直接关系到线路结构的安全性，尤其是在基础施工过程中减少对冻土的扰动是线路施工的关键。因此，对多年冻土区铁塔基础施工的技术问题进行分析研究，总结铁塔基础施工方法并形成工艺导则，对保证青藏直流线路安全顺利建成及可靠运行具有重要意义。

国网直流公司围绕冻土区线路铁塔施工这一关键内容，以青藏直流线路冻土区的基础施工工艺为着力点，开展了大量研究工作，包括冻土地区铁塔基础基坑开挖、混凝土浇制施工的最佳时间和方法，混凝土添加剂的配方及配合比，冻土融化的情况下基坑开挖采用的护壁、模板材料，暖季基础施工时预防地基土融化措施及融化后基础倾斜、沉降、位移等问题的补救措施，地基土冻结状态下和部分融化状态下基础的施工方法，不同地形、不同冻土条件下基础的施工方法和技术措施，热棒（基础的辅助制冷措施）的施工技术研究等。

通过上述研究，并结合工程实践，研究制订了冻土基础塔基开挖方法及施工措施。

（1）在厚层地下冰、地表沼泽化或径流量大的地段基坑开挖时，应尽量在寒期施工。对于季节性冻土地区，宜选择在寒期开挖，对于不可避免的需在暖期施工的基坑，在做好遮阳防雨措施的同时，还应做好抽水、排水以及防止坑壁坍塌的防护措施。

（2）基坑开挖在预达到设计埋深时需预留 200～300mm 冻土层，待浇筑前基坑操平时再挖至设计深度，以避免气温上升冻土解冻后造成不均匀下沉。开挖时宜采取遮阳、覆盖等隔离措施，尽可能减少开挖面暴露在外界高温空气中的时间。

（3）按保持冻结原则设计的基础，若在暖季施工时采取遮阳、防晒措施，选择在气温较低的时段内快速施工。在饱冰冻土、含土冰层地段施工时，可在暖寒季交替期施工，视天气情况采取遮阳和防晒措施，以保持冻土的稳定。

（4）对于渗水量大且坑壁坍塌的大开挖基坑，开挖时必须使用挡土板加以支撑。开挖时先开口挖下 0.3～0.5m，然后在坑壁四周设水平横撑木，将挡板由横撑木及坑壁间插下，边插边打，横撑木间距视土质而定，一般为 0.8～1.0m。挡板顶端要有防止打裂的措施，若使用钢板挡土板则更好。挖掘过程中是边挖边下挡土板，要注意观察挡板有无变形及断裂危险。若发现异常应及时更换或者在横撑上加水平顶杠，增强挡土板骨架的刚度，确保基坑不发生坍塌。

（5）提出保持基础稳定的辅助措施：① 应将基础底板埋入多年冻土中，当基础底板下存在冰层时，必须将其挖除，并用卵石回填至设计标高。② 地基应采用未冻结的细颗粒土分层夯实回填，压实系数不得小于 93%，严禁用冻土块回填。③ 油砂——适用于具有冻胀性（主要是细颗粒土及有较高粉黏粒含量的粗颗粒土）的地基土，目的是为防止季节融化层对基础产生冻胀作用，可以采用渣油和油砂混合料，涂抹和回填在基础的侧表面与侧面，减小基础的冻拔。④ 一次性玻璃钢模板——适用于具有冻胀性的地基土，目的一是缩短基础浇制时间，减小混凝土凝固时的热量外传，防止对多年冻土产生扰动；目的二是基础表面光滑，减小季节融化层对基础侧面的冻胀力，防止基础的冻拔。⑤ 在基础周边安置热棒，不断将基础底部和周边地基土中的热量带出地面，保持基础底部和周边的多年冻土始终处于低温冻结状态。

以上成果规范了青藏直流线路工程冻土区基础施工方法，为青藏直流线路工程的建设提供了实践经验，为工程建设单位、设计单位、监理单位、工程施工单位提供了技术支持，将给工程和施工单位带来直接的经济效益。

二、高原施工防雷研究

雷电对高海拔的青藏直流线路的施工人员和机械设备安全危害性特别大，从保护建设者生命安全角度出发，需开展高原施工防雷方面的研究。国网直流公司牵头负责项目的研究，青海送变电公司、西藏电建公司、西北电力设计院、西南电力设计院、青海电力设计院等单位共同参与了项目的研究。

自立项以来，围绕青藏直流线路施工防雷需要，针对青藏高原雷暴云生成发展迅速、剧烈，生命期短，相对云层低的特点开展了施工阶段防雷措施的研究工作，制订相应的直流线路施工防雷措施，如基础、组塔、架线各阶段的防雷措施，同时提出了施工驻地的防雷措施，研制了高原输电线路施工防雷的装置。

1. 提出防雷措施和规定

高原地区地域空旷，其施工防雷措施包括：雷雨天气施工时，施工人员不要肩扛金属材料和潮湿的材料在室外行走；在施工现场每个施工班组配备一台带苫布棚的工具汽车，一般停放在地势比较低矮处，也可以作为施工现场临时防雷、躲雨；预防球状闪电的办法是，在雷雨天气，紧闭门窗，避免穿堂风。如果遇到飘浮的"火球"，避开不要触碰。

2. 提出施工驻地防雷措施

（1）施工驻地和工程材料站要切实采取防雷安全措施，特别是施工驻地防雷安全尤其重要。

（2）线路沿线施工驻点尽量选择已有的建筑物内［沿线道班、兵站、乡（镇）所在地等］，确有困难的或处在无人区的工程项目部、班组临时驻地应选择在地势较低洼地带（但要满足防洪、防涝要求），尽量避开地形高的风口和空旷地带。

（3）为了防止临时驻地遭受各种雷击，应在驻地周围用铁丝网进行围栏，用长 1～1.5 m 的钢管或角铁做若干接地装桩，沿网围栏周围打入地并与围栏可靠连接，接地网电阻要求基本在 10Ω 左右。在营地网围栏四个角及中间立起长度大于 10m 镀锌钢管的避雷针，并于围栏接地可靠连接。

（4）施工现场办公板（帐）房、宿舍板（帐）房等应有防雷设施，防雷接地电阻应不大于 10Ω。

3. 提出基础工程的施工防雷措施

（1）由于线路走向和施工地形不同，应当灵活掌握当时的气候变化。特别是地势较高，路途较远的地段选择天气和安排好施工时间尤为重要。

（2）有些基础施工量较大，施工人员不能及时撤出施工现场时，应当在施工现场采取相应的措施，同样在基础施工场地周围用铁丝网进行围栏，并采用若干接地桩和能覆盖施工现场的避雷针接地网可靠连接，当天气变化剧烈和雷暴来临时，停止使用电子通信设备，放弃手中金属工具等。

（3）处在昆仑山、峰霍山、唐古拉山等关键防雷地段，一定要安排好施工时间，遇有雷电应及时撤离施工现场。

上述成果的取得，规范了青藏直流线路工程的高原施工阶段的防雷工作，为参建单位的防雷工作提供指导，保障了施工人员和机械设备的安全。

三、无人机辅助施工管理新方法研究

为提高管理效率，提升管理水平，强化工程质量，保障工程安全，保护生态环境，保证工程顺利实施，在青藏直流工程建设中，应用了无人机航摄技术辅助施工管理的新方法，即在传统三维信息系统的基础上，借助无人机航摄技术，获取施工建设期间的地表特征变化以及环评水保等多种专题信息，增加时间维度，实现施工建设的四维管控，辅助施工过程管理，可为工程决策提供依据，提升工程建设全过程的精益化管理，提升工程建设管理的科技水平。

（一）构建四维施工管理系统

为了更好地辅助施工管理，工程建设中采用无人机航摄方式，对施工现场进行实时航摄，在三维信息系统的基础上，加载无人机航摄影像数据，增加时间维度，构建四维施工管理系统，直观展现工程建设不同时间节点上的进度、质量、环境变迁等信息，向总指挥部直观、准确地提供工程建设现场不同时间工程建设状态（见图6-19）。

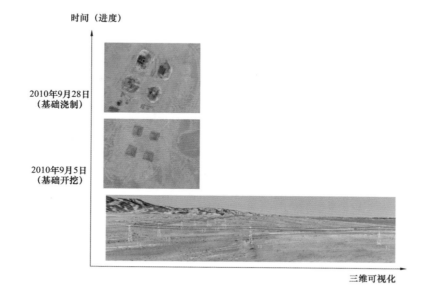

图6-19 施工进度四维展现

（二）辅助施工管理应用

1. 辅助施工全过程管理

对施工建设过程进行全方位管理，将设计图纸、物资供应、质量安全、投资、施工进度、档案等内容纳入到系统中综合管理。将工程计划分解到每基杆塔，便于对比和跟踪。

在施工过程管理中，无人机可发挥机动性强、数据时效性好、影像分辨率高等特点，在组塔、架线阶段，将最新影像发回到四维施工管理系统后，可与对应的塔位相关联，自动识别组塔和架线进度，使得指挥部实时掌控施工进度，一目了然地查看现场实际施工情况。

在强化工程质量和保障工程安全方面，冻土基础施工质量尤为重要。无人机的飞行高度低、相机分辨率高，可以清晰地获取基坑开挖前、浇筑中、回填后的影像数据。通过持续记录每基杆塔的基坑附近影像，形成在时间维度上的有效对比机制，以可视化数据作为分析冻土基础质量的重要评价依据。

2. 辅助环评水保

针对青藏直流工程生态环境脆弱问题，借助无人机航摄技术，构建四维施工管理系统，系统可以定期监测施工单位是否按照要求，采取了规定措施保护施工现场；可大范围、长期监测施工现场周围环境变化，如遇到环境破坏突发事件，可根据影像数据迅速采取应急措施；系统记录的从基坑开挖直至竣工验收的时序影像也是将来工程验收和环评水保后评估的重要依据。通过无人机航摄定期拍摄施工现场环境，在四维施工管理系统中，通过时序无人机影像数据的对比分析，确定施工单位破坏环境的范围和程度，持续跟踪施工现场布置、安全围栏架设、材料堆放方式、草垫铺设等环保水保措施执行情况，发现问题及时纠正，为工程竣工验收环评水保报告编写提供重要参考资料。

通过对无人机辅助施工管理新方法的研究，在利用工程前期的海拉瓦路径优化成果建立三维可视化管理平台的基础之上，创新应用无人机采集时间维度影像信息，获取从局部（单基杆塔）到全局（线路走廊）的建设信息，构建四维施工管理系统，建立空间、时间、进度联动的管理方式，实现工程建设过程的四维信息管理，使得各项建设管理工作更具有时效性，更贴近工程现场实际情况，为提升青藏直流工程管理能力和建设水平服务。同时，通过无人机的实时监测，加强了工程建设在环保方面的监控力度，为青藏直流工程"绿色环保"的总体建设目标提供了保障，也起到了对施工单位在文明安全施工方面的监督作用，充分响应了青藏直流工程"和谐平安"的总体建设目标。

四、高海拔环境下直升机电力施工和巡检技术

利用直升机辅助电力施工和进行线路巡检是一项非常实用的技术，通过直升机组塔、放线，可以减少工人的工作量，同时采取直升机搭载多项检测设备进行巡视线路，可及时掌握线路运行状况，具有投入小、产出大的特点，在世界上已被广泛采用。然而，目前直升机很少涉足高海拔地区，直升机电力作业更是没有延伸到此区域。这是因为随着海拔的提升，直升机动力也随之下降，幅度非常大。此外，高海拔地区风沙很大，昼夜温差很高，这些环

境因素对直升机作业极为不利。一般直升机如果在没有采取相应措施的情况下，很难在这样的环境下作业。

青藏直流工程是世界上海拔最高的输电线路，沿线气候非常恶劣，组塔施工和线路巡检难度前所未有。此外，恶劣的气候会引发人员冻伤、缺氧、迷路等情况，直升机作为快速反应的空中交通工具，可以快速到达事故现场，完成现场勘察、应急指挥、医疗抢救等业务。因此，在青藏直流工程建设过程中，研究开展高海拔环境下直升机电力施工和巡检技术非常必要。

（一）高海拔作业直升机选型

根据高海拔特殊环境对直升机作业性能的影响，在分析国内现有作业机型吊装能力、飞行参数的基础上，确定高原吊装组塔作业机型为卡—32 直升机，高原巡视作业机型为 AS350。

（二）直升机吊装组塔

1. 直升机性能及吊重性能测试

卡—32 直升机（见图 6-20）是俄罗斯生产的一种双发共轴双旋翼中型直升机，装有 2 台燃气涡轮发动机，机内有 15 个座位，最大可吊挂 5t 货物。

图 6-20 卡—32 直升机

为确定卡—32 直升机吊重性能，课题组在飞行训练过程中，利用水箱进行吊装试验，在海拔 3000m 处，温度 20℃环境条件下，得出卡—32 在海拔 3000m 的吊装能力大约为 2.2t，为吊装组塔的方案选择提供数据支撑。

2. 吊装实施过程

在吊装项目实施过程中，设计了"分段吊装、人工辅助对接"作业工艺，解决了高海拔地区直升机吊装能力降低、无吊挂防旋扭装置引起的难题，完成了高海拔（3000m级）直升机吊装组塔作业。卡—32直升机吊装接地极铁塔如图6-21所示。

图6-21　卡—32直升机吊装接地极铁塔

（三）直升机巡线与医疗救护

1. 直升机性能及飞行测试

AS350B型直升机是法国欧直公司生产的单发轻型7座直升机，该机型以高性能、坚实耐用、可靠性高等特点而著称。

为确定AS350B直升机的高原性能，以AS350B直升机无地效悬停的飞行包线为理论指导，详细记录了各个海拔点直升机的实际性能数据。通过悬停测试（见图6-22），得出AS350B直升机在海拔3000～3500m，实际悬停作业负载要比理论性能数据少10%左右，但随着海拔的升高，尤其是5000m以上，该机型的实际负载能力比较接近理论性能数据的结论。

图 6 – 22　直升机悬停测试

2. 巡线与医疗救护实施过程

在巡视作业项目中，首先根据 AS350B 直升机的无地效悬停曲线确定不同海拔高度的起飞全重和加油量，并制订详细的减重方案。实施过程中根据高海拔特殊环境造成直升机动能下降，续航时间短等影响，引入综合起降平台车，通过线下加油补给实现连续作业，完成青藏直流线路的巡视作业，并在海拔 4767m 的昆仑山口、海拔 5010m 的风火山口和海拔 5300m 的唐古拉山口成功进行直升机悬停巡检作业测试，最高悬停高度达到 5350m。

在当地二级医疗站的配合下，在海拔高度 5300m 的唐古拉山口，使用医疗救护车，进行了医疗救援的模拟演练，成功将伤员护送上直升机，直升机在唐古拉山口降落，搭载伤员后快速运送伤员去医疗救护站，整个过程用时不到 10min。直升机医疗救护如图 6 – 23 所示。

（四）取得的主要技术创新

通过直升机选型及性能分析、吊装和巡检作业工艺设计、关键工器具研制、试飞论证、人员培训等环节，依托青藏直流工程，自主实现了高海拔直升机吊装及巡检作业，创造了直升机在高海拔地区电力作业的世界纪录。

（1）在吊装项目中设计了"分段吊装、人工辅助对接"作业工艺，解决

图 6-23　直升机医疗救护

了高海拔地区直升机吊装能力降低、无吊挂防旋扭装置引起的难题，完成了高海拔（3000m 级）直升机吊装组塔作业。

（2）在直升机巡视作业过程中，采取"线下即时补给"作业模式，解决了高海拔地区直升机商业载荷低、续航时间短等难题，完成了高海拔（5300m级）直升机巡检作业。

（3）研制了夹紧式导轨、吊装训练底座、综合补给起降平台等专用工器具以及直升机电力作业警示系统，并就后两项申请了国家实用新型专利。

（4）针对高海拔输电线路建设和运行维护特定要求，制订了高海拔直升机吊装和巡检作业的指导书和应急预案。

（5）自主研发的直升机高海拔输电线路电力作业技术，在世界上首次成功实现了高海拔直升机吊装及巡检作业，具有良好的推广应用前景，并建立培养了国内第一支高海拔直升机吊装和巡检作业空地勤队伍。

（五）效益分析

直升机吊装组塔与高海拔巡视医疗救护项目的成功实施，标志着我国直升机高海拔电力作业技术取得重大进展，创造了显著的社会效益。

（1）利用直升机在特殊环境下进行吊装组塔和巡检作业，可以提高作业效率，减轻人员作业强度，保障人员安全，并且降低了对周围环境的破坏程度，符合"创建和谐社会、建设节能环保型国家"的需求。

（2）为直升机电力作业技术向更深、更广阔范围的进一步发展提供了丰富的理论和实践经验，为在国家电网公司范围内开展直升机电网运维、基建施工等业务奠定了基础。

（3）利用直升机在高海拔地区开展医疗救援的演练，提升了直升机在高原地区应急救援能力，充实了国家在高原地区应急救援实力，为当地人民的快速救援提供了可靠保障，促进了社会的和谐发展。

第七章　环　境　保　护

　　柴达木—拉萨 ±400kV 直流输电工程沿线经过青海省海西蒙古族藏族自治州、玉树藏族自治州，西藏自治区那曲地区、拉萨市，沿线穿越高寒荒漠、高寒草原、高寒草甸、沼泽湿地等高寒生态系统，沿线分布有可可西里国家级自然保护区、三江源国家级自然保护区、色林错黑颈鹤国家级自然保护区、雅鲁藏布江中游河谷黑颈鹤国家级自然保护区和热振国家森林公园，是我国及南亚地区重要的"江河源"和"生态源"。沿线自然生态环境原始、独特、敏感、脆弱，扰动破坏后将很难恢复。

　　国家电网公司非常重视柴达木—拉萨 ±400kV 直流输电工程的生态环境保护工作，争创"中华环境奖"和"国家水土保持生态文明工程"。在工程建设中采取切实可行的环境保护措施：构建了总指挥部、设计单位、施工单位、监理单位"四位一体"的环境保护管理体系，开展了工程建设过程中环境保护与水土保持的全过程控制；制定环境保护组织管理制度，开展了工程环境保护创新试验研究和全过程环境保护设计优化，完成了直流线路环保、水保施工图，环保、水保措施落实到直流线路每基塔位；全面做好工程沿线的植被保护和植被恢复工作；采取污染防治措施，保护青藏高原这片净土；建设过程密切保持与政府环保、水保、林业行政主管部门的沟通协调，积极配合行政部门对工程环境保护工作的监督检查。

在柴达木—拉萨 ±400kV 直流输电工程各参建单位的共同努力下，实现了环境保护、水土保持措施与主体工程同时设计、同时施工、同时投产使用的"三同时"，实现了预期的环境保护目标，取得了显著生态环境保护成效。

第一节　环境特点与环境保护目标

一、高原生态环境特点

（一）独特的高原、高寒生态系统

素有"世界屋脊"、"地球第三极"之称的青藏高原，是长江、黄河、怒江、澜沧江、雅鲁藏布江的"江河源"。青藏高原的珍稀濒危野生动植物物种资源，是世界山地生物物种一个重要的起源和分化中心。青藏高原具有独特的自然条件，直接影响其周边地区气候、洪涝、干旱等自然灾害的频度和强度。随着高原内部水热条件的差异，形成了高寒灌丛、高寒草甸、高寒草原、干旱荒漠组成的高寒生态系统，具有独特的高寒生物区系，尤以高寒草原分布最广。

（二）丰富的珍稀特有物种

青藏高原珍稀特有物种多，种群数量大，哺乳动物共有 16 种，其中特有物种 11 种，鸟类特有物种 7 种。工程沿线有国家重点保护兽类 17 种，其中，国家一级重点保护动物 5 种，二级重点保护动物 12 种；有国家重点保护鸟类 27 种，其中，国家一级重点保护鸟 7 种，二级重点保护鸟 20 种。

工程沿线植物种类有 199 种，其中高原特有种 80 种以上，分布有 4 种国家保护植物：国家二级濒危保护植物星叶草（毛茛科），国家二级保护野生植物辐花（龙胆科）和羽叶点地梅（报春花科），国家三级保护中药材麻花艽（龙胆科）。

（三）多样的自然景观

青藏高原自然景观自东南向西北呈现高寒灌丛、高寒草甸、高寒草原、高寒荒漠更替。主要有典型荒漠生态景观系统、河谷灌丛生态景观系统、荒漠草原生态景观系统、高寒草原生态景观系统、高寒草甸生态景观系统、高寒沼泽草甸与湿地生态景观系统、高山垫状植被生态景观系统、高山流石滩稀疏植被生态景观系统、山地灌丛草原生态景观系统、农田和城镇生态景观系统。既有由这些生态系统组成的水平地带系列，又有高寒草原、高寒草甸、冰雪带等垂直带系列。这些景观具有多样性、独特性、原始性、脆弱性等特点。

（四）脆弱的生态环境

由于青藏高原海拔高，空气稀薄，气候寒冷、干旱，动植物种类少、生长期短、生物量低、食物链简单，生态系统中物质循环和能量的转换过程缓慢，使生态环境十分脆弱。长期低温和短暂的生长季节，使寒冷地区的植被一旦破坏，恢复十分缓慢，而且加速冻土融化，引起土壤沙化和水土流失，生态环境脆弱。

二、工程沿线特殊敏感区及人文景观

（一）特殊敏感区

工程沿线附近特殊敏感区包括可可西里国家级自然保护区、三江源国家级自然保护区、色林错黑颈鹤国家级自然保护区、雅鲁藏布江中游河谷黑颈鹤国家级自然保护区和热振国家森林公园。

1. 可可西里国家级自然保护区

可可西里国家级自然保护区位于青海省西南部的玉树藏族自治州境内，是以高原珍稀野生动物及自然生态系统为主要保护对象的自然保护区。保护区土壤为高山草甸土、高山高原土和高山寒漠土三种地带性土壤；主要植被类型有高寒草原、高寒草甸和高寒冰缘植被，少量分布有高寒荒漠草原、高寒垫状植被和高寒荒漠等植被；有高等植物 210 余种，其中青藏高原特有种 84 种；有哺乳动物 23 种，其中青藏高原特有种 11 种，有国家一级保护动物藏羚羊、野牦牛、藏野驴、白唇鹿、雪豹，二级保护动物盘羊、岩羊、藏原羚、棕熊、猞猁、兔狲、石貂、豺；有鸟类 48 种，其中青藏区种类 18 种，有国家一级保护动物金雕、黑颈鹤。青藏直流线路路径基本上沿青藏铁路、青藏公路走线，处在可可西里国家级自然保护区外围保护地带。

2. 三江源国家级自然保护区

三江源国家级自然保护区范围包括玉树、果洛两个藏族自治州全境，黄南、海南 2 个藏族自治州的泽库、河南、兴海、同德 4 个县和海西蒙古族藏族自治州格尔木市唐古拉多乡共 14 个县市，面积为 31.8 万 km²，占青海省国土面积的 44.1%。三江源是世界高海拔地区生物多样性特点最显著的地区，其独特而典型的高寒生态系统，为中亚高原高寒环境和世界高寒草原的典型代表。保护区植被类型有针叶林、阔叶林、针阔混交林、灌丛、草甸、草原、沼泽及水生植被、垫状植被和稀疏植被等 9 个植被型。保护区内国家二级保护植物有油麦吊云杉、红花绿绒蒿、冬虫夏草 3 种，列入《国际贸易公约》附录Ⅱ中的兰科植物 31 种；青海省级重点保护植物 34 种。野生动物有兽类 85 种，鸟类 237 种（含亚种为 263 种），两栖爬行类 48 种。国家重点保护动物有 69 种，其中国家一级重点保护有藏羚、野牦牛、雪豹等 16 种，国家二级重点保护动物有岩羊、藏原羚等 35 种。另外，还有省级保护动物艾虎、沙狐、斑头雁、赤麻鸭等 32 种。青藏直流线路经过三江源国家级自然保护区外围保护地带。

3. 色林错黑颈鹤国家级自然保护区

色林错黑颈鹤国家级自然保护区属于以野生动物保护为主的自然保护区，属于世界上最重要的黑颈鹤繁殖地之一，主要保护对象为黑颈鹤、赤麻鸭、斑头雁等众多湿地水禽种类和部分珍稀濒危的动物种类。最终批准成立的色林错自然保护区东界位于青藏铁路和青藏公路的西侧，保护区东界距离青藏公路的最近距离为 15.4km，核心区距离青藏公路的最近距离为 32km。青藏直流线路基本平行于青藏公路，与保护区边界的最近距离大于 15km。

4. 雅鲁藏布江中游河谷黑颈鹤国家级自然保护区

雅鲁藏布江中游河谷黑颈鹤国家级自然保护区属于野生动物类型的自然保护区，是西藏"一江两河"地区黑颈鹤主要越冬夜宿地和觅食地，主要保护对象为国家一级保护动物黑颈鹤及其越冬栖息地。

青藏直流线路有 3.59km、8 基塔位于保护区的试验区内，拉萨换流站接地极线路有 3.5km、12 基塔位于保护区的试验区内。雅鲁藏布江中游河谷黑颈鹤国家级自然保护区行政主管部门同意本工程的建设。

5. 热振国家森林公园

热振国家森林公园同时属省级自然保护区，位于林周县北部唐古乡境内，距县城 95km，距拉萨市 160km，是西藏著名的自然旅游风景区。热振国家森林公园占地面积 7463hm²，有千年古刺柏约 22 万株，部分刺柏高达 5～12m，树龄 300 ～ 500 年，胸径 30 ～ 80cm，单株材积最高可达 3.5m³。

青藏直流线路路径从热振国家森林公园的东侧和南侧绕行，避开了热振国家森林公园，最近距离约为 2.1km。

（二）人文景观

青藏直流工程沿线既有多样的自然景观，又有众多的人文景观。青藏铁路沿线在玉珠峰、楚玛尔河、沱沱河、布强格、唐古拉、错那湖、那曲、当雄和羊八井等 9 个观光车站都建有长 500m、高 1.25m 的观光台；青藏公路沿线有玉珠峰雪山、昆仑山口纪念碑碑址、唐古拉山口纪念碑碑址、沱沱河三江源纪念碑（江泽民题字）碑址、索南达杰保护站等景点。青藏直流线路远离车站观光台和沿线人文景观 2km 以上，对游客观景的影响很小。

三、工程建设面临的主要环境保护问题

青藏直流工程由北向南跨越著名的"世界屋脊"青藏高原腹地，穿越荒漠、高寒草原、高寒草甸、沼泽湿地、高寒灌丛等不同的高原高寒生态系统；工程沿线珍稀野生动物种类较多、种群数量大，生态类型及景观独特，生态环境原始、脆弱、敏感，一旦破坏很难恢复。青藏直流线路经过连续多年冻土区总长度约 550km（其中青海段约 438km，西藏段约 112km），跨越长江源主要河流，断续穿越沿线湿地。青藏直流线路处在可可西里国家级自然保护区、三江源国家级自然保护区外围保护地带，远离色林错黑颈鹤国家级自然保护区（最近距离约 15km），与热振国家森林公园的最近距离约 2.1km，青藏直流线路、拉萨换流站接地极线路分别穿越西藏雅鲁藏布江中游河谷黑颈鹤国家级自然保护区试验区约 3.59km（8 基塔）和 3.5km（12 基塔）。

青藏直流工程建设主要面临高原高寒植被及自然景观保护、珍稀野生动物栖息及迁徙地保护、自然保护区及江河源生态环境保护、高原冻土及高原湿地环境保护、水土流失控制等一系列重大环境问题。高原高寒植被恢复与再造、野生动物保护、湿地保护、冻土保护，是青藏直流工程建设环境保护工作的重点和难点。

（一）自然保护区保护问题

为保护青藏高原水源环境、生物多样性及高原生态系统，国家建立了可

可西里、三江源、色林错黑颈鹤、雅鲁藏布江中游河谷黑颈鹤等国家级自然保护区。青藏直流工程的建设，对沿线生态系统将会产生切割性影响，如何使工程建设对自然保护区的影响降到最低程度，这是青藏直流工程设计、施工中必须解决的一个难题。

（二）植被和自然景观保护问题

青藏高原自然景观自西北向东南呈现高寒荒漠、高寒草原、高寒草甸、高寒灌丛等，呈现多样的自然景观。工程沿线有昆仑山、玉珠峰、措那湖、雁石坪等自然景观，唐古拉山南坡有天然神奇的喀斯特岩溶地貌。青藏直流工程建设必须保护沿线植被和自然景观不受破坏。

（三）野生动物保护问题

青藏高原复杂多样的生态环境，为各种高原动物提供了繁衍生息的有利条件，虽然高原动物物种较少，但珍稀特有动物物种多，种群数量大。在项目区共分布有高山山地动物群、高寒草原与高寒草甸动物群、荒漠和半荒漠动物群、森林与灌丛动物群和沼泽湿地动物群等 5 个不同的生态类群，有国家重点保护兽类 17 种，国家重点保护鸟类 27 种。保护野生动物生存环境，是青藏直流工程建设环境保护的重要内容之一。

（四）江河源水环境保护问题

青藏高原是中国和南亚地区的"江河源"，长江、黄河、雅鲁藏布江等大江大河的发源地，高原湖泊星罗棋布。青藏直流工程跨越格尔木内陆河流域、长江流域、扎加藏布内河流域、怒江流域和雅鲁藏布江流域。确保沿线水源水质不受污染，是工程建设的一项重要任务。

（五）冻土环境保护问题

青藏高原是世界上中、低纬度海拔最高、面积最大的多年冻土分布区，与高纬度多年冻土相比，青藏高原冻土具有温度高、厚度薄和敏感性强等特点。青藏直流线路穿越多年冻土区总长度约 550km，包括高温不稳定性和高温极不稳定性冻土地段和多冰、富冰、饱冰冻土含有冰层地段。多年冻土环境变化，将导致冻土退化、地表破坏，导致热融沉陷等问题。保护冻土环境，是建设青藏直流工程的关键问题之一。

（六）水土保持问题

青藏直流工程经过的青海省格尔木市唐古拉山乡、曲麻莱县、治多县"三江源"区属国家级水土流失重点预防保护区；青海省格尔木市（不含唐古拉山乡）属于青海省水土流失重点监督区，玉树州曲麻莱县、治多县和海西州格尔木市唐古拉山乡属于青海省水土流失重点预防保护区。工程沿线西藏那曲地区安多县、那曲县属于西藏自治区水土流失重点预防保护区，拉萨市当雄县、林周县属于西藏自治区水土流失重点治理区。

青藏直流工程沿线土壤侵蚀类型主要为水力侵蚀、风力侵蚀和冻融侵蚀。水蚀主要发生在西藏地区，侵蚀程度为微度和轻度；风蚀主要发生在格尔木盆地，以极强度风蚀占据优势；冻蚀以微度和轻度冻蚀为主。

青藏直流工程沿线生态环境十分敏感、脆弱，在长期低温环境下生长的高寒植物和地表植被，一旦破坏，很难恢复，并具有不可逆转性。工程建设会加速沿线冻土融化，引起土壤沙化和水土流失。必须采取切实可行措施，做好青藏直流工程水土保持工作，既要确保工程稳定可靠运行，又要防止水土流失。

四、环境保护总体目标

青藏直流工程环境保护工作是工程建设的重点和难点之一。国家电网公司严格执行国家环境保护有关法律法规，把保护青藏高原生态环境、实施可持续发展作为自己的神圣职责，坚持"预防为主、保护优先"的指导思想，有效保护高原高寒植被、野生动物迁徙条件、湿地、多年冻土环境、江河源水质和工程沿线的自然景观，实现工程环境保护与工程设计、施工、运行的"三同时"，实现工程建设与自然环境的和谐，建设高原生态环保型电网工程，争创"中华环境奖"和"国家水土保持生态文明工程"。

（一）保持自然保护区的整体功能

青藏直流工程沿线主要有三江源国家级自然保护区、可可西里国家级自然保护区、热振国家森林公园和雅鲁藏布江中游河谷黑颈鹤国家级自然保护区。工程建设在经过或穿越保护区时，要严格执行国家有关法律法规，保证保护区功能不受破坏，维护保护区功能的整体性。

（二）保护高原植被

青藏高原特殊的地理环境，形成青藏高原独特的高寒植被生态系统，青藏高原植被存活、生长非常困难，要认真加以保护。坚持"不破坏就是最大保护"的原则，保护占地范围内的植被（移植或回铺），在有条件地段进行人工种草试验和植被恢复试验，尽最大努力恢复植被，把工程建设对青藏高原植被的影响降到最低程度。

（三）野生动物迁徙不受影响

青藏直流工程穿越野生动物迁徙通道，特别是可可西里国家级自然保护区内及其附近的藏羚羊，在每年 6～8 月间要进行迁徙、繁衍。青藏直流工程建设必须保证已有动物迁徙通道的畅通，不能影响野生动物的迁徙。

（四）沿线景观不受破坏

青藏高原得天独厚的自然、地理条件，形成了独特的自然景观，它美丽、圣洁、神奇、令人神往。青藏直流工程建设要保护好沿线自然环境，减少对原地貌的扰动，施工临时用地要给予恢复，最大限度减少对沿线自然景观和人文景观的影响。

（五）江河源水质不受污染

青藏高原不但是我国长江、黄河的源头，也是通往南亚地区主要江河的发源地。保护好青藏高原江河水系的水质不受污染，是青藏直流工程建设者的责任。青藏直流工程建设中要加强污水、固体废物排放的管理，保护江河源水质。

（六）有效保护多年冻土环境

多年冻土环境一旦破坏，相当时期内极难恢复，甚至根本无法恢复。青藏直流工程沿线冻土环境保护，不仅影响沿线生态环境，而且还直接影响工程运营的安全。要认真借鉴青藏铁路在冻土环境保护方面的科研成果，结合电网工程特点开展冻土保护及施工研究，提出切实可行的冻土保护措施，有效保护工程沿线的冻土环境。

（七）保护沿线湿地

湿地是调节区域气候的重要因素。工程建设要加强在湿地区域的施工管理，保持沿线湿地的连通性和整体性。严格限制施工活动范围，避免人为、机械对湿地的破坏，保护沿线湿地生态环境。

第二节　环境保护及水土保持措施

一、环境保护措施布局

　　青藏直流工程环境保护措施主要包括环境保护管理措施（环境保护管理机构设置、知识宣传与人员培训、工程设计优化、施工组织优化）、环境保护治理措施（生态环境保护措施、污染防治措施）、水土保持措施（工程措施、植物措施、临时措施），其中水土保持植物措施也就是生态环境保护措施中的植被保护与恢复措施。环境保护措施布局框图如图 7－1 所示。

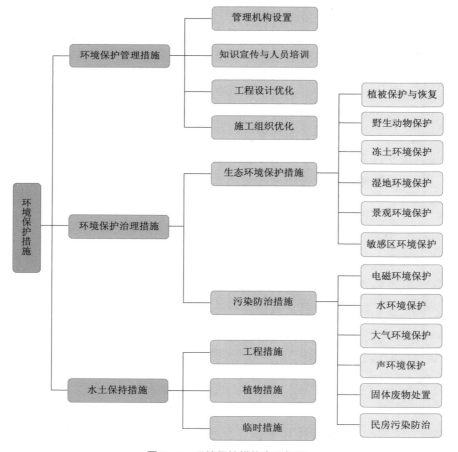

图 7－1　环境保护措施布局框图

二、环境保护全过程设计与优化

（一）环境保护措施全过程设计

国家电网公司非常重视青藏直流工程建设的环境保护工作，在工程可行性研究、初步设计、施工图设计阶段均进行了环境保护专项设计，将环境保护理念贯穿于工程设计的全过程，为工程在施工中具体落实环境保护措施提供技术支撑。

青藏直流工程可行性研究报告中，编写了环境保护章节；为了落实青藏直流工程环境影响报告书、水土保持方案报告书及其批复文件（环境保护部环审〔2008〕364号、水利部水保函〔2008〕226号）中提出的环境保护和水土保持措施，保护工程沿线生态环境，国家电网公司要求西北电力设计院编制完成了《青藏直流联网工程建设期环境保护措施实施方案》，并通过中国电力工程顾问集团公司的评审（电顾电网〔2008〕1324号）。

青藏直流工程初步设计文件中，编写了环境保护及水土保持专题报告；为了进一步细化工程各施工标段的环境保护措施，做好环境保护后续设计，国家电网公司（建设计划函〔2010〕30号）委托西南电力设计院编制完成了《青海—西藏±400kV直流联网工程环保水保初步设计》，并在工程沿线省级行政主管部门备案，以指导本工程环境保护措施的实施。

按照总指挥部的要求，参建各设计院完成了《青海—西藏±400kV直流联网工程环保、水保施工图》。环境保护与水土保持施工图设计工作首先由西北电力设计院在其负责设计标段完成，经过工程建设总指挥部审查后推广到其他标段，对其他设计院负责的设计标段环境保护施工图设计具有很好的借鉴作用，形成了电网、勘测、环保多专业协同作业和技术服务的新模式。

输变电工程环境保护与水土保持施工图设计在国内尚属首次，充分体现了国家电网公司对青藏直流工程环境保护与水土保持工作的重视。青藏直流工程环境保护施工图设计，明确了直流线路每个塔位、施工便道、牵张场等应采取的环境保护与水土保持措施，为工程环境保护措施的落实提供技术保障。

（二）换流站、接地极环境保护设计优化

（1）柴达木换流变电站和拉萨换流站选址均避开了合成电场、直流磁场、工频电场和磁场、无线电干扰等电磁环境敏感目标和其他环境敏感目标。

（2）优化站区平面布置，站区总平面布置紧凑，占地面积较小；施工场地布置在站区内，不另外租地，减少了扰动原地貌的面积；根据各分项工程基础的尺寸进行局部开挖，避免重复开挖，减少挖填方量，减少水土流失。

（3）柴达木换流变电站站区地面雨水经排水管排入站外 3km 的小乌兰沟。为防止站区南侧站外雨水进入站区，将站区挡土墙、挡水墙和围墙基础统一进行布置；拉萨换流站站区地面雨水经排水管排入站址东侧的天然冲沟，站区南侧设截洪沟，站区坡面设置护坡，挖方边坡按 1：1.25 放坡，填方按 1：1.5 放坡；均符合水土保持要求。

（4）优化接地极设计方案，减少占地，减少挖填方量，符合水土保持要求。

（三）直流线路选线环境保护设计优化

（1）青藏直流线路路径选择过程中充分征求沿线相关行政主管部门的意见。线路路径避开了军事设施、城镇规划区、大型工矿企业、重要通信设施、民房、宗教场所等，减少对群众生活、生产的影响；综合考虑施工便利、交通方便以及工程量等因素，经过多方案技术经济比较，缩短了线路长度，节约了工程投资，减少了对水土保持设施的破坏。经过路径优化，送端接地极线路长度由原来的 25.5km 调整为 20km，塔基数也由 69 基调整为 59 基；受端接地极线路长度由原来的 12.5km 调整为 13km，塔基数也由 34 基调整为 36 基；塔基数由批复的 2394 基调整为 2361 基。

（2）青藏直流线路路径避开了可可西里国家级自然保护区、三江源国家级自然保护区、色林错黑颈鹤国家级自然保护区和热振国家森林公园，直流线路、拉萨换流站接地极线路分别穿越雅鲁藏布江中游河谷黑颈鹤国家级自然保护区试验区约 3.59km（8 基塔）和 3.5km（12 基塔）；线路路径尽量避开林地，减少树木砍伐，保护生态环境。

（3）青藏直流线路跨越沿线河流时，不在河流中央建塔，避免铁塔对河道泄洪能力的影响。

（四）直流线路塔基环境保护设计优化

（1）合理确定塔基位置。主体工程设计中，根据接地极线路及直流线路塔型、塔高、地质条件以及基础形式，合理确定基面范围，减少开挖面。优先考虑原状土基础，如掏挖桩基础或半掏挖台阶基础等原状土基础，可避免基坑大开挖，减少地表植被破坏和工程量。塔位尽量避开陡坡和不良地质段，减少基础工程量，减少地表扰动破坏面积及弃土弃渣量。

（2）采用全方位高低腿基础及主柱加高基础（见图7-2）。通过采取长短腿配合高低基础（全方位采用高低腿）适应坡地地形，减少了开挖面和弃土、弃渣量，有效地减少了水土流失。

图7-2　杆塔全方位高低腿基础实景

三、生态环境保护措施

（一）施工临时场地优化选择

（1）施工临时用地尽量利用已有场地或植被稀疏地段。

（2）施工营地、施工道路尽量利用青藏公路、青藏铁路的工区、道班以及场镇已有场地和已有道路，减少对生态环境的破坏。

（3）施工场地尽量远离各种特殊景观、特殊敏感区、宗教活动场地、湿地、动物栖息地及动物通道等。严禁随意搭建施工工棚，严禁车辆随意行驶；施工人员要在固定范围内活动，固定行进路线，尽量避免林木砍伐，确实不能避开的树木首先应考虑移栽。

（4）取土场选在无植被和植被稀少的地带，并征得行政部门的同意；严禁侵占河道、湿地、自然保护区等环境敏感地带。

（5）利用工程沿线铁路、公路施工已有的砂石料场，未开辟新料场。

（6）施工活动不得影响当地群众的宗教活动，现场施工人员要充分尊重当地群众的民族宗教习惯。

（二）植被保护措施

1. 设置施工区围栏

对于位于高寒草原区、高寒草甸区的塔基施工区、材料站、施工营地等施工区域设置围栏，控制施工活动范围，避免对周边环境造成影响（见图7-3）。

青藏直流线路工程共设置简易围栏731 483m、设置花杆围栏21 267m；柴达木换流变电站、接地极及接地极线路共设置围栏3800m；拉萨换流站、接地极及接地极线路共设置围栏3400m。

2. 塔基施工区草地隔离保护

输电线路现场作业主要集中在塔基周围和牵张场，其植被保护措施如下：

（1）基础施工期间在塔基范围内没有开挖区域铺设草垫或棕垫，保护地表植被（见图7-4）。

图7-3　施工现场设围栏　　　　　图7-4　塔材堆放场地及施工场地覆盖

（2）在铁塔塔材堆放区、组装区、起吊区及工器具堆放区铺设草垫、棕垫或枕木，防止塔材摆放、组装、起吊作业时破坏地表植被。

青藏直流线路塔基区设置棕垫隔离保护26 438m²、彩条布隔离保护404 672m²。材料站设置彩条布隔离保护80 000m²。

（3）优化牵张场位置，对机具和材料的摆放区域铺设草垫或棕垫以及枕木，保护地表植被。直流线路牵张场设置棕垫隔离保护32 463m²（见图7-5）。

3. 施工道路植被保护

（1）施工便道尽可能利用青藏公路以及当地乡镇道路，扩大直流线路横向施工便道间距，减少对地表植被的破坏。

（2）施工机械及车辆，在预先划定的范围内作业，不得随意碾压便道以外的植被（见图7-6）。

图7-5 施工机械堆放场地临时防护　　　　图7-6 施工便道临时防护

（3）在高寒草原区、高寒草甸（或湿地）区的施工道路，在原地面铺设草垫、棕垫、木板等植被隔离保护措施（见图7-7）。

（4）第1标段1192～1195号塔、1154号在高山陡坡区架设索道运输基础建筑材料和塔材，减少新修临时道路对原地貌的扰动；第3标段在楚玛尔河河床跨越区的592、

图7-7 施工道路铺设草垫

593、594号塔基区安装索道运输材料，使工程建设中的水土流失降到了最低。

共设置施工临时道路植被棕垫隔离保护面积24 938m²。

4. 砂石料料场选择及运输、贮存

（1）砂石料料场尽量利用青藏铁路、青藏公路已有的砂石料料场，新设的料场征得了当地环保、水保、林业行政主管部门的同意。

（2）对位于高寒草原区、高寒草甸区的塔基区，砂石料堆放前，事先用彩条布覆盖草地，保护植被。

5. 施工临时设施区

（1）项目部及施工队驻地及材料站尽量利用沿线铁路、公路施工期间已有建筑物；增设的施工临时场地、材料站布置在植被稀疏地，并减少占地面积。

（2）施工临时场地周围设置围栏，严禁施工人员随意踩踏草地，保护植被。青藏直流线路工程沿线施工场地设置简易围栏42 000m。

（三）植被恢复措施

为了做好青藏直流工程沿线的植被恢复工作，2011年1月，总指挥部委托中国科学院西北高原生物研究所开展了《青藏直流联网工程植被恢复与试验示范研究》，在工程沿线共设置了68个植被恢复示范点，主要完成了草皮移植技术，植物的物种筛选、种子萌发、快速繁殖技术，土壤改良技术示范研究，指导青藏直流工程沿线植被恢复工作，确保人工种草的成活率。

1. 高寒草原区、高寒草甸区种草

高寒草原区草种选择搭配方案为"垂穗披碱草＋冷地早熟禾＋赖草或垂穗披碱草＋冷地早熟禾＋碱茅"；高寒草甸区物种搭配方案为"垂穗披碱草＋草地早熟禾＋星星草或垂穗披碱草＋冷地早熟禾＋赖草"；播种前首先进行整地，形成10～25cm的疏松土层，并施肥磷酸二铵（用量为5～10kg/亩，即75～150kg/hm²）；播种采取条播或撒播方式，播种量为50～100kg/hm²；播种后随时喷洒水，并用无纺布和草垫进行覆盖，以保持土壤湿度和温度，促进种子萌发、生长和安全越冬。

2. 高寒沼泽草甸区草皮剥离养护、回铺

高寒沼泽草甸区采取原生草皮剥离养护、回铺方式进行植被恢复。即先将施工区域的原生草皮进行剥离，移至他处并进行养护，待完成塔基回填后，再将草皮移回原处并进行及时洒水、管护。根据草皮移植后的成活情况，在短期内进行补植，草种选用披碱草、三刺草。

3. 山地灌丛区灌木移植、回栽

西藏境内的山地灌丛区的植被恢复采用灌木移植、补植及种草。工程施工前，先连根整株挖出灌木并进行独立养护。塔基回填后，进行灌木回栽移植，并进行及时洒水、管护。对灌木回栽后的裸地进行灌木补植和草籽撒播，灌木选用沙棘或雪层杜鹃，草种选用小蒿草或西藏苔草。

图7-8 播种草籽

青藏直流线路工程沿线共完成人工种草及养护面积 55.31hm²，植被盖度可达 60% 以上，干草产量增加 20～30kg/hm²。完成草皮剥离养护及回铺面积 17.66hm²，完成灌木移植养护及栽植 1149 棵。

图7-9 草皮回铺后浇水养护

（四）动物保护措施

（1）施工人员进入施工现场前，进行野生动物保护的相关宣传、教育，强化保护野生动物的环保意识。

（2）加强施工人员的管理，禁止对施工区附近野生动物的人为干扰和违法捕杀。

（3）输电线路铁塔位置选择与现有动物通道错开一定距离，充分保证青藏公路和青藏铁路上已建成使用野生动物通道的畅通。铁塔位置与动物通道出口的距离保持在 50m 以上。

（4）缩短施工工期，减少施工过程对动物的不利影响。特别是在沿线野生动物通道、长江源区（可可西里国家级自然保护区和三江源国家级自然保护区索加—曲麻河保护分区）、色林错黑颈鹤国家级自然保护区（东部分区）、雅鲁藏布江中游河谷黑颈鹤国家级自然保护区（拉萨河流域保护分区）、热振

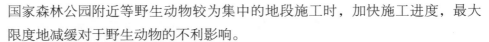

国家森林公园附近等野生动物较为集中的地段施工时，加快施工进度，最大限度地减缓对于野生动物的不利影响。

（5）在雅鲁藏布江中游河谷黑颈鹤国家级自然保护区附近黑颈鹤起飞和降落区域的导线上悬挂警示标志等，减少对野生动物的影响。

（6）为保护高原特有珍稀物种藏羚羊的迁徙繁殖，位于动物迁徙地段的施工单位宁可耽误工期，也要保证藏羚羊顺利通过迁徙通道。2010 年 8 月 5 日，正值工程建设的高峰期间，为不影响藏羚羊迁徙，刚刚安营扎寨的第 3、4 标段建设者停下工作，把已进场的大型旋挖机、牵引机、吊车等机械全部撤出藏羚羊迁徙点，为穿越正在建设的青藏直流线路的藏羚羊让出迁徙的通道。

（五）冻土环境保护措施

（1）工程施工避开降水集中、热融作用活跃的 7、8 月。基坑开挖采用快速施工方法，集中力量，迅速完成。通过工期的不断调整，2010 年利用冬季冻土时间完成全部塔基开挖浇筑任务，2011 年在冻融之前，完成主要塔材的运输，同时采取"保护优先、先挡后弃、及时跟进"的组织措施，减少了扰动地表裸露时间，避开了年度土壤侵蚀最严重的时间。

（2）塔基开挖面采用石棉板、棉被等隔热措施，保持多年冻土层原有热平衡。

（3）在冻土区域基坑、施工坑、接地沟开挖后，在坑体上方搭设遮阳板，以防止风吹、日晒使冻土结构发生变化。尽快施工回填，缩短坑体露晒时间。

（4）塔基基坑回填后，结合柱状混凝土基础的养护，对开挖区域适度补水，以弥补可能出现的多年冻土层水分损失。

（5）施工生活、生产场所有人为热源，可能改变冻土环境的，进行隔热或架空处理。

（六）湿地保护措施

（1）保证湿地地表径流畅通，防止湿地萎缩。

（2）施工中不阻断和切割湿地，不改变湿地的地表径流。

（3）塔基施工取弃土地点，严禁侵占湿地。

（4）湿地植被恢复以自然恢复为主，必要时人工恢复湿地植被。

青藏直流线路工程施工道路经过湿地区域，共设置湿地隔离保护 27 311m²。

（七）景观保护措施

（1）提高施工人员的环保意识，保护高原植被，禁止随意砍伐灌木、随意割草、采药等活动。施工人员和机械在规定区域进行施工活动，生活垃圾和建筑垃圾集中收集处理，不得随意抛撒。

（2）施工场地和施工营地的选址避开特殊景观区域（如保护区边界、特殊湿地生态系统、野生动物主要通道等），并尽量减小占地面积，施工结束后及时恢复原有地貌。

（3）及时进行各类临时占地的植被恢复，达到与周边自然环境的协调，消除对自然生态景观的视觉污染，恢复到或接近原有自然生态景观。

（4）直流输电线路路径靠近已建成的青藏公路、青藏铁路，既可以提高施工便利，也可以减少输电线路对生态景观的分割影响。

（5）输电线路路径远离青藏铁路、青藏公路沿线的重要旅游景点，保证青藏铁路沿线游客能够获得更大范围的观景视觉。

（八）特殊敏感区环保措施

（1）施工人员进入施工现场前，组织学习国家和地方有关自然保护区保护的法律法规，提高施工人员的环保意识。

（2）加快沿线自然保护区、国家森林公园附近施工进度，减少施工人员和车辆对野生动物迁徙的干扰，并保证野生动物通道的畅通。

（3）在自然保护区和国家森林公园边界附近施工时，设立醒目的环境保护标志，防止施工人员和施工车辆意外闯入保护区环境敏感区域。

四、水土保持措施

（一）临时防护措施

1. 表土剥离措施

工程除戈壁滩以外的施工地段，要实施表土剥离措施。剥离的表土集中堆放，并采取临时拦挡、覆盖措施。表土用于植物的换土、整地，以保证植物的成活率。

青藏直流线路工程塔基区进行表土剥离169 661m²；拉萨换流站、接地极及接地极线路进行表土剥离共150 900m²。

2. 临时土方堆放防护措施

对开挖的临时土方和施工砂石料进行集中堆放，并采取编织袋装土拦挡体拦挡、彩条布或土工布覆盖措施，防止水土流失。

青藏直流线路工程共设置编织袋装土拦挡体132 060m³、临时堆土彩条布覆盖42 415m²；柴达木换流变电站、接地极及接地极线路设置编织袋装土拦挡体772m³，临时堆土彩条布覆盖15 900m²；拉萨换流站、接地极及接地极线路设置编织袋装土拦挡体462m³，临时堆土彩条布覆盖11 700m²。

（二）工程措施

1. 塔基区防护措施

（1）位于丘陵地带的塔基，必要时设置挡土墙和护坡，保持边坡稳定。

（2）塔基周边设置截水沟、排水沟，截、排塔基区坡面雨水，保持塔基稳定，如图7-10所示。

图7-10 塔基挡墙及截水沟、排水沟

（3）位于多年冻土地带的塔基，设置热棒及其他防冻胀措施，保护塔基稳定。

2. 防风固沙措施

工程位于戈壁荒漠的部分塔基以及柴达木换流变电站接地极线路塔基区

采用碎石压盖和石方格固沙措施，防治水土流失，如图 7 - 11 所示。

直流线路、接地极线路塔基区碎石压盖面积为 71 287m²，石方格固沙块石 1263.6m³；柴达木换流变电站接地极线路塔基碎石压盖面积为 5500m²。

3. 土地整治

换流站站区、道路区、站外管

图 7 - 11　塔基区石方格固沙

线区以及接地极和接地极线路区施工结束后，拆除施工区临时设施，进行土地整治；直流线路工程施工结束后，对塔基区、施工营地、牵张场、施工道路等施工临时占地区域，进行土地整治。尽可能恢复其原有土地使用功能或恢复植被。

青藏直流线路工程土地整治面积为 179.96hm²，柴达木换流变电站土地整治面积为 8.28hm²，拉萨换流站土地整治面积为 9.38hm²。

五、环境污染防治措施

（一）水环境保护措施

（1）施工物料不得堆放于河流、沼泽、湿地附近。

（2）做好临时堆土及开挖面的水土保持，防止雨水冲刷淤积河道和沼泽地。

（3）生活污水不得随意倾倒；施工生产迹地设置临时厕所。

（4）施工废水、设备清洗废水经收集后，就地采用静置沉淀法进行固液分离，沉渣集中收集处置，分离出的水用于施工场地喷洒、防尘。

（5）车辆、机械维修保养集中进行，含油污水集中收集处理。

（二）大气环境保护措施

（1）采用覆盖、洒水等措施，防止土石方运输、施工开挖造成的扬尘污染。

（2）包装物、旧棉纱等固体废物分类存放，严禁就地焚烧；施工完毕后，应做到"工完、料尽、场地清"。保证整个施工基面干净，不留任何污染物。

（三）噪声防治措施

1. 施工噪声防治措施

（1）车辆在行驶过程中尽量不用喇叭，防止噪声污染。

（2）施工机械应正确使用，避免操作不当产生噪声污染。

（3）使用低噪声的施工方法和工艺，尽量避免夜间施工，将施工噪声影响降到最低。

2. 换流站噪声防治措施

（1）合理地选择换流站设备，主要设备噪声符合国家规定的噪声标准。

（2）优化换流站总平面布置，换流变压器、电抗器等噪声源不靠近围墙布置。

（3）柴达木换流变电站和拉萨换流站换流变压器采用 BOX—in 隔声措施，在两换流站四周主要部位修建了隔声墙。

在采取以上降噪措施后，柴达木换流变电站、拉萨换流站站界昼间、夜间噪声均低于相应评价标准限值。

（四）固体废物处置措施

对施工生产、生活垃圾进行分类（可降解和不可降解）收集，集中运送至垃圾场堆放，不得随意丢弃。弃渣不得堆放于河道、沼泽、湿地以及植被较多地段；施工现场搭建临时厕所，施工营地设置垃圾箱。机械设备油污处理过程中产生的固态浸油废物、包装物等单独收集、封装，运至垃圾场进行处置。

垃圾处理具体措施主要包括移动厕所、垃圾箱和垃圾专用运输车等措施。青藏直流线路沿线共设置 10 个移动厕所、752 个垃圾箱；柴达木换流变电站（含接地极及接地极线路）设置 5 个移动厕所、20 个垃圾箱；拉萨换流站（含接地极及接地极线路）设置 4 个移动厕所、15 个垃圾箱。

（五）电磁环境保护措施

（1）在设备定货时，要求导线、母线、均压环、管形母线终端球和其他金具等提高加工工艺，防止尖端放电和起电晕，降低无线电干扰水平。

（2）调整直流线路导线高度，确保线路附近民房所有位置直流合成电场强度不超过 15kV/m。

采取以上措施确保工程在居民等敏感点及动物通道附近，直流线路、换流站、换流站配套的接地极及接地极线路电磁环境影响满足相应标准限值要求。

第三节　环境保护管理

一、"四位一体"环境保护管理体系

青藏联网工程建设期间构建了总指挥部、设计单位、施工单位和监理单位"四位一体"的环境保护管理体系。

总指挥部统一管理、协调工程环保、水保工作；设计单位提供环保水保设计方案；各业主项目部、施工项目部及施工单位组织实施工程各标段的环保、水保措施并承担责任；监理单位负责环境保护工作日常监理，环境监理单位、水保监理单位对施工单位和工程监理单位的环境保护工程质量实施全面监控。"四位一体"的环境保护管理体系，创新了工程建设环境保护的管理模式，从工程组织管理体系方面为青藏直流工程环境保护工作的落实提供了可靠保证。

二、环境保护管理机构及管理策划

（一）环境保护管理机构设置

1. 总指挥部环境保护领导小组

总指挥部设立了环境保护领导小组，总指挥任组长，全面负责工程环保、水保工作；成员由安全质量部、工程部负责人、各业主项目部负责人及各参建单位的分管领导组成，负责组织协调青藏直流工程环境保护工作。

2. 业主项目部环境保护工作组

业主项目部的环境保护工作由总指挥部环境保护领导小组下设的环境保护工作组负责，以保证各项环境保护措施的落实。环境保护工作组组长由业主项目部总经理担任，成员由总监和施工单位项目经理组成，负责工程环境保护日常工作。

3. 施工项目部环境保护工作小组

施工项目部设立环境保护工作小组,项目经理任组长,项目副经理、项目总工任副组长,组员由项目部环境保护专工及各施工队环保员组成。

各施工队环保员受项目部环境保护工作小组直接领导。项目部和施工队是施工期环境保护的责任者和实施者,接受工程监理单位、环境监理单位的监理。施工项目部组织并监督各施工队环保措施的落实。施工项目部与施工队及时相互沟通、配合,确保环保、水保措施得到落实。

施工项目部环境保护组织机构框图如图 7 – 12 所示。

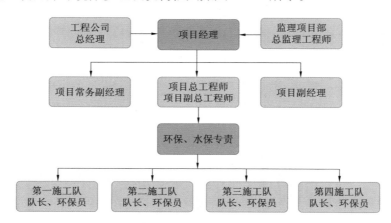

图 7 – 12 施工项目部环境保护组织机构框图

4. 监理项目部

业主项目部各施工标段设监理项目部,并配备兼职环保员。工程监理负责现场文明施工、环保水保工程质量监理,配合环境监理、水保监理,落实工程各项环境保护措施,保护高原生态环境。

(二)环境管理策划

总指挥部组织编写并下发了《青藏交直流联网工程直流线路施工环境保护实施细则》、《青藏直流联网工程直流线路环保水保宣传培训实施方案》、《青藏直流联网工程环境保护培训教材》、《青藏直流联网工程施工期环保水保工作手册》、《青藏直流联网工程施工期环保水保宣传画册》和《青藏直流联网工程植被恢复手册》,全面指导青藏直流工程施工期环境保护工作。

青藏直流线路工程青海段业主项目部编制了《柴达木—拉萨 ±400kV 直流

输电线路工程（青海段）施工期环保手册》、《柴达木—拉萨±400kV直流输电线路工程（青海段）水土保持管理制度》、《柴达木—拉萨±400kV直流输电线路工程（青海段）施工环境保护须知》、《柴达木—拉萨±400kV直流输电线路工程（青海段）环保、水保数码照片拍摄管理规定》；与各施工单位签订了《环境保护责任书》、《青藏直流联网工程环保、水保工程施工补充协议》。

青藏直流线路工程（西藏段）业主项目部组织专家编制了《青藏直流输电线路工程（西藏段）环境保护策划方案》、《青藏直流输电线路工程（西藏段）水土保持策划方案》、《环境保护实施细则》，保证了建设期间环境保护与水土保持措施的实施。

（三）高原环境保护知识宣传、培训

（1）以培训班、宣传册、宣传单、环保标语牌或宣传栏等形式，对各参建单位工作人员进行环境保护与水土保持法律法规、标准规范等知识进行宣传、教育，对工程施工应采取的环境保护和水土保持措施实施方案进行培训。通过宣传、培训，强化工程施工人员的生态环境保护意识，充分认识到环境保护的重要性，并落实到自身的实际行动中。

（2）青海段业主项目部先后聘请可可西里国家级自然保护区管理局、中国科学院高原生物研究所专业人员进行环保知识讲座；青海段水保监理项目部在基础阶段和组塔架线阶段奔赴各标段，以召开培训班的形式，举行多层次水土保持作业培训和技术交底。

（3）青藏直流工程全线各施工标段累计发放各种环境保护培训手册12 800册，培训人员12 800人次。各施工标段严格按照国家电网公司、业主项目部和环境监理与水土保持监理项目部要求，开展了各种宣传活动，工程施工现场布设了固定标语、碑记、警示标志牌等，其中宣传栏58个、宣传牌126块。

通过宣传、培训，青藏直流工程的每一个建设者深刻领会了青藏高原生态环境保护的意义，大家决心精心爱护青藏高原的每寸植被，善待每一种动物，保护青藏高原脆弱的生态环境，造福后代。

三、环境监理

（一）环境监理机构及人员

总指挥部委托具有环境监理资质的青海省环境科学研究院、雅安环保科技公司分别承担青藏直流工程青海段、西藏段的环境监理工作，签订了《青海—西藏 ±400kV 直流输电线路工程（青海境内）环境监理合同》、《青海—西藏 ±400kV 直流输电线路工程（西藏境内）环境监理合同》。

2010 年 7 月，青海段、西藏段业主项目部分别成立了青藏直流输电线路工程环境监理项目部，分别配备 1 名环境监理总监、5 名环境监理工程师、1 名信息管理员，全面负责各标段环境监理工作。

环境监理人员具备环境监理上岗资质，具有工程监理、环境工程等专业经验，其身体条件能够适应高原工作环境。组建由环境监理总监、副总监、环境监理工程师及咨询专家组成的环境监理队伍。环境监理单位组织环境监理人员熟悉青藏高原的环境特点、青藏直流联网工程环境影响报告书及其批复意见的要求，为顺利开展环境监理工作打下良好的基础。

（二）环境监理职责及内容

环境监理职责主要是生态环境保护和环境污染控制的监理。环境监理对施工单位的环境保护工作质量、工程监理单位的环保监理效果和监理质量进行监理和评价，监督施工过程环境保护措施的落实，参与确定施工临时场地的优化选址和环保措施。对环保工程质量不符合要求和规范的施工单位提出书面限期整改意见，并进行整改情况的追踪检查。

环境监理的工作范围主要包括输电线路施工（塔基施工、组塔架线）、换流站施工（土建、安装）、临时工程（施工场地、施工营地、施工便道）。

在施工准备阶段，重点核实施工合同文件中有关环境保护条款，核实施工营地、施工便道选址的环境可行性；在工程施工期，监督控制施工活动对生态环境的影响，监督检查环境保护措施的施工质量和落实情况；在工程竣工阶段，主要对施工临时场地清理效果、植被恢复效果等进行监理。

（三）环境监理实施情况

1. 施工准备期

（1）环境监理单位构建完善环境监理体系，组织编制了《环境监理规划》、《环境监理实施细则》、《环境监理创优实施细则》等监理策划文件，明确环境监理单位与建设、施工及工程监理单位的相互关系，确保环境保护措施的落实。

（2）参加总指挥部组织，设计、施工、工程监理单位参加的工程施工便道、施工营地选址，塔基施工工艺优化等工作。

（3）建立健全各标段施工单位的环境管理档案。

2. 施工期

（1）监督检查塔基施工区、施工营地、施工便道植被隔离保护措施落实情况。监督检查施工废污水处理、固体废物的收集和清运情况。

（2）在藏羚羊迁徙期间，多次检查相关标段，监督检查沿线动物保护措施，要求合理安排施工进度，在野生动物迁徙期暂停施工，对动物通道施工现场进行全面清理，对施工车辆实行管制，禁止鸣笛。

（3）加强雅鲁藏布江中游河谷黑颈鹤国家级自然保护区试验区施工的日常监督检查，减少施工活动对自然保护区的影响。

（4）组织各施工标段环保专责，介绍推广草皮移植、灌木移栽、冻土、湿地保护等工作经验。塔基施工完工后，监督检查塔基区土地整治与植被恢复情况。

（5）施工收尾阶段，监督检查施工迹地的清理和植被恢复情况。监督工程环境保护设施"三同时"落实情况。

3. 工程竣工阶段

配合总指挥部完成青海省、西藏自治区环保、林业行政管理部门的检查；参与国家电网公司组织的青藏直流工程竣工环境保护内部验收，对现场检查中存在的问题，提出整改意见，并督促有关施工单位及时完成整改。

（四）环境监理工作成果

工程环境监理单位在历时近 2 年的监理工作中，对各施工单位进行现场环境检查，提出整改意见、发出整改通知，监督整改落实情况。环境监理赴现场重点检查 300 余点次。针对施工活动中存在的环境问题，发出环境监理通知 31 份、备忘录 26 份、环保验收整改通知 15 份，对 130 余处工点提出整改要求。此外，完成监理通讯 2 份，监理简报 2 份，监理快报 7 份。环境监理对施工开挖区表土剥离保护、植被移植、湿地保护、施工便道设置、施工营地污水垃圾处置、野生动物通道设置等存在的环境问题提出了整改意见，并督促落实整改，为保护高原生态环境、高原景观、长江源水质和珍稀野生动物作出了积极贡献。

四、水土保持监理

（一）水土保持监理机构

总指挥部通过招标确定具有水土保持工程施工监理甲级资质的西安黄河工程监理有限公司、青海省江海工程咨询监理有限公司分别承担青藏直流工程青海段、西藏段的水土保持监理工作。签订了《青海—西藏±400kV 直流输电线路工程（青海境内）水土保持监理合同》、《青海—西藏±400kV 直流输电线路工程（西藏境内）水土保持监理合同》。

（二）水土保持监理制度

2010 年 7 月，业主项目部分别成立了青藏±400kV 直流输电线路工程水土保持监理项目部，水保监理实行总监理工程师负责制，水保监理单位分别配备总监代表 1 名、专业监理工程师 5 名、信息管理员 1 名，全面负责各标段环境监理工作。编制了《水土保持监理规划》、《水土保持监理实施细则》、《水保监理创优实施细则》、《水保监理应急预案》和《工程建设强制性检查实施细则》等文件，水土保持监理单位对施工质量、进度、投资等进行现场监督和不定期巡视，独立、诚信、科学地开展监理工作，公正、公平地协调工程参建各方的关系，全面完成了监理工作目标任务，确保了水保工程建设质量。

在工程建设过程中，水土保持监理项目部认真履行监理职责，编制了"水保项目工程质量评定统计表"，通过施工单位对施工质量的三级质量验收结果、工程监理项目部的监理报告，对施工单位水保设施施工质量评定结果进行检查签证，编写施工项目部的三级检查验收记录、专检报告以及监理初检报告，对施工中存在问题及时要求施工项目部整改闭环，有效保证水保工程质量。

（三）水土保持监理实施情况

1. 施工准备期

（1）严格审查水保施工组织设计和水保施工作业指导书，努力做好水保项目施工的预控措施。审查认为，项目施工组织规划内容详细，审批手续齐全，施工工艺、方法能够保证水保工程质量要求。

（2）监理项目部加强工程分包管理，依据国家电网公司《关于印发〈国家电网公司建设工程施工分包安全管理规定〉的通知》的要求，审查各项目部提交的绿化专业分包单位的资质、业绩情况，审查结果表明，各分包单位企业资质、安全资质等符合规定要求，人员配置能够满足水保施工安全、质量、进度的要求，同意进场施工。

2. 施工期

根据工程施工时序，分别对工程施工营地区、施工道路区、塔基区、牵张场区、材料站进行水土保持监理。

（1）监督检查工程施工临时占地区围栏设置情况、铺设草垫、棕垫对植被的隔离保护情况。

（2）监督检查塔基区表土剥离、草皮剥离养护情况，检查灌木移植保护情况。

（3）检查植被恢复情况，包括恢复面积、植物成活率和植被覆盖率。

（4）检查塔基挡墙、截排水沟的布置以及工程施工质量。

（5）检查经过戈壁、沙漠直流线路塔基区采取的碎石压盖、石方格沙障的布置以及工程施工质量。

（6）检查施工后期场地清理以及土地整治情况等。

经过施工单位的三级检查验收、监理项目部的检查初检后，业主项目部进行质量验收，水土保持监理认为项目区水土保持工程质量满足水保要求。

3. 工程竣工阶段

配合总指挥部完成了青海省、西藏自治区水保、林业行政管理部门的检查；组织各参建单位于2011年9月4～6日对青藏直流工程水土保持项目进行了竣工预验收，参与了国家电网公司组织的青藏直流工程竣工水土保持内部验收，对现场检查中存在的问题，提出整改意见，并督促有关施工单位及时完成整改。

（四）水土保持监理成果

青藏直流工程水土保持监理单位在历时近2年的监理工作中，进行现场监理巡视并记录 720 次、现场安全质量检查 58 次、工程检查验收 10 次，开出监理工作联系单 7 次、监理工程师通知单及回复 35 次、监理部学习记录 10 次，监理工地例会 12 次，监理月报 225 次，监理大事记录 55 次，监理部审查记录 86 次。全面复查后认为，本工程塔基区、施工道路区、施工营地区、牵张场区、材料站共 5 个分部工程水土保持施工质量符合《开发建设项目水土保持设施验收技术规程》和设计要求，单位工程验收合格率 100%，优良率 100%。

五、水土保持监测

（一）水土保持监测机构

总指挥部委托具有水土保持监测资质的黄河水利委员会西峰水土保持科学试验站、青海省水利水电勘测设计研究院分别承担青藏直流工程青海段、西藏段的水土保持监测工作，并分别签订了《青海—西藏 ±400kV 直流输电线路工程（青海境内）水土保持监测合同》、《青海—西藏 ±400kV 直流输电线路工程（西藏境内）水土保持监测合同》。

（二）水土保持监测实施过程

2010 年 7 月，国家电网公司与水土保持监测单位签订了《青藏直流工程水土保持监测技术服务合同》，并立即启动水土保持监测工作。

2010 年 8 月，组织项目组人员熟悉项目资料，进行项目现场调研及监测前期调查、资料整理，制订项目水土保持监测实施方案。按照拟订的监测实施方案，对项目区水土保持防护工程进行全面外业调查，用 GPS 完成对塔基施工区、施工便道等扰动面积的量测，对临时防护措施进行了调查监测，完成资料收集、整理和分析工作。

2010 年 9 月～2011 年 8 月，综合运用各种监测方法进行监测，确定防治责任范围，完成水土流失量计算；对监测数据进行分析、整编，核实了各项水土流失防治措施的落实情况及实施效果，计算完成六项防治指标。水土保持监测单位制订了完善的质量控制体系，对监测工作实行质量负责制。监测工作质量由项目主持人负总责，并在确定的各个监测点明确具体的工作质量负责人，所有监测数据由质量负责人审核把关，监测数据整编后，要经过项目负责人的审核和查验，以保证监测成果的准确性。最终编制完成《青海—西藏 ±400kV 直流联网工程水土保持监测总结报告》。

（三）水土保持监测成果

（1）青藏直流工程主要包括直流线路、接地极线路、换流站工程及相应的水土保持工程。工程于 2010 年 7 月正式开工建设，2011 年 10 月底基本完成工程建设任务。

（2）工程建设期间，实施的各类水土保持措施防治面积为 262.92hm²，其中工程措施面积为 226.92hm²，植物措施防护面积 173.66hm²（包括种草、植树面积）。各项措施量和质量基本达到有关设计和水土保持规范要求。

（3）项目建设区内扰动土地整治率 96.33%，水土流失总治理度 94.51%，土壤流失控制比 0.92，林草植被恢复率达 97.12%，林草覆盖率 39.90%，拦渣率 99% 以上，达到建设项目水土流失防治一级标准的要求。

（4）工程综合采取的水土保持措施，取得了较好的防治效果。

第四节　环境保护验收及成效

一、工程竣工环境保护与水土保持内部验收

在总指挥部高效协调及各参建单位通力合作下，青藏直流工程于 2011 年 12 月 9 日投入试运行，对青藏经济社会的发展产生了积极的影响。在工程建设过程中各施工单位依据工程环境影响报告书、水土保持方案报告书及审批意见的要求，做好施工组织及环境保护管理工作，有效保护了项目区的生态环境，促进经济建设与环境保护的协调发展。

为了全面掌握青藏直流工程环境保护和水土保持工作完成情况，做好下一阶段工程竣工环保验收、水保设施验收及申报国家环保奖等相关准备，国网科技部、国网直流建设部会同总指挥部，邀请环保、水保专家成立检查调研组，于 2011 年 10 月 10 ～ 15 日对青藏直流工程进行了环保、水保内部验收的现场检查调研。

（一）检查调研主要内容

青藏直流工程环保、水保内部验收工作启动后，国网科技部与国网直流建设部制订了工作方案，编写了详细的检查调研提纲，明确了检查重点和工作要求，确定了专家名单和行程安排。重点检查内容包括环境影响报告书和水土保持方案报告书及其批复文件要求在工程中的落实情况，工程环境保护、水土保持措施的执行落实情况，环境监理和水土保持监理情况，直流线路沿线敏感目标避让、临时占地恢复及生态环境保护情况，工程环境保护、水土保持工作组织管理及档案资料管理情况等。

（二）检查调研情况

2011 年 10 月 10 ～ 15 日，检查调研组一行沿途踏勘了青藏直流线路青海段 1、2、3 标段和西藏段 8、9 标段，重点查看了塔基区和临时占地区植被恢复、自然保护区等环境敏感区避让、环保和水保措施落实情况等；在柴达木换流变电站和拉萨换流站，重点查看了事故油池、生活污水处理装置、噪声控制措施及站内外绿化、硬化、垃圾清运等情况，查阅了部分环保、水保文档资料。检查调研组还与青藏工程建设管理单位以及设计、施工、环保和水保监理等单位进行了座谈交流。

（三）内部验收结论

（1）青藏直流工程在设计、施工过程中严格执行了环境保护"三同时"制度，环境保护投入力度大，重视程度高，环境保护措施落实效果明显，现场检查后认为，该工程在对存在问题及建议进行整改和落实后，能够满足环境保护验收条件。

（2）建设单位非常重视水土保持工作，依法编报了水土保持方案，将水土保持措施纳入了主体工程管理体系中，采取了水土保持方案确定的各项防治措施，建成的水土保持设施质量总体基本合格；工程建设中，建设单位优化了施工工艺和施工布局，开展了水土保持监理、监测工作，较好地控制和减少了工程建设中的水土流失，水土流失防治效果明显，达到水土保持设施竣工验收的条件。

（3）内部验收认为，青藏直流工程建设圆满完成了环境保护任务，特别在高原冻土保护、湿地保护、植被保护及恢复、换流站污染防治等方面的经验值得同类工程借鉴。

二、工程环境保护、水土保持验收

（一）工程竣工环境保护验收

1. 环保验收调查过程

根据《中华人民共和国环境保护法》及国家环境保护总局令第13号《建设项目竣工环境保护验收管理办法》等有关规定，按照环境保护设施与主体工程同时设计、同时施工、同时投入使用的"三同时"制度要求，为了查清工程在施工过程中对环境影响报告书和工程设计文件所提出的环境保护措施和要求的落实情况，调查分析工程建设和试运营期间对环境造成的实际影响及可能存在的潜在影响，是否已采取有效的环境保护预防、减缓和补救措施，国家电网公司委托环境保护部环境工程评估中心（简称"评估中心"）进行青藏直流工程竣工环境保护验收调查工作，为工程竣工环境保护验收提供依据。

为了顺利开展本工程竣工环境保护验收调查，2011年9月，评估中心在拉萨组织召开了青海—西藏±400kV直流联网工程竣工环境保护验收调查方案专家技术咨询会。会议期间，组织专家进行工程现场踏勘，听取建设单位对工程情况的汇报，评估中心对验收调查方案进行了汇报，会议最终确定了本工程竣工环境保护验收调查的工作进度、工作方法和工作重点。

2011年10月，评估中心联合兰州大学，对青藏直流工程生态影响情况进行了现场调查。调查内容包括工程在施工过程中的生态影响情况、环评及批复文件提出相关要求的落实情况和施工结束后生态恢复情况等。现场调查中，主要针对塔基施工区及扰动区、牵张场、料场、临时营地、临时施工便道等影响区进行了重点调查；针对自然保护区进行环境影响调查；针对不同海拔高度、不同生态系统类型、不同施工方式进行选点，采取了植被样方、现场记录、对照环评预测结果分析环保措施的有效性，采用视频及拍照等手段进行了调查。

2011年12月，评估中心对工程投运后的电磁环境、声环境、水环境和固体废物影响进行了调查，包括工程影响区内的电磁及声环境敏感点位置、数量，换流站站内电器设备组成、污水处置情况、固体废物处置、厂界外周围环境等。确定了线路工程及换流站工程电磁及声敏感点监测点位，完成了监测方案。

2012年3月，评估中心委托青海省辐射环境管理站、中国电科院电力系统电磁兼容和电磁环境研究与监测中心对工程产生的合成场强、离子流密度、直流磁感应、工频电磁场、无线电干扰、声环境质量进行了现状监测。同时认真听取了地方环保部门和当地群众的意见，开展了工程沿线公众意见调查。在此基础上，评估中心编制了《青海—西藏±400kV直流联网工程竣工环境保护验收调查报告》。

2. 环保验收调查结果

《青海—西藏±400kV直流联网工程竣工环境保护验收调查报告》主要调查结果：

（1）环境保护措施落实情况调查。环境影响报告书、批复文件和设计文件中对工程提出了比较全面的环境保护措施要求，工程实际建设和试运营期环境保护和生态恢复措施已得到落实。

（2）设计、施工期环境影响调查。工程设计单位在考虑工程沿线社会状况和项目可能造成的环境影响的基础上，对各种环境影响提出了相应的防治对策。建设单位针对施工期的各类环境影响采取了相应的防治措施，取得了较好的环境保护成效。

（3）生态环境影响调查。

1）青藏直流工程与青藏铁路和青藏公路相距不远并伴行，工程建设保持了沿线自然保护区的完整性。

2）直流线路杆塔位置与青藏公路和青藏铁路沿线现有动物迁徙通道出口的距离保持在200m以上，充分保证动物迁徙通道的畅通。在动物迁徙高峰期，施工队主动停工，保证野生动物迁徙不受干扰。在自然保护区内施工时，施工单位设立警示牌，限制施工人员和车辆活动范围，以免干扰藏羚羊、黑颈鹤等野生动物的活动。

3）在位于雅鲁藏布江中游河谷黑颈鹤自然保护区内的杆塔上设置鸟刺，防止鸟类在杆塔上停留、筑巢，以免受到电击伤害。

4）工程建设对主要植被类型没有产生明显影响，既没有改变植物群落结构和物种组成，也没有减少各生态系统的生物多样性。但工程建设对植物盖度产生了一定的影响，影响范围有限。

5）施工避开降水集中、热融作用活跃的7、8月份施工，并采用快速开挖基坑的施工方法，保护多年冻土环境。在冬季完成塔基开挖浇筑和主要塔材的运输。塔基开挖面采取隔热措施，选用适合多年冻土区的锥柱基础、灌注桩基础和预制装配式基础，减少对冻土环境的影响。采用热棒技术，保证多年冻土区塔基的稳定。

6）工程在设计和施工过程中严格执行了有关防范和保护措施，没有对沼泽草甸、河流和湖泊等湿地生态系统类型产生影响。在施工过程中对所占用的湿地采取了原湿地植被的切块、植被移植、开挖等措施，使湿地资源得到了有效保护。

7）开展了植被恢复物种的筛选、培育以及植被恢复的示范研究，完成了项目区植被恢复工作，恢复效果良好。

8）通过现场调查，本工程没有引发明显的水土流失和生态环境破坏，工程采取的环境保护措施有效。

（4）电磁环境影响调查。工程沿线敏感点和各换流站厂界各测点的合成场强、直流磁感应强度、离子流密度、工频电场强度、工频磁感应强度和无线电干扰强度均满足验收标准要求。

（5）声环境影响调查。监测结果表明，格尔木换流站站界各测点的昼间噪声值为 39.3 ～ 55.8dB（A），夜间噪声值为 39.0 ～ 46.5dB（A），满足 GB 12348—2008《工业企业厂界环境噪声排放标准》3 类标准要求。格尔木换流站外武警营房共有四层，其中监测的 2、4 层噪声纵断面的监测结果满足 GB 3096—2008《声环境质量标准》1 类标准要求。

拉萨换流站各测点昼间噪声为 29.3 ～ 37.4dB（A），夜间噪声为 29.1 ～ 32.4dB（A），满足 GB 12348—2008 1 类标准要求。武警营房共有 4 层，其中监测的 2、4 层噪声纵断面的监测结果满足 GB 3096—2008 1 类标准要求。

直流线路沿线敏感点的昼间噪声值为 34.6 ～ 37.7dB（A），夜间噪声值为 31.2 ～ 34.6dB（A），满足 GB 3096—2008 1 类标准要求。

（6）水环境影响调查。两个换流站中均安装了地埋式污水处理装置，每日产生的生活污水经地埋式污水处理装置处理后，要求回用于绿化，不外排。

（7）其他环境影响调查。试运营期间换流站产生的生活垃圾经垃圾箱收集后，定期外运，统一处理，不会对周围环境产生影响。

换流站内蓄电池使用寿命为 10 年，待蓄电池到寿命周期时，由蓄电池供应商负责回收电池统一处理。

（8）环境风险。工程在运营过程中可能引发环境风险事故隐患主要为变压器油外泄。从现场调查情况可知，换流站设置了变压器事故集油池，并制定了严格的检修操作规程和风险应急预案。工程自试运营以来，没有发生过环境风险事故。变压器废油由生产厂家回收处理，不外排。

（9）环境管理。国家电网公司设有专职环境保护人员，对工程施工期和运营期的环境保护工作进行全过程的监督和管理，保证环境保护措施的有效实施。

在工程的承包合同中明确环境保护要求，并严格监督承包商执行设计和环境影响评价文件中提出的生态保护和污染防治措施，遵守环境保护方面的法律法规，使环评、设计中环保措施得以实施。

工程选址、可行性研究、环境影响评价、设计文件及其批复和达标投产总结等资料均已成册归档。

（10）公众意见调查。通过对当地环保部门的走访，工程施工期管理比较规范，基本落实了环评及批复要求，工程在施工期和运营期未接到有关对该工程的环保投诉。

对工程沿线公众调查结果表明，工程施工和运营期间严格执行了环境保护措施，群众普遍认为工程建设有利于推动当地经济发展和人民生活水平的提高，对工程环境保护工作满意和基本满意的调查者占总数的95%。

3. 环保验收现场检查及验收会议

2012 年 5 月 14 ～ 16 日，青海—西藏 ±400kV 直流工程竣工环境保护验收会议在青海省格尔木市召开。环保验收现场检查组于 2012 年 5 月 14 ～ 15 日对拉萨换流站、柴达木换流变电站以及直流线路沿线南山口、昆仑山口及五道梁等地进行了现场检查。验收会由环境保护部辐射源安全监管司主持，辐射源安全监管司赵永明副司长、青海省环境保护厅张生杰副厅长出席验收会并讲话。工程沿线青海省、西藏藏族自治区环境保护厅（局），环境保护部辐射源安全监管司、生态司，环境保护部核与辐射安全中心，国家电网公司，环境保护部环境工程评估中心，青海省辐射环境管理站，中国电科院电力系统电磁兼容和电磁环境研究与监测中心以及工程环评、设计、监理单位的领导、专家和代表 40 余人参加了验收会议。

验收会上，青海电力公司代表建设单位汇报了青藏直流工程环境保护工作执行情况，验收调查单位环境保护部环境工程评估中心汇报了工程竣工环境保护验收调查情况，现场检查组汇报了环保验收现场检查情况。验收组专家对工程环保措施的落实以及工程环保成果等进行了讨论，对工程环境保护工作给予了高度评价。

环境保护部赵永明副司长对青藏直流工程建设取得的创新成就表示祝贺，并对公司高度重视工程环境保护，重视生态建设，自觉执行环保法律法规，科学合理优化设计和施工工艺，圆满完成工程环境保护任务给予了充分肯定，认为青藏直流工程为我国重点建设项目环境保护工作积累了宝贵经验。

4. 环保验收结论

验收组认为，国家电网公司高度重视电网建设项目环境保护工作，认真落实环评报告及批复的各项要求，严格执行国家环保方面法律法规，全面落实国家建设项目环保"三同时"管理制度和有关环保的工作要求，特别在青藏直流工程建设中，以建设资源节约、环境友好工程为目标，全面优化环保措施，在节约土地、控制噪声、改善电磁环境、保护生态等各方面都取得了实质性重大突破，全面实现了建设绿色和谐工程的建设目标。工程竣工环保验收现场调查及监测结果显示，各项环保指标均达到并优于工程环境影响报告书以及环保部的批复要求。同意工程通过验收。

（二）工程水土保持设施竣工验收

根据《开发建设项目水土保持设施验收管理办法》，水利部于 2012 年 6 月 1 日在北京市主持召开了青海—西藏 ±400kV 直流联网工程水土保持设施竣工验收会议。参加会议的有水利部长江水利委员会、黄河上中游管理局，国网直流建设部，西藏自治区水利厅、青海省水利厅，海西蒙古族藏族自治州水利局，建设单位国网直流公司、西藏公司、青海公司，评估单位黄河水利委员会黄河水利科学研究院，以及方案编制、设计、监理、监测和施工单位代表共 24 人，会议成立了验收组。

验收会议前，国家电网公司对水土保持设施进行了自查初验，编制了《青海—西藏 ±400kV 直流联网工程水土保持方案实施工作总结报告》和《青海—西藏 ±400kV 直流联网工程水土保持设施竣工验收技术报告》，并向水利部提出了验收申请。黄河水利委员会黄河水利科学研究院对青海—西藏 ±400kV 直流联网工程水土保持设施进行了技术评估，提交了《青海—西藏

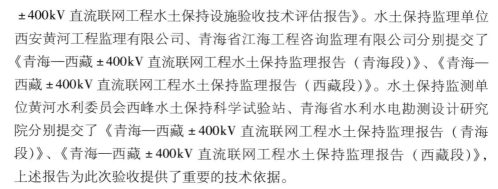

±400kV 直流联网工程水土保持设施验收技术评估报告》。水土保持监理单位西安黄河工程监理有限公司、青海省江海工程咨询监理有限公司分别提交了《青海—西藏 ±400kV 直流联网工程水土保持监理报告（青海段）》、《青海—西藏 ±400kV 直流联网工程水土保持监理报告（西藏段）》。水土保持监测单位黄河水利委员会西峰水土保持科学试验站、青海省水利水电勘测设计研究院分别提交了《青海—西藏 ±400kV 直流联网工程水土保持监理报告（青海段）》、《青海—西藏 ±400kV 直流联网工程水土保持监理报告（西藏段）》，上述报告为此次验收提供了重要的技术依据。

验收组及与会代表观看了工程水土保持设施实施的录像，查阅了技术资料，听取了建设单位关于水土保持工作情况和评估单位关于技术评估情况的汇报以及方案编制、设计、监理、监测、施工单位的补充说明。验收组认为：建设单位依法编报了水土保持方案；采取了水土保持方案确定的各项防治措施，完成了水利部批复的防治任务；建成的水土保持措施设计及布局总体合理，水土保持设施质量总体合格，各项水土流失防治指标基本达到了方案确定的目标值，其中扰动土地整治率达到 98.2%，水土流失总治理度达到 98.0%，拦渣率达到 94.5%，土壤流失控制比达到 0.82，林草植被恢复率达到 97.6%，林草覆盖率达到 53.3%。各项水土保持设施运行正常，发挥了较好的水土保持功能；工程建设期间，建设单位优化了施工工艺，开展了水土保持监理、监测工作，较好地控制和减少了工程建设中的水土流失；运行期间的管理维护责任落实，符合水土保持设施竣工验收的条件，同意该工程水土保持设施通过竣工验收。

同时，验收组建议进一步加强水土保持设施管护，确保其正常运行和发挥效益。

三、主要成效

（一）自然保护区得到有效保护

青藏直流线路路径仅穿越雅鲁藏布江中游河谷黑颈鹤国家级自然保护区试验区 3.59km，没有穿越三江源国家级自然保护区、可可西里国家级自然保护区、色林错黑颈鹤国家级自然保护区及热振国家森林公园等其他保护区。工程建设在经过或穿越保护区时，严格执行国家环保法律法规，保证保护区功能不受破坏，维护保护区功能的整体性。

（二）高寒植被生态系统得到有效保护和恢复

严格控制工程施工用地面积。在施工中，坚持"集中、少占地"原则，最大程度减少施工便道、临时场地、营地的设置数量，有效减少了临时用地面积；严格划定施工人员和施工车辆的行走路线，把工程占地对地表植被的损失减少到最小程度；对线路塔基施工场地、施工便道和施工营地内的地表植被实施隔离保护、移植回铺、洒水养护、人工恢复等措施，在海拔 4300 ～ 4700m 的地带开展高寒植被恢复试验研究，筛选适合当地自然条件的草种进行人工植被恢复，植被生长良好（见图 7 – 13、图 7 – 14）。

图 7 – 13　塔基区草皮回铺　　　　　图 7 – 14　塔基区人工种草

（三）野生动物迁徙通道未受影响

综合利用青藏高原野生动物研究成果以及青藏铁路建设时设置的野生动物通道，不影响野生动物的正常迁徙，实现了人与野生动物的和谐共处。

青藏直流线路工程沿线地区是我国大中型草原野生动物分布最独特的区域，分布着高山山地动物群、高寒草原草甸动物群和沼泽湿地动物群，它们活动范围大、迁徙距离长，随着寒、暖季节的变化在不同地域间迁徙、取食、繁衍、迁徙。青藏直流线路工程路径靠近青藏公路，避免对野生动物栖息觅食场所造成新的分割；施工场地、施工便道避开了野生动物集中分布区，减少对野生动物栖息地及活动场所的干扰和影响。各参建单位加强施工队伍管理，施工过程采取严格有效的管理措施，文明施工，使施工工地井然有序，保证了经常出没施工区的藏羚羊、黄羊不受干扰。工程施工期不仅没有捕杀野生动物现象，而且自觉将受伤的野生动物送到野生动物保护机构进行及时救治。

（四）冻土环境得到有效保护

高原高寒地区冻土环境极其脆弱，一旦破坏，极难恢复。为了有效保护沿线冻土环境，工程施工中确立了"主动降温、冷却地基、保护冻土"的设计思想，在不断探索和实践中实现了对冻土环境分析由静态转变为动态，对冻土保护由被动保温转变为主动降温，冻土治理由单一措施转变为多管齐下、综合施治的"三大转变"。利用本工程冻土试验研究成果，采用热棒技术措施，减少线路塔基区多年冻土的热扰动，为直流输电线路的安全运营奠定了良好基础，有效保护了沿线的冻土环境。

（五）湿地生态功能保持良好

采用隔离保护措施保护沿线湿地环境。湿地内没有设置施工营地，保证地表径流对湿地水资源的补给，防止湿地萎缩，减少对水源涵养功能影响。在施工中设置醒目的区界标牌、围栏，严格控制施工活动范围。对湿地植被采取隔离保护和移植养护回铺措施，恢复植被，使湿地生态系统得到最大程度的保护。

（六）有效保护沿线景观

采取直流线路路径、施工便道、临时场地选址优化措施，避开了景观敏感区；及时做好线路沿线塔基施工场地、施工营地的植被恢复，清除施工痕迹，有效保护沿线自然景观和人文景观，将青藏直流线路与高原景观融为一体。

（七）有效保护沿线江河源水环境

工程施工中，没有在河流、沼泽、湿地附近堆放施工物料，施工场地设置了移动厕所，生活污水、施工机械清洗废水采用静置沉淀处理后尽可能综合利用，不直接排入地表水体，有效保护了工程沿线水环境。

（八）有效防治工程沿线水土流失

严格落实青藏直流工程水土保持方案及其批复意见的要求，开展了水保初步设计和施工图设计。在工程水土流失防治责任范围内，采取工程措施、临时措施和植物措施进行综合防治。水土保持监测结果表明，工程扰动土地治理率、水土流失治理度、土壤流失控制比、拦渣率、植被恢复系数、植被覆盖度均达到或优于水土流失防治目标要求，取得了较好的水土流失防治效果。

第八章　医疗卫生保障

　　柴达木—拉萨 ±400kV 直流输电工程沿线自然条件十分
恶劣，存在低气压、低氧、低温、干燥、风大、强烈光辐射和
自然疫源等众多不利条件，约 800km 的无人区是人类"生命
禁区"。 柴达木—拉萨 ±400kV 直流输电工程建设过程中，
如何保障建设者的身体健康和生命安全，是保证工程顺利建成
的关键。

　　首创建立全线统一的医疗卫生保障体系，投入了技术精湛
的医务人员，购置了精良的装备，发挥了巨大作用。 中国安
能建设总公司成立青藏直流联网工程医疗卫生保障总院，全面
负责青藏直流工程沿线医疗保障工作。 医务人员服从命令，
无私奉献，承担了全线 3 万名建设者的医疗卫生保障任务。

2010 年 4 月～2011 年 11 月，通过建立三级医疗卫生保障体系，科学配置资源，采取防治相结合的方法，共救治急性高原反应 4835 人，急性上呼吸道感染 10 154 人，其他病人 5802 人。 其中，救治高原肺水肿 72 例，高原脑水肿 33 例，感冒、高原反应及高原病的治愈率为 100% 。 确保了高海拔地区医疗保障零高原死亡、零高原伤残、零高原后遗症、零鼠疫传播"四零"目标的实现，创造了世界高海拔医疗保障的伟大奇迹。

中国安能建设总公司的医疗工作者用他们自己独特的方式诠释了新时代军人的核心价值观，为高质量、高标准、高水平建设世界高海拔高原输电精品工程作出了突出贡献。

第一节 医疗卫生保障准备

一、医疗卫生保障的必要性

（一）有利于保证建设者的生命安全

高原病时时刻刻威胁着建设者的生命安全，普通的感冒可能诱发高原脑水肿、高原肺水肿。青藏直流工程沿线道路崎岖、遥远，如果治疗得不到保障，生命健康就可能受到威胁。

青藏高原是鼠疫的疫源地，工程施工期间是鼠疫的易爆发流行年份，其中任何环节、任何个人的错误行为都可能诱发鼠疫的大流行。只有提供良好的医疗卫生保障，才能确保建设者的生命安全。

（二）有利于提高建设者的工作效率

受高原特殊环境的影响，建设者的工作效率仅有平原地区的50%～60%。为确保建设者有充足的体能，医疗保障总院创造性地采用长管道吸氧法使建设者带氧工作，在活动、休息场所提供吸氧装置，随时方便建设者吸氧，从而提高了建设者的工作效率。

（三）有利于保持建设队伍的稳定

为体现"以人为本"的宗旨，构建和谐社会，国家电网公司高瞻远瞩，视建设者生命安全如工程质量一样重要。医疗卫生保障总院对建设者实施全过程、全天候、全体人员的医疗保障工作，在第一时间、第一地点做出第一防治，确保了建设者的生命安全，保证了工程建设者的积极性，体现了国家电网公司的社会责任。

（四）有利于促进工程建设的顺利推进

为保证建设大军上得去，站得稳，干得好，医疗保障总院借鉴青藏铁路建设医疗保障的经验，结合青藏联网工程自身特点拟订三级医疗卫生保障体系建设实施方案，依据工程进度，保障的重点有所变化，科学组织，统筹管理，全盘分析，合理安排，确保了"四零"目标的实现。

二、医疗卫生保障难题

为了把医疗卫生保障工作做得更扎实、更细致，取得第一手高原病防治资料，医疗保障总院先后组织三批人员到青藏直流工程沿线实地考查，组织两批人员前往原青藏铁路参建单位中铁集团的 6 个工程局进行调研、取经。结合青藏直流工程建设特点，通过认真研究，全面深化了青藏直流工程面临的诸多难题。

（一）恶劣自然环境对人体有重大影响

青藏高原空气稀薄、缺氧、低温、低压，会导致肺泡和动脉氧分压也随之降低，引起人体缺氧的发生，易诱发高原反应及高原病，昼夜温差大易诱发感冒的发生，感冒又是诱发高原病的常见因素。大脑对缺氧最敏感，在机体产生一系列的应急反应不能满足大脑耗氧需求时，可引起头痛、头晕、失眠、健忘、反应迟钝，若大脑进一步缺氧，还会导致高原脑水肿的发生，临床最常见的症状是头痛进一步加重，喷射样呕吐、嗜睡和一系列神经精神症状。心肺缺氧可引起心慌、气短、气喘，胃肠道缺氧可引起食欲下降、恶心、呕吐等症状，工作效率仅是内地的 50% ～ 60%。缺氧低温致血流缓慢，易发生冻疮，多风、干燥易造成人体水分大量丢失，发生人体手、足、口唇干裂，流鼻血等症状。高原高寒地区冬季普遍较长，而且有些地方一年有三四个月的时间是大雪封山，对于人体和交通都造成了较大的影响。

由于海拔高、空气稀薄、空气中的洁净度高，直接光和雪的反射光皆强，在高原太阳的辐射强度增加，紫外线的比例也高，对人体皮肤和眼睛造成损害，也引起皮肤色素沉着和日光性皮炎等，甚至可诱发皮肤癌的发生，积雪对光的反射能造成视力的伤害，如导致雪盲等。

其他恶劣的气候因素也会对建设者日常的工作和生活带来很多困难，诸如寒风、暴雪、可饮用水缺乏、水沸点降低、直流线路穿越人类“生命禁区”等。诸如此类，这些恶劣的自然环境对建设者的生理、心理都会造成损害，导致建设者的体力、脑力和劳动能力的大幅下降。

不同海拔高度与大气压、空气氧分压、含氧量、肺泡气氧分压、动脉血氧饱和度的关系见表 8 - 1。

表 8 –1　　　不同海拔高度与大气压、空气氧分压、含氧量、肺泡
气氧分压、动脉血氧饱和度的关系

海拔高度 （m）	大气压 （kPa）	空气氧分压 （kPa）	含氧量 （kg/m³）	肺泡气氧分压 （kPa）	动脉血氧饱和度 （%）
0	101.08	25.15	0.232	13.97	95
1000	90.44	18.62	0.228	11.98	94
2000	79.80	16.66	0.224	9.58	92
3000	70.49	15.41	0.206	8.25	90
4000	61.18	13.03	0.184	6.65	85
5000	53.87	11.31	0.168	5.99	75
6000	47.22	9.84	0.156	5.32	66
7000	41.23	8.65	0.142	4.66	60
8000	35.91	7.45	0.126	3.99	50

（二）沿线医疗资源匮乏

青藏直流工程青海段 613km，只有沱沱河、唐古拉山镇、雁石坪镇设有卫生院，装备短缺落后，医务人员奇缺，技术力量薄弱，无法提供及时、完善的医疗保障。西藏段虽然有林周县医院、当雄县医院、那曲县医院、安多县医院，但仅能提供常见病救治服务，且普遍缺乏高压氧舱、制氧机等大型医疗设备，高原肺水肿、脑水肿的救治力量十分有限。

（三）路途遥远，急救转运时间长

青藏直流工程线路全长 1038km，其中 800km 都是人类"生命禁区"。紧急运送危重病人的时间为 3～5h，沱沱河以远则需 7～10h，若没有充分准备及紧急急救措施预案，仓促下送后果不堪设想，发生高原病死亡病例的概率将大大增高。特别是青海段，社会公共服务机构缺少，生活必需品也要远距离运输，导致沿线施工点食品、新鲜蔬菜、饮用水等供应不足，影响建设者的身体健康。

（四）施工分散医疗网点布局困难

青藏直流工程平均每 450m 建一基铁塔，约有 2361 基铁塔，沿线施工点远远超过铁塔总基数。有的施工地点在原始森林，有的施工地点在崇山峻岭，

有的施工地点在茫茫戈壁，有的施工地点在无人区。青藏高原气候恶劣，而建设者施工环境更加恶劣，缺水、缺电、无信号，施工点高度分散，各种疾病的发病率高，医疗网点的布局难度相当大。

第二节　医疗卫生保障队伍和装备

一、医疗卫生保障队伍的组成与培训

按照《青藏直流联网工程三级医疗保障实施方案》，医疗及保障人员上线总数达 328 人，其中医务人员 230 人（医生 100 人，药剂师、放射、检验、B 超医生各 10 人，护士 90 人）、驾驶员 58 人、电工 10 人、厨师 10 人、管理人员 20 人。医疗保障总院在执行任务前，对全部医务人员进行了高原病、鼠疫防控、高空坠落及电击伤急救等方面知识的培训；对全院人员进行了高原环境和高原病防治知识的培训，并组织编写了《高原疾病防治手册》，做到人手一册，力求人人熟悉和掌握高原疾病的应对措施，人人熟知和掌握高原病的诊治方法和手段。同时，还制订了《高原病防治预案》、《青藏直流联网工程突发公共卫生事件应急预案》、《鼠疫防治预案》，并组织大家进行学习和演练。

二、医疗卫生保障设备的配备

《青藏直流联网工程三级医疗卫生保障实施方案》涉及招标的医疗、运输设备达 10 余种。医疗保障总院接受青藏线医疗设备采购公开招标委托任务后，为保证及时供应、节省时间，经请示国网直流建设部同意，在《中国采购与招标网》发布招标公告，按程序出售标书，严格按照公开招标程序及办法组织实施，并邀请国家电网公司派员现场指导，聘请外部医疗专家评审，司法、纪检部门全程监督，确保所有采购程序阳光操作。

第一批急需的医疗设备——制氧机、高压氧舱、救护车、越野吉普车等，于 2009 年 8 月 18 日开标、评标，并报请国家电网公司审批同意后进行了采购。其中制氧机和高压氧舱各 9 台，救护车 25 辆。第二批医疗设备——B 超机、心电图机、X 光机、呼吸机、检验设备、皮卡车、氧气瓶、野战急救装

备等，招标评标工作于 2010 年 6 月结束。其他小型医疗器材、药品、办公用品等物质的采购工作也于 2010 年 7 月 30 日完成。截至 2010 年 7 月 31 日，全部设备运抵现场并安装调试完毕，具备为建设者提供医疗保障服务的条件。

第三节 医疗卫生保障体系

一、医疗卫生保障目标

总指挥部要求青藏直流工程医疗卫生保障确保实现零高原死亡、零高原伤残、零高原后遗症、零鼠疫传播的"四零"目标。

确保实现"四零"目标是世界高海拔工程建设史的一次首创，是总指挥部尊重知识、尊重人才、尊重劳动的具体行动，是国家电网公司以人为本、人文关怀的具体体现。

为了实现"四零"医疗卫生保障目标，医疗保障总院医务工作者增强工作责任感和使命感，坚持预防与治疗并重，建立完备的三级医疗卫生保障体系，在诊疗过程中做到"五勤"，即眼勤、耳勤、口勤、脑勤、腿勤。视患者如亲人，情同手足，无微不至，保证建设者身体健康、心理健康，使建设者保持足够的体能，为加快工程建设作出积极的贡献。经过艰苦卓绝的努力，确保了医疗保障任务的圆满完成，创造了高海拔工程建设医疗卫生保障的世界奇迹。

据统计，从 2010 年 8 月～2011 年 11 月，医疗保障总院共救治急性高原反应 4835 人，急性上呼吸道感染 10154 人，其他病人 5802 人。其中，救治高原肺水肿 72 例，高原脑水肿 33 例，感冒、高原反应及高原病的治愈率 100%。实现了全线无高原病死亡的建设目标。

国家电网公司高度重视青藏直流工程医疗保障工作，国家电网公司副总经理、党组成员郑宝森多次深入一、二级医疗站检查指导医疗保障工作。2011 年 "八一" 建军节前夕，郑宝森代表国家电网公司向工作在青藏联网工程医疗卫生保障战线上全体医保人员发去感谢信。郑宝森对医疗保障总院取得的成绩给予高度评价，广大医务人员克服高寒缺氧、环境恶劣等困难，奋战在工程建设全线，为 3 万余名工程建设者的生命健康保驾护航，保证了全体参建人员的健康和安全，确保了"四零"目标的实现，是一支"特别能吃苦、特别能忍耐、特别能战斗、特别能奉献、特别能打硬仗"的钢铁队伍。希望全体医疗卫生保障人员持之以恒，再接再厉，以更加昂扬的斗志、更加顽强的作风、更加严密的措施，确保青藏交直流联网工程建设取得全面胜利！

二、三级医疗卫生保障体系的建立

1. 一级医疗站

一级医疗站随沿线各标段的施工队一起建立医疗机构，间距 25 ～ 30km，西藏段 12 个，青海段 18 个，拉萨换流站 1 个，柴达木换流变电站 1 个，共 32 个。一级医疗站配备医务人员 3 名（医生 2 名、护士 1 名），驾驶员 1 名，同时配备必要的医疗诊治及抢救设备。为了满足医疗巡诊的需要，每两个站配备一辆救护车。根据工程沿线的生理环境和地理条件，在海拔最高、缺氧最多、施工条件最恶劣的唐古拉山两侧第 6、7 标段分别设有 4 个医疗站。

具体职责：负责辖区内建设者的常见病、多发病诊断和治疗，在获得伤病员求助信息后，保证伤病员在半小时内能得到救治；负责培训建设者在医务人员未到达现场时，学会对病人作急救初步处置；负责做好高原病的预防、早期诊断、治疗和初期抢救；负责急症、外伤的早期抢救和转送，经常到施工现场巡诊医疗；负责卫生防疫和监护，防止传染病、地方病和自然疫源性疾病的发生、流行及疫区防疫工作；负责建设者的健康教育和适应高原卫生保障知识培训，普及高原病防治常识；负责向建设者每人发一本《高原健康保健须知》，在建设者进站点后，按标准足量发放高原营养保健药品，如红景天、多种维生素、复方丹参片或丹参滴丸等。

2. 二级卫生所

二级医疗站随沿线施工项目部一起建立医疗机构。每 100km 左右设一个卫生所作为二级医疗站，共 10 所。1 标段设在纳赤台，2 标段设在西大滩，3 标段设在五道梁，4 标段设在沱沱河，5 标段设在雁石坪，6 标段设在唐古拉山，7 标段设在安多，8 标段设在那曲，9 标段设在当雄，10 标段设在林周。

每个卫生所配备人员 16 人，其中医务人员 10 人（医生 3 人，护士 3 人，药剂、放射、检验、B 超各 1 人），厨师、电工、勤杂工各 1 人，驾驶员 3 人。同时配备必要的医疗诊治及抢救设备，配备 5 ～ 8 张病床，每个卫生所配 1 辆救护车、1 辆生活用车，每两个卫生所配 1 辆随车起重机，根据需要协调使用。全线配高压氧舱、制氧机 9 套，移动氧舱 4 台，便携式空气舱 10 台，高档救护车 4 辆。

具体职责：负责所在标段内伤病人员的诊治、抢救和医疗后送，保证伤病员能在 2h 内得到有效救治；负责管辖范围内建设者的健康监护，重要工地及驻地附近工地巡诊治疗；负责做好在危险性较大的施工中的紧急救护准备，完成对一级医疗机构进行业务指导和技术支援等任务；负责健康教育和适应高原环境卫生保障知识培训，建立和管理建设者的医疗健康档案；负责驻地 30km 范围内的一级医疗卫生保障。

3. 三级医院

三级医疗站由西藏军区总医院和解放军 22 医院分别承担西藏侧、青海侧的医疗救治工作，依托地方先进的医疗设备及技术力量，开辟绿色通道，尽全力救治危重伤病员。

具体职责：负责日常转院伤病员急诊、住院治疗任务；负责接纳一、二级医疗站的转院、重症病员救护；负责对一、二级医疗站进行业务指导和技术支援、会诊等任务；负责建立绿色急救通道，简化入院流程，确保病员得到有效及时救治。必要时参与重要工地的现场医疗救护服务，在特殊情况下，采取应急措施。

4. 医疗保障总院

医疗保障总院设在西藏那曲，在青海格尔木和西藏拉萨设办事处。总院配院长、政委各 1 名，设立医务科、物质装备科、财务科、办公室等。配备 2 辆指挥车，在青藏直流工程沿线增加工作机动性。格尔木和拉萨办事处为全线的医疗保障工作人员提供便利服务。

具体职责：负责全线医疗卫生保障系统的领导、协调、指导和督促检查；负责落实《青藏直流联网工程三级医疗卫生保障实施方案》；负责特殊和应急情况下的医疗卫生保障工作的组织实施。

三、习服基地的设置

高原会对人的生理机能产生直接影响，为保证有效的身体体能和劳动能力，进入高原的建设者必须接受高原适应性调整。根据《青藏直流联网工程三级医疗卫生保障实施方案》，总指挥部在西藏拉萨市（海拔3650m）和青海格尔木市（海拔2800m）设置了2个习服基地，为参加青藏直流工程的所有建设者提供高原适应性休养。

具体职责：负责进入高原建设者的健康体检，把好上线人员的上线关；负责习服期间建设者的高原知识培训；负责习服期间建设者的施工技能培训；负责上线建设者的健康档案管理等。

第四节　医疗卫生保障工作

一、　整体保障

建立三级医疗卫生保障体系，为建设者的生命安全、身体健康、心理卫生提供保障，是全体医务人员义不容辞的责任和义务。参加医疗卫生保障的328名医务工作者奋战在青藏高原上，历经500个昼夜，写下了不朽的篇章。

医疗保障总院全编制全员保障青藏直流工程的建设者，在高原地区建立统一的三级医疗卫生保障体系属国内首创。医疗保障总院集中智慧在理论创新上下工夫，进行了高原地区大规模医疗保障研究和高原地区三级医疗卫生保障体系的课题研究，在保障工作中做到人员、物质、装备统筹安排，优化组合，保障各级医疗站健全医疗卫生保障能力，在医疗保障中发挥重要作用。

在高海拔高原病防治方面，经过及时总结治疗病理过程，分析高原病病理机理，"特高海拔地区高原脑水肿的临床救治研究"、"高原地区施工现场高压氧治疗高原肺水肿的压力研究"取得成果，为做好医疗保障工作起到了积极的指导作用。

二、　极端天气保障

2010年11月15日，总指挥部统一部署，唐古拉山沼泽地冻土基础施工攻坚战全面展开，医疗保障总院及时制订医疗卫生和后勤生活保障方案，采取"靠前指挥，关口前移，一对一保障"。在海拔5000m以上、气温

−45℃、含氧量仅为平原地区 45% 的自然条件下，医疗保障总院从工程沿线 10 个卫生所、32 个医疗站抽调医疗骨干 63 名组成突击队，汇集全功能医疗仪器 30 台和车辆 13 部，迅速奔赴攻坚战现场，不论狂风肆虐、暴雪沉压，全天候组织医疗保障工作，经过全体建设者共同努力，圆满完成了极端气候、攻坚战役的医疗保障工作。

三、 重点保障

高原病防治一直是医疗卫生保障的重中之重，始终贯穿于工程建设的全程，建设大军集中上线，高原病的防治任务十分繁重。急性轻型高原病，通过科学防治，科学指导，减轻患者高原病反应症状，保障建设者在高原从事建设工作。急性高原肺水肿、急性高原脑水肿甚至急性高原肺水肿合并高原脑水肿都有较高的死亡率，通过科学施救、有效施救，实现了零高原病死亡、零高原病后遗症的目标。

鼠疫防控在气候转暖和工程建设的特定时期是保障的重点，每年的 5～8 月为鼠疫的高发时期。2010 年青海、西藏两地就出现了鼠疫小范围的传播，在全线 1038km 的战线上，预防鼠疫零传播的压力相当大，经过严格管控，有效预防，实现了零鼠疫传播的目标。

针对高空作业，为预防高空作业坠落采取了有效措施：一是连续高空作业时间不宜超过 1h，感觉有疲劳或不适时随时下塔休息；二是高空作业时必须吸氧，供氧方式包括背负便携式小氧气瓶或管道供氧或短时间下塔休息吸氧；三是高空作业期间，保证每天睡眠时间不少于 8h，饮食上要求高营养高热量；四是高空操作人员年龄必须在 25～40 岁，技术熟练，责任心强。

四、 高原病治疗

医疗保障总院在青藏直流工程建设期间，共接诊和治疗了 105 例急性高原病，其中 33 例为急性高原脑水肿，72 例为急性高原肺水肿，未出现一例死亡病例。

（1）33 例急性高原脑水肿的治愈过程。高原脑水肿是急性高原病的一种比较凶险的类型，起病急、进展快，临床表现为以意识丧失为主的严重脑功能障碍，死亡率较高。病理学基础是脑血流增加，颅内压升高，脑血管通透

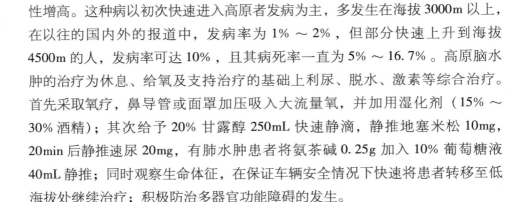

性增高。这种病以初次快速进入高原者发病为主，多发生在海拔 3000m 以上，在以往的国内外的报道中，发病率为 1%～2%，但部分快速上升到海拔 4500m 的人，发病率可达 10%，且其病死率一直为 5%～16.7%。高原脑水肿的治疗为休息、给氧及支持治疗的基础上利尿、脱水、激素等综合治疗。首先采取氧疗，鼻导管或面罩加压吸入大流量氧，并加用湿化剂（15%～30% 酒精）；其次给予 20% 甘露醇 250mL 快速静滴，静推地塞米松 10mg，20min 后静推速尿 20mg，有肺水肿患者将氨茶碱 0.25g 加入 10% 葡萄糖液 40mL 静推；同时观察生命体征，在保证车辆安全情况下快速将患者转移至低海拔处继续治疗；积极防治多器官功能障碍的发生。

（2）72 例急性高原肺水肿的治愈过程。高原肺水肿应早发现、早诊断、早治疗，现场抢救，及时向低海拔地区转送，否则将引起高原脑水肿甚至死亡。在一般性治疗如卧床休息、给氧及支持治疗的基础上采取扩张血管、降低肺动脉高压、利尿、脱水等综合治疗。采取的治疗方案分三步：第一步，采取多途径氧疗。鼻导管或面罩加压吸入大流量氧，并加用湿化剂（15%～30% 酒精）；呼吸机正压通气给氧治疗；高压氧舱治疗。第二步，氨茶碱 0.25g 加入 10% 葡萄糖液 40mL 静推，并同时给予地塞米松 10mg，速尿 20mg，静推1～2次/天，出现脑水肿时给予 20% 甘露醇 250mL，快速静滴 1～3 次/天。第三步，积极防治多器官功能障碍的发生。

2010 年 8 月 9 日 7 时 30 分，林周卫生所所长许峰接到救援电话，海拔 4300m 的当雄工地有一个刚上线的农民工兄弟不能讲话、大小便失禁、处于昏死状态已超过 1h 了。许峰立即命令一级站医生到位抢救，给予吸氧、脱水、激素、抗炎等抢救措施，同时派出救护车亲赴现场。到现场后，病人已出现明显的高原急性脑水肿合并肺水肿的症状，昏迷并紫绀，奄奄一息。许峰同志立即一边指挥抢救，一边开始向低海拔地区转移。到了林周卫生所，患者进入高压氧舱继续治疗，经过逾6h 的紧张救治，农民工兄弟终于睁开眼睛醒来，10 天后痊愈出院。出院时，患者感动地说："是您及全所人员给了我第二次生命，非常感谢你们！"

对于急性高原病应采取早发现、早诊断、早治疗，现场抢救，及时后送的原则，在采取多途径氧疗的基础上，根据病情进行综合治疗，积极防治多器官功能障碍的发生。

五、高压氧舱治疗

高原病多发生在高海拔地区，此类地区交通条件差，往往无法及时后送，高压氧舱的治疗就显得尤其重要。沿青藏直流工程 9 个高海拔医疗卫生所均配有高压氧舱和制氧机，能迅速利用高压氧对高原病患者进行治疗。高压氧舱治疗具体方法：高压氧的附加压为 1.2 ~ 1.4ATA，持续时间 2h，每日 1 ~ 2 次，3 ~ 4 天为一个疗程。进行高压氧治疗时要严格把握其适应征及禁忌症，避免并发症的发生。出舱时，减压速度不宜过快，以防反跳而加重，使治疗失败。

医疗保障总院在工程期间，利用高压氧舱共治疗 1728 人次，都取得了很好的效果。有些重症患者、昏迷患者，经过及时的高压氧舱治疗，病症可即刻得到缓解，为送低海拔地区进一步治疗争取到了宝贵的时间。

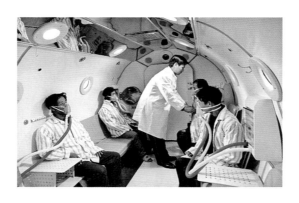

图 8 - 1　高原病患者在高压氧舱治疗

六、心理疏导治疗

高原反应不仅是一种身体的应激反应，更是一种心理的应激反应。高原地区特有的自然条件和地理环境如空气稀薄、低氧、低压、低温、昼夜温差大、太阳辐射强和紫外线照射多，以及文化生活单调、交通落后、信息闭塞等因素，直接影响高原建设者的生活和健康，不仅对他们的生理状况产生很大影响，引发高原反应甚至高原病，而且还可能影响他们的感觉、知觉、记忆、思维、操作、情绪和人格等多方面从而造成心理问题，使其心理功能下降，加重高原反应的发生，从而影响工作效率和生活质量。

医疗卫生保障

373

医疗保障总院从一开始就注重心理治疗，医务人员通过开展教育活动，进行心理疏导治疗，帮助新上线的建设者克服恐惧心理、焦虑心理。同时还设置心理治疗室，公布心理咨询电话，和他们谈心，并在生活、工作、学习中共同应对高原带来的困难。经过时间的推移，许多人成了很好的朋友，他们不仅从容度过了那段艰苦的岁月，而且还说"我们找到了一辈子的朋友"。

七、护理工作

护理是治疗疾病的好帮手。俗话说"三分治疗、七分护理"，没有正确、良好的护理，完成医疗保障目标是难以想象的。医疗保障总院有 40 多名女性护理工作者，也像男同志一样坚守在雪域高原第一线，为工程建设默默奉献，支撑起雪域高原医疗保障的那片蓝天。

图 8 – 2　医护人员和建设者在工地上

1. 做好预防和卫生宣教

在传染病预防方面要求全体建设者保持良好的心态；进高原前，防寒保暖，免患感冒；进高原后，前两天避免剧烈活动及重体力劳动。阶梯适应，在高原时参加习服适应；在平原地区坚持体育锻炼；准备必要的抗高原反应药品，帮助了解药物的预防作用。及时发放《高原防病手册》、《高原卫生防护须知挂图》、《高原防病手册》等资料，利用工休时间对建设者进行有关高原病预防的健康知识普及。

2. 及时组织人员吸氧

缺氧是高原病最突出的表现，纠正缺氧，减少并发症是护理的关键。经临床观察，采用面罩给氧，氧流量最好是 2～3L/min，可迅速提高血氧含量，改善缺氧症状。对于缺氧相对较轻、身体能代偿的患者，最好不要吸纯氧，避免形成氧依赖，延长适应高原反应的时间。对于头昏、头痛症状较重的病人，宜卧床休息，抬高头部，以减轻头部的血管扩张，缓解头痛，必要时遵医嘱服用止痛剂。

工程建设期间在拉萨换流站现场、高海拔组塔架线现场设有"氧吧"或吸氧室，通过吸氧使人体血氧饱和度得到提高，使建设者机体调节得到一定恢复，在工程建设中保持足够的体能。

3. 严密观察病情

护理中时刻注意观察患者神智、瞳孔、呼吸、脉搏、体温、血压的变化及用药后的反应，并认真做好记录。若有病情变化的情况，立即与医生联系，做好治疗抢救的准备。同时加强基础护理预防并发症的发生。病员饮食以高糖、高蛋白、高维生素易消化为主，少吃脂肪，多饮水，使体内保持充分的水分，注意饮食卫生，防止肠道感染。

第五节　卫　生　防　疫

一、积极开展传染病防控

青藏高原自然疫源性疫情高发，鼠疫、狂犬病等常有发生，尤其鼠疫更为突出，发病快、传染性强、致死率高，为人类烈性传染病。传染病防治工作的重点是保障全线建设者的生命安全和身体健康，认真贯彻执行《传染病防治法》、《突发公共卫生事件应急条例》等法律法规，加强传染病报告与管理，在全线医保人员的共同努力下，高原医疗保障工作的传染病预防取得了重大成效。

（一）加强传染病防治培训和宣传教育

为提高全线医务人员传染病防治的业务水平，医疗保障总院派出专业人员深入各个医疗站进行传染病防治法的学习和传染病防治知识的培训，增强全体医务人员防治传染病的法制观念，提高他们的业务素质，增强防病意识，提高全线传染病管理工作质量。通过发放《传染病防治手册》等书面宣传材料，派出专业人员对建设者进行现场宣传，提高了建设者对传染病的防控知识，重点增强了建设者对鼠疫的认识和防控意识。

（二）加强周边环境卫生消毒和除"四害"工作

派出专业人员每周使用 84 消毒液对建设者居住环境进行喷雾消毒，监督并指导食堂的消毒和环境卫生工作。通过给每个建设队伍发放"灭害灵"以消灭蚊、蝇、蟑螂等害虫。对于灭鼠工作，派出专业人员对建设者居住环境周围进行高原科学灭鼠。派出专业人员对建设者的饮用水源进行水质检测，使建设者吃上放心达标的饮用水，对于水源不合格地区，督导施工项目部购买或转运合格的饮用水使用。

（三）建立完整的传染病疫情报告制度

为进一步加强传染病疫情报告管理，为疾病预防控制提供及时、准确的检测信息，依据《中华人民共和国传染病防治法》等相关法律法规和规章，结合青藏直流工程建设实际，制定了传染病疫情报告制度。

（1）医疗保障总院为法定传染病责任报告单位，执行职务的医务人员均为责任报告人，并安排专人从事疫情报告工作。

（2）医疗保障总院负责所辖区段传染病疫情的收集、审核、上报等工作，并定期进行疫情资料分析。在巡诊，诊疗过程中发现传染病、疑似传染病，由首诊医生或其他执行职务的人员，按要求规范填写传染病报告卡，并及时通知医疗保障总院疫情报告人。

（3）责任报告人发现甲类传染病和乙类传染病中的肺炭疽、传染性非典型肺炎、脊髓灰质炎、高致病性禽流感的病人、疑似病人或病原携带者时，应于 2h 内以最快的方式向当地县级疾病预防控制机构报告，发现其他传染病和不明原因疾病爆发时，也应及时报告。

（4）加强技术培训，大力提高全线医疗人员的整体素质，围绕传染病防治工作和提高应对突发公共卫生事件的能力要求，切实解决传染病防治工作中遇到的关键和疑难问题。对全线医疗人员进行有计划、有针对性和实效性的系统培训和业务指导，不断提高应急能力和救治水平。

二、重点开展鼠疫防控

鼠疫是由鼠疫杆菌引起的自然疫源性烈性传染病，也叫黑死病。临床主要表现为高热、淋巴结肿痛、出血倾向、肺部特殊炎症等，在《中华人民共和国传染病防治法》中列为甲类传染病。

（一）鼠疫发病原理

鼠疫为典型的自然疫源性疾病，在人群间传播前，一般先在鼠间传播。鼠间鼠疫传染源有野鼠、地鼠、狐、狼、猫、豹等，其中黄鼠和旱獭鼠为最重要传染源。家鼠中的黄胸鼠、褐家鼠和黑家鼠是人间鼠疫的重要传染源。若每公顷地区发现 $1 \sim 1.5$ 只以上的鼠疫死鼠，而该地区又有居民点，则此地爆发人群间鼠疫的危险极高。各型患者均可成为传染源：因肺鼠疫可通过飞沫传播，故鼠疫传染源以肺型鼠疫最为重要；败血型鼠疫早期的血有传染性；腺鼠疫仅在脓肿破溃后或被蚤吸血时才起传染源作用。三种鼠疫类型可相互发展为对方型。

动物和人之间鼠疫的传播主要以鼠蚤为媒介。当鼠蚤吸取含病菌的鼠血后，细菌在蚤胃大量繁殖，形成菌栓堵塞前胃，当蚤再吸入血时，病菌随吸进之血反吐，注入动物或人体内。蚤粪也含有鼠疫杆菌，可因搔痒进入皮内。此种"鼠—蚤—人"的传播方式是鼠疫的主要传播方式。少数可因直接接触病人的痰液、脓液或病兽的皮、血、肉经破损皮肤或黏膜受染。肺鼠疫患者可借飞沫传播，造成人间肺鼠疫大流行。人群对鼠疫普遍易感，无性别年龄差别，病后可获持久免疫力，预防接种可获一定免疫力。世界各地存在许多自然疫源地，野鼠鼠疫长期持续存在。人群间鼠疫多由野鼠传至家鼠，由家鼠传染至人引起，偶因狩猎（捕捉旱獭）、考察、施工、军事活动进入疫区而被感染。鼠疫多由疫区交通工具向外传播，形成外源性鼠疫，引起流行、大流行。

（二）鼠疫防控措施

鼠疫是由鼠疫杆菌引起的一种发病急，病程短，传染性强，死亡率高的烈性自然疫源性传染病，在法定传染病中定为甲类传染病。青藏高原是鼠疫疾病高发区，格尔木到拉萨都是疫情区。鼠疫疫源地分布广、面积大，动物间鼠疫流行持续时间长、强度大，染疫动物、媒介昆虫种类多，防治任务重、难度大。制定完善的防控体系：一是建立组织机构，2010 年 8 月成立了由总指挥部、参建单位、医疗保障总院等单位组成的鼠疫防控领导小组。认真贯彻有关鼠疫防治的方针政策和有关规定，负责指挥、组织协调和部署鼠疫的防治工作，组织学习鼠疫科普知识的宣传培训，组织和指导鼠疫病人现场救治及消毒，疫区的消毒等。二是建立鼠疫疫情报告制度，医护人员在巡诊或诊疗过程中发现疑似病人，向鼠疫防控领导小组报告，同时应当在 2h 内以电话或传真等方式向格尔木市疾病控制中心或拉萨市疾病控制中心报告。

加强鼠疫预防措施。采用多种方式对建设者进行宣传教育，发放藏汉双语鼠疫的防控知识宣传材料，并在建设者居住地张贴鼠疫宣传画报等。派出专业医务人员在每一个施工地点采取通俗易懂的语言，向每一个施工人员详细介绍鼠疫的防控知识，做到人人皆知，进一步提高建设者对鼠疫的正确认识，达到人人防控鼠疫的效果。各卫生所设置防鼠疫药品专柜（新诺明、链霉素、庆大霉素、四环素）确定专职鼠疫防控人员。在建设者居住区周围设立防鼠网、防鼠沟，禁止扑杀旱獭、老鼠及野生动物，发现不明原因死亡的动物尸体及时报告。野外施工时，注意不在旱獭鼠洞附近坐卧休息，在居住区选定后，进行彻底的灭鼠（獭）处理，并根据周围环境的具体情况，采取隔离网等有效的隔离防鼠措施，灭鼠药物由专业人员统一采购、统一保管，统一在生活区外半径 50m 内保护性灭鼠，为防止牧区牛、羊误食。灭鼠药必须填入鼠洞内并堵塞洞口，投放药物第二天检查，如发现有死鼠（獭），将其深埋处理。经常邀请拉萨市、格尔木市疾病预防控制中心鼠防队专家到现场指导鼠疫防治工作，检查存在的问题并及时改正。

三、加强健康保健教育

为了加大各卫生所对全线建设者的医疗卫生保障工作的力度，注重"预防为主，保健先行"，采取医疗保健和自我保健相结合的方式，提高建设者的健康保健意识和自我保健能力。各卫生所和一级医疗站在做好日常保障工作的同时，对所辖的施工项目部及建设者开展"健康教育课堂"活动，传授高原保健知识和生活保健知识，提高建设者的劳动能力和工作效率，保证工程建设任务顺利完成。

（一）健康教育活动

根据各个施工项目部及施工现场的具体情况，每个二级医疗站对所辖施工项目部建设者每月至少安排一次健康教育。一级医疗站的医务人员每周一次对现场建设者进行集中授课（休息时进行，时间约30min）。每次健康教育讲座前都有备课，有讲课记录，有施工项目部负责人和建设者负责人签字。各卫生所提前安排下个月的健康教育课计划及内容，月底前报医疗保障总院备案。

（二）健康教育内容

健康教育的内容通俗易懂，贴近生活及施工建设。向建设者详细介绍青藏高原的地理环境、自然环境、气候特点、高原环境对人体的不良影响等，重点以生活保健为主，如建设者的饮食营养及个人和环境卫生，高原的劳动防护，高原健康保健，高原反应的应对及自我调节，高原的饮食注意事项，高原病的预防知识，上呼吸道感染、胃炎、腹泻等常见病、多发病的预防，高原鼠疫等传染病的临床症状和预防等。向建设者讲解突发事件的应急处理，对于高空作业者，向他们详细介绍高原高空作业的注意事项以及安全知识，切实将安全健康教育落到实处。

第六节　习服基地的建立与管理

一、习服基地建设及功能

高原习服是指居住在高原缺氧环境中一段时间后，对缺氧能产生一定的适应，缺氧初期的症状可明显减轻。习服基地要具备满足习服人员住宿、餐饮、高原病预防知识培训和体检功能要求，以达到习服人员在基地适应、调整、休养、健康上线施工的目的。习服基地基本功能有：满足在基地设施允许范围内所有习服人员习服期间的住宿、饮食需要；满足在基地设施允许范围内所有习服人员在下山轮转休养期间的住宿、饮食需要；在基地内对习服人员进行相关医疗保健、卫生防疫、高原病预防、民俗民风等知识的培训和考试；对习服人员进行保健体检并建立习服人员健康档案。

青藏直流工程共设立两处习服基地，分别为海拔 3650m 的西藏拉萨习服基地和海拔 2800m 的青海格尔木习服基地。本着合理安排、减少费用的原则，综合考虑习服人员高峰期、平稳期和临时人数变化情况，统筹安排解决各参建单位习服人员习服需要。采用的办法主要是在靠近交通便利的地段就近选择可以同时满足习服人员住宿、餐饮等基本需要的宾馆，安排工程参建单位工作人员直接入住习服。

格尔木习服基地于 2008 年 7 月开始筹备建设，由金地宾馆和格尔木大厦两部分构成，可同时容纳 890 人入驻习服。拉萨习服基地于 2008 年 8 月开始筹备建设，由西藏电业局电力宾馆和西藏电建商务酒店两部分构成，可同时容纳 300 人入驻习服。格尔木和拉萨习服基地都具备了满足工程习服人员习服住宿的基本需要。

二、高原准入习服流程

各参建单位在每年开工前要在原单位所在地对建设者身体健康情况进行初检，初检合格后入驻习服基地进行为期一周的习服。习服期间，基地免费安排进行高原病、鼠疫防治、民俗民风知识培训，进行高原施工技能培训和考试。免费进行体检复检，条件合格后批准参加工程建设；体检不合格的不能参加工程建设。对工程轮流调养中要重新上线施工的建设者，要安排工中体检，工中体检合格人员，轮流调养期满后可继续参加工程建设；体检不合格的，不能参加工程建设。工程竣工后，基地免费安排建设者进行工后体检，对于体检不合格人员安排内地休养治疗恢复。

三、习服基地运行管理

格尔木、拉萨习服基地坚持"预防为主、防治结合、重在预防"的原则，落实"三全"（全员、全过程、全覆盖）、"三不"（不体检不上线、不习服不上线、不培训不上线）、"三结合"（一级医疗点与施工队、二级卫生所与施工项目部、三级医疗体系与习服基地相结合）要求，切实做好医疗保障工作。两处习服基地成立了组织机构，编制了服务手册、管理制度、实施方案、培训教材等。基地设有办公室，分客房部和服务部，负责基地工作的日常运行管理。基地为习服人员设有医务室、吸氧室、洗衣间、公共互联网室等公共服务设施。三级医疗体系向基地医务室派 2 名坐诊医生，对习服人员进行保健性医疗、高原保护知识培训，同时对习服人员进行鼠疫防治知识、民俗民风知识培训及随诊服务。习服基地高度重视自身建设，落实基地各项建设任务，加强管理努力提升基地服务质量，细化工作职责提高员工业务能力和服务水平，开展工作自查，加强费用管理与控制，做好健康档案管理，全面做好习服建设者医疗保障工作。截至 2011 年 11 月 15 日，习服基地已成功接待工程各类习服人员 36 255 人，体检合格 30 092 人，淘汰率 17%，认真履行了习服基地各项职责，为青藏直流工程的医疗保障服务工作作出了成绩。

第七节　后勤生活保障

一、后勤生活保障体系的建立

青藏直流工程穿越人类"生命禁区"，不仅生理环境、施工条件面临挑战，而且沿线生活条件也异常困难。食品、饮用水、新鲜蔬菜、供暖等生活物资都需要特殊处理方能满足建设者基本的生活需要。2010 年 6 月，国家电网公司审定了《青海格尔木—西藏拉萨 ±400kV 直流联网工程生活保障体系》。按照后勤生活保障体系建设要求，总指挥部及拉萨工作组成立医疗卫生与后勤生活保障部，在做好医疗卫生保障工作的同时，重视做好青藏直流工程建设者的后勤生活保障工作。总指挥部委托青海、西藏公司生活后勤服务单位承担总指挥部后勤服务工作及工程沿线各标段的应急生活保障工作。

青海、西藏公司专门成立了组织机构，组建了集采购、储备、质量检验、运输、配送为一体的专业化生活保障项目部门，常驻格尔木、拉萨，与总指挥部、拉萨工作组和沿线各标段签订"生活保障服务协议"，为其提供后勤服务。两单位建立一系列规章制度，针对食品、饮用水、新鲜蔬菜、供暖等困难制订生活保障应急预案，为工程顺利建设提供了良好的物资后勤保障。

二、后勤生活保障实施

开工前，青海、西藏公司后勤服务单位派员对青藏沿线道路、交通、气

医疗卫生保障

候、地理环境、各施工点的分布等情况进行了考察，初步掌握了工程沿线的基本情况。与施工单位进行沟通，了解施工单位的需求，并考察格尔木、西宁、拉萨市生活物资供应市场的行情。根据施工现场物资需求情况，积极开展市场调查，对西宁、格尔木和拉萨市市场进行米、面、油、蔬菜、饮用水等生活物资的考察、询价工作，与供应商建立供货链，确保施工单位采购到质优价低的物资，降低施工单位分散采购的成本。

在工程建设期间，每逢"五一"国际劳动节、中秋节、"十一"国庆节等法定节假日，青海、西藏公司都会组织车队满载慰问物资、施工现场急需物资运送到青藏直流工程沿线施工队，将青海、西藏两省区人民政府，国家电网公司，总指挥部的深情厚谊传达给奋战在青藏直流工程第一线的建设者，关爱体恤，鼓舞士气。2010年11月，西藏安多县第7标段组织冻土基础施工37基攻坚战，西藏电力物业公司克服重重困难，坚持"兵马未动，粮草先行"的理念，为施工一线准备了充足的后勤保障物资，保证了冻土基础施工37基攻坚战的胜利完成。

为做好生活保障、应急保障、生活垃圾清运等工作，生活后勤服务部门配备了保鲜车、箱式货车、垃圾清运车、运水车、野战炊事车等作为生活后勤保障系统运转车辆。特别是在应急的情况下，想施工现场之所想，急施工现场之所急，认真落实应急预案，随时为工程施工单位提供生活保障服务，为突发事件做好后勤应急保障服务。

工程开工后由物业服务单位定期给各施工项目部运送物资，服务人员强忍着高原反应和身体的严重不适，将装有新鲜蔬菜、水果的特制专用保鲜箱送与沿途各施工项目部。两服务单位为青藏直流工程提供生活后勤保障作出了积极贡献。

物质有了保障，精神方面的保障同样至关重要。生活后勤服务部门还在各个标段建起了"高原阳光青年书屋"，极大地丰富了广大建设者的精神文化生活。在整个工程建设施工中，生活后勤服务部门千方百计为建设者家属排忧解难，为员工安心工作创造宽松条件。每个月不少于两次慰问，不但带去物质上的支持，还送去了精神上的安慰，真正体现了后勤保障给力，工程进展顺利。

第九章 投 资 控 制

　　在建设世界最高海拔直流输电精品工程的同时，国家电网公司高度重视工程的技术经济管理及资金管理，在工程管理过程中通过组织开展工程过程结算、合法合规性检查、项目风险管理，强化了技术经济及资金管理，提高了柴达木—拉萨±400kV 直流输电工程建设资金的使用效率与质量。 开展了±400kV 线路工程补充定额研究及 ±400kV 线路工程取费系数研究，以充分反映高原高海拔、高寒、缺氧等阶段自然条件对工程造价的影响。 制订了医疗卫生保障、后勤生活保障、习服基地及环境保护及水土保持等专项费用管理模式，为建设绿色环保工程、建设统一的医疗卫生保障体系和生活后勤保障体系，提供了必要的资金保障。 构建了符合工程特点的财务管理机制，有效防范和控制了财务风险，确保国家有关法规、政策有效贯彻执行。 制定了《外协工工资管理细则》，保障外协工工资发放，建立和谐的工程建设环境。 柴达木—拉萨 ±400kV 直流输电工程在投资管理方面，进行了积极的探索和尝试，在确保工程实现建设目标的前提下，将工程实际投资控制在批复概算范围之内。

第一节　工程投资控制管理方式

一、项目投资

青藏直流工程静态总投资 61.83 亿元，动态总投资 62.53 亿元，项目总投资中 29.40 亿元为中央预算内投资，其余 33.13 亿元由国家电网公司自筹完成。青藏直流工程投资分布见表 9－1。

表 9－1　　　　　　　　　青藏直流工程投资分布　　　　　　　　　万元

序号	项目名称		静态总投资	动态总投资
1	换流站项目	柴达木换流变电站	131 056	133 233
		拉萨换流站	134 810	137 037
2	接地极极址及线路项目	柴达木换流变电站接地极极址	3094	3122
		柴达木换流变电站接地极线路	1425	1438
		拉萨站接地极极址	4153	4191
		拉萨站接地极线路	1035	1044
3	直流输电线路项目		257 867	260 215
4	系统二次工程		14 083	14 220
5	其他专项费用		70 771	70 780
	合　计		618 294	625 280

二、投资控制管理机构设置及职责

青藏直流工程建设按照"统一规划设计、统一技术标准、统一建设管理、统一招标采购、统一资金管理、统一调试验收"的原则，采取"国家电网公司统筹组织，省（市、自治区）公司属地化管理与直属公司专业化指导相结合"的管理模式。

根据国家电网公司基建标准化体系建设规定，项目建设管理由国网直流建设部、建设管理单位、业主项目部三级管理体系组成。由于青藏直流工程地处高原，自然环境恶劣，加之沿线社会经济发展基础薄弱，如仍采取常规直流的多层次工程建设管理方式，在管理效力的延伸、重大事项的及时处理等方面，会带来不同程度的影响。国家电网公司与青海、西藏两省区政府沟通协调，成立青藏交直流联网工程建设总指挥部，及时、高效解决影响工程建设的重大问题。

总指挥部按照"靠前指挥、关口前移、扁平高效、高效精干"的原则，代表国家电网公司各职能部门行使职能，全面负责工程建设组织管理和现场指挥协调。总指挥部设立计划财务部，负责协调管理计划、技经、财务工作。

国网直流建设部作为国家电网公司项目管理部门，负责项目建设全过程的统筹组织和协调、确定工程建设标准和设备选型标准、进行招投标管理及限价确定等工作。同时负责依据初步设计概算组织编制执行概算，并下达各建设管理单位，作为对工程造价管理考核的主要依据。总指挥部与国网直流建设部共同负责工程结算的审核和批复工作，负责工程结算中重大问题的协调。

国网基建部负责工程初步设计批复，组织对初设方案、概算项目的组成与计价原则进行审核。

建设管理单位负责项目建设现场组织与管理，负责现场各项一般性变更费用的审核；负责提出重大变更性费用预审并报总指挥部与国网建设部批准；负责执行概算的实施，按照执行概算控制工程资金使用。

国网物资部负责对其签订的设备材料等合同进行结算，并在工程竣工投产前将合同结算情况提交相关建设管理单位编制预结算报告，同时抄送国网直流建设部。

国网发策部、财务资产部、科技部、生产技术部、信息通信部、物资部（招投标管理中心）、国调中心等部门按职责分工承担前期、计划、资金、科研、生产运行、招标采购、调度等工作的归口管理。

国网财务资产部负责组织竣工决算审计和批复工作，并根据审计后的竣工决算报告办理资产入账手续。相关部门和单位予以配合。

第二节　工程造价控制

一、工程造价控制目标

以合理控制工程造价为核心，规范重大设计变更、重大技术方案的过程管理，抓住关键环节，确保工程进度、质量、安全总体目标的实现，充分反映青藏高原高海拔、高寒、缺氧等极端自然条件对工程造价的影响，确保结算能够真实反映施工单位的施工成本，使竣工结算和决算控制在批准概算以内。

二、技经专业管理模式

青藏直流工程沿线大部分地区处于低气压、缺氧、严寒、大风、强辐射和鼠疫疫源等区域，含氧量只有平原地区的45%左右，每年有效施工工期仅有5～6个月，建设者高原反应严重，人工降效、机械降效严重，幅度近50%，非生产性减员超过25%。工程穿越高寒荒漠、高原草甸、沼泽湿地、高寒灌丛等不同生态系统。针对高原特点，建立了适合高原的技经管理模式。

（1）在工程施行执行概算管理。在青藏直流工程开工建设前夕，由国网直流建设部牵头组织编制了工程执行概算，执行概算明确了各单位造价控制的内容及目标。在工程建设过程中，建设管理单位根据执行概算编制年度投资及资金计划，分析价格水平的指导招标工作，开展工程资金申请和支付，开展生产准备费的委托及工程保险费、建设期贷款利息、勘察设计费、前期工作费、研究试验费等费用的委托。在青藏直流工程造价管理中，执行概算对进一步加强工程造价过程管控、降低投资风险、规范建设资金使用、提高投资效益起到了至关重要的作用。

（2）采取分阶段结算与竣工总体结算相结合方式。为加快结算进度工程，工程开工伊始即通过招标确定了结算审核单位，对场平、地基处理、换流站桩基、医疗卫生保障（含习服基地）及生活保障费用阶段结算等工作，及时协调解决因特殊地理环境、特殊气候环境所造成的各类特殊费用，使结算能够充分反映青藏高原高海拔、高寒、缺氧等极端自然条件对工程造价的影响，从而有效促进了工程的质量、进度管理。

（3）技术经济专业与财务专业紧密结合、有效衔接。针对医疗卫生保障（含习服基地）及生活保障等费用性项目的结算，财务专业和技经专业共同开展工作，在工程实施之前，根据经过审批的医疗卫生保障（含习服基地）及生活保障实施方案，制订了费用性项目结算管理实施细则，在结算过程中，通过财务审查，加强费用性项目结算过程控制，有效提高了费用性项目的资金使用效率。

（4）竣工结算与施工成本分析紧密结合。受青藏直流工程电网技术、建设地点的特殊性影响，电力行业现行定额及取费标准不能完全适用于工程结算，为确保工程结算的客观性、真实性，在工程结算过程中开展了施工成本分析工作，通过对各承包单位建设资金使用账目的认真检查，清理了各项施工成本的列支渠道，落实各项成本项目及费用的标准，并通过对各标段承包人提供的资料进行对比分析，对其中部分异常的成本项目提出了整改要求。将经过审核的施工成本作为结算的参考依据，使结算能够充分反映了青藏高原高海拔、高寒、缺氧等极端自然条件对工程造价的影响，同时也有效保证了资金的使用效率。

（5）开展合法合规性检查工作。将竣工结算和工程的合法合规性紧密结合，组织开展了财政投资项目相关法律和行政法规的学习及培训；采用过程审计的方法，组织开展了合法合规性检查工作，重点对招投标管理、合同签订与履行、物资采购、建设资金使用、投资控制、财务核算管理、转分包、征地补偿等方面进行了检查，以确保结算的合法、合规性。

三、造价控制主要措施

（一）及时开展工程配套造价管理体系及依据的研究

《电力工程概算定额（2006版）》适用于交流35～500kV、直流±500kV工程，取费标准适用于交流35～750kV、直流±500kV工程。而青藏直流工程为世界第一个直流±400kV工程，且工程位于青海和西藏地区，现有的概算定额及取费标准不能满足直流±400kV工程投资估算及概算编制工作的要求。

在工程开工之前，国网直流建设部组织开展了青藏直流工程建筑、安装定额、线路定额，取费标准研究，满足了编制投资估算、初步设计概算的需求。"±400kV线路工程补充定额研究"及"±400kV线路工程取费系数研究"，有力地支持了工程结算的科学性、有效性、合法性及合规性，公正地反映了各参建单位在高原、高海拔、高寒地区的合理投入。

（二）选取合理的招投标计价原则

青藏直流工程由国家电网公司招投标中心统一负责项目招投标工作，所有项目均通过招投标方式确定实施单位。

青藏直流线路工程途经青藏高原腹地，沿线生态环境极为脆弱，施工区域平均海拔约4500m，施工条件、运输手段、物资供应十分困难，国际上没有先例。在青藏直流线路工程招标时，虽然工程设计方案已经形成，各项施工要求已经明确，但受高海拔、高寒、低含氧量等艰苦施工环境的影响，具体的施工方案还不成熟，提出的各项施工措施也尚未经过验证与考核，因此在工程招标阶段还无法准确判断各项影响工程造价的风险因素给青藏直流线路工程投资所带来的影响，测算工程成本存在较大风险。

考虑以上原因，在青藏直流线路工程施工招标阶段选用了施工图预算降点的招投标计价原则。施工图预算根据设计单位最终确定的施工图编制，工程结算时，按照通过公开招投标中标单位申报的降点标准来调整经过审核确认的施工图预算总额，以确定最终工程结算总额。这种计价方式既能适应在施工过程中不断发现的影响成本费用的各项因素所产生的影响，又能通过投标人竞价，实现公开竞争，择优采用承包商的目的。

青藏直流工程两端换流站也具有建设站址所在地海拔高、交通条件相对较差、施工人员调遣困难等特点，但与直流线路相比，各项不利因素的影响程度已经大为降低，而且换流站站址仍处于人员经常活动区域，通过青藏直流工程生活保障体系的支持，换流站项目基本的施工生产与生活条件经过努力是可以得到保障的。这样在坚持公开招标、市场竞价原则的同时，仍沿用了常规换流站施工招标所采取的总价承包与综合单价承包方式相结合的招投标计价原则。这种方式能充分应用在以往直流工程中有着成熟应用经验的造价管理措施，通过在施工过程中加强设计变更与变更设计的管理，达到控制工程费用及投资的目的。

（三）加强投资控制过程管理

以往国内各输变电项目的总体造价核算工作通常都是在项目建成后，在工程竣工结算审核阶段逐步开展的。在这种情况下，各项费用的发生过程已基本完成，各相关资料的收集与整理比较容易，数据归集与核算不容易出错；在过程中可能发生的部分项目设计方案调整变化与费用调整已全部完成，可根据最后实施的效果来确定投资核算的意见，便于理清各方责任。

青藏直流工程所在地的特殊自然条件对工程成本的影响与低海拔地区的同类项目相比差异很大。如大部分直流线路均需跨越高原永久及季节性冻土地带，基础工程施工时需采用相关措施来保持冻土层的稳定；由于青藏直流工程建设的需要，冬季施工期内需采取各项混凝土工程增温与保温措施。这些特殊施工措施对工程费用的影响很大。为了更好地核算工程建设成本变化，及时确定符合施工实际情况的合理计价原则，在青藏直流工程中全面实施工程造价过程控制，落实分阶段结算的措施，对于重大费用调整事项的资料收集与整理明确了具体意见。

为使青藏直流工程早日建成投产，早日发挥效益，造福青藏两省区人民，2010 年 11 ～ 12 月在西藏安多开展了冻土基础施工最为艰难的攻坚战，大量增加现场建设人员、机械等施工资源的投入（见图 9 - 1），经过艰苦卓绝的努力，为实现提前一年建成青藏直流工程奠定了基础。工程造价管理人员按照国家电网公司安排，及时组织多次现场调查，了解了各参建单位提出的冬季施工特殊措施方案，在此基础上分析了冬季施工增加费用的发生原因、组成费用项，形成了费用审核原则。

图 9 - 1　冻土基础施工中增加大型机械等施工资源投入

冬季施工措施费用核算范围主要包括：① 现场发生的各项冬季施工措施性项目费用，如混凝土施工过程中的保温及增温措施；② 因冬季施工要求，按建设规范要求在混凝土工程中增加的实体性材料量增加费用，如混凝土添加剂增加与标号提高后水泥用量增加费用等；③ 因冬季施工的低温环境对人工与机械施工成本造成的影响，这主要体现在人工、机械降效以及由此所导致的人工工日及机械台班等单价调整等方面。

工程签证是工程造价管理过程控制阶段的基础，是反映现场工作完成情况、核实各项人工、材料、机械消耗量的原始依据。对于工程签证，各建设管理单位按照工程档案管理要求，提出了签证记录的格式、流程控制、签署等完整的要求，形成的各项签证资料在工程分阶段结算、特殊措施费核算等工作中起到了很大的支持作用。

青藏直流工程施工受到的地形、气象、环保要求等正常施工影响因素以外的限制条件影响很多，在施工图设计资料中难以对此准确全面地说明，必须通过工程签证的方式来加以体现，对此国家电网公司进行了专题研究，明确了工程签证的主要对象与范围。如在直流线路工程中，各标段针对主要材料使用、现场人力及机械运距、施工场地占用、各项特殊措施量等与各标段地形变化、交通条件、施工方案紧密相关而在施工图资料中未充分反映的项目办理了相关签证，在直流换流站工程中，则主要针对隐蔽工程、各项特殊措施量以及在合同范围外委托承包人完成的其他项目办理了相关签证。

（四）从源头开展投资控制

工程管理及设计人员从降低工程投资、控制项目全寿命周期成本的角度出发，开展了多项设计创新与设计优化工作，实现从源头进行投资控制。

（1）通过深入的前期工作，选定项目总体建设规模与绝缘水平，降低投资风险，提高项目建设可靠性。

青藏直流工程针对 ±500kV 与 ±400kV 两种不同的输电电压的建设规模、投资总额、系统研究等进行了深入的探索，最终确定在输送功率不变的情况下将直流电压等级由 ±500kV 优化为 ±400kV。这一方案降低了青藏直流输电工程的投资风险，减小了换流站所采用的高寒、高海拔电气设备制造难度，也提高了施工可靠性。如拉萨换流站 ±400kV 设备外绝缘经过海拔修正后约为 ±660kV 的绝缘水平，无需再调整到 ±800kV 的绝缘水平，减轻了大件设备的重量、便于大件设备长途运输，充分利用了已建成的青藏铁路的运输通行能力，同时也降低了高寒、高海拔的新型直流设备的研制开发难度。

（2）细化分析影响项目建设的因素，优化选取有针对性的设计方案，是项目建设投资控制成功的保障。

建设投资总体水平与各项设计方案的选取与实施紧密相关。青藏直流换流站设计单位在提出设计方案时，根据系统接入、站内主接线方案、地形与地质条件等不同要求，重点对各站总平面布置进行了优化，不断形成更为合理的总平面布置方式，从根源上考虑投资控制的要求，发挥了积极的作用。如柴达木换流站与原规划的柴达木750kV变电站同为青藏联网工程的一部分，两站的工程建设有直接的关联性，系统落点也较为接近，建设工期也趋于一致。采用两站合建的规划方案后，两站的监控系统、站用电系统、图像监视系统等通用系统可以共用，设备布置及公共设施可以统一协调规划，运行维护便利，工程建设、管理、调度等方面也统一协调。同时充分利用了有限的土地资源及设备，降低了投资水平，取得良好的经济效益。

青藏直流线路工程的路径区域地理位置独特，气候条件恶劣、地形复杂、地貌多样。由于沿线气象台站极其稀疏，工程设计所需的基础数据较为缺乏，已建通讯线、电力线也很少，基本上无运行经验。为解决青藏高原特殊地形条件下的设计风速和导线覆冰取值，高海拔地区空气密度、沙尘暴对风荷载计算的修正等难题，相关科研单位在沿线建立了7个临时观测点，历时9个月取得了设计风速和导线覆冰的观测资料，完成了青藏直流工程输电线路设计风速、覆冰厚度研究报告，确定了线路工程设计气象条件。在施工图阶段，各设计单位结合现场实际情况，进一步收集了沿线相关气象资料，对风速分布进行了合理的优化，有效促进了合理降低工程造价水平。

青藏直流线路所经地区存在大量永久性及季节性冻土，其中永久冻土开挖时受施工环境影响，在扰动后，地基稳定性下降；季节性冻土则受地下水位变化及季节性变化影响，其基础施工后因全年季节性冻融变化可能对基础的稳定性产生较大影响。为解决这一难题，国家电网公司组织各设计单位与国内冻土研究的专业科研机构合作，开展了冻土地带地基处理方案研究，提出了保证高压输电线路基础稳定的相关设计方案，包括在冻土区基础周围采用热棒保持基础周边温度恒定，保持基础周边土质稳定；在低温环境下组织永久冻土区施工，加快施工作业时间，以减少因施工原因给冻土层造成的扰动；在具备相应运输条件的塔位，推广应用装配式基础，加快施工进度。对提出的各项冻土地带基础设计方案进行技术经济比较后，按照安全适应、经济高效的原则在工程施工图设计中应用。事实证明，这些措施有效地降低了工程施工成本，控制了工程总体造价水平，同时还为确保青藏直流工程技术可靠、运行安全创造了有利条件。

（五）优化调整工程进度网络计划

2010 年青藏直流工程里程碑计划中明确项目于 2010 年年中开工建设，2012 年年底建成投产，安排 2 年半左右的时间完成全部建设任务。与国内常规直流输电项目约 18 ～ 20 个月的工期相比，青藏直流预定工期增加了约一年的时间。

总指挥部深化冻土基础施工研究，邀请国内冻土专家反复对冻土基础稳定性进行理论探讨和实践探索提出了铁塔基础在经过一个冷冻期后即可进行组塔、架线施工，不需要经过一个完整的冻融循环。这一结论为总指挥部及时调整工程工期提供了科学依据，为工程提前一年投入试运行作出了巨大贡献。

经过科学论证，总指挥部超前谋划组织开展了冻土基础施工攻坚战，到 2010 年 12 月 22 日全部完成冻土基础施工任务，为 2011 年 9 月直流线路具备带电条件，整体直流项目提前一年投入试运行创造了条件。

建设者提前一年完成工程建设任务，医疗卫生及后勤生活保障体系也因此节约了大量投资，现场各项管理成本也有较大幅度下降，最终实现了青藏直流工程全部投资水平控制在原批复概算总额范围内这一总体目标。

（六）加强施工图预算管理

施工图预算以审定的施工图设计为依据，严格执行国家法律、法规、预算规定和定额标准，客观合理地反映工程实际造价水平。青藏直流工程施工图预算书分为完整版和施工结算版两个版本，其中完整版施工图预算为工程全口径预算，涵盖范围与初设概算一致，包括建筑工程费、安装工程费、设备购置费和其他费用。施工结算版施工图预算只体现与建筑安装施工合同及结算相关的费用。工程造价分析作为预算文件的组成部分，与施工图预算书一并出版，内容包括工程施工图预算与概算的对比分析，施工图工程量与初步设计、招标工程量的对比分析，对于工程施工图预算超概算、超合同的项目，深入分析原因。

（七）做好项目建设用地及清理费用核算及使用工作

根据国家电网公司安排，青海、西藏公司负责青藏直流工程的两端换流站及线路通道清理、征地、房屋拆迁等政策性协调及处理工作。为做好此项工作，青海、西藏公司采取了一系列有效的工作措施，确保了工作的完成和费用的节余。

利用建设管理单位区域管理优势，派出有力的分管领导与业务人员加强与当地县、村政府的沟通协调，取得当地政府的大力支持，并加快确定相关补偿费用标准，保证工程进展不受用地及场地清理等原因影响；在费用支付方式上由各建设管理单位根据当地县级政府出具的费用补偿文件全额拨付当地政府指定账户，再由当地政府给涉及赔偿的农牧民兑现，确保了费用的有效控制与支付到位；加强与涉及费用赔偿的当地农牧民的沟通联系，做好思想动员工作，取得他们的理解与支持，确保了各项工作的顺利开展。

四、重大专项费用管理

（一）专项费用构成

青藏直流工程由于地处海拔高、低温严寒、气候干燥且复杂多变的青藏高原，因此具有高原生态环境脆弱、高原生理健康保障与后勤生活保障困难、高原冻土施工难度大、设备研制运输难度大等建设特点和难点。为了贯彻执行国家有关建设项目环境保护的法律、法规，保护项目区生态环境，需实施有关环境保护措施；同时，依据青藏高原高寒环境人类生存的特点，本着"以人为本，医疗卫生保障与生活保障先行"的理念，还需建立医疗卫生保障与后勤生活保障体系并安排习服，故工程安排了环保、水保专项费用 34 013 万元，医疗卫生保障及习服基地专项费用 36 050 万元，后勤生活保障专项费用 2616 万元。

（二）环保、水保专项费用

为保护青藏高原脆弱的生态环境，根据项目核准前环保、水保专项评估时提出的具体要求，青藏直流工程投资总额中专项开列了环保、水保专项费用，概算费用共计 34 013 万元。此项费用主要用于换流站及直流线路施工过程中采取的各项环保、水保措施，包括冻土保护措施、环境宣传教育培训、植被保护与恢复、固体废物处理、水土流失治理等。

为合理使用此项投资，主要采取的投资控制措施有：

（1）委托各设计院编制了环保、水保措施施工图，保证各施工单位在施工过程中有据可依，规范其施工行为，确保对环境保护、水土保持的要求能落到实处。

（2）委托西南电力设计院根据现场的情况，编制此专项费用的核算标准。此项标准要求达到预算定额的测算层次，并根据现场不同的海拔、不同的施工条件适当进行调整，以更为合理地核算各标包的造价水平。

（3）结合国家关于环保、水保施工监理专项配置的要求，在此专项费用的核算过程中，要求专业监理全过程参与，与费用发生有关的各项工程量及方案签证资料中，必须有专业监理的会签。

（4）通过公开招标方式，选定了具有资质条件的单位来进行现场植被恢复工作，以保证施工后，能最大限度地恢复施工前的原貌。

通过实施环保、水保专项施工，并加强过程中的管控，在原批复的此项专项费用的基础上，青藏直流顺利实现了各项环保、水保管理要求。

（三）医疗卫生保障及习服基地专项费用

医疗保障体系由安能公司组织医疗保障总院负责建设完成。医疗卫生保障专项费用概算金额 27 950 万元，主要用于购置医疗服务所需的医疗设备与器械、救护与巡检车辆、医疗保健与防疫药品及耗材、氧气、生活办公设施，以及开支医疗保障人员的工资与福利保险、办公通信、差旅、车辆及医疗设备运维保养购置、水电燃油、医疗保障退场以及相关管理费用等各项医疗保障服务必要费用。

工程建设期间通过建立结构合理、技术精湛、作风优良的医疗卫生专业队伍，建立设施实用、设备精良、保障有力的三级医疗卫生专业机构，开展有效的医疗保障服务工作，保障了建设者的职业健康，使建设大军上得去、站得稳、干得好，实现了工程建设零高原死亡、零高原伤残、零高原后遗症和零鼠疫传播的"四零"目标。

图9-2　高压氧舱

由于青藏联网工程建设线路长、所跨区域范围大，分别在青海格尔木和西藏拉萨设立了习服基地。习服基地专项费用主要用于购置抗高原反应药品与氧气、办公生活设施，以及支付基地租赁与装饰维修、基地医务与管理服务人员工资、水电燃气、办公通信、差旅、车辆租赁与运行维护、建设者上下线体检以及相关管理费用等各项习服必要费用。

习服基地专项费用8100万元，在工程建设过程中主要开展的工作有：对分批上线或下山轮转休养的建设者，在一周习服期限内，免费提供住宿和按成本价收取就餐费用。对建设者进行相关医疗保健、卫生防疫、高原病预防、职业健康、当地风俗和高原施工技能等知识培训。组织习服人员免费进行上线复检、工中及工后体检。习服基地和医疗卫生保障单位共同建立体检合格上线制度，保证体检合格方可上线，确保工程"四零"目标实现。

（四）后勤生活保障专项费用

由于青藏直流工程建设线路长、所跨区域范围大，分别在青海段和西藏段设立了后勤生活保障体系，分别委托青海、西藏公司负责管理。后勤生活保障体系专项费用概算金额为2616万元，主要用于支付生活和应急保障人员的工资与福利保险、办公通信、差旅、水电、车辆租赁与运行维护、生活垃圾处理、保障物资储备、其他应急处理以及相关管理费用等各项生活和应急保障必要费用。

后勤生活保障体系在工程建设过程中主要开展的生活和应急保障工作有

生活物资与材料的采购、配送服务，应急保障服务，生活垃圾收集、清运服务，对上级单位人员赴施工现场提供中转服务，以及提供总指挥部和业主项目部要求的其他生活相关服务。

工程建设期间配置生活和应急保障服务，最大限度地降低了恶劣自然环境和生活条件对工程建设带来的不利影响，为工程施工单位和建设者提供生活、应急保障服务，解决了工程建设的后顾之忧，确保了各参建单位把有限的精力专心投入到工程建设中去。

第三节　工程财务管理

一、财务管理模式

（一）工程财务管理职责

总指挥部下设计划财务部，承担青藏直流工程计划财务的管理职责。根据青藏联网工程建设特点和总体管理要求，国家电网公司委托总指挥部代为履行国家电网公司职责，确立了以总指挥部为管理核心，国网直流公司、青海公司、西藏公司、国网信通公司和安能公司等5家工程建设管理单位协同管理的财务模式。按照职责分工共同参与工程财务管理，各自承担与职责和建设任务所对应的管理职责。

总指挥部财务管理的职责：贯彻落实国家电网公司在工程财务管理方面的政策和制度，履行国家电网公司财务部在工程财务管理方面的职责。总指挥部负责组织协调青藏直流工程全过程财务管控，确保主要经济活动的各个方面和各个环节，都能严格遵守国家工程财务管理的相关法规制度，符合国家电网公司有关基本建设财务管理方面的相关规定和要求。按照模拟实体的方式，对工程项目实施扁平化财务管理；组织制定青藏直流工程财务管理方面的实施细则，建立国家电网公司、各建设管理单位以及施工单位等各层级财务管理关系，高效、快捷地处理工程财务方面的事项，保证工程建设资金渠道畅通。

建设管理单位财务管理的职责：严格按照国家电网公司财务部印发的《国家电网公司工程财务管理办法》、《国家电网公司国家电网公司工程财务管理暂行办法》和国网直流建设部印发的《国家电网公司跨区电网建设项目竣工决算编制办法》，开展工程财务的管理工作，承担青藏直流工程建设过程中有关合同履行、资金预算编制、申请以及支付工作，负责跨区电网的会计核算工作，负责物资采购增值税的抵扣，保障资金安全；负责工程决算的编制等。

（二）严格工程财务管理制度

青藏直流工程是中央财政部、国家电网公司共同出资建设的一项民心工程。青藏直流工程建设所依据的财务管理制度和办法主要有：财政部财建〔2009〕648 号《关于印发〈财政投资评审管理规定〉的通知》，国家电网财〔2010〕108 号《国家电网公司工程财务管理办法（试行）》，国家电网财〔2009〕159 号《关于做好国家电网公司直接投资的跨区电网和特高压工程项目核算及决算相关工作的通知》，国网建设〔2009〕186 号《国家电网公司跨区电网建设项目竣工决算编制办法》，《国家电网公司固定资产管理办法》，《国家电网公司无形资产管理办法》以及《国家电网公司月度现金流量预算管理办法》等制度。

根据管理需要，总指挥部还制定了《总指挥部工程物资采购供应实施细则》、《总指挥部计划统计与投资管理办法》、《总指挥部工程造价管理办法》、《总指挥部日常财务管理实施细则》等，为进一步规范财务管理，严格财务管理流程发挥了重要作用。

二、工程财务管理原则

（一）财务管理的核心

青藏直流工程建设期间，财务管理以资金管理为主线，紧紧围绕工程建设资金筹措、资金审批、资金拨付、工程结算、竣工决算等关键环节，采取项目风险培训、合法合规性检查等措施，严格遵守国家财经法律、法规，分解落实各建设管理单位的监管职责，加强风险管理的教育和培训，及时发现和纠正存在的问题，努力控制和防范财务风险，建立健全并严格执行工程财务管理制度，在国家核准的投资范围内，积极做好资金的筹措和供应工作；加强工程全过程管控，努力控制和降低工程建设成本，合理调配和使用资金，保证工程建设的资金需求。

（二）资金管控方式

青藏直流工程财务管理工作的重点是明确资金的管控方式。青藏直流工程的资金管理采取集中申请、统一审批，分层管理、集中支付的管控方式。根据资金来源渠道不同，分别采用财政资金集中支付与自有资金集中支付两种不同的管理模式。根据统计，建设期间中央预算内投资 29.40 亿元中，财政部直接支付资金 3.13 亿元，授权支付 26.27 亿元。既满足了财政资金集中支付管理的要求，又满足了国家电网公司资金集中管理的实际需要。

（三）资金管控流程

为保证青藏直流工程资金需求，总指挥部按照职能部门和建设管理单位的职责，利用国家电网公司 ERP（Enterprise resourse planning）信息系统和财务管控系统的互联，对工程建设资金实行预算集中审批，资金集中支付的信息化管控，极大地保障和满足了工程建设的需要。通过 ERP 信息系统的合同录入、采购订单、发票校验等环节，实现月度现金流预算的申请；通过财务管控系统发起资金支付申请、流转（包括原始发票审核）和审批，实现资金电子支付，完成资金支付业务信息化管控目标。每月 10 ～ 25 日，各建设管理单位通过国家电网公司财务管控系统，发起资金支付申请，流程审批等环节后，国家电网公司将资金拨付到各建设管理单位，由各建设管理单位将资金支付给供应商（收款单位）；每月 15 ～ 30 日，各单位通过财务管控系统，完成次月度现金流量预算的申请工作，资金在次月进行支付。

三、主要措施

（一）开展风险管理培训

为加强青藏直流工程的规范化管理，防范工程建设中的差错与舞弊，堵塞管理漏洞，建设青藏联网"阳光工程"，2011 年 6 月，在工程全面进入第二战役关键期，总指挥部组织开展了《财政投资评审管理规定》、《基本建设财务管理规定》、《中国内部审计准则》等法律和行政规定的培训，并针对国家重点工程建设项目监管政策法规进行了讲解，结合国家重点工程监管案例以及工程重点领域进行分析，提高了参建单位的财务管理水平和风险意识。

（二）开展建设期合法合规性检查

2011 年 7 ~ 12 月，总指挥部先后两次组织专业咨询机构，针对青藏直流工程的建设管理单位和施工单位，对青藏直流工程建设过程中招投标管理、合同签订与履行、物资采购、建设资金使用、投资控制、财务核算管理、转分包、征地补偿等工程管理方面的重点领域和事项，开展了建设资金和工程成本费用合法合规性检查。检查发现，部分施工单位仍存在招投标管理不够完善，存在不合规的劳务分包与转包问题、合同管理不够规范、物资管理制度存在缺陷、资金管理不够严密等问题。总指挥部领导高度重视检查工作，多次召开专题整改会议，要求全部予以规范和改正。截至工程竣工结算期间，上述绝大部分问题均得到了整改，化解了潜在的风险。2011 年 11 月，总指挥部结合国家规范工程建设期间重点领域突出问题的要求，印发了《关于加强规范青藏联网工程合法合规性管理工作的指导意见》，要求各建设单位、施工单位严格自查，自查自纠，杜绝违反突出问题的现象发生。

在工程建设过程中，适时开展合法合规性审查，规范工程过程控制，防范工程建设中的差错与舞弊，合理控制项目投资，保证工程建设有序推进，及时发现和揭示工程建设管理中存在的问题，并提出相应合理化改进建议，对今后工作亦能起到引导、借鉴、预防和指导作用。

（三）开展工程分阶段结算

为了切实贯彻加强全过程财务监管的要求，总指挥部组织开展了对工程施工费用的分阶段结算工作，及时发现和纠正工程造价定额和管理等方面存在的问题，做好汇报和沟通工作，及时化解矛盾。提前引入工程造价咨询机构，开展分阶段结算与审查工作，大大缩短了竣工结算的时间，及时解决了工程建设过程中的各类问题，使结算工作和质量、安全、进度管理工作紧密结合，有力促进了工程的进度、质量与安全管理。制定了医疗保障、生活保障、习服基地及环境保护及水土保持等专项费用的管理模式和结算办法，有效保障了专项投资能够足额落实到位，提高了资金使用效率。

（四）工程竣工决算管理

工程财务竣工决算报告是综合反映工程建设时间、投资情况、工程概预算执行情况、建设成果和财务状况的总结性文件，是正确核定新增资产价值的重要依据，同时也是工程参加国优评比的一项重要依据。

针对青藏直流工程竣工决算编制工作内容复杂、涉及面广、任务繁重的工作局面，国网直流建设部和总指挥部提前筹划，精心部署。各单位均专门成立工程竣工决算编制小组，严格按照国家发展和改革委员会、财政部以及国家电网公司相关法规或规定与程序的规定，全面认真地梳理和检查验证工程管理各个方面和各个环节，及时发现处理和纠正工程概预算的执行，工程招投标过程与结果，工程变更事项，工程合同管理，建设资金的筹措、使用及支付等方面和环节存在的问题，通过大量、细致的工作，有序推进竣工决算编制工作，全面、高质地完成工程竣工决算工作。

（五）加强信息化管控

在工程财务管理工作中，总指挥部和各参建单位为了提高财务管理工作的水平和效率，积极利用计算机的先进管理技术和手段，实行网上信息化办公操作，及时便捷地实现对财务数据动态化管理的需要，包括施工合同审查，月度现金流预算上报、审批、支付申请以及电子支付，资金划拨等财务事项处理的高效和查询相关数据的便利，也更有利于对涉及财务收支的经济业务进行更为有效的内部控制，提高财务管理工作的成效。

（六）及时化解农民工用工风险

为做好农民工管理工作，保证每一位青藏直流工程建设者的合法权益，排查可能影响社会稳定的不确定因素，建立有序的外协工劳动及报酬秩序，确保不发生劳资纠纷，总指挥部根据《中华人民共和国劳动法》、劳部发〔1994〕489号《工资支付暂行规定》、国办发明电〔2010〕4号《国务院办公厅关于切实解决参建单位拖欠农民工工资问题的紧急通知》等有关法律法规，专门拟订下发了《青藏直流工程"七有三要"通知》、《关于加强外协工工资问题专项治理工作的通知》及《青藏直流工程外协工工资管理细则》，明确要求各参建单位认真抓好劳务分包合同的签订，外协工的管理，尤其是做好工资发放工作，规范工资发放记录，防范风险，及时结算、发放外协工工资。建设期间，通过量化农民工伙食标准、住宿标准和卫生标准，采取提前支付，责成建设管理单位和施工单位垫支，加强农民工工资发放的监管等有效手段，体现"以人为本"，建设青藏联网"民心工程"的管理理念，树立了国家电网公司良好的声誉和社会形象。

（七）切实防控以外风险发生

青藏直流工程建设之初，国家电网公司为了防范和化解工程建设投资的不可预测风险，努力减少和防范投资损失，针对工程项目在建设过程中可能出现的自然灾害或意外事故，特意为青藏直流工程的人身伤亡和财产损失购买了综合性保险，为工程建设解除了后顾之忧。积极组织各参建单位开展"建筑安装工程一切险"的索赔工作，充分利用了保险在工程建设期间的作用，取得了良好的索赔结果。

第十章　物　资　供　应

　　柴达木—拉萨 ±400kV 直流输电工程建设时间紧、任务重，物资供应面临交货周期短、工程衔接难度高、物资运输难度大、现场协调任务重、安全保障任务艰巨、环境保护要求高等诸多困难。

　　为做好工程物资供应服务保障工作，国家电网公司充分发挥公司集团化运作优势，集合各方资源，协调各方力量，全力推进工程物资供应工作；积极推行"物资集约化管理"；坚持贯彻物资供应服务工程建设理念，增强物资供应工作服务意识，提升物资供应工作水平，使"服务工程"这一宗旨贯穿于整个物资供应工作中。

　　国家电网公司创新了履约模式，创新"项目制"管理模式，在国家电网公司物资部和青藏交直流联网工程建设总指挥部工程物资部统一部署下，国网物流服务中心统一负责青藏直流工程物资供应合同履约工作，优化了工作流程，确立了供应商主导安装的理念，实现了物资供应与现场需求无缝衔接，强化了安全意识，推动了"信息化"履约；在确保物资供应安全、高效、平稳、有序的基础上，摸索出了一整套工程物资供应服务保障理念和方法，积累了宝贵经验，实现了制度先行、靠前指挥、标前踏勘、生产巡查、大件运输模拟、乙供统筹协调等多项物资供应的创新和突破。

第一节 物资供应组织体系

一、物资供应范围

青藏直流工程物资供应保障范围包括柴达木换流变电站、拉萨换流站、直流输电线路、光纤通信工程以及两端的接地极和接地极线路工程所有设备材料以及重要乙供材料。

（一）换流站工程物资

青藏直流工程柴达木换流变电站、拉萨换流站主要有换流变压器、平波电抗器、换流阀、直流场设备、直流控制保护系统等直流设备，GIS、交流电容器、电抗器等一次设备，钢结构、彩钢板等土建类材料，断路器保护、变压器保护、交直流故障录波、直流线路故障定位等二次设备以及空调暖通、降噪等辅助设备。

（二）直流线路工程物资

青藏直流线路工程主要包含铁塔、导线、地线、光缆、绝缘子、在线监测设备等材料。其中铁塔共计2361基，54 281t；导线11 751t、地线703t、光缆1476km、复合绝缘子1688支、瓷绝缘子114 709片、棒瓷绝缘子2908支、玻璃绝缘子604片。

（三）通信工程物资

通信工程主要包含传输设备（同步数字体系SDH、同步时钟、光路子系统、仪器仪表、脉冲编码调制PCM、光纤配线架等）、电源设备（高频开关电源、蓄电池、太阳能电源）、换流站本体通信设备（调度交换机、行政交换机、综合数据网、视频会议）和动力环境监控设备（烟感、温感、湿感等）。

（四）乙供物资

乙供物资主要包含铁塔装配式基础、砂石、水泥、热棒、玻璃钢模板及环保材料等。其中装配式基础199基塔共796根塔腿，约20 865t；砂石129 130t、水泥40 143t、热棒6524根；玻璃钢模板79 884m²；环保材料（竹片3000片、竹架板9500块、稻草帘子5698套）。

二、物资供应难点

青藏高原高寒缺氧、人员安全风险大，为早日解决西藏缺电问题，工程先后五次优化工期，物资供应与施工进度衔接紧密，物资供应任务紧迫和繁重。因高寒高海拔地区有效施工工期短和沼泽地冻土施工时间特殊，线路物资供货时间集中，紧张的工期和多次的优化方案对物资供货提出更高要求，在工程物资供应过程中困难重重、风险巨大。

（1）交货期短。青藏直流工程 2010 年 7 月 29 日开工，2011 年 10 月底完成建设任务。建设期间工期优化五次，建设任务十分紧迫和繁重。同时，高寒高海拔地区有效施工时间短，紧张的工期对物资供应及时性和准确性提出巨大的挑战。

（2）衔接工程建设难度高。青藏直流工程沿线地质条件复杂，穿越多年连续冻土区长达 550km，施工要求高、约束条件多，在工期多次提前的情况下这些问题更加突出，物资供应保障工程建设并与之有效衔接的难度很大。

（3）物资运输困难大。青藏直流工程是迄今为止世界上最高海拔、高寒地区建设的规模最大的输电工程，沿线平均海拔在 4500m 以上，自然条件恶劣，给物资运输带来极大挑战。大件设备运输距离长，受制于沿线桥梁、涵洞的运输承载能力，协调难度大；线路物资受制于冻土区的特殊技术要求，需在沼泽地解冻前运抵现场，运输难度很大。

（4）现场协调任务重。工程参建单位、供应商众多，战线长、情况复杂，现场协调管理难度大、困难多。在换流站施工方面，存在土建施工与设备安装同步交叉作业现象，对物资供应现场服务提出了新的要求。

（5）安全保障任务艰巨。工程沿线大部分地区处于低气压、缺氧、严寒、大风、强辐射和鼠疫疫源等区域，含氧量仅为平原的 45%，极端温差最大接近 70℃，全年约有 5 个月出现 6 级以上大风，最大风力达 9 级，自然环境恶劣，现场条件艰苦，医疗和安全保障任务艰巨。

（6）环境保护要求高。青藏直流工程沿线经过多个自然保护区和冻土区，生态系统极其脆弱敏感，破坏扰动后很难恢复，生态环境保护与建设备受各方关注，责任大，任务重。

面对重重困难，国家电网公司统一部署物资供应工作，以及时、准确、优质、高效服务为重点，按照总指挥部"目标一致、关口前移、扁平管理、高效精干"的原则，国网物流中心在青海格尔木组建了工程物资供应服务体系，理顺管理流程，落实甲供物资采购，强化物资质量管控，做好乙供材料供应的协调、监督。物资供应实现了乙供物资提前 6 天到货，铁塔提前 30 天运抵现场，架线材料平均提前 15 天完成到货，换流站物资全部按工程进度需求到货，保证了工程建设，确保了世界海拔最高、冻土距离最长大件运输工作的顺利开展，有效解决了两站 14 台换流变压器、5 台平波电抗器的大件运输工作，圆满完成了工程物资供应工作。

三、物资供应组织体系设置及机制

（一）物资供应组织体系设置

总指挥部负责青藏直流工程建设的组织协调工作，总指挥部下设工程物资部，统一归口管理物资供应工作，负责协调重大工程物资供应保障问题。

国网物流中心统一接受国网物资部及总指挥部的双重领导，具体负责青藏直流工程合同履约，物资供应前期准备、物资合同签订、物资的生产及运输、现场服务管控、现场调试配合、合同变更、资金结算和乙供物资供应物资交接，单据收集、信息收集上报和到货物资的初步验收等相关工作。

国网物流中心靠前成立国网物流中心青藏直流工程建设物资供应项目部（简称物资供应项目部），物资供应项目部设立格尔木、拉萨两个变电现场项目组及格尔木、沱沱河、那曲和拉萨 4 个线路现场项目组。物资供应项目部下设拉萨工作组，统筹拉萨变电项目组以及那曲、拉萨两个线路项目组的工作开展，在第一时间掌握和了解现场物资需求。各参建供应商于物资到货前成立现场项目部，并按照一般工程 2 倍的力量抽调精兵强组建现场项目部，为现场提供服务。

（二）物资供应工作机制

为保证青藏直流工程物资供应"及时、顺畅、安全、高效"，物资供应项目部将各项工作纳入工作流程，开展标准化管理，形成流程顺畅、信息直达高效的工作机制。

1. 专职联系人制度

工程物资部设立变电、线路专责统筹负责协调变电及线路重大物资供应事宜；物资供应项目部统筹管理，设立变电及线路总协调人，并设立相应项目经理、物资代表开展具体相关工作，各岗位实现专人专职、责任落实到人的制度。

2. 例会协调制度

物资供应项目部参加由总指挥部组织召开的现场物资供应日例会、周例会和月度例会，向总指挥部汇报物资生产、运输及现场服务工作的开展情况，落实总指挥部关于物资供应中的重大问题。同时现场项目组不定期组织供应商、物资代表、监理施工等单位召开物资供应协调会，及时协调解决物资供应中出现的问题。

图 10 - 1　塔材首发仪式

3. 信息报送及反馈制度

物资供应项目部每周四编制《青藏交直流联网工程物资供应工作周报》，向总指挥部汇报物资生产供应情况及当周到货情况、下周到货计划、移交验收情况、大件运输情况、现场服务开展情况及存在问题等内容；每月 25 日前编制《青藏交直流联网工程物资供应形象进度汇编》，向总指挥部汇报物资生产和供应情况和下月工作计划。

4. 工作联系单制度

物资供应中涉及规格、数量、单价、总价、交付方式、交付时间变动的情况，现场项目组需协调相关单位填写工作联系单并报总指挥部审查确认。其中，因技术协议变更使得物资规格、数量变动的，由各建设管理单位负责填写技术协议变更单，并报总指挥部审查确认，同时附送设计单位出具的设计变更单；因技术协议变更造成合同单价、总价变化的，由物资供应项目部按照总指挥部审查确认的技术协议变更单，填写商务变更单，并报总指挥部按照相关流程处理；关于交付方式、交付时间的变化，经总指挥部确认后，由物资供应项目部以书面形式通知供应商执行。

5. 巡回检查制度

物资供应项目部每月对两个换流站和线路各标段的物资供应服务、业务管理、档案资料管理、装备配置、安全管理、后勤保障、医疗卫生及宣传对外联络等工作的开展情况进行 1 次检查，并通报检查结果。

针对青藏直流工程进度及物资供应的特点，物资供应项目部制订物资生产巡查方案，每月定期派人赴各主要设备供应商开展生产巡查工作，确保对供应商生产过程的可控与在控，保证生产信息真实、可靠。

6. 统一培训机制

国网物流中心聘请相关专家对青藏直流工程所有现场物资供应服务人员进行业务、医疗习服和安全培训。现场服务人员均需参加培训考试，考试合格后才能上岗。同时，为了保证青藏直流工程现场服务工作的及时、高效，所有参加青藏直流工程现场物资供应服务人员应有实际工作经验或具有其他类似工程工作经验。

7. 供应商协同机制

组织召开物资供应交底会，介绍踏勘情况，就物资供应管理、工作流程、运输情况、质量及售后服务要求、医疗习服情况、人员设备安全及工程建设进度等进行交底；要求供应商开展踏勘并编制生产、运输、售后服务及人员安全的保障方案；做好供应商物资运输和上线人员的监管等。

8. 异地资金预算、支付机制

为确保工程设备材料按时到货，提高供应商设备款项支付及时率，青藏直流工程所涉及设备款项支付手续统一提交至现场项目部，现场项目部汇总后由总指挥部确认。预算统一在前线提报。国家电网公司在青藏直流工程资金预算、支付中实行的异地支付机制，创新了资金支付方法，节约了大量时间，提高了供应商资金周转率。

四、物资供应保障

（一）安全保障

物资供应工作安全主要包含人员安全与物资安全两个方面。鉴于青藏直流工程严峻的自然条件，使得该工程的安全风险远大于常规工程，安全工作无疑成为物资保障的首要工作。

1. 加强安全教育与培训

安全教育与培训是搞好青藏直流工程安全工作的基础，是以人为本的突出表现。物资供应项目部通过物资代表培训和安全专题培训，提高物资供应人员安全素质和危险点辨识能力，增强安全工作意识和法制观念，切实杜绝事故发生。

2. 强化人身安全管理

物资供应项目部为物资供应人员定制了全面的安全管理措施，并把供应商人员也纳入管控。通过培训提高安全意识；通过考试强化记忆；通过融入业主项目部安全管理体系，确保物资供应人员处于一个安全氛围中；通过配备安全工器具、编制《青藏直流联网工程应急卡》以防万一；通过加强车辆使用监控，保障行驶安全，确保不发生酒后驾驶、疲劳驾驶的情况；通过跟踪人员身体状况，氧气使用情况，实时了解物资工作人员的身体状态，对于病症做到早发现、早治疗。

3. 严格物资安全管理

物资安全是确保施工进度的必要条件。物资供应项目部通过大件物资运输审查、建立并落实联系人制度，实施押运，实时掌握物资在运输途中的状态，全程监控，发现问题并及时处理。

对于已经运到现场的物资，及时联系建设管理、监理及施工单位开展移交，在条件允许的情况下实施验收工作。对于暂时不具备移交条件的物资，及时联系有关单位做好成品保护工作，例如将到货的二次设备吊装至备品备件库或小室内存放，避免损坏。

（二）医疗保障

青藏直流工程地处海拔高、缺氧、严寒、风大、紫外线照射强、气温变化异常等恶劣自然环境的青藏高原，做好物资供应人员医疗卫生工作是为工程建设保驾护航的关键。

1. 建立医疗沟通机制，掌握沿线医疗卫生点分布

物资供货商和物资供应项目部人员纳入总指挥部医疗卫生保障体系范围，与总指挥部建立顺畅的沟通机制，充分利用工程沿线医疗站的作用，做好物资供货上线人员高原病及传染病、地方病预防控制和诊疗工作。

2. 供货商、安装调试人员统一纳入医疗保障体系

青藏直流工程在格尔木和拉萨分别建立习服基地，为上线习服人员提供服务。由于物资供货涉及供货及安装调试人员多，因而在格尔木和拉萨设专人负责登记，管理上线物资供货人员以及设备运输司机，宣传高原病预防知识并发放物资人员上线须知，落实总指挥部要求的培训和体检，实现参建人员在基地适应、调整、休养、健康上线施工的目的。

3. 做好上线人员选拔与医疗卫生知识培训

青藏高原独特的自然环境，对于生长在平原地区所有参建人员的身体健康、生命安全和劳动能力构成了极大威胁。加强上线人员的培训工作，要求人人掌握高原病防治常识，进行健康教育。做好选拔和体检工作，确保不合格人员不上线、未经习服人员不上线、未经培训人员不上线。

4. 做好上线人员习服工作

根据高原生理学家的建议，对长期在低海拔地区生活的人员，应采取阶梯式进入高原的方式，身体机能逐步适应高海拔的环境后上线工作。上线人员在高原工作一段时间后，需返回到较低海拔地区进行休养、恢复。为此，要求物资配送上线服务人员务必做好习服工作，明确习服也是工作的思想。同时，现场项目组务必掌握全体上线人员身体状况，对于身体检查不合格人员坚决不能令其上线工作，严格执行上线物资服务人员定期体检及休息的规定。

（三）应急保障

鉴于青藏直流工程地理环境和气候环境特点以及物资供货服务人多、单位多的实际情况，物资供应应急保障体系作为总指挥部保障体系的重要部分，构建了全体现场服务人员分级联系制度。重点在物资供应、医疗卫生等方面的制订应急保障预案，确保青藏直流工程中特殊情况处理及时得当。

1. 物资配送运输应急保障

为了防范青藏直流工程物资供应及现场服务过程中紧急事件的发生，或在事件发生后有效地避免或降低人员伤亡和财产损失，使其造成的人员伤害或财产损失降到最低限度，物资供应坚持"安全第一、预防为主、综合治理"的原则，编制应急保障预案，以做好物资供应与运输各环节的组织协调和动态管理，提高应对突发事件的能力。

（1）要求供应商应针对工程运输距离长、路况复杂、高海拔等困难，提高相应运输公司及运输车况选择的标准，同时做好物资运输过程中绑扎、安全防护、通信联络等工作，并对供应商、运输公司有关人员提前开展高海拔相关知识的培训和习服工作。

（2）由于直流工程地处高寒地带，气候变化异常，物资配送常遇雨雪天气，材料的运输受季节及气象情况影响，相对以往工程更加容易发生人员或交通等紧急情况，因此强调供应商提前考虑运输计划，为天气突变预留充分的应急时间。

（3）紧急事件发生后，现场项目组应立即上报物资供应项目部，报请总指挥部支援。同时分析现场事故情况，明确救援步骤、所需设备、设施及人员，按照策划、分工，协调救援车辆并引领救援车辆迅速施救。制订救援措施时务必考虑所采取措施的安全性和风险，避免因采取措施不当而引发新的伤害或损失。

2. 医疗卫生应急保障

为了保证青藏直流工程建设中物资供应服务人员在发生突发事件的情况下，做到零高原死亡、零高原伤残、零高原后遗症、零鼠疫传播的"四零"工作目标，物资供应项目部融入总指挥部医疗卫生体系范围，做好全过程、全覆盖和24h不间断的医疗卫生保障管理，开展高效、有序的应急工作。工程建设中各现场项目组每天向物资供应项目部汇报一次工作现场的基本情况，饮食、身体状况等；供应商每天向现场项目组反馈物资保障人员的信息，做到动态管理；参加医疗卫生保障工作组，定期组织召开医疗卫生保障会议，及时全面掌握现场物资保障人员的身体状况；编制一、二、三级医疗站点设情况表及联系电话和高原医疗卫生注意事项向所有上线人员发放，并开展急救、自救培训。

第二节 物资供应管理

一、物资供应前期准备

（一）建章立制、明确分工

国家电网公司高度重视青藏直流工程物资供应保障工作，在总指挥部选调国网物资部、国网物流中心、青海公司相关人员组建工程物资部，明确分工，统筹管理工程物资供应保障重大事宜。国家电网公司下发了针对工程的采购实施细则。建立例会协调、信息报送及反馈、工作联系单、巡回检查、供应商协同、异地资金预算及支付等相关制度，保证了物资供应的正常运转。

（二）超前谋划、标前踏勘

为确保各供应商对青藏直流工程特殊性及重大历史意义的深刻理解，确保招标工作的有效开展，国家电网公司要求供应商投标前必须进行标前踏勘工作。此举有利于供应商了解工程沿线的真实情况，也减少了废标情况的发生，为后期物资供应工作提供了便利。同时，国网物流中心在工程土建入场时也进行了现场踏勘，通过踏勘，掌握了工程基本情况、里程碑计划、建设进展，沿线地理环境、施工运输条件、医疗卫生及风土人情等基本情况。就做好工程物资供应工作所涉及的工作流程、物资移交验收、现场服务、售后服务、医疗保障体系建设、现场物资供应项目部筹建、环境保护、人身安全等有关问题与建设管理、监理、施工、医疗保障单位进行座谈和交流，建立了沟通机制，掌握了丰富的第一手资料。

（三）制订物资供应保障方案

在踏勘的基础上，总结踏勘经验，国家电网公司组织两换流站主设备供应商召开青藏直流工程供应商动员会暨物资供应交底会。主要对供应商宣贯了青藏直流工程重大意义，分析了工程物资保障面临的各种困难和挑战，介绍工程实地踏勘情况，结合工程建设管理模式，讲解了合同签订、履约管理、设备运输、资金结算、物流信息平台应用等各具体业务流程，同时要求各供应商针对青藏直流工程特殊性要求提交物资供应保障方案。

二、合同签订与变更

（一）合同签订

青藏直流工程物资采购合同签订主要分为 5 个批次，在工程进入第二阶段线路基础完工前期完成全部合同签订工作。

2010 年 12 月 7 日，完成换流变压器、换流阀、平波电抗器、直流场设备及直流控制保护等直流主设备合同签订工作；2010 年 12 月 13 日，完成线路铁塔合同签订工作；2010 年 12 月 24 日，完成交流一次及土建辅材合同签订工作；2011 年 2 月 14 日，完成交流二次及通信类合同签订工作；2011 年 3 月 23 日，完成架线材料、在线监测装置合同签订工作。其中换流站主设备、一次设备及土建类物资、铁塔于 2010 年底前完成合同签订工作，为后续物资供应做好了管理支撑。

（二）合同变更

物资供应中涉及规格、数量、单价、总价、交付方式、交付时间更改等情况属于合同变更范围。合同变更由设计院发起合同变更技术协议确认单，经业主项目部确认后，提交总指挥部备案审批，总指挥部审批完毕后由国网物流中心发起商务变更，商务变更完毕后通知供应商按照变更要求供货。

青藏直流工程合同变更工作按国家电网公司相关规定，由国网物流中心统一在前线办理，节省了大量时间，与现场物资需求实现了无缝衔接，变更数量在可控范围内，未出现超概情况。

三、供需匹配与优化

物资供应项目部根据青藏直流工程里程碑计划，结合一、二、三级网络计划制订工程物资供应计划，密切跟踪施工进度，随时了解到货需求，及时沟通处理相关问题，并在每月 25 日前，向各建设管理单位收集下月物资到货计划，报总指挥部组织召开的物资供应月度例会审批。针对本工程施工期的特点，在物资供应项目部冬季撤场前 10 天，向各建设管理单位收集再次进场后一个月内的物资到货计划，报总指挥部审批。物资供应项目部按照总指挥部审批下达的工程物资月度到货计划，与业主项目部协调落实具体到货时间，制订周到货计划，报总指挥部物资供应周例会确认。

总指挥部根据现场施工进度，合理安排建设管理单位提交详细的一、二、三级网络计划及详细的物资需求计划，将其与设备厂家供应计划逐一进行比较，召开专项供需协调会解决相关问题，重点落实了关键设备交付：换流变压器和平波电抗器实行铁路专列运输的方式以节省运输时间满足交货期；将国外采购的部件由海运改为空运以满足工期。换流阀阀组件、阀塔材料和附件工具，总运输重量450t，分八批空运至国内；直流场穿墙套管、隔离开关等设备，总运输重量44t（213m³），分五批空运至国内。

四、物资供应过程管控

（一）生产过程跟踪管控

合同签订，交货期优化后，物资供应项目部按照总指挥部要求及时建立合同台账、履约情况表及工程物资相关人员联系表。根据到货需求，做好物资生产过程跟踪，收集排产、运输、到货等相关资料，并根据实际情况开展催交催运工作。

青藏直流工程物资供应过程管控主要涉及合同签订、图纸交付、排产计划和运输计划制订、生产试验进程跟踪与监督、设备运输监控、到货协调等方面。青藏直流工程物资供应的过程管控较以往的工程更加严谨，主要采用的方式有：密切跟踪招投标进程，第一时间促成图纸交付；制订物资供应计划，依据实际需求及时优化调整；通过生产日报与周报、监造周报，跟踪生产进程；创新生产巡查工作机制，监督协调物资生产计划重点问题。

（二）到货协调、配送管理

物资供应项目部按照供货计划与要求向供应商下达设备材料发货通知单，要求其按照发货通知单安排设备材料运输，并及时督促在合同物资发货前提交配送计划、方案和相关资料，将发运物资、车辆及运输人员等相关情况及时通报物资供应项目部。运输过程中，供应商应每日向现场项目组报送运输动态信息，确保现场项目组协调施工单位做好到货接收及移交、验收准备。运输车辆及人员到达施工现场时，第一时间到现场项目组报到，填写签到表，确保联系畅通，运输车辆或人员离开前务必到现场项目组办理离场手续。

物资供应项目部负责物资合同项下的大件运输的协调与管理，组织专家审核大件运输方案，建立大件运输日常协调联系制度，现场项目组负责督促供应商按照其作业细则做好大件运输工作。对于运输过程的关键环节及重要路段，现场项目组派专人现场监控或押运，严格执行协调联系制度，运输管控全程出现的问题立即协调解决并及时上报总指挥部。

（三）例会协调

线路材料从铁塔交货开始，为及时、准确地掌握物资供应动态。总指挥部于 3 月 16 日开始，会同工程物资部、国网物流中心、施工单位、供应商每晚 8 时召开物资现场协调会。主要了解每日物资到货、物资发运、在途物资及现场物资相关问题。当日发现的问题当日视频会议解决，重大问题第二日早会汇报，拿出解决方案，绝不让问题延期或搁置。每日视频会议直到 5 月 15 日全部线路物资到货完毕后方结束。

为确保现场物资需求计划与供应商设备供应计划实现同步匹配，总指挥部会同现场建设管理单位、国网物流中心、监理单位、施工单位及供应商每周召开物资供应协调会，主要讨论近期物资需求、服务质量等问题，从而制订下周物资到货计划，解决当前物资供应中存在的问题。

为满足工期优化条件下物资供应工作有序进行，总指挥部每月会同建设管理单位、国网物流中心及各设备厂家针对每月物资供应情况召开专项月度例会，主要讨论月度物资供应情况、下月物资供应计划及解决相关重大物资供应问题。

青藏直流工程共召开 61 次线路日例会、召开 50 次现场周例会及 11 次月度例会。日例会、周例会及月度例会的召开集中解决了现场物资需求与供应的匹配问题，建立了良好的沟通机制及重大问题协商解决机制，同时也实现了对供应商的良好宣贯作用，这对整个物资供应工作起到了良好的作用。

（四）生产巡查

为确保青藏直流工程 2011 年底双极投运目标实现，确保物资供应工作"及时、顺畅、安全、高效"，实现对供应商生产、运输及现场服务工作的可控、能控与在控，加强青藏直流工程的重要性、艰巨性、政治性以及物资统一管理模式的宣贯，不断提高供应商的重视程度与认识深度，确保设备生产和运输满足工期优化需求，及早了解设备备料、生产、试验、运输过程中存在的难点与风险，协助供应商实现超前管控，总指挥部创新管控模式，针对工程各施工阶段、设备生产各关键时期每月开展生产巡查工作。

巡查主要考察供应商组织机构、职责分工、踏勘情况、二级供应商管控、生产试验、运输配送、售后服务等物资供应保障工作计划与落实情况，掌握供应商物资保障能力。其中柴达木换流变电站对 15 个供货厂家进行了 30 多人次的生产巡查工作；拉萨换流站对 17 个供货厂家进行了 40 多人次的生产巡查工作；线路工程对 11 个供货厂家进行了 20 多人次的生产巡查工作。

生产巡查大力宣贯了青藏直流工程的重要意义，提倡"有氧地方干的工作不能到无氧的地方干；有氧地方的人干工作不能让无氧地方的人等待"，提高了供应商的履约意识和积极性；加强对供应商实际生产情况的了解和管控，适应工程工期多次优化的需要，强化供应商对排产计划的执行力度，对设备生产进度的及时调整起到了关键的推动作用。

五、运输管控

总指挥部高度重视物资运输工作，加强运输全过程管控。国网物流中心多次组织供应商宣贯运输注意的事项和纪律，严禁供应商以包代管，要求供应商严格检查承运商具有高原运输资质，发车前落实运输车辆车况，每辆车配备 2 名具有高原运输经验的司机，并配备押车人员。为强化设备材料公路运输监管，项目部在格尔木南山口检查站设置专人对运输车况、司机配备和设备绑扎等情况实施抽查，协调运输过程中存在的问题，要求供应商及时整改，保证人员设备和车辆的安全。经过项目部的严格管控，青藏直流工程未出现运输安全问题，为确保工程物资供应安全提供了有力保障。

为确保运输安全，总指挥部对各供应商提交的运输方案进行了集中审查。主要对其运输方式、保障措施等方面进行详细分析审查；在供应商每批货物发货前，须在国网物流信息系统上提交配送计划，总指挥部主要对其运输中的物资、数量、金额等信息与物资合同进行核实审查，确保配送物资信息准确，对运输路线以及运输过程中重要时间、位置节点的合理性进行审查，确保供应商在运输过程中，按照申报的运输时间行车，安全及时到货。通过审查供应商提交的运输方案，一方面了解了供应商运输计划的合理性，另一方面为后续运输监控提供了良好的基础。

国家电网公司以国网物流信息系统为平台，利用高科技手段，创新开展青藏直流工程 GPS 配送管控工作。采用 GPS 卫星定位，实行运输全程 24h 监控，实时掌握物资运输情况，认真做好换流变压器、平波电抗器、交流变压器、高压并联电抗器、换流阀、平波电抗器、控制保护、直流场设备等站用物资的供应工作。通过 GPS 监控实现了实时运输管控，为设备安全运输提供了良好的保障。

第三节 物资招标管理

一、招标组织体系

青藏直流工程换流站及线路设备材料统一纳入国家电网公司集中规模招标。

国家电网公司招投标领导小组负责决定工程招标的重大事宜、审批工程招标方案和定标。招投标领导小组下设领导小组办公室，领导小组办公室设在国家电网公司招投标管理中心，负责领导小组的日常工作。

国家电网公司招投标管理中心与国网直流建设部、国网直流公司、国网信通公司、中电技国际招标公司等单位组成招标工作组，负责编写项目招标方案、组织实施招标文件编制和审查、评标细则制订、开评标工作安排和评标报告编写。

二、采购方式及流程

（一）公开招标

设计、施工、监理及主要设备材料采取公开招标方式确定中标单位。国网直流建设部负责各项招标计划的汇总、审查和报送，并协调国家电网公司有关部门和相应建设管理单位按照审定的招标计划编制技术规范，开展相应的招标准备工作。招投标管理中心负责组织招标文件审查、组建评标委员会、开展开标、评标工作以及提请招投标领导小组召开定标会议。

（1）招标文件审查。国网直流建设部按照工程项目建设进度编制招标计划并提交技术规范，国家电网公司招投标管理中心负责组织国网直流建设部、法律部等部门及有关专家开展招标文件审查，并将招标公告、招标文件报公司招投标领导小组（或领导小组办公室）审批。同时聘请具有工程建设经验的资深专家对技术方案、技术条件、投标人资格业绩、评标办法等提出建议，形成符合工程需求的技术规范以及科学合理的评标细则，既保证投标人具备必须的生产能力，又可以选择性价比最优的产品。针对首台首套的换流变压器，在投标人资格业绩方面要求有成熟经验的制造商提供技术支持与保障，保证工程设备的可靠性。

（2）发布招标公告。招标代理机构负责编制并在国家指定媒介——中国采购与招标网以及国家电网公司招标网上公开发布招标公告，通过统一的电子化平台以实现招标代理机构发售和投标人购买电子化招标文件的需要，节约了投标人的时间和费用。

（3）组建评标委员会。评标委员会严格按照《评标委员会和评标方法暂行规定》组建，由国家电网公司招投标管理中心、国网直流建设部和招标代理机构的代表以及随机抽取的专家组成，以保证中标设备在技术上能够满足工程需求。专家库的日常维护严格按照国家招标投标法规定动态维护符合条件专家的信息，保证专家库能够满足评标需要。

（4）开标。在招标文件规定的时间、地点公开开标，邀请所有投标人代表参加，国家电网公司监察局代表对开标全过程予以监督。

（5）评标。评标专家对投标文件进行独立、客观公正的评审和打分，对澄清、废标流程进行严格把关；国家电网公司法律部对评标过程提供法律保障，国家电网公司监察局全程监督评标工作，提高评标工作的公平性、公正性；评标委员会按照授标原则推荐预中标人并完成评标报告。

（6）定标。评标结果报国家电网公司招投标领导小组办公室审核后，由领导小组办公室提请召开招投标领导小组会议，国网直流建设部、法律部、监察局等相关成员单位参加，通过集体决策的方式进行定标。

（7）发布中标公告。按照国家电网公司招投标领导小组会议审定结果，在国家电网公司招投标网上公布中标结果，发出中标通知书。

（二）竞争性谈判

部分设备材料通过两次公开招标仍然流标，这部分设备材料采取邀请潜在供应商进行竞争性谈判的方式采购。通过组建评审委员会与供应商代表面对面澄清，对技术要求、技术方案达成一致，再进行多轮价格谈判，给所有供应商均等的机会进行报价，并按照技术、价格权重进行综合评分推荐合格供应商。

其中，拉萨换流站油浸式平波电抗器采用竞争性谈判方式采购。

三、项目进程及特点

青藏直流工程采购自项目启动 2010 年 6 月开始，至最后一批物资定标 2011 年 5 月止，历时 12 个月，共组织完成了 15 批次的招标采购。

物资类设备招标主要包含换流变压器、换流阀、平波电抗器、控制和保护设备、直流场设备、交流滤波器场设备、交流设备、线路材料、变电站材料、其他零星设备等。

针对工程的特点，建立物资招标采购绿色通道，做到青藏直流工程物资需求"随到随招"。按照"安全可靠、经济合理、公平公正、激励竞争"的原则，合理制订招标采购方案、采购策略和授标原则，提升了设备国产化水平，使国内制造厂家提高了研发能力和设计水平，同时通过制订合理的授标原则并合理调整分包原则和支付条款，使更多的国内厂家积极参与，从而积累设备制造经验，为后续工程设备的研发打好基础。

1. 换流变压器

2010 年 7 月发出招标公告，特变电工沈阳变压器集团有限公司、中国西电电气股份有限公司、重庆 ABB 变压器有限公司等国内主要变压器厂家参加了竞争，最终确定换流变压器供应商为中国西电电气股份有限公司（柴达木换流变电站）和特变电工沈阳变压器集团有限公司（拉萨换流变电站）。

2. 换流阀、平波电抗器和控制保护系统

2010 年 7 月，换流阀、平波电抗器和控制保护系统采用公开招标方式采购。最终确定换流阀中标人为中国西电电气股份有限公司（柴达木换流变电站）、许继集团有限公司（拉萨换流站），平波电抗器中标人为北京电力设备总厂（柴达木换流变电站）、特变电工沈阳变压器集团有限公司（拉萨换流站），控制保护系统中标人为南京南瑞集团。

3. 油浸式平波电抗器

2010 年 7 ～ 8 月，拉萨换流站油浸式平波电抗器流标 3 次，2010 年 8 月下旬开展了油浸式平波电抗器竞争性谈判。特变电工沈阳变压器集团有限公司、重庆 ABB 变压器有限公司、中国西电电气股份有限公司按要求递交了报价和应答文件，最终确定拉萨换流站油浸式平波电抗器中标人为特变电工沈阳变压器集团有限公司。

4. 直流场设备

直流场设备采购有三个特点：一是涉及设备多，主要包括穿墙套管、避雷器、隔离开关、断路器、电容器、电抗器、测量装置等；二是国内设备制造商经验欠缺，直流场的部分设备国内制造厂还没有成熟产品，需要从国外进口；三是对投标人要求较高，投标人作为总包商既要有成套的技术实力，又要有项目协调能力。为了推进设备国产化，根据以上三个特点，制订了以国内为主，国外分包部分设备的方案。投标人为国内制造商，负责设备成套，在确保工程安全、可靠的基础上大力推进国产化进程。

直流场设备和交流滤波器场设备采用公开招标方式采购。直流场设备中标人为中国西电电气股份有限公司。

5. 直流线路铁塔

直流线路铁塔采用公开招标方式采购。2010 年 9 月 25 日发布招标公告，2010 年 11 月 10 日最终确定铁塔 1～5 包中标人分别为温州泰昌铁塔制造有限公司、湖南省电力线路器材厂、南京大吉铁塔制造有限公司、成都铁塔厂、山东齐星铁塔科技股份有限公司。

铁塔采购充分考虑了青藏直流工程海拔高、自然环境恶劣、施工困难、运输难度大等特点。

（1）明确要求供应商在投标前必须到所投标段材料站现场踏勘，并提供证明文件。通过实地踏勘，一是让供应商深刻认识到工程的重要性和特殊性；二是让供应商对青藏直流工程沿线恶劣的自然条件有清醒、直观的认识；三是让供应商对沿线运输条件、材料站设置情况等充分了解，更好地细化运输方案的投标工作。

（2）为控制监督钢材负公差，杜绝由于铁塔塔材存在负偏差影响铁塔的承载能力并给电网运行带来隐患，招标要求铁塔材料尺寸正负偏差标准由不超过国标规定的 0.8 倍改为 0.5 倍，且负偏差不得超过 50%。

（3）要求供应商成立以主要领导担任负责人的青藏工程项目部，及时解决铁塔生产、运输及到货验收存在的问题，塔材到货后出现产品质量、附件缺失等问题，要求供应商要及时、有效并争取就地解决，确保现场施工。

第四节 设 备 质 量 管 理

一、监造组织体系

国网物资部是青藏直流工程物资质量管理的归口单位。

国网直流建设部、总指挥部负责青藏直流工程的物资监造工作组织、协调和监督，负责批准设备监造大纲（含监造实施细则），协调设备生产进度，检查、指导监造工作。

国网直流公司监造代表处受总指挥部委托，负责青藏直流工程直流主设备、交流滤波器场电容器的监造服务，以及直流场设备、交流滤波器场设备、拉萨换流站静止无功补偿装置（SVC）设备的抽检工作。组建专家委员会，组织编制、审核监造规划和实施细则，组织对设备的设计方案、关键工艺、试验进行监督和见证，负责组织解决、协调监造工作中出现的质量和进度的具体问题。

北京网联公司负责具体实施青藏直流工程直流主设备的监造工作，进行监造工作技术把关；负责对具体技术难点、方案提出建议；负责编制设备监造实施细则。同时以北京网联公司技术力量为主体，选择推荐专业工程师，组建驻厂监造组，主要包括依据设备特点，优选、聘用专业人员组建驻厂监造组，形成相对固定的人员及机构，具体组织工厂设计审查、生产过程及有关试验的见证等工作，解决工作中遇到的技术问题。

二、监造范围

根据工程特点及设备材料的重要程度，安排对换流变压器、换流阀、平波电抗器、直流控制保护等换流站主设备及铁塔、导地线等线路材料进行了质量跟踪管理。

1. 主设备监造

监造换流变压器 14 台（其中柴达木换流变电站、拉萨换流站各 7 台），换流阀 4 个 12 脉动阀组单元（其中柴达木换流变电站、拉萨换流站各 2 个），平波电抗器 5 台（其中柴达木换流变电站 2 台、拉萨换流站 3 台），直流控制保护系统 2 套（其中柴达木换流变电站、拉萨换流站各 1 套）。主设备监造工作从 2010 年 12 月开始，至 2011 年 10 月结束。

2. 线路材料监造

监造铁塔 54 281t，共涉及 5 家铁塔厂。全部实施驻厂监造，监造工作从 2010 年 12 月 27 日开始，至 2011 年 5 月 15 日结束。

监造导线重量 11 751t，由 9 家制造厂生产；地线重量 703t，由 2 家制造厂生产；OPGW 长度 1476km，由 3 家制造厂生产。导线、地线和 OPGW 由中国电科院负责实施监造。监造工作从 2011 年 3 月开始，至 2011 年 6 月结束。

三、监造工作开展

（一）主设备监造

1. 监造目标

监造工作总体目标是监督设备制造单位，保证技术参数全部达到技术协议要求，设备质量责任得到完全履行，见证率 100%，试验合格率 100%，信息沟通率 100%，总结按时完成率 100%，不发生监造人员人身安全事故。

2. 监造方式方法

在设备监造实施中，国网直流公司监造代表处会同北京网联公司按照项目委托、项目前期准备阶段确定的人员和工作计划，结合青藏直流工程主设备中标企业的特点，派遣专业监造工程师、驻厂组开展具体监造工作。遇重大问题时，代表处及时组织专家分析研究，编写专题报告，随时向国家电网公司总部汇报。

在主设备监造工作中，国网直流公司监造代表处、北京网联公司紧紧围绕设备质量目标、工期控制目标和设备特点，建立了完善的监造管理机构和监造队伍。

监造单位编制监造工作实施细则，从设计阶段开始，在工厂制造和试验等阶段开展全过程的跟踪、检查、见证，在直流设备制造的各个阶段进行"三控、两管、一协调"（"三控"指质量控制、进度控制、投资控制；"两管"指合同管理、信息管理；"一协调"指组织协调）以及安全和环保的监督。切实做好产品质量的事前防范、事中控制和事后跟踪监控，监督设备的质量和生产进度符合合同要求。

3. 工作开展情况

（1）抓好设备制造质量的控制。严格检查设备供应商的技术资料。重点包括设计资料、工艺流程、工艺规程、关键工艺保证措施、试验大纲、工艺检验标准、分包商清单等。

严格检查生产质量保证体系。根据实际需要，依据相应的质量保证体系，遵循合理的评估程序，检查设备供应商和外购或分包材料或组（部）件供应商的生产质量保证体系，对监造范围内设备的主要制造设计、工序、工艺、试验装置、装配场所的环境等进行查验，对发现的问题有针对性地提出整改要求。

明确见证方式。根据监造范围内设备的供货合同及附件，协商确定设备监造项目实施内容，明确见证方式，确定见证点监造依据的标准。

开展日常巡视工作。驻厂监造工程师通过日常巡检方式做好日常的监造工作，分为一般巡检和重点巡检。在巡检过程中，监造人员如发现一般质量问题，及时指出并要求立即予以改正，若不能改正，监造人员采取《监造通知单》的形式向设备供应商反映，直至设备供应商就此质量问题提出纠正方案并得到监造人员的认可。

（2）抓好设备进度的控制。及时了解供应商的设备排产计划。若发现与供货合同附件要求交货进度不相符的情况，向设备供应商发出"监造通知单"，要求其修正排产计划，从根本上消除影响交货的不利因素。

及时组织查看设备生产作业计划，发现有与部件交货进度不相符的情况，要求设备供应商按供货合同交货进度予以纠正。

认真检查设备供应商主要大宗原材料、关键外协部件的采购计划，发现偏差，督促设备供应商予以纠正。

4. 做好监造中发现的问题及处理

监造过程中先后发现换流变压器、换流阀、平波电抗器、控制保护生产、试验等阶段出现过数百起原材料和组附件缺陷、工艺缺陷等方面的问题，协同项目管理部门、物资部门，督促供应商进行了及时有效的处理。

（二）线路材料监造

1. 监造工作方式

采取驻厂监造、关键点见证、专家巡检相结合的方式。具体驻厂监造工作由工程建设管理单位负责组织和管理，各线路材料的制造质量的责任主体为各线路材料供应商。

2. 监造目标

结合青藏直流工程的特点，特别是高海拔、高寒地区具体情况，采取驻厂的监造方式，提高青藏直流工程线路材料的产品质量，满足青藏直流工程的建设、投运质量、进度需求，使青藏直流工程线路材料符合供货合同技术要求及施工进度要求。

3. 监造内容

（1）对制造厂制造能力、检验能力的检查控制。制造能力的检查控制内容包括加工场地、加工设备、检测设备及特殊岗位人员资质。如铁塔生产、检测设备应齐备，满足国家标准的质量检测要求；特殊岗位人员，焊接人员、无损检测人员、材料理化检验人员要求有相应资质。

（2）工艺文件控制。制造厂对加工过程必须有相应的工艺文件，要求各工序必须按工艺文件要求操作。对特殊工艺（如焊接工艺）必须进行工艺评定。

（3）高海拔、高寒地区产品监造工作开展。按照《国家电网公司物资采购标准　高海拔外绝缘配置技术规范》的具体要求，检查供应商在设计、生产中的执行情况。

（4）原材料质量控制。控制过程包括对原材料供应商的选择、进货检验控制、加工过程检验控制：原材料供应商必须是经过评定确认的合格供应商；进货检验控制，按一定的抽样比率取样，对原材料外观、规格尺寸偏差、机械性能、化学成分进行检测；加工过程检验控制，如铁塔制造厂在制造切割加工前，应逐件对材料的外观进行检验，同时检测材料规格尺寸偏差。

四、监造效果

（一）设备和材料质量得到提高

通过采取专项检查和驻厂监造的方式，加强了对供应商在原材料入厂检验、设备生产制造、包装、装运等过程的见证检查，对发现的问题均督促制造厂按要求进行了整改。通过早预防、早控制，将问题处理在萌芽状态，出厂产品质量符合技术协议要求。

（二）交货进度满足建设需要

严格以确认的生产计划为依据，对制造厂实施监督。坚持以每周一次的简报形式向用户进行汇报，及时掌控工程进度。在加工进度不满足控制节点要求时，监造人员协同项目管理部门，及时督促制造厂采取加快进度措施。通过监控，最终产品的交货工期满足现场安装进度的需要。

（三）沟通协调畅通

监造作为制造厂与业主及相关方之间联系的纽带，有利于相互间沟通和信息交流，能将业主方的要求及时传达到制造厂，使业主的意图得到贯彻落实，同时也有利于及时发现制造过程中出现的问题，便于及时协调解决。通过监造协调会、专项检查、监造周报、监造联络单等形式，在业主、监造单位、制造厂、施工单位各方之间建立起了一个有效的沟通协调机制，过程中的信息得到及时沟通与传达。通过监造实施，使得工程相关要求及措施得到落实。

第五节　大　件　运　输

一、大件运输基本情况

（一）大件运输必要性和重要性

青藏直流工程换流变压器和平波电抗器具有超长、超宽、超高以及设备构造复杂精密、对运输稳定性要求高等特点，普通的货物运输已无法适应大件设备对运输的要求，因此采取提前勘察道路情况，合理配置特种车辆、工具，详细制订专项运输方案的大件运输势在必行。

换流变压器和平波电抗器作为直流主设备，不仅造价高，而且生产周期长、运输速度慢，一旦运输环节发生安全、质量事故，将造成严重的直接损失和无法估量的间接损失，因此大件设备采用更加高效、安全的大件专项运输对于工程建设是非常重要的。

（二）大件运输概况

青藏直流工程大件运输共涉及柴达木换流变电站的 7 台换流变压器、拉萨换流站的 7 台换流变压器及 3 台平波电抗器。

青藏直流工程大件运输采取铁路与公路联合运输的方式，首先通过铁路专列将换流变压器和平波电抗器从设备厂家运输至换流站所在地火车站，即分别从沈阳、西安铁路运输至拉萨、格尔木火车站，最后通过公路运输将大件设备运输至拉萨换流站和柴达木换流变电站现场。

为确保设备安装和系统调试的按期进行，按照倒排工期，两端换流站最后一台换流变压器和平波电抗器主设备需要在 9 月 10 日前运抵现场。青藏直流工程第一台换流变压器 2011 年 6 月 10 日启运发往柴达木换流变电站，最后一台换流变压器 2011 年 9 月 6 日运抵拉萨换流站，3 个月内圆满完成了 14 台换流变压器、3 台平波电抗器的大件运输工作。

二、大件运输前期准备

工程铁路大件运输工作由大件设备厂家负责，公路大件运输通过单独招标确定承运商。为防止厂家采用"以包代管"的方式处理大件运输问题，影响工程的整体进度，在承运单位确定后，及时组织召开大件运输管理交底会，对承运单位的前期准备工作进行指导、督促，要求其成立项目组织，建立健全各级安全质量管理机构，确保有关人员实质性到位。协调各相关单位建立大件运输管理体系、建立沟通机制、制订换流变压器运输应急预案，同时要求大件设备生产厂家与承运单位共同踏勘，取得有关路况信息，共同进行路径方案的论证，初步确定运输方式和可能的运输线路，编制运输方案，为大件运输方案的最终确定做好准备，为后续的大件运输工作安全、高效、有序地开展打下良好的基础。

青藏直流工程根据设备生产进度及大件运输单位工作进度合理安排，前后共召开了三次大件运输协调会。

2010 年 11 月 30 日，第一次协调会主要对供应商和其意向运输商宣贯总指挥部各项运输规定，要求工作组织开展大件运输方案的制订与细化，明确大件运输工作时间节点。

2011 年 5 月 10 日，第二次协调会主要对大件公司制订的铁路运输方案进行讨论，要求结合高原特点，制订详尽的运输应急方案。

2011 年 5 月 21 日，第三次协调会主要介绍了运输进展情况及上报运输局的专列申请情况。通过多次协调会，拟订了运输计划，研究装车、卸载、人员押运等工作的细节问题，最终确定了青藏直流工程换流站大件设备运输方案和运输计划。

为确保换流变压器、平波电抗器在实际运输过程中的安全，对两端换流站公路运输开展了大件运输模拟。通过开展大件运输模拟，对换流变压器公路运输线路进行全面复查，对运输线路上方的空障进行了一一排查，对净空高度在 5.2m 以下的空障做了记录，提出相关整改意见及措施，对运输线路上的通行桥涵一一复查。此举为后期换流变压器实际运输提供了宝贵的经验，大大提高了大件运输效率，为换流变压器的及时交付打下了坚实的基础。

三、大件运输管控机制

为确保大件运输工作顺利开展，大件物资按时、有序到货，国家电网公司充分协调各方资源，采取多种措施加强对大件运输单位的管控。

（一）建立大件运输方案审查机制

对于合同项下的大件物资运输路线和方案，组织国家电网公司相关部门、建设管理单位、供应商、承运单位和特邀专家召开大件运输协调会，对供应商和承运单位提交的大件运输方案进行充分讨论，并提出相关补充建议。

（二）建立大件运输全过程跟踪机制

针对重要物资运输，由专人负责物资运输全过程的跟踪押运，对大件运输车辆加装 GPS 以实时反馈物资运输情况、及时处理过程问题，保障物资及时、有序到站。

（三）建立大件运输信息报送机制

每批主设备自启运时起，至到达工程现场为止，每天由专人根据 GPS 信息显示准时报送重要物资、配送管控日报。

（四）建立大件运输轮岗机制

由于大件运输持续时间长，为保障物资运输全过程跟踪，特建立轮岗机制，实现在第一时间获取运输相关信息，及时协调供应商按规定时间、速度、路线行车，保证物资及时、有序到站。

（五）建立大件运输问题协调机制

大件运输管控过程中，针对车辆超速、路线异常、长期停留等问题，由专人及时提醒供应商规范承运商行为，必要时进行紧急通报，将管控工作落到实处。

四、大件运输实施

（一）拉萨换流站换流变压器铁路运输

1. 运输路线

沈变公司—沙岭—新立屯—通辽—集宁南—干塘—武威南—河口南—西宁—格尔木—拉萨火车西站，全程约 5032km。跨沈阳铁路局、集通公司、呼和浩特铁路局、兰州铁路局、青藏铁路公司 5 个相关单位。

2. 运输车型

根据换流变压器运输参数，拉萨换流站换流变压器铁路运输采用 D15B 型凹底平车装载。标记载重 150t，车辆全长 25 606mm，商业运行速度120km/h。

为保证运输安全，工程采用"卧铺车 2 辆 ＋ 餐车 1 辆 ＋ 隔离车 1 辆 ＋ D 型车 1 辆 ＋ 隔离车 2 辆 ＋ D 型车 1 辆 ＋ 隔离车 2 辆 ＋ D 型车 1 辆 ＋ 隔离车 2 辆 ＋ D 型车 1 辆 ＋ 隔离车 2 辆 ＋ D 型车 1 辆 ＋ 隔离车 2 辆"共计 19 辆车的编组方案（见图 10 - 2）。

图 10 - 2　铁路运输专列编组

3. 运输难点

（1）沈阳至拉萨火车西站铁路运输距离长达 5032km，沿途经过沈阳铁路局等六个铁路局，协调难度大。

（2）青藏铁路是当今世界海拔最高、线路最长的高原铁路，全长 1956km，穿越海拔 4000m 以上地段 960km。其中，青藏铁路二期工程格尔木至拉萨段，全长 1118km，穿越逾 550km 的多年冻土地段，全线平均海拔在 4500m 以上，最高路轨横跨海拔高程达 5072m 的唐古拉山越岭地段。并且，青藏铁路建成后一直没有开展大件运输业务。

4. 运输保障措施

针对青藏铁路的特点，物资管理部门、供应商、承运商在运输前，协调铁道部和青藏铁路公司提前申请大件运输专列，并制订了严格的专列运输安全保障措施：① 专列（或空 D 型车）在格尔木至拉萨段运行时速度不得超过 60km/h，具体运行速度由青藏铁路公司结合道路实际情况确定。② 青藏铁路公司要制订青藏铁路格尔木至拉萨段各车站的超限车固定接发路径，并严格按超限车固定接发路径接发专列。③ 专列通过青藏铁路格尔木至拉萨段时，当日影响专列运行的施工一律停止。④ D 型车重车运输监护人员在列车每到一个停靠点后，下车检查大件设备是否移位，加固装置是否松动，焊缝是否开裂，发现问题及时处理，保证加固装置有效、可靠，车辆运输状况良好。⑤ 无人看守道口（包括人行过道和平过道）均需派人监护。⑥ 收集格尔木至拉萨段天气及地质灾害预报资料，并向业主和项目经理汇报。每天向总指挥部及相关方汇报运输进度情况。⑦ 编制详细运输应急预案，加强与医院及各种救护机构的联系，随时应对突发事件的发生。

（二）拉萨换流站换流变压器公路运输

1. 运输路线

拉萨火车西站货场—出货场道路—乃琼公路—拉贡公路—北京西路—八一路—鲁堆林卡路—鲁定路—当热路—藏热路—纳金路—省道 202—苏州南路—进站道路—拉萨换流站，全程 96km。根据设备特点及拉萨火车西站至站址道路条件，采用"2 台牵引车 + 2 纵列 10 轴线液压平板车"运输（见图 10 - 3）。装车后运输宽度为 3.6m，高 5m。

图 10 - 3　"2 台牵引车 + 2 纵列 10 轴线液压平板车"　运输

2. 运输难点

（1）运输距离长，拉萨火车西站至站址公路运输距离约为 100km，路况复杂，沿途有 15 座桥梁需要检测，确定通过方案，并需对沿途 20 处电线进行临时升高。

（2）整个运输线路海拔在 3600m 以上，运输车辆降效严重，人员安全保障难度大。

（3）运输线路中需要翻越纳金山，此路段为双向两车道，沥青路面，有效路面宽 6m，坡度不大于 7%，但上山过程中是连续上坡并伴有弯道，下山道路共有 7 处 180° 回头弯，此段道路里程 59km。由于运输线路海拔将近4000m，空气稀薄，牵引车牵引力会折减 50% 左右，因此换流变压器运输爬坡时需采用双车头牵引，运输组织、实施难度大。为了确保公路运输安全，运输采用两套人员、交替实施，并安排了备用运输车辆和人员全程跟随，单批次公路运输时间为 3 天，其中，翻越纳金山需要 2 天。

3. 公路运输保证措施

针对青藏公路的特点，物资管理部门、供应商、承运商强化运输保障方案的实施：① 要求运输前对整个运输车辆及货物加固技术状况进行全面检查，确认可靠后以低速度沿着制订的路径运输；② 大件设备在运输中不得前后方向移动、倒转、震动，遇到比较大的横坡或纵坡时注意调整平板车的水平度，确保大件设备运输中不发生大件设备倾倒事故；③ 采用 2 台牵引车进行牵引，牵引车旁不得站人，防止牵引钢丝绳断裂伤人；④ 运输途中遵守交通规则，服从现场指挥，平直路段大件运输车组运行速度不大于 10km/h，冲撞加速度不大于 3cm/s^2；⑤ 坡道和拐弯路段运行速度不大于 5km/h；现场运输应安排专人及小型牵引车在前开道，并与驾驶员保持无线通话联系；⑥ 运输过程中禁止踩急刹，过桥时应匀速行使；通过桥梁时，居中行驶，并不得在桥上停车、刹车或换挡，以减小重载车辆对桥梁的冲击力；⑦ 在运输之前需办理货物超限运输的相关手续；运输沿途需由路政和交警部门护送；⑧ 车辆中途停车休息、维修等，需做好保护措施，需要在车辆周围放置安全警示墩、安全警示牌，并设置醒目标示；⑨ 夜间停车采取安全保护措施。

（三）柴达木换流变电站换流变压器铁路运输

1. 运输线路

西电西变公司—西安火车西站—虢镇—柳家庄—干塘—武威南—河口南—西宁—格尔木火车站，全程约2372km，沿途经过西安铁路局、兰州铁路局、青藏铁路公司3个相关单位。

2. 运输车型

根据设备参数，铁路运输选用 D2G 型凹底平车运输。标记载重 210t，车辆全长 36 330mm，商业运行速度 80km/h。

（四）柴达木换流变电站换流变压器公路运输

1. 运输线路及车型

格尔木火车站货场—迎宾路—察哈尔南路—109 国道—进站公路—柴达木换流变电站，全程 30km。运输车型采用"1 台牵引车 +2 纵列 10 轴线液压平板车"。

2. 运输难点及保障措施

柴达木换流变电站换流变压器公路运输存在以下难点：

（1）公路运输距离远，沿途路况复杂，需要协调交通、路政、电信、市政等相关部门。

（2）运输线路中有铁路跨线桥等 5 座桥梁，有格尔木东收费站等运输难点，需要进行检测，确定通过方案。运输线路中有五座桥梁，确定了采用"桥上桥"通过方案。

为保证运输安全，总指挥部要求采取以下安全措施：① 运输前对整个运输车辆及货物加固技术状况进行全面检查，确证可靠后以低速度沿着制订的路径运输；② 大件设备在运输中不得前后方向移动、倒转、震动，遇到比较大的横坡或纵坡时注意调整平板车的水平度，确保大件设备运输中不发生大件设备倾倒事故；③ 采用 2 台牵引车进行牵引，牵引车旁不得站人，防止牵引钢丝绳断裂伤人；④ 运输途中遵守交通规则，服从现场指挥，平直路段大件运输车组运行速度不大于 10km/h，保证匀速行驶，防止急刹车，冲撞加速度不大于 $3cm/s^2$；坡道和拐弯路段运行速度不大于 5km/h，防止急拐弯，设备在运输过程中不得震动、抖动、倾斜；⑤ 行驶时注意路面的横向坡度，选择在路中心行驶，并通过调整平板车左右高度，保持大件设备基本水平，以保设备运输安全；⑥ 通过桥梁时，居中行驶，不得在桥上停车、刹车或换挡，以减小重载车辆对桥梁的冲击力；⑦ 车辆中途停车休息、维修等，需做好保护措施，需要在车辆周围放置安全警示墩、安全警示牌，并设置醒目标示。

第六节 现 场 服 务

一、成立现场项目部

为确保各设备、材料供应商现场服务工作安全、顺利开展，结合青藏高原线路长、交通不便等诸多因素，国家电网公司要求各参建供应商在物资到货前一周必须于现场成立现场项目部，且现场服务人员数量须按照平原工程 2 倍力量配置，对主设备供应商除要求领导亲自带队外，有能力配备车辆的须加派车辆以提供及时、高效的现场服务工作。通过现场项目部建设，保证了现场服务工作的及时、顺畅进行，提高了工作效率。

为提高现场项目部服务水平，现场服务人员实行进站、离站签字确认制度。现场人员进站后须经监理、建设管理及物流中心签字确认，离站时亦须经三方签字确认，并保证设备、材料出现意外时 3 天内能够赶到现场，方可离开。

二、供应商主导安装

为确保工程进度严格按照里程碑计划执行，青藏直流工程第一次实行了现场供应商主导安装的工作思路。国家电网公司认真组织各供应商提交现场主导安装方案，对其主导安装方案进行详细审查，确立设备厂家、施工单位、监理等各方责任，狠抓责任落实、质量控制，做到了各方的密切配合，为工程提前运行打下了坚实的基础。

供应商在现场主要负责现场技术指导和设备安装质量性能、设备零部件的清点与检查、设备安装顺利的执行等方面的工作。施工单位负责现场人员、设备的总体组织协调，保证现场各部门协调一致并按计划完成工作内容，负责安装现场环境的安全保卫和日常管理。施工单位负责整体安装进度，提出每日进度和工作内容。设备厂和安装单位负责各自承担的工具及人员。监理单位负责现场安装的安全和质量监督工作。供应商主导安装确立了设备供应商、安装单位、监理等各方的责任划分，实行统筹规划、分工协作的工作思路，提高了工作效率，为工程提前投运作出了重要贡献。

三、调试阶段保障

换流站调试阶段按先后顺序分为设备预调试、分系统调试、站系统调试和系统调试四个阶段。两端换流站调试从 2011 年 10 月 8 日开始进入调试阶段，12 月 4 日投入试运行，历时 57 天。

2011 年 10 月 8 日两端换流站进入调试阶段，此时正值青藏高原地区酷寒、风沙肆虐季节，时间紧、任务重、责任大，这对供应商的售后服务工作提出了更高的要求。为全力配合现场做好站系统、系统调试阶段工作，国家电网公司组织供应商提供全面、及时、有效的技术支持，做好售后服务。

（一）妥善解决供应商售后服务人员工作、生活相关事宜

为确保售后服务工作及时、高效完成，国家电网公司在调试高峰期妥善解决各供应商服务人员工作、住宿安排。对于主设备供应商，在现场为其安排集中办公室和宿舍。其他供应商原则上要求在换流站附近乡镇住宿，但遇到情况应于 30min 内赶到换流站现场。对于调试高峰期夜间加班情况要求供应商合理制订加班计划，且现场相关单位要做好晚间食宿服务工作。

（二）存储充足的备品备件

按调试阶段现场指挥部的要求，组织供应商确定现场站系统、系统调试阶段所供货设备的易损件、备品备件的潜在需求；重点检查合同项下的备品备件现场是否齐全，对于备件缺失的及时补齐。

（三）向现场派驻合格售后服务人员

供应商需对调试期间派驻现场的售后服务人员的专业水平严格把关，应

派能够迅速处理突发问题的专业骨干人员在现场提供技术服务，并在厂内配备足够的技术支持力量。如现场指挥部要求加强现场售后服务的技术力量，则相关供应商需迅速向现场增派技术专家，人员应在 24h 内到位。

（四）保持通信畅通

总指挥部要求在进入调试期间，各供应商售后服务人员手机须 24h 开机以保持通信畅通。

第七节　物资供应创新

一、制度先行，组建工程物资供应体系

按青藏直流工程建设"靠前指挥、关口前移、扁平高效、精干高效"的要求，梳理优化物资采购、合同签订、预算支付、质量管理等工作流程，编制了《青藏交直流联网工程物资采购供应实施细则》，有效衔接工程投资控制与财务管理体制、月度资金预算及支付体系。组织国网物流中心建立现场物资供应服务体系，理顺工作流程，深化业务对接，确保工程物资供应体系高效运转。

在青藏直流工程中，国网物资部组织国网物流中心成立现场物资供应项目部，创新建立现场项目组管理模式，全线设立 6 个项目组，与建设管理单位、监理单位、施工单位及供应商建立了"五位一体"协调联动机制，确保了物资供应反应灵敏、处置高效，实现了重大工程物资保障项目制管控的全新探索。

二、标前踏勘，确保投标商充分认识工作的难度和重要性

国网物资部高度重视工程物资供应保障工作，充分考虑到高原气候多变和运输安全的艰巨性，超前谋划，首次开展了工程踏勘。2010 年 8 月 25 日～9 月 11 日，踏勘小组经过精心准备，制订了踏勘方案，全面考察了青藏直流工程沿线施工、交通、运输、通信、自然地理和医疗卫生等情况，掌握了丰富的第一手资料，并认真总结踏勘成果，编制了《青藏工程踏勘工作报告》、《青藏工程大件运输踏勘报告》。在全面总结踏勘成果的基础上，总指挥部工

程物资部组织制订了《青藏工程物资供应保障方案》和《青藏工程物资供应工作手册》，从工作目标、组织体系、工作机制与流程、供应商管理、信息支撑、安全生产、医疗卫生、应急与后勤保障等方面全面规范了物资供应工作，为开展物资供应保障工作提供了重要支撑，为现场物资供应人员提供了工作指南。为使供应商在投标前对工程整体情况和实施难度等有充分的了解，在铁塔等线路材料招标文件中加入了对所投标段线路进行标前踏勘的要求。

三、超前谋划，精心安排工程物资招标采购工作

国网物资部积极与项目管理部门配合，提前做好设备招标前期准备工作，及时跟踪物资需求，细化物资采购计划。协调建立物资招标采购绿色通道，做到青藏直流工程物资需求"随到随招"。结合青藏直流工程特点，会同项目管理部门合理调整分包原则和支付条款，为合同顺利履约创造了条件。

四、及时调整，全面满足工程建设物资需求

合同签订后，立即组织供应商编写物资供应保障方案，全面落实原材料采购、设备生产、质量内控、发货计划、运输保障、到货交接、现场服务等内容。按照2011年10月底投运的目标，先后九次组织所有物资供应商倒排交货计划，根据技术协议逐条落实换流阀等关键设备的原材料采购和生产计划，并协调ABB公司确认交付批次和时间，换流阀、换流变压器、直流场设备交货期优化提前了6～10个月。跟踪供货商严格按照约定计划进行生产供应，加强进口设备的生产、启运、到港和转运等工作管控。及时掌握现场交货安排，协调做好移交验收，实现物资供应与工程建设无缝衔接。

五、合理安排，创新生产巡查方式确保交货进度和质量

建立物资供应日例会、周例会和月例会制度。充分利用青藏直流工程通信保障系统的功能作用，按照线路施工条件和进度，优化各标段各基塔材的到货安排，铁塔到货集中期每晚8时召开各标段视频日例会，落实每天生产到货情况和明日计划；每周在换流站现场召开物资供应周会；召开物资供应月度例会，集中处理物资供应中的重大问题。

强化设备质量管理，率先对铁塔原材料采购进行管控；加强对供应商外

协件、配套件管控；组织开展设备生产过程巡检和监督，及时掌握设备生产状况，及时解决设备生产上的问题，确保了换流变压器、平波电抗器等直流主设备型式试验和出厂试验一次性通过。

国网物资部会同总指挥部成立供应商生产巡查工作组，制订了《设备生产巡查方案》，对青藏直流工程所有供应商进行巡查，对重点设备供应商进行关键节点巡查。每月根据供应商物资生产情况编制下一月生产巡查计划，巡查重点针对物资供应有问题的供应商。青藏直流工程共开展生产巡查 42 次，涉及供应商 37 家，其中换流站工程巡查 32 次，涉及供应商 26 家，线路工程巡查 11 次，涉及供应商 11 家。巡查过程中，工作组宣贯物资供应工作要求和管理规范，听取供应商现阶段物资生产情况汇报和生产、调试、试验、发运等节点时间安排，现场检查物资生产真实情况，见证关键设备生产与试验，现场协调解决供应商生产试验中遇到的重点、难点问题，确保物资生产进度满足现场物资需求和工程建设的需要。

六、加强监造管理，把好设备材料创优第一关

按照《国网物资设备监造大纲》组织国网直流公司编制《青藏工程设备监造方案》，明确青藏工程设备监造内容，制订周密监造计划；制订《青藏工程设备巡检工作安排》；对涉及青藏直流工程的 137 种设备物资的生产供应明确责任主体及工作内容。建立监造日报制度，实时掌握设备生产状况，及时协调沟通设备生产上的问题。多次赴国外工厂进行换流阀、直流场等设备原材料生产见证、质量抽检和催货，确保交货计划按期实施。

七、加强运输管控，重点落实大件运输

在青藏直流工程中大件运输，特别是拉萨换流站换流变压器、平波电抗器从沈阳运抵换流站行程近 5200km，铁路运输翻越海拔 5072m 的唐古拉山，公路运输翻越海拔 4200m 的纳金山，要解决通过纳金山口藏经幡低于限高和 68 座桥梁、冲沟穿越的难题，运输难度远远高于常规工程。总指挥部先后三次组织大件运输方案协调会，对从拉萨火车西站至拉萨换流站的公路运输途经的每一座桥涵、空中障碍和 U 形弯等特殊路段进行实地踏勘，组织大件运输专家结合实际情况提出方案整改意见，敦促加固、修缮道路桥梁，要求承

物资供应

运商及时协调解决模拟运输配重问题。通过上述措施，有力地解决了运输难题。采用 GPS 卫星定位，实行运输全程 24h 监控，实时掌握物资运输情况。青藏物资运输专车（专列）配送物资应到 51 批，实到 51 批，配送完成率 100% 。共应用监控设备 79 台，总运输里程 116 866km，涉及供应商 19 家。

八、强化到货验收，落实供应商主导安装

青藏直流工程设备运输距离长、难度大、自然环境恶劣，为确保设备安装顺利进行，设备材料运抵现场后第一时间组织各方开箱检查，为缺陷设备处理预留充足时间。针对青藏直流工程的特殊地理条件，将公司制订的医疗卫生保障和现场物资供应服务的针对性措施，落实到设备材料招标文件中，确保供应商有效履行公司医疗卫生保障和现场物资供应服务措施。组织供应商提前成立现场项目部，督促供应商选派具有丰富安装调试经验的技术人员主导现场安装工作，确保了安装调试和现场服务及时到位。认真履行供应商归口管理单位的职责，认真组织审查供应商提交的主导安装方案，确立设备厂家、施工单位及监理单位三方各自职责，合理安排现场安装计划，切实落实供应商主导安装的原则。

九、统一组织协调，将乙供物资纳入管控体系

为了确保工程总体建设进度，结合青藏直流工程特点，组织建立乙供材料沟通协调机制，及时了解乙供物资需求，统一协调乙供预制基础运输和环保水保材料供应，组织协调供应商 2 个月内完成了装配式基础的生产运输以及沙石、水泥、热棒、玻璃钢模板的生产督办和运输组织工作，有力支持了线路基础的施工，为工程第一阶段战役的胜利奠定了坚实的基础。

第十一章　调　试　与　试　验

　　柴达木—拉萨 ±400kV 直流输电工程建设的最后一个环节就是工程调试。 工程调试的目的是验证工程设备的功能和性能是否满足合同和技术规范的要求，以及工程涉及指标允许值是否超过国家及电力行业的规定，力求在系统投运前，通过对工程前期研究、工程设计、设备制造、施工安装的全面检验，消除所有不安全因素，保证工程安全可靠地投入运行。

　　直流输电工程调试工作分联调试验、设备调试、分系统调试、站系统调试和端对端系统调试五个阶段。 在这五个阶段中，联调试验和设备调试是分系统调试的基础，分系统调试是站系统调试的基础，站系统调试又是系统调试的基础。 因此，工程调试的各个环节相互衔接，层层把关。 在通过工程调试考核后，工程才能投入运行。

　　按照工程启动验收委员会批准的调试方案，控制保护联调试验从2011年4月2日开始，6月12日结束，完成试验项目797项；设备和分系统调试从2011年4月3日开始，到10月1日结束，完成了设备和分系统试验项目；站系统调试从2011年8月15日开始，到10月14日结束，完成了站系统所有试验项目；系统调试从2011年10月13日开始，到10月27日结束，共计实际完成试验项目136项。 在工程调试过程中，交流场设备、对极Ⅰ和极Ⅱ换流变压器、换流阀、平波电抗器、交流滤波器、电容器、开关等一次设备和直流控制保护系统的性能进行了严格检验。调试试验结果满足工程技术规范要求，青藏直流工程可以投入试运行。

第一节　工程调试特点及作用

一、工程调试的特点

（一）特殊性

青藏直流工程是世界海拔最高、高寒地区建设规模最大、施工难度最大的输变电工程，在雪域高原上成功建成了一条"电力天路"，实现了除台湾以外的全国电网互联，从根本上解决了西藏缺电问题。

由于藏中电网薄弱，综合考虑电压稳定、频率稳定和短路比约束，"大直流、小系统、弱受端"现象突出。中国电科院对工程系统调试期间青海和西藏电网的安全稳定措施进行了深入分析研究，提出了工程调试期间的系统安全稳定措施，优化藏中 220kV 电网和直流系统运行方式；西北分调、青海、西藏公司落实各项安全保障措施，提出了调试期间的应急预案，确保试运行安全稳定。优化运行方式并采取大量安控措施后，直流送电最大功率不超过藏中负荷的 35%。

青藏直流工程调试作为工程建设的最后环节，关系到青藏直流工程能否按时将青海的电力输送到西藏地区，得到了国家电网公司的高度重视。在工程调试期间，国家电网公司领导亲临现场指导调试工作，鼓励调试工作人员再接再厉、努力做好工程调试工作，各参调单位以实际行动诠释了"缺氧不缺斗志、缺氧不缺智慧、艰苦不怕吃苦、海拔高追求更高"的青藏联网精神，保证工程按期和保质保量顺利投入运行。

（二）复杂性

1. 参加调试单位人员众多

青藏直流工程调试是一个非常复杂的系统工程，涉及设备多、范围广，调试工作量大。由于参加工程建设的单位多，参加工程建设的人员来自不同的单位和部门，组织如此众多的参建人员，调动大量的试验设备进行工程调试，增加了工程调试的复杂性。在总指挥部组织协调和调试现场指挥部的直接指挥下，在调度部门、设计单位、调试单位、设备厂家的共同配合下，工程调试负责单位圆满完成了各调试阶段的试验工作，保证了工程按期投入运行。

2. 工程设备多样

青藏直流工程包括 2 座换流站、2 条直流输电线路、2 个接地极，工程建设项目的设备种类繁多，并且来源于国内外众多的设备制造厂商，设备之间的接口多，技术复杂且多样，使得工程调试变得十分复杂。工程调试负责单位认真收集各种设备的资料以及相应的设备技术规范，针对每一个工程设备的特点，精心制订调试方案、测试方案及安全措施，保证实现对各类设备的严格检验。

二、工程调试的作用

1. 工程调试是设计、设备性能和施工质量的把关

工程调试的每一个阶段均是对工程设计、设备性能和施工质量的检验。在调试过程中，对发现的问题进行分析、研究，找出原因，并要求相关单位及时消缺和改正。

对于一些难点问题，进行专题分析研究，提出解决措施。例如，在工程调试期间，无通信方式下功率转带时间较长、拉萨侧安全稳定控制装置切负荷问题以及在 OLT 试验过程中、发生了多次阀控单元 VCU 故障和阀误触发保护，导致直流闭锁等异常现象。调试现场指挥部组织相关单位开展了深入的专题研究，采取了切实有效的措施，满足了工程技术合同要求。

2. 工程调试是生产运行的保证

输变电工程调试是为了保证工程投入运行后安全可靠地运行，为生产运行提供技术保证。因此，安排运行人员及早介入系统调试工作，熟悉调试方案和设备性能，既能保证系统调试的顺利进行，又能为后续的安全运行打下坚实基础。

在工程调试过程中，调试人员坚决按照规章制度执行，包括严格执行"两票三制"和"双签发"制度，保证了系统调试过程中的人身安全和设备安全，在整个青藏直流工程调试中未发生人身事故和人为操作引起的设备事故。

运行单位和人员利用换流站设备安装调试的宝贵时机，加强人员业务培

训，密切跟踪设备安装、设备调试和系统调试情况，提高专业技术水平，积极编写各类规程规定，为顺利接管换流站做好准备。

在调试过程中，调试人员和运行人员密切跟踪设备缺陷，并提交给工程调试单位和业主，及时安排消缺，保证设备的正常投运。

3. 工程调试是对工程环境的初步检验

青藏直流工程建设中坚持按照法律、法规开展环境影响评价工作，是国内输变电工程中最早考虑实施环境影响评价工作的工程。在工程调试中，对每一座换流站以及直流线路的电磁环境进行了测试，对工程的环境进行了检验，为工程验收提供了检验结果。

第二节 工程调试组织管理

一、调试组织机构

青藏直流工程建设规模庞大，参建单位和人员众多，参与调试的厂家和单位间的配合、协调也颇为重要。为有效组织并管理各相关机构，提高调试工作的效率和质量，保证工程调试顺利进行，需要成立坚强、有力的工程调试管理机构。

为了做好青藏直流工程调试工作，国家电网公司成立了工程启动验收委员会，工程启动验收委员会的职责是全面负责工程启动验收的各项准备工作，审批各阶段的调试方案，组织实施工程调试和试运行等初验工作。在换流站站系统调试之前，总指挥部发挥了工程启动验收委员会的作用，负责工程建设和调试的全面工作。在工程启动验收委员会框架下成立了工程调试指挥部，负责整个工程调试的协调、管理和试验工作。工程调试指挥部管辖两个站现场调试综合协调组和各个试验小组，并将各个试验小组的职能、分工进行了详细阐述，并报工程启动验收委员会批准，在工程调试过程中实施。青藏交直流联网工程调试组织机构如图 11 - 1 所示。

为了做好青藏直流工程调试工作，在工程启动验收委员会框架下成立了工程调试指挥部，工程调试指挥部设在柴达木换流变电站，拉萨换流站设调试指挥分部，贯彻工程调试指挥部的指令，协调拉萨换流站调试工作。工程

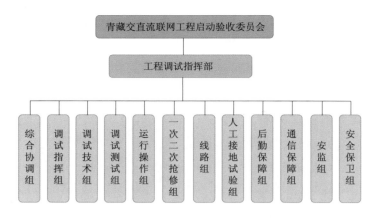

图 11-1　青藏交直流联网工程调试组织机构

调试指挥部下设各个试验小组，并明确各个试验小组的职能和分工。在工程调试过程中，实现了现场调试机构的科学化、规范化和制度化。

二、调试组织机构职能

1. 综合协调组

综合协调组负责召开每天的调试碰头会，时间为每天下午调试结束前，并形成日报上报调试总指挥；负责检查各单位应急预案、体系和应急准备情况；负责调试期间各消防体系的核查；负责调试期间安全保卫体系的核查；负责协调调试期间现场各单位之间的工作关系，并对调试期间出现的重大事项及时作出处理；在各单位间合理调配人员、机械，保证设备抢修工作的顺利进行；负责制定调试期间现场相关管理规定，并监督执行。

2. 调试指挥组

调试指挥组负责调试期间的现场指挥工作；接受调试现场指挥部的命令和调试计划，并根据计划提出调试工作申请；根据调试工作需要对操作组下达操作命令，许可调试工作开工、完工，控制有关调试工作的进程，在电网紧急情况下有权终止试验；负责编写三日滚动调试计划，报调试指挥部审批；负责编写调试期间调试日报，报调试指挥部审批；牵头召开每天的技术分析会，提出解决措施。

3. 调试技术组

调试技术组负责分析调试过程中出现的技术问题，协助调试指挥组处理调试过程中的事故;根据调试工作的进展和存在的问题提出建议。

4. 调试测试组

调试测试组负责调试期间的各项测试工作。在调试过程中,接收现场调试指挥指令,进行各试验项目的测试、试验数据的记录和分析整理工作;根据现场试验测量的数据判断系统或设备的状况,向调试指挥部建议是否暂停有关试验;在系统或设备紧急情况下,立即向现场调试指挥通报,由现场调试指挥发令停止试验;根据调试计划和测试工作的要求提出测试申请,办理工作票。

5. 运行操作组

运行操作组严格执行"两票三制"制度,根据调试计划,接受工作申请,并向西北分调和现场调试指挥组提出申请;接受调试指挥组的命令,编写操作票,完成各种试验项目的操作任务,许可现场试验开工,监护现场试验工作,接受完工汇报;在设备或电网紧急状态下,按照事故处理的程序进行各项操作。

6. 一次和二次抢修组

一次和二次抢修组负责调试过程中设备的维护工作;负责设备的故障排除和事故抢修工作;负责换流站内各项试验和测试的临时接、拆线工作,包括临时接、拆接地线工作;负责进行二次设备抢修;协助一次抢修组处理一次设备问题,主要抢修人员也必须能够随时联系;处理完问题后,立即向综合协调组汇报,并做好抢修记录;负责维护抢修工具、试验设备,保证其完好。

7. 线路组

线路组按调试要求负责调试过程中线路的巡线观察工作和抢修工作;承担在直流线路进行人工短路接地等试验的临时接、拆线及其他工作。

8. 人工接地试验组

人工接地试验组负责人工接地短路试验方案的编写和短路试验的实施工作,明确满足调试试验的接地点、接地方式,做好人工接地试验的安全工作。

9. 通信保障组

通信保障组接受调试指挥部的命令,保证通信系统畅通,开通电话会议系统。

10. 后勤组

后勤组负责参加调试人员的饮食和交通，调试工作的宣传报道及其他后勤事宜。

11. 安监组

安监组督促检查调试期间现场工作人员按照《电力安全工作规程》要求开展工作，监督"两票三制"的执行情况；检查各项安全措施、各项事故预案等落实情况，协助进行事故处理和事故抢修。

12. 安全保卫组

安全保卫组负责具体监督执行系统调试期间现场安全及保卫规定的执行与落实；负责带电区域建筑物、设备的警戒，严禁无关人员进入；保护重要的物资、设备，密切注视有可能损失的部分并进行转移；疏散通道，防止通道堵塞，保障车辆畅通，维持正常秩序；检查消防器材的配备，施工现场发生火灾事故时，应立即了解起火部位及燃烧的物质，拨打"119"向消防部门报警同时组织撤离和扑救；在系统带电调试期间，组织各单位人员进行设备巡视，及时发现异常状况，并向综合协调组汇报。

三、组织管理的实施

按照工程调试组织机构划分的职能，每一组指定 1 位负责人负责本组的日常调试任务；由调试指挥统一协调各组的工作。负责工程调试的单位负责编排三日滚动调试计划，报调试指挥部和国调中心批准后实施；同时负责统编每日调试日报，报调试总指挥批准后，发给各参加调试单位。

1. 工程调试准备工作

在工程启动验收委员会的领导下，工程调试负责单位、施工安装单位、监理、设备制造商及各参加调试单位从各方面进行了充分的准备。

（1）编写调试大纲及调试方案。工程调试的准备工作从技术资料的收集与研究开始，总结以往直流工程调试的经验，组织技术人员对文献资料进行分析，编写调试工作大纲，初步确定调试的项目，并结合调试系统的具体条件，进行仿真计算和试验研究。在此基础上，参照仿真计算和试验研究的结果，编写调试方案初稿和实施计划，并经多次专家会议讨论、修改，形成方案报批稿，提交给工程启动验收委员会审批。根据调试方案，由调度部门编写调度方案和反事故预案。以上方案和计划都要通过工程启动验收委员会的审查和批准，然后下发各参加调试单位，进入实施阶段。

（2）明确分工，统一指挥。工程调试涉及工程的设计、设备制造、安装、调度、运行、试验和监理等几十个单位，相关配合人员多，加上整个调试工作任务重、时间紧，必须统一调度指挥和安排各项试验工作。调试指挥部负责调试启动过程的事故处理和抢修工作；按三日滚动调试方式向国调中心提交每日调试计划；批准和签发调试日报。调试指挥部明确各组职责，落实责任，强调各工作组要坚决服从调试指挥部的统一指挥，在做好本组工作的同时，要加强互相之间的协同配合工作。调试指挥部建立了例会制度，由两换流站的调试指挥组和技术组负责召开每天的试验小结和技术分析会，及时总结分析当天试验中发现的问题，尽快落实消缺的责任单位，全面部署下一工作日的试验工作。

（3）合理安排调试计划。工程调试计划是确保工程调试进度的指南，是工程调试期间调度部门安排运行方式的依据。为解决工期紧迫的问题，借鉴以往工程调试的经验，根据青藏直流工程的实际情况，在考虑到工程各个环节均能得到有效验证的前提下，调试单位对调试项目进行了科学组合，制订了系统调试的优化实施计划，从而保证了工程的按期投运。

2. 调试各方协调配合

在工程调试过程中，各单位从确保青藏直流工程按期投入运行的大局出发，在调试指挥部的领导下，明确任务，落实责任，加强协调配合，高效完成自己在调试工作中的任务。调试单位在每次试验完成后，及时处理测试数据，汇报调试指挥组，确保调试指挥部始终掌握设备的状况，确保设备的安全。运行和施工单位组成的现场巡视组负责变电站设备和输电线路的巡视，做到随时发现试验中一次和二次设备出现的问题，及时上报调试指挥部。对于一次设备出现的问题，调试指挥部及时组织部署人力和专业工器具进行抢修；对于二次设备出现的问题，及时组织设备生产厂家和施工安装单位进行检查、处理，保证工程调试的顺利进行。

3. 严格遵守规章制度

在工程调试过程中，为了确保调试系统和调试设备的安全，工程调试负责单位和运行单位做了充分的试验准备工作。调试负责单位提前将调试方案发给运行值班人员，使运行值班人员进一步了解调试项目的要求；运行人员根据调试方案的要求，按照运行规程填写操作票，使调试项目能够安全、顺利地进行。工程调试所有操作均按照两站的操作规程，填写操作票，所有在现场的人员严格遵守有关规定，严格执行"两票三制"和"双签发"制度，所有调试、测试工作均由试验单位填写工作票，由调试负责单位或工程施工单位人员担当工作负责人和工作票签发人，由运行人员许可签发。输变电工程调试经验证明，正是因为严格遵守规章制度，才使得调试指挥准确发令，运行人员精心操作，确保了调试过程中无设备、人员事故发生，保证了工程调试按期保质保量地完成。

4. 现场调试组织

在现场调试试验项目实施过程中，严格按照工程启动验收委员会批准的调试方案组织各项试验工作，并要求各参加调试人员认真学习和执行现场安全规程的要求；对试验结果及时进行分析研究，并结合现场设备的实际情况，对调试实施计划进行优化组合，进一步提高调试工作的效率和质量。

第三节　工程调试方案编制与审查

一、联调试验方案的编制与审查

青藏直流工程联调试验方案的编制充分借鉴了各直流工程联调试验的经验和成果，同时重点考虑了藏中电网弱交流系统的特点，针对拉萨侧交流系统设计水平年（2012 年）的枯大、枯小方式，2011 年底系统调试时的大方式、小方式等四种方式进行了交流电网的详细仿真研究，根据不同的方式增设了大量试验项目，保证了在每种方式下直流控制保护系统功能与性能均得到良好验证。

在方案的编制过程中，北京网联公司根据以往直流工程运行中出现的问题，增加了以往直流工程存在问题的联调试验验证内容，使方案不断得到完善。最终采用的青藏直流工程联调试验方案确保了联调试验涵盖工程现场大部分的系统试验内容，并且还包括大量现场不能具备条件开展的试验（如各种保护试验），达到全面考核直流控制保护系统功能、性能及相关接口的目的。

联调试验方案编制完成后，在充分征求青藏直流工程成套设计人员意见的基础上，北京网联公司组织专家进行了内部审查，结合各专家意见不断优化方案内容，确保方案的全面性。

2011 年 4 月 1 日，总指挥部在北京组织召开了青藏直流工程直流控制保护系统联调试验方案审查会，北京网联公司汇报了联调试验方案，来自国家电网公司、西北公司、青海公司、西藏公司、中国电科院等相关调度、运行、设计单位以及设备供货厂家的专家和代表对联调试验方案进行了审查，会议还对联调试验工期提出了要求，联调试验方案通过了会议的审查，在联调试验中实施。

二、设备和分系统调试方案的编制与审查

设备和分系统调试方案由工程业主牵头组织工程参建单位联络会，与各设备厂商以及工程设计成套单位讨论工程设备调试试验项目，将会议讨论内容和结论形成会议纪要；根据调试联络会议精神，参照设备生产厂家提供的与设备有关的文件、资料及国家标准的要求，编制而成。

四川电力科学研究院（简称四川电科院）和陕西电力试验研究院（简称陕西电科院）根据调试联络会议纪要精神，完成了设备调试方案初稿，工程业主组织了专家审查会，对方案内容和试验项目进行了详细审阅，提出了修改意见和建议，两个电力试验研究院根据审查意见和建议对方案进行了修改和完善，报工程启动验收委员会批准执行。

在设备预调试试验过程中，技术监督单位加强技术监督和进度控制。严格执行有关规范、规程，做好设备试验结果的监督和检查，及时处理各类设备缺陷，确保工程设备试验的按期完成。换流站设备调试项目和试验报告及资料是否齐全，试验过程及结果是否满足技术规范的要求。

经过近一年的紧张调试工作，青藏直流工程设备和分系统调试项目组完成了围绕一次主设备，从查线、信号、操作和注流（加压）四个基本方面的

两个换流站的共 2 万余项试验项目。其中在套管 TA 极性验证较为复杂的西门子技术换流变压器注流试验上，调试人员积极研究技术探讨新的方法，设计短路电路攻克了该项难题试验。在交流场电流互感器极行验证试验方面，充分发挥群众创新的主观能动性，利用 GIS 空间和设计上的便利，拆除接地铜牌单点注入电流，从而通过转换交流串内开关状态转变一次回路，减少了搬移设备的次数，大大地缩短了试验周期，为紧张的工期争取了宝贵时间。

三、站系统调试方案的编制与审查

青藏直流工程换流站系统调试方案的编制和审查与分系统调试方案编制和审查过程相同，由工程业主牵头组织工程参建单位联络会，与陕西电科院和四川电科院以及设备制造商讨论并确定工程调试试验项目，将会议讨论内容和结论形成会议纪要；制订站系统调试具体时间表；根据联络会议精神，编制站系统调试方案。西北分调根据站系统调试方案编写站系统调试调度方案。

青藏直流工程站系统调试方案（讨论稿）编写完成后，工程业主组织了专家审查会，对方案内容和试验项目进行了详细审阅，提出了修改意见和建议，陕西电科院和四川电科院根据审查意见和建议对方案进行了修改和完善，报工程启动验收委员会批准执行。

四、系统调试方案的编制与审查

在系统调试过程中，要对工程所有主回路设备如变压器、换流阀、直流线路、滤波器、断路器和开关等的耐压水平、通流能力进行检验，并对整个系统的运行性能包括换流站控制、极控制、保护设备的功能进行评价，以校核整个系统工程是否满足设计规范要求，是否达能到工程验收标准。

由于工程系统调试不单与直流系统本身相关，还涉及送端和受端交流电网，因此直流工程系统调试是一个较为庞大而又复杂的系统工程。要编制出一套水平较高的、切实适用于系统调试的方案，使其既能够充分地考虑检验直流系统的性能，又能保障整个交流系统的安全运行，是一项很艰巨的任务。

青藏直流工程系统调试方案是在计算分析和模拟试验的基础上，结合现场的具体条件及工程技术规范书要求编写的。直流系统调试的编写经过与设备制造、设计成套以及工程各参与调试的单位参加的联络会讨论后，确定了直流输电工程系统调试的项目，中国电科院在此基础上借鉴以往直流工程系统调试的经验，编写了青藏直流工程系统调试方案送审稿，报工程启动验收委员会批准。

工程启动验收委员会召开会议对系统调试过程中系统安全稳定运行措施进行了讨论，对系统调试方案报批稿进行了审核后，提出了修改和完善意见，由中国电科院对系统调试方案进行修改，最后报工程启动验收委员会批准执行。

第四节　工　程　调　试　结　果

一、设备调试

（一）换流变压器长时感应电压试验带局部放电测量

1. 试验目的

换流变压器是青藏直流工程关键设备之一，集成了当今国内最先进的制造技术。按照电力行业标准，在现场进行长时感应电压试验带局部放电测量（ACLD）是检验设备运输和安装质量的主要特殊试验项目，确认换流变压器在换流变电站安装后的性能是否满足设备技术规范要求。

2. 内容及要求

对 330kV 换流变压器网侧绕组进行感应耐压和局部放电试验，且 $1.5U_m/\sqrt{3}$ 电压下 60min 视在放电量不大于 500pC。

对 220kV 换流变压器网侧绕组进行感应耐压和局部放电试验，且 $1.3U_m/\sqrt{3}$ 电压下 60min 视在放电量不大于 500pC。

根据工程需要，换流变压器要求在推入阀厅运行位置后进行长时感应电压试验带局部放电测量，以更真实地反映换流变压器实际状态。在阀厅内复杂的电场环境条件下，对换流变压器阀侧套管施加比运行高 1.5 倍的试验电压，由此增加了安全风险和干扰影响。同时，由于换流变压器距离防火墙、龙门架近，附近施工和 220/330kV 侧设备带电运行，使现场试验难度大幅增加。因此试验成功与否，关键技术就是对干扰的识别和防范措施的应用。

3. 试验结果

（1）青藏直流工程全部换流变压器长时感应电压试验通过，局部放电测量结果满足规程要求。

（2）经过试验研究，证明在阀厅内进行长时感应电压试验带局部放电测量的可行性，优化了安装程序，缩短了工期。

（二）换流变压器绕组变形频率响应特性测试

1. 试验目的

绕组变形频率响应特性测试可以发现换流变压器由于电动力或机械力作用而导致的绕组缺陷，是检验换流变压器运输质量、判断绕组变形或位移等缺陷的重要手段。同时，现场绕组变形频率响应特性图谱也是运行换流变压器的重要基础数据。

2. 内容及要求

按照国家的相关规定，绕组变形频率响应特性测试应在绕组充分放电以后进行；在最高分接位置下，逐一对变压器的各个绕组开展测试；绕组变形频率响应特性测试结果与出厂试验值相比应无明显变化。

绕组变形频率响应特性测试时，对于网侧绕组，选择网侧中性点套管为激励信号输入端，从网侧高压套管获取响应信号；对于阀侧绕组，分别从绕组的两端注入激励和获取响应信号。激励信号频率变化范围为 1 ~ 1000kHz，响应信号经检测阻抗、模数转换等输入计算机进行分析处理，绘出绕组传递特性随频率的变化曲线。

由于测试过程中部分高压设备已经带电，现场测试环境及引线布置方式对测试结果有较大影响，因此避免干扰是绕组变形频率响应特性现场测试的关键。

3. 试验结果

青藏直流工程各换流变压器阀侧、网侧绕组频率响应特性曲线与出厂试验图谱相比无明显变化，表明换流变压器运输、现场安装过程中绕组未发生位移、变形，试验合格。

二、分系统调试

按照青藏直流工程调试计划，直流工程设备调试完成后，紧接着要进行换流站分系统调试。一般而言，换流站的设备分为直流场一次设备及相应的控制保护设备、交流场一次设备及相应的控制保护设备、辅助（站用）电源设备及相应控制保护、全站监控系统（SCADA）、计量及其他设备系统5个部分。换流站分系统调试就是逐一对上述5个部分的功能进行调试验证。

直流输电工程换流站分系统调试项目内容较多，涉及换流站的设备范围广，在此仅对其中重点试验项目的试验内容及结果进行介绍。

（一）低压加压试验

1. 试验内容

低压加压试验的内容主要包括：检查施加到换流阀上的交流电压的相序以及该交流电压与换流阀触发同步控制电压的关系是否正确；确定换流阀各阀臂触发的对应关系和顺序、换流阀的导通角与触发信号的关系、控制系统移相触发关系、对于误触发与不触发的信号指示及保护动作的正确性。

2. 试验结果

换流阀电压与触发脉冲的顺序时间关系正确，换流阀运行正常，各种控制保护的动作指示正确。

换流阀的低压加压试验简单、安全，对换流阀晶闸管触发功能的检验尤其适用。由于试验电压很低，出现问题通常不会造成设备的损坏。电力行业标准中已经将低压加压试验作为分系统调试必做的试验项目。

（二）交直流滤波器调谐试验

1. 试验内容

柴达木换流变电站内滤波器类型为：直流两调谐滤波器12/24和12/36各2组；BP11/13交流滤波器4组、HP12/24交流滤波器4组。拉萨换流站内滤波器类型为：直流两调谐滤波器12/24和12/36各2组；HP11/13交流滤波器4组、HP12/24交流滤波器4组，SVC 2组。

根据柴达木换流变电站、拉萨换流站滤波器的类型进行的调试内容有：滤波器电容器不平衡电流测试及调整，滤波器调谐试验。

试验中对所有的滤波器支路的阻抗—频率特性、相位—频率特性进行扫描，确定各支路的谐振点。滤波器的相位—频率特性为 0 时的频率即为谐振频率。

2. 试验结果

对交直流滤波器支路各元件的参数进行调整，并对交直流滤波器调谐频率进行调谐，同时根据要求在调谐期间对交直流滤波器的幅频特性和相频特性进行了扫描。测试结果表明，直流滤波器调谐特性满足工程技术规范要求。

三、站系统调试

（一）站系统调试常规试验

按电力行业标准和相关规范，青藏直流工程换流站站系统调试试验项目共计 6 项。

1. 顺序操作试验

试验结果表明：直流场和交流场操作顺序及电气联锁执行正确，在手动控制/自动控制模式下每步操作执行正确。

2. 最后跳闸试验

最后跳闸试验的目的是为了检查保护跳闸情况。该项试验包括的主要设备有直流保护系统柜，交流滤波器/并联电容器的就地交流保护柜，手动紧急停运按钮等。

试验结果表明：最后跳闸试验检验了每个保护柜与极控和站控的停运顺序之间的接口及设备开关动作正确；带电的站系统跳闸试验验证了每个极控和站控的停运顺序以及直流场开关操作顺序正确。

3. 交流母线和交流滤波器组带电试验

交流母线和交流滤波器组带电试验通过手动操作拉、合母线进线断路器以及相关的隔离开关给交流场母线充电。母线第一次带电运行时间大约 2h，然后手动操作拉、合进线断路器 3 次对母线充电，断路器分、合时间间隔大约 5min，试验过程未见异常。此项试验考核了交流滤波器组、电容器组的断路器投切容性负荷能力及并联电抗器断路器投切感性负荷的能力。在交流母线和交流滤波器充电试验时，同时检查了一次设备的绝缘水平和二次设备控制逻辑。

在试验过程中检验了与站系统调试相关的保护整定值；确认相关保护动作的正确性；检验了滤波器和无功设备的电压耐受能力和电晕情况，滤波器/无功设备的相电流，中性线电压和不平衡电流以及滤波器/电容器组的电压和滤波器投切前后避雷器动作情况。

试验结果表明：交流母线和交流滤波器组具备投入运行条件。

4. 换流变压器投切及带电试验

换流变压器投切及带电试验是高压直流系统带电的一项站系统试验，它要检验的设备主要包括极控制、晶闸管元件监测系统和阀触发系统，换流变压器及运行人员控制系统。

此项试验通过手动操作拉、合换流变压器网侧断路器，向直流侧开路的闭锁状态换流阀组充电。每台换流变压器第一次带电运行时间大约 2h。在试验期间，换流变压器充电次数 5 次。

试验结果表明：换流变压器充电时的励磁涌流处于正常范围内，阀触发系统的预检功能正确动作；换流变压器分接头位置、换流变压器风扇启动顺序符合设计要求。

5. 开路试验

开路试验在两极分别进行，如果一极带电，另外一极也可以同时进行此项试验。此项试验是交流/直流系统空载加压试验，从试验内容上划分为不带线路和带线路两类；从试验方式上划分为手动零起升压方式和自动零起升压方式两类。试验目的是检验直流开路试验控制，以及阀触发、换流变压器、直流滤波器和运行人员控制系统的性能。

通过试验，以下性能得到了检验：

（1）直流开路试验控制能正确工作。

（2）换流器阀的触发能力及解锁阀的电压耐受能力、交流场和直流场设备的耐压能力以及直流线路的绝缘能力得到了检验，且正常工作。

（3）线路开路试验顺序控制正确及开路保护未发生误跳闸。

6. 抗干扰试验

抗干扰试验的目的是验证交流/直流保护和控制设备在交流场各种倒闸操

作和使用步话机、手机通话时，会不会误动作。试验包括的主要设备有：站内所有交流/直流控制和保护设备、事件顺序记录设备。

试验结果表明：在交流场各种倒闸操作方式下，保护、控制设备不发生误报警和误动作；使用步话机和手机通话时，保护、控制设备不发生误报警和误动作。

7. 其他试验

除上述试验外，还进行了站用变压器投切及保护极性校验，站用电备自投试验，背景谐波测试等试验，这些试验的结果正确。

（二）拉萨换流站 35kV 静止无功补偿装置（SVC）试验

1. 试验内容

试验内容包括：① SVC 自动启停试验；② SVC 无功控制功能试验；③ SVC 快投快切功能试验；④ SVC 电压控制功能试验；⑤ 冗余系统切换功能试验。

2. 试验结果

试验结果：① SVC 自动启动和停止；② SVC1 自动启动；③ SVC1 自动停止；④ SVC2 自动停止。

3. SVC 无功控制功能试验

直流正常运行时，SVC 采用定无功控制。定无功控制的作用是利用 SVC 的无功调节能力对无功功率进行控制，将换流站与系统交互的无功稳定在设定值。SVC 的功率点选择交流系统和直流换流站之间交互的功率，也就是各条 220kV 线路无功功率之和，无功功率的控制目标即为 220kV 线路的总无功功率。试验结果：

（1）两套 TCR 同时启动试验。正常情况下，启动后的 TCR2 处于带负荷运行状态，TCR1 备用，但处于解锁（最小电流）运行状态，拉萨换流站与藏中电网交换无功接近设定值 0Mvar。

（2）单套 TCR 退出试验。正常运行情况下，当拉开 3523TCR，模拟 TCR2 发生故障退出后，TCR2 负荷由 TCR1 转带，同时跳开 2 号站用变压器 3551 断路器。当投入 3523TCR，模拟 TCR2 故障后恢复，TCR1 负荷被 TCR2 转带；TCR1 的退出、投入对系统基本无影响。

从测试结果可以看出：当 TCR2 退出运行后，TCR1 的响应时间为 4.8ms，由于 TCR2 无功出力降低速率大于 TCR1 无功出力上升速率，故 220kV 母线电压继续升高，达到瞬时最大值 2.39kV，变化率 1.1%。在 TCR 切换过程中，动态调整时间为 59.6ms。在此过程中，220kV 母线电压波动范围为 −1.30 ～ 2.39kV，变化率为 −0.6% ～ 1.1%。

4. SVC 快投快切功能试验

双 TCR 退出时，为了防止系统电压升高，控制系统立即根据退出前一刻 TCR 的出力情况，快速切除滤波器及快速投入低压电抗器，先切滤波器，再投低压电抗器，不过切，不过投。测试结果：

（1）快速切除滤波器：自动停止 SVC1，将 TCR 控制方式切换为手动，手动拉开 TCR2 的 3523 断路器，检查滤波器的快投快切功能的正确，切除滤波器时间约 40ms。

（2）快投低压电抗器试验：将 TCR 控制方式转自动控制，自动启动 SVC1，修改无功控制目标为 5Mvar，将低压电抗器控制方式改为自动，将 TCR 控制方式转手动控制，手动拉开 TCR1 的 3519 断路器，检查滤波器的快投快切功能的正确，切除滤波器时间约 40ms，投入电抗器时间约 120ms。

5. SVC 电压控制功能试验

直流系统停运时，可以采用 SVC 的定电压控制功能来提高系统的电压稳定性。定电压控制的作用是利用 SVC 装置对换流母线电压的调节能力，不断地对系统电压进行调整，从而将其稳定在设定的参考值附近。SVC 的电压控制是以 SVC 变压器高压侧电压或无功变压器高压侧电压为控制目标，根据 35kV 母线的运行方式对控制目标进行选择。测试结果：

（1）控制方式切换。SVC 双套运行，TCR2 调节，TCR1 解锁备用。将 SVC 控制方式由"无功"切换为"电压"，TCR2 以运行电压为目标完成切换，切换前后的稳态电压值不变。

（2）电压调节功能试验。在电压控制方式下，调整目的电压检查 SVC 控制系统电压的能力。

6. 冗余系统切换功能试验

试验前的拉萨换流站运行状态为 35kV 分段运行，TCR1、TCR2 正常运行，3 次、5 次滤波器全部投入。

7. 试验小结

试验结果表明：SVC 的自动启动和停止、无功控制、电压控制、冗余系统切换功能正常；SVC 系统技术指标基本满足使用要求，可以投入运行。

四、系统调试前计算分析

为了保证直流工程安全、可靠地投入运行，国家电网公司委托中国电科院对青藏直流工程调试系统进行了安全稳定计算分析，为保证该工程系统调试的顺利完成奠定了基础。

（1）调试期间，建议海西电网 750、330kV 线路全接线运行，格尔木燃机电厂至少开 1 机；若海西电网 750kV 系统无法投运，建议海西电网 330kV 线路全接线运行，格尔木燃机电厂至少开 2 机；根据海西 750kV 系统投运情况和格尔木燃机电厂开机情况，合理安排海西断面和格尔木断面的受电潮流；针对海西 750kV 系统故障引起的稳态过电压问题，需配置相应的安控措施；调试期间藏中电网负荷水平较低，但考虑到调试网架结构较为薄弱，必须考虑电压稳定的影响，即试验条件首先满足最小开机条件；频率稳定问题是面临的主要挑战，应保证足够开机以维持系统在损失直流功率或大容量机组后的频率稳定，特殊试验项目开机方式另有要求。

（2）在正常运行的条件下，柴达木换流变电站投入 1 组滤波器，330kV 母线电压稳态上升不足 2kV，暂态最高压升不超过 3kV；拉萨换流站投入 1 组滤波器，SVC 投运条件下，220kV 母线压升不超过 0.5kV，暂态最高压升不超过 5kV。总之，正常运行条件下，换流站投切 1 组滤波器母线电压冲击较小。

（3）直流解锁需在双侧换流站投入 2 组滤波器。在柴达木换流变电站投入 2 组滤波器，最恶劣工况为 750kV 线路停运，格尔木燃机电厂全停，柴达木换流变电站 330kV 母线电压稳态上升约为 18kV，暂态最高压升 19.5kV；在拉萨换流站投入 2 组滤波器，最恶劣工况为 9E 燃机退出，换流站 SVC 退出，拉萨换流站 220kV 母线电压稳态上升 11.3kV，暂态最高压升 19.2kV。解锁投入 2 组滤波器对母线电压冲击较大，需满足一定的开机和运行条件，青海侧 750kV 线路停运方式下格尔木燃机电厂至少开 1 机，西藏侧拉萨换流站 SVC

需投运。

（4）直流启停对藏中电网造成一定冲击，特别是9E燃机退出，对电网冲击较大；直流再启动会对藏中电网造成一定冲击，青藏直流单极运行方式下，若藏中电网受电不超过20%，可投入单极一次全压再启动；青藏直流双极运行方式下，藏中电网受电不超过35%时，若投入单极一次全压再启动，单极再启动不会导致藏中电网低频减载动作，但双极依次故障可能会导致藏中电网低频减载动作；藏中电网受电不超过30%、系统留有足够备用时，双极依次故障不会导致藏中电网低频减载动作。

（5）大负荷试验送电功率较大，需做好相关准备工作；提供了六个大负荷试验方案，综合考虑调试期间网架结构、负荷水平等因素，建议重点考虑方案六；通过对调试期间大负荷方式下的潮流分析可知，藏中电网的开机方式和无功补偿配置可以满足大负荷试验的要求；通过增开机组的方式，避免故障后电压失稳；部分方案中安排羊湖抽水蓄能电站1台机组抽水，该抽水机组考虑故障后快速切除，49.6Hz延时0.06s切除；单极闭锁通过极间功率转带，不损失功率；直流双极闭锁，按照切平原则切除藏中电网负荷，低频减载最多动作一轮；推荐方案下双极相继故障，低周减载最多动作一轮；根据藏中电网运行人员经验，系统功率调整的速度约 $4 \sim 6MW/min$。

（6）调试期间将在藏中电网和海西电网各安排一次短路试验，进行单回线单相瞬时性短路试验；藏中电网拟安排在拉夺线拉萨侧，海西电网拟安排在柴格线格尔木侧；单瞬试验对电网冲击较小，对对侧几乎无影响。

（7）对于部分安控不投入的特殊调试项目，通过开机确保系统稳定运行，对于送电功率较大的试验项目，应考虑安排羊湖抽水蓄能电站机组抽水并设置快速切除的安控措施。

（8）9E燃机退出条件下的直流启停、功率升降试验，需在满足基本开机条件的基础上，根据试验项目增开机组。

（9）直流电流阶跃试验，需在满足基本开机条件的基础上，增开羊湖抽水蓄能电站、直孔电厂机组至少6台。

五、端对端系统调试

端对端系统调试是直流输电工程投入运行前最后一道工序，是对工程设计、设备制造、施工安装等方面工作的全面考核。通过工程的系统调试，可以对工程的性能做出全面评价。

（一）系统调试方案

端对端系统调试内容按调试项目划分为四部分单极低功率系统调试、单极大功率系统调试、双极低功率系统调试与双极大功率系统调试。按时间段可划分为两个阶段：一极端对端系统调试试验为第一阶段，另一极及双极端对端系统调试试验为第二阶段。也可以根据工程建设情况，将极Ⅰ、极Ⅱ和双极系统调试合并在一起进行。

1. 系统调试方案编写

在制订青藏直流工程系统调试方案时，充分考虑到柴达木换流变电站和拉萨换流站的特殊情况，影响直流送电能力的主要因素有：

（1）短路比问题。藏中电网是目前国内直流工程中最弱的受端电网，交流系统短路容量小，短路比低，编写方案时对有关技术问题给予了关注：

1）直流运行工况建立困难，启停等正常有功、无功调整将引起藏中交流电网频率和电压的明显波动。

2）拉萨换流站短路比低，为满足直流运行最小有效短路比要求，直流大负荷运行时需要 9E 燃机等大机组在运行状态。

（2）藏中电网电压稳定问题。藏中电网直流受电能力除受短路比约束外，还受电压稳定问题的制约。由于直流系统无法为交流系统提供电压支撑，且藏中电网主要机组（除燃机外）距拉萨负荷中心距离远，电网动态无功支撑弱，如超 220kV 断面稳定极限运行，严重故障情况下存在电压失稳可能。需通过安排重要电源开机方式，增强负荷中心电压支撑，并合理确定藏中电网直流受电容量，避免电压稳定问题的发生。

（3）藏中电网频率稳定问题。由于藏中电网具有"大机组、小系统、弱受端"的特点，交直流故障对藏中电网的冲击大，典型方式下不满足 $N-1$ 标准，存在频率稳定问题，运行风险大，必须采取安控措施。如故障情况下无安控措施，9E 燃机跳闸或直流双极闭锁均可能引起藏中电网垮网。

（4）海西电网运行风险。随着青海海西 750kV 通道投运，海西电网与西北主网电气距离拉近，海西受电能力较联网工程投运前提高 300MW，满足直流送电需求及海西用电需要。

海西电网作为送端电网仍相对薄弱，仅格尔木燃机电厂能够提供电压支撑，750kV 通道在海西电网单一落点，主变压器故障将引起 750kV 通道完全失去。格尔木燃机电厂全停方式下，柴达木换流变电站主变压器 $N-1$ 故障时，海西电网电压跌落大，难以恢复，需要采取安稳措施。

基于以上分析研究，编写系统调试方案时，提出青藏直流工程系统调试期间运行方式安排如下：

（1）在藏中电网冬季大方式下，利用每天约 2h 用电负荷达高峰负荷的时间窗口，在 9E 燃机开机方式下，安排青藏直流受电占负荷比例 35% 的大功率调试项目，具体送电负荷由调试总指挥视当时系统情况确定。

（2）正常低功率试验，暂安排藏中电网直流受电比例占其负荷总量的 30%～35% 以内，调试期间 9E 燃机开机；通过合理安排藏中电网开机方式，进行 9E 燃机不开机的系统试验。

（3）系统试运行期间，安排藏中电网直流受电比例占其负荷总量的 35% 以内。

（4）在藏中电网具备条件时，再适时安排青藏直流工程 300MW 大负荷试验。

（5）考虑到青海海西电网电压支撑问题，调试期间格尔木燃机电厂燃机至少开启 1 台。

基于以上因素，在编写调试方案时，增加了调试期间系统的开机条件和两端母线电压的条件，另外增加了调试期间的系统安全稳定措施，综合直流送端和受端系统的条件和安全稳定措施，确定了系统调试阶段的试验项目，精心编制工程调试方案和实施计划，以保证工程调试工作的圆满完成。

2. 单极系统调试项目

（1）初始运行试验、功率正送。包括极启停、控制系统切换、紧急停运以及控制和保护模拟量输入检查等试验项目。

（2）功率正送、保护跳闸试验。包括换流器、直流场和直流线路各类保护跳闸等试验项目。

（3）稳态运行、功率正送、系统监控功能试验。包括值班控制系统电源故障、数据总线、控制总线、主机负载率检查以及失去控制系统直流电流信号等试验项目。

（4）稳态运行、联合电流控制、功率正送。包括电流升降、在电流升降过程中控制系统切换、站间通信故障、电流指令阶跃、电流裕度补偿，逆变侧控制电流等试验项目。

（5）正常运行、联合功率控制、功率正送。包括极启停、功率升降、在功率升降过程中控制系统切换、功率指令阶跃、通信故障、电流裕度补偿，逆变侧控制电流、功率控制/电流控制转换等试验项目。

（6）低功率运行、功率正送、通信故障时独立电流控制试验。包括极启停、紧急停运、电流升降、在电流升降过程中进行系统切换、电流控制/功率控制转换、通信故障等试验项目。

（7）低功率、正常电压/降压运行、功率正送。包括手动和保护启动降压、功率/电流升降、手动改变换流变压器分接开关位置、功率指令阶跃、通信故障、转换到联合电流控制、电流指令阶跃等试验项目。

（8）无功功率控制试验。分为低功率试验项目和额定功率试验项目：低功率试验项目用于验证无功功率控制性能；额定功率试验项目用于验证换流站无功元件投入运行的组数是否满足额定功率运行设计要求。试验项目包括手动投切滤波器、滤波器需求、滤波器切换、无功控制性能验证、无功电压控制性能验证、降压运行无功功率控制、U_{max} 控制性能验证等试验项目。

（9）大地/金属回线转换试验。分为低功率试验项目和大功率试验项目，试验项目包括低功率大地/金属回线转换、中功率大地/金属回线转换以及额定功率大地/金属回线转换等试验项目。

（10）丢失脉冲试验、功率正送。包括大地/金属回线整流侧和逆变侧丢失单个触发脉冲，大地/金属回线整流侧和逆变侧丢失多个触发脉冲，无通信、大地/金属回线整流侧和逆变侧丢失多个触发脉冲等试验项目。

（11）扰动试验、功率正送。包括直流线路故障、接地极线路故障、直流滤波器投切、交流辅助电源切换、直流辅助电源故障等试验项目。

（12）直流系统附加控制试验。包括功率提升和功率回降、模拟不正常的交流电压和频率控制、模拟调制控制、频率变化限定直流功率等试验项目。

（13）本地/远方控制转换和后备面盘上操作试验。包括远方控制启停、远方控制单极功率升降、后备面盘操作启停、单极和双极功率升降等试验项目。

3. 单极系统调试测试项目

（1）直流系统运行状态量的测试。验证直流系统各种运行状况是否符合规范要求。

（2）交流系统运行状态量的测试。在各种直流调试工况下，对换流站交流侧关键量如交流电压、交流电流、有功及无功功率、频率等进行监测，观察直流系统对交流系统的影响。

（3）过电压测试。验证换流站及直流线路绝缘配合设计是否符合规范要求。

（4）交直流谐波测试。验证交直流谐波性能是否符合规范要求。

（5）噪声和电磁环境影响测试。验证环境影响是否符合规范要求。

（6）接地极测试。验证接地极电流分布、跨步电压、接触电压和接地极导体温度是否符合规范要求。

4. 双极系统调试项目

在进行双极低功率系统试验之前，两换流站相应单极试验项目应均已完成。

（1）功率正送。包括双极同时启/停、整流侧手动紧急停运、逆变侧手动紧急停运等试验项目。

（2）极补偿、主控权转移、功率正送。

（3）自动/手动控制、功率正送。

（4）极跳闸、功率补偿、功率正送。

（5）接地极平衡。

（6）降压运行、功率正送。

（7）扰动试验、功率正送。包括整流侧接地极线路故障，逆变侧接地极线路故障，模拟接地极线路开路、极跳闸试验，双极直流线路接地故障试验，交流线路故障等试验项目。

（8）直流系统附加控制试验、双极运行、功率正送。包括功率提升/功率回降、模拟 AC 系统异常频率控制、模拟附加功率控制信号调制功能试验等试验项目。

（9）后备面盘操作试验、包括极启停和功率升降等试验项目。

5. 双极系统调试测试项目

（1）直流系统运行状态量的测试。验证直流系统运行状况是否符合规范要求。

（2）交流系统运行状态量的测试。对交流系统的运行性能进行检验。

（3）过电压测试。验证换流站绝缘配合设计是否符合规范要求。

（4）谐波测试。验证谐波性能是否符合规范要求。

（5）电磁环境和噪声测试。验证电磁环境影响是否符合技术规范要求。

（二）系统调试完成情况

青藏直流工程系统调试是我国首次在高海拔地区开展直流输电工程调试工作。在国家电网公司的统一领导下，紧密结合青藏直流输电工程特点，首次研究并逐步解决藏中电网"大直流、小系统和弱受端"电网系统的频率和电压稳定问题，对送端和受端系统安全稳定进行了科学计算和仿真试验，周密制订调试方案、试验计划和安全措施，以及全体参加调试人员加班加点努力工作，安全高效优质地进行系统调试工作。

青藏直流工程系统调试计划试验项目126项，从2011年10月13日开始，至10月27日止，共计完成计划内试验项目126项，计划外试验项目10项，共计完成试验项目136项。其中极I试验项目65项，极II试验项目41项，双极试验项目30项。

在制订青藏直流工程系统调试方案时，充分考虑到青藏直流工程的特点和复杂性，结合青藏直流输电工程投运的系统条件，进行直流送端和受端系统运行方式的计算分析研究，特别是藏中电网"系统短路比低、电网动态无功电压支撑不足、直流输电比例大、大直流、大机组、小电网，系统频率稳定性差"等特点；确定了系统调试的试验项目，精心编制工程调试方案和实施计划，以保证工程调试工作的圆满完成。

青藏直流工程系统调试的特点是时间短、任务重，为了圆满完成调试任务，中国电科院技术人员在全院的统一部署和精心组织下，成立了包括系统、高压等多个不同专业的老中青技术人员在内的50余人的精干的系统调试队伍，建立了包括现场指挥组、技术分析组、交流测试组、直流测试组和线路试验组等专业机构；精心编制了系统调试方案和调试工作计划，报工程启动委员会批准，使系统调试工作在工程启动委员会具体指导下，严格按照批准的方案和计划顺利开展。全体参加调试人员分为两班进行系统调试试验工作，昼夜进行调试工作。

在系统调试过程中，换流变压器、换流阀、平波电抗器、交流滤波器、电容器、开关等一次设备经受住了直流解/闭锁和保护跳闸等试验的过电压冲击和考验；直流控制保护系统的性能得到了检验，对于发现的问题，调试指挥部每天进行技术分析，及时与设备制造厂商和设备安装单位进行沟通，使问题能够及时得到处理，完善和优化了系统功能。

完成的试验项目包括各种运行方式下的初始运行方式建立、直流系统保护跳闸功能、系统监控功能、电流控制、功率控制、无功功率无功/电压控制、辅助电源切换、丢失触发脉冲故障、大负荷运行等项试验。

（三）系统调试结论

（1）青藏直流工程系统调试前期准备工作充分，针对"大直流、小系统、弱受端"存在的系统频率和电压稳定问题的特点，进行了科学计算和仿真试验，系统分析和电磁暂态计算准确，方案编制合理，应急预案全面，保证了系统调试工作的顺利进行和圆满完成。

（2）在系统调试过程中，柴达木换流变电站和拉萨换流站换流变压器、换流阀和交直流场设备、直流线路均经受了全电压和降电压100kV的考核。

（3）直流系统的正常启/停和紧急停运功能正常，控制系统可以互为备用；各种保护的输入/输出信号正常，可以建立起正常的运行方式。

（4）直流系统的各种保护功能和最后一台断路器跳闸功能正常，能够为设备和系统的安全运行提供保障。

（5）在发生交流辅助电源切换、直流辅助电源故障、丢失脉冲等扰动时，直流控制系统动作正确，能够保持正常运行。

（6）直流系统的电流控制、功率控制、无功/电压控制等功能正常，具备快速调节功率的能力，能够保证直流系统的稳定运行。

（7）直流系统的附加功率控制功能正常（包括功率提升、功率回降等），可供电网安全稳定控制系统使用。

（8）后备面盘控制功能正常，在后备面盘上可以进行直流系统运行的基本操作。

（9）送/受端交流系统、直流线路和接地极故障试验表明，直流系统相关的控制保护能够正确动作，在故障消除后，直流系统能够恢复正常运行。直流线路故障定位仪能够检测出故障点，满足工程要求。

（10）进行了藏中电网大负荷受电试验，双极输送功率达到150MW，单极输送功率达到100MW，实现了向藏中电网送电占35%～40%的目标，在试验期间一次设备和控制保护功能正常。

（11）在系统调试试验中，对交直流侧电压电流的波形及谐波进行了测量，测量结果均未见异常。

（12）试验期间换流变压器、换流阀、断路器、直流线路、无功设备及低压补偿设备多次经受了操作冲击考验，设备安全。

（13）电磁环境测试结果均满足国家环保局限值要求。

综上所述，青藏直流工程一次和二次设备性能良好，满足技术规范的要求。系统调试期间系统电压和断面功率控制正常，经受了大负荷和交直流系统接地故障等试验和直流各种操作的考核。工程的电磁环境友好。整个工程系统性能良好，具备投入试运行的条件。

第十二章　生产试运行

　　2011 年 12 月 9 日，经过全体工程建设、调试及生产运维人员的共同努力，柴达木—拉萨 ±400kV 直流输电工程一次带电成功，并顺利投入试运行。

　　为了确保这项工程安全稳定地投入试运行，国家电网公司统筹全公司资源优势，提升生产运行准备质量，提高生产人员业务技能，从生产准备工作启动到验收保障体系建立，从运维人员培训措施落实到高海拔直流输变电运行技术研究，从规程制度体系完善到运维管理模式研究建立，从备品备件、应急物资储备到应急管控程序演练细化等，均开展了一系列行之有效的生产准备、生产运行验收、试运行管理工作，形成生产试运行全过程、全方位的管理体系。

在国家电网公司统一领导下，青海、西藏电力公司结合实际，通过"外出调研、理论培训、跟班实习"等方式开展运维人员技能培训，落实线路"逐基登塔、逐档走线"、 换流站"逐个元件检查、逐条回路检查、逐个逻辑验证"验收措施，积极开展新技术研究，高质量、高水平、高效益地完成了柴达木—拉萨 ±400kV 直流输电工程生产试运行工作。 截至 2012 年 6 月 10 日，柴达木—拉萨 ±400kV 直流输电工程向西藏送电 4.0 亿 kWh，相当于节省标准煤 14.0 万 t，减少二氧化碳排放 39.9 万 t；未发生一般及以上人员、设备、电网事故，试运行期间输变电设备运行安全稳定。

第一节　生产运维模式及特点

一、生产运维模式

国家电网公司以发挥各方积极性及管理优势、节约成本、提高管理效率为工作目标，按照生产运维"属地化、一体化"原则，研究确定了"属地运维为主，技术帮扶为辅"的一体化运维模式。青海、西藏公司分别设立运行（检修）公司具体负责各自区域内换流站和线路的运行维护，并实行集中专业化管理。运行（检修）公司内部构建专业化运维业务组织体系，设置专业管理和专业班组，负责换流站和输电线路的运行与维护业务。A/B 类检修业务、通道维护业务、设备改造业务、应急抢修业务、技术服务业务原则上采取社会化的方式配置业务。换流站核心设备检修采取长期合作的方式，委托国网运行公司进行换流站核心设备年检、大修技改、抢修与检修；换流站其他设备 A/B 类检修、改造和应急抢修采取按照项目管理方式或者分专业与制造厂家长期合作方式开展相关业务。线路检修、应急抢修采取长期合作方式委托当地送变电公司承担，通道维护利用当地资源采取长期合作的方式，开展相关业务。技术服务依靠国网运行公司和当地电科院，采取合作和行政配置的方式，开展相关业务。

青海超高压运行检修公司（简称青海运检公司）成立于 2010 年 9 月，以前分属于青海各地市供电公司属地化管理的 330kV 级以上变电站及线路整体划归，并统一运行管理。2011 年 6 月，青海运检公司成立直流运维工区，专门负责柴达木换流变电站及接地极的运行与维护。同时，青海侧直流输电线路由青海运检公司格尔木输电运维工区采用"三站五地，倒班驻站"的方式开展运维工作，即在格尔木、五道梁、沱沱河建立运维站，在西大滩、唐古拉建立运维点，并分别由格尔木、沱沱河运维站管辖。青海运检公司青藏直流工程运维机构设置如图 12－1 所示。

西藏电力有限公司输变电分公司（简称西藏输变电公司）成立于 2009 年 8 月，公司主要承担 220kV 变电站、输电线路生产准备和运行管理维护工作，部分电厂 110kV 送出线路的运行管理与维护工作，西藏电力系统通信运行管

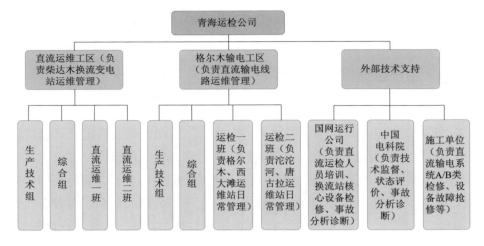

图 12 - 1　青海运检公司青藏直流工程运维机构设置

理工作。2010 年 12 月，西藏输变电公司成立直流运维工区，专门负责拉萨换流站及接地极运行与维护。同时，西藏侧直流线路运维由西藏输变电公司管理，将本线路分两个段进行运维，第一段从唐古拉山口青海公司与西藏公司交界处 1395 号杆塔到那曲 2023 号杆塔共计 629 基、271km，采取有偿委托西藏电建公司承担具体的运行维护工作；第二段从那曲 2024 号杆塔到拉萨换流站 2361 号杆塔共计 339 基（含接地极线路）、153km，直接由西藏输变电公司线路运行维护工区承担具体运行维护工作。分别在线路沿线安多、那曲、拉萨设置 3 个运维站。其中安多、那曲运维站由西藏电建公司负责管理，而拉萨运维站则由西藏输变电公司负责管理。运行检修人员均采用"倒班驻站"方式工作。西藏输变电公司青藏直流工程运维机构设置如图 12 - 2 所示。

考虑到青海、西藏公司缺乏远距离、大容量直流输电工程的运维经验，国家电网公司研究决定由国网运行公司负责柴达木换流变电站、拉萨换流站生产准备和运行维护工作的技术支持帮扶工作；湖北省电力公司、安徽省电力公司分别负责青海、西藏公司直流线路生产准备和运行维护工作的技术支持；湖北省电力公司负责柴达木换流变电站和拉萨换流站技术监督工作的技术支持。

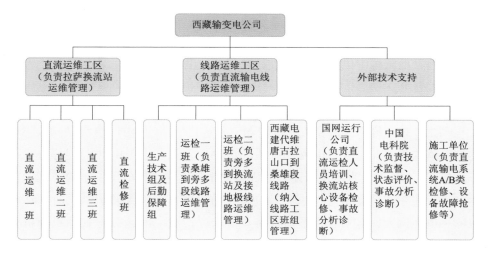

图 12 – 2　西藏输变电公司青藏直流工程运维机构设置

二、生产运维特点

1. 安全稳定运行要求高

2011 年 11 月以前，西藏藏中电网孤立运行，年电量日均缺口最高达 201 万 kWh，而青藏直流工程双极满负荷送电 600MW、单极 300MW，且工程投运后变成西藏藏中电网对外联络的唯一通道，工程安全可靠稳定运行对促进青藏两省区经济社会发展、改善群众生产生活条件、维护社会稳定、促进民族团结具有重大意义。

2. 运维技术攻关任务重

青藏直流工程作为世界首个平均海拔 4500m 以上的输变电工程，其运维工作面临着无经验、无技术标准、技术复杂等一系列挑战。特别是工程首次大量采用了针对高海拔特性的新设备、新技术、新工艺，其设备结构、技术性能、运行要求等方面发生了很大变化，如气体绝缘组合电器设备（GIS）伸缩节伸缩变化规律和多年冻土基础稳定性监测预警等问题需要依托科研进行深入探索，并在长期的运行实践中不断总结、完善。这决定了青藏直流工程必须深入开展调度运行检修关键技术研究，建立高海拔、高寒地区生产运行技术标准体系，并广泛采用先进适用技术，全面提升电网的调度、运行、检修技术水平。

3. 电网调控运行方式风险大

目前，西藏藏中电网处于电网发展初期，电网容量小，藏中电网"大机小网"特征较为明显。青藏直流系统接入藏中电网后，电网在频率、电压稳定方面的问题突出，呈现"大直流、小系统、弱受端"的格局。与其他直流工程相比，该工程两端的交流系统较弱，系统抗扰动能力弱。直流联网故障对两端电网的频率冲击大、电网动态无功波动大，且藏中电网典型运行方式下不满足 $N-1$ 标准，直流双极闭锁时极易发生频率稳定和电压稳定故障问题发生，工程在系统启动带电调试和调度运行方面难度高、风险大。同时，藏中电网水电比例大，电网运行季节性特点显著，造成电网运行方式计算分析任务艰巨，调度控制方式复杂且风险大。

4. 设备运维难度大

青藏直流工程是目前世界上海拔最高、穿越多年冻土地区最长的直流输变电工程。两端换流站地处格尔木市和拉萨市，平均海拔 3000m 以上，直流线路所经地区平均海拔 4500m，最高海拔 5300m，穿越多年连续冻土 550km，工程大部分地处大风速、强风沙、强日照、强紫外线、强雷暴、单日温差大的自然环境，这些恶劣的自然条件对直流设备外绝缘配置、户外设备沙尘防护，特别是输电线路冻土基础的稳定性产生巨大影响，设备运维难度前所未有。

5. 运维人员素质要求高

虽然国内直流输变电设备运维技术已趋成熟，但可借鉴的高海拔高寒地区直流输变电设备运维经验较少，特别是青海、西藏公司首次运行交直流混合电网，对运维人员的业务素质和管理水平提出了更高的要求。青藏直流工程广泛应用新技术、新设备，对青海、西藏公司运维人员学习新知识、创新管理、创新技术提出了更高的要求。为适应运行需要，青海、西藏公司必须创新管理模式，高度重视并全面加强、运行、检修和管理人员的培训工作，创建一支精简、高效、高素质的直流运维队伍，造就一批技术精湛、勇于奉献的技能专家队伍，建立健全高海拔地区运行标准化管理制度体系和工作流程，全面提高运行管理水平。

6. 运维人员健康保障问题突出

青藏直流工程直流输电线路送电距离 1038km，横跨青海、西藏两省区，沿线穿越高原荒漠、高寒草原、高寒草甸、沼泽湿地，有昆仑山脉的高山大岭，地质灾害及微气象频发区。大部分地区常年处于低气压、缺氧、严寒、大风等无人区域，含氧量仅为平原的45%，最低温度达到 -45℃，这些对运维人员的健康和劳动能力带来极大威胁，极易诱发肺水肿、脑水肿等急性高原病，运维人员健康保障问题突出。

第二节　生 产 准 备 管 理

一、建立健全生产准备组织体系

鉴于青藏直流工程的特殊性和重要性，青藏直流工程生产准备工作归口国网生技部直接管理。为加强生产准备工作的统筹与协调，国家电网公司组织成立了生产准备工作组（简称工作组），组长单位为国网生技部，副组长单位由总指挥部、国网运行公司、国网信通公司和青海、西藏、湖北、安徽公司等生产准备管理及技术支持单位组成。在工作组具体领导和担保下，青海、西藏公司按照"统一部署、分工协作"的工作机制成立了生产准备工作小组，负责各自区域内运行维护单位开展直流工程运维技术研究、生产人员培训、生产运行管理制度编制及其他生产准备工作。青藏直流工程生产准备组织体系如图12-3所示。

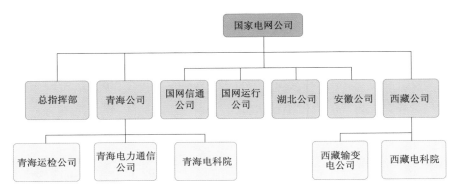

图 12-3　青藏直流工程生产准备组织体系

为确保生产准备工作稳步、高效、有序向前推进，工作组从青藏直流工程运行维护的实际出发，提出了生产准备各阶段重点工作，对生产管理制度建设、生产人员培训、施工质量跟踪、技术监督、关键运行技术研究、设备监造、阶段性验收等工作进行了详细安排。为加强信息沟通，生产准备工作实行月报制度，由各运维单位每月定期向国网生技部汇报上月完成工作及本月工作计划，为掌握生产准备工作进度，部署下阶段重点工作提供有力支撑。工作组通过生产准备工作例会，及时了解工程建设进度，沟通生产准备工作情况，安排下一阶段生产准备工作。自 2011 年 6 月 9 日召开第一次生产准备工作例会，在生产准备过程中每月至少召开一次工作例会。截至 2011 年 11 月 11 日，工作组先后组织召开 17 次生产准备工作例会和协调会，强化了工作协调、信息交流和工作推进，对一些协调难度大、影响面广的重点工作、关键工作，安排现场督导人员全程跟踪，抓好落实，确保各阶段生产准备工作按计划、分阶段、高质量地予以落实。

二、全过程管控工程建设质量

根据国网生技部的统一安排，青海、西藏公司积极参与工程建设单位组织的有关初步设计和施工图设计审查、设计联络会、线路路径选择和变电站选址、主设备及主要装置性材料的选型（包括招标文件审查、招评标、技术协议签订以及出厂监造）等前期工作。每项工作前，相关生产技术人员学习有关图纸和资料，依据电力行业及网、省公司有关技术规范、规程规定、反事故措施等，本着有利于电网安全和有利于运行维护的原则，提出建设性意见并书面提交设计、施工、建设单位。同时，在土建施工、电气安装、分系统调试、站系统调试、直流系统调试等重点环节参与中间验收，并同施工、调试单位一起进行了调试工作，全面掌握了设备性能和状况，为工程投运后的安全试运行打下了坚实基础。

三、开展直流运维专业培训

为保证青藏直流工程投入试运行后青海、西藏公司运维单位能够正常开展运维管理工作，国家电网公司通过调研，并根据青海、西藏公司实际需求，统筹公司系统内外资源开展了有针对性的直流运维专业培训。

2010 年初，国网生技部安排青海、西藏公司选拔 65 名学历高、年龄轻，有一线工作经验的直流运维储备人员到湖北电力公司的 500kV 龙泉、江陵换流站和国网运行公司宜昌管理处 500kV 宜都换流站进行了为期 6 个月的直流运维培训。2010 年 10 月，国家电网公司安排 21 名柴达木换流变电站储备人员到国网运行公司宜昌直流及特高压交流培训基地进行了上岗培训，共计完成 1176 个学时，并全部获得了上岗资格证。2010 年 11 月，国家电网公司安排国网运行公司宜昌管理处对 9 名拉萨换流站生产人员进行为期 7 个月的"一对一"技能培训与上岗培训，并组织参与江陵站、龙泉站核心直流设备年度检修工作，取得了良好的培训效果，并全部取得了上岗资格证。2011 年 4 月，国家电网公司安排 51 名柴达木换流变电站、拉萨换流站生产运维人员到国网运行公司宜昌管理处进行为期 3 个月的换流站运维培训，参加培训人员全部取得了上岗资格证（见图 12 - 4）。

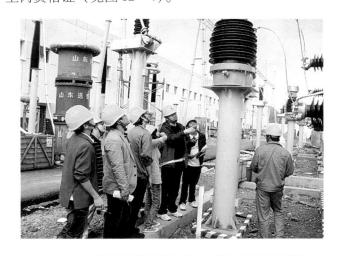

图 12 - 4　青藏直流换流站运维人员进行设备现场培训

青海、西藏公司也积极走出去向国家电网公司系统外的相关单位学习，2010 年 9 月～2011 年 5 月先后派 80 名运维人员前往设备厂家参加换流变压器、可控硅换流阀、控制保护设备的出厂试验、验收。同时分别邀请南瑞继保公司参与青藏直流工程控制软件设计的工程师、西北电力设计院参与冻土基础工程设计的工程师以及中国工程院寒旱所冻土工程专家到格尔木、西宁、拉萨开展技术讲座，对青藏直流工程控制保护策略、冻土基础稳定性监测等重点、难点问题进行针对性的培训，使运维人员理论水平大幅度提升。

截至 2011 年 11 月，青海、西藏公司直流运维人员已参加 52 个批次、342 人次的直流专业技术培训，共培养直流专业技术人员 130 人，取得上岗资格证共计 75 人。此外，柴达木换流变电站、拉萨换流站主值班员以上人员共 46 人通过了西北分调的直调厂站运行值班员上岗考试，取得上岗资格，有力保障了工程的安全稳定运行。

拉萨换流站开展静止无功补偿装置（SVC）专题培训及技术培训，如图 12 – 5 所示。

图 12 – 5 拉萨换流站开展 SVC 专题培训

四、建立专业技术标准和管理制度

为实现生产运行的专业化、标准化管理，在国网运行公司、国网信通公司、湖北公司、安徽公司等技术支持单位的帮助下，青海公司、西藏公司研究编写了《±400kV 换流站运维管理规范》、《换流站标准化管理细则》、《运维人员健康保障管理办法》等管理标准以及《高海拔地区设备巡视作业指导书》、《±400kV 柴拉直流输电线路基础冻土监测管理制度》、《±400kV 直流架空输电线路运行规范》、《±400kV 直流架空输电线路检修规范》、《±400kV 换流站检修管理规范》等技术标准，为生产运维管理搭建了制度、技术保障体系。

在参与编写规程和管理技术标准的同时，青海公司、西藏公司还结合工作实际编写了事故应急处理预案、高原病紧急救治预案、生态保护方案、医疗卫生保障方案、青藏联网工程验收大纲、青藏联网工程验收作业指导书、二次设备运行状态提示卡、设备事故跳闸信号记录卡（典型）、典型事故预案等，在生产运行、应急处理等方面做到了有章可循。

五、储备运维物资及工器具

按照"装备优良、手段先进，并满足运行维护实用和必要"的工器具、材料配置原则，国网生技部在征求青海、西藏公司的意见和充分调研认证的基础上，制定下发了《青藏交直流联网工程生产准备费购置计划》，明确各类工器具、仪器仪表、大型作业机具等配置标准，如基本运行维护、常规检修工器具的标准配置，以及满足技术监督、特殊作业的仪器仪表、大型机具等的选配或按区域定点配置。

青海、西藏公司按照购置计划提前购置了办公器具、安全用具，运行维护必需的各类设备警示标识牌、仪器仪表、工器具，作业车辆及机具等，如主变压器、换流变压器、高压电抗器设置备用相，避雷器、电容式电压互感器、支柱绝缘子和接地开关整相备用以及导地线、光缆、金具、防震锤、补修管及预交丝等备品备件，输电线路 GPS 巡视仪、电子经纬仪、测高仪、红外测温仪、紫外放电检测仪、SF_6 激光检漏仪、SF_6 分解产物测试仪等技术检测工器具。同时，积极梳理了工程技术协议及合同中附带的工器具、仪器仪表和备品备件，按清册种类、数量逐一清点、接收，分类存放。

第三节 生产运行验收

一、验收组织机构

国家电网公司高度重视工程验收工作，及时组织成立了青藏直流工程启动验收委员会，按照"公司总部统一协调、工程建设总指挥部组织落实、省域电力公司具体负责"的工作机制开展工程竣工验收工作。

为使青藏直流工程竣工验收安全、优质、高效完成，根据竣工验收工作需要，总指挥部在国家电网公司工程启动验收委员会的部署下，要求青海、西藏公司分别成立青藏直流工程分启动验收委员会，负责所辖工程区域内竣工验收、启动调试、投产试运行、移交等各阶段的事宜，青海、西藏启动验收委员会下设工程竣工验收检查组、启动指挥组、抢修及后勤保障工作组，并按照各自分工切实做到组织到位、责任到位、措施到位，并为工程验收提供技术支持和有力保障。青藏直流工程验收组织机构如图 12-6 所示。

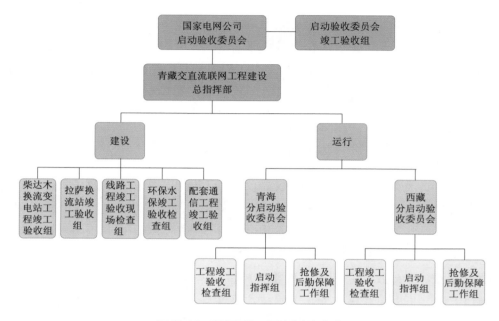

图 12-6 青藏直流工程验收组织机构

青藏直流工程施工单位多，验收任务重，验收时间短。为高效、科学、全面完成生产验收工作，实施了"五位一体"的生产验收模式，总指挥部统一组织协调，以生产运行单位为主，建设单位、施工单位、监理单位共同参与的验收体系，分阶段、分重点、分层次，各司其职，各负其责，整体推进验收工作。

二、验收工作要求

（1）全体参加验收人员始终以工程质量达到优质工程为标准，以保持工程长期安全稳定运行作为检验工程质量的硬指标，严格执行验收规范，不随意降低验收标准，特别是线路冻土地区基础验收更是要面面俱到、精益求精。

（2）验收工作开始前严格对全体参加验收人员进行身体检查和高海拔习

服，使所有参加验收人员都能适应高海拔工作环境。安全监督人员时刻站在验收第一线，全面做好验收全过程安全监督工作，严格控制工作时间和劳动强度，保证验收人员人身安全。后勤工作人员全面做好医疗和生活保障，对验收现场进行全程医疗救治跟踪，同时做好验收人员生活安排。同时，设计、施工、监理等验收配合单位应及时向验收小组提交完整的原始记录、图纸文件、声像资料、设计变更等。

（3）各验收小组人员每天验收结束后，要及时整理当日各种验收资料，提交缺陷单，召开日工作小结会，分析当日工作开展情况，上报验收工作。每周组织召开一次验收工作协调会，分析总结本周工作开展情况，安排部署下一周工作及重点强化措施，上报验收工作周报。

（4）各级验收人员要做好验收记录，每天工作结束后交资料员分类整理。对存在的各类问题，由验收小组召集设计、运行、施工、建设、监理和设备厂家等单位，共同协商处理；对于无法解决的问题，及时向现场启动验收领导工作组汇报。验收结束后，验收小组要对各分项工程提出工程质量评价报告。所有验收资料应整理汇编并装订成册，由各级人员签字，以备移交生产。

三、换流变电站验收

按照国家电网公司启动验收委员会及青海、西藏公司分启动验收委员会的安排部署，青海运检公司和西藏输变电公司分别作为柴达木换流变电站、拉萨换流站验收的责任主体，建立了公司、工区、班组三级验收组织体系。同时，根据现场验收工作需要，青海、西藏公司分启委会分别在柴达木换流变电站、拉萨换流站设立了现场启动验收领导工作组，负责两个换流站工程启动验收的具体组织和协调工作。两站现场启动验收领导工作组结合现场实际工作情况，将现场验收人员分为土建验收小组、电气一次小组、电气二次小组、辅助系统小组、备品备件及工器具小组、图纸资料小组、安全监察小组、后勤保障小组、医疗保障小组等 9 个验收领导工作组，具体承担各自责任范围内的工作。换流站验收组织机构如图 12 – 7 所示。各小组均由本专业的技术骨干担任组长，组内其他成员根据岗位及专业技能进行了分工。各站工作组在每天验收结束后组织各专业小组、建设管理单位、设计单位、监理单位、施工单位、设备厂家召开验收情况通报会，对当天发现的问题进行汇总反馈，并跟踪整改消缺完成。

图 12 - 7　换流站验收组织机构

为确保工程现场验收工作安全、规范、有序的进行，青海、西藏公司还在工程验收前组织生产运维储备人员分别编写了各自区域内《工程竣工验收总体工作方案》，并根据柴达木换流变电站交直流混合电网设备的特殊性，编制了《柴达木换流变电站设备验收方案》、《柴达木换流变电站一、二次设备验收细则》、《柴达木换流变电站验收作业指导书》、《拉萨换流站设备验收方案》、《拉萨换流站设备验收细则》、《拉萨换流站验收作业指导书》等验收工作方案和细则，明确了验收内容、验收方法、验收标准、人员组织、记录方式、安全注意事项等。

按照"竣工验收内容与启动带电范围相适应"的验收原则，两个换流变电站现场启动验收领导工作组确定了以换流站电气一、二次设备及继电保护系统、辅助系统、"五防"控制系统、构建筑物基础（含 GIS 基础）为主要内容的验收项目，并采取了"逐个元件检查、逐条回路检查、逐个逻辑验证"的方式分三个阶段开展验收工作。柴达木换流变电站第一阶段为 330kV GIS设备、交流滤波器场设备及站用电系统验收；第二阶段为 750kV GIS 设备、750kV 主变压器、66kV 低容低抗设备及站用电系统验收；第三阶段为换流变压器、阀厅、直流场、双极公共区域设备、辅助系统以及土建部分验收。拉萨换流站第一阶段为 220kV 交流系统、交流场站用电系统验收；第二阶段为220kV 交流滤波器及 35kV 设备验收；第三阶段为换流变压器、换流阀、平波电抗器、直流场、接地极、辅助系统以及土建部分验收。

柴达木换流变电站、拉萨换流站验收参加人员共 310 余人、车辆 60 台次，历时 65 天，共发现各类缺陷 3868 条。按照"定时限、定单位、定人员、定标准"的消缺工作要求，跟踪、复查所有缺陷消除情况，并在 2011 年 11 月 10 日前实现了工程的"零缺陷"移交，创下了工程所有设备均一次启动成功的良好成绩，为设备安全稳定长久运行奠定了基础。

四、直流线路验收

根据国家电网公司启动验收委员会总体安排部署，青海、西藏分启动验收委员会考虑时间紧、要求高、验收资源不足的实际情况，统筹安排青海送变电公司和西藏电建公司与青海运检公司和西藏输变电公司一起作为验收责任主体参加竣工验收，按照"回避、交叉、分段"的原则开展线路验收工作，即青海送变电公司负责工程施工第 2、3、4 标段线路工程验收，青海运检公司负责工程施工第 1、5、6 标段线路工程验收工作，西藏电建公司负责工程施工第 9、10 标段线路工程验收工作，西藏输变电公司工程负责施工第 7、8 标段线路工程验收工作。

青海、西藏公司还分别成立了现场启动验收领导工作组（见图 12 - 8），工作组下设现场指挥小组、地面小组、铁塔小组、走线小组、测量小组、图纸资料小组等工作小组，在验收工作开始前编制了《竣工验收总体方案》和《竣工验收实施细则》，明确了验收内容、验收方法、验收标准、人员组织、记录方式、安全注意事项等。线路验收的主要项目包括基础、铁塔、导地线、光缆、金具、附属设施和图纸资料。

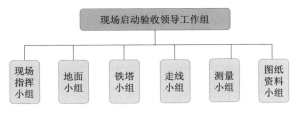

图 12 - 8　直流线路验收组织机构

直流线路验收分为工程中间验收和竣工验收两个阶段，工程中间验收采取"直线塔抽检、耐张塔必检"方式，抽检比率为塔基总数的 30%，远高于常规工程 10% 的抽检比例。2011 年 3 月、2011 年 5 月分别完成了基础工程、杆塔组立的中间验收工作。竣工验收采取"逐基登塔、逐档走线"方式开展验收工作，2011 年 10 月底组织完成了全部线路（包括接地极线路）的竣工验收及复查工作。

验收过程中，各小组携带相关施工图纸和设计变更、验收记录表、施工桩号与运行塔号对照表、线路验收缺陷统计表、导地线及光缆安装弧垂数据表、关键检查项目表等技术资料，配备了激光测高测距仪和经纬仪等仪器仪表，做到责任到人，重点明确，确保验收的严格性、规范性和关键验收点不遗漏。

直流线路（包括接地接线路）验收参加人员共 260 余人、车辆 65 台次，历时 45 天，对 2361 基铁塔（直线塔 1967 基，耐张塔 394 基）、1038km 的直流输电线路和 90 基铁塔（直线塔 75 基，耐张塔 15 基）、32.64km 的直流接地极线路进行了竣工验收。线路验收严格按照《±800kV 及以下直流架空送电线路施工及验收规程》和《±800kV 及以下直流输电接地极施工及验收规程》标准执行，共发现本体及通道一般缺陷 2201 条，所有问题经复查均在线路带电启动前消缺完毕。

线路验收金具检查及登塔检查分别如图 12–9、图 12–10 所示。

图 12–9　线路验收金具检查

在线路常规验收后，国家电网公司首次组织开展了青藏直流工程输电线路直升机巡视试飞工作，对发现的缺陷问题及时反馈给工程建设单位组织消缺，提高了验收质量，保障了线路安全。

图 12 – 10   线路验收登塔检查

五、验收工作成效

青藏直流工程验收工作时间紧、设备多、任务重、责任大、战线长。各运维单位对验收工作进行了周密部署和安排，做到了组织措施到位、安全措施到位、技术措施到位、管理制度到位、后勤医疗保障到位。现场验收人员克服恶劣的自然环境，发扬"缺氧不缺斗志、缺氧不缺智慧、艰苦不怕吃苦、海拔高追求更高"的青藏联网精神，经过连续作战，在规定的时间内圆满完成了工程启动验收及消缺复查工作。

2011 年 9 月 8 日柴达木换流变电站 330kV 设备带电，2011 年 9 月 20 日柴达木换流变电站 750kV 设备带电，2011 年 10 月 7 日柴达木换流变电站换流变压器、换流阀、直流场区域设备带电，直流电压达到 400kV。2011 年 8 月 18 日拉萨换流站 220kV 交流场设备带电，2011 年 9 月 7 日拉萨换流站 220kV 交流滤波器、35kV 交流场设备带电，2011 年 10 月 5 日拉萨换流站换流变压器、换流阀、直流场区域设备带电，直流电压达到 400kV。2011 年 10 月 13 日青藏直流工程开始进行系统调试，实现功率传输。青藏直流工程两端换流站、直流线路、接地极等所有设备均一次带电成功。

第四节　试运行管理

一、试运行工作安排

针对青藏直流工程的特殊性，国家电网公司制定下发了《关于青海—西藏±400kV直流联网工程试运行期间有关要求和工作安排的通知》，明确总指挥部为总协调单位，运行维护单位为试运行的责任主体，并对试运行期间工作进行了安排部署。

试运行期间，根据总指挥部的总体安排部署，直流控保、可控硅阀、换流变压器、阀冷却、空调等设备厂家以及国网运行公司、国网信通公司、湖北电力公司、安徽电力公司等技术支持帮扶单位均安排人员驻站值班，运维单位各主要领导均在现场进行生产指挥和监督管理，主要生产管理人员和运行维护人员24h驻站坚守。同时安排青海送变电公司、湖北输变电公司和西藏电建公司参与工程建设的主要技术骨干组成技术保障工作小组，常驻柴达木、拉萨两地值班待命，随时做好应急保障工作。

国网生技部制订下发了《青藏交直流联网工程试运行工作方案》，建立"日、周、月"工作机制，即每日18时30分前运维单位通过PMS上报青藏直流运行日报。日报包括系统运行方式、设备异常及处理、检修消缺内容及两端换流站及线路沿线天气等。国网生技部建立了青藏直流工程安全例会制度。国网生技部每周五14时30分组织召开青藏直流工程安全生产电视电话分析会，青海、西藏公司生产技术部、西北分调、中国电科院、国网信通公司和运行单位参加，分析讨论并安排工作。青海、西藏公司生产技术部汇报青藏直流工程一周运行及设备异常情况。国网生技部、总指挥部每月底共同组织召开青藏直流工程试运行月度工作总结电视电话会议，青海、西藏公司生产技术部、西北分调、中国电科院、国网信通公司和运行单位参加，对当月系统运行情况、存在的问题进行深刻分析，全面部署下一阶段重点工作，共同做好青藏直流工程试运行工作。

二、安全管理

（一）安全管理目标

青藏直流工程安全生产工作目标为：不发生轻伤及以上人身事故，不发生人员责任电网、设备事故，不发生误操作事故及继电保护"三误"事故，不发生主设备非计划停运事故。

（二）安全管理措施

1. 开展设备隐患排查治理活动

国家电网公司总结在运直流工程的隐患排查工作经验，深入开展贯彻落实《国家电网公司防止直流换流站单、双极强迫停运二十一项反事故措施》。青藏直流工程在建设期间，为进一步提高工程运行可靠性，针对设计、设备的缺陷开展了隐患排查治理工作。总指挥部、国网生技部分别组织了隐患排查工作。2011 年 9～10 月，总指挥部组织公司系统内及设备制造厂家的专家分别赴柴达木换流变电站、拉萨换流站开展了隐患排查治理督导工作，共发现隐患 53 项。其中重大隐患 33 项，一般隐患 20 项。为及早治理隐患，国网生技部与总指挥部积极沟通并落实了整改方案，全部隐患在 2012 年 1 月底得到整改。针对换流阀及阀控系统，国网生技部再次开展了深度隐患排查工作，深挖设备存在的安全隐患，排查隐患 25 条，极大地提高了青藏直流输电工程的可靠性。

2. 加强现场安全监督管理

运维单位高度重视现场安全监督工作，分别成立了相应的安全监督体系，建立了单位、部门、班组三级安全网，进一步明确细化了各级安全管理与监督人员安全职责。运维单位加强生产现场的安全管理工作，定期检查"两票三制"执行情况及作业现场安全工作情况，单位或部门安全员亲自参与；严格执行国家电网公司有关安全生产工作要求，积极组织开展了 2012 年"安全年"和春季安全大检查活动的各项工作，切实将安全生产各项工作落到实处；加强工作现场反违章专项检查，结合"反违章 100 条"有效开展反违章检查工作，坚决消除各类违章行为。

3. 强化安全教育

运维单位明确了安全活动要求，加大了工作力度。规定班组每周一次，工区每月一次安全活动，集中开展安全教育、组织反事故演习、运行分析等活动，提高了运维人员安全意识，强化了安全活动管理。

定期组织召开月度安全例会，对上月安全生产工作进行全面总结，对设备消缺情况及遗留问题进行分析，查找原因、提出目标、制订措施、明确时间节点，安排下一步安全生产工作重点，运用绩效管理手段强化监督，保证了各项工作的顺利推进。

认真组织开展安全运行分析会，坚持每月一次综合运行分析和不定期专题运行分析相结合，通过对直流设备和直流输电线路在运行中所发现的问题进行分析，掌握设备运行情况及变化趋势，探索设备运行内在规律，逐步积累运行经验，制订相应预防措施，确保直流设备和直流输电线路安全、稳定、经济运行。

对设备运行过程中出现的疑难问题，邀请有关专家组织开展专题分析会，进行深入的分析，提出相应措施。如组织专家专题分析拉萨换流站换相失败、柴达木换流变电站极Ⅰ阀塔B相渗漏水及2号主变压器A相乙炔指标增高问题等。

4. 加强安全风险管理

坚持"以人为本、实事求是、注重实效、稳步推进"的基本原则，贯彻"分专业、分层次、抓培训、理流程、建机制、抓落实"的工作思路，发挥安全生产"三个组织体系"的共同作用，形成专业配合并各负其责的安全风险防控机制。

结合青藏直流工程的实际特点，规范了综合安全管理制度、人员安全管理制度、设备设施安全管理制度、环境安全管理制度，将"反违章"工作作为现场安全管理的核心，建立健全反违章工作长效机制，及时发现并纠正人的不安全行为和设备、环境的不安全因素。

加强了安全风险评估和现场危险源辨识工作，大力推进现场标准化作业，全面提高现场作业的安全水平和工作质量。针对每一项运行、维护、临时消缺工作编制切实可行的标准化作业程序卡、危险因素控制卡、检修质量验收卡和作业指导书。

加强了危险点分析工作。在遇有重大倒闸操作或临时消缺工作时，提前组织开展操作危险点分析，提出预控措施。

贯彻"管设备就是管缺陷"的工作理念。运维人员认真履行岗位职责和安全职责，严格执行设备验收制度、设备巡视维护检查制度、设备缺陷管理制度，通过设备管理实现风险控制，从而实现全过程安全管理。

5. 完善安全设施标准化建设

结合国家电网公司标志、标识规范，在换流站、输电线路完善了设备标识牌、杆塔标识牌、设备编号牌、相序牌、安全警示牌等。为方便换流站现场安全围栏的布置，确定了现场设备围栏为可拆装式固定围栏与埋地伸缩式围栏结合使用的方式，并在变电站设备区域装设了一定数量的伸缩式围栏。为保护 GIS 设备区预留接地排，同时为避免造成人员伤害事故，为全部预留接地排装设了防护套。

（三）安全应急管理

2010 年 11 月，国网生技部组织编制了《±400kV 柴拉直流输电系统生产运行"五位一体"应急保障工作方案》，建立了由生产运维、应急抢修、技术监督、技术支持单位和换流站主设备厂家五方组成的"五位一体"应急保障体系，明确了应急事件分类及处理流程。并在国网运行公司设立远程终端，要求国网运行公司加强维护，确保运程终端完好可用，在遇重大设备异常时，能迅速提供远程技术支援，并通过远程维护终端参与事故分析诊断，提出处理建议，确保协调统一，安全、高效处置直流输电系统故障、异常及突发事件。同时，总指挥部也制订了《青藏交直流联网工程系统调试及试运行抢修应急处置方案》，建立了青藏直流应急及特护工作通讯录，保证了青藏直流联网工程试运行期间应急抢修的人员到位和责任落实。

青海、西藏公司结合西北分调编制的《青藏交直流联网工程调度运行反事故预案》，滚动修编了重大节日和特殊天气情况下事故预案 28 个，保证了运行单位能够按照既定预案迅速响应、有序处理。西北分调于 2011 年 9 月和 2011 年 12 月分别组织开展了青藏直流工程系统调试模拟演练及联合反事故演习、青藏交直流联网工程联合反事故演习暨联合应急演练两次应急演练（见图 12－11）。在应急演练过程中，运行单位能将制订的应急预案运用到演练中，从事故发生到应急响应启动，从物资调配到现场处理全过程模拟，从故障排除到应急响应解除，环环相扣、有条不紊，全过程模拟了从事故发生到恢复送电的各个环节,并在整个处理过程中不断总结、不断完善现有应急预案。

图 12 – 11　演习人员进行事故处理

演习题目设置巧妙,涉及青藏直流工程一、二次设备,覆盖面广、代表性强,演习过程逼真,贴近实际,达到了锻炼队伍、发现问题和积累运行经验的目的,全面检验了青藏直流工程两侧相关单位处理事故与应急响应的预案、流程及人员能力,为确保青藏交直流联网工程、藏中电网、海西电网的安全稳定运行打下了坚实的基础。

应急演练充分锻炼了运维人员对事故的应急处理能力,提高了对事故的判断能力,同时做到了应急响应体系的快速启动及备品的合理调配,达到了演习预期的效果,为以后的事故处理及事故处理演练积累了丰富的经验。

三、运行维护管理

(一) 建立完善设备台账

按照"集中管理、专人负责、电子化"管理原则,建立设备台账,主要包括一次设备台账、二次设备台账和其他设备台账,确保巡视维护有据可查可依。换流变电站一次设备台账主要有主变压器、换流变压器、高压电抗器、平波电抗器、GIS、电压互感器、交直流滤波器设备台账等;二次设备台账主要有线路保护、主变压器保护、断路器保护、直流控制保护系统、母线保护、并解列装置、安全稳定控制装置设备台账等;其他设备台账主要有站用电系统、电能计量系统、"五防"控制系统、消防系统、在线监测系统、图像监控系统等设备台账。各设备台账内容包括设备规范、交接试验、年度检修及历次设备修试记录、异动记录、缺陷记录、保护装置定值、保护软件版本号、保护装置动作记录等，设备规范包括本单元一次系统单线图及调度号、设备名称、型号、技术参数、生产厂家、出厂日期、设备铭牌规范等内容。输电线路设备台账主要包括输电线路基本信息，基础、杆塔、导地线、光缆、绝缘子、金具、接地网，污秽区域、特殊区域、交叉跨越、附属设施安装台账等，同时还建立了环境变化、保护间隙调整、线路缺陷、保护区树木、设备检修、接地电阻测量、导线压接管测温、跳闸记录、绝缘子测试记录、弧垂检查记录台账等。

（二）开展联合巡检和在线监测

设备投运初期每周组织设备厂家应急保障人员、技术支持人员与站内运维人员对设备进行定期联合巡视换流变电站一次，开展联合监护、分析，做到问题的及时发现和处理。同时针对换流变电站换流变、可控硅阀、阀冷却、空调、平波电抗器、直流开关及 750kV 主变压器、高压电抗器及 GIS 等设备体积大、高度高、技术含量高的特点，运维人员广泛应用工业电视、红外测温、紫外电晕测试、在线局部放电超声监测和在线油色谱分析等技术手段，严密监视设备运行状态。

（三）加强设备巡视和工况分析

严格按照换流变电站巡检作业指导书的要求，换流变电站运维人员每天巡视四次，其中交接班巡视一次，上午、下午及晚间各全面巡视一次（见图12－12），在大负荷、大风、雨雪、沙尘暴等恶劣天气情况下以及重要节假日、保电期间增加巡视次数并安排特殊巡视，特别是增加对换流变、可控硅阀、阀冷却、空调、平波电抗器、直流开关及 750kV 主变压器、高压电抗器、GIS 等设备的巡视频次，做到正常运行按时查，高峰、高寒重点查，天气突变及时查，节日假日全面查，重点设备重点查，薄弱环节仔细查。

根据线路巡视工作方案，充分利用青海侧的"三站五地"和西藏侧的三个运维站运维管理优势，对线路重点特殊区域，如微气象区、重要交叉跨越、多年冻土区等特殊区域加强巡视，指定专人分析管理在线监测数据，保证了

图 12－12　运维人员进行设备巡视

输电线路的正常运行。

（四）完善标准化管理制度规范

　　青海、西藏公司还根据各自设备实际运行情况，在 2011 年 5 月 10 日对启动带电投运前制订的青藏直流工程运维规范、检修规范、标准化管理细则以及高海拔地区设备、线路巡视作业指导书等文件进行了全面修订和完善。同时为了规范信息汇报工作，青海、西藏公司根据工作需要，分别制定了《青藏直流输电系统生产信息汇报管理规定》和《柴拉直流输电系统异常事件汇报规定》，对信息汇报时间、流程、处理进行了明确规定，有效地提高了应急处置能力。

四、技术监督管理

　　开展设备状态监测，重点对 ±400kV 设备的套管本体、线缆接头、主变压器本体和所有控制柜电缆接头，母线和线路间隔等进行测温和紫外线监测。同时安排专人监视在线监测装置数据，定期对换流变压器、主变压器、高压电抗器、中性点小电抗进行油色谱分析，及时掌握设备内部放电产气的规律和趋势。同时根据技术监督单位提供相应的技术支持与技术咨询，运维单位参与设备的故障诊断分析，并与调试期间数据进行比较。

积极开展设备状态评价工作，主要通过对设备运行的关键参数、量值进行长期跟踪记录、统计和分析，总结设备运行规律，发现设备参数、性能变化趋势，以便及时发现设备隐患并处理，保证设备的长期稳定运行；对换流站设备不明原因的异常现象和情况汇总、分类，积累分析数据，便于分析原因；对换流站月度缺陷情况汇总、分类，简述设备缺陷原因和处理过程，统计历年来该设备缺陷发生次数，分析设备缺陷是否存在必然性或规律，并提出整改措施。

五、 冻土监测管理

做好冻土地区基础稳定性监测和分析工作，对青藏直流输电线路工程的安全稳定运行至关重要。国家电网公司非常重视冻土基础稳定性的研究与监测，成立了专门的监测小组，并制定了冻土基础监测的制度，明确了工作机制和监测内容。

（一） 工作机制

青藏直流线路工程投运后冻土基础稳定性监测工作内容主要包括冻土基础沉降变形监测、回填土回冻过程监测、冻土基础地温监测、常规巡线过程中的基础变化检查、巡线记录的常态化监测等。其中冻土基础沉降变形监测及冻土基础地温监测每月开展一次，基础回冻监测每年 4 月和 9 月分别开展一次。每月对冻土基础沉降观测和冻土基础地温监测进行统计、分析观测数据，形成分析、评估报告。每 3 个月开展一次冻土基础监测工作专项评审和总结分析，每半年提交监测报告。每年 12 月 31 日前根据监测结果，形成冻土基础监测年度分析报告。青海公司、西藏公司生产运行单位在巡视中主要观察冻土基础的外在变化，如回填土下沉等。监测小组每半年或一年度正式向国家电网公司、青海公司、西藏公司、中国电科院等单位进行汇报。

（二） 监测内容

1. 塔基的沉降变形监测

整理分析以往沉降变形监测过的塔基资料，筛选变形过程明显、位置重要、具有代表性的不同塔基，进行观测位置和数量的确定。在现场塔基基础影响范围之外建立观测的基准点，再利用变形仪器对每一基塔的 4 个基础变形进行测量，测定每个基础的变形量及基础间的相对位移。

2. 冻土基础回填土回冻过程监测

整理分析以往回填土监测塔基的监测资料，确定具有代表性的不同塔基进行回填过程监测，进行密实度、含水率监测及颗分、盐分含量监测分析。监测时通过对地温监测资料的分析，确定合理的监测时段，重点监测高温、高含冰量多年冻土地区的Ⅲ、Ⅳ标段，适当在Ⅱ、Ⅴ、Ⅵ和Ⅶ标段少量钻探以便对比。

3. 冻土基础地温监测

为了能够较为全面了解塔基传热过程以及气候响应过程，根据不同的塔基型式布设不同形式的地温监测系统。此外，在塔基中心位置以及远离塔基中心位置30m布设20m深的天然孔，用于对比天然状态与塔基地温场的差异，重点进行塔基的地温和变形监测。监测小组在昆仑山垭口、斜水河等9个重点地段进行了季节活动层的水热过程、冻融循环过程的监测，取得了监测数据。

（三）监测结论

对青藏直流线路工程地温观测系统监测数据的系统分析表明，监测塔基冻土基础在经历冻融不同阶段以及试运行阶段期间，塔基底部处于冻结状态，结合变形资料分析，塔基总体处于稳定状态；监测资料的进一步分析结果显示，不同塔基类型、冻土类型、地温条件、施工过程等对输电线路塔基温度变化过程、水热过程、塔基变形过程以及基础稳定性均会造成影响，塔基稳定性是多因素影响的复杂过程，也是一个动态变化过程；线路工程采用的保护冻土工程措施为稳定冻土基础发挥了重要作用，监测资料显示在工程措施作用下，冻土基础正处于负积温不断增加的过程之中。针对不同基础类型、大开挖与回填土对多年冻土的热影响及多年冻土基础稳定的复杂性，近几年内监测小组将结合后续工作，进一步加强冻土基础沉降变形、地温变化、回填土回冻过程检测等方面的监测研究，为后续输电冻土基础工程运维提供经验和依据。

六、设备缺陷管理

为提高青藏直流工程设备的健康运行水平，青海公司、西藏公司属地运维单位按照缺陷管理相关规定，坚持缺陷的闭环管理和逐级会审、分析、验收制度，加强设备缺陷消除力度，确保设备缺陷能在最短的时间内以最快的速度消除，保证设备安全可靠运行。

（一）缺陷管理流程

试运行期间，青海公司、西藏公司根据实际情况，对设备缺陷管理制度和流程进行了制定和修订，明确了各级人员在设备缺陷管理的职责、设备缺陷的发现和登录、检查确认、消缺周期、后续管理、缺陷验收及缺陷的统计与考核等内容，确保缺陷消除流程规范、高效。同时，针对高海拔直流输电线路运行特殊环境，对输电、变电设备缺陷管理采取不同的管理方式。变电设备缺陷采取流程化管理方式，即无论何人、何种方式发现的设备缺陷均由变电站运行人员录入缺陷记录台账和生产管理系统并启动缺陷流程，经过值班长、属地运维单位工区、运维单位生产部等逐级审核后安排处理。对于严重和危急缺陷，按《青藏直流输电系统生产信息汇报规定》向上级管理部门及时汇报，并按照管理层次和职责分工立即向国网生技部、国网直流建设部汇报。

输电设备缺陷采取机动处理和集中消除的管理方式，即对于一般缺陷，发现缺陷后当天汇报至属地运维单位工区，由工区安排技术人员进行现场核实后制订消缺计划，组织开展设备消缺工作。对于严重和危急缺陷，发现缺陷后第一时间汇报至属地运维单位工区，工区立即汇报属地运维单位生产部门及有关领导，生产部门立即组织安排消缺，同时向上级部门汇报。消缺工作完成后，由属地运维单位进行验收并在生产管理系统中终结设备缺陷流程。

设备一般缺陷的处理由运维单位自主进行，必要时联系设备厂家协助处理。设备严重及紧急缺陷由国家电网公司组织有关专家、设备厂家、技术监督单位、运维单位、检修单位等进行分析处理，充分发挥集团化运作的优势。

（二）缺陷分析

青海公司、西藏公司对所有设备缺陷情况均进行了跟踪分析，定期召开缺陷分析会，确定缺陷尤其是重复发生的缺陷、严重及以上缺陷、首次出现的缺陷发生的原因，提出改进措施并安排对同类设备进行有针对性的排查，举一反三，及时发现设备潜伏的缺陷、事故隐患和薄弱环节，协调处理意见，使缺陷以最佳的处理方案及时得到消除。同时，变电站、属地运维单位工区、属地运维单位生产部每周、每月统计缺陷消除情况，对暂不能消除的缺陷从各级层面制订相应的后续管理措施，防止缺陷的扩大。

（三）缺陷分级、分类管理

试运行期间，青海公司、西藏公司对设备缺陷进行逐级会审和分类管理，并通过生产管理系统实现综合管理和闭环管理。变电站人员日常运维、操作中发现的缺陷，检修人员检修过程中发现的缺陷均要在通过当值值班负责人或检修负责人的核定后，参照设备缺陷分类标准对其进行定性分类，再根据流程上报。属地运维单位工区、公司生产部对缺陷按轻重缓急及设备情况进行缺陷等级的分类后，划分不同的专业送发各技术专责，各技术专责进一步了解设备缺陷情况并进行缺陷处理意见及建议的签审，克服了由于运行部门、检修部门对设备缺陷严重性分析判断的差异而导致缺陷不能在第一时间内彻底、及时消除的弊端。

现场缺陷处理工作结束后，检修人员与运行值班人员共同验收，缺陷处理的负责人在生产管理系统中填写缺陷的部位、缺陷产生的技术原因、责任原因和缺陷处理情况、遗留问题等事项并反馈至属地运维单位工区、生产部技术专责，完成缺陷流程的闭环。每月属地运维单位公司生产部对运维人员发现的缺陷和检修人员在检修试验中发现的隐蔽缺陷作全面汇总，完善设备缺陷资料，为状态检修工作积累信息，提供决策依据。

（四）典型缺陷处理

1. 谐波治理

青藏直流联网工程两端接入的交流系统都是弱系统，系统谐波水平较高，耐受扰动的能力较差，使得青藏直流工程运行条件较恶劣，容易降低直流系统能量可用率。2011 年 11 月 16 日，由于官亭 750kV 变电站主变压器充电，引起柴达木换流站直流 100Hz 谐波保护动作导致双极闭锁。故障发生后，北京网联公司、西北分调将柴达木站极 Ⅱ 100Hz 谐波保护动作时间进行了优化，从 3s 延长至 6s。2011 年 12 月 11 日，由于武胜变电站 750kV 主变压器充电引起柴达木换流变电站极 Ⅰ 100Hz 谐波保护动作导致单极闭锁。直流系统两次强迫停运都与西北电网 750kV 主变压器充电有关，针对谐波引起的直流单双极闭锁问题，国网生技部召开专题研究分析会议，通过优化谐波保护逻辑和保护定值，问题已初步得到解决。通过研究决定，在柴达木换流变电站加装二次谐波阻尼滤波器，滤除二次谐波。

2. 换相失败处理

青藏直流工程投入试运行以来，拉萨换流站多次发生换相失败，严重影响电网安全运行。国家电网公司领导对此高度重视，多次召集国网生技部、国网直流建设部、国调中心、西北公司、国网直流公司、中国电科院、南瑞继保公司、许继公司、运行单位及特邀专家召开专题会议，研究解决方法和措施。

针对 2011 年 12 月 18 日的换相失败，经分析，确认换相失败的机理为由于极Ⅰ阀控一块光号收发板卡（PS906A）瞬间故障，导致阀控系统丢失一个触发脉冲，极Ⅰ D 桥第 2 个阀未正常触发，先发生换相失败，把交流系统电压拉低，进而造成极Ⅱ也发生换相失败。确定造成此次换相失败的原因是该板卡运行不稳定。2011 年 12 月 23 日停电消缺更换该板卡后，阀控系统运行正常，没有再次因为阀控设备异常导致换相失败。

其他几次发生的换相失败经分析，认为故障发生的原因为阀控 VCU 接收到了受干扰的控制信号，导致阀控 VCU 误触发换流阀，造成本极换相失败，继而引起交流电压波动，造成另一极也发生换相失败。根据国网生直流〔2012〕18 号《青藏直流拉萨站换相失败测试方案讨论会纪要》的相关要求，拉萨换流站于 2012 年 2 月 7 日对极控、阀控屏柜采取了屏蔽措施。对极控主机两个电源板 NR131E 直流电源进线及 PCS9519 电源模块卡入磁环处理，并将极控主机 NR1113A 到 PCS9519 的 J1、J2 用铜箔缠绕；并对 VCU 阀控屏柜电源进线缝隙用锡箔纸进线封堵，对各屏柜顶部散热孔用金属网进线屏蔽。在阀控室大门紧闭的情况下，阀控室内手机信号仍然很强（阀控室外手机信号为 5 格，阀控室内手机信号为 4 格），可见阀控室屏蔽效果很差。在采取锡箔纸对阀控屏柜顶部进行密封、采取金属网对散热孔增加金属网屏蔽后，阀控屏柜对电磁波的屏蔽效果得到加强。由于阀控屏柜门无金属屏蔽网，屏柜无法完全屏蔽外部电磁信号。2 月 11 日，许继公司在阀控屏柜门上加装了金属网（临时措施）。同时，许继公司也修改了阀控屏柜门设计，将原有阀控屏柜门更换为带有金属屏蔽网的柜门，使阀控系统屏柜屏蔽效果进一步加强。

为彻底查清换相失败的原因，找到解决方法，国家电网公司安排南瑞继保公司采购了 PS9519 与 VCU 系统之间通信用的分光光纤，组织研制了 CP 信号录波装置，编制了试验室及现场测试具体实施方案，包括实施的具体步骤、时间计划安排、人身及设备安全措施，经讨论审批后，在现场实施；安排许继公司和 ABB 公司深入研究 VCU 屏柜内测点的测试风险、对外部干扰影响进行评估，找出防范措施，明确试验室及现场测试具体实施方案，包括实施的具体步骤、时间计划安排、人身及设备安全措施，许继公司和 ABB 公司组织内部讨论审批后，在现场实施；还安排中国电科院和南瑞继保公司进一步深入分析 2011 年 12 月 20 日和 2012 年 1 月 14 日两次换相失败的过程及机理，查找异同点及其原因，研究攻关避免交流系统扰动和直流控制系统干扰时发生换相失败的防范与快速恢复措施，把对藏中电网的影响程度降至最小。

3. 渗漏水问题处理

2012 年 2 月 4 日，柴达木换流变电站极 I 阀塔 B 相出现渗漏，并向西北分调申请极 I 停运 1 次。经过停运检查，发现极 I 阀塔 B 相顶部主进水蛇形塑料管道与阀塔进水管道连接处及极 I 阀塔 B 相第二层 VB. A4. V5 可控硅组件拐角处金属管道与塑料管道连接处有渗漏水现象，之后立即会同厂家技术人员于 2 月 4 日进行了问题处理。经排查，两端换流站阀塔内其余水冷管道连接可靠，未出现渗漏，能保证换流阀及冷却系统正常运行。

4. 线路防鸟措施

青藏直流工程系统试运行以来，发生多次鸟类活动导致的线路跳闸。国网公司生技部及时组织召开了青藏直流输电线路故障分析会议，针对鸟类活动对直流线路运行的影响，制订了《±400kV 柴拉直流线路防鸟害工作方案》。青藏、西藏公司已按照国网生技部、总指挥部的要求，依据审定的防鸟害实施方案，在计划停电检修之时，做好全部安装防鸟刺、驱鸟器等防鸟设施的工作。青藏、西藏公司运维单位还将进一步加强对青藏直流线路沿线鸟类活动规律跟踪调查，重点关注鸟的种类、数量及其活动区域，据此准确划分出线路重鸟害区，从而有针对性地落实线路防鸟害措施。同时运维单位将加大直流线路巡视力度，积累直流线路运维经验，提高线路故障点查找能力和故障分析、处理能力。

第五节　调　度　运　行

一、协调机制建立

为了确保青藏直流及藏中电网的安全稳定运行，西北分调在国调中心的领导下，建立了横向涵盖调度运行、计划、运行方式等 9 大专业，纵向涵盖国调中心、西北分调、西藏区调、青海省调的调度管理体系，着力加强各专业管理和各级调度间的协调配合，充分发挥了各级调度协调配合的作用。建立了月度例会和周汇报机制，滚动检查工作完成情况和修正下一周工作计划，基本实现了问题的发现、提出、反馈和解决的闭环管理机制。

二、调管范围划分

根据国家电网公司调运〔2011〕48 号《关于授权西北电网有限公司调度青藏直流输电工程的通知》，西北分调负责对青藏直流工程进行直接调度管理，青海、西藏调控等相关调度机构，依据管辖范围划分，配合西北分调对青藏直流输电系统相关设备进行调度管理。柴拉直流调度管理范围及命名编号按照西北电力调控〔2011〕225 号《关于下达青藏交直流联网工程调度命名的通知》以及西北公司下达的关于柴达木换流变电站、拉萨换流站电气主接线编号和调管范围划分的文件执行。

三、规章制度建立

根据《国家电网调度管理规程》的编制思路，西北分调界定管辖范围、工作界面、工作流程、安全职责，制定并下发了《西北—西藏联网调度管理规程》，作为指导青藏联网工程调度工作的总纲；结合青藏联网工程实际，分专业编制了《柴拉直流输电系统调度管理规定》、《柴拉直流输电系统稳定运行规定》、《柴拉直流输电系统继电保护运行管理规定》等，规范了调度业务相关流程，赢得各项工作的主动。

四、运行方案制订

针对藏中电网"大直流、小系统、弱受端"的运行特点，西北分调深入开展运行分析工作，通过上千种方式，上万个故障情况的计算，准确掌握了青藏直流工程特性，制订了行之有效的运行控制方案，创新性地提出了按照藏中电网负荷比例确定直流送电功率的方法，在保证藏中电网安全稳定运行的前提下，最大限度地发挥青藏直流工程对藏中电网的电力支援作用。

五、安控系统实施

由于柴拉直流两侧交流电网网架结构薄弱，西北分调实施了青藏联网工程的安控系统。青藏联网工程安控系统是保证送受端、送端电网安全运行的重要措施。安控系统涉及青海海西电网全部 330kV 及以上厂站，藏中电网所有 110kV 及以上电压等级的厂站，控制藏中电网负荷总量 75% 以上，运行控制复杂。西北分调全力做好青藏联网工程安自装置的调度运行工作，编制了《青藏联网工程西藏侧安控系统运行管理规定》、《青藏联网工程青海侧安控系统运行管理规定》，明确了安自装置的操作流程和异常处理原则，并定期组织核查，强化运行管理，保证安全。

六、启动调试

西北分调密切跟踪工程进度，协调安排直流送端电网（海西）设备检修计划，保证了交流改扩建工程按进度投运；会同中国电科院进行调试方案编制、审核和技术交底，并在国调中心指导下滚动完善。青藏直流工程是西北分调调管的第一条直流输电工程，也是第一次直接指挥直流系统启动调试。启动调试期间，西北分调成立现场调度指挥组，开展现场调度业务。规范调度业务联系方式，统一采用"试验调度×号令"、"试验调度员××"、"××站试验值班长××"等标准术语，并创新形成"调试前准备会—调试调度发令—测试情况汇报—试验数据分析—汇报国调中心—制订次日计划—报国调中心审批"的成熟闭环调试业务流程。

七、运行方式安排

藏中电网"大直流、小系统、弱受端"问题突出，直流功率占藏中电网负荷比例的要求和附加条件苛刻，西北分调加强运行监视，合理安排直流送电计划及 9E 燃机、直孔、羊湖电厂等机组开机方式，滚动进行藏中电网负荷预测，根据负荷预测结果实时调整直流送电曲线，严格控制藏中电网受电不超过规定比例。

实际运行中，西藏 9E 燃机运行稳定性差，而藏中用电紧张局面也较为突出。西北分调一方面加强校核安排，制订出在 9E 燃机停运，过渡、应急机组一定开机方式下，提高藏中受电比例的运行方式；在实时运行中高度关注藏中电力电量需求，在原则范围内安排临时功率调整。尽最大能力向西藏送电。

严格控制送端电磁环网输电断面。宁柴 750kV 工程作为青藏直流的送端骨干网架，与海西 330kV 电网共同组成了"海西送受电断面"和"格尔木送受电断面"。730/330kV 电磁环网和海西光伏的集中大规模接入，对断面的正常运行调整提出了更严格的要求。西北分调与青海省调及时沟通，严控相关断面潮流，保证送端电网安全。

规范青藏直流工程的运行操作。青藏直流工程较常规直流工程有许多特殊之处，西北分调借鉴国调中心在特高压直流和常规直流的典型经验，将特殊的启停操作、功率升降操作、静止无功补偿装置（SVC）操作、站间无通信操作模式化，制定重点核心操作流程标准化模板，确保青藏直流工程安全运行。

强化青藏直流工程及藏中电网通信设备管理。海西和藏中电网通信光缆呈现特殊链式路由方式，低压光缆设备检修和异常将影响青藏直流正常通信。西北分调及时修订了《西北直调通信检修管理规定》，并在日常调度运行中关注一、二次设备状态对通信的影响，保证通信畅通。

指导西藏区调进行主力机组涉网性能核查。藏中电网主力机组涉网性能较差，成为安全运行的一大隐患，西北分调积极组织安排，指导西藏区调对藏中主力机组涉网性能进行核查，督促整改，全面提高藏中电网的安全稳定水平。

八、反事故预案编制及演练

编制青藏直流故障（异常）处理典型流程，为青藏直流故障后的迅速恢复操作提供了依据，大大缩短了故障处理时间；为了保证青藏直流工程调试和试运行期间的安全，西北分调编制了《柴拉直流调试期间调度反事故预案》和《柴拉直流试运行期间调度反事故预案》，并滚动修订，有效指导各级调度运行人员工作。组织青海省调、西藏区调、青海运检公司、西藏输变电公司等 23 家单位，开展了青藏联网工程联合反事故演习和联合应急演练。通过演练，强化了风险预控，锻炼了队伍、发现不足，提高了驾驭联网工程的能力。

第六节　新 技 术 应 用

一、开展工程运行控制技术联合仿真计算

针对青藏直流工程两端交流系统较弱而形成的一系列稳定控制问题，国家电网公司在 2010 年年底组织西北公司开展青藏直流工程联合仿真计算研究，重点就联网后藏中及海西电网系统稳定性、运行控制原则、电网二、三道安全稳定控制策略进行了计算研究，根据计算研究结果编写了《西藏侧直流安全稳定控制系统及藏中 220kV 安全稳定控制系统技术规范书》、《青藏直流联网投入试运行及藏中电网 220kV 环网运行后 110kV 方式安排方案》、《青藏联网工程运行控制方案》及《220kV 环网藏中电网运行规定》，并经国家据电网公司审核批准，为青藏直流工程安全稳定控制系统招标采购及试运行后的电网科学调控提供了依据。

二、参与研究高海拔高寒地区直升机运维技术

运维人员在高海拔高寒、人烟稀少地区运行维护青藏直流工程线路效率低，应急抢修和医疗救助困难严峻，国网生技部在 2011 年 5 月组织国家电网通用航空有限公司开展了高海拔高寒地区直升机运维技术研究，重点就高海拔高寒地区作业直升机机型选择、直升机的无地效悬停曲线及巡检与医疗救护作业工作的可行性开展理论研究，并根据研究结果安排直升机实地试飞，根据理论研究与试飞成果编写了高海拔高寒地区直升机飞行巡线工作大纲、巡视作业飞行方案、机载巡检设备的使用规定、巡检作业手册、巡检标准化作业指导书和巡视作业飞行应急处理预案，为直升机在中国高海拔高寒地区输电线路维护作业中的广泛应用积累了一定实践经验。

三、实施多年冻土基础稳定性监测预警

青藏高海拔多年冻土基础稳定性观测需要建立长期观测机制。国家电网公司在 2011 年 11 月组织开展了为期三年的青藏直流线路工程投运后冻土基础稳定性监测研究，重点就冻土基础沉降变形、地温变化、回填土回冻过程检测等方面开展研究，建立冻土区空间数据库，在对太阳辐射（气温）—冻土—工程建筑物相互作用研究的基础上，对冻土和工程建筑物相互作用关系进行分析，为冻土基础稳定性进行监测评价和危险预警，对可能病害进行机理分析并采取必要的养护维修措施，为后续线路冻土基础工程运维提供经验和依据。

四、全线喷涂 PRTV 防污闪涂料

青藏直流工程沿线自然环境恶劣、地形地貌特殊，设备易污闪、易老化，给输电线路和换流站设备安全稳定运行造成极大的影响。为防止污闪，提高绝缘性能，根据《国家电网公司防止直流换流站单、双极强迫停运二十一项反事故措施》规定，并通过借鉴已投运直流输电工程运维经验，提出了青藏直流工程在工程建设阶段即全线喷涂 PRTV 防污闪涂料的建议，包括两端换流站直流场、直流线路设备。该建议得到了国家电网公司的充分肯定，并委托施工单位在建设阶段予以实施。经实践检验，此项举措有效地防止了污闪事故的发生，为工程长周期安全稳定运行奠定了基础。

五、建设远程诊断系统，完善技术支持手段

为克服柴达木换流变电站、拉萨换流站交通不便，人员缺氧不适，技术力量不足等困难，提高应急抢修处理速度和质量。按照青藏直流工程第三次生产准备工作会议要求，国家电网公司在国网运行公司本部配置青藏直流远程诊断系统。为充分做好青藏直流远程诊断系统建设前期工作，国家电网公司积极与设计院、设备供货商联系沟通，明确提出青藏直流工程远程诊断系统的功能需求、放置地点以及建设工期，研究制订布置方案，做好系统建设各阶段的跟踪、协调和督导工作。同时，建立健全青藏直流远程诊断系统运维管理制度和青藏直流工程投运后的技术支持工作机制，协助解决换流站运

维中遇到的困难和问题。

2011 年 10 月，青藏直流工程远程诊断系统全部建设完毕，各项功能运转正常，确保了系统与主体工程同步安装、同步调试、同步投入运行。充分发挥了国家电网公司系统内换流站运维管理技术优势，指导并协助青海和西藏电力公司开展设备异常和故障分析诊断，保证了故障分析及时、准确，为提升青藏直流工程运行维护水平发挥重要作用。

第十三章　精神文明建设

　　因特殊的地理环境和恶劣的自然条件，青藏交直流联网工程建设所遇到的难度是前所未有的，工程能够在 15 个月里顺利建成投产，一是靠正确的决策、精心的组织、完善的管理、科学的施工、细致的科研等物质基础；二是靠坚强的思想保证和强大的精神力量，这种力量就是精神文明建设的成果，它为工程提供了思想保证、精神动力、政治保障和智力支持。

　　工程建设中，广大建设者怀着对祖国的忠诚和对人民的热爱，与恶劣的自然环境作斗争、与多项施工难题作斗争，在"生命禁区"挑战生理极限，全力以赴，以"缺氧不缺斗志、缺氧不缺智慧、艰苦不怕吃苦、海拔高追求更高"的青藏联网精神，弘扬了国家电网"努力超越、追求卓越"的企业精神。

这种精神鼓舞了建设者，也感染了更多关心和支持青藏交直流联网工程的人们。　国家电网公司总经理刘振亚在视察工程建设中指出，广大建设者表现出了令人感动、催人泪下的精神力量，顾大局、吃大苦、耐大劳，与恶劣的自然条件搏斗，换来工程的顺利推进。　一大批先进模范人物和先进集体，展现了国家电网建设者的风采，这是深入贯彻落实科学发展观的生动事例。

　　青藏交直流联网工程建设中，通过加强党建、品牌建设、新闻宣传、企业文化等工作，万众一心，众志成城，推动了工程建设，实现了工程提前投产的目标。　同时，也让青藏联网工程及建设者走进了公众视线，得到了社会各界的关注、关心和支持，树立了良好的形象，赢得了肯定和称赞。

第一节 精神文明建设体系

一、重视思想政治工作，提供保障和支持

思想政治对于鼓舞人、激励人、塑造人，推动经济社会发展具有十分重要的作用，在工程建设中亦是如此。青藏联网工程时间紧、难度大、要求高，在人员高度分散、施工环境多变、机构设置相对不稳定的工程中，思想政治工作具有举足轻重的作用，需要思想政治工作提供强大的动力和思想保证。

青藏联网工程开创了中国高海拔电网建设的新纪录，为克服难以想象的困难，顺利推进工程建设，国家电网公司首次成立工程建设总指挥部，建立了九大保障体系，其中新闻宣传、医疗后勤、维护稳定等保障体系就围绕和突出"人"的因素，强化精神文明建设体系，以人为本，依靠建设者，发挥建设者智慧，建设光明、幸福的输变电工程。

工程建设中，高度重视思想政治工作，总指挥部是工程主体建设的总指挥部，也是精神文明的总指挥部。总指挥部及其参建单位将思想政治工作渗透到工程建设的各个环节，为工程建设保驾护航。

（1）创造适宜劳动和生活的条件，对身处恶劣施工条件中的建设者体现人文关怀，形成了尊重人、了解人、关心人的气氛。健全的医疗保障措施、后勤保障中的"七有三要"、各级工会尽最大能力解决员工家庭后顾之忧，防范劳务工工资拖欠等事件，使得建设者放心上高原，安心在高原，一心为工作。青海送变电公司启动青藏联网工程后备干部培养计划，在艰苦环境和急难险重任务中锻炼培养人才。

（2）思想政治工作与施工生产的关节环节相结合，以劳动竞赛、生产大战役等形式，形成凝聚力、亲和力和积极向上的责任感。总指挥部围绕工程建设，开展了"六赛一创"劳动竞赛活动，策划了唐古拉山 37 基冻土大会战、最高海拔铁塔组立（见图 13 - 1）、全线贯通等活动，打赢了基础施工、组塔放线、安装调试三大战役，激发了劳动者的热情和激情。

（3）思想政治工作覆盖工程全线、全体建设者。青藏联网工程参建人员多，来自五湖四海，对高原环境难以适应，各项目部因地制宜、因人而异、

因时而异，开展思想动员、心里疏导等活动，通过理论学习、个体谈话、宣传教育等途径，统一了认识和行动。

（4）积极弘扬公司优秀企业文化。各党支部大力宣讲国家电网公司统一的企业文化，使广大参建人员深刻认识到青藏联网工程建设对于"一强三优"现代公司发展战略的重要意义，增强投身工程建设的责任感、使命感和荣誉感，使企业文化真正做到内化于心、固化于制和外化于行。

图 13 - 1　青藏联网工程建设者在昆仑山下举行首基铁塔组立仪式

二、健全组织体系，抓好精神文明建设

按照国家电网公司直属党委的批复，2010 年 10 月，总指挥部成立了临时党委，喻新强总指挥担任临时党委书记，总指挥部相关领导担任临时党委委员。设立党支部，结合实际有效开展工作，把党的政治优势、组织优势转化成为工程的管理优势、服务优势。

总指挥部协同 50 多家参建单位，分析研究 336 名党员、63 名入党积极分子现状，根据工程现场实际，因地制宜建立 21 个临时党支部、19 个党小组，选配精干人员充实支部委员，确保工程任务延伸到哪里，党的机制就覆盖到哪里，党员的作用就发挥到哪里（青藏联网工程党组织体系如图 13 - 2 所示）。

总指挥部临时党委通过"三联动、五协同"，推动党的建设与工程建设协调发展。总指挥部与各建设管理单位、参建单位党组织建立密切联系，实现"三联动"［即总指挥部临时党委和各参建单位党委、支部（党小组）、党员之间的联动，党建资源与工程资源要素的联动，党建工作同社会资源的联

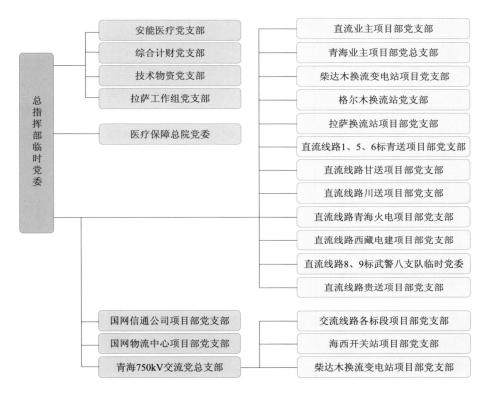

图 13-2　青藏联网工程党组织体系

动]，最终达到五协同（即思想同心、目标同向、工作同步、重任同担、成果同享），共同推动青藏联网工程建设。总指挥部临时党委严格落实精神文明工作责任，将精神文明工作与工程建设有机结合，做到同布置、同检查、同考核，相互渗透，相互促进，避免"两张皮"。项目部与党支部同时组建，党支部书记担任项目部副经理，并配备专工，使工程精神文明工作落到实处。

第二节　党建主题实践活动

一、深化党建联动机制，推动工程协调发展

总指挥部临时党委坚持高质量、高标准和高效率的建设原则，坚持"围

绕一个总体目标，实现两项确保"的总体要求，统筹协调做好各项工作。围绕一个总体目标，即确保实现 2011 年年内双极投运，建设"安全可靠、优质高效、自主创新、经济节约、绿色环保、和谐平安"的高原直流输电精品工程。实现两个确保，即确保实现"五个一"目标，确保实现"四零"、"三不"目标。各参建单位坚持把"围绕工程抓党建，抓好党建促发展"作为党的建设和思想政治工作的指导思想，细化目标任务，做好服务保障，积极推动工程建设。

总指挥部通过创新党建主题实践活动，不断深化党建联动机制建设，面向全体参建单位提出了明确要求。一是紧密结合工程所处的自然和社会环境特点及工期进度、安全质量、环保水保、医疗后勤等方面的要求，突出活动特色；二是紧贴工程管理实际，丰富活动内容，创新活动载体，以党建工作的政治优势，打造品牌主题活动；三是讲求活动的针对性和实效性，以活动为抓手，把党组织的战斗堡垒作用和共产党员的先锋模范作用细化、量化到联网工程的工期、安全、质量、效益、技术、文明施工中，不断提高主题活动服务建设的质量和水平；四是注重活动的延续性，总结推广活动经验，推动党建活动的经常化、制度化和规范化。

各参建单位围绕党建工作整体部署，因地制宜编制方案，工作有特色、有亮点、有成效。国网直流公司和总指挥部拉萨工作组积极发挥建设管理职能，促进管辖单位各级党组织横向和纵向的互动交流；青海运检公司突出抓好两级组织建设，努力提高抓班子、带队伍的能力；西藏电建公司与当地党委政府建立沟通协调机制，及时了解驻地周边社会治安综合治理情况，确保维护稳定工作落到实处；甘肃送变电公司等单位坚持党政互补、党组织工作与中心工作相结合的工作原则和"将党员培养成为施工生产骨干，将施工生产骨干培养成党员"的组织发展原则，使党建工作有机融入施工生产的全过程。

通过扎实有效的党建主题活动，全体参建单位努力把各级党组织建设成为"政治引领力强、推动发展力强、改革创新力强、凝聚保障力强"的战斗集体，把党员队伍建设成为"政治素质优、岗位技能优、工作业绩优、群众评价优"的骨干力量，选树了一批具有示范引导作用的先进党组织和优秀共产党员典型；探索建立适应工程管理的党建工作体系，总结出了具有普遍指导意义的党建经验，发挥党建工作的政治和组织保证作用，提升了党建工作管理水平。总指挥部临时党委荣获"西藏自治区先进基层党组织"称号，副总工程师兼技术物资党支部书记丁燕生荣获"全国优秀基层党务工作者"称号，青海送变电公司副总经理杨记宁当选"2011年度十大感动青海人物"。

二、开展"高原党旗红，天路展风采"主题活动

2010年10月，总指挥部临时党委对创先争优活动作出总体安排，印发了《开展"高原党旗红、天路展风采"创先争优主题实践活动的通知》。以我身边的共产党员征文、纪念建党90周年、面对党旗亮诺践诺、党员身边无事故、我为党旗添光彩等具体活动，发挥党委的政治核心作用、党支部的战斗堡垒作用、党员的先锋模范作用，组织特色活动，创建"电网先锋党支部"，在急难险重任务中高扬"党员先锋队"、"青年突击队"旗帜。

中国共产党建党90周年纪念之日，正值工程组塔架线和换流站土建的关键时期。总指挥部开展了"我身边的共产党员"征文活动，宣传党员鲜活、生动的感人事迹，展示优秀共产党员的风采和境界，在整个工程树立敢于挑战、勇于拼搏、奋力创新、甘于奉献的良好风气。

各参建队伍党委（党支部）结合工程实际，组织有利于增强党组织战斗力、凝聚力和推进工程建设的生动活泼的纪念活动，面对党旗庄严承诺、多名新党员入党宣誓（见图13-3）和老党员重温誓词等活动，总指挥部临时党委重点策划组织了在换流站、海拔最高唐古拉山导线展放段的建党90周年纪念活动，增强了党员和广大参建者加快青藏交直流联网工程建设的必胜信念。许多青年写心得，写申请，志愿加入中国共产党。青海送变电公司马宏韬、李文录、申炜、董勇、陈长孝在唐古拉山口举行入党仪式，成为第一批火线入党的建设者。国网直流公司、甘肃送变电公司组织党员、入党积极分子瞻仰格尔木将军楼，学习老一辈建设者建设青藏公路的事迹，增强了战胜困难的信心和力量。

结合党员"亮身份、亮工作、亮承诺"的"三亮"活动，各参建队伍党组织和党员结合工程里程碑计划，对施工进度目标、工作标准、安全和技术保障措施全面作出承诺。各参建队伍党组织主要围绕确保年内实现双极投运目标，圆满完成阶段性建设任务，实现"四零"、"三不"目标作出承诺；党员领导干部主要围绕全面落实工作计划，加强现场重点环节管控，建设一流精品工程，充分发挥骨干带头作用作出承诺；普通党员主要围绕立足岗位履

图 13 – 3　青海送变电公司新党员入党宣誓仪式

职尽责，攻坚克难，带头示范，充分发挥先锋模范作用作出承诺。各参建队伍党组织和党员将其体现到加快工程建设的实际行动上，主动接受各方面的监督，比贡献、创佳绩，走在前、做表率，勇于承诺、积极践诺，确保全面完成高标准、高质量建设青藏"电力天路"的目标。

各参建队伍党组织深入开展"党员身边无事故"活动，与"党员责任区"、"党员示范岗"、"党员安全监督岗"等形式有机结合，党员带头全面落实安全管理责任，努力把安全责任和安全措施落实到工程建设的每个环节、每个岗位和每个参建者，确保不发生人身伤亡及较大机械设备损坏等事故。

陕西送变电公司、宁夏送变电公司等单位开展"我身边的共产党员"主题巡回演讲，起到良好效果。湖北输变电公司通过主题活动专题化，将主题活动内化到施工现场每一项工作上，同时将党员责任落实到施工现场每一个岗位上。拉萨工作组和直流建设公司结合党员"亮身份、亮工作、亮承诺"的"三亮"活动，对施工进度目标、工作标准、安全和技术保障措施全面作出承诺，自觉接受群众监督，为每名党员配发党徽，表明党员身份，时刻警醒自己。青海公司、西藏公司、新疆送变电公司等单位积极发挥党组织在安全生产中的重要作用，青海送变电公司提出了"五亮、四到位、三杜绝"的具体要求，深入开展"党员身边无事故"活动，与"党员责任区"、"党员示范岗"、"党员安全监督岗"等形式有机结合，党员干部带头落实安全管理责任和基础措施，在工程建设中身先士卒、吃苦在先，确保不发生人身伤亡和责任事故。

在深入开展创先争优活动过程中，总指挥部和全体参建单位积极与深化"四好"（政治素质好、经营业绩好、团结协作好、作风形象好），领导班子创建活动和开展争创"四强"（政治引领力强、推动发展力强、改革创新力强、凝聚保障力强），党组织争做"四优"（政治素质优、岗位技能优、工作业绩优、群众评价优）。共产党员活动有机结合起来，以创建"电网先锋党支部"为载体，把党的建设融入工程建设各项工作中，切实增强了各级党组织的创造力、凝聚力和战斗力，加快了工程建设进度。

三、强化党风廉政建设，建设"阳光工程"

青藏联网工程总投资 162.86 亿元，包括中央预算投资 29.4 亿元，为管好用好工程资金，总指挥部坚持依法合规经营，努力建设"阳光工程"和"廉政工程"，确保经得起检查审计。

总指挥部临时党委认真贯彻中央关于国有企业"三重一大"决策制度的有关要求，严格决策程序，加强决策监督，确保科学民主决策，不断加强党风廉政建设，每季度召开一次临时党委会议和总指挥部办公会议，集中研究决策工程建设有关重大问题，努力建设阳光工程、廉政工程。

总指挥部临时党委与各党支部签订了廉政责任书，主要领导一岗双责，严格履职，杜绝违规违纪。青海送变电工程公司联合西宁市城西检察院，在项目部开展了"检企共建廉 阳光伴我行"活动。

各单位加强了对参建队伍的管理，树立文明施工的良好形象。各参建单位的项目经理作为本单位在工程现场人员管理的第一责任人，对参建队伍的安全文明施工、队伍稳定等工作全面负责。规范劳务合同管理，实行劳务合同和工资发放双备案制度，没有发生群体性事件和负面舆论报道。

第三节　创新载体扩大主题传播

一、主题传播营造良好氛围

青藏联网工程是造福边疆群众的幸福线、光明线，因特殊的地理位置、艰苦的环境和重大的政治意义，工程受到广泛关注，这为宣传国家电网品牌形象提供了难得的机遇。

借助这一重大历史事件做好品牌传播是工程建设的重要组成部分。国家电网公司采用了公众乐意接受、潜移默化的形式，开展"八个一"（即"一首赞歌、一卷诗歌、一本报告文学、一册画卷、一部纪录片、一场报告会、一台节目、一座雕塑"）主题传播方案，通过文学、艺术、社会活动的形式，在更广的范围内宣传了青藏联网工程，提升国家电网公司的知名度、认知度和美誉度。

2010 年 11 月，在主题传播工作会议上，成立了青藏联网工程主题传播活动工作小组，对"一首赞歌、一卷诗歌、一本报告文学、一册画卷、一部纪录片、一场报告会、一台节目、一座雕塑"的任务进行了分解。活动由国网外联部和总指挥部负责，英大传媒集团有限公司提供技术支持，青海公司、西藏公司、国网直流公司等单位分工协作，并充分利用系统外部媒体资源，进行广泛宣传。

各单位认真策划青藏联网工程主题传播活动，实施与相关单位合作联动，充分发挥公司系统集团优势，加强对外合作，组织公司系统及中央媒体、国内著名歌唱家、诗人、作家、摄影家前往工程施工一线采风，创作有影响力的作品，主题传播活动伴随着工程建设逐步推进，全面铺开。

（一）一首赞歌、一部纪录片

在工程建设高峰期，邀请文艺工作者到工地采风创作，用艺术的手法展现建设者心系高原人民，克服重重困难，照亮万家灯火的先进事迹。最终，由陈涛作词、王备作曲、谭晶演唱的歌曲《爱如电》确定为工程的主题歌，通过晚会、手机彩铃在广大员工中传唱。"我用心，爱如电，要让不知名的脸在不知名地点，照亮种种幸福的一瞬间……"歌词动情至深，旋律悠远而充满民族风。除此之外，西藏公司、青海公司等单位创作了《跨越》、《天上飞虹》、《光明使者》、《越来越亮堂》等歌曲。

《穿越昆仑》纪录片分《彩虹之梦》、《跨越禁区》、《壮志凌云》3 集，由国家电网公司与中央电视台科教频道合作倾情打造而成。2012 年 3 月 2 日起，在全国"两会"召开之时，连续三天在中央电视台科教频道探索与发现栏目中播出，用独特的视觉、细腻的手法、鲜为人知的细节，讲述了青藏交直流联网工程的重大意义，这个大型电力工程项目的决策过程，整个电力的勘察和设计过程以及在青藏高原这一特殊环境中施工所遇到的一系列困难。

（二）一台节目

2011年9月12日是中秋节，由中宣部、中央文明办主办，中央电视台和国家电网公司等单位合作摄制的以青藏联网工程建设为背景的《中华长歌行——我们的节日·中秋》节目（拍摄现场见图13-4）先后在中央电视台国际频道、科教频道、综合频道重要时段播出，引起社会公众广泛关注，公司系统广大员工及其家属积极收看并对节目给予高度评价。

图13-4　《中华长歌行——我们的节日·中秋》拍摄现场

节目时长60min，分为《明月·寄相思》、《中秋·人团圆》、《光明·创未来》三个篇章，结合庆祝建党90周年、西藏和平解放60周年等重大事件，大力弘扬时代主旋律，弘扬民族传统文化，反映党和政府对西藏发展和西藏人民生活水平提高的殷切关怀，融入了较多的"国家电网"文化元素。节目以3D动画技术对青藏联网工程作了简要介绍，从不同侧面展现了青藏联网工程普通建设者的感人故事，策划了职工家属中秋联谊晚会、工程建设者与藏族同胞篝火联欢会等场景，展现了国家电网员工创作并演唱的歌曲《家的牵挂》、诗词《光明使者》，推出了工程建设主题赞歌《爱如电》等，将国家电网建设者的进取精神、奉献精神与爱国之情、思乡之情、民族之情紧密融合，较好地传播了青藏联网工程的价值。

（三）一场报告会

报告会主题活动按照先进典型选树、先进事迹提炼、巡回报告三阶段进行。国家电网公司制订了在公司 2012 年"两会"期间组织报告会的工作方案，西北公司、总指挥部和有关省公司密切配合，遴选先进集体和个人，撰写先进事迹材料，整理视频资料。按照突出"电力天路"建设恢弘场景、突出一线建设奇迹、突出建设者英雄气概的原则，经过多次修改、反复审查方案，确定 6 名同志为先进事迹报告人。

2012 年 1 月 7 日，全生明等 6 位同志以《用责任和激情成就伟大的事业》、《雪域竖丰碑，高原映彩虹》、《戈壁深处的足迹》、《一个冻土学博士的精彩答卷》、《亮剑唐古拉的铮铮铁汉》、《在世界屋脊创造医疗奇迹》为题，深情讲述，生动再现了国家电网人团结奋战"电力天路"的宏大场面，展示了线路施工、变电站建设、冻土施工、后勤医疗保障等方面创造的一个又一个奇迹，展现了一线建设者奋战雪域高原、战胜各种艰难险阻的英雄气概，先进事迹报告会在数百名与会代表中引起了强烈共鸣。

之后，根据国家电网公司的统一安排和部分单位的邀请，报告团又在国网西北、东北、华中、华东、华北公司和青海、西藏公司等 10 个单位进行演讲，召开座谈会，讲施工现场、讲工作经历、谈工作感受，听众受到了感染和鼓舞。许多员工表示，青藏联网建设者们敢于担当、勇于创新、甘于奉献，用坚定的信念和无私的奉献，深刻诠释了"努力超越，追求卓越"的企业精神，是学习的榜样。

（四）一座雕塑

2011 年 11 月 1 日，镌刻着广大建设者丰功伟绩的青藏联网工程纪念碑，矗立在海拔 5300m 的唐古拉山口。作品的平面布局和空间尺度，与周边环境协调融洽，形成生动具体、扑面而来的视觉冲击力。用艺术的手法再现了工程建设的艰辛历程，展现了广大建设者的卓越贡献。西藏自治区政府、青海省政府和国家电网公司有关领导共同为纪念碑揭幕。

（五）一卷诗歌、一本报告文学、一册画卷

坚持"强化主题、视角多元、有效互动"的原则，加强深度策划，使传播主题更具穿透力和影响力，传播效果更加明显。在一卷诗歌——《雪域之光》、一册画卷——《电力天路》、一本报告文学的创作过程中，加大了对外沟通合作力度，主动延伸传播链条，《人民日报》、《中国日报》、《经济日报》、《工人日报》、《中国青年报》、《新京报》成功地将新闻运作与文学创作、摄影创作等融合在一起，充分实现了资源共享、成果共享，最大限度拓展了主题传播的视野，扩大了传播影响。

除此之外，工程参建单位都进行了积极有效的传播活动。西北公司出版了画册《跨越高原》、文学作品集《超越唐古拉》，组织歌手多次到现场慰问建设者活动；青海省委宣传部和青海省文联联合举办、青海公司主办，举行了青藏"电力天路行"文艺创作采风活动；西藏公司组织参加了西藏和平解放 60 周年摄影展。

在工程总结阶段，总指挥部制作《电力天路》系列专题片，用翔实的影视资料、独特的手法，全面回顾了工程建设过程及取得的重大成果。系列专题共 8 篇，分别为《雪域飞虹》、《呵护高原》、《生命链条》、《攻克冻土》、《铸造精品》、《党旗飘扬》、《真心英雄》、《工程定格》。

二、新闻宣传展示企业良好形象

（一）对外宣传有重点、有层次

工程建设中，国家电网公司、总指挥部、各参建单位等从不同层次、不同媒体、不同地域邀请新华社、人民日报、中央电视台、经济日报、工人日报、解放军报等媒体记者到工地采访，通过不同的视觉报道了工程建设情况，在不同的受众中做好了宣传工作，在"百度"搜索"电力天路"等关键词，相关报道有上百万条。

对外媒体分中央媒体、地方媒体、行业媒体三部分，在具体宣传中，把握了以下三点：时间上把握工程开工、竣工等重大事件，春节、"十一"国庆节、"五一"国际劳动节等重大节日，立塔、架线、调试等关键阶段；地点上把握海拔最高铁塔组立、线路跨越三江源、高山大岭及沙漠中的艰难施工；内容上把握艰难的施工、科技攻关、冻土难题、环境保护、医疗后勤、先进工艺、先进人物、大件设备运输等。

中央媒体中，新华社传播面广、转载率高；中央电视台收视面广，尤其是新闻联播受人关注；经济日报、工人日报、中国青年报、妇女报及有关媒体及网站有特殊的受众。

地方媒体上线采访分两类：一是邀请工程当地新闻媒体、省级媒体到建设现场采访；二是邀请施工单位家乡的媒体到工地采访，在家乡播出，也能收到意想不到的效果。工程建设中四川、甘肃、湖北、贵州、上海、山东等多家媒体到工地采访。

（二）对内宣传有系统、有过程

重大主题事件之于媒体而言即是重大契机，只有把握机遇，发挥自身优势，紧扣时代脉搏，更新理念，主动传播，才能把重大主题做深做透，做成一个时期的热点、亮点、关注点，进而引领舆论，把握主动，和谐共振。

在内部新闻宣传中，调动了各网省公司新闻宣传力量，两名记者常驻工程总指挥部，公司内部累计派出20批文字记者、5批电视记者、6批摄影记者共120余人次，前往工程建设一线开展联合采访报道，在取得丰硕的报道成果的同时，留存了珍贵而丰富的图片及视频资料。各媒体结合自身定位，综合运用多种新闻报道方式，形成了立体的、全方位、多角度的报道格局。在全媒体联合采访报道过程中，《国家电网报》抓住工程建设节点和重大新闻事件，整体策划"穿越电力天路"系列报道及西藏和平解放60周年特刊、专题报道等，及时反映工程建设成果，不断掀起主题传播高潮。

青海公司、西藏公司、甘肃公司、湖北公司、山东公司等都派记者到各自负责建设管理、施工监理等标段进行了采访报道。

纵观一年多的报道经验，其一，信息渠道畅通，以"新"制胜。报道中，建立起了国家电网公司、西北公司、青海公司、西藏公司等单位的沟通联系机制，及时了解掌握最新信息。其二，抓住重点大做文章，以"深"制胜。基础攻坚战、试运行等重大工程节点和重大新闻事件中，提前策划，开展深入的采访报道，并以特刊、专版、专题报道等形式强势推出，演绎出青藏联网工程报道节奏鲜明、欢快有力的乐章。其三，实施差异化运作，以"广"制胜。各媒体根据自身定位，运用多种新闻报道手段，全方位、多角度对工程进行报道，对理念解读准确，对价值传输到位。例如，《亮报》充分发挥用电服务类报纸的功能和作用，用老百姓听得懂的话语，对工程的难点、重点、创新点进行解读，着重反映了工程建设对于青海、西藏两省区经济社会发展及人民群众生产生活带来的变化，有力地引导了社会舆论对于工程的关注。

新闻宣传中，以民生视角解读民生工程，贴近民生，以平视镜头关注百姓生活。无数个微观的现实画面，构成了青藏联网工程建设的宏大图景。毡房里灯光亮起的瞬间，工地上农民工喜悦的笑脸，可可西里草原上藏羚羊奔跑的画面，新闻报道的民生视角将社会生活的图景进行了重新解读，那些距离百姓最近、与百姓利益最密切的题材，将这项远在天边的电网工程带到了普通百姓的生活中。

报道中，把重要版面、画面留给普通员工和广大建设者，让他们成为版面上、话筒中、镜头前、网页里的主角，以其朴实的语言、真实的情感，展现工程建设给青海、西藏经济社会发展和人民生产生活带来的改变，他们的话语生动活泼，情理交融，凸显报道的可信度与感染力，充分反映了基层员工、广大群众才是真正的英雄。工程举行试运行仪式之时，《国家电网报》、《国家电网杂志》、《能源评论》、《亮报》等都以专刊形式进行了报道。

（三）其他形式的宣传

总指挥部、青海送变电公司、安能公司创办了《电力天路》、《鏖战昆仑》、《屋脊之生》等报纸，加强对内的宣传。其中《电力天路》报在总指挥部与建设者架起了沟通的桥梁，讲述了大工程的小人物、小故事，加上工地鲜活的图片，报纸收到了大家的好评。

《电力天路》为旬报，常为 4 版，最多为 16 版，印刷量 6000 份，面向国家电网公司各网省公司，青海公司和西藏公司各单位，青藏两省区各级政府、媒体，格尔木市千家万户，也发到了工地的每个角落。

总指挥部在格尔木、拉萨两地的机场、换流站竖立了巨型广告，用通俗的语言向公众进行了视觉传播；通过赠送贺卡、开展有奖知识问答等活动，进行了良好的宣传。

三、以人为本激发工作热情

（1）以保障人的生命健康为出发点，坚持"以人为本，卫生保障先行"的原则，积极发挥医疗后勤保障体系的作用，切实做好参建人员健康保障工作。健全的医疗保障体系消除了建设者的后顾之忧，建设者放心走上高原工作；总指挥部强化后勤生活保障力度，要求做到"七有三要"，涵盖了每位施工人员一天 24h 的生活。"七有"即要有员工宿舍、饮水供应、饮食供应、卫生设施、劳动保护和防护用品、医疗卫生保障措施（见图 13－5），以及健全的习服制度和流程。"三要"即要为作业人员临时搭建住处，保证一人一铺，严禁打地铺；野外用餐要有热饭、开水；要有医疗卫生现场保障。

图 13－5　施工现场临时吸氧点

　　"七有三要"的每项要求都把着眼点放在建设者工作、生活的最细微之处。以"有饮水供应"为例，各项目部、施工点的饮用水源必须经当地防疫部门检验合格，方能供参建人员饮用，如果不合格，就必须经过过滤、净化、消毒等处理，达到标准后才能入口。"有饮食供应"的要求更细致，除了每人每天 25 元伙食标准、保证半斤肉的基本要求外，饮食从业人员需持证上岗，餐厨设备要齐全，餐具要彻底消毒，生、熟食品要隔离存放，就连厨房地面硬化、灶台瓷砖保持整洁等细节也都有规定。

　　2011 年春季复工之时，为防止大雪封山等自然灾害的发生，每个项目部都储备了一周的生活物资。总指挥部定期送去姜汤，帮助工人御寒；在"三八"、"五一"、"十一"、"中秋节"等节日中，总指挥向每位建设者转达国家电网公司的慰问，送去慰问品，切实将思想工作做细做实，从心底里关心和爱护建设者，激发了建设者的工作热情。

　　（2）开展"六赛一创"劳动竞赛活动。工程建设中，以"抓机遇、促发展、建功在青藏"为主题，开展了赛安全、赛质量、赛管理、赛文明生产、赛节约、赛工期，创优质工程为内容的"六赛一创"劳动竞赛活动，充分调动了建设者的积极性、主动性、创造性。

竞赛中，坚持"两融入、两结合"，将竞赛融入项目管理中，融入日常施工管理中，使竞赛与施工真正融为一体；将竞赛考核内容与项目管理内容相结合，将参加上级竞赛与自我开展的短平快小竞赛项目有机结合，切实起到相互促进的作用。形成了纵向到底、横向到边、上下互动、人人参与的竞赛局面，使竞赛切实成为调动员工积极性和创造性的有效载体。

各参建单位严格落实各层面的安全责任，认真做好现场人身安全和设备安全工作，做好土建施工、组塔架线、交叉作业和设备安装等方面的安全保障措施。按照"五个一"创优目标，高标准、严要求、强管理，坚持"精、严、细、实"的工作作风，加大过程监督与控制，确保工程施工和设备质量。坚持"样板引路、示范先行"的原则，通过在施工工艺、安装流程、质量控制等方面所形成的标准化作业方案基础上加以全面推广，切实提高了工程质量和施工效率；坚持标准化作业，加强质量专项监督检查，强化对发现问题的闭环整改力度，做到"零缺陷"移交运行单位，确保工程具备创优条件。

各参建单位按照"设施标准、行为规范、施工有序、环境整洁"，严格遵循安全文明施工安全管理制度化、安全设施标准化、现场布置条例化、机料摆放定值化、作业行为规范化、环境影响最小化的"六化"施工目标要求展开工作。深化"三节约"（节约每一分钱、节约每一张纸、节约每一寸导线）活动，严格执行"三通一标"有关要求，深入推进电网标准化建设，不断优化工程技术方案，在工程建设的各阶段推广采用"新材料、新技术、新工艺"，合理控制工程造价，减少"跑冒滴漏"现象，努力提高电网投资效益。

各参建单位严格按照既定的"五个一"创优目标，严格落实责任，提前开展筹划；深化国家电网公司前期开展的 15 项关键技术研究成果的应用；积极借助系统内外科研院所和专家团队的力量，研究解决工程建设重大技术问题，提升工程建设的科技水平，满足投产后安全运行的需要。

通过活动竞赛总结和推荐，扎西达娃、张子跃、王成、王国尚、刘志伟获得"全国五一劳动奖章"称号，国网直流公司、青海送变电公司、医疗保障总院、西北电力设计院获得"全国五一劳动奖状"称号，西藏电建公司线路处、甘肃送变电公司青藏交直流联网工程项目部等 15 个项目部、班组获得"全国工人先锋号"称号。

第四节　民族团结共建和谐工程

一、为沿线学校赠建"电力天路图书屋"

国家电网公司团委与总指挥部联合开展了"青春光明行——共建电力天路图书屋"活动，各级团组织通过多种方式动员广大团员青年每人捐赠一本图书，奉献一份爱心。

国家电网公司团委通过"国家电网青春光明行"官方微博，对捐书助学活动进行跟踪报道。同时，围绕青藏联网工程传播重点，面向社会组织开展"关注电力天路、关爱高原儿童"主题传播志愿服务，吸引公众广泛关注和参与。活动中，共收到各单位捐赠图书 33 183 册（价值约 44.9 万元），部分单位和个人自发捐赠爱心款 40 余万元。

2011 年 10 月 14 日，首个"电力天路图书屋"在格尔木市郭勒木德镇宝库村小学揭牌，总指挥部总指挥喻新强为图书屋揭牌，并为孩子们赠送了图书、校服和体育用品。

为了增强活动效果，总指挥部开展了"送知识、送温暖、送健康、送快乐"的"四送"活动，为每所学校捐一个"电力天路图书屋"（约 4300 余册图书），为每一位学生赠送一件统一定制的御寒棉袄，为每所学校送一批篮球、足球、排球、乒乓球等体育用品，还邀请青年歌手鲜于越歌及电网员工歌手为每一所学校举行一场小型演唱会，与藏区儿童快乐互动，唱响学生们心中的梦想。

"四送"活动走进了 8 所藏、回、蒙古族等民族学校，共有 3655 名孩子受益。能歌善舞的藏族、蒙古族小朋友们也在活动中踊跃表现，唱起了动人的歌曲，每个参与者也深受感染。

除此之外，许多参建单位组织开展了相关的活动。青海公司组织团员青年开展关爱建设者子女活动；国网直流公司开展"建设电力天路　关爱高原儿童"主题青年志愿服务活动，与相关参建单位一起，向格尔木市长江源民族学校捐赠价值 4 万元的书包文具和 15 000 元现金。

二、吸纳当地劳动力，帮助困难群众

各施工项目部主动与线路途经的县政府、乡政府沟通，成立协调领导小组，专门协调、维护工程项目与地方群众的和谐关系。在一些辅助性、技术含量较低的岗位吸纳当地富余劳动力。增加当地群众的收入，让他们为建设家乡作一些贡献（见图 13－6）。

图 13－6　藏族群众参加工程建设

第 10 标段经过的旁多乡许多搬迁的藏族群众买汽车搞起了运输，项目部了解到这个情况，在县政府协调下，与旁多乡运输协会签订了材料运输合同。在大车无法通行的地方，用他们的拖拉机转运材料。有些项目部考虑到工程建设需要进驻大型机械，部分乡村道路经不起碾压，就与有关部门沟通，主动承担了大部分道路维修费用。工程结束后，将用过的部分活动板房捐赠给当地群众使用。

医疗保障总院根据专业所长，主动给当地群众看病送药，得到群众的赞誉。当雄 3 个一级站与 3 家困难户建立了"一助一"帮带对子，经常送水、送米、送油等到其家中；林周县唐古乡查敏、灵珠藏族夫妇得到帮助后，把医护人员当亲人，医护人员完工返乡，夫妇一家步行 2km 含泪送行。2010 年冬季，一位老阿妈来到唐古拉山卫生所求救，她的儿媳妇分娩后身体极度虚弱，所长刘新波和护士长欧阳丽踏着半尺后的积雪，赶到产妇家里为其治疗，使产妇得以好转。

在青藏联网工程医疗保障中，总指挥部及各相关单位收到社会各界锦旗 40 多面、感谢信 60 多封。广大建设者助人为乐，帮助藏族儿童成长的先进事迹广为流传，促进了民族团结和发展。

三、做好维护稳定工作，保障工程建设

为了维护和谐稳定的内外部建设环境，确保实现"不发生政治敏感性事件、不发生负面群体性事件"的既定目标，确保工程顺利投产的目标，总指挥部在青藏联网工程全线建立青藏联网工程维稳工作领导体系，维护民族团结。

维稳工作中，按照"稳定压倒一切"的思想，始终坚持"统一指挥、分级负责、预防为主、快速反应"的原则，以平安建设为载体，以完善机制为重点，以落实责任为关键，以督促检查为手段，建立青藏联网工程维稳工作领导体系，切实提高应对突发事件能力，确保青藏联网工程"四零"、"三不"目标的实现。

维稳工作领导体系由总指挥部及拉萨工作组、西藏公司、青海公司及参建单位共同组成，并成立领导小组，下设办公室，办公室设在总指挥部拉萨工作组。各参建单位专人负责维稳工作，建立预警系统，编制应急预案，加强了施工作业区域的保卫工作，各单位加强重点区域、部门、设施的值班守卫力量，积极主动向当地党委政府汇报沟通。在特殊敏感时段，建立 24h 应急值班体系，积极争取当地党委政府的大力支持。各单位严格门卫管理制度，严格进出人员及外来车辆的登记管理，管好自己的人，守好自己的门，严格进出人员、车辆、物品的检查。

总指挥部加强了形势任务教育，积极转变工作作风，抓住工程建设的关键环节，抓住主要矛盾，加强指挥协调，工作作风力求快（行动快、落实快），准（形势看得准、问题找得准），稳（采取措施稳妥有效、工程建设稳步推进）。

通过总指挥部的统筹指挥和全体参建单位的共同努力，维稳保障体系充分发挥作用，工程全线保持稳定运行，没有发生影响公司和工程形象的负面报道，没有发生群体性的事件。

第五节　企业文化内涵的丰富与升华

一、工程建设收获丰富的精神财富

艰苦的环境锤炼人的意志、激发人的斗志；伟大的工程收获巨大的物质财富，诞生伟大的精神。

据统计，青藏联网工程创下了多个世界之最，它是世界海拔最高的输电工程，穿越海拔 4000m 以上地段有 900km；它是世界最长的高原输电工程，从西宁到拉萨线路全长共 2530km（其中 750kV 交流工程双回 1492km）；它是世界穿越冻土里程最长的高原输电工程，冻土全长 550km；它是世界海拔最高铁塔的高原输电工程，唐古拉山口海拔 5300m，铁塔高 43m；它是世界第一个交直流联网工程同时建设、同时投运的高原输电工程；它是世界高海拔高寒环境下无中继光纤通信线路最长的高原输电工程无中继距离达到 295km；它是世界上首次在海拔 3000 ～ 5000m 地区开展实际尺寸 ±400kV 输电工程空气间隙放电特性试验的高原输电工程；它是世界高原工程第一个建有生命保障系统，实现零高原死亡、零高原伤残、零高原后遗症、零鼠疫传播"四零"目标的高原输电工程。

创造这么多的第一，其背后艰辛可想而知。艰苦的环境、挑战的工程、光荣的使命、伟大的事业。国家电网人用不怕苦、不怕累、不怕牺牲的精神，科学组织施工，建成世界高原精品输电工程，不得不说是个奇迹。同规模的输变电工程，在平原建设也需要 2 ～ 3 年，可青藏直流工程的建设只用了 15 个月，很难想象一年中只有 7、8、9 三个月的黄金施工期，完成了一项不可能完成的工程。

国家电网人以忠于国家的无私奉献精神，以忠于人民的勇于献身的亲情，铸造了"缺氧不缺斗志、缺氧不缺智慧、艰苦不怕吃苦、海拔高追求更高"青藏联网精神，丰富了国家电网公司"努力超越、追求卓越"的企业精神内涵，鼓励广大建设者为建设安全可靠、优质高效、自主创新、绿色环保、拼搏奉献、平安和谐的具有世界领先水平的高原输变电精品工程，作出突出贡献。

（一）缺氧不缺斗志

青藏联网工程平均海拔在 4500m 以上，含氧量仅为平原地区的 45%。在这里施工作业，甚至要付出生命的代价。国家电网人始终保持着昂扬向上的斗志，在 2010 年冬季基础施工进入攻坚阶段和 2011 年春季复工组塔的时期，工程建设遇到了恶劣气候的挑战，强风、沙尘暴、暴雪轮番上演，刮起沙尘暴能见度只有几米；下起暴雪，能没过膝盖。建设者发出"饮马三江源，亮剑唐古拉"呐喊，在滴水成冰的日子里、在茫茫的风雪中，大家吸着稀薄的氧气，坚持、坚守，表现出"坚韧、坚强"的意志，成功打赢了唐古拉山 37基冻土攻坚战，度过了最艰难的时刻。

刘振亚、郑宝森等国家电网公司领导多次深入施工一线，检查指导工程建设，激励着广大工程建设者团结拼搏，奋勇争先；总指挥部临时党委坚决贯彻公司党组部署，充分发挥共产党员的先锋模范作用，开展"高原党旗红、天路展风采"、"六赛一创"等创先争优活动，哪里最艰难、最艰苦，那里就有党员先锋队、工人先锋号的身影。

（二）缺氧不缺智慧

高寒缺氧、生存困难，工程建设突出"以人为本"的理念，在工程全线建立统一的三级医疗卫生保障体系，保障建设者一人一铺、一件棉大衣、一顶棉帽，宿舍室内温度不低于 16℃，每人每天半斤肉，确保人员"上得去、站得稳、干得好"，创造了在"生命禁区"大规模施工的保障奇迹，实现了工程建设零死亡、零伤残。

为了掌握冻土施工，工程组织开展了 20 多项科研课题研究，创新了冻土冻融循环理论，改变了对冻土施工的传统认识。实践出真理，白天气温高，冻土受热易融化，造成基坑塌陷。大家选择在寒冷晚上进行基础施工，尽管对身体带来了更加严峻的考验，但成功攻克了冻土扰动这一难关。全线采用 7种基础型式和工艺，提高了冻土施工的效率和质量。

青藏高原生态环境异常脆弱，为了减少对环境的影响。建设中，委托环保、水保专业机构全过程监督，编制落实每一基铁塔环保施工图；通过植被恢复后，那些碾压过的道路和施工完的铁塔基础开始重见绿色；主动停工 20多天，为藏羚羊迁徙让道，用实际行动保护了三江源，环保工作没留遗憾，无愧中华民族、无愧子孙后代。

（三）艰苦不怕吃苦

高原施工条件异常艰苦，建设者们勇敢挑战生存极限，不怕吃苦，攻坚克难（见图13-7）。总指挥部成立后，一批电网建设的精英来到雪域高原，大家把精神状态调到最佳，将工作标准定到最高。总指挥部全体人员一周7天坚持工作，研究每一个方案，细化每一项措施。建设者们忍受着高寒缺氧的痛苦，忘我工作。为了防止冻土融化，凌晨3时，在-45℃的天气里，大家开始施工；为了保证工期，三四个月不下山、不洗澡；为了顺利投产，许多建设者无暇顾及年迈的父母、生病的妻子、高考的孩子，始终坚持在施工现场。在一线，涌现出了身先士卒、能啃硬骨头的"高原铁塔"、"红柳汉子"；涌现出了真抓实干、能想办法的"突击队长"；涌现出了情系建设者、把他们当亲人的医护"姐妹花"；涌现出了舍小家顾大家，扎根高原的一个个建设者；还有那些更加普通的员工，他们那一张张黝黑的脸庞、一个个干裂的嘴唇，永远留在在人们的记忆中。

图13-7　建设者精神抖擞

（四）海拔高追求更高

工程伊始，按照建设世界高原输电精品工程的要求，确立了争创"五个一"的创优目标，开展"亮铭牌、控全程、创国优"活动，按照企业误差标准的0.8倍严格控制施工质量。建设中，按照常规工程1.5倍配置人员和机械，工程建设只用了 15 个月。施工质量、施工速度创造了一流水平，实现了建设"安全可靠、优质高效、自主创新、绿色环保、拼搏奉献、平安和谐"精品工程的奋斗目标。日月山 750kV 变电站率先获得鲁班奖。

对于每一个参加了这项工程的人来说，青藏联网工程建设不再是一段普通的日子，而是一段充满激情、永远难忘的时光。他们用坚韧的意志、过硬的作风、默默无闻的劳动，阐释和实践着国家电网的企业精神和社会责任理念的内涵。勇担责任、燃烧激情、奉献自己，展示了国家电网人的素养和品格。

二、精神文明建设成果弘扬和诠释企业精神

青藏联网工程凝聚着无数人的心血和期望，全体建设者攻坚克难、顽强拼搏，坚持战斗在"生命禁区"，不断挑战生存极限和施工极限，用自己的聪明才智攻克了高原高寒地区冻土基础施工困难、高原生理健康保障困难、高原生态环境极其脆弱、高海拔过电压与绝缘配合极其设备研制难度大等难题，成功架通了这条幸福温暖的"电力天路"，把党的温暖传递给了青藏高原各族儿女。

建设过程中，"诚信、责任、创新、奉献"的核心价值观，在青藏联网工程建设者身上得到淋漓尽致的展现，他们以"缺氧不缺斗志、缺氧不缺智慧、艰苦不怕吃苦、海拔高追求更高"的大无畏英雄气概，在被誉为"生命禁区"的雪域高原，以实际行动诠释了"努力超越、追求卓越"的企业精神，自觉践行"四个服务"的企业宗旨，体现了国家电网肩负使命、服务于党和国家工作大局、服务社会发展的责任央企的风范。

工程中所收获的精神财富得到建设者、国家电网公司系统和社会各界的广泛认同。青海省委书记强卫视察工程建设时，对建设者的精神面貌给予了很高的评价，一连说了三个感动："我为大家的干劲所感动、为拼搏奉献的精神所感动，为所取得的成绩所感动。"时任西藏自治区党委书记张庆黎称赞："全体参建人员大力发扬革命英雄主义精神和'老西藏'精神，在世界屋脊上创造了奇迹。"中国能源化学工会主席张成富在拉萨换流站视察时，盛赞："青藏联网工程建设者是工人阶级的优秀分子，国家电网公司是负责任的央企代表。"

2011 年 9 月，刘振亚总经理在青藏联网工程建设现场检查工作、慰问建设者时提出，要认真总结工程建设经验，广泛宣传、学习建设事迹，把物质财富转化为长期指导、激励、振奋公司改革发展的精神食粮。

国家电网公司党组认为，在企业发展重要的战略机遇期、管理转型期和改革攻坚期，广泛、深入学习"电力天路"建设者不畏艰险、冲锋在前的精神，对于坚定作为国家电网人的自豪感和荣誉感，坚定进一步贯彻落实公司党组决策部署的自觉性和责任心，奋力推进"三集五大"体系建设，努力创建"两个一流"，必将产生长远的促进作用。要进一步学习青藏联网工程建设者的先进事迹和精神，深入贯彻落实公司"两会"精神，大力建设和弘扬统一的企业文化，激励广大干部员工奋发有为、开拓进取，为加快建设"一强三优"现代公司作出新的、更大的贡献！

大 事 记

2007 年

8 月 11 日，国家电网公司发出建运计划函〔2007〕74 号《关于委托开展青海—西藏联网工程前期和海拉瓦选线的函》，青海—西藏联网工程前期和海拉瓦选线工作正式启动。

8 月 16 日，国家电网公司发出发展规一函〔2007〕48 号《关于委托开展青海—西藏联网工程可研的函》，青海—西藏联网工程可研工作正式启动。

8 月 18～31 日，西北电力设计院完成了格尔木换流站选址工作。

9 月，西南电力设计院开展拉萨换流站站址初选工作。

10 月，西南电力设计院开展了拉萨换流站工程选站工作。

10 月 18 日，国家电网公司建运部组织召开青海（格尔木）至西藏（拉萨）±400kV直流联网工程输电线路选线工作中间检查会。

11 月 30 日～12 月 1 日，国家电网公司、中国电力工程顾问集团公司主持召开青海—西藏直流联网工程可行性研究报告评审会议。

12 月 19～20 日，国家电网公司、中国电力工程顾问集团公司召开青海—西藏直流联网工程可研评审收口会议。

12 月 28 日，中国电力工程顾问集团公司下发电顾规划〔2007〕1304 号《关于报送青海—西藏直流联网工程可行性研究报告评审意见的报告》。

2008 年

2 月 16 日，国家电网公司发出发展规一函〔2008〕6 号《关于委托开展青藏直流联网工程补充可研的函》，青海—西藏联网工程电压等级调整为±500kV，补充可研工作正式启动。

3 月 4 日，国家电网公司、中国电力工程顾问集团公司召开了青海—西藏±500kV 直流联网输电线路预初步设计路径方案评审会议。

3 月 18 日，中国电力工程顾问集团公司下发电顾电网〔2008〕488 号《关于印发〈青海—西藏 ±500kV 直流联网输电线路预初步设计路径方案评审会议纪要〉的通知》。

3 月 31 日～4 月 1 日，国家电网公司、中国电力工程顾问集团公司主持召开青海—西藏直流联网工程补充可行性研究报告评审会议。

5 月 6 日，国家电网公司、中国电力工程顾问集团公司召开了可研评审收口会议。

6 月，国家电网公司设计招标结果公布，确定了参与工程初步设计的单位。

6 月 30 日，中国电力工程顾问集团公司下发了电顾规划〔2008〕624 号《关于报送〈青海—西藏直流联网工程补充可行性研究报告评审意见〉的通知》。

7 月，青海—西藏直流联网工程初步设计启动。

9 月 4～5 日，国家电网公司组织了 ±500kV 格尔木、±500kV 拉萨换流站及接地极工程初步设计评审会议，中国电力工程顾问集团公司以电顾电网〔2008〕979 号文下发了《关于印发〈青海—西藏直流联网工程 ±500kV 格尔木及 ±500kV 拉萨换流站和接地极工程初步设计评审会议纪要〉的通知》。

9 月 17～25 日，西北、西南、中南、青海和陕西省电力设计院在西安集中编制了格尔木—拉萨 ±500kV 直流输电线路工程初步设计文件。

10 月 16～17 日，国家电网公司、中国电力工程顾问集团公司召开了青海格尔木至西藏拉萨 ±500kV 直流输电线路初步设计评审会议。

10 月 31 日，中国电力工程顾问集团公司下发了电顾电网〔2008〕488 号《关于印发青海格尔木至西藏拉萨 ±500kV 直流输电线路初步设计评审会议纪要的通知》。

2009 年

1 月，中国国际工程咨询公司对青藏直流工程进行评估。

7 月 29 日，中国国际工程咨询公司下发能源咨〔2009〕1113 号《关于青藏联网工程（项目建议书）的咨询评估报告》。

2010 年

3 月，国家电网公司明确电压等级改为 ±400kV，重新进行补充可行性研究、初步设计。

5 月 30～31 日，国家电网公司、中国电力工程顾问集团公司主持召开青海—西藏直流联网工程补充可行性研究报告（±400kV）评审会议。

6 月 4 日，中国电力工程顾问集团公司下发电顾规划〔2010〕587 号《关于报送〈青海—西藏 ±400kV 直流联网工程可行性研究报告评审意见〉的通知》。

6 月，完成 ±400kV 初步设计，中国电力工程顾问集团公司印发了电顾电网〔2010〕657 号《关于印发〈青海—西藏 ±400kV 直流联网工程格尔木换流站、拉萨换流站和接地极工程初步设计评审会议纪要〉的通知》。

6 月 9 日，国家电网公司在北京组织召开青藏直流工程第一次生产准备工作会。

6 月 12～13 日，国家电网公司、中国电力工程顾问集团公司召开了青海格尔木至西藏拉萨 ±400kV 直流输电线路初步设计评审会议。

6 月 19 日，国家发展和改革委员会正式下达了发改能源〔2010〕1322 号《关于青海格尔木至西藏拉萨 ±400kV 直流联网工程可行性研究报告的批复》，至此国家电网公司青海格尔木至西藏拉萨 ±400kV 直流联网工程批准立项。

7 月 5 日，中国电力工程顾问集团公司下发了电顾电网〔2010〕656 号《关于印发〈青海格尔木至西藏拉萨 ±400kV 直流输电线路初步设计评审会议纪要〉的通知》。

7 月 15 日，国家电网公司建设部主持，中国电力工程顾问集团公司具体评审，在成都组织召开了格尔木—拉萨 ±400kV 直流联网工程环保水保单项工程初步设计评审会。

7 月 29 日，青藏交直流联网工程在格尔木、拉萨举行开工仪式，中共中央政治局常委、国务院副总理李克强发来贺信。国家发展和改革委员会主任张平，青海省省长骆惠宁，国家电网公司总经理、党组书记刘振亚，国家能源局副局长钱智民，国家电力监管委员会副主席王野平，青海省委常委、常务副省长徐福顺，青海省政协副主席、海西州委书记罗朝阳等在柴达木换流变电站出席开工仪式。国家发展和改革委员会副主任、国家能源局局长张国宝，西藏自治区党委书记张庆黎，西藏自治区党委副书记、政府主席白玛赤林，西藏自治区党委副书记、政府常务副主席郝鹏，西藏自治区人大常委会副主任尼玛次仁，西藏自治区政协副主席刘庆慧，国家电网公司副总经理舒印彪等在拉萨换流站出席开工仪式。张平、张庆黎分别在两地宣布工程开工。国家电网公司副总经理郑宝森、王敏分别在两地主持会议。

8月3日，中国电力工程顾问集团公司召开了青海格尔木—西藏拉萨±400kV直流输电线路初步设计收口会议，同时与线路工程同步开展了接地极线路工程相关设计和评审工作。

8月13日，国家电网公司、中国电力工程顾问集团公司在北京主持召开青海—西藏±400kV直流联网工程配套光纤通信工程初步设计评审会议，9月16日、10月9日召开了收口会议，通过了中国电力顾问集团公司的评审。

8月18日，国家电网公司在西宁召开工程建设动员大会，国家电网公司副总经理郑宝森出席会议并作重要讲话。

8月23日，国家电网公司与青藏两省区政府分别联合成立工程建设领导小组，同时成立工程建设总指挥部。

8月25日，青藏交直流联网工程建设总指挥部进驻格尔木和拉萨，对现场工作进行指挥协调。

9月2日，拉萨换流站土建主体工程开工建设。

9月14～15日，青藏交直流联网工程建设总指挥部召开工程关键技术、冻土施工组织方案审查及医疗卫生保障体系评估暨2010年工程建设目标推进会。

9月16日，柴达木换流变电站土建主体工程开工建设。

9月26日，国家电网公司在北京召开青藏交直流联网工程建设情况会议，国家电网公司副总经理郑宝森出席会议并作重要讲话。

9月29日，青海—西藏±400kV直流联网工程配套光纤通信工程通信设备技术规范书编制进度协调会在北京召开。

10月1日，青藏直流线路装配式基础吊装浇注工作全面展开。

10月8～14日，青藏交直流联网工程建设总指挥部先后召开工程设备联络会、技术经济及冻土基础工程变更评审会。

10 月 15 ～ 16 日，青藏交直流联网工程建设总指挥部与青海省环保厅组织签署工程环保监理合同，与青藏铁路公司签署战略合作框架协议。

10 月 25 日，国网信息通信有限公司进行了青海—西藏 ±400kV 直流联网工程配套光纤通信工程通信设备技术规范书内审。

10 月 31 日，在格尔木召开工程建设工作会议，对相关工作进行动员部署。

11 月 4 日，完成了通信设备技术规范书的编制，并通过了国家电网公司在北京召开的青藏直流联网工程二次设备及材料招标文件审定会。

11 月 6 日，国家能源局副局长刘琦，青海省委常委、常务副省长徐福顺到青藏交直流联网工程柴达木换流变电站检查指导。

11 月 12 日，青藏交直流联网工程建设总指挥部召开青藏直流线路冻土基础勘察、设计和施工质量情况分析及专项评价会议。

11 月 18 日，青藏交直流联网工程建设总指挥部与西藏环保厅在拉萨签署联网工程西藏段环保水保监理合同。

11 月 24 日，国家电网公司、中国电力顾问集团公司评审西北电力设计院编制的《青海—西藏 ±400kV 直流联网工程配套光纤通信工程沱沱河至安多段超低损耗光纤传输方案优化专题报告》。

11 月 25 日，青藏交直流联网工程建设总指挥部召开工程进度协调会，就换流站冬季施工进度及出图计划做了安排。

11 月 28 日，青藏交直流联网工程建设总指挥部在西藏安多组织举行青藏联网工程高原沼泽地冻土基础施工誓师大会。

12 月 14 日，中国电力工程顾问集团公司下发电顾规划〔2010〕812 号《青海—西藏 ±400kV 直流联网工程配套光纤通信工程初步设计评审意见》。

12 月 22 日，青藏交直流联网工程直流线路基础施工全部结束。

12 月 28 日，中国电力工程顾问集团公司下发电顾规划〔2010〕1368 号《关于〈青海—西藏 ±400kV 直流联网工程配套光纤通信工程沱沱河至安多段超低损耗光纤传输方案优化专题报告〉评审纪要》。

2011 年

1 月 5 日，国网信息通信有限公司在北京签订了通信设备技术协议书。

1月5～6日，青藏交直流联网工程建设总指挥部在北京召开青藏交直流联网工程直流部分物资供应协调会。

1月16～17日，青藏交直流联网工程建设总指挥部在兰州召开青藏直流线路（冻土）基础质量分析研讨会。

1月19日，青藏交直流联网工程建设总指挥部在西宁召开联网工程总指挥部工作会议。

2月15～16日，在西安召开青藏交直流联网工程2010年度土建攻坚第一阶段战役总结表彰暨2011年建设工作会议，国家电网公司副总经理郑宝森出席会议并作重要讲话。

3月1日，青藏交直流联网工程建设总指挥部在格尔木召开工程建设协调会，标志着青藏交直流联网工程建设全面复工。

3月3日，青藏交直流联网工程建设总指挥部在拉萨召开工程建设协调会。

3月14日，青藏交直流联网工程建设总指挥部组织开展线路组塔架线和换流站土建交安第二阶段战役活动。

3月18日，青藏交直流联网工程建设总指挥部开展"高原党旗红，天路展风采"创先争优主题实践活动。

3月19日，青藏±400kV直流线路工程全线顺利转入组立塔施工阶段。

3月20日，青藏交直流联网工程建设总指挥部全线开始强力推行直流线路铁塔组立施工标准化作业。

3月23日，青藏交直流联网工程建设总指挥部建立维稳工作领导体系，确保工程顺利投运。

3月28～30日，青藏交直流联网工程建设总指挥部全面开展青藏联网直流线路工程标准化复工检查。

3月30日，青藏交直流联网工程建设总指挥部召开高原冻土基础沉降、位移观测数据分析会。专家组认为青藏交直流联网工程冻土基础处于稳定状态。

4月10日，青藏联网工程总指挥部组织召开了青藏交直流联网工程档案管理工作协调会，全面落实青藏交直流联网工程档案里程碑计划。

4月13日，青海省委常委、副省长骆玉林，西藏自治区副主席董明俊一行专程到柴达木换流变电站检查指导工作。

4月15日，青藏交直流联网工程直流线路塔材运输全部完成。

4月18日，国家电网公司副总经理郑宝森亲临青藏交直流联网工程施工现场慰问并检查指导工作。

4月19日，青藏交直流联网工程建设总指挥部召开工程建设协调会，国家电网公司副总经理郑宝森出席会议并作重要讲话。

4月25～26日，"五一"国际劳动节前夕，西藏自治区副主席董明俊，自治区政协副主席、区总工会主席央金一行赴那曲地区看望慰问青藏交直流联网工程参建人员。

4月26日，青藏交直流联网工程直流线路首次放线试点成功举行。

4月28日，西藏自治区党委书记张庆黎、自治区副主席董明俊一行在青藏交直流联网工程拉萨换流站施工现场视察。

4月29日，世界最高海拔直流线路输电铁塔——青藏联网直流线路工程4294号铁塔在青海省和西藏自治区交界处海拔5300m的唐古拉山口成功组立。

5月1日，青藏交直流联网工程建设总指挥部在国际劳动节慰问青藏交直流联网工程建设者。

5月6日，青藏交直流联网工程建设总指挥部召开青藏直流联网线路工程冻土基础稳定性阶段分析研讨会，标志着青藏直流线路架线施工即将全面展开。

5月9日，西藏自治区主席白玛赤林一行到拉萨换流站视察。

5月12日，青藏交直流联网工程建设总指挥部在西安召开国家电网公司青藏交直流联网工程"五个一"创优工作会议。

5月14日，国内高海拔直升机吊装铁塔试验在海拔逾2800m的格尔木获得成功。

5月15日，青海省委书记、省人大常委会主任强卫视察柴达木换流变电站，亲切慰问了广大建设者。

5月18日，青藏交直流联网工程直流线路首基张力放线跨越青藏铁路试点工作取得成功。

5月19日，西北电力调控分中心组织召开了青藏交直流联网工程750kV

交流部分会议，标志着青藏交直流联网工程 750kV 交流部分系统调试全面展开。

5 月 31 日，青藏交直流联网工程直流线路铁塔组立全部完成。

同日，青藏交直流联网工程首台主变压器运抵柴达木 750kV 变电站现场。

6 月 1 日，青藏交直流联网工程沿线植被恢复工作拉开序幕。

6 月 2 日，西藏自治区副主席丁业现一行赴青藏交直流联网工程拉萨换流站、220kV 环网工程检查指导工作。

6 月 5 日，青藏联网工程直流线路配套通信光缆完成首个接续点熔接施工。

6 月 13～18 日，西北电力工委系统到青藏交直流联网工程一线慰问工程建设者。

6 月 14 日，青藏交直流联网工程计划财务风险管理培训会议在西安举行。

6 月 15 日，青藏交直流联网工程生产准备工作会议在拉萨举行。国家电网公司副总经理帅军庆出席会议并作重要讲话。下午，国家电网公司副总经理帅军庆到拉萨换流站慰问建设者。

同日，青藏直流联网配套通信工程 SDH 设备联调工作总结会召开，标志着青藏直流联网工程采购的 SDH 等关键设备联调工作顺利完成。

6 月 15～18 日，青藏交直流联网工程总指挥部部署开展"奋战三十天，为西藏和平解放六十周年献礼"活动。

6 月 23 日，青藏交直流联网工程柴达木换流变电站首台换流变压器运抵现场。

6 月 27 日，国家电网公司基建部对青藏交直流联网工程组织开展质量监督专项检查工作。

6 月 30 日，青藏交直流联网工程建设总指挥部在柴达木换流站庆祝中国共产党成立 90 周年，并举行党员重温入党誓词暨新党员入党宣誓活动。

同日，在西藏自治区庆祝中国共产党成立 90 周年表彰大会上，青藏交直流联网工程建设总指挥部临时党委荣获西藏自治区"全区先进基层党组织"荣誉称号。

7 月 10 日，青藏联网 750kV 交流输电工程铁塔组立全部完成。

7 月 13 日，拉萨换流站首台换流变压器安全运抵现场。

7 月 14 日，世界上首次 5000m 高海拔电气间隙放电试验，在青藏高原唐古拉地区进行。

同日，青藏交直流联网工程启动验收委员会在北京召开第一次会议。

7 月 18 日，国家电网公司副总经理郑宝森一行视察青藏交直流联网工程拉萨换流站，并代表国家电网公司党组和刘振亚总经理亲切看望并慰问工程建设者。召开青藏交直流联网工程建设汇报会、国家电网公司副总经理郑宝森出席会议并作重要讲话。

同日，青藏交直流联网工程线路全线贯通，标志着青藏交直流联网工程线路架线的第二阶段战役取得全面胜利。

7 月 20 日，青藏交直流联网工程（青海侧）验收启动会在格尔木召开。

同日，青藏交直流联网工程总指挥部在拉萨召开建设协调会。动员开展"奋战一百天，打赢第三战役，确保实现青藏交直流联网工程总体建设投运目标"活动。

7 月 27 日，青海省委常委、省总工会主席苏宁一行到格尔木慰问青藏交直流联网工程建设者。

7 月 31 日，解放军总后勤部政委刘源上将到青藏交直流联网工程现场视察慰问建设者。

同日，在"八一"建军节来临前夕，青藏交直流联网工程建设总指挥部慰问工程全体参建武警官兵。

8 月 1 日，青藏交直流联网工程柴达木换流变电站首台换流变压器完成耐压局部放电试验。

8 月 2 日，青藏交直流联网工程建设总指挥部召开工程建设协调会。

8 月 3 日，西北区域创先争优活动现场交流会在青海格尔木召开。

8 月 9 日，青藏交直流联网工程交流部分物资全部到货。

8 月 13 日，国家能源局副局长刘琦在拉萨换流站慰问广大建设者并检查指导工作。

8 月 13 ～ 21 日，国家环境保护部副部长李干杰在青藏交直流工程沿线检查环境保护和植被恢复工作。

8 月 24 日，青藏交直流联网工程调度运行会在青海格尔木召开。

8月25日，青藏交直流联网工程800kV GIS设备特殊交接试验全面完成。

同日，青藏交直流联网工程"五个一"创优工作推进会在西安举行。

9月1日，在中秋佳节来临之际，国家电网公司副总经理、党组成员郑宝森到青藏交直流联网工程柴达木换流变电站慰问，召开青藏交直流联网工程现场建设协调会并作重要讲话。

9月2日，青藏交直流联网工程建设总指挥部在格尔木召开工程建设协调会。

9月8日，西藏自治区副主席丁业现一行到青藏联网工程拉萨换流站检查指导工作。

9月9日，中国能源化学工会、国家电网公司工会到格尔木、拉萨施工现场慰问青藏联网建设者。

9月12日，在中秋节来临之际，青藏交直流联网工程建设总指挥部慰问全体参建人员。

同日，日月山—海西—柴达木750kV系统启动调试部署会在格尔木召开。

9月13日，青藏交直流联网工程±400kV拉萨换流站第二阶段站系统调试圆满完成。

9月16日，国家电网公司总经理、党组书记刘振亚赴青海格尔木视察青藏联网工程建设情况，亲切慰问施工及运行人员，并为参加工程建设的党员先锋队、青年突击队授旗。召开现场青藏交直流联网工程建设工作汇报会，刘振亚总经理作重要讲话。青海省副省长骆玉林、国家电网公司副总经理郑宝森陪同。

9月17日，国家电网公司总经理助理、青藏联网工程建设总指挥喻新强主持召开会议，贯彻落实国家电网公司总经理、党组书记刘振亚视察青藏交直流联网工程建设时的重要讲话精神。

9月18日，建设总指挥部组织召开直流线路工程竣工验收总结会。

9月23日，柴达木—拉萨±400kV直流输电工程线路参数测试工作圆满完成。

同日，日月山—海西—柴达木750kV输变电工程启动调试工作全部结束。

10月1日，青藏交直流联网工程沿线物资供应任务圆满完成。

10月1～2日，青藏交直流联网工程建设总指挥部国庆慰问青藏联网工程建设者。

10 月 5 日，青藏交直流联网工程建设总指挥部召开青藏直流线路工程冻土基础投运前稳定性分析评价研讨会。

同日，青藏交直流联网工程建设总指挥部在柴达木换流变电站现场召开青藏联网直流工程调试现场协调会，青藏联网直流工程全面进入调试阶段。

10 月 10 日，国家电网公司总经理助理，西北电网有限公司总经理、党组书记，青藏联网工程建设总指挥喻新强到青海省总工会汇报工作，青海省委常委、省总工会主席苏宁高度肯定工程建设所取得的成就。

10 月 14 日，青藏交直流联网工程首个"电力天路图书屋"在青海格尔木市郭勒木德镇宝库村小学揭牌。青海交直流联网工程在工程沿线共捐赠 8 个"电力天路图书屋"。

10 月 15 日，青藏直流联网工程站系统调试完成全部内容，成功解锁，青藏直流联网工程全面进入系统调试阶段。11 月 11 日，工程调试完毕，进入现场试运行阶段。

10 月 31 日，青藏交直流联网工程建设总指挥部召开工程建设协调会。

11 月 1 日，青藏交直流联网工程纪念碑在唐古拉山口揭幕。

11 月 2 日，青藏交直流联网工程建设总指挥部为拉萨换流站、青藏直流线路（西藏侧）、220kV 拉萨换流站—夺底工程授予"流动红旗"。

11 月 28 日，青藏交直流联网工程建设总指挥部召开工程建设后续工作安排会议。

12 月 9 日，中共中央政治局常委、国务院副总理李克强在北京出席青藏直流联网工程投入试运行仪式，宣布工程投入试运行，并慰问广大工程建设者。西藏自治区党委书记陈全国，西藏自治区党委副书记、政府主席白玛赤林，青海省委书记强卫，青海省省长骆惠宁，国家发展和改革委员会主任张平，国务院副秘书长尤权，国家资产管理委员会主任王勇，国家电力监管委员会主席吴新雄以及国务院研究室、科技部、财政部、国土资源部、环境保护部、水利部、全国总工会领导，及国家电网公司总经理、党组书记刘振亚，副总经理郑宝森、舒印彪在人民大会堂出席仪式。国家发展和改革委员会副主任、国家能源局副局长刘铁男主持仪式。西藏自治区副主席丁业现在拉萨分会场出席仪式。

附录 A 重 要 讲 话

国家能源局副局长钱智民
在青藏联网工程开工仪式上的讲话

(2010 年 7 月 29 日)

尊敬的各位领导、各位来宾、各位专家同事：

今天，青藏联网工程正式开工建设。在此，我谨代表国家能源局，向青海省、西藏自治区、国家电网公司表示热烈的祝贺！青藏高原是我国重要的安全屏障、生态屏障和战略资源基地，在国家安全和发展中占有重要战略地位。党中央、国务院对青藏高原的经济社会发展高度重视，西部大开发工作会刚刚闭幕，青藏联网工程就正式开工了。

电力是保障经济社会发展的基础。为从根本上解决西藏电力供应问题，经科学论证，国家批准建设青藏联网工程。这将进一步促进青藏地区经济社会发展，进一步提高青藏高原人民生活水平，增进民族团结。

青藏高原生态、自然环境也给工程的建设带来巨大的挑战。希望国家电网公司和工程参与各方发扬攻坚克难精神，同时要采取有效措施保障施工人员的安全健康。

雪域高原山川美，青藏联网送安康。让我们共同努力，将世界海拔最高的联网工程建设成为青海和西藏经济社会持续发展、和谐发展、跨越式发展的光明线！

国家电监会副主席王野平
在青藏联网工程开工仪式上的讲话

（2010 年 7 月 29 日）

尊敬的张平主任、骆惠宁省长，各位领导、各位来宾，同志们：

今天，青海—西藏 750kV 暨 ±400kV 交直流联网工程正式开工建设，在此我代表国家电力监管委员对青藏联网工程开工致以热烈的祝贺！

实施西部大开发，是中央从我国社会主义现代化建设全局出发作出的重大战略部署。今年以来，中央对西部大开发和西藏等民族地区的发展又作出了一系列部署。建设青藏联网工程，实现西北电网与西藏电网的互联，有利于充分发挥大电网优化配置电力资源的优势，显著增强西藏电网供电保障能力；有利于增强青海乃至整个西北电网结构，满足青海海西地区经济社会发展对电力的需要；从长远来看，有利于促进西部能源资源的开发利用和在更大范围内优化配置能源资源，为我国区域经济协调发展和现代化建设提供了更加有力的电力保障。

青海—西藏联网工程建设环境复杂，工程极具挑战性。希望国家电网公司和各参建单位一是要不断加强技术攻关，增强自主创新能力，努力提高青藏联网工程的技术含量和水平；二是要严格工程管理，确保工程质量，为工程投运后的安全运行和可靠供电打下坚实基础；三是要注意安全管理，切实提高安全管理水平，注意施工队伍的身体健康，确保工程建设者的人身安全。

同志们！青藏联网工程意义重大、影响深远！国家电监会要大力支持、高度关注工程的进展情况。我相信在党中央、国务院的正确领导下，在各级政府和各方面的大力支持下，国家电网公司和各参建单位广大职工一定能够发扬优良传统，顽强拼搏奉献，把青藏联网这项西部大开发的重要工程建设好，为我国电力工业发展和现代化建设作出新的更大贡献！

青海省委副书记、省长
骆惠宁在青藏联网工程
开工仪式上的讲话

（2010 年 7 月 29 日）

尊敬的各位领导、各位来宾，同志们：

今天，我们在这里隆重集会，举行青海—西藏 750kV 暨 ±400kV 交直流联网工程开工仪式，这是我省电力工业发展史上的重要里程碑。首先，我谨代表中共青海省委、青海省人民政府，向工程的正式开工表示热烈的祝贺！向大力支持青藏交直流联网工程建设和青海发展的各位领导、各位来宾表示衷心的感谢！向全体参建人员表示亲切的慰问！

中央第五次西藏工作座谈会和西部大开发工作会议的召开，为推进西部经济社会快速发展创造了历史性机遇。青海、西藏同处青藏高原，山水相连。建设青藏联网工程，充分体现了党中央、国务院对青海、西藏两省区各族人民的亲切关怀。青藏交直流联网工程的建设，是进一步深入推进西部大开发战略、维护国家安全和社会稳定、构建国家生态安全屏障的需要，也是进一步加强青海和西藏的交流合作、增进各族人民友谊的需要，对进一步促进青藏两省区经济社会发展，改善广大群众的生产生活条件，维护社会政治稳定，增进民族团结具有十分重要的意义。这是国家电网公司落实科学发展观、促进能源资源优化配置、服务地方经济社会发展的重要实践，对于促进西部大开发，推进我国清洁能源发展和能源资源的可持续利用具有十分重要的意义。

电力发展关系国计民生。青海省委、省政府始终把电力发展摆在十分重要的位置。近年来，省委、省政府与国家电网公司多次举行会谈，就青海电网建设和发展达成共识，共同描绘了青海电网发展的美好蓝图。今天，青藏交直流联网工程的开工建设，必将为这一蓝图增添浓墨重彩的一笔。

各位领导，同志们！在党中央和国务院的亲切关怀下，今天，青海—西藏 750kV 暨 ±400kV 交直流联网工程就要开工建设了。青海省委、省政府将一如既往地支持电网建设，切实解决有关问题和困难，为项目建设营造良好的外部环境，确保工程顺利建设。希望参建各方团结协作、精心组织、科学施工，尤其要高度重视环境保护，创造人与自然、人与社会的和谐音符，高质量地建设好青藏交直流联网工程。

最后，祝愿青海至西藏 750kV 暨 ±400kV 交直流联网工程早日通电，圆满成功。

西藏自治区党委副书记、自治区常务副主席郝鹏在青藏联网工程开工仪式上的讲话

(2010 年 7 月 29 日)

尊敬的国宝主任，尊敬的各位领导，各位来宾，同志们：

今天，我们相聚在雪域高原、拉萨河畔的林周县，隆重举行青藏直流联网工程开工仪式，这是我区能源发展史上的一个重要时刻，标志着我区能源建设进入了一个新阶段。在此，我谨代表自治区党委、政府对工程开工建设表示热烈的祝贺！向前来出席开工典礼的国家有关部委、国家电网公司和中央有关企业的领导以及各位来宾表示诚挚的欢迎！

一直以来，党中央、国务院始终高度重视西藏工作，深切关怀着西藏各族人民。今年 1 月，中央召开了在西藏发展历史进程中具有里程碑意义的第五次西藏工作座谈会，进一步明确了新时期西藏工作的指导思想，研究出台了推进西藏跨越式发展和长治久安的政策措施。青藏直流联网工程正是中央第五次西藏工作座谈会确定的推进西藏跨越式发展的重点工程之一。该工程的开工建设凝聚着党中央、国务院对西藏的厚爱和深切关怀，中央领导同志多次作出重要批示，关心支持工程建设，中央政治局常委、国务院副总理李克强同志专门就工程开工建设作出重要批示，这是对我们进一步做好西藏工作的极大鼓舞和鞭策，该工程的建设必将成为我区继青藏铁路之后又一条连接祖国内地的经济大动脉。同时，青藏直流联网工程还得到了国家有关部委以及国家电网公司的大力支持，从工程规划到开工准备，国家发展改革委、国家能源局等有关部委和国家电网公司的领导同志、工作人员、工程技术人员付出了大量的心血、智慧与辛劳。在此，我代表自治区党委、政府以及全区各族群众向所有关心、支持、帮助西藏的同志们表示崇高的敬意和衷心的感谢！

青藏直流联网工程的建设，将首次实现西北电网和西藏电网互联，在更

大的范围内优化配置电力资源。这是加快完善我区综合能源体系的一项关键工程，对优化我区电源结构、保障能源安全、推动能源可持续发展；对增加我区电力供给、有效缓解电力供需矛盾、提高人民群众生活水平；对开发我区丰富的水能资源，建设水电外送通道，促进能源等特色优势产业建设，大力实施"一产上水平、二产抓重点、三产大发展"经济发展战略都具有十分重要的意义，必将为推进西藏跨越式发展和长治久安注入新的动力。

长期以来，国家电网公司认真贯彻落实中央关于新时期西藏工作的指导方针，讲政治、讲大局、讲奉献，想西藏人民之所想，急西藏人民之所急，大力支持西藏电力建设，为西藏电力事业发展作出了积极贡献。希望国家电网公司一如既往地大力支持西藏电力建设，推动西藏电力事业不断迈上新台阶。

自治区各级党委、政府要按照胡锦涛总书记关于着重解决西藏能源短缺瓶颈制约的重要指示精神，进一步强化大局意识、服务意识、责任意识和效率意识，以主人翁的姿态支持和关心青藏直流联网工程建设，动员社会各方力量，认真做好服务工作，为工程建设创造良好的外部环境。希望参与工程建设的各有关部门和单位，进一步发挥"老西藏"精神，以科学的态度、严谨的作风，认真组织、周密安排、精心施工，确保工程质量和进度，高度重视生态环境保护，把这项工程建成资源节约、环境友好的示范工程，建成造福人民群众、惠泽子孙后代的精品工程。希望西藏电力有限公司，以青藏直流联网工程建设为契机，加快推进藏中电网220kV环网工程建设，促进我区电力事业更快、更好发展，为建设小康西藏、平安西藏、和谐西藏、生态西藏作出新的更大的贡献！

最后，祝青藏直流联网工程建设顺利，争取早日发挥效益，造福西藏各族人民！祝西藏的明天更加美好，伟大的祖国繁荣昌盛！祝各位领导和来宾身体健康，阖家幸福，扎西德勒！

国家电网公司总经理、党组书记刘振亚
在青藏联网工程开工仪式上的讲话

（2010 年 7 月 29 日）

尊敬的张平主任、骆惠宁省长，各位领导、各位来宾，同志们：

今天，青海—西藏 750kV／±400kV 交直流联网工程正式开工建设。首先，我代表国家电网公司，向国家发改委、能源局、国土资源部、环保部、水利部、国资委、电监会等有关部委，向青海省和西藏自治区各级党委政府，向各兄弟单位和新闻界的朋友们，以及所有关心支持工程建设的社会各界表示衷心的感谢！向工程的全体建设者致以亲切的慰问和崇高的敬意！

青藏联网工程由西宁—格尔木 750kV 输变电工程、格尔木—拉萨 ±400kV 直流输电工程和有关配套工程组成。西宁—格尔木、格尔木—拉萨输电线路长度分别为 1492km 和 1038km。工程总投资 162.86 亿元，计划于 2012 年建成投产。青藏联网工程是国家电网公司贯彻科学发展观、落实国家西部大开发战略的重点项目，是满足柴达木循环经济试验区用电需求、服务青海经济社会发展的骨干工程，是从根本上解决西藏缺电问题、服务西藏跨越式发展和长治久安的关键工程，也是迄今为止在世界上最高海拔、高寒地区建设的规模最大的输电工程。通过该工程，将实现西藏电网与西北电网的互联，首次实现国家电网公司经营区域内所有省区的联网。这是继青藏铁路之后又一条连接青海和西藏的"电力天路"，必将进一步提高大电网的资源优化配置能力，促进西部地区把资源优势转化为经济优势，实现更好更快发展。

国家电网公司一直高度重视西部地区电网发展。特别是"十一五"期间，公司科学规划，加大投入，实现了西北电网主网架从 330kV 到 750kV 的新跨越，青海等省区的电网规模实现了翻番，西藏"户户通电"工程取得了重大进展。在今年 7 月初召开的西部大开发工作会议上，胡锦涛总书记提出，要把推进电网建设作为当前和今后一个时期深入实施西部大开发战略的重点工作。青藏联网工程的开工建设，是国家电网公司贯彻中央西部大开发工作会议和第五次西藏工作座谈会精神，服务西部大开发战略的又一重大举措。

党中央、国务院对工程建设十分重视和支持，青海省和西藏自治区人民对工程建设充满期盼。国家电网公司将在国家发改委、能源局、国资委、电监会等有关部委的关心支持下，与工程沿线各级党委政府密切合作，弘扬"努力超越、追求卓越"的企业精神，加强组织领导，周密安排部署，高标准、高质量地把青藏联网工程这条"电力天路"建设好，谱写雪域高原电网建设新的历史篇章，为推动西部大开发战略的深入实施，为经济社会发展作出新的更大贡献！

青海省委副书记、省长
骆惠宁在青藏联网工程投入
试运行仪式上的讲话

(2011 年 12 月 9 日)

各位领导、同志们：

今天，我们在这里隆重举行青海—西藏 750kV 暨 ±400kV 交直流联网工程投入试运行仪式，这是我省电力工业发展史上的重要里程碑。首先，我代表中共青海省省委、省政府和全省各族人民，对青藏联网工程投入试运行表示热烈的祝贺！向关心支持青藏联网工程建设和青海发展的各有关方面表示衷心的感谢！向为建设青藏联网工程作出重大贡献的全体建设者表示崇高的敬意！

中央第五次西藏工作座谈会和西部大开发工作会议的召开，为推进西部经济社会快速发展创造了历史性机遇。青海、西藏同处青藏高原，山水相连。建设青藏联网工程，充分体现了党中央、国务院对青海、西藏两省区各族人民的亲切关怀。青藏联网工程的建设，是进一步深入推进西部大开发战略、维护国家安全和社会稳定、构建国家生态安全屏障的需要，也是进一步加强青海和西藏的交流合作、增进各族人民友谊的需要，对进一步促进青藏两省区经济社会发展，改善广大群众的生产生活条件，维护社会政治稳定，增进民族团结具有十分重要的意义。这是国家电网公司落实科学发展观、促进能源资源优化配置、服务地方经济社会发展的重要实践，对于促进西部大开发，推进我国清洁能源发展和能源资源的可持续利用具有十分重要的意义。

青藏联网，使青海电网由终端型电网变为枢纽型电网，电网结构更加坚强，电网地位更加突出，电力交换能力更加增强；青藏联网，使柴达木盆地电网电压等级由 330kV 跃升至 750kV，与青海主电网的联系由两回 330kV 扩展为 330kV 和 750kV 各两回，电力输送能力提高了 4 倍，对柴达木循环经济区建设和大规模光伏发电并网具有决定性的支撑作用。我们一定要爱护好、管理好、使用好这条经济线、团结线、生态线、光明线、幸福线。

青藏联网工程建设过程中，国家电网公司3万多名建设者不辱使命，攻克多年冻土、高寒缺氧、生态脆弱等世界性工程建设难题，充分发扬"缺氧不缺精神、缺氧不缺斗志、艰苦不怕吃苦、海拔高追求更高"的优良作风，提前一年圆满完成全部建设任务，创造了电力建设史上的奇迹，体现出国家电网员工"努力超越，追求卓越"的精神风貌，全面展示了国家电网公司履行责任、奉献社会的央企良好形象。

"十二五"期间，青海省将积极探索以跨越发展、绿色发展、和谐发展、统筹发展为路径的科学发展模式，将进一步加大新能源、新材料等战略性新兴产业的培育力度，建成全国重要的水电基地，打造柴达木国家重要的光伏产业基地。实现这一战略发展目标，需要电力的强有力支持，需要坚强智能电网的有力支撑。希望国家电网公司一如既往地支持青海经济社会发展，通过构建坚强的电力交换平台，实现更大范围资源优化配置。青海省委、省政府将进一步加强与国家电网公司的密切合作，为青海电网建设与发展创造更加有利的环境和条件。我们坚信，在党中央的正确领导下，在各部委和国家电网公司的大力支持下，青海经济社会发展将会不断取得新进展和新成绩。

最后，祝愿青藏联网工程早日全面投运，早日造福青藏两省区各族人民！

西藏自治区党委副书记、自治区主席
白玛赤林在青藏联网工程投入
试运行仪式上的讲话

（2011 年 12 月 9 日）

各位领导、同志们：

在西藏各族人民深入贯彻党的十七届六中全会精神，热烈庆祝西藏自治区第八次党代会胜利闭幕之际，今天，又满怀喜悦迎来了青藏交直流联网工程建成投入试运行，这是国家电网公司和青海、西藏两省区贯彻国家西部大开发战略、全面建设小康社会伟大进程中的一件大事、喜事，标志着西藏电力发展从此进入了新的历史时期。借此机会，我谨代表西藏自治区党委、政府和全区三百万各族干部群众，向长期以来关心、支持西藏发展的国家有关部委表示衷心的感谢！向国家电网公司和刘振亚总经理表示热烈的祝贺和诚挚的谢意！向为工程建设付出艰苦卓绝努力的全体建设者致以崇高的敬意！

青藏交直流联网工程是党中央、国务院确定的西部大开发 23 项重点工程之一，也是一项重要的政治工程、惠民工程。工程建设凝聚着党中央、国务院对西藏各族人民的亲切关怀，体现了国家有关部委对西藏工作的高度重视和大力支持，也体现了国家电网公司对西藏各族人民的深情厚谊。国家有关部委本着特事特办、急事急办的原则，对工程尽快进行审批和落实有关手续，协调解决有关问题，有力地保证了工程如期开工和顺利建设。2010 年 7 月 29 日工程正式开工建设以来，国家电网公司特别是刘振亚总经理始终高度重视，从政治高度、国家利益、科学发展出发，亲自谋划、亲自安排，充分调集国家电网公司系统队伍和资源，全力推动青藏联网工程建设。为尽快发挥工程效应，解决西藏严峻的缺电矛盾，刘振亚总经理想青藏人民之所想、急青藏人民之所急，先后多次调整工程建设计划。广大建设者充分发扬"电力铁军"的光荣传统，克服高寒缺氧、冻土施工、无人区作业、生命保障和时间紧、任务重等巨大困难，攻坚克难、挑战"生命禁区"，成功解决"世界三大工程难题"，安全、优质、高效完成了建设任务，实现了提前一年建成投产的目标，创造了高原电网建设史上的奇迹！这充分体现了国家电网公司"努力超越，追求卓越"的企业精神，树立了国家电网公司履行责任、奉献社会和全力支持西部大开发模范央企的良好形象。

青藏联网工程的提前建成投产，彻底结束了西藏电网孤网运行历史、实现与全国电网联网运行，解决了西藏长期存在的缺电矛盾，对优化西藏电网结构、保障能源安全、开发水能资源、实施藏电外送、推动能源可持续发展意义重大、影响深远，必将为西藏经济社会跨越式发展和长治久安提供强劲的动力支撑和能源保障，在西藏电网发展史上乃至西藏进步史上树起了又一座高高的丰碑。工程建设中表现出的团结奋斗、攻坚克难精神，不仅为贯彻落实中央第五次西藏工作座谈会作出了表率、树立了典范，更为我们提供了一笔宝贵的精神财富，必将激励我们以更饱满的状态、更坚强的信心和更大的决心推进西藏跨越式发展。

长期以来，国家电网公司始终讲政治、讲大局、讲奉献，一直高度重视和大力支持西藏电力发展，特别是 2007 年与西藏自治区共同组建西藏电力有限公司以来，进一步加大了帮助支持力度，加强对西藏电力有限公司的管理和指导，加大资金投入，加快电网建设，为促进西藏经济社会又好又快发展作出了突出贡献。青藏交直流联网工程就是其中的重要标志。今后一段时期，西藏自治区将以青藏交直流联网工程投入试运行为契机，大力实施水电资源开发，积极打造国家能源接续基地，加快促进西藏资源优势转化为经济优势。实现这一战略发展目标，离不开坚强电网的强力支撑。希望能进一步加强与国家电网公司的战略合作，积极推动西藏能源资源在全国范围内的优化配置。西藏自治区党委、政府也将一如既往地支持西藏电网的发展建设，创造更加有利的环境和条件。我们坚信，在党中央的正确领导下，在各部委和国家电网公司的大力支持下，西藏的明天将更加美好。

最后，祝国家电网公司在建设"一强三优"现代公司，实现世界一流电网、国际一流企业的征程上取得新的更加辉煌的成绩！

国家电网公司总经理、党组书记
刘振亚在青藏联网工程投入
试运行仪式上的讲话

(2011 年 12 月 9 日)

尊敬的克强副总理

各位领导、同志们：

在党中央、国务院的正确领导和亲切关怀下，今天，青海至西藏交直流联网工程提前一年建成并投入试运行。温家宝总理、贾庆林主席、李克强副总理、张德江副总理作出重要批示、发来贺信，要求确保安全稳定运行，发挥好工程作用。工程开工以来，李克强副总理三次就工程建设作出重要批示，今天又亲临仪式现场，充分体现了党中央、国务院对西藏、青海经济社会发展和国家电网公司的关心、重视。

青藏联网工程是国务院确定的西部大开发重点工程之一，由西宁—柴达木 750kV 输变电工程、柴达木—拉萨 ±400kV 直流输电工程、藏中 220kV 电网工程三部分组成，从西宁到拉萨线路全长 2530km，总投资超过 160 亿元。工程于 2010 年 7 月 29 日开工建设，历经 16 个月时间。

青藏联网工程是在世界最高海拔和高寒地区建设的规模最大的输变电工程，穿越青藏高原腹地，沿线高寒缺氧、地质复杂、冻土广布，技术难度大，任务十分艰巨。在国家发改委、能源局、国资委、电监会等有关部委，以及西藏、青海两省区党委政府的大力支持和帮助下，国家电网公司高度重视，加强领导、周密部署、精心组织，成立了工程建设总指挥部，建立健全了安全质量、环境保护、技术攻关、医疗卫生等十大保障体系。3 万多名工程建设者怀着对西藏、青海人民群众的深厚感情和高度的政治责任感，发扬"努力超越、追求卓越"的精神，坚持战斗在"生命禁区"，不断挑战生存极限和施工极限，攻克了高原高寒和高海拔地区冻土基础施工、生态环境保护、生理

重要讲话

551

健康保障、设备绝缘等世界难题，提前一年完成工程建设任务，创造了世界高海拔地区电力工程建设的新纪录，也创造了感天动地、可歌可泣的英雄事迹，向党中央、国务院和人民群众交上了一份优秀答卷。

这条跨越青藏两省区"电力天路"的建成，结束了西藏电网长期孤网运行的历史，从根本上解决了制约西藏发展的缺电问题，为青海柴达木循环经济试验区发展和国家新能源基地建设提供了电力保障；我国电网实现了除台湾以外的全面互联，国家电网发展迈上了一个新台阶。

借此机会，我代表国家电网公司，向青海省和西藏自治区各级党委政府，向国家发改委、能源局、国资委、电监会等有关部委，向广大新闻媒体以及关心支持工程建设的各界朋友们，表示衷心的感谢！向全体工程建设者及家属，致以亲切的慰问和诚挚的敬意！

国家电网公司将认真贯彻党中央、国务院的决策部署，落实李克强副总理的重要指示，再接再厉，加强管理，确保工程安全稳定运行，为服务西藏、青海经济社会发展，为建设社会主义和谐社会作出新的更大贡献！

附录 B　重要文件

关于青海格尔木至西藏拉萨
±400kV 直流联网工程可行性研究报告的批复

发改能源〔2010〕1322 号

国家电网公司:

　　报来《关于青海格尔木—西藏拉萨 ±400kV 直流工程可行性研究报告的请示》(国家电网发展〔2010〕761 号) 及有关材料收悉。经研究,现批复如下:

　　一、为促进西藏经济社会跨越式发展,从根本上解决藏中电网缺电问题,同意建设青海格尔木—西藏拉萨 ±400kV 直流联网工程。国家电网公司作为项目法人,负责项目建设、经营及贷款本息偿还。

　　二、建设地点:青海省、西藏自治区。

　　三、本工程主要建设内容是:

　　(一) 新建青海格尔木换流站 1 座,新增换流容量 600MW,安装总容量为 192Mvar 的无功补偿装置;

　　(二) 新建西藏拉萨换流站 1 座,新增换流容量 600MW,安装总容量为 200Mvar 的无功补偿装置,装设 1 组 60Mvar 静止无功补偿装置 (SVC);

　　(三) 新建格尔木至拉萨 1 回 ±400kV 直流线路 1038km,导线截面采用 4 × 400mm²;

　　(四) 新建格尔木换流站侧接地极 1 座,相应建设接地极线路约 25km;

　　(五) 新建拉萨换流站侧接地极 1 座,相应建设接地极线路约 12.5km;

　　(六) 配套建设相应的低压无功补偿装置、OPGW 光缆和二次系统工程。

　　四、本工程静态投资 61.83 亿元,其中本体 61.14 亿元,场地征用及清理费 0.69 亿元;动态投资 62.53 亿元。项目投资由我委定额安排中央预算内投资 29.40 亿元，其余资金 33.13 亿元由国家电网公司利用贷款等方式解决。

五、本工程经中国电力工程顾问集团公司评审，符合国家产业政策和节能要求。工程设计、建设及运行要满足国家环保标准，采取有效措施，降低能耗，提高效率。

六、国家电网公司要加强项目建设管理，高度重视工程质量、环境保护工作。严格执行《招投标法》的规定，工程设备采购及建设施工采用规范的公开招标方式进行。主体工程与征地拆迁费用在工程概算和财务决算中分别计列、分别考核。工程造价以公开招标签订的合同为基础，以经审计的工程财务决算为准，并以此作为电网企业财务核算依据。

七、项目可研报告批复的相关文件分别是：《关于青海—西藏直流联网工程建设用地预审意见的复函》（国土资预审字〔2008〕276 号）、《关于青藏直流联网工程西藏侧直流、接地极线路建设项目用地预审意见的复函》（藏国土资函〔2008〕48 号）、《关于 ±500kV 青海—西藏直流联网工程线路建设项目用地预审的复函》（青国土资预审〔2008〕15 号）、《关于确认 ±400kV 青海—西藏直流联网工程线路项目建设用地预审意见有效性的函》（青国土资预审〔2010〕47 号），《关于青海至西藏 ±500kV 直流联网工程环境影响报告书的批复》（环审〔2008〕364 号），《关于青海—西藏 ±500kV 直流联网工程水土保持方案的复函》（水保函〔2008〕226 号）、《关于青海—西藏直流联网工程规模变更水土保持方案的复函》（办水保函〔2010〕446 号），建设项目选址意见书（选字第 630000200800002、西藏自治区建设厅选字第〔2010〕001 号），《关于同意建设 750kV 西宁至格尔木等 7 项输变电工程的函》（青发改函〔2008〕195 号）、《关于建设青藏直流联网工程的函》（藏发改办函〔2010〕85 号）等。

八、请国家电网公司根据本批复文件，办理城乡规划、土地使用、安全生产等相关手续。

九、如需对本批复文件所规定的有关内容进行调整，请及时以书面方式向我委报告，并按有关规定办理。

中华人民共和国国家发展和改革委员会（印）

二〇一〇年六月十九日

关于支持青藏交直流联网工程青海境内
建设工作的通知

青政发〔2010〕85号

西宁市、海北藏族自治州、海西蒙古族藏族自治州、玉树藏族自治州政府，省公安厅、环境保护厅、国土资源厅、住房城乡建设厅、交通厅、水利厅、卫生厅、林业局：

　　青藏 750kV／±400kV 交直流联网工程（以下简称青藏交直流工程）是落实国家西部大开发战略，满足西藏及柴达木循环经济试验区用电需求，服务西藏、青海经济社会发展的重要工程。为做好青藏交直流工程建设的支持和协调服务工作，努力为工程建设提供良好的施工环境，确保工程顺利实施。现就有关事项通知如下：

　　一、青藏交直流工程沿线各地区要充分认识工程建设的重要意义，把支持工程建设作为义不容辞的责任，认真履行工作职能，尽快成立工程建设协调领导小组，指定专人作为协调监督员，积极协调处理项目建设过程中出现的各类问题。依法开辟绿色通道，及时办理工程实施过程中涉及相关行政审批手续，主动深入地做好农牧民群众的宣传教育工作，加强舆情管理、控制舆论风险，积极争取工程沿线群众的理解和支持，努力为工程建设创造良好的环境，确保工程顺利进行。

　　二、青藏交直流工程沿线各地区要统一协调辖区内各级政府和国土资源管理部门，按照出台的全省电网建设分地区统一征地补偿标准，依据省重点工程管理的有关优惠政策执行，协调做好工程建设征地和补偿有关工作。市（县）级政府要按期组织开展专项督查，按照工程建设征地补偿工作进展情况，做好征地补偿工作的督促检查工作；乡（镇）政府要严格执行征地补偿资金发放程序，确保各项补偿费用及时发放到群众手中，不得克扣截留。

　　三、省直各有关部门要按照各自的职责分工，积极主动地加强与省工程建设协调领导小组办公室的沟通衔接，及时掌握工程进展情况，提早做好相关协调工作。

省国土资源管理部门要成立前期征地补偿协调小组，统筹安排好征地补偿工作，协调林业、草原、水利以及沿线自然保护区管理部门，协助建设单位做好树木移栽、青苗补偿、草地补偿、拆迁补偿等工作，并主动加强与公安部门的沟通协作，依法制止抢栽、抢种、抢建等违规行为。

省交通管理部门要积极协调处理工程建设过程中交通运输有关工作，在铁路、公路运输上给予便利和工作协助，确保建设物资运输畅通。

省卫生管理部门要统筹指挥好各级医疗卫生管理机构，深入工程现场做好疫情宣传工作，制订相应工作预案，指导疫病预防以及高原生理保障体系的建设和运行。

省环境保护、水土保持部门要高度重视工程建设环保、水土保持方面的工作，做好环保、水土保持的监理、监督、检查和验收工作，与工程实体同步完成资料、文件的整理、批复工作。

省公安部门要加强民爆物资的管理，确保工程建设民爆物资的及时安全供应，并加强沿线社会治安综合治理工作，制订预防集体性突发事件应急预案，确保形成良好的社会治安环境。

青海省人民政府（印）

二〇一〇年九月十四日

关于支持青藏联网工程建设的意见

藏政发〔2010〕64 号

各行署、拉萨市人民政府，自治区各委、办、厅、局：

为深入贯彻落实中央第五次西藏工作座谈会精神，进一步加快我区电力能源建设，解决电力供需矛盾，青藏交直流联网工程（以下简称青藏联网工程）在党中央、国务院的亲切关心下，于2010年7月29日全线开工建设。为全力做好支持青藏联网工程西藏境内的建设工作，积极协调配合，提供良好外部施工环境，保证工程的顺利实施，现就支持青藏联网工程建设提出如下意见。

一、青藏联网工程建设的重大意义

青藏联网工程是中央第五次西藏工作座谈会确定的推进西藏经济社会跨越式发展的重点工程之一，凝聚着党中央、国务院对西藏各族人民的深情厚爱和亲切关怀。青藏联网工程建设，对开发我区丰富的水能资源、建设水电外送通道，大力实施"一产上水平、二产抓重点、三产大发展"的经济发展战略、推动西藏经济社会跨越式发展和长治久安、实现全面建设小康社会奋斗目标都具有重要意义。

二、支持青藏联网建设的指导思想、主要目标

（一）指导思想。高举中国特色社会主义伟大旗帜，以邓小平理论和"三个代表"重要思想为指导，深入贯彻落实科学发展观，全面贯彻中央第五次西藏工作座谈会和区党委工作会议精神，坚持"地方政府主责、依靠沿线群众"的方针，以协调、配合、服务青藏联网工程建设为主线，以施工配合、后勤保障、安全保障为重点，按照"全力以赴支持青藏联网工程建设"和"特事特办、急事急办"的原则，科学合理组织，积极协调配合，加快推进青藏联网工程西藏段建设，保障青藏联网工程西藏段顺利实施。

（二）主要目标。力争2012年底前建成投产。实现西藏中部电网与西北电网联网，增加西藏中部电网电力供给，满足西藏中部电网枯水期电力电量基本平衡，提高电网运行安全可靠性，保证我区中部地区经济社会发展的电力能源需要，提供有力的能源保障。

三、加强领导，全力以赴，各尽其责，确保青藏联网工程顺利实施

青藏联网工程是目前世界上海拔最高、高寒地区建设规模最大的输电工程，全长1038km，其中西藏段425km，经那曲、拉萨2地（市）的安多、那曲、当雄、林周4县。工程线路长，气候条件恶劣，外部环境复杂，施工难度大。地方各级人民政府、各有关部门要全力支持、积极配合，确保青藏联网工程西藏段顺利建设，确保工程按计划目标建成。

（一）高度重视青藏联网工程建设工作。工程沿线各级人民政府、各有关部门要把青藏联网工程建设工作摆上重要的议事日程，在组织领导、政策制定、工作部署等方面层层落实工作责任制，确保领导到位、责任到位、措施到位。那曲地区行署、拉萨市人民政府对本地（市）支持青藏联网工程建设工作全面负责，那曲地区行署、拉萨市人民政府主要负责同志和分管同志分别是此项工作的第一责任人和主要责任人。各级领导干部要牢固树立科学发展观和正确政绩观，注重研究解决青藏联网工程建设中出现的新情况、新问题，全力做好工程建设的协调、配合和服务工作，共同推进青藏联网工程建设。

（二）加强支持青藏联网工程的组织领导。为加强地方与工程建设机构的协调沟通，及时高效解决影响工程建设的重大问题，自治区人民政府与国家电网公司成立了青藏交直流联网工程建设领导小组，下设协调领导小组办公室，办公室设在西藏电力有限公司。工程沿线各地（市）、县、乡（镇）也要相应成立本级青藏交直流联网工程建设协调领导机构，讲政治、顾大局，把支持青藏联网工程建设作为义不容辞的责任，认真履行工作职责，为工程建设开辟绿色通道，认真做好工程的协调、配合和服务工作。要指定专人作为协调监督员，专门负责工程协调工作，及时了解掌握工程进度情况，对工程实施中遇到的困难和问题要采取有力措施，及时予以解决。同时，要有序组织农牧民参与工程建设、促进农牧民增收，坚决禁止哄抬价格、阻止工程建设的事件发生。

（三）各尽其责，全力支持青藏联网工程建设。工程沿线各级人民政府、各有关部门要各司其职，通力协作，积极支持青藏联网工程建设。一是，国土资源部门要根据占地补偿标准，严格依据《西藏自治区实施〈中华人民共和国土地管理法〉办法》执行。二是，那曲地区行署、拉萨市人民政府要高度重视，做好补偿标准制定，积极协调、切实做好占地补偿等工作。三是，交通运输部门要积极协调处理工程建设过程中交通运输有关工作，确保建设物资运输畅通。四是，卫生部门要加强工程沿线重大疾病疫情的监测防治工作，协助电网建设部门做好相关疫病防治，制订相应防治应急预案。五是，公安部门要加强民爆物资的管理，确保工程建设民爆物资的需要；加强社会治安综合治理，制订预防集体性突发事件应急预案。六是，环保、林业等部门要积极主动协助建设单位做好树木移栽及环境保护、保护区路径及站址建设地协调工作等。

（四）努力营造青藏联网工程建设的良好氛围。大力宣传青藏联网工程建设的重要意义，充分利用广播、电视、报纸等媒体，不断提高全区人民对青藏联网工程建设重要性的认识，特别是做好沿线农牧民群众的宣传教育工作，使沿线农牧民群众理解、支持电网建设。要热情讴歌电网建设者的风采，加强对电网工程建设的新闻报道，营造全社会关心、参与、支持青藏联网工程建设的良好氛围。

（五）力争青藏联网工程早日发挥效益。通过国家电网公司、工程建设总指挥部的精心组织、精心施工，在自治区各级各部门的通力配合、全力支持下，力争工程早日建成投产，早日发挥效益，将青藏联网工程建设成为"安全可靠、优质高效、自主创新、绿色环保、拼搏奉献、平安和谐"的世界高原输电精品工程，实现西藏中部电网与国家主网联网，互联互通、能源互补，使我区各族群众用上充足、安全、可靠的电力能源，造福西藏各族人民。

青藏联网工程建设，事关全局、影响深远。我们一定要在以胡锦涛同志为总书记的党中央坚强领导下，以邓小平理论和"三个代表"重要思想为指导，深入贯彻落实科学发展观，全面贯彻中央第五次西藏工作座谈会精神，解放思想，开拓进取，切实做好支持青藏联网西藏段工程建设工作，为实现经济社会跨越式发展、全面建设小康社会奋斗目标作出新的贡献。

西藏自治区人民政府（印）

二〇一〇年九月十九日

关于联合成立青藏交直流联网工程
建设领导小组的通知

国家电网办〔2010〕1088 号

各有关单位：

青海—西藏 750kV／±400kV 交直流联网工程是落实国家西部大开发战略，满足西藏及柴达木循环经济试验区用电需求、服务青海经济社会发展的重要工程。鉴于该工程投资额度大，建设环境复杂，涉及面广，任务艰巨，为确保工程顺利建设，国家电网公司与青海省人民政府决定联合成立青藏交直流联网工程建设领导小组，现将领导小组组成人员名单通知如下：

组　　长：刘振亚　国家电网公司党组书记、总经理

副组长：徐福顺　青海省人民政府常务副省长

　　　　郑宝森　国家电网公司党组成员、副总经理

　　　　喻新强　西北电网有限公司总经理、党组副书记
　　　　　　　　青藏交直流联网工程建设总指挥部总指挥❶

成　　员：曹文虎　青海省发展和改革委员会主任

　　　　刘山青　青海省国土资源厅厅长

　　　　赵浩明　青海省环保厅厅长

　　　　于丛乐　青海省水利厅厅长

　　　　匡　湧　青海省建设厅厅长

　　　　苏　宁　青海省卫生厅厅长

　　　　任三动　青海省公安厅副厅长

　　　　杨伯让　青海省交通厅厅长

---

❶ 2010 年 11 月 30 日，国家电网公司党组研究决定，喻新强任西北电网有限公司执行董事、总经理、党组书记；2011 年 3 月 16 日，国家电网公司党组研究决定，喻新强任国家电网公司总经理助理。

李三旦　青海省林业局局长

姚海瑜　青海省人民政府副秘书长

尼玛卓玛　海北州州长

诺卫星　海西州州长

王玉虎　玉树州州长

朱建平　格尔木市市长

王怀明　青海省电力公司总经理、党委副书记

赵庆波　国家电网公司发展策划部主任

李荣华　国家电网公司财务资产部主任

王风雷　国家电网公司安全监察质量部主任

黄　强　国家电网公司基建部主任

李文毅　国家电网公司建设部主任

陈晓林　国家电网公司物资部主任

丁广鑫　国网直流建设分公司总经理、党组副书记

刘建明　国网信通公司总经理、党组副书记

领导小组下设办公室，办公室设在青海省电力公司，办公室主任由青海省电力公司总经理王怀明同志兼任，副主任由青海省发展和改革委员会副主任王景雄同志兼任。

国家电网公司（印）

二〇一〇年八月二十三日

关于联合成立青藏交直流联网工程
建设领导小组的通知

国家电网办〔2010〕1089 号

国网国际发展有限公司、国网直流分公司、国网信息通信公司、英大传媒投资集团有限公司、中国安能建设总公司、中兴电力实业发展有限公司，西北电网公司、四川、甘肃、青海、西藏省（自治区）电力公司，西藏自治区党委办公厅、区人大办公厅、区政府办公厅、区政协办公厅、区纪检委（监察厅）、区党委组织部、区党委宣传部（外宣办）、区党委政研室（农工办）、区直机关工委、区老干局、区总工会、区发展改革委、区国资委、区科技厅、区工业和信息化厅、区公安厅、区财政厅、区人力资源社会保障厅、区国土资源厅、区环境保护厅、区住房城乡建设厅、区交通运输厅、区水利厅、区农牧厅、区卫生厅、区审计厅、区工商局、区安监局、区林业局、区人民政府研究室、区国家税务局、拉萨市人民政府、那曲地区行署：

青海—西藏 750kV／±400kV 交直流联网工程是落实国家西部大开发战略，从根本上解决西藏缺电问题、服务西藏经济社会跨越式发展和长治久安的重要工程。鉴于该工程投资额度大，建设环境复杂，涉及面广，任务艰巨，为确保工程顺利建设，国家电网公司与西藏自治区人民政府决定联合成立青藏交直流联网工程建设领导小组，现将领导小组组成人员名单通知如下：

  组 长：刘振亚 国家电网公司党组书记、总经理

  副组长：郝 鹏 西藏自治区党委副书记、常务副主席

      郑宝森 国家电网公司党组成员、副总经理

丁业现　西藏自治区人民政府主席助理❶

喻新强　西北电网有限公司总经理、党组副书记

　　　　青藏交直流联网工程建设总指挥部总指挥❷

成　员：梁建平　西藏自治区人民政府副秘书长

　　　　金世洵　西藏自治区发展和改革委员会主任

　　　　杨光明　西藏自治区公安厅常务副厅长

　　　　王　峻　西藏自治区国土资源厅厅长

　　　　张永泽　西藏自治区环境保护厅厅长

　　　　陈　锦　西藏自治区住房城乡建设厅厅长

　　　　赵世军　西藏自治区交通运输厅厅长

　　　　白玛旺堆　西藏自治区水利厅厅长

　　　　坚　参　西藏自治区农牧厅厅长

　　　　普布卓玛　西藏自治区卫生厅厅长

　　　　雷桂龙　西藏自治区林业局局长

　　　　陈新民　西藏自治区能源办主任

　　　　多吉次珠　拉萨市市长

　　　　谭永寿　那曲地区行署专员

　　　　刘克俭　西藏电力有限公司董事长、党组书记

　　　　赵庆波　国家电网公司发展策划部主任

　　　　李荣华　国家电网公司财务资产部主任

　　　　王凤雷　国家电网公司安全监察质量部主任

　　　　黄　强　国家电网公司基建部主任

　　　　李文毅　国家电网公司建设部主任

　　　　陈晓林　国家电网公司物资部主任

　　　　丁广鑫　国网直流建设分公司总经理、党组副书记

　　　　刘建明　国网信通公司总经理、党组副书记

---

❶ 2010 年 9 月 29 日，西藏自治区第九届人大常委会第 18 次会议通过，决定任命丁业现为西藏自治区副主席。

❷ 2010 年 11 月 30 日，国家电网公司党组研究决定，喻新强任西北电网有限公司执行董事、总经理、党组书记；2011 年 3 月 16 日，国家电网公司党组研究决定，喻新强任国家电网公司总经理助理。

领导小组下设办公室，办公室设在西藏电力有限公司，办公室主任由西藏电力有限公司董事长刘克俭同志兼任，副主任由西藏自治区能源办主任陈新民同志兼任。

国家电网公司（印）

二〇一〇年八月三十日

关于成立国家电网公司
青藏交直流联网工程建设总指挥部的通知

国家电网办〔2010〕1159号

公司各单位、总部各部门：

青海—西藏750kV/±400kV交直流联网工程是落实国家西部大开发战略，从根本上解决西藏缺电问题，服务青藏两省区经济社会跨越式发展和长治久安的重要工程。鉴于该工程意义重大，建设环境复杂，施工难度大，涉及面广，任务艰巨，为加强工程现场建设组织协调，经公司党组研究决定成立青藏交直流联网工程建设总指挥部，现将有关事项通知如下：

一、总指挥部职责

负责工程建设组织管理工作。主要职责包括：负责贯彻执行工程建设领导小组的各项决定，负责现场安全、质量、进度、投资和技术管理，负责物资供应、资金拨付审查和工程结算，负责工程现场医疗保障工作及后勤管理，负责联系地方政府。

二、总指挥部负责人员

总　指　挥：喻新强　西北电网有限公司总经理、党组副书记❶
副总指挥：刘克俭　西藏电力有限公司董事长、党组书记

---

❶ 2011年11月30日，国家电网公司党组研究决定，喻新强任西北电网有限公司执行董事、总经理、党组书记；2011年3月16日，国家电网公司党组研究决定，喻新强任国家电网公司总经理助理。

王怀明　青海省电力公司总经理、党委副书记❶
丁广鑫　国网直流建设分公司总经理、党组副书记❷
文卫兵　国家电网公司建设部副主任❸

三、机构设置

按照"扁平、精干、高效"的原则，总指挥部下设综合管理部（含建设协调）、计划财务部、工程技术部（含物资管理）、安全质量部、医疗和生活保障部五个部门。设立专家咨询组。

总指挥部设在青海格尔木市，在拉萨市设立派出机构。

国家电网公司（印）

二〇一〇年九月三日

---

❶ 2010 年 9 月～2011 年 1 月，青海省电力公司总经理、党委副书记王怀明任青藏交直流联网工程建设总指挥部副总指挥；2011 年 1～7 月，青海电力公司总经理、党委副书记邓永辉任副总指挥；2011 年 7 月～2012 年 6 月，青海电力公司总经理、党委副书记王宏志任青藏交直流联网工程建设总指挥部副总指挥。

❷ 2011 年 3～7 月，国网直流建设分公司总经理、党组副书记丁广鑫任青藏交直流联网工程建设总指挥部常务副总指挥；2011 年 7 月～2012 年 6 月，国网直流建设分公司总经理、党组副书记丁扬任青藏交直流联网工程建设总指挥部副总指挥。

❸ 2010 年 9 月～2011 年 3 月，国家电网公司建设部副主任文卫兵任青藏交直流联网工程建设总指挥部副总指挥；2011 年 3 月～2012 年 6 月，国家电网公司直流建设部副主任丁永福任青藏交直流联网工程建设总指挥部副总指挥。

关于成立青藏交直流联网工程
启动验收委员会的通知

国家电网建设〔2011〕972 号

各有关单位：

青藏交直流联网工程是公司贯彻落实科学发展观、实施西部大开发战略的重大举措，是优化能源资源配置，促进青海、西藏经济社会发展，从根本上解决西藏缺电问题的重大项目。根据总体工作安排，工程计划于 2011 年底双极投运。

为做好工程启动验收相关准备工作，决定成立工程启动验收委员会及其相关机构，全面负责协调、决定工程竣工验收、启动调试、试运行、移交工作中的重大事宜。现将《青藏交直流联网工程启动验收委员会组织机构及其主要职责》印发给你们，请遵照执行。

附件：青藏交直流联网工程启动验收委员会组织机构及其主要职责

国家电网公司（印）

二〇一一年七月六日

附件：

青藏交直流联网工程
启动验收委员会组织机构及其主要职责

一、启动验收委员会的主要职责

启动验收委员会代表国家电网公司，全面负责组织工程竣工验收、启动调试、试运行和移交工作，决定上述各环节的有关重大事宜。具体职责如下：

（一）组织工程竣工验收的全面工作，审查工程竣工验收报告，听取质量监督评价意见，确认工程建设已按设计完成、质量满足有关标准和规范的要求。

（二）审议工程启动调试的准备情况，审定系统调试方案和启动调度实施方案，检查生产准备情况，确定启动时间和试运行时间，组织系统调试和试运行的具体实施，决策相关重大事宜。

（三）审议系统调试和启动试运行报告，确定工程正式投运的时间，签署工程启动竣工验收证书和移交生产交接书，主持移交生产的有关事宜，决定需要处理的遗留问题，协调和决定专用工具、备品备件、工程资料移交事宜，部署工程总结、系统调试总结等工作。

二、启动验收委员会组成人员

主 任 委 员：郑宝森　国家电网公司副总经理

副主任委员：喻新强　国家电网公司总经理助理兼西北分部主任、青藏
　　　　　　　　　　交直流联网工程建设总指挥部总指挥

　　　　　　李文毅　国家电网公司副总工程师

委　　　员：刘泽洪　国家电网公司建设部主任

　　　　　　张智刚　国家电力调度通信中心主任

　　　　　　张启平　国家电网公司生产技术部主任

　　　　　　丁广鑫　国家电网公司直流建设分公司总经理、青藏交直
　　　　　　　　　　流联网工程建设总指挥部常务副总指挥

邓永辉　青海省电力公司总经理、青藏交直流联网工程建设总指挥部副总指挥

刘克俭　西藏电力有限公司总经理、青藏交直流联网工程建设总指挥部副总指挥

丁永福　国家电网公司建设部副主任、青藏交直流联网工程建设总指挥部副总指挥

吕　健　国家电网公司发展策划部副主任

胡庆辉　国家电网公司安全监察部副主任

郭日彩　国家电网公司基建部副主任

马士林　国家电网公司物资部副主任

史连军　国家电网电力交易中心副主任

张　磊　国家电网公司西北分部副主任兼国家电力调度通信中心副主任

于　刚　中国电力工程顾问集团公司副总经理

蓝　海　国家电网公司直流建设分公司副总经理、青藏交直流联网工程建设总指挥部拉萨工作组副组长

张金德　国家电网公司直流建设分公司副总经理、青藏交直流联网工程建设总指挥部

种芝艺　国家电网公司直流建设分公司副总经理

全生明　青海省电力公司副总经理

祁太元　青海省电力公司副总经理

张　韧　西藏电力有限公司副总经理

胡海舰　西藏电力有限公司总工程师

郑福生　国网信息通信有限公司副总经理

印永华　中国电力科学研究院总工程师

李　贵　武警水电指挥部（中国安能建设总公司）副主任

三、启动验收委员会下设工程竣工验收检查组、启动指挥、生产准备、抢修和后勤保障四个工作组，其职责和组成如下：

（一）工程竣工验收检查组

竣工验收检查组负责组织、协调、监督各单项工程竣工验收组的工作，

提出工程竣工验收报告，确认是否具备系统调试条件，部署消缺和遗留问题处理工作，审查并确认系统调试和试运行意见。

工程竣工验收检查组分为 4 个组开展工作：换流站组、直流线路组、青海侧 750kV 交流工程验收组、拉萨侧 220kV 交流工程验收组。有关具体事项由工程竣工验收检查组确定。

1. 换流站组

组　　长：丁永福　国家电网公司建设部副主任、青藏交直流联网工程建设总指挥部副总指挥

副组长：王祖力　国家电网公司建设部

　　　　冀肖彤　国家电网公司生技部

　　　　黄　杰　国家电网公司直流建设分公司、青藏交直流联网工程建设总指挥部

　　　　粟小华　国家电网公司西北分部

　　　　杜昌明　青海省电力公司

　　　　马淑清　青海省电力公司

　　　　刘旭耀　西藏电力有限公司

　　　　朱　京　国网信息通信有限公司

成　　员：国家电网公司青藏交直流联网工程建设总指挥部、建设部、生技部、国调中心、国家电网公司西北分部、国家电网公司直流建设分公司、国网信息通信有限公司、相关监理、设计、施工、运行单位人员。

2. 直流线路组

组　　长：丁永福　国家电网公司建设部副主任、青藏交直流联网工程建设总指挥部副总指挥

副组长：王　成　国家电网交流建设分公司、青藏交直流联网工程建设总指挥部

　　　　丁燕生　国家电网公司建设部、青藏交直流联网工程建设总指挥部

　　　　孙　涛　国家电网公司建设部

　　　　周宏宇　国家电网公司生产技术部

　　　　李志坚　青海省电力公司

　　　　　杨明彬　青海省电力公司

　　　　　小尼玛　西藏电力有限公司

　　　　　朱艳君　国家电网公司直流建设分公司

　　　　　吴云峰　国网信息通信有限公司

　　成　员：国家电网公司青藏交直流联网工程建设总指挥部、建设部、生技部，青海省电力公司、西藏电力有限公司、国家电网公司直流建设分公司、国网信息通信有限公司相关监理、设计、施工、运行单位人员。

　　3. 青海侧 750kV 交流工程验收组

　　组　长：全生明　青海省电力公司副总经理

　　副组长：赵分县　青海省电力公司总经理助理兼生产部主任

　　成　员：青海省电力公司生产部、基建部、物资部，电科院、信通公司、计量中心、物流服务中心，相关监理、设计、施工、运行单位人员。

　　4. 拉萨侧 220kV 交流工程验收组

　　组　长：张　韧　西藏电力有限公司副总经理

　　副组长：胡海舰　西藏电力有限公司总工程师

　　成　员：西藏电力有限公司发展策划部、安全监察部、生产技术部、基建部、调度通信中心，电网建设管理分公司、输变电分公司、西藏电科院，相关监理、设计、施工、运行单位人员。

　　（二）启动指挥组

　　组　长：丁永福　国家电网公司建设部副主任、青藏交直流联网工程建设总指挥部副总指挥

　　副组长：张　磊　国家电网公司西北分部副主任兼国家电力调度通信中心副主任

　　　　　蓝　海　国家电网公司直流建设分公司副总经理、青藏交直流联网工程建设总指挥部拉萨工作组副组长

　　　　　张金德　国家电网公司直流建设分公司副总经理、青藏交直流联网工程建设总指挥部

　　　　　赵分县　青海省电力公司总经理助理兼生产部主任

　　　　　胡海舰　西藏电力有限公司总工程师

　　　　　郑福生　国网信息通信有限公司副总经理

成　员：王　成　国家电网交流建设分公司、青藏交直流联网工程建设
　　　　　　　总指挥部

　　　　丁燕生　国家电网公司建设部、青藏交直流联网工程建设总指
　　　　　　　挥部

　　　　王祖力　国家电网公司建设部

　　　　黄　杰　国家电网公司直流建设分公司、青藏交直流联网工程
　　　　　　　建设总指挥部

　　　　冯玉昌　国家电网公司西北分部

　　　　张洪平　青海省电力公司

　　　　陈　波　西藏电力有限公司

　　　　朱　京　国网信息通信有限公司

　　　　高克利　中国电力科学研究院

　　　　赵红光　中国电力科学研究院

启动指挥组下设调度组、调试组、系统通信组。

1. 调度组

负责编制调度执行方案，组织协调并落实系统调度运行、继电保护、远动自动化保障工作，执行委员会的调试命令，指挥运行系统及调试系统设备操作。

组　长：陈　刚　国家电力调度控制中心

副组长：范　越　西北电力调控分中心

　　　　陈　波　西藏电力有限公司

　　　　张洪平　青海省电力公司

　　　　杨万开　中国电力科学研究院

成　员：国家电力调度控制中心、国家电网公司西北分部、青海省电力公司、西藏电力有限公司、国家电网公司直流建设分公司、中国电力科学研究院等单位相关人员。

2. 调试组

负责系统调试前的系统方案研究；负责编制系统调试方案；组织实施审定后的系统调试方案；负责编制系统调试报告；负责协调系统调试的各项记录移交基建和运行单位。

组　长：种芝艺　国家电网公司直流建设分公司副总经理

副组长：王祖力　国家电网公司建设部

　　　　黄　杰　国家电网公司直流建设分公司、青藏交直流联网工程
　　　　　　　　建设总指挥部

　　　　程　逍　国家电力调度控制中心

　　　　张振宇　国家电网公司西北分部

　　　　王华伟　中国电力科学研究院

　　　　张翠霞　中国电力科学研究院

　　　　田海青　青海省电力公司

　　　　覃文继　西藏电力有限公司

成　员：国家电网公司青藏交直流联网工程建设总指挥部、建设部、国家电力调度通信中心、国家电网公司西北分部、国家电网公司直流建设分公司、中国电力科学研究院、青海省电力公司、西藏电力有限公司、相关设计单位人员。

3. 系统通信组

审查并确认各有关单位通信设备和方案；组织协调并参加工程验收工作；对设备投产前调试过程进行技术把关；负责路由组织和话路安排，保证系统调试期间通信畅通。通信系统联调的技术组织和协调工作及责任范围应按照调度管辖范围进行工作。

组　长：朱　京　国网信息控制有限公司

副组长：曾京文　国家电力调度控制中心

　　　　粟小华　国家电网公司西北分部

　　　　马永才　青海省电力公司

　　　　多吉次仁　西藏电力有限公司

成　员：国家电网公司青藏交直流联网工程建设总指挥部、建设部、国家电力调度控制中心、西北分部、国网信息通信有限公司、国家电网公司直流建设分公司、青海省电力公司、西藏电力有限公司、相关设计单位人员。

（三）生产准备组

负责检查生产准备工作，包括运行和检修人员配备，人员培训和考核，运行维护设备和安全用具配备，运行规程编制等工作。

组　　长：张国威　国家电网公司生产技术部
副组长：赵分县　青海省电力公司
　　　　　刘绪浩　西藏电力有限公司
　　　　　张祥全　国家电网公司西北分部
　　　　　刘　军　国网信息通信有限公司
成　　员：国家电网公司生技部、国家电网公司西北分部、青海省电力公司、西藏电力有限公司、国网信息通信有限公司、相关设计、施工、监理、运行等单位人员。

（四）抢修和后勤保障组

负责工程启动调试和试运行期间的设备监视和事故抢修工作；负责工程启动验收阶段的后勤服务，为现场工作人员提供必要的食宿条件。

组　　长：丁燕生　国家电网公司建设部、青藏交直流联网工程建设总指
　　　　　　　　　挥部
副组长：李海峰　青海省电力公司
　　　　　张明勋　西藏电力有限公司
　　　　　梁　平　国家电网公司直流建设分公司
　　　　　吴云锋　国网信息通信有限公司
成　　员：国家电网公司青藏交直流联网工程建设总指挥部、青海省电力公司、西藏电力有限公司、国家电网公司直流建设分公司、国网信息通信有限公司、相关施工和监理单位人员。

附录 C 参 建 单 位

1. 建设管理单位
青藏交直流联网工程建设总指挥部
青海省电力公司
西藏电力有限公司
国家电网公司直流建设分公司
国家电网公司信息通信有限公司
中国安能建设总公司
青海超高压电网建设管理有限责任公司
西藏电力公司电网建设管理分公司

2. 线路施工单位
青海送变电工程公司
甘肃送变电工程公司
四川送变电工程公司
贵州送变电工程公司
青海火电工程公司
西藏电力建设总公司
中国安能建设总公司江夏水电开发有限公司八支队

3. 换流站施工单位
青海火电工程公司
中国安能建设总公司江夏水电开发有限公司八支队
山东送变电工程公司
湖北输变电工程公司
天津电力建设公司

青海送变电工程公司

黑龙江送变电工程公司

中冶武堪岩土工程公司

4. 通信施工单位

青海省瑞丰电力科技公司

北京中电飞华通信股份公司

北京送变电工程公司

华东送变电工程公司

河南送变电建设公司

甘肃送变电工程公司

葛洲坝集团电力有限责任公司

四川广安闳鑫输变电公司

西藏电力建设总公司

青海送变电工程公司

黑龙江送变电工程公司

天津电力建设公司

湖北输变电工程公司

四川送变电工程公司

5. 工程监理单位

青海智鑫电力监理咨询有限公司

青海省迪康咨询监理有限公司

甘肃省光明电力监理咨询公司

四川电力工程建设监理有限责任公司

湖北环宇工程建设监理有限公司

6. 环保监理单位

青海省环境科学研究设计院

雅安环保科技公司

西安黄河工程监理有限公司
青海省江海工程咨询监理有限公司
黄河水利委员会西峰水土保持科学试验站
青海省水利水电勘测设计研究院

7. 设计单位
西北电力设计院
西南电力设计院
中南电力设计院
陕西省电力设计院
青海省电力设计院
北京网联直流工程技术有限公司

8. 医疗后勤保障
中国安能青藏直流联网工程医疗卫生保障总院
中国人民解放军 22 医院
西藏军区总医院
青海格尔木习服基地
西藏拉萨习服基地
青海电力物业公司
西藏电力物业公司

9. 调试与试运行单位
中国电力科学研究院
西北电力调控分中心
四川电力科学研究院
陕西电力科学研究院
青海电力科学研究院
青海超高压运行检修公司
西藏电力有限公司输变电分公司

10. 物资科研质检等单位

国家电网公司物流服务中心

中国电力科学研究院

国网北京经济技术研究院

中国科学院寒旱所

北京洛斯达公司

青海电力建设工程质量监督中心站

西藏电力建设工程质量监督中心站

11. 主要生产厂商

工程名称	设备名称	供应商
柴达木换流变电站	换流变压器	中国西电电气股份有限公司
	换流阀	中国西电电气股份有限公司
	直流场设备	中国西电电气股份有限公司
	平波电抗器	北京电力设备总厂
	直流控制保护设备	南京南瑞继保电气有限公司
	GIS	西安西电开关电气有限公司
拉萨换流站	换流变压器	特变电工沈阳变压器集团有限公司
	换流阀	许继集团有限公司
	直流场设备	中国西电电气股份有限公司
	平波电抗器	特变电工沈阳变压器集团有限公司
	直流控制保护设备	南京南瑞继保电气有限公司
	GIS	河南平高电气股份有限公司
线路工程	铁塔	南京大吉铁塔制造有限公司
		温州泰昌铁塔制造有限公司
		湖南省电力线路器材厂
		成都铁塔厂
		山东齐星铁塔科技股份有限公司

工程名称	设备名称	供应商
线路工程	导线	航天电工技术有限公司
		无锡华能电缆有限公司
		远东电缆有限公司
		青海万立电气制造有限责任公司
		中天日立光缆有限公司
线路工程	绝缘子	自贡塞迪维尔钢化玻璃绝缘子有限公司
		大连电瓷集团股份有限公司
		江苏神马电力股份有限公司
		NGK 唐山电瓷有限公司
		襄樊国网合成绝缘子股份有限公司
		比彼西（无锡）绝缘子有限公司
光纤通信工程	通信保障系统	北京国电通网络技术有限公司
	SDH	北京华胜天成科技股份有限公司
		江苏奥雷光电有限公司
		深圳键桥通讯技术股份有限公司
		上海豪言通讯设备有限公司
	光缆	江苏通光光缆有限公司
		中天日立光缆有限公司
		深圳市特发信息股份有限公司

[1] 刘振亚. 中国电力与能源. 北京：中国电力出版社，2012.

[2] 国家电网公司. 中国三峡输变电工程. 北京：中国电力出版社，2009.

[3] 国家电网公司. 国家电网公司750kV输变电示范工程运行总结. 北京：中国电力出版社，2007.

[4] 国家电网公司. 创新与超越——"十一五"电网建设. 北京：中国电力出版社，2011.

[5] 刘振亚. 宁东—山东±660kV直流输电示范工程总结. 北京：中国电力出版社，2011.

[6] 刘振亚. ±660kV直流输电技术. 北京：中国电力出版社，2011.

[7] 刘振亚. 国家电网公司输变电工程通用设计（2009年版） 西藏电网220kV变电站分册. 北京：中国电力出版社，2010.

[8] 赵畹君. 高压直流输电工程技术. 北京：中国电力出版社，2004.

[9] 毛永文. 生态环境影响评价概论. 北京：中国环境科学出版社，2003.

[10] 焦居仁，等. 开发建设项目水土保持. 北京：中国法制出版社，1998.

[11] 王根绪，程国栋，沈永平，等. 江河源区的生态环境变化及其综合保护研究. 兰州：兰州大学出版社，2001.

[12] 周幼吾，郭东信，邱国庆，程国栋，李树德. 中国冻土. 北京：科学出版社，2000.